WALTER LÜTCHE

GIGANTEN DER ARBEIT

CIP-Kurztitelaufnahme der Deutschen Bibliothek
KM-Verlag: Giganten der Arbeit – 40 Jahre Fahrzeugkranbau in der DDR

Griesheim, KM Verlags GmbH, 2003

ISBN 3-934518-05-2

Projekt: Dipl.-Ing. Walter Lütche, René Hellmich
Layout: Dipl.-Ing. Walter Lütche, Martin Schulze

Fax +49 (0) 6155 - 823032, E-Mail: hellmich@kranmagazin.de

ISBN 3-934518-05-2

WALTER LÜTCHE

GIGANTEN DER ARBEIT

40 Jahre Fahrzeugkranbau in der DDR

Herausgeber: René Hellmich
KM-Verlags GmbH · 64560 Riedstadt

Inhaltsverzeichnis

Vorwort des Herausgebers

Verehrte Leserin, verehrter Leser,

wir freuen uns, Ihnen mit dem vorliegenden Werk eine der wohl umfassendsten Abhandlungen über den Fahrzeugkranbau in der ehemaligen DDR vorstellen zu können.

Mit Dipl.Ing. Walter Lütche konnten wir einen hervorragenden Kenner des DDR-Kranbaus als Autor verpflichten, der mit die Kranentwicklung und -produktion in der DDR geprägt hat. So war Walter Lütche in den 70er Jahren unter anderem im Betrieb Klimatechnik "Karl Marx" für die Umstellung des Betriebes auf die Entwicklung und Produktion von Autodrehkranen verantwortlich. In der Folge - von 1976 bis 1991 - oblag ihm als Direktor für Technik im Betrieb Maschinenbau "Karl Marx" Babelsberg unter anderem die Entwicklung von Autodrehkranen. Unter seiner Leitung wurden beispielsweise die Autodrehkrane ADK 125-1 bis ADK 125-3, ADK 80 und ADK 100 sowie der Raupenkran HG 125 entwickelt.

In mehrjähriger intensiver Recherche ist es Walter Lütche gelungen, eine rund 240 Krantypen umfassende Technikgeschichte des DDR-Kranbaus zu verfassen und somit ein Stück deutsche Kranvergangenheit vor dem Vergessen zu bewahren. Denn mit dem Ende der DDR kam auch das Aus für die Krantechnik made in Zeitz, Magdeburg oder Babelsberg. Und bereits heute weiß kaum noch jemand zu sagen, wann, wo, welche Krantypen entwickelt und gebaut wurden; zu viele Unterlagen gingen in den turbulenten Zeiten der Wende für immer verloren.

Bei seinen Recherchen stützte sich der Autor zu einem großen Teil auf Unterlagen, die noch greifbar waren, wertete aber auch die Aussagen von Zeitzeugen aus, die in zahlreichen Befragungen zusammengetragen wurden.

Nicht ohne Stolz präsentieren wir Ihnen hiermit das Ergebnis dieser intensiven Recherche: ein überraschend detaillierter Überblick, der neben Produktionszeiträumen und -zahlen sowie Entwicklungs- und Produktionslinien auch überaus anschaulich die konzeptionellen Zielsetzungen sowie die Leistungsfähigkeit und Technik der Krane erläutert. Hierbei unterscheidet das Werk insgesamt zehn Bauarten und widmet sich neben Mobil-, Lade-, Raupen- und Eisenbahndrehkranen auch dem speziellen Einsatz der Hubschrauberkrane. Entsprechend hochwertig und spannend ist das verwendete Bild- und Skizzenmaterial. Einzigartige Fotos, vielfach von historischem Wert, finden sich ebenso wie zahlreiche Detailskizzen und Traglastdiagramme.

Beim Lesen und Studieren wünsche ich Ihnen viel Vergnügen

Herzlichst Ihr

René Hellmich
Herausgeber

Vorwort des Autors

Mit dieser Dokumentation soll eine dokumentarische Lücke zur Entwicklung und Produktion von Fahrzeugkranen in der DDR geschlossen und in einer zusammenhängenden Form als technisches Zeitdokument dargestellt werden, ohne dabei Zeiten, Personen und Ereignisse geschichtlich oder gesellschaftlich zu analysieren und zu bewerten. Zu verzeichnen ist, daß heute – nach zehn und mehr Jahren – bereits ein relativ großes Vakuum an Wissen über die Produktion aus dieser Zeit besteht.

Mit den gesellschaftlichen Veränderungen 1989/90 veränderte sich das bestehende Wirtschaftssystem mit seinen Strukturen grundlegend durch den beginnenden Prozeß des Überganges von der Plan- zur Marktwirtschaft, was den Auslauf der bis dahin teilweise in größeren Serien langzeitig produzierten Fahrzeugkrane nach sich zog. Die Hauptgründe waren der Wegfall der Absatzmärkte in den Ostblockstaaten, in die 60 bis 80 % der hergestellten Krane exportiert worden waren. Ein Absatz in westliche Länder war, teilweise durch den technischen Stand der Erzeugnisse und den jetzt bestehenden hohen Wettbewerbsdruck, kaum gegeben. Die bisherigen Hersteller von Fahrzeugkranen bekamen mit der Privatisierung und Umwandlung in Kapitalgesellschaften neue Produktionsprofile, oder sie mußten abgewickelt werden, so daß, außer bei Eisenbahndrehkranen, keine Herstellung von Fahrzeugkranen in den neuen Bundesländern mehr erfolgte.

Mit diesen Veränderungen ging zum großen Teil auch umfangreiches Unterlagenmaterial über die Entwicklung und Produktion dieser Krane verloren, so daß es derzeitig keinen zusammenhängenden Überblick und Aussagen über die einzelnen Krantypen und Projekte mit ihren technischen Daten und Produktionsgrößen mehr gibt. Hinzu kommt, daß durch die Zeitspanne vieles auch in Vergessenheit geraten ist.

Es leitete sich daher der Versuch ab, in einer zusammenfassenden Dokumentation dies alles aufzuarbeiten und darzustellen, um damit gleichzeitig ein Stück technische Zeitgeschichte zu dokumentieren. Weiterhin eine Dokumentation zu schaffen, in der erstmalig in zusammenhängender Form alle in diesem Zeitabschnitt entwickelten und produzierten Fahrzeugkrane ausgewiesen sind und eine möglichst authentische Wiedergabe des technischen Konzepts der einzelnen Krane, ihrer technischen Daten und ihrer Produktionsgrößen gegeben wird.

In einer mehrjährigen Recherche wurden einzelne Unterlagen die noch auffindbar waren, Betriebschroniken, Prospekte, Betriebsanleitungen, Bildmaterial, allgemeine Aufzeichnungen und Aussagen durch Befragung von Zeitzeugen und deren persönliche Aufzeichnungen mosaikartig zusammen getragen und zu dieser Dokumentation verarbeitet. Im geringen Umfang konnten einige Ergänzungen aus der Fachliteratur entnommen werden. Im Ergebnis stellt sie die Informationsdichte der rund 240 erfaßten Krantypen recht unterschiedlich dar. Einmal war es möglich, ausführliche Informationen zusammen zu stellen und zum anderen gab es leider nur lückenhafte oder auch widersprüchliche Angaben, so daß damit auch kein Anspruch auf absolute Vollständigkeit erhoben werden kann.

Vielleicht ergeben sich beim Studium dieser Dokumentation weitere Anregungen, Hinweise und Unterlagen von Fachkollegen die zur weiteren Vervollständigung der Dokumentation bei einer möglichen überarbeiteten zweiten Auflage durch den Autor beitragen können.

Für die Mitarbeit und das Bemühen um die Sache möchte ich mich bei allen Gesprächspartnern für die mir gewährte Unterstützung an dieser Stelle recht herzlich bedanken. Erst durch sie war es möglich, durch die gemeinsam geführten Gespräche und ihre Hilfe bei der Bereitstellung von Unterlagen diese komplexe und umfassende Dokumentation erarbeiten zu können.

Mein besonderer Dank gilt

Prof. Dr.-Ing. Horst Bendix, Chefkonstrukteur von 1959 bis 1990 im ehemaligen Schwermaschinenbau KIROW; Leipzig; zur Entwicklung und Produktion von Schienen- und Eisenbahndrehkranen

Dipl.-Ing. Manfred Biedermann , Chefkonstrukteur bei HYDREMA Weimar, Baumaschinen GmbH, Weimar; zu Aussagen über die Produktion des Weimar Werkes

Ing. Karl Heinz Bosse , Chefkonstrukteur von 1963 bis 1972 im ehemaligen Schwermaschinenbau NOBAS, Nordhausen; zur Entwicklung und Produktion von Universalbaggern und ihrer Kranausrüstungen

Dipl.-Ing. Rainer Dahme, Konstrukteur beim ehemaligen Betrieb Baumechanisierung Berlin zur Entwicklung von Ladedrehkranen

Dr.-Ing. Hans Dieter Bräunig , von 1975 bis 1985 Direktor des ehemaligen Institutes für Fördertechnik (IfF), Leipzig und techn. Direktor des Kombinates TAKRAF bis 1990; über die Entwicklung des Industriezweiges Fördertechnik und des Kombinates TAKRAF

Dipl.-Ing. Erwin Günther , Projektleiter für Schüttgutanlagen im Förderanlagen (FAM), Magdeburg; zur Entwicklung und Produktion von Raupendrehkranen

Daniel Fischer , Student an der Hochschule für Technik und Wirtschaft Dresden; über die Entwicklung des Betriebes Hebezeugwerk Sebnitz und der dort produzierten Autodrehkrane

Dr.-Ing. Jürgen Grießhaber , Bereichsleiter bei MAN TAKRAF Fördertechnik und langjähriger Chefkonstrukteur bei Verlade- und Transportanlagen Leipzig (VTA), Leipzig; zur Produktion von Auto- und Raupendrehkranproduktion im ehemaligen Betrieb SAG Transportanlagenfabrik Leipzig

Flugkapitän Dipl.-Ing. (FH) Klaus Krey , Geschäftsführer Berliner Spezialflug Hubschrauberdienste GmbH; über den Hubschrauberkraneinsatz bei der ehemaligen INTERFLUG, Bereich Wirtschaftsflug

Dipl.-Ing. Martin Kunzelmann , Chefkonstrukteur von 1974 bis 1977 und langjähriger Konstrukteur im ehemaligen Weimar Werk, Weimar zur Entwicklung der Lader und Mobilkran/Mobilbagger im Weimar Werk Weimar

Dipl.-Ing. (FH) Jürgen Kühn , Leiter Werbung bei KIROW Leipzig AG, Leipzig; zur Produktion von Mobil- und Eisenbahndrehkranen im ehemaligen Betrieb Schwermaschinenbau KIROW Leipzig

Dipl.-Ing. Walter Lassahn , Verkaufsleiter bei KE Kranbau Eberswalde, über Produktion von Raupen- und Schienenkranen im ehemaligen Kranbau Eberswalde

Dipl.-Ing. Gert Lintzmeyer , vom 1965 bis 1990 Leiter der Erprobung bei der ehemaligen Eisengießerei und Maschinenfabrik ZEMAG Zeitz; über Entwicklung der Autodrehkrane und Entwicklung und Produktion von Raupendrehkranen und Universalbaggern

Ing. Ingmar Reichenbach , Leiter des Vertriebes der Matec GmbH; zur Produktion von Mobilkranen/Mobilbaggern im ehemaligen Betrieb Landmaschinentechnik Döbeln/S

Ing. Reinhardt Poppke , langjähriger Konstrukteur, Gruppen- und Abteilungsleiter für die Konstruktion von Mobildrehkranen von 1960 bis 1990 im ehemaligen Schwermaschinenbau KIROW, Leipzig; zur Entwicklung von Auto- und Mobildrehkranen

Dipl.-Ing. Dieter Schreyer, Projektleiter von 1975 bis 1990 im ehemaligen Betrieb Maschinenbau Babelsberg, Potsdam; zur Entwicklung von Autodrehkranen

Dipl.-Ing. Erich Schulz. Technischer Direktor des ehemaligen Betriebes Eisengießerei und Maschinenfabrik ZEMAG Zeitz zur Entwicklung und Produktion von Auto- und Raupendrehkranen sowie Universalbaggern

sowie vielen weiteren Mitarbeitern und Fachkollegen für ihre unterstützende Arbeit.

1. Entwicklung und Produktionsstrukturen

Nach 1945 erfolgte unter den Bedingungen der Nachkriegszeit bis annähernd 1950 die Herstellung allgemeiner fördertechnischer Erzeugnisse für die verschiedensten Verwendungs- und Einsatzfälle. Eine umfassende Entwicklung von Fahrzeugkranen fand noch nicht statt. Erst um 1947/49 begann die Herstellung erster Autodrehkrane in Form von Aufbaukranen auf verschiedene Fahrzeugchassis im Rahmen der Reparationsleistungen für die Sowjetunion durch den < SAG-Betrieb Bleichert Transportanlagenfabrik Leipzig >, später < VEB Verlade- und Transportanlagenbau „Paul Fröhlich“ Leipzig (VTA) >. Dabei wurden in den folgenden Jahren bereits erhebliche Jahresstückzahlen erreicht. Weiterhin erfolgte praktisch zeitgleich, ebenfalls überwiegend für Reparationsleistungen, durch den <SAG Betrieb Unruh & Liebig Leipzig > später < VEB Schwermaschinenbau „S.M. KIROW“ Leipzig > die Entwicklung und Herstellung von Schienen- und Eisenbahndrehkranen. Im gleichen Zeitraum begannen auch Weiterentwicklung von Raupen- und Schienenkranen in den < SAG Ardelt Werken Eberswalde > ,später < VEB Kranbau Eberswalde (KEB) >. Man kann diesen Zeitabschnitt um 1947/49 praktisch als Beginn der Entwicklung und Produktion von Fahrzeugkranen in der DDR bezeichnen.

Ab diesem Zeitabschnitt erfolgt auch die schrittweise Schaffung umfangreicher Entwicklungs- und Produktionskapazitäten sowie die Formierung entsprechender Wirtschaftsstrukturen für fördertechnische Erzeugnisse. Der Industriezweig Fördertechnik, der sich daraus bildetet, umfasste bis auf wenige Ausnahmen die Entwicklung und Produktion praktisch aller fördertechnischen Erzeugnisse und damit auch der Fahrzeugkrane*). Die Leitung erfolgte durch die VVB TAKRAF**), später durch das Schwermaschinenbau Kombinat TAKRAF in Leipzig mit rund 28.000 Beschäftigten, und stellte einen bedeutenden Wirtschaftsfaktor der DDR dar. Das Kombinat war dem Ministerium für Schwermaschinen- und Anlagenbau (MSAB) unterstellt. Als wissenschaftliche Zentren bestanden das Institut für Fördertechnik (IfF) in Leipzig sowie als Kooperationspartner die gleichgelagerten Institute an der Technischen Universität Dresden und der Technischen Hochschule in Magdeburg.

Einige Bauarten der Fahrzeugkrane wurden im Bereich des Ministeriums für allgemeinen Landmaschinen- und Fahrzeugbau (MALF) zur Ergänzung und Abrundung der jeweiligen industriezweigspezifischen Erzeugnisse dort entwickelt und hergestellt. Darunter fielen:

Ladekrane	**- IFA Kombinat Nutzkraftfahrzeuge; Ludwigsfelde**
	- Kombinat Baumechanisierung; Dresden
Universalbagger mit Kranausrüstung:	**- Kombinat Bau- und keramische Maschinen; Leipzig**
Lader, Mobilkrane/Mobilbagger:	**- Kombinat „Fortschritt“ Landmaschinen; Weimar**

Durch eine wirtschaftspolitische Strukturentscheidung wurde die Entwicklung und Produktion von Autodrehkranen des Kranherstellers VEB Maschinenbau „Karl Marx“ Babelsberg 1984 aus dem Kombinat TAKRAF ausgegliedert und dem IFA Kombinat Nutzkraftfahrzeuge zugeordnet.

*) Fahrzeugkrane umfassen die Bauarten: Autodrehkrane, Abschleppkrane, Mobildrehkrane, Raupendrehkrane, Universalbagger mit Kranausrüstung, Ladedrehkrane, Lader, Mobilkrane/Mobilbagger, Schienendrehkrane, Eisenbahndrehkrane, Schwimmkrane und im erweiter ten Sinne Hubschrauberkrane. Siehe auch Pkt. 2. Übersicht und Gliederung der Fahrzeugkrane.

**) Vereinigung Volkseigener Betriebe TAKRAF (Tagebaugeräte-Krane-Fördermittel)

Die Entwicklung und Produktion von Fahrzeugkranen verteilte sich nach Bild 1 auf 14 Kranhersteller und einen Importeur.

Kranhersteller X Entwicklung und Produktion (X) nur Musterbau	Bauarten										
	Auto-dreh-krane	Ab-schlepp-krane	Mobi-dreh-krane	Raupen-dreh-krane	Bagger mit Kran-aus-rüstung	Lade-dreh-krane	Lader, Mobil-krane/ bagger	Hub-schrau-ber-krane	Schie-nen-dreh-krane	Eisen-bahn-dreh-krane	Schwimm-krane
VEB Bleichert Transportanlagenfabrik Leipzig	X			X					X		X
VEB Hebezeugwek Sebnitz	X	X	X								
VEB Schwermaschinenbau „Georgi Dimitroff" Magdeburg	X										
VEB Maschinenbau „Karl Marx" Babelsberg	X			X							
VEB Eisengießerei u. Maschinenfabrik ZEMAG Zeitz	(X)			X	X						
VEB Schwermaschinenbau „S.M. KIROW" Leipzig	(X)		X						X	X	
VEB Spezialfahrzeugwerk Löbau/S		X				X					
VEB Kranbau Eberswalde				X					X		X
VEB Weimar Werk				X			X		X		
VEB Förderanlagen „7.Oktober" Magdeburg				X							
VEB Schwermaschinenbau NOBAS Nordhausen				X	X				X		
VEB Spezialfahrzeugwerk Berlin				X							
VEB Entwicklungs- u. Musterbau Baumechanisierung Berlin						X					
VEB Landmaschinenbau „Rotes Banner" Döbeln							X				
Werk KASAN, Werk ULAN UDEL, Kasachstan < Import >								X			

Bild 1 Kranhersteller - Bauarten

Die zeitliche Entwicklung und Herstellung von Autodrehkranen erfolgte in verschiedenen zeitlichen Abschnitten und Betrieben, beginnend um 1947/1948 bei der < SAG Bleichert Transportanlagenfabrik Leipzig >, dem < Hebezeugwerk Sebnitz > über den < Schwermaschinenbau Magdeburg > (GDW) bis zum < Maschinenbau Babelsberg >. Trotz der durch wirtschaftspolitische Strukturentscheidungen erfolgten Produktionsverlagerungen, wurden über den Zeitraum von 1948 bis 1990 ca. 27.000 Stück Autodrehkraneinheiten hergestellt. Die Tragfähigkeit der Krane war durch die Möglichkeiten der Zulieferindustrie, besonders bei der Bereitstellung von angetriebenen Achsen, langen Teleskopierzylindern, höherfesten Stählen und später auch von elektronischen Ausrüstungen begrenzt und deckte nur den Tragfähigkeitsbereich von 1,6 bis 12,5 (13) t ab, wodurch auch die begonnene Entwicklung der Krane mit 20 bis 25 t Tragfähigkeit bei ZEMAG Zeitz nicht verwirklicht werden konnte. Die in großen Stückzahlen hergestellten Krantypen waren die Autodrehkrane ADK 63, ADK 70 und ADK125 mit ihren entsprechenden Ausrüstungsvarianten.

Benötigte Autodrehkrane mit größeren Tragfähigkeiten wurden begrenzt importiert und vorwiegend in den Montagebetrieben IMO Leipzig und IMO Merseburg sowie in einigen Baukombinaten konzentriert.

Die Entwicklung und Produktion von Mobildrehkranen begann 1952/1953 im sächsischen < Hebezeugwerk Sebnitz >. Anfang der 60er Jahre begann der eisenbahndrehkranbauende Betrieb < Schwermaschinenbau KIROW Leipzig > gleichfalls mit der Herstellung dieser Bauart und wurde durch die Entwicklung von Typenreihen Alleinhersteller dieser Krane in der DDR. Die Produktion wurde bis 1990 durchgeführt. Danach erfolgte mit der Umwandlung des Betriebes in die < Schwermaschinenbau KIROW Leipzig GmbH > und damit verbunden die Veränderung des Produktionsprofiles, was mit der Einstellung der Produktion einherging.
Die erste Entwicklung begann mit einem Kran von 5 t Tragfähigkeit, bei dem der Oberwagen noch von einem Schienenkran übernommen wurde. In der Folgezeit erreichte die Entwicklung schrittweise Krane, die bei gleichbleibendem diesel-mechanischen Antriebsprinzip Tragfähigkeiten bis 50 t mit entsprechenden Hubhöhen und Ausladungen aufwiesen. Insgesamt erfolgte die Herstellung von annähernd 1800 Mobildrehkranen einschließlich ihrer Varianten. Der Einsatz auf Baustellen und Umschlagplätzen erfolgte vorwiegend durch die Typen MDK 12,5 aus Sebnitz und die MDK 63, MDK 404 und MDK 504 von KIROW Leipzig.

Praktisch zeitgleich mit der Entwicklung der Mobildrehkrane erfolgte im < Weimar-Werk > die Entwicklung und der Bau von selbstfahrenden Ladern (Radlader) und kombinierten Mobilkran/Mobilbaggern, die, außer den Ladern, durch die spezifische Konstruktion des Auslegers als Gelenkausleger mit universellem Auslegerkopf auch in der Lage waren, neben ihrem eigentlichen Einsatzzweck für Erdarbeiten auch Kran- und Greiferarbeiten bis zu 3,6 Mp durchzuführen. Sie boten ein gutes Einsatzspektrum und wurden vorwiegend in der Land- und Forstwirtschaft, dem Meliorationswesen und in der Bauwirtschaft verwendet. Die Produktionsmenge war erheblich und betrug, zusammen mit dem gleichfalls produzierenden Betrieb < Landmaschinenbau Döbeln >, rd. 55.000 Einheiten.

Die Anfänge der Raupendrehkranentwicklung können auf die Betriebe < SAG Ardelt Werke Eberswalde >, später < VEB Kranbau Eberswalde > und < Bleichert Transportanlagenfabrik Leipzig > zurückgeführt werden. Während im Kranbau Eberswalde vor 1950 diesel-elektrische Raupenkrane (DIER) entwickelt und gefertigt wurden, erfolgte später eine Verlagerung oder Teilverlagerung der Produktion nach dem < Weimar Werk > in Weimar und später zum Betrieb < Förderanlagenbau Magdeburg >. Bei der Bleichert Transportanlagenfabrik Leipzig wurde von 1954 bis 1960 die Produktion verschiedener Typen im Bereich von 3 bis 15 t Tragfähigkeit mit elektrischem- und diesel-elektrischem Antrieb durchgeführt. In der Folgezeit von 1956 bis 1990 profilierten sich die Betriebe < Förderanlagenbau Magdeburg > – durch die Übernahme der Produktion und deren Weiterentwicklung vom Weimar Werk und von Bleichert Leipzig – und die < Eisengießerei und Maschinenfabrik ZEMAG Zeitz > – durch Erweiterung ihres Produktionssortimentes –, als Hersteller für mobile Raupendrehkrane. Das Produktionsvolumen in den beiden Betrieben, insbesondere bei ZEMAG Zeitz, war erheblich und exportorientiert und betrug bis 1990 knapp 24.000 Raupendrehkraneinheiten. Bestimmend waren dabei die Krantypen DIER, RDK160 und RDK 200 vom Förderanlagenbau Magdeburg und die RDK 250 und RDK 280 von ZEMAG Zeitz mit ihren Varianten als Kranausleger, Kranausleger mit Hilfsausleger und als Hochbauausleger. In beiden Betrieben wurde 1990 mit der Umwandlung in eine GmbH das Produktionsprofil verändert und die Produktion der Raupendrehkrane eingestellt.

Bei der Produktion von Universalbaggern in den Betrieben < Schwermaschinenbau NOBAS Nordhausen > und der < Eisengießerei und Maschinenfabrik ZEMAG Zeitz > mit insgesamt rd.19.000 hergestellten Baggereinheiten wurden schätzungsweise ca. 500 Stück mit Kranausrüstung geliefert. Während bei

ZEMAG Zeitz die Produktion 1990 eingestellt wurde, erfolgte bei NOBAS Nordhausen mit geringerem Produktionsumfang die Fortführung unter der neuen Firmenbezeichnung < HBM NOBAS GmbH >.

Die Produktion von Schienendrehkranen hatte insgesamt eine geringe Bedeutung, dennoch waren die Schienenkrane für die ersten Nachkriegsjahre unentbehrliche Hebezeuge für Wiederaufbauarbeiten. Ihre Entwicklung und Produktion lag von 1945 bis um 1950 beim < Kranbau Eberswalde, früher ARDELT Werke >. Danach erfolgten Verlagerungen der technischen Dokumentation von verschiedenen Krantypen zur Produktion nach dem < Weimar Werk > und < NOBAS Nordhausen >. Eine weitere Produktion erfolgte bei KIROW Leipzig. Bis Ende der 50er wurden ca. 110 Krane hergestellt, danach wurden diese Krane im Einsatz durch flexibelere Hebezeuge ersetzt.

Die Entwicklung und Fertigung von Eisenbahndrehkranen erfolgte als Alleinhersteller in der DDR im < Schwermaschinenbau KIROW Leipzig >, ein Betrieb mit langer Tradition in der Herstellung derartiger Krane. So wurden in dem Zeitraum bis 1990 über 5.000 Eisenbahndrehkrane und schienengebundene Spezialkrane im Tragfähigkeitsbereich von 5 bis 250 (300) t mit diesel-elektrischen, später mit hydraulischem Antrieb entwickelt und hergestellt. Nach 1990 wurde die Entwicklung und Produktion von Eisenbahndrehkranen unter der Bezeichnung < Maschinenbau KIROW GmbH >, angepasst an ein neues Produktionsprofil, fortgesetzt.

Die Entwicklung von Ladedrehkranen erfolgte im < Entwicklungs- und Musterbau Baumechanisierung Berlin > mit einer Typenreihe von 1 bis 12 tm vorwiegend für die Bauindustrie. Die Produktion wurde von 1983 bis 1990 in einem Volumen von insgesamt ca. 650 Einheiten durchgeführt, wobei der LDK 12/6,3, vorwiegend für den NKW KAMAZ, das Hauptprodukt darstellte. Der Betrieb < Spezialfahrzeugbau Löbau/S > produzierte den Ladedrehkran LDK 1250 mit 3,2 tm von 1965 bis 1990 speziell für einige Varianten des NKW W50 und andere in einer Größenordnung von ca. 6.350 Stück.

Die Produktion von Berge- und Abschleppkranen erfolgte zweckgebunden. Im <Hebezeugwerk Sebnitz > wurde der ADK III/3 G5 mit 3 t Tragfähigkeit von 1959 bis 1960 für den militärischen Bereich gebaut, während im < Spezialfahrzeugwerk Löbau/S > von 1965 bis 1990 der ABK 63 für den NKW W50 mit ca. 700 Stück hergestellt wurde.

Der Kranhubschrauber, den man als luftgestütztes Hebezeug der Bauart Fahrzeugkrane im erweiterten Sinne zuordnen kann, wurde durch die Fluggesellschaft <INTERFLUG, Bereich Wirtschaftsflug > von 1961 bis 1990 für schwer zugängliche Montagebaustellen und vor allem für die Elektrifizierung der Bahnstrecken der DR eingesetzt. Mit der damit erstmals im größerem Umfang angewendeten Montagemethode mittels Kranhubschrauber wurden Grundlagen für entsprechende Montagetechnologien und deren zweckmäßigem Einsatz geschaffen. Die Tragfähigkeit der aus der Sowjetunion importierten Hubschrauber betrug 0,7 und 3 t. In dem genannten Zeitraum wurden schätzungsweise 30.000 bis 40.000 Flugstunden geleistet. Nach 1990 wurde der Kranhubschraubereinsatz, jedoch im geringerem Umfang, durch die aus dem Bereich Wirtschaftsflug gebildete < Berliner Spezialflug Hubschrauberdienste GmbH > fortgeführt.

Die Entwicklung und Produktion von Schwimmkranen erfolgte bei < Bleichert Transportanlagenfabrik Leipzig (später VEB Schwermaschinenbau Verlade- und Transportanlagen Leipzig > (VTA) und im < VEB Kranbau Eberswalde >. Die Krane wurden entsprechend dem jeweiligen Verwendungszweck am Einsatzort in den Häfen und auf den Werften konstruktiv ausgelegt. Auf Grund dieser Spezifik und der auftragsgebundenen Einzelanfertigung wird diese Bauart in der vorliegenden Dokumentation nicht weiter abgehandelt.

Die folgende Aufstellung beinhaltet das Produktionsvolumen in dem betrachteten Zeitabschnitt von 1948 bis 1990 und ist, bezogen auf die Tragfähigkeit und damit indirekt auf ihre Verwendung, in zwei große Gruppen eingeteilt

Gruppe 1

Autodrehkrane	**rd.**	**27.200 Stck**	**entspricht**	**rd.**	**47 %**
Raupendrehkrane	**„**	**23.700 „**	**„**		**40 „**
Eisenbahndrehkrane	**„**	**5.300 „**	**„**		**9 „**
Mobildrehkrane	**„**	**1.800 „**	**„**		**3 „**
Bagger mit Kranausrüstung	**„**	**500 „**	**„**		**1 „**

Gruppe 2

Lader, Mobilkrane/Mobilbagger	**„**	**55.100 „**	**Bauarten sind**
Ladedrehkrane	**„**	**7.000 „**	**untereinander**
Abschlepp- und Bergkrane	**„**	**800 „**	**nicht vergleichbar**

Die erste Gruppe umfasste global den Haken- und Greiferbetrieb bei den Bau-, Montage- und Umschlagprozessen auf Baustellen und Lagerplätzen. Sie verfügte im Vergleich zur zweiten Gruppe über relativ größere Tragfähigkeiten. Im Bild 2 ist die Produktionsdauer der am häufigsten in Serie produzierten Bauarten einschließlich ihrer Varianten dargestellt.

Die zweite Gruppe beinhaltet einen universellen Einsatz- und Verwendungsbereich für Haken- und Greiferbetrieb sowie Erd- und Tiefbauarbeiten bei relativ geringen Tragfähigkeiten. Hervorzuheben ist hier die relativ große Stückzahl an Ladern und Mobilkranen/Mobilbaggern, bedingt durch ihre universelle Einsatz- und Verwendungszwecke speziell in der Landwirtschaft und der Bauindustrie.

Die Entwicklung im Rahmen des internationalen Trends zu Autodrehkranen mit höherem Niveau und größeren Tragfähigkeiten war, aus den schon dargestellten materiellen Gründen, nicht realisierbar. Bei Auto-

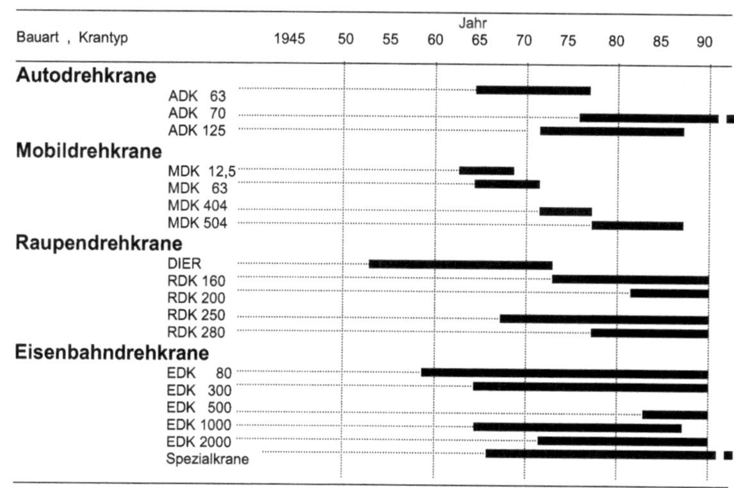

Bild 2 Produktionsdauer der am häufigsten produzierten Fahrzeugkrane der Gruppe 1

drehkranen war gegenüber dem internationalen Niveau in den jeweiligen Zeitabschnitten die Differenz am größten. Hier trat um 1970 eine Konstanz bei 12,5 t ein die sich bis 1990 nicht mehr veränderte, während international zum gleichen Zeitpunkt schrittweise Kranreihen von 20 bis zu 100 t und mehr als All Terrain-Krane (AT-Krane) entwickelt wurden.

Ähnliches trifft auch auf die Mobilkrane zu, bei denen zwar eine Kranreihe mit 20 und 50 t entwickelt wurde, aber daraus abgeleitet ein Übergang zu geländegängigen Kranen (RT-Krane) in der gleichen Größenklasse nicht erfolgte.

Bei den Raupenkranen konnten durch die sehr starke und langfristige Exportorientierung einzelner Krantypen, und damit auch aus Kapazitätsgründen, keine neuen Kranreihen mit höherem Niveau und größeren Tragkräften entwickelt werden.

Bild 3 zeigt die zeitliche Entwicklung der Tragfähigkeiten bei Auto-, Mobil- und Raupendrehkranen.

In den Bildern 4 bis 6 sind die Produktionsdauer und die Produktionsstückzahlen der fahrzeugkranbauenden Betriebe zusammenhängend dargestellt.

Bei der Entwicklung von Eisenbahndrehkranen und schienengebundenen Spezialkranen konnte das internationale Niveau gehalten und mitbestimmt werden.

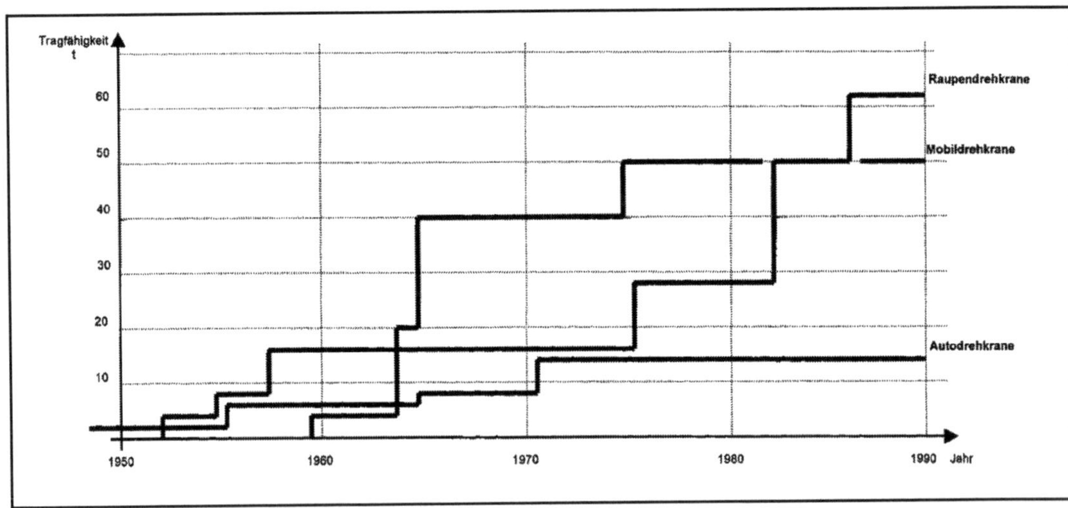

Bild 3 Tragfähigkeitsentwicklung von 1950 bis 1990 bei Auto-, Mobil- und Raupendrehkranen

Die Entwicklung und Produktion der Fahrzeugkrane erfolgte im Rahmen des zentralen Planungssystems und der (dadurch) begrenzten materiellen Möglichkeiten. In diesem Rahmen und unter diesen Bedingungen erfolgten trotzdem umfangreiche Neu- und Weiterentwicklungen. Diese Entwicklung kommt auch bei der Erneuerungsquote (Anzahl der Jahre/Neu- und Weiterentwicklung) der Bauarten zum Ausdruck.

Autodrehkrane	**1,48**
Abschlepp- und Bergekrane	**-/-**
Mobildrehkrane	**2,38**
Raupendrehkrane	**1,36**
Universalbagger mit Kranausrüstung	**-/-**
Ladedrehkrane	**4,17**
Lader, Mobilkrane/Mobilbagger	**2,83**
Hubschrauberkrane	**-/-**
Schienendrehkrane	**-/-**
Eisenbahndrehkrane	**1,30**
	(-/- keine Aussage)

Bei einer differenzierten Bewertung dieser Kennzahl sind natürlich Merkmale wie qualitatives und qualitatives Größenniveau der Bauart, Umfang und Inhalt der Veränderungen und das Verhältnis der Weiter- zur Neuentwicklung mit einzubeziehen.

Weiterhin wurden eine Reihe von Projekten in der angesprochenen Entwicklungstendenz bearbeitet, die jedoch wegen der dargestellten Lage nicht weiter verfolgt und eingestellt wurden.

Insgesamt muss hervorgehoben werden, dass in diesen graduell unterschiedlichen und komplizierten Entwicklungsprozeßen hohe ingenieur-technische Leistungen zur Vervollkommnung der einzelnen Bauarten erbracht wurden.

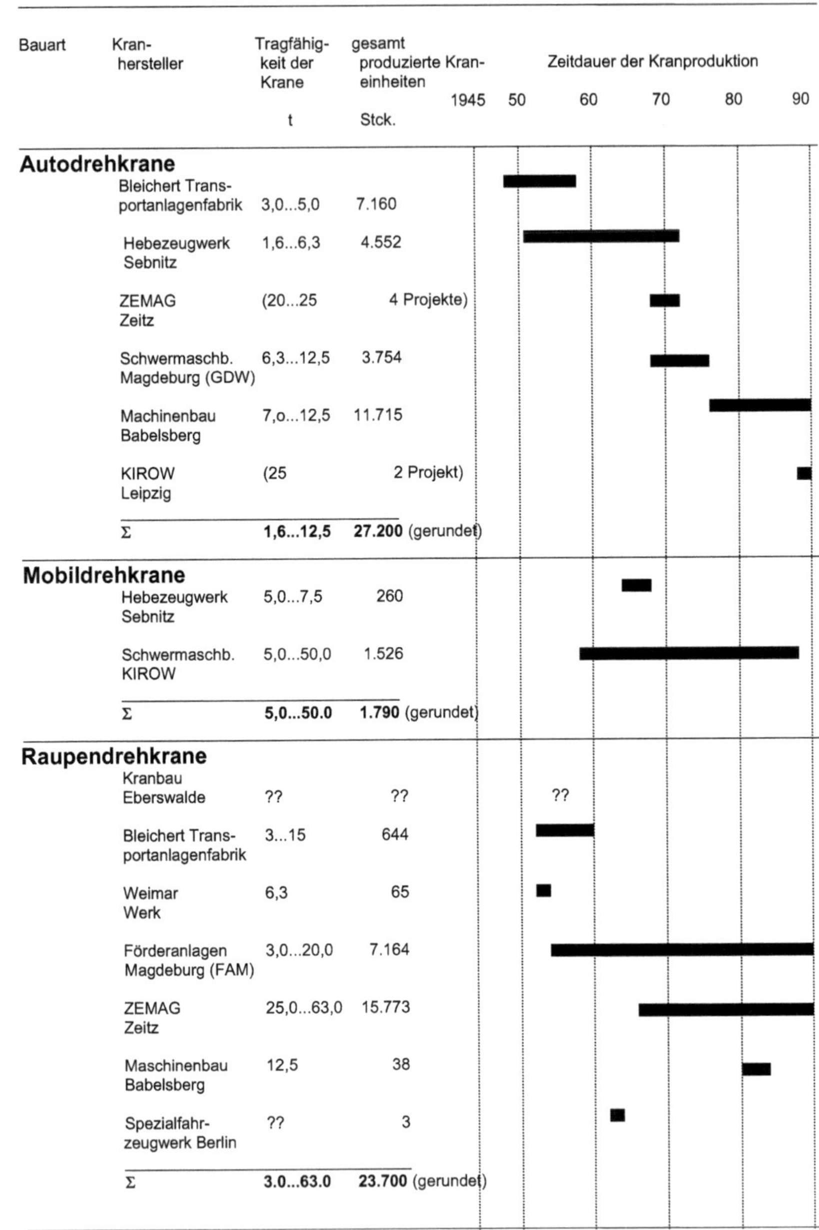

Bauart	Kranhersteller	Tragfähigkeit der Krane t	gesamt produzierte Kraneinheiten Stck.	Zeitdauer der Kranproduktion 1945 50 60 70 80 90
Autodrehkrane				
	Bleichert Transportanlagenfabrik	3,0...5,0	7.160	
	Hebezeugwerk Sebnitz	1,6...6,3	4.552	
	ZEMAG Zeitz	(20...25	4 Projekte)	
	Schwermaschb. Magdeburg (GDW)	6,3...12,5	3.754	
	Machinenbau Babelsberg	7,o...12,5	11.715	
	KIROW Leipzig	(25	2 Projekt)	
	Σ	**1,6...12,5**	**27.200** (gerundet)	
Mobildrehkrane				
	Hebezeugwerk Sebnitz	5,0...7,5	260	
	Schwermaschb. KIROW	5,0...50,0	1.526	
	Σ	**5,0...50.0**	**1.790** (gerundet)	
Raupendrehkrane				
	Kranbau Eberswalde	??	??	??
	Bleichert Transportanlagenfabrik	3...15	644	
	Weimar Werk	6,3	65	
	Förderanlagen Magdeburg (FAM)	3,0...20,0	7.164	
	ZEMAG Zeitz	25,0...63,0	15.773	
	Maschinenbau Babelsberg	12,5	38	
	Spezialfahrzeugwerk Berlin	??	3	
	Σ	**3.0...63.0**	**23.700** (gerundet)	

Bild 4 Produktionsdauer und Produktionsstückzahlen

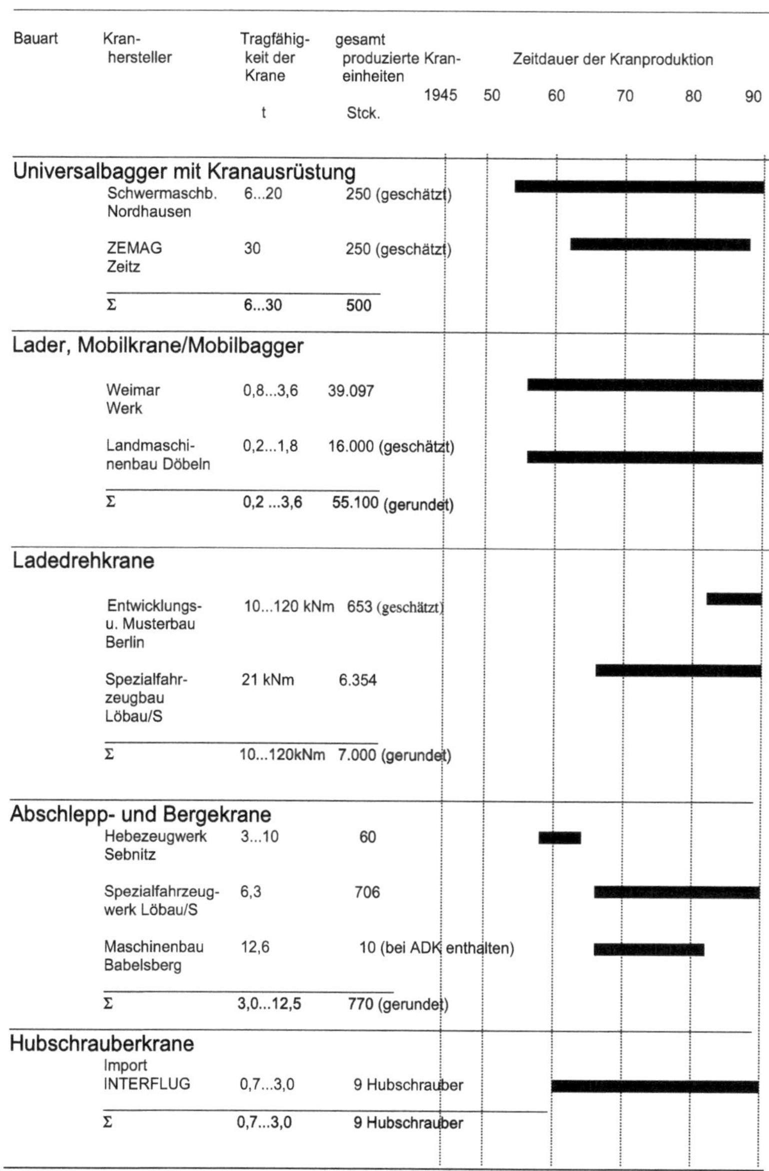

Bauart	Kranhersteller	Tragfähigkeit der Krane t	gesamt produzierte Kraneinheiten Stck.	Zeitdauer der Kranproduktion 1945 50 60 70 80 90
Universalbagger mit Kranausrüstung				
	Schwermaschb. Nordhausen	6...20	250 (geschätzt)	
	ZEMAG Zeitz	30	250 (geschätzt)	
	Σ	6...30	500	
Lader, Mobilkrane/Mobilbagger				
	Weimar Werk	0,8...3,6	39.097	
	Landmaschinenbau Döbeln	0,2...1,8	16.000 (geschätzt)	
	Σ	0,2 ...3,6	55.100 (gerundet)	
Ladedrehkrane				
	Entwicklungs- u. Musterbau Berlin	10...120 kNm	653 (geschätzt)	
	Spezialfahrzeugbau Löbau/S	21 kNm	6.354	
	Σ	10...120kNm	7.000 (gerundet)	
Abschlepp- und Bergekrane				
	Hebezeugwerk Sebnitz	3...10	60	
	Spezialfahrzeugwerk Löbau/S	6,3	706	
	Maschinenbau Babelsberg	12,6	10 (bei ADK enthalten)	
	Σ	3,0...12,5	770 (gerundet)	
Hubschrauberkrane				
	Import INTERFLUG	0,7...3,0	9 Hubschrauber	
	Σ	0,7...3,0	9 Hubschrauber	

Bild 5 Produktionsdauer und Produktionsstückzahlen

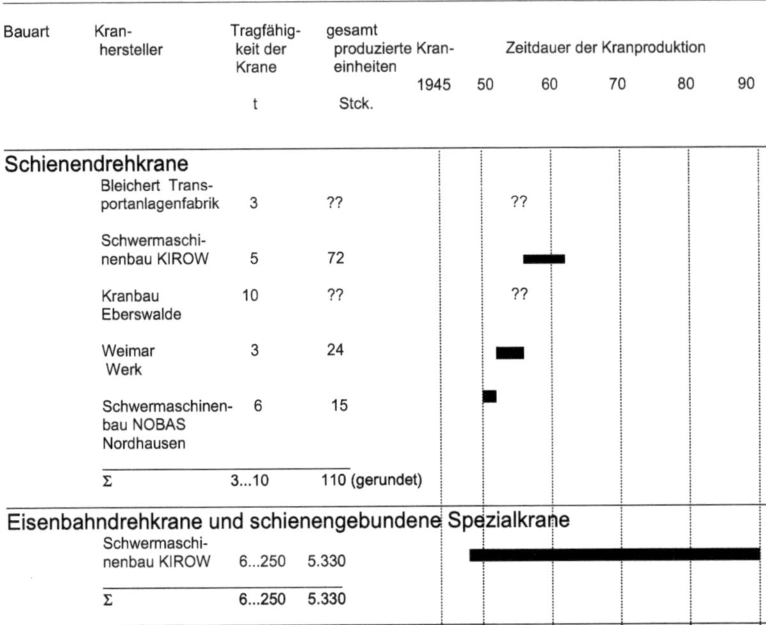

Bauart	Kranhersteller	Tragfähigkeit der Krane t	gesamt produzierte Kraneinheiten Stck.	Zeitdauer der Kranproduktion (1945 50 60 70 80 90)
Schienendrehkrane				
	Bleichert Transportanlagenfabrik	3	??	??
	Schwermaschinenbau KIROW	5	72	
	Kranbau Eberswalde	10	??	??
	Weimar Werk	3	24	
	Schwermaschinenbau NOBAS Nordhausen	6	15	
	Σ	3...10	110 (gerundet)	
Eisenbahndrehkrane und schienengebundene Spezialkrane				
	Schwermaschinenbau KIROW	6...250	5.330	
	Σ	6...250	5.330	

Bild 6 Produktionsdauer und Produktionsstückzahl

2. Übersicht und Gliederung der Fahrzeugkrane

Bei der Auswertung der betrieblichen Materialien und Unterlagen sowie der Aussagen von Zeitzeugen wurde zur Ergänzung und Untermauerung spezifischer Aussagen, Begriffsbestimmungen, Begriffe und allgemeiner Prinzipien die Interpretationen und Angaben aus der Fachliteratur /8/, /9/, /10/, /11/, /12 /, /13/, /14/ mit zu Grunde gelegt.

Für die spezielle Begriffsbestimmung < Krane > in dem betrachteten Zeitraum gab es mehrere gesetzliche Vorschriften und Richtlinien. Einmal gab es die DIN 1500 /1/, in der Begriffe und Einteilungen nach der Bauart festgelegt waren. Weiterhin gab es den Begriff < freizügig ortsveränderliche Krane > nach der TGL 22142/01 /2/ die ab 1986 Gültigkeit besaß. Diese bezog sich auf Auto-, Mobil-, Raupen- und Anhängerkrane sowie auf Bagger mit Kranausrüstung. Weiterhin gab es Richtlinien des VDI /3/,/4/,/5/ und des Verbandes der Berufsgenossenschaften /6/,/7/. In der Literatur gibt es dazu umfangreiche Aussagen und zum Teil auch unterschiedliche Standpunkte.

Für die Gliederung dieser Dokumentation wird die sich in der Literatur herausgebildete Begriffsbestimmung < Fahrzeugkrane > verwendet. Diese umfasst Straßenkrane (Auto- und Mobilkrane), Raupenkrane, Ladekrane, Eisenbahnkrane, Schwimmkrane und im erweiterten Sinne auch Kranhubschrauber als luftgestütztes Hebezeug.

Für die Gliederung wurde eine dreistellige Kranzahl festgelegt, die sich nach folgender Legende zusammensetzt:

X1. X2. X3. = Kranzahl

X1 = Nummer der Bauart
X2 = Nummer des Kranherstellers
X3 = lfd. Nummer des Krantyps in der jeweiligen Bauart (Ordnungsnummer)

Bauarten

Nummer der Bauart	Bauart
1	Autodrehkran
2	Abschlepp- und Bergekran
3	Mobildrehkran
4	Raupendrehkran
5	Universalbagger mit Kranausrüstung
6	Ladedrehkran
7	selbstfahrende Lader und Mobilkrane/Mobilbagger
8	Hubschrauberkran
9	Schienendrehkran
10	Eisenbahndrehkran

Kranhersteller

Nummer des Kranherstellers	Kranhersteller	
1	VEB Bleichert Transportanlagenfabrik Leipzig	
2	VEB Hebezeugwerk Sebnitz	
3	VEB Schwermaschinenbau „Georgi Dimitroff" Magdeburg	(GDW)
4	VEB Machinenbau „KARL MARX" Babelsberg	
5	VEB Eisengießerei und Maschinenfabrik ZEMAG Zeitz	
6	VEB Schwermaschinenbau „S. M. KIROW" Leipzig	
7	VEB Spezialfahrzeugwerk Löbau / Sachsen	
8	VEB Kranbau Eberswalde	
9	VEB Weimar Werk	
10	VEB Förderanlagen „7. Oktober"Magdeburg	(FAM)
11	VEB Schwermaschinenbau NOBAS Nordhausen	
12	VEB Spezialfahrzeugwerk Berlin	
13	VEB Entwicklungs- und Musterbau Baumechanisierung Berlin	
14	VEB Landmaschinenbau „Rotes Banner" Döbeln	
15	Werk KASAN , Werk ULAN UDEL Kasachstan	(Import)

3. Bauarten- und Krantypenübersicht

Bauart	Krantyp	Kranhersteller	Kranzahl
1	Autodrehkrane		
	.		
	ADK 3 „SIS“	Bleichert	1.1.01.
	ADK 3 „SIL“	Bleichert	1.1.02.
	ADK 3 „Studebaker“	Bleichert	1.1.03.
	ADK 3 H3A	Bleichert	1.1.04.
	Kranzug 3 H3A	Bleichert/Hunger/Werdau	1.1.05.
	ADK 3 G5	Bleichert	1.1.06.
	ADK 5 H6	Bleichert	1.1.07.
	Drehkran 173 S	Sebnitz	1.2.00.
	Traktorkran	Sebnitz	1.2.01.
	ADK I/5 „Panther“	Sebnitz	1.2.02.
	ADK I/5 B „Panther“	Sebnitz	1.2.03.
	ADK V/5 „Panther“	Sebnitz	1.2.04.
	ADK 6,3 = ADK 63	Sebnitz	1.2.05.
	ADK 63-2	Sebnitz	1.2.06.
	ADK VI/1,6	Sebnitz	1.2.07.
	ADK III/3 „Puma“	Sebnitz	1.2.08.
	ADK III/3 G5	Sebnitz	1.2.09.
	ADK 100	Sebnitz	1.2.10.
	ADK 63	GDW	1.3.01.
	ADK 63-1	GDW	1.3.02.
	ADK 63-2	GDW	1.3.03.
	ADK 100	GDW	1.3.04.
	ADK 125	GDW	1.3.05.
	ADK 70	Babelsberg	1.4.01.
	ADK 70-U	Babelsberg	1.4.02.
	ADK 70 Varianten	Babelsberg	1.4.03.
	ADK 80	Babelsberg	1.4.04.
	ADK 100	Babelsberg	1.4.05.
	ADK 100-K	Babelsberg	1.4.06.
	ADK 100-V	Babelsberg	1.4.07.
	ADK 100-M	Babelsberg	1.4.08.
	ADK 120-M	Babelsberg	1.4.09.
	ADK 120-K	Babelsberg	1.4.10
	ADK 125	Babelsberg	1.4.11.
	ADK 125-1	Babelsberg	1.4.12.
	ADK 125-2	Babelsberg	1.4.13.

ADK 125-3	Babelsberg	1.4.14
HC 38	Babelsberg	1.4.15
		0.0.00
ADK 150-U	Babelsberg	1.4.17
ADK 150-M	Babelsberg	1.4.18.
AT 160/180	Babelsberg	1.4.19.
ADK 180-K	Babelsberg	1.4.20.
ADK 180-U	Babelsberg	1.4.21
ADK 180-E	Babelsberg	1.4.22.
ADK 200-U	Babelsberg	1.4.23.
ADK 200-K	Babelsberg	1.4.24.
ADK 200-M	Babelsberg	1.4.25.
ADK TL-200	Babelsberg	1.4.26.
ADK 250-20	Babelsberg	1.4.27.
AT 35	Babelsberg	1.4.28.
ADK 200 T	ZEMAG	1.5.01
ADK 250 T	ZEMAG	1.5.02.
ADK 250	ZEMAG	1.5.03
ADK 250-1	ZEMAG	1.5.04.
ADK 280	ZEMAG	1.5.05.
ADK 1000	ZEMAG	1.5.06.
HK 25	KIROW	1.6.01.

2 Abschlepp- und Bergekrane

KW 10	Sebnitz	2.2.01
KW 5	Sebnitz	2.2.02.
ADK III/3-A G5	Sebnitz	2.2.03.
KW 12	Babelsberg	2.4.01.
ABK 63	Löbau/S	2.7.01.

3 Mobildrehkrane

MDK 12,5	Sebnitz	3.2.01
MDK 40/63	Sebnitz	3.2.02.
MDK 80/125	Sebnitz	3.2.03.
LDK-5	KIROW	3.6.01.
MDK 63	KIROW	3.6.02.
MDK 63/1	KIROW	3.6.03.
MDK 63/1-4	KIROW	3.6.04
MDK 204	KIROW	3.6.05.
MDK 160	KIROW	3.6.06.
MDK 160/1	KIROW	3.6.07.
MDK 404	KIROW	3.6.08.
MDK 404 T	KIROW	3.6.09

MDK 404 C	KIROW	3.6.10.
MDK 504	KIROW	3.6.11.
MDK 504/1	KIROW	3.6.12.

4 Raupendrehkrane

RK 3 „Mitschurin“	Bleichert	4.1.01.
RK 5	Bleichert	4.1.02.
RK 12	Bleichert	4.1.03.
RK 15	Bleichert	4.1.04.
RK 16	Bleichert	4.1.05.
HG 125	Babelsberg	4.4.01.
RDK 200	ZEMAG	4.5.01.
RDK 25	ZEMAG	4.5.02.
RDK 250	ZEMAG	4.5.03.
RDK 250-1	ZEMAG	4.5.04.
RDK 250-2	ZEMAG	4.5.05.
RDK 250-3	ZEMAG	4.5.06.
RDK 250-4 POLAR	ZEMAG	4.5.07.
RDK 280	ZEMAG	4.5.08.
RDK 280-1	ZEMAG	4.5.09.
RDK 300	ZEMAG	4.5.10.
RDK 300-1	ZEMAG	4.5.11.
RDK 350	ZEMAG	4.5.12.
RDK 350U	ZEMAG	4.5.13.
RDK 400	ZEMAG	4.5.14.
RDK 500	ZEMAG	4.5.15.
RDK 500-1	ZEMAG	4.5.16.
RDK 580	ZEMAG	4.5.17.
RDK 630	ZEMAG	4.5.18.
RDK 630-1	ZEMAG	4.5.19
RDK 800	ZEMAG	4.5.20.
RDK 1000	ZEMAG	4.5.21.
RDK 1600	ZEMAG	4.5.22.
DIER I	Eberswalde	4.8.01.
DIER I Hochbauausleger	Eberswalde	4.8.02.
RK 4	Eberswalde	4.8.03.
DIER	Eberswalde	4.8.04.
DIER I	Weimar	4.9.01.
RK 3 „Mitschurin“	FAM	4.10.01.
RK 3/1=B 6,3	FAM	4.10.02.
RK 5	FAM	4.10.03.
DIER I	FAM	4.10.04.
DIER 59	FAM	4.10.05.
DIER 61	FAM	4.10.06.

DIER 65	FAM	4.10.07.
DIER 65-1=RDK 160	FAM	4.10.08.
RDK 160-1	FAM	4.10.09.
RDK 160-2	FAM	4.10.10.
RDK 160-3	FAM	4.10.11
RDK 200	FAM	4.10.12.
RDK 25-28	FAM	4.10.13.
Mehrzweck-Gleisunterhaltungsgerät	Spez. Berlin	4.12.01.

5 Universalbagger mit Kranausrüstung

UB 162	ZEMAG	5.5.01.
UB 162-1	ZEMAG	5.5.02.
UB 266	ZEMAG	5.5.03.
UB 1411	ZEMAG	5.5.04.
UB 1412	ZEMAG	5.5.05.
UB 1412-1	ZEMAG	5.5.06.
UB 1413	ZEMAG	5.5.07
RK16/5	NOBAS	5.11.01.
UB 60	NOBAS	5.11.02.
UB 162	NOBAS	5.11.03
UB 1210-1214	NOBAS	5.11.04.
UB 1256	NOBAS	5.11.05.
UB 1254	NOBAS	5.11.06.
UB 80	NOBAS	5.11.07.
UB 120	NOBAS	5.11.08.

6. Ladedrehkrane

LDK 1250	Löbau/S	6.7.01.
LDK 1250-1	Löbau/S	6.7.02.
LDK 4/2,5	Berlin	6.13.01.
LDK 10/5	Berlin	6.13.02.
LDK 12/6,3	Berlin	6.13.03.
LDK 12/10	Berlin	6.13.04.

7. selbstfahrende Lader und Mobilkrane/Mobilbagger

T 170	Weimar	7.9.01.
T 172	Weimar	7.9.02.
T 174	Weimar	7.9.03.
T 174-1	Weimar	7.9.04.
T 174-2	Weimar	7.9.05
T 174-2A	Weimar	7.9.06.
T 185	Weimar	7.9.07.
T 188	Weimar	7.9.08.

T 157	Döbeln	7.14.01.
T 157/1	Döbeln	7.14.02.
T 157/2	Döbeln	7.14.03.
T 159	Döbeln	7.14.04.

8. Hubschrauberkrane

Mi-4	Werk KASAN Kasachstan	8.15.01.
Mi-8	Werk ULAN UDE Kasachstan	8.15.02

9. Schienendrehkrane

SK 3	Bleichert	9.1.01.
SDK-5	KIROW	9.6.01.
SK 10	Eberswalde	9.8.01.
SK 3	Weimar	9.9.01.
SK 6	NOBAS	9.11.01.

10. Eisenbahndrehkrane

EDK 6	KIROW	10.6.01.
EDK 10	KIROW	10.6.02.
EDK 25	KIROW	10.6.03.
EDK 30	KIROW	10.6.04.
EDK 50	KIROW	10.6.05.
EDK 100	KIROW	10.6.06.
EDK 80	KIROW	10.6.07.
EDK 80/1	KIROW	10.6.08.
EDK 80/2	KIROW	10.6.09.
EDK 80/3	KIROW	10.6.10.
EDK 100/150	KIROW	10.6.11.
EDK 300	KIROW	10.6.12.
EDK 300/2	KIROW	10.6.13.
EDK 500	KIROW	10.6.14
EDK 500/1	KIROW	10.6.15.
EDK 1000	KIROW	10.6.16.
EDK 1000/1	KIROW	10.6.17.
EDK 1000/2	KIROW	10.6.18.
EDK 1000/3	KIROW	10.6.19.
EDK 1000/4	KIROW	10.6.20.
EDK 2000	KIROW	10.6.21.

EDK S 700/900	KIROW	10.6.22.
EDK TELVAR 100	KIROW	10.6.23.
EDK TELVAR 50-1	KIROW	10.6.24.
EDK TELVAR 50-2	KIROW	10.6.25.
EDK TELVAR 25	KIROW	10.6.26.
EDK 300 W	KIROW	10.6.27.
EDK 300/4	KIROW	10.6.28.
EDK 300/5	KIROW	10.6.29.
EDK 750	KIROW	10.6.30.
EDK 750/3	KIROW	10.6.31.
EDK 750/4	KIROW	10.6.32.
ESK	KIROW	10.6.33.
ESK/3	KIROW	10.6.34.
EEK	KIROW	10.6.35.
EDK 60t E.R.	KIROW	10.6.36.
THG 630 Y	KIROW	10.6.37.

3. Bauarten und Krantypen

Anhang I

Autodrehkrane

Inhaltsverzeichnis

1. Entwicklung und Produktionsstruktur Autodrehkrane

Für den Beginn der Entwicklung und Produktion von Autodrehkranen wird als Vergleichsbasis das Jahr 1945 und früher betrachtet, um daraus den technischen Stand und die folgende Entwicklung, qualitativ wie quantitativ, sichtbar zu machen. Ohne auf technische Details einzugehen, sollen die Bilder 1 und 2 den Stand der damaligen Zeit dokumentieren, der bereits erste Ansätze und Prinzipien einer weiteren zukünftigen Entwicklung erkennen lässt.

Bild 1 Lastkraftwagen mit aufgebautem Drehkran, Hersteller: ARDELT WERKE Eberswalde
(3 t Tragfähigkeit bei 2,75 m Ausladung) / 63 /

Bild 2 Autokran, Hersteller: ARDELT WERKE Eberswalde
(3 t Tragfähigkeit bei 3,55 m Ausladung) / 63 /

Die Produktion von Autodrehkranen in der DDR begann 1948/49 mit der Serienherstellung von Kranen mit 3 t und ab 1955 mit 5 t Tragfähigkeit auf NKW-Chassis beim SAG Betrieb VEB Transportanlagenfabrik Leipzig im Rahmen von Reparationsleistungen für die damalige Sowjetunion. Die Fahrzeugrahmen kamen von den NKW-Typen „SIS", „SIL", Stutebaker" und später auch für das Inland von den im VEB Kraftfahrzeugwerk „Ernst Grube" hergestellten NKW H3A, H6 und G5.

Im VEB Hebezeugwerk Sebnitz, der bereits 1945 fördertechnische Erzeugnisse herstellte, wurde die Produktion 1952 mit dem Bau eines 3 t und 5 t hartgummibereiften Kranes (bekannt unter dem Namen Traktorkran) fortgesetzt. Von diesem Betrieb wurde in der Folge eine zielgerichtete Entwicklung einer Autodrehkranproduktion aufgenommen und durchgeführt.

Insgesamt gab es in der Folge bis 1990 sechs Betriebe, die eine Entwicklung und Produktion von Autodrehkranen durchführten. Die Ergebnisse und Leistungen waren Projekte und Musterbau sowie eine Serienproduktion in vier Betrieben wie aus der nachfolgenden Abb. 1 ersichtlich ist.

Betrieb	Tragfähigkeit Der Krane t	Zeitdauer der der Kranproduktion Jahr	gesamt produzierte Kraneinheiten Stck.	Produktionsverlagerung / Produktionsauslauf
VEB Bleichert Transportanlagenfabrik Leipzig	3,0 ... 5,0	1948 ... 1957	7.160	→ 0
VEB Hebezeugwerk Sebnitz	1,6 ... 6,3	1950 ... 1971	4.552	↓
VEB Schwermaschinenbau „Georgi Dimitroff" Magdeburg	6,3 ... 12,5	1969 ... 1976	3.754	↓
VEB Maschinenbau „Karl Marx" Babelsberg	7,0 ... 12,5	1975 ... 1990	11.715	→ 0
VEB Eisengießerei und Maschinenfabrik ZEMG Zeitz	(20,0 ... 25,0	1968 ... 1972	4	Entwicklungs-Projekte) → 0
Schwermaschienenbau „KIROW" Leipzig GmbH	(25	1989 ... 1990	2	Entwicklungs-Projekt) → 0
Σ	1,6 ... 12,5	1948 ... 1990	27.200 (gerundet)	

Abb. 1 Produktionsübersicht Autodrehkrane

Betrachtet man die vorstehenden tabellarischen Angaben, so kann von einer planmäßigen und zielgerichteten Autodrehkranentwicklung für die Realisierung der immer anspruchsvolleren technologischen Montageprozesse nicht gesprochen werden. Die Abb. 1 veranschaulicht diese Aussage und zeigt die Krantypen mit ihren geringen Tragfähigkeiten in den jeweiligen kranherstellenden Betrieben. Ursachen waren die materiellen Grenzen der Zulieferindustrie, die entwicklungshemmenden Produktionsverlagerungen und der damit verbundene Verschleiß an Fachwissen und dessen Neuaufbau, wie auch die fehlende langfristige Konzentration der Entwicklung und Produktion auf ein oder zwei stabile und langfristige Kranhersteller.

Mit dem VEB Maschinenbau „Karl Marx“ Babelsberg gab es einen ersten Ansatz zur Konzentration der Kranherstellung, der jedoch 1984 mit der Übernahme und Parallel-Produktion von KfZ-Erzeugnissen zu Lasten der Kranproduktion nicht weiter zum tragen kam. Durch strukturpolitische Entscheidungen der damaligen Staatlichen Plankommission wurde die Festlegung getroffen, dass die Produktion von Sattelaufliegern und Laufachsen vom VEB Kraftfahrzeugwerk „Ernst Grube“ Werdau sowie die Radbremsenproduktion für den W50 und den späteren L60 zu übernehmen waren, was eine Minderung der Produktionskapazitäten für Krane von ca. 30 bis 40% bedeutete.

Die Autodrehkranherstellung im VEB Bleichert Transportanlagenfabrik Leipzig lief Mitte der 50er Jahre zu Gunsten anderer Erzeugnisse aus, während im VEB Hebezeugwerk Sebnitz die Kranproduktion durch die Neu- und Weiterentwicklung von Autodrehkranen im Bereich von 1,6 bis 6,3 t Tragfähigkeit bis 1971 fortgesetzt wurde. In diesem Zeitraum wurden für die damalige Zeit bewährte Krane, wie die Kranreihe „Panther“, „Puma“ oder die Kranserie 6,3 hergestellt. Wiederum durch strukturpolitische Entscheidung der damaligen Staatlichen Plankommission der DDR und der betreffenden Ministerien wurde dem Betrieb die Produktion landwirtschaftlicher Gerätetechnik übertragen und die Produktion der Kranreihe 6,3 nach dem VEB Schwermaschinenbau „Georgi Dimitroff“ Magdeburg übergeleitet.

In diesem Zeitraum wurden durch das Hebezeugwerk Sebnitz eine Reihe von Prinzipien und Merkmalen geschaffen. So prägte sich einmal die hochgradige Nutzung von KFZ-Baugruppen und zum anderen der sog. Aufbau-Kran durch Nutzung von Serienfahrgestellen gängiger NKW-Typen aus, was auch in der späteren Folge, speziell mit dem NKW W50 und L60, weiter angewendet wurde. Weiterhin erfolgte die Entwicklung einer Kugeldrehverbindung. Schrittweise wurde der hydraulische Antrieb für die Antriebe und für die Teleskopierung eingeführt. Das Prinzip der Zweitlenkung mit drehbarem Sitz, um aus der Fahrerkabine sowohl den Kran verfahren, als auch die Kranarbeit im Einmannbetrieb betreiben zu können, wurde geschaffen. Gleichfalls wurde das Prinzip der Fremdstromeinspeisung eingeführt, um über einen Generator die Pumpenantriebe für das Hydrauliksystem oder Aggregate wie Motorgreifer und Lasthebemagnete zu betreiben.

Mit dem Trend und der allgemeinen Forderung der Wirtschaft nach Autodrehkranen mit höheren Tragfähigkeiten erfolgte im VEB Eisengießerei und Maschinenfabrik ZEMAG Zeitz in dem Zeitraum von 1967 bis Anfang der 70er Jahre die Entwicklung, zuerst der Ausleger in Gitterbauweise (ADK 250) und später als Teleskopausleger(ADK 200T) im Tragfähigkeitsbereich von 20 bis 25 t. Die Entwicklung scheiterte jedoch bei der Gittermastvariante wegen zu großer Umrüstzeiten auf der Baustelle gegenüber den sich immer mehr entwickelnden flexiblen Teleskopkranen, bei der hydraulischen Variante selbst an der Lieferung von längeren Hydraulikzylindern und von angetriebenen Achsen, so dass die weitere Entwicklung eingestellt werden musste.

In der DDR gab es zur damaligen Zeit und auch später keinen Hersteller für schwere Antriebsachsen. Deshalb erfolgte in diesem Zeitraum durch den VEB Eisengießerei und Maschinenfabrik ZEMAG Zeitz und dem Institut für Fördertechnik Leipzig die Entwicklung einer 10 t-Achse (der sog. ZEMAG-Achse) mit dem Ziel, in Zeitz eine entsprechende Achsfertigung aufzubauen, um damit das anstehende Achsproblem zu lösen. Dieses Vorhaben scheiterte an Investitionsmitteln, insbesondere an der Bereitstellung von Valutamitteln für den Import von Sondermaschinen aus dem westlichen Ausland.

Der Entwicklung von Kranen mit größeren Tragfähigkeiten waren durch die Zulieferindustrie materielle Grenzen gesetzt, die bis zum Ende der DDR nicht beseitigt werden konnten. Dazu zählten unter anderem die schon erwähnte Mängel an schweren Antriebsachsen, langen Hydraulikzylindern für die Teleskopierung, höheren Werkstoffgütern sowie größere Blechtafelabmessungen und im späteren Zeitraum die fehlende Bereitstellung entsprechender mikroelektronischer Baugruppen für die Sicherungs- und Überwachungsfunktionen beim Kranbetrieb.

Aufgrund der beschriebenen Lage konnte sich die Autokranentwicklung nur in dem gegebenen materiellen Rahmen bewegen.

Die Arbeitsrichtung des Ministeriums für Schwermaschinen und Anlagenbau für die Montagen von Anlagen und Ausrüstungen im Inland war einmal durch eine serienmäßige Herstellung von Autodrehkranen in der unteren Tragfähigkeitsklasse den universalen Bedarf im Inland abzudecken, gleichzeitig dabei einen möglichst hohen Export in die Ostblockländer durchzuführen. Zum anderen war durch den gezielten Import von Großgeräten und der vorwiegenden Konzentration dieser auf einige Montagebetriebe, wie z.B. IMO Leipzig und IMO Merseburg, die Großmontagen für Bau und Ausrüstungen abzudecken.

Im Betrieb VEB Schwermaschinenbau „Georgi Dimitroff“ Magdeburg wurde ab 1969 die Produktion der Autodrehkranreihe 6,3 mit der Produktionsverlagerung vom Hebezeugwerk Sebnitz fortgesetzt. Gleichzeitig erfolgte die Entwicklung eines 12,5 t-Kranes, der aus dem von VEB Hebezeugwerk Sebnitz entwickelten und im Musterbau vorhandenen 10t-Kran abgeleitet wurde. Der Produktionsbeginn mit der Typenbezeichnung ADK 125 datiert auf das Jahr 1971. Zur Absicherung der Achsen wurde mit dem ungarischen Betrieb Raba Györ ein Kooperationsvertrag abgeschlossen, der die Lieferung des fahrfertigen Unterwagens bei Bereitstellung aller Fertigteile seitens des Magdeburger Betriebes beinhaltete.

Mit der wirtschaftspolitischen Entscheidung, die Produktion von Ausrüstungen für den Tagebau der Braunkohlenindustrie wesentlich zu steigern, wurde 1972 die Produktion von Autodrehkranen in diesem Betrieb beendet. Die Kranreihe 6,3=63 wurde eingestellt und durch den in Entwicklung befindlichen ADK 70 ersetzt. Die Produktion des ADK 125 wurde nach dem VEB Maschinenbau „Karl Marx“ Babelsberg verlagert, der seinerseits die Produktion klimatechnischer Ausrüstungen auslagerte.

Gleichzeitig erfolgte die Verlagerung des in Entwicklung befindlichen ADK 70 vom VEB Schwermaschinenbau „S. M. KIROW“ Leipzig nach Babelsberg .

Damit wurde erstmalig im VEB Maschinenbau „Karl Marx" Babelsberg eine Konzentration der Autodrehkranproduktion vorgenommen, der Betrieb wurde zum Alleinhersteller von Autodrehkranen in der DDR. Einmal wurde die Produktion der Kranreihe 12,5 durch eine Reihe von Weiterentwicklungen und Varianten langfristig bis 1987 durchgeführt, bis sie wegen ständiger Liefer-, Qualitäts- und Preisprobleme bei der Bereitstellung des Unterwagens durch den ungarischen Partner eingestellt wurde. Zur Ablösung des ADK 125 wurde 1984 ein Projekt eines All-Terrain-Kranes AT 160/180 erarbeitet, das jedoch, wiederum an der Bereitstellung der Achsen scheiterte.

Zum anderen wurde, wie schon erläutert, 1976 als zweite Kranlinie die Produktion des ADK 70 als Aufbaukran auf den NKW W50 aufgenommen. 1982 wurde mit der Entwicklung des ADK 80, wieder als Aufbaukran auf W50, begonnen, bei dem erstmalig im größeren Umfang mikroelektronische Baugruppen für die Kranüberwachung und Sicherung eingesetzt wurden, was zu erheblichen Anlaufproblemen führte. Die Produktion wurde bis 1989 mit einer relativ geringen Stückzahl durchgeführt. Der ADK 70, der eigentlich durch den ADK 80 abgelöst werden sollte, wurde bis 1991 weiter hergestellt.

Mit der Entwicklung des NKW L60 im VEB IFA Automobilwerk Ludwigsfelde bestand die Möglichkeit, durch die größere Nutzmasse des Fahrzeuges einen Kran mit 10 t Tragfähigkeit zu entwickeln. Gleichzeitig sollte damit ein „Mittel" geschaffen werden, dass den ADK 125 annähernd und die Krane ADK 70 und 80 ersetzen sollte. Die 1986 begonnenen Entwicklungsarbeiten erbrachten gute Ergebnisse. Mit den gesellschaftlichen Veränderungen in der DDR 1989/90 ergab sich durch Einstellung der Produktion des L60 im Automobilwerk Ludwigsfelde und dem nun auch fehlenden Absatzmarkt in den Ostblockstaaten die Konsequenz, die weitere Entwicklung zur Serienreife und -produktion einzustellen.

Unter dem neuen Namen Maschinenbau Babelsberg GmbH wurden 1990 und in den Folgejahren eine Reihe von Projekten als Aufbaukrane erarbeitet. Hierbei wurde, wie im Entwicklungskonzept des ADK 100 bereits vorgesehen, den Oberwagen auch auf andere Fahrgestelle zu setzen, dies mit dem ADK 100K (KAMAZ) und ADK 100M (MERCEDES) in kleinen Stückzahlen realisiert.

Mit dem Überlauf der Produktion des ADK 70 in das Jahr 1991 und der auslaufenden Restproduktion der Krane ADK100-K und ADK100-M bis 1995 wurden dann in Babelsberg keine Autodrehkrane mehr hergestellt.

Unabhängig von der unbefriedigenden Situation hinsichtlich der Entwicklung und der Produktion muss jedoch festgehalten werden, dass unter Ausschöpfung der vorhandenen materiellen Möglichkeiten eine optimale qualitative und quantitative Auslegung und Gestaltung der Krane erfolgte und die Qualität und Zuverlässigkeit der Geräte gewährleistet war.

Betrieb	Zeitdauer d. Kranproduktion a Jahr	gesamt produzierte Kraneinheiten M Stck.	Anzahl d. Neu- u. Weiterentwicklungen E Stck. (ca)	durchschnittlich produzierte Kraneinheiten im Jahr M/a Stck./Jahr	durchschnittliche Anzahl der Entwicklungsjahre je Entwicklung a/E Jahr/Stck.	durch schnittlich produzierte Kraneinheiten je Entwicklung M/E Stck./Stck.
VEB Bleichert Anlagenfabrik Leipzig	10	7.160	6	716	1,67	1.193
VEB Hebezeugwerk Sebnitz	22	4.552	10	207	2,20	455
VEB Schwer-Maschinenbau „Georgi Dimitroff" Magdeburg	8	3.754	3	469	2,67	507*)
VEB Maschinenbau „Karl Marx" Babelsberg	16	11.715	9	732	1,78	1.145*)
VEB Eisengießerei u. Maschinenfabrik ZEMAG Zeitz	nur Entwicklung und Musterbau keine Serienproduktion	4				
Schwermaschinenbau „ KIROW" Leipzig GmbH		2	1**)			
	1948 ... 1990					
durchschnittliches Gesamt-Ergebnis	**43**	**27.181**	**29**	**632**	**1,48**	**937**

*) Korrigiert durch Produktionsverlagerung
**) Entwicklung ADK 70

Abb. 2 Entwicklungs- und Produktionsniveau Autodrehkrane

Zusammenfassend kann gesagt werden, dass die serienmäßige Autodrehkranproduktion in der DDR, bedingt durch die begrenzten Möglichkeiten der Zulieferindustrie, praktisch nur auf drei Tragfähigkeitsbereichen beruhte. Dieses führte zwangsläufig, um den Bedarf und die Exportverpflichtungen abzudecken, zu relativ hohen Stückzahlen.

Tragfähigkeitsbereich t	dominierende Krantypen (einschließlich ihrer Varianten)	Stückzahl Stck. (gerundet)
3 5	ADK 3 „SIS“ , ADK III/3 , ADK „Panther“	9.600
6,3 ... 8	ADK 63 , ADK , ADK 70 , ADK 80	12.100
10 12,5	ADK 125	5.400

Der ADK 250 sowie ADK 200T waren Entwicklungsprojekte, und der ADK 100 $_{\text{(Babelsberg)}}$ wurde nicht mehr in die Serienproduktion überführt.

Die Träger der Entwicklung und Fertigung der serienmäßig und zeitlich versetzt durchgeführten Produktion waren, wie auch aus der Abb. 1 ersichtlich ist, die Betriebe Bleichert Anlagenfabrik Leipzig, VEB Hebezeugwerk Sebnitz, VEB Schwermaschinenbau "Georgi Dimitroff" Magdeburg und der VEB Maschinenbau "Karl Marx" Babelsberg, während im VEB Eisengießerei und Maschinenfabrik ZEMAG Zeitz nur Entwicklung und Musterbau der Krane mit 20 bis 25 t Tragfähigkeit durchgeführt wurde. Der prozentuale Anteil betrugt damit:

Betrieb	Anteil an der ADK-Produktion %
Bleichert Anlagenfabrik	26,3
Hebezeugwerk Sebnitz	16,8
GDW Magdeburg	13,8
Maschinenbau Babelsberg	43,1

Die Betriebe in Sebnitz und Babelsberg weisen dabei die längste Produktionsdauer auf.

Die Abb. 2 zeigt auch, bedingt durch die materiellen Grenzen der Zulieferindustrie, die Erneuerungsquote, die zwischen 1,5 und 2,7 Jahren lag.

In dem Zeitraum von 1948 bis 1990 wurden bei 43 Jahren serienmäßiger Kranproduktion insgesamt rd. 27.200 Kraneinheiten mit 1,6 bis 12,5 t Tragfähigkeit, ausgehend von ca. 29 Neu- und Weiterentwicklungen, hergestellt.

Die durchschnittliche Jahresgröße der Produktion lag, bedingt durch den Seriencharakter, bei rund 630 Kraneinheiten. Bei den in die Produktion überführten Entwicklungen ergab sich eine durchschnittliche serienmäßige Produktionsmenge von ca. 930 Kraneinheiten. Weitere Angaben sind bei den einzelnen Krantypen ausgewiesen.

2. Übersicht, Gliederung und Darstellung der Autodrehkrantypen

Für die Gliederung wurde eine dreistellige Kranzahl festgelegt, die sich nach folgender Legende zusammensetzt:

$X_{1.}\ X_{2.}\ X_{3.}$ = Kranzahl

X_1 = Nummer der Bauart

X_2 = Nummer des Kranhersteller

X_3 = lfd. Nummer des Krantyps in der jeweiligen Bauart (Ordnungsnummer)

Bauart

Nummer der Bauart	Bauart
1	Autodrehkran

Kranhersteller

Nummer des Kranherstellers	Kranhersteller	
1	VEB Bleichert Transportanlagenfabrik Leipzig	
2	VEB Hebezeugwerk Sebnitz	
3	VEB Schwermaschinenbau „Georgi Dimitroff" Magdeburg	(GDW)
4	VEB Machinenbau „KARL MARX" Babelsberg	
5	VEB Eisengießerei und Maschinenfabrik ZEMAG Zeitz	
6	VEB Schwermaschinenbau „S. M. KIROW" Leipzig	

Bauart	Krantyp	Kranhersteller	Kranzahl
1	Autodrehkran		
	ADK 3 „SIS"	Bleichert	1.1.01.
	ADK 3 „SIL"	Bleichert	1.1.02.
	ADK 3 „Studebaker"	Bleichert	1.1.03.
	ADK 3 H3A	Bleichert	1.1.04.
	Kranzug 3 H3A	Bleichert/Hunger/Werdau	1.1.05.
	ADK 3 G5	Bleichert	1.1.06.
	Drehkran 173 S	Sebnitz	1.2.00.
	Traktorkran	Sebnitz	1.2.01.
	ADK I/5 „Panther"	Sebnitz	1.2.02.
	ADK I/5 B „Panther"	Sebnitz	1.2.03.
	ADK V/5 „Panther"	Sebnitz	1.2.04.
	ADK 6,3 = ADK 63	Sebnitz	1.2.05.
	ADK 63-2	Sebnitz	1.2.06.
	ADK VI/1,6	Sebnitz	1.2.07.
	ADK III/3 „Puma"	Sebnitz	1.2.08.
	ADK III/3 G5	Sebnitz	1.2.09.
	ADK 100	Sebnitz	1.2.10.
	ADK 63	GDW	1.3.01.
	ADK 63-1	GDW	1.3.02.
	ADK 63-2	GDW	1.3.03.
	ADK 100	GDW	1.3.04.
	ADK 125	GDW	1.3.05.
	ADK 70	Babelsberg	1.4.01.
	ADK 70-U	Babelsberg	1.4.02.
	ADK 70 Varianten	Babelsberg	1.4.03.
	ADK 80	Babelsberg	1.4.04.
	ADK 100	Babelsberg	1.4.05.
	ADK 100-K	Babelsberg	1.4.06.
	ADK 100 V	Babelsberg	1.4.07.
	ADK 100-M	Babelsberg	1.4.08.
	ADK 120-M	Babelsberg	1.4.09.
	ADK 120-K	Babelsberg	1.4.10
	ADK 125	Babelsberg	1.4.11.
	ADK 125-1	Babelsberg	1.4.12.
	ADK 125-2	Babelsberg	1.4.13.
	ADK 125-3	Babelsberg	1.4.14
	HC 38	Babelsberg	1.4.15.
			0.0.00.
	ADK 150-U	Babelsberg	1.4.17.
	ADK 150-M	Babelsberg	1.4.18.
	AT 160/180	Babelsberg	1.4.19.

Bauart	Krantyp	Kranhersteller	Kranzahl
	ADK 180-K	Babelsberg	1.4.20.
	ADK 180-U	Babelsberg	1.4.21.
	ADK 180-E	Babelsberg	1.4.22.
	ADK 200-U	Babelsberg	1.4.23.
	ADK 200-K	Babelsberg	1.4.24.
	ADK 200-M	Babelsberg	1.4.25.
	ADK TL-200	Babelsberg	1.4.26.
	ADK 250-20	Babelsberg	1.4.27.
	AT 35	Babelsberg	1.4.28.
	ADK 200 T	ZEMAG	1.5.01
	ADK 250 T	ZEMAG	1.5.02.
	ADK 250	ZEMAG	1.5.03
	ADK 250-1	ZEMAG	1.5.04.
	ADK 280	ZEMAG	1.5.05.
	ADK 1000	ZEMAG	1.5.06.
	HK 25	KIROW	1.6.01.

Kranzahl: 1.1.01

Erzeugnis: **ADK 3 „SIS“ *)**

Status: **Neu- und Weiterentwicklung**

Kranhersteller: **„Bleichert“ Transportanlagenfabrik Leipzig SAG **)**

1948 wurde die russische Krankonstruktion eines 3 t-Kranes für den Aufbau auf die NKW-Fahrgestelle „SIS“, „SIL“ und „Studebaker“ übernommen. Ohne das Gesamtkonzept des Kranes zu verändern und eine einheitliche Ersatzteilversorgung für die in der SU bereits in großen Stückzahlen laufenden Krane zu gewährleisten, wurden nur konstruktive Detailveränderungen durchgeführt.

Autodrehkran ADK 3 „SIS“ / 15 /

Den Unterwagen bildete beim SIS ein 2-achsiges- und beim SIL sowie Studebaker ein 3-achsiges Fahrgestell mit jeweils Original-Fahrmotor, Bremsanlage und Fahrerhaus. Über einen Verstärkungsrahmen, der auf dem Fahrgestell angeordnet war, befand sich die Rollendrehverbindung – einschließlich Königszapfen – mit dem Oberwagen. Die Abstützungen waren klappbar ausgeführt und wurden mit Bolzen arretiert. Das Abstützen selbst erfolgte mit Handspindeln. Eine Federblockierung bestand nicht, so dass ein Verfahren unter Last nicht möglich war.

Der Strom wurde mittels eines Generators im Unterwagen über einen Nebenabtrieb des Getriebes erzeugt und über Schleifringkörper in den Oberwagen geleitet. Die Steuerung der Elektromotoren für das Hub-, Auslegerhub- und Drehwerk erfolgte zentral von der Krankabine. Es bestand auch die Möglichkeit, die Motoren durch Fremdstromeinspeisung zu betreiben.

Eine Notstromabgabe für den Betrieb von Fremdaggregaten war möglich.

*) Der Kran wird allgemein in den Unterlagen nur mit Autokran bezeichnet. Zur eindeutigen Identifizierung wurde die Bezeichnung ... 3 "SIS" ... (Tragfähigkeit, Fahrzeugtyp) verwendet.

**) spätere Bezeichnung VEB Schwermaschinenbau Verlade- und Transportanlagen Leipzig

Beim Ausleger handelte es sich um einen genieteten Fachwerkausleger, der ab 1950 in Schweißkonstruktion ausgeführt wurde und für damalige Verhältnisse als eine Leichtkonstruktion galt. Im Fahrbetrieb wurde er durch einen Stützrahmen, der sich auf der vorderen Stoßstange befand, aufgenommen. Das Gegengewicht bildeten die auf dem Drehtisch befindlichen Ausrüstungen, gesonderte Ballastteile waren wegen der begrenzten Nutzlast des Fahrgestelles nicht möglich.

Die Produktion der Autodrehkrane erfolgte im Rahmen der Reparationsleistungen an die Sowjetunion. Nach dem Musterbau 1948 begann im Folgejahr die Serienfertigung der Autodrehkrane auf den drei genannten Fahrzeugtypen.

Auf Grund von Kapazitätsproblemen wurden 1948/49 die ersten 106 Krane, einschließlich des Musterbaues, in Sebnitz hergestellt, wobei ein Großteil nur als Oberwagen zum Versand kam.

Entwicklungs-, Produktionslinie und Produktionsstückzahl*)

ADK 3 „SIS“,
ADK 3 „SIL“
ADK 3 „Studebaker“

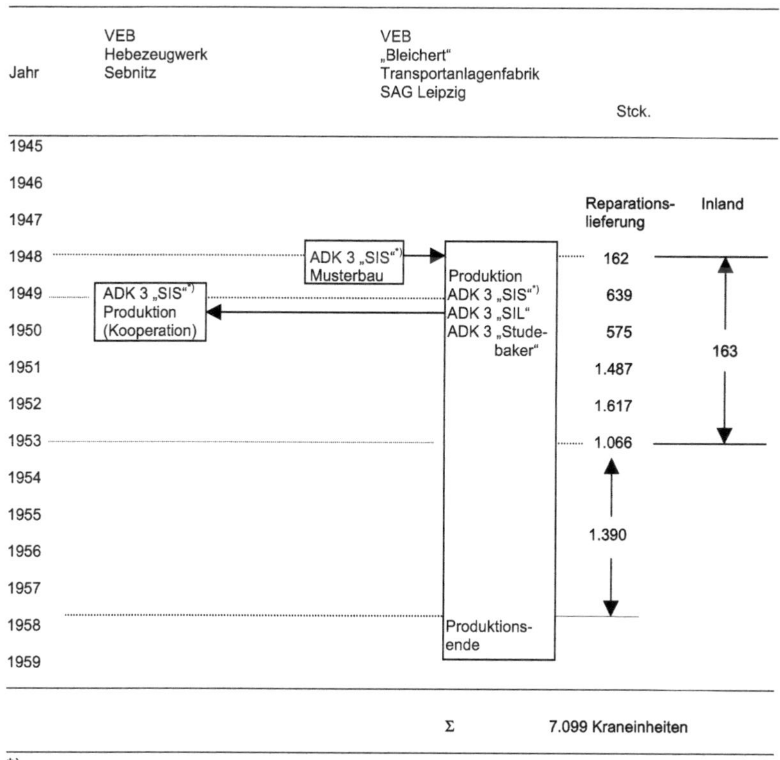

*) / 18 /

Nach Abb.1 wurden aus dem Erzeugnis ADK 3 „SIS“ später die Autodrehkrane auf den Fahrgestellen H3A, H6 und G5 abgeleitet.
Eine weitere Anwendung des Oberwagens erfolgte für den Raupendrehkran RK 3 „Mitschurin“, wie auch angebotsmäßig für einen Schienendrehkran SK 3. Mit entsprechender Überarbeitung auf 5 t Tragfähigkeit wurde der Oberwagen für den ADK 5 H6 und den Raupenkran RK 5 abgeleitet.

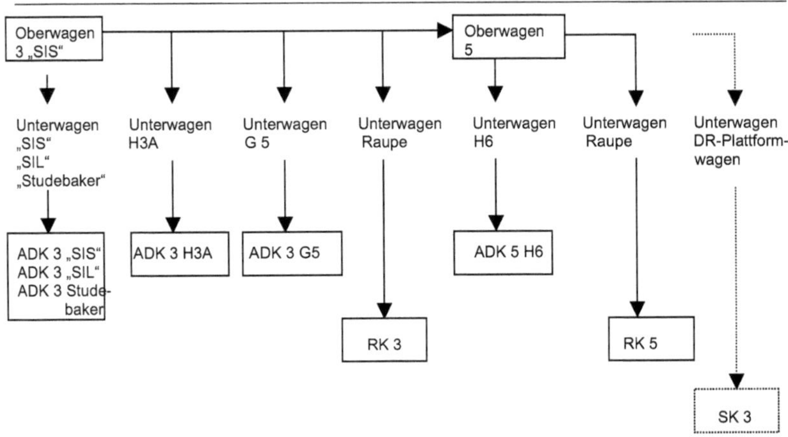

Abb. 1 Konstruktive Verwendung des Oberwagens vom ADK 3 „SIS“

Abmessungen und technische Daten:

Baumaße in transportabler Lage:

max. Breite	2,35 m
max. Höhe	3,55 m
Länge in Fahrstellung	9,20 m
Gewicht des Kranes ohne Auto	3730 kg

Hublast (in Betrieb):
3000 kg bei 2,5 m Ausladung
1650 kg „ 3,5 m „
1000 kg „ 4,5 m „
750 kg „ 5,5 m „

Hub der Last:
Hubhöhe max. 6,5 m
Hubgeschwindigkeit ca. 10 m/min
Hubzeit ca. 40 sec

Hub des Auslegers:
Hubzeit 19 sec aus Transport in die höchste Lage

Geschwindigkeit des Schwenkwerkes 1,1 U/min

Antriebsart:
elektrisch, Strom vom Netz, 220 V, 50 Per. (über eingebauten Trafo 220/380 V, 15 kVA)
oder vom eigenen Generator 380 V

benötigte Anschlußgröße min. 13 kW (für Netz)

mögliche Stromabgabe:
max. 15 kVA, Drehstrom 220 Volt (über Trafo, wenn Kranmotore nicht in Betrieb)

Autodrehkran ADK 3 „SIS“ Technische Daten / 15 /

Das Tragfähigkeitsdiagramm siehe Kranzahl 1.1.03.

Anmerkung: Der Oberwagen wurde auch in Polen auf den polnischen NKW STAR 20 aufgesetzt. Es ist nicht bekannt, ob der Oberwagen von" Bleichert" geliefert, oder in Polen selbst hergestellt wurde.

Kranzahl: **1.1.02**

Erzeugnis: **ADK 3 „SIL“ *)**

Status: **Neu- und Weiterentwicklung**

Kranhersteller: **„Bleichert“ Transportanlagenfabrik Leipzig SAG **)**

Analog dem ADK 3 „SIS“ wurde auf das Fahrgestell des NKW „SIL“ der Oberwagen des „SIS“ ohne Veränderung der technischen Daten aufgesetzt und angepaßt. Das Tragfähigkeitsdiagramm siehe Kranzahl 1.1.03.

Autodrehkran ADK 3 „SIL“ /15/

Die Produktionsstückzahl ist im Detail nicht bekannt, jedoch als Summe in der Gesamtangabe bei der Kranzahl 1.1.01. mit enthalten.

*) Der Kran wird allgemein in den Unterlagen nur mit Autokran bezeichnet. Zur eindeutigen Identifizierung wurde die Bezeichnung ... 3 "SIL" ... (Tragfähigkeit, Fahrzeugtyp) verwendet.
**) spätere Bezeichnung VEB Schwermaschinenbau Verlade- und Transportanlagen Leipzig

Kranzahl: **1.1.03**

Erzeugnis: **ADK 3 „Studebaker“ *)**

Status: **Neu- und Weiterentwicklung**

Kranhersteller: **„Bleichert“ Transportanlagenfabrik Leipzig SAG**)**

Analog dem ADK 3 „SIS“ und dem ADK 3 „SIL“ wurde auf das Fahrgestell des NKW „Studebaker“ der Oberwagen des „SIS“ ohne Veränderung der technischen Daten aufgesetzt und angepasst.

Autodrehkran ADK 3 „Studebaker“ /15/

Die Produktionsstückzahl ist im Detail nicht bekannt, jedoch als Summe in der Gesamtangabe unter der Kranzahl 1.1.01. mit enthalten.

*) Der Kran wird allgemein in den Unterlagen nur mit Autokran bezeichnet. Zur eindeutigen Identifizierung wurde die Bezeichnung ... 3 "Studebaker" ... (Tragfähigkeit, Fahrzeugtyp) verwendet.

**) spätere Bezeichnung VEB Schwermaschinenbau Verlade- und Transportanlagen Leipzig

Kranzahl: **1.1.03**

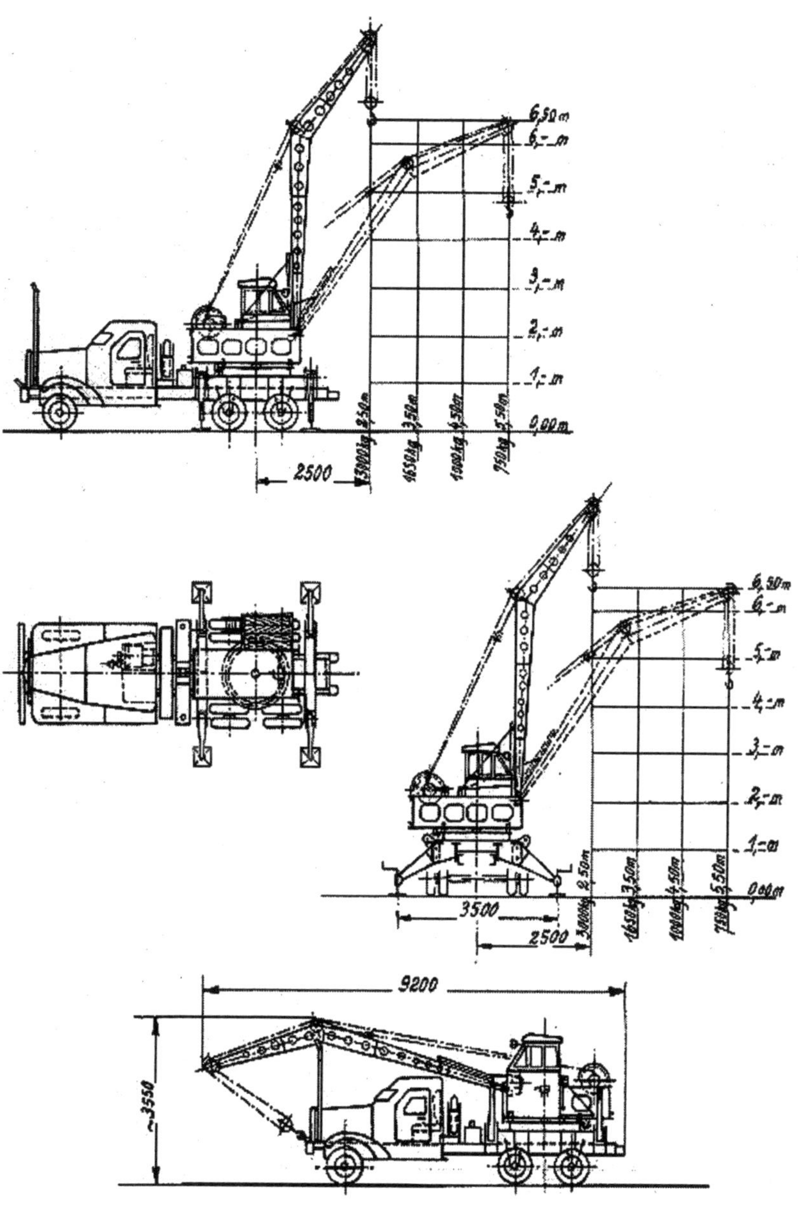

Autodrehkran ADK 3 „Studebaker“ Tragfähigkeitsdiagramm
- gilt auch für ADK 3 „SIS“ und ADK 3„SIL“ - / 15 /

Kranzahl: **1.1.04**

Erzeugnis: **ADK 3 H3A*)**

Status: **Neu- und Weiterentwicklung**

Kranhersteller: **„Bleichert“ Transportanlagenfabrik Leipzig SAG**)**

Konstruktiv wurde der Oberwagen vom ADK 3 „SIS“ verwendet und auf das Fahrgestell vom Typ H3A SW12, des im VEB Kraftfahrzeugwerk „Ernst Grube“ Werdau hergestellten NKW H3A, über einen Zwischenrahmen aufgesetzt und angepaßt.

Eine Achsverriegelung bestand nicht, so daß ein Verfahren unter Last nicht möglich war.

Der Oberwagen entsprach in seinen Leistungsparametern und Funktionen dem ADK 3 „SIS“. Das Tragfähigkeitsdiagramm siehe Kranzahl 1.1.03.

Autodrehkran ADK 3 H3A  / 18 /

Autodrehkran ADK 3 H3A in Arbeitsposition / 18 /

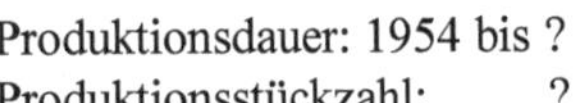

Produktionsdauer: 1954 bis ?
Produktionsstückzahl: ?

*) Der Kran wird allgemein in den Unterlagen nur mit Autokran bezeichnet. Zur eindeutigen Identifizierung wurde die Bezeichnung ... 3 H3A ... (Tragfähigkeit, Fahrzeugtyp) verwendet.
**) spätere Bezeichnung VEB Schwermaschinenbau Verlade- und Transportanlagen Leipzig

Die Entwicklung erfolgte 1953 und der Produktionsbeginn war im Jahr 1954. Produktionstückzahlen, Anzahl der Produktionsjahre und der Produktionsauslauf sind nicht bekannt. Es wird vermutet, daß eine größere Anzahl von Kranen hergestellt wurde.

Autodrehkran ADK 3 auf H3ASW12-Fahrgestell / 16 /

ADK 3 H3A

	Auto-Drehkran für Hublast max. 3 t	5 t
Tragkraft am Lasthaken	3000 kg bei 2,5 m Ausl. 1650 kg bei 3,5 m Ausl. 1000 kg bei 4,5 m Ausl. 750 kg bei 5,5 m Ausl.	5000 kg bei 2,5 m Ausl. 3[illegible]50 kg bei 3,5 m Ausl. 2200 kg bei 4,5 m Ausl. 1200 kg bei 5,5 m Ausl.
Hubhöhe max.	6,5 m	6,5 m
Hubgeschwindigkeit d. Last ca.	10 m/min.	6,5 m/min.
Ausleger heben	19 sec.	27 sec.
Schwenkgeschwindigkeit	1,1 UpM.	1,1 UpM.
Elektromotoren-Leistung:		
Lasthubwerk	6 kW 1430 UpM.	6 kW 1430 UpM.
Auslegerhubwerk	2,5 kW 1440 UpM.	2,5 kW 1440 UpM.
Schwenkwerk	1,6 kW 950 UpM.	1,6 kW 950 UpM.
Gewicht des Kranes ohne Auto	3730 kg	ca. 5 t
Stromquelle	Wechselstrom-Netzanschluß oder vom eigenen Generator 20 kVA; 380 V, 50 Per.	
Benötigte Anschlußgröße für Netzstrom min.	13 kW	13 kW

Beide Krane können mit Last nicht verfahren werden.

Schwenkbereich der Krane ohne Last = 360°, mit Last ± 135° zur rückwärtigen, mittleren Auslegerstellung.

Autodrehkran ADK 3 H3A Technische Daten / 15 /

Kranzahl: **1.1.05**

Erzeugnis: **Kranzug 3 H3A*)**

Status: **Neu- und Weiterentwicklung**

Kranhersteller: **„Bleichert“ Transportanlagenfabrik Leipzig SAG / „IFA Chemnitz“ / Ernst Grube Werk Werdau / Hunger - Anhänger- und Fahrzeug-Bau Frankenberg**

In Zusammenarbeit mit den genannten Betrieben wurde 1952 der Kranzug 3 H3A mit einer max. Tragfähigkeit von 3 t entwickelt, und nur ein Stück gebaut.

Der Kranzug ist praktisch ein Sattelschlepperzug. Die Sattelzugmaschine besteht aus dem Fahrgestell des NKW H3A, auf die der Sattelauflieger mit dem darauf montierten Oberwagen des ADK 3 „SIS“ aufgesetzt ist. Die Leistung des NKW H3A beträgt bei 2200 U/min 80 PS (58,8 kW), wobei eine max. Fahrgeschwindigkeit von 60 km/h erreicht wird.

Kranzug 3 H3A mit angehängter Last /17/

Antrieb und Steuerung des aufmontierten Oberwagens erfolgt elektrisch. Die erforderliche Elektroenergie wird von einem Generator, der über einen Nebenabtrieb des Schaltgetriebes vom Fahrmotor der Sattelzugmaschine angetrieben wird, erzeugt.

Eine Fremdstromeinspeisung ist möglich, was neben der Kraftstoffeinsparung auch den Vorteil hat, daß der abgestützte Kran ohne Zugmaschine arbeitet und diese für andere Fahrtätigkeiten eingesetzt werden kann. Weiterhin ist eine Notstromabgabe vom Generator möglich.

*) Der Kranzug wird allgemein mit Kranzug H3A bezeichnet. Zur eindeutigen Identifizierung wurde die Bezeichnung ... 3 H3A ... (Tragfähigkeit, Fahrzeugtyp) verwendet.

Der Oberwagen ist über einen Zwischenrahmen, der den Laufkranz des Kranes aufnimmt, fest mit dem Rahmen des Sattelaufliegers verbunden. An den Zwischenrahmen sind die schwenkbaren Abstützungen angeordnet. Der Abstützvorgang selbst erfolgt über einen manuellen Spindelantrieb.

Gewicht des Kranes	**3750 kg**
Max. Hubhöhe	**6,5 m**
Hubgeschwindigkeit...........	**10 m/min**
Hubzeit für max. Hubhöhe	**40 s**
Hubzeit des Auslegers (aus Transportstellung in die höchste Lage)	**19 s**
Drehzahl des Schwenkwerkes ..	**1,1 U/min**
Generator	**19 kVA (1500 U/min)**
Transformator...............	**220/380 V, 15 kVA**

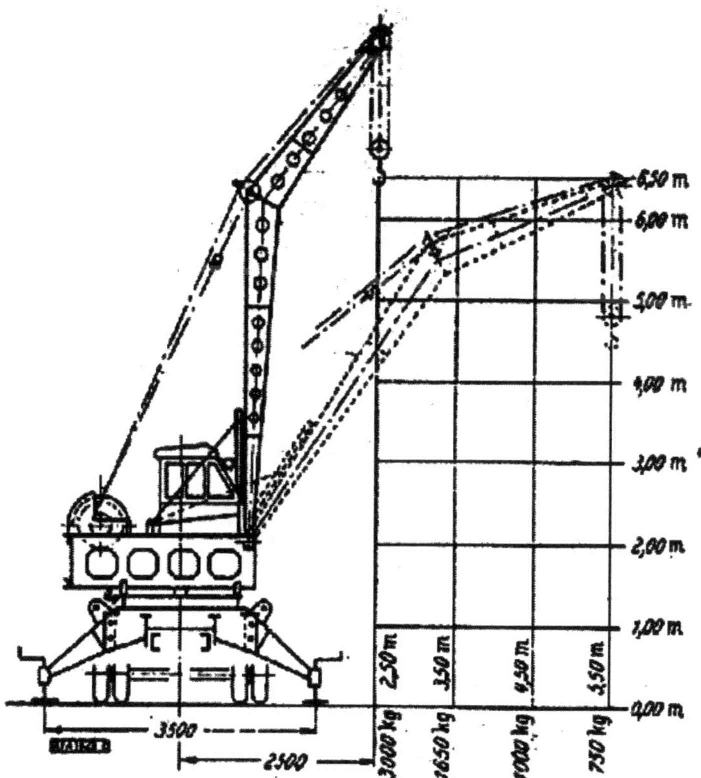

Kranzug 3 H3A Tragfähigkeitsdiagramm / 17 /

Kranzahl: **1.1.06**

Erzeugnis: **ADK 3*) G5**

Status: **Neu- und Weiterentwicklung**

Kranhersteller: **„Bleichert“ Transportanlagenfabrik Leipzig SAG**)**

Die Entwicklung dieses Kranes war primär für den Einsatz im militärischen Bereich vorgesehen.

Konstruktiv wurde der Oberwagen vom ADK 3 H3A, der dem des ADK 3 „SIS“ entsprach, auf das Fahrgestell vom Typ G5, des im VEB Kraftfahrzeugwerk „Ernst Grube“ Werdau hergestellten NKW G5, über einen Zwischenrahmen aufgesetzt.

Autodrehkran ADK 3 G5 in Fahrposition /18/

Der Oberwagen entsprach in seinen Leistungsparametern und den Funktionen dem des ADK 3 H3A bzw. dem des ADK 3.

*) Der Kran wird allgemein in den Unterlagen nur mit Autokran bezeichnet. Zur eindeutigen Identifizierung wurde die Bezeichnung ... 3 G5 ... (Tragfähigkeit, Fahrzeugtyp) verwendet.
**) spätere Bezeichnung VEB Schwermaschinenbau Verlade- und Transportanlagen Leipzig

Beim Bahntransport wurde zur Einhaltung des Reichsbahnprofiles der Anlenkpunkt des Auslegers durch Umstecken der Bolzen nach oben in eine zweite Bohrung verlegt. Weiterhin erfolgte ein vertikales Einschieben des Auflagebockes auf der vorderen Stoßstange, so daß die Auslegerspitze entsprechend in das Profil abgesenkt werden konnte.

Autokran ADK 3 G5 in Arbeitsposition / 18/

Die Entwicklung begann 1953 und der Herstellerbeginn war 1954*). Über die Stückzahlgröße und die Produktionsdauer ist nichts bekannt.

*) / 18 /

Kranzahl: **1.1.07**

Erzeugnis: **ADK 5 H6*)**

Status: **Neu- und Weiterentwicklung**

Kranhersteller: **„Bleichert“ Transportanlagenfabrik Leipzig SAG**)**

Die Entwicklung erfolgte im Jahr 1954 und basierte auf dem Konzept des Oberwagens vom ADK 3 „SIS“.

Der ADK 5 H6 unterschied sich vom ADK 3 H3A durch die Erhöhung der Tragfähigkeit von 3 auf 5 t. Dies wurde ermöglicht durch die Auslastung der höheren Nutzlast des NKW sowie die Ausrüstung des Oberwagen mit einem entsprechenden Gegengewicht.

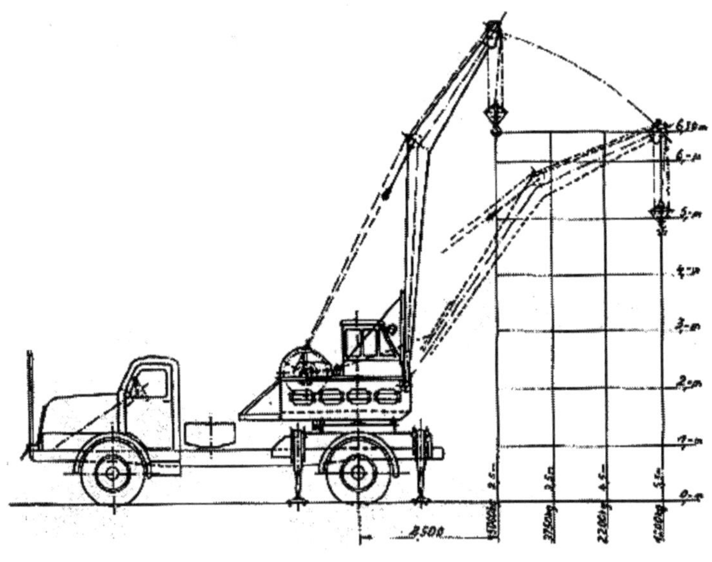

Autodrehkran ADK 3 H6 mit Tragfähigkeitsdiagramm /19/

Ausleger und Abstützungen sowie weitere Details wurden bei Beibehaltung der Gesamtkonstruktion für die höhere Tragfähigkeit verstärkt und ausgerichtet.

*) Der Kran wird allgemein in den Unterlagen nur mit Autokran bezeichnet. Zur eindeutigen Identifizierung wurde die Bezeichnung ... 5 H6 ... (Tragfähigkeit,Fahrzeugtyp) verwendet.
**) spätere Bezeichnung VEB Schwermaschinenbau Verlade- und Transportanlagen Leipzig

Eine Achsverriegelung bestand nicht, so daß ein Verfahren unter Last nicht möglich war.

ADK 5 H6

	Auto-Drehkran für Hublast max. 3 t	5 t
Tragkraft am Lasthaken	3000 kg bei 2,5 m Ausl. 1650 kg bei 3,5 m Ausl. 1000 kg bei 4,5 m Ausl. 750 kg bei 5,5 m Ausl.	5000 kg bei 2,5 m Ausl. 3750 kg bei 3,5 m Ausl. 2200 kg bei 4,5 m Ausl. 1200 kg bei 5,5 m Ausl.
Hubhöhe max.	6,5 m	6,5 m
Hubgeschwindigkeit d. Last ca.	10 m/min.	6,5 m/min.
Ausleger heben	19 sec.	27 sec.
Schwenkgeschwindigkeit	1,1 UpM.	1,1 UpM.
Elektromotoren-Leistung:		
Lasthubwerk	6 kW 1430 UpM.	6 kW 1430 UpM.
Auslegerhubwerk	2,5 kW 1440 UpM.	2,5 kW 1440 UpM.
Schwenkwerk	1,6 kW 950 UpM.	1,6 kW 950 UpM.
Gewicht des Kranes ohne Auto	3730 kg	ca. 5 t
Stromquelle	Wechselstrom-Netzanschluß oder vom eigenen Generator 20 kVA; 380 V, 50 Per.	
Benötigte Anschlußgröße für Netzstrom min.	13 kW	13 kW

Beide Krane können mit Last nicht verfahren werden.

Schwenkbereich der Krane ohne Last = 360°, mit Last ± 135° zur rückwärtigen, mittleren Auslegerstellung.

Autodrehkran ADK 3 H6 Technische Daten / 19 /

Produktionsbeginn war 1954/1955. Der Kran wurde bis 1957 produziert*).

Insgesamt wurden 60 Stck. ADK 5 H6 *) hergestellt.

*) / 18 /

Kranzahl: **1.2.00**

Erzeugnis: **Drehkran 173 S**

Status: **Produktionsverlagerung**

Kranhersteller: **VEB Hebezeugwerk Sebnitz**

Die Entwicklung und Produktion erfolgte im Zeitraum 1942 bis 1945 durch die Fa. Georg Kirsten (Bilstein-Krane). Nach 1945 bis vermutlich 1950 (1955) wurden im Hebezeugwerk Sebnitz in Einzelfertigung und geringer Stückzahl weitere Krane hergestellt.

Der Kran selbst war ein Drehkran mit Handbetrieb, der aufgebaut auf einem entsprechenden LKW, dann einem Autodrehkran entsprach und für Be- und Entladearbeiten wie auch für Montagearbeiten zum Einsatz gekommen ist.

Die Baugruppen waren Rahmen, Schwenkantrieb, Windengehäuse mit Ausleger- und Lastwinde, Ausleger mit Zugstrebe und Hakenflasche. Für das Abstützen des LKW waren zwei flexible Abstütz-Querbalken und vier Stützspindeln mit Bodenplatten vorgesehen.

Drehkran 173 S /39/

Das Lasthubwerk bestand aus Seiltrommel, Vorgelegewelle und Antriebswelle. Die max. Last wurde durch Drehen der Antriebswelle (Lastgang) gehoben. Bei kleineren Lasten erfolgte ein Umstecken der Handkurbeln auf die Vorgelegewelle (Schnellgang). Auf der Antriebswelle war eine Schleuderbremse mit Bandbremse angeordnet, so daß die gehobenen Lasten durch Heben des Bremslufthebels gesenkt werden konnten. Die Last hing an einer einrolligen Hakenflasche, die dreifach am Lastseil angehängt war.

Drehkran 173 S Kranaufbau auf G5-Fahrgestell /18/

Das Drehen des Kranes erfolgte mittels Kurbeltrieb über ein offenes Schneckengetriebe mit einem Ritzel, das in den Zahnkranz eingriff.

Kranzahl: **1.2.00**

Produktionsdauer: 1945 bis 1950 (1955)
Produktionsstückzahl: ??

Technische Daten:

Tragfähigkeit bei 45° Auslegerneigung (Normallage)	5 t
Schwenken der Last in Normallage	max. 1,8 t ohne Abstützteile
Schwenkbereich	360°

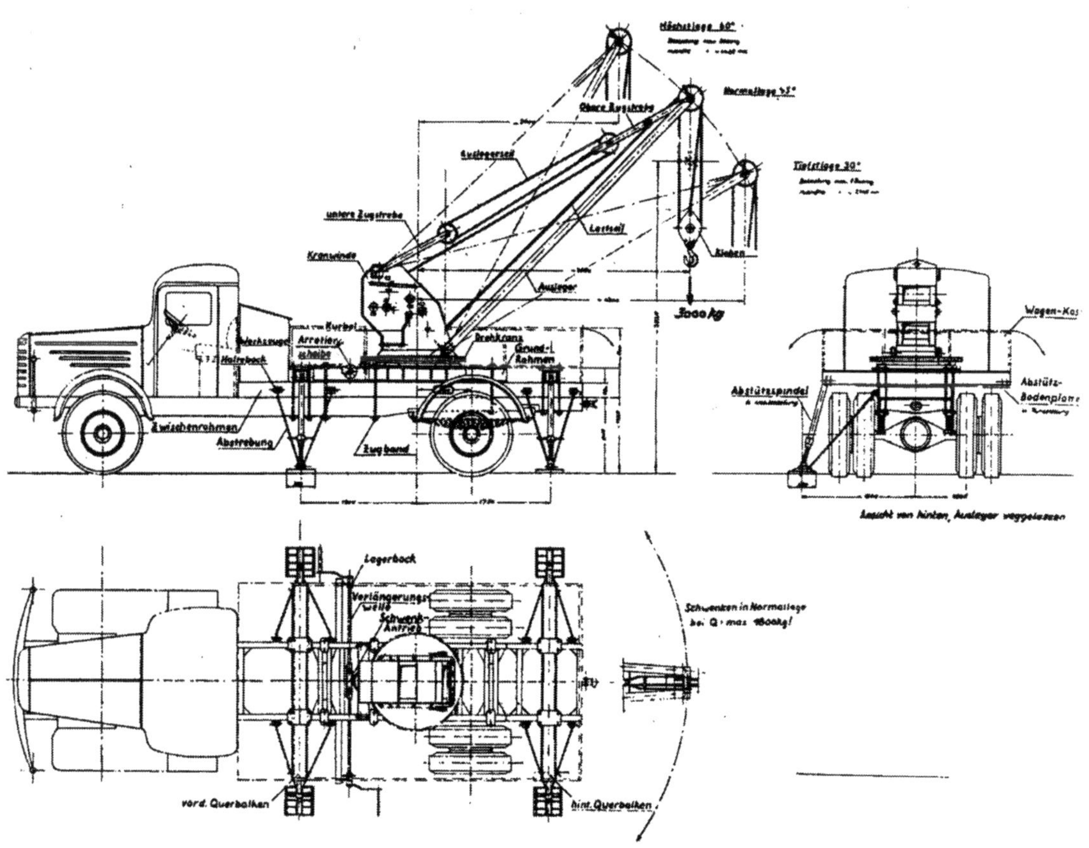

Drehkran 173 S   Kranaufbau auf Büssing NAG-Fahrgestell   / 39 /

Kranzahl: **1.2.01**

Erzeugnis: **Traktorkran „Brigadefreund“**

Status: **Neu- und Weiterentwicklung**

Kranhersteller: **VEB Hebezeugwerk Sebnitz**

1950/1951 erfolgte die Entwicklung im ZKB der ABUS*) in Merseburg und der Bau des ersten Gerätes in Sebnitz. Ursprünglich konzipiert als 3 t-Kran, wurde während Entwicklung und Bau des ersten Gerätes das Konzept auf 5 t Tragfähigkeit verändert.

Traktorkran „Brigadefreund“ mit 5 t Tragfähigkeit /20/

Man kann dieses Gerät als Vorläufer der späteren Autodrehkranproduktion in Sebnitz bezeichnen, weil es praktisch der erste neuentwickelte freizügig ortsveränderliche Autodrehkran**) war.

*) Zentrales Konstruktionsbüro der Vereinigung Ausrüstungen, Bergbau und Schwermaschinenbau

**) Nach TGL 22142/01 vom 01.01.1988
Freizügig ortsveränderliche Auslegerkrane sind nicht gleisgebundene Krane mit über die Standfläche hinausragenden Ausleger auf einem Räder- oder Raupenfahrwerk. Die Krane besitzen vorwiegend mehrere Tragfähigkeitsbereiche z.B. in Abhängigkeit von der Art des Auslegers, der Abstützung sowie des Drehbereiches. Terminus und Definition der einzelnen Krane nach TGL RGW 723.

Kranzahl: 1.2.01

Die Bezeichnung Traktorkran resultiert allein aus der Verwendung des Motors von dem Traktor „Aktivist“.*)

Erster Traktorkran „Brigadefreund“ mit noch 3 t Tragfähigkeit /18/

Der Traktorkran war für den Einsatz auf Werks- oder Ausstellungsgelände gedacht. Mit seiner Elastikbereifung konnte er gelegentlich auch größere Wegstrecken zurücklegen. Die überaus große Standsicherheit gewährleistete, daß er ohne Abstützung Lasten heben und drehen und mit angehängter Last fahren konnte.

Um ein Lastpendeln während der Fahrt zu vermeiden, waren an seiner Vorderfront ausziehbare Rohre angebracht, auf denen die Last, am Haken hängend, abgesetzt werden konnte. Die hinten und vorn angeordneten Anhängekupplungen ermöglichten, entsprechende Lasten zu ziehen.

Der Traktorkran war für einen diesel-elektrischen Betrieb mit einem wassergekühlten 2-Zylinder-Dieselmotor von 30 PS (22,1 kW) Leistung bei 1500 U/min ausgerüstet und mit einem Drehstrom-Konstantspannungsgenerator gekuppelt. Dieser speiste die Motoren am Hub-, Einzieh- und Drehwerk. Alle Bewegungen konnten gleichzeitig durchgeführt werden.

Der Fahrantrieb war dem eines Traktors oder NKW ähnlich. Der Antrieb der Vorderachsen wurde über ein Kettentrieb realisiert.

Bei zeitlich längerem stationären Betrieb konnte der Kran über Schleppkabel aus dem öffentlichen Netz betrieben werden. Umgekehrt war eine entsprechende Abgabe von Elektroleistung möglich.

*) Traktor "Aktivist" RS 03 aus dem Schlepperwerk Nordhausen

Kranzahl: 1.2.01

Technische Daten*):

Tragfähigkeit	5,0 t bei 2,5 m Ausladung und 5,3 m Hakenhöhe 1,8 t bei 6,0 m Ausladung bei tiefster Auslegerstellung
Motor	Dieselmotor, wassergekühlt, Typ „Aktivist" Leistung 30 PS (22,1kW) bei max. 1500 U/min 2-Zylinder-V-Form, 4-Takt-Verfahren, IFA-Einspritzpumpe, Kraftstoffzufuhr durch Gefälle
Generator	Konstantspannungs-Generator, P = 15 kVA cos φ = 0,8 , n = 1500 U/min , f = 50 Hz u = 400 V
Schaltgetriebe	3 Vorwärtsgänge, 1 Rückwärtsgang, eingebautes Differential
Hubwerk	3-strängiger Flaschenzug, Antrieb durch Elektrozug EZ3 mit Endschalter für höchste und tiefste Hakenstellung.
Einziehwerk	8-strängiger Flaschenzug, Antrieb durch Elektrozug EZ3 mit Endschalter für höchste und tiefste Auslegerstellung.
Drehwerk	Drehtisch auf 2-teiligen Kugelkranz, Antrieb über Schneckengetriebe und Zahnkranz durch E-Motor.
Hubgeschwindigkeit	4,3 m/min
Einziehdauer von Stellung I in Stellung II	70 s
Drehen	2 U/min
Bereifung	Vollelastig-Reifen (6 mkg), 4 Vorderräder je 2 x 840/670 Durchm., 150 breit 2 Hinterräder je 1 x 680/500 Durchm., 95 breit
Fahrgeschwindigkeit	1. Gang 3,9 km/h 2. Gang 6,9 km/h 3. Gang 11,5 km/h R.-Gang 5,4 km/h
Dienstmasse	15,3 t

Der Produktionszeitraum war von ca. 1952/1953 bis 1955*).
In diesem Zeitraum wurden wahrscheinlich, die genaue Zahl ist nicht mehr nachvollziehbar, zwischen 25 und 30 Stck. Krane*) produziert, von denen einer in die VR China exportiert wurde.

*) / 18 /

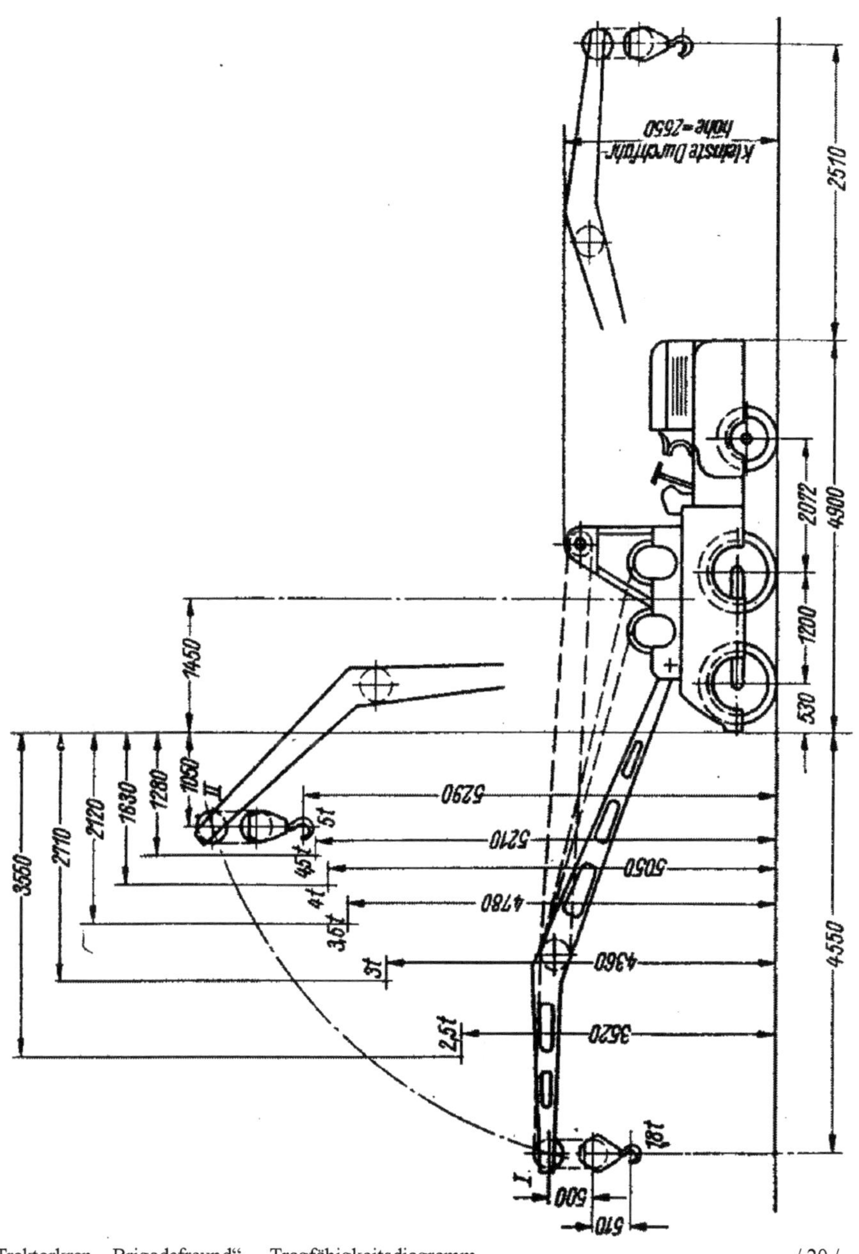

Traktorkran „Brigadefreund“ Tragfähigkeitsdiagramm

Kranzahl: **1.2.02**

Erzeugnis: **ADK I/5 „PANTHER“**

Status: **Neu- und Weiterentwicklung**

Kranhersteller: **VEB Hebezeugwerk Sebnitz**

Autodrehkran ADK I/5 „Panther“ / 18 /

Der steigende Bedarf an mobilen Hebezeugen in den verschiedenen Industriezweigen, besonders in der Bauindustrie, führte zur Entwicklung des Kranes, die 1953 begonnen wurde. Sie erfolgte durch das ZKB der ABUS in Zusammenarbeit mit dem Hebezeugwerk Sebnitz.

Das Entwicklungskonzept baute auf einen freizügig ortsveränderlichen straßenfahrenden Kran mit diesel-elektrischem Antrieb auf, wobei ein hoher Anteil der Kfz-Technik wie Schaltgetriebe, Achsen, Lenkung, Bremsanlage, Fahrerhaus von dem NKW „HORCH H6“, übernommen bzw. angepaßt wurde.

Erstes Funktionsmuster ADK I/5 / 19 /

Die Grundidee am Anfang der Entwicklung war eigentlich gewesen, auf einen serienmäßiger NKW-Fahrzeugrahmen einen Kran nach dem Prinzip eines Aufbaukranes aufzumontieren. Im damaligen Zeitraum kam dabei nur der NKW H6 aus Werdau in Frage, was jedoch wegen der nicht ausreichenden Nutzlast des NKW und an der nicht genügenden Verwindungssteife des Rahmens scheiterte.

Kranzahl: 1.2.02

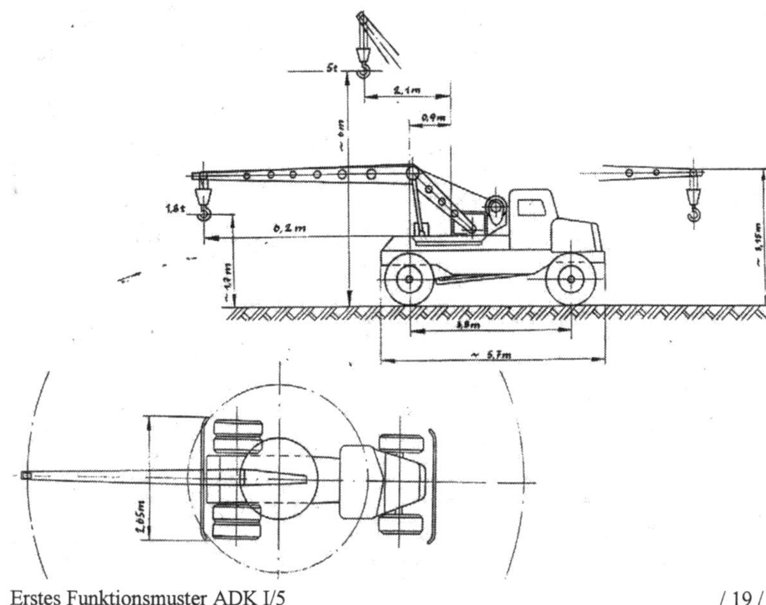

Erstes Funktionsmuster ADK I/5 / 19 /

Erst in späteren Jahren wurde mit dem NKW W50 und L60 beim ADK 70, ADK 80, ADK 100 und Folgevarianten das Prinzip umgesetzt.

Der Unterwagen bestand damit aus einer eigenen gekanteten Schweißkonstruktion mit einem 60 PS (44,1 kW) Antriebsmotor für den Fahr- und über einen Generator für den Kranbetrieb. Die Abstützung war mechanisch und wurde manuell betätigt. Beim Kranbetrieb erfolgte eine mechanische Blockierung der Achsen.

Über ein Drehwerk war der Oberwagen fest mit dem Unterwagen verbunden. Drehwerk und Hubwerk wurden elektrisch betrieben. der Antrieb für das Wippwerk erfolgte über ein Hydrauliksystem mit einem Betriebsdruck von 80 kg/cm^2 .

Drehtisches mit Schleifringkörper des ADK I/5 bis 1956/57 / 18 /

Bis 1956/1957 waren die Geräte für die Stromüberführung zum Oberwagen mit Schleifringkörpern ausgerüstet. Danach erfolgte wegen hoher Verschleiß- und Störanfälligkeit dieser Baugruppe der Einsatz eines Kabelbaumes, was jedoch den bisher unbegrenzten Schwenkbereich auf 340° einengte.

Der Ausleger war eine Schweißkonstruktion und besaß ab Mitte1955 eine ausschiebbare Verlängerung von 1,5 m, die manuell betätigt und durch Sperrbolzen verriegelt wurde.

Vom Fahrerhaus konnte über Verdrehen des Beifahrersitzes und einer Zweitlenkung die Kranarbeit und das Verfahren des Kranes erfolgen, womit eine Einmannbedienung gegeben war.

Das Entwicklungskonzept sah mit Zusatzausrüstungen einen Greifer- und Magnetbetrieb, sowie die Möglichkeit einer Notstromversorgung von 18 kW für Fremdaggregate vor. Eine Fremdstromeinspeisung bei längerer stationärer Arbeit konnte durchgeführt werden.
Weiterhin war Aufbau und Anpassung eines Hochbaukranteiles vorgesehen.

Entwicklungs-, Produktionslinie und Produktionsstückzahl*) des ADK I / 5

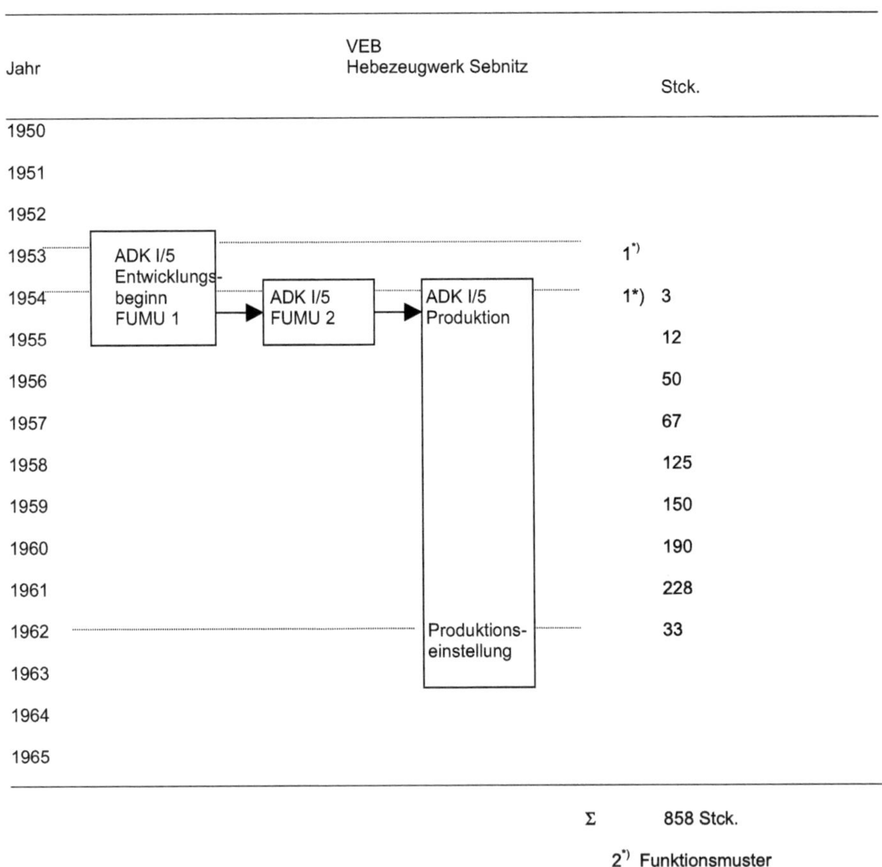

*) / 18 /

Kranzahl: 1.2.02

Tragkraft max.	5000 kg
Hubgeschwindigkeit	7 m/min.
Ausleger schwenken	1,2 U/min.
Ausleger heben	50 sec/Hub
Schwenkbereich	340°
Fahrgeschwindigkeit 1. Gang	4,4 km/h
Fahrgeschwindigkeit 2. Gang	8,4 km/h
Fahrgeschwindigkeit 3. Gang	14,1 km/h
Fahrgeschwindigkeit 4. Gang	18,5 km/h
Fahrgeschwindigkeit 5. Gang	29,1 km/h
Fahrgeschwindigkeit R. Gang	4,4 km/h
Fahrgeschwindigkeit mit angehängter Last	5,0 km/h

Länge, max.	8,2 m
Breite, max.	2,6 m
Höhe (Ausleger in Straßenfahrt über Fahrerhaus)	3,15 m
Dienstgewicht	13 400 kg
Antrieb-Motor	4 Zyl. - 4 Takt - Diesel Typ EM 4-15-1 60 PS/1500 U/min.
Generator	Drehstrom-Konst. Generator DBC, 20 kVA, 400 V, 27 A
Kraftstoffverbrauch	210 g/Psh

Konstruktionsänderungen vorbehalten.

2.1.7. Vorderachse

Ausführung	geschmiedete Faustachse
Vorderfedern	2 Halbelliptikfedern
Federlagerung	durch Bolzen und Gleitstück
Sturz	2°
Vorspur	4…6 mm (am Felgenhorn gemessen)
Nachlauf	3°
Spreizung	7°
Vorderradlager	Zylinderlager und Rillenkugellager

2.1.8. Hinterachse

Achskörper	Stahlgußgehäuse mit eingezogenen Achsrohren
Antrieb	durch 2 Gelenkwellen mit Zwischenlager
Ausgleichsgetriebe	Typ H 6 B
Übersetzung	
ADK I/5, ADK V/5	10,58 : 1
ADK 6,3	8,24 : 1
Hinterfedern	2 Halbelliptikfedern mit Zusatzfeder
Federlagerung	durch Bolzen und Gleitstück

2.1.9. Räder und Bereifung

Felgen	
ADK I/5, ADK V/5	7.33 V-20 H 172 oder 7.5-20 H 172
ADK 6,3	8.5-20 H 172
Reifengröße	12.00-20 eHD Gel. (5fach)
Reifenanordnung	
vorn	einfach
hinten	zwilling

Leistungsschema für Autodrehkran ADK I/5mit 1,5 m ausschiebbarem Ausleger

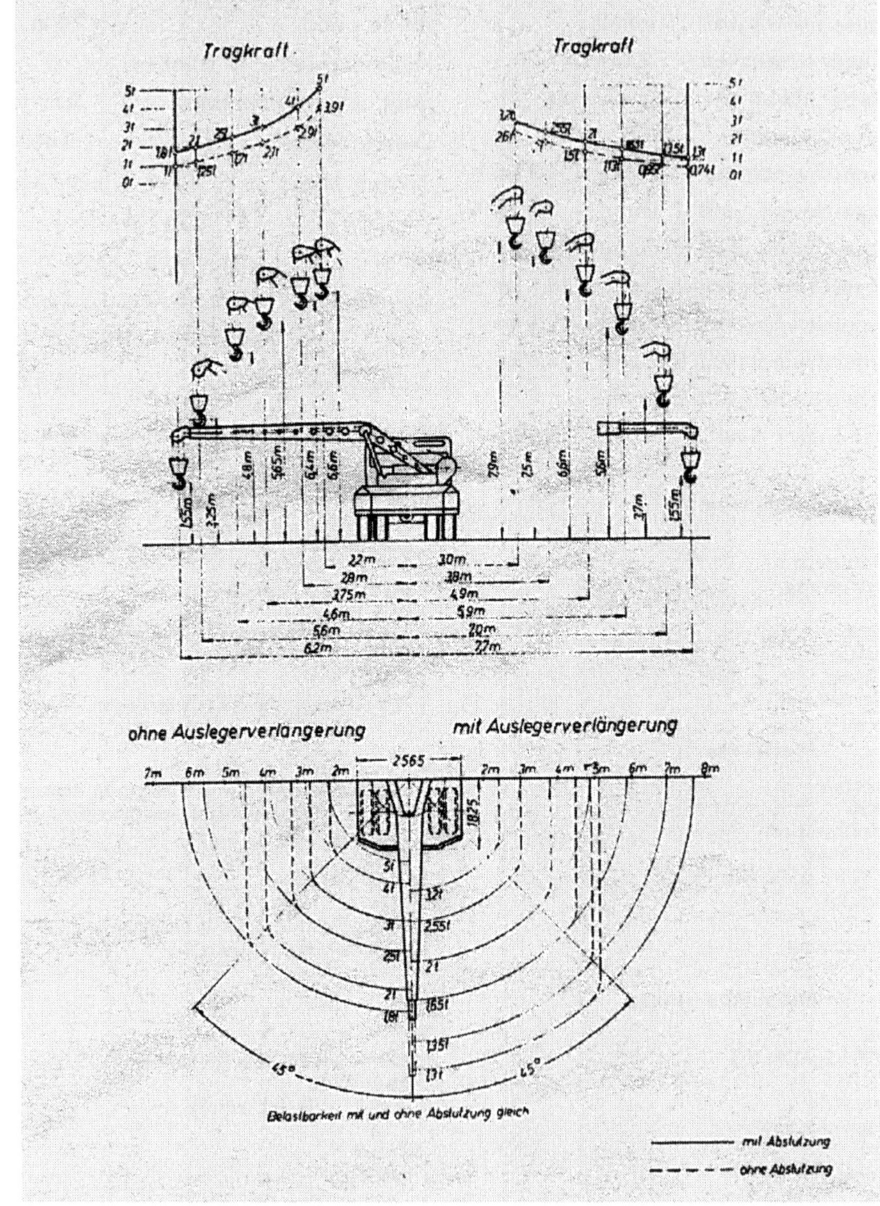

Kranzahl: **1.2.03**

Erzeugnis: **ADK I/5 B „PANTHER“**

Status: **Neu- und Weiterentwicklung**

Kranhersteller: **VEB Hebezeugwerk Sebnitz**

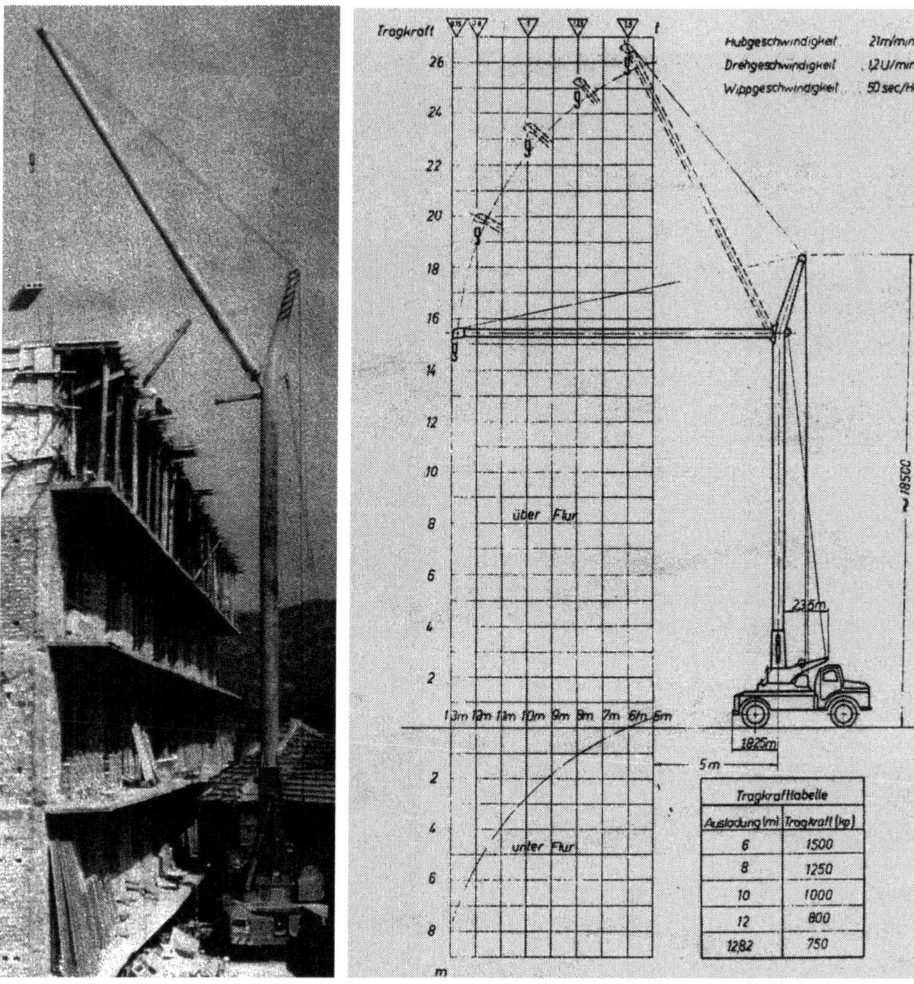

Tragkrafttabelle	
Ausladung (m)	Tragkraft (kp)
6	1500
8	1250
10	1000
12	800
12,82	750

Autodrehkran ADK I/5 mit Hochbaukranteil / 21 /

*) / 18 /

Kranzahl: **1.2.03**

Den Forderungen der Bauindustrie nachkommend wurde 1956*) eine Variante ADK I/5 B mit einem Hochbau-Kranteil entwickelt und das erste Baumuster 1957 fertiggestellt*).

Bei konstruktiver Beibehaltung des Unterwagens, wurde der normale Ausleger des Kranes durch einen turmkranähnlichen Ausleger ersetzt. Der Turmmast und der Ausleger waren jeweils ein längs geschweißtes Rohr mit gleichbleibendem Rohrquerschnitt.

Der Drehtisch wurde zur Aufnahme des Unterbaues entsprechend angepaßt. Der Unterbau selbst wurde an Stelle des Normalauslegers auf den Drehtisch gesetzt. Die beiden Wippzylinder dienten zur Verstellung

Autodrehkran ADK I/5 B mit Hochbaukranteil in Transportstellung / 18 /

eines im Unterbau befindlichen Flaschenzuges zum Verstellen des Wippausleger und gewährleisteten zusammen mit den zwei Kragarmen und der Verspannung die Stabilität des Rohrmastes.

Die Transportlänge von Fahrzeug und Ausleger betrug insgesamt 22 m. Der Ausleger ruhte während des Transportes auf einem einachsigen lenkbaren Nachläufer und konnte sich eigenständig in die Arbeitsposition aufrichten bzw. absenken.

Der Aufbau des Hochbauteiles erfordert den Abbau des Normalauslegers und nimmt eine Rüstzeit von 5 Stunden für zwei Arbeitskräfte in Anspruch.

Produktionsbeginn war das Jahr 1959*).

Produktionsstückzahl*):

1959 ... 1962	**249 Stck.**	
1965 ... 1969	**57 Stck.**	**als Exportauftrag für die Niederlande und die VR Ungarn**
Σ	**306 Stck.**	**Diese Stückzahl ist in der Gesamtproduktion „Panther“ enthalten**

*) / 18 /

Kranzahl: **1.2.04**

Erzeugnis: **ADK V/5 „PANTHER“**

Status: **Neu- und Weiterentwicklung**

Kranhersteller: **VEB Hebezeugwerk Sebnitz**

Die Weiterentwicklung begann 1960*).

Der ADK V/5 baute auf die konstruktive Auslegung des ADK I/5 auf und wurde mit den gesammelten Erkenntnissen im Kran- und Fahrbetrieb in einigen Details konstruktiv verbessert.

Autodrehkran ADK V/5 /21/

Die bedeutendste Veränderung im Unterwagen war der Wechsel des bisherigen Antriebsmotors mit 60 PS (44,1 kW) zu einem Motor mit 90 PS (66,2 kW), in deren Folge die Fahrgeschwindigkeit von 29 auf 42 km/h erhöht werden konnte. Weiterhin wurde die bisherige Zweischeiben- gegen eine Einscheiben-Trockenkupplung ausgetauscht.

*) /18/

Im Oberwagen wurde bei den letzten 100 Kranen*) des ADK V/5 die Bewegungsmechanik der Auslegerverlängerung, durch die Einführung einer Reibschiene mit Handkurbel, verändert.

Als neue Zusatzausrüstung kam ein „Einsteckausleger“ mit einer Tragfähigkeit von 0,9 t bei einsträngigem Betrieb und einer Hubhöhe von 11,8 m hinzu. Die Auslegerverlängerung von 1,5 m Länge konnte dabei gegen den Einsteckerausleger ausgetauscht werden. Nachteilig war allerdings, daß das Hubseil für diese Umrüstung aus und neu eingeschert werden mußte und der Kran mit Einsteckausleger auch nur mit voller Auslegerlänge arbeiten konnte.

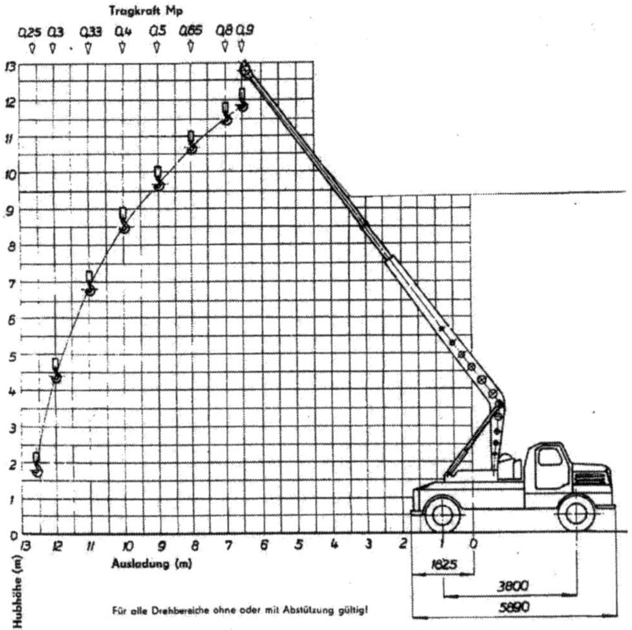

Autodrehkran ADK V/5 Tragkraftdiagramm Einsteckausleger /21/

Während der Straßenfahrt wurde der Einsteckausleger seitlich an den Grundausleger angeklappt. Weil das Seil durch das Einsteckstück führte, blieb es bei umgeklappter Spitze eingeschert.

Autodrehkran ADK V/5 „Panther“ Klappeinrichtung /18/

Der Kran kann, wie sein Vorgänger ADK I/5, wiederum mit den Zusatzausrüstungen für Greifer- und Magnetbetrieb ausgerüstet werden. Die Zeit für die Umrüstung auf einen Greiferbetrieb beträgt ca. 5 min. Das Fassungsvermögen des Motorgreifers mit max. 0,8 m^3 erreicht eine Leistung bis zu 38 m^3 /h.

Gleichfalls ist weiterhin der Betrieb mit einer Hochbauausrüstung möglich.

Entwicklungs-, Produktionslinie und Produktionsstückzahl*) des ADK V/5

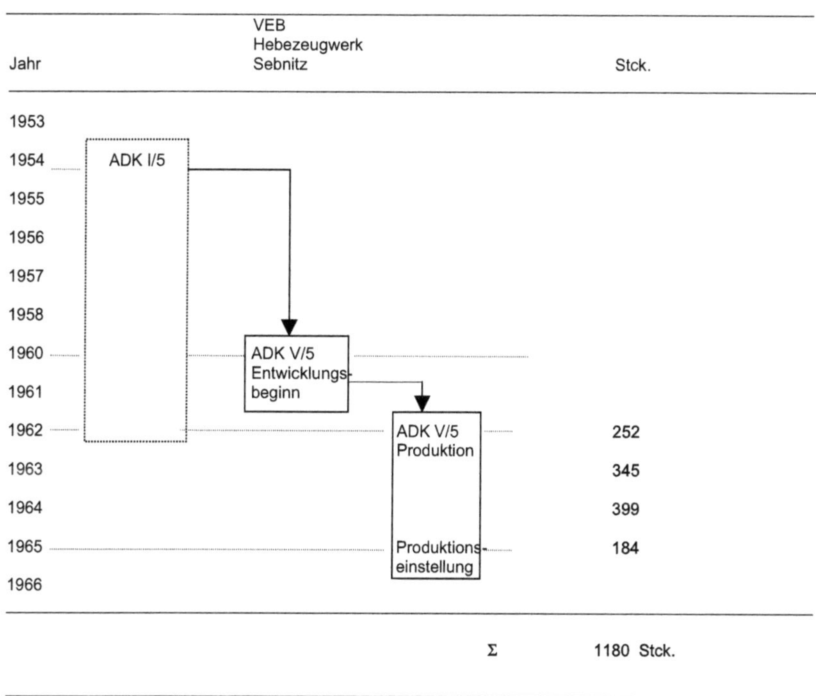

Bilanz der Autokranreihe „Panther“ mit 5 t Tragfähigkeit

Krantyp	Jahr																
	1954	55	56	57	58	59	60	61	62	63	64	65	66	67	68	69	70	Σ
ADK I/5	3	12	50	67	125	150	190	228	33									858
ADK V/5									252	345	399	184						1.180
																	Σ_{gesamt}	2.038

Produktionsdauer = 12 Jahre, was einer durchschnittlichen Jahresstückzahl von ca. 170 Kranen entspricht.

*) / 18 /

Technische Angaben und Daten

1 Hubwerksbremse
2 Hubwerk
3 Ausleger
4 Drehwerksgetriebe mit ausrückbarem Schwenkantrieb
5 Drehwerksbremse
6 Drehwerksmotor
7 Ölbehälter mit Hydraulikpumpe und Steuerschieber
8 Gestänge zur Betätigung des Steuerschiebers für die Hydraulikanlage
9 Hydraulischer Bremslüfter für Hubwerk (Drälgerät)
10 Gegengewicht
11 Hebel zur Handlüftung der Hubwerksbremse

Autodrehkran ADK V/5 "Panther" Drehtischaufbau /21/

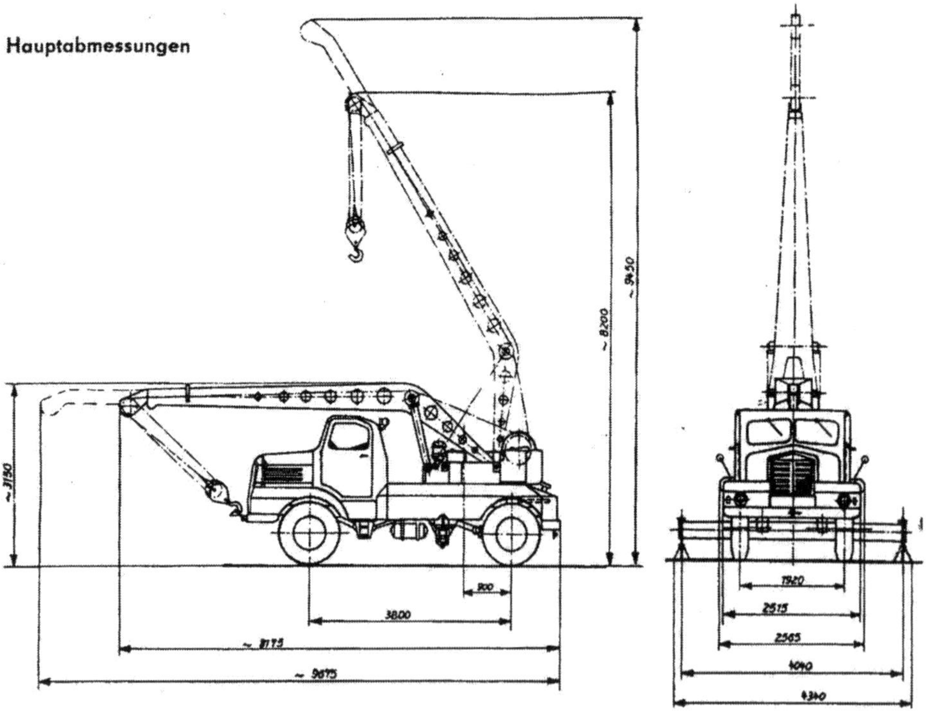

Hauptabmessungen

Autodrehkran ADK V/5 „Panther" Hauptabmessungen /21/

Tragkraft max.		5 Mp
mit 1,5 m Auslegerverlängerung		3 Mp
Arbeitsgeschwindigkeiten bei Stückgutbetrieb:		
Heben	dreisträngig	7 m/min
	zweisträngig	10,5 m/min
Drehen		1,2 U/min
Ausleger einziehen		50 sec/Hub
Hubgeschwindigeit bei gleichzeitiger Betätigung des Hub- und Einziehwerkes		15 m/min
Schwenkbereich		340°
Umschlagleistung bei Hakenbetrieb		bis zu 80 Mp/h
Umschlagleistung bei Greiferbetrieb		bis zu 38 m^3/h
Fahrgeschwindigkeiten	1. Gang	4,9 km/h
	2. Gang	10,2 km/h
	3. Gang	16.1 km/h
	4. Gang	26,1 km/h
	5. Gang	42,2 km/h
	Rückwärtsgang	6,6 km/h
Unter Last verfahrbar bis zu		5,0 km/h
Steigfähigkeiten auf griffiger Betonstraße		
	1. Gang	bis 32,7 %
	2. Gang	bis 16,0 %
	3. Gang	bis 10,0 %
	4. Gang	bis 6,0 %
	5. Gang	bis 3,0 %
	Rückwärtsgang	bis 24,0 %

Das Arbeiten und Verfahren des belasteten Kranes ist bis zu einer Fahrzeugneigung von 3° möglich.

Antrieb:	
Vierzylinder-Dieselmotor wassergekühlt – Type EM 4-22/90	
Leistung	90 PS bei 2200 U/min
Kraftstoffverbrauch bei Straßenfahrt	ca. 35 l/100 km
Kraftstoffverbrauch bei Kranbetrieb	ca. 8–10 l/h
Generator	30 kVA
Maße und Gewichte:	
Eigenmasse	12,7 Mp
Länge in Fahrtstellung	8200 mm
Höhe in Fahrtstellung	3150 mm
Breite	2600 mm
Spurweite vorn	1920 mm
Spurweite hinten	1820 mm
Radstand	3800 mm
Äußerer Wendekreis	22 m

Autodrehkran ADK V/5 „Panther“ Technische Daten / 21 /

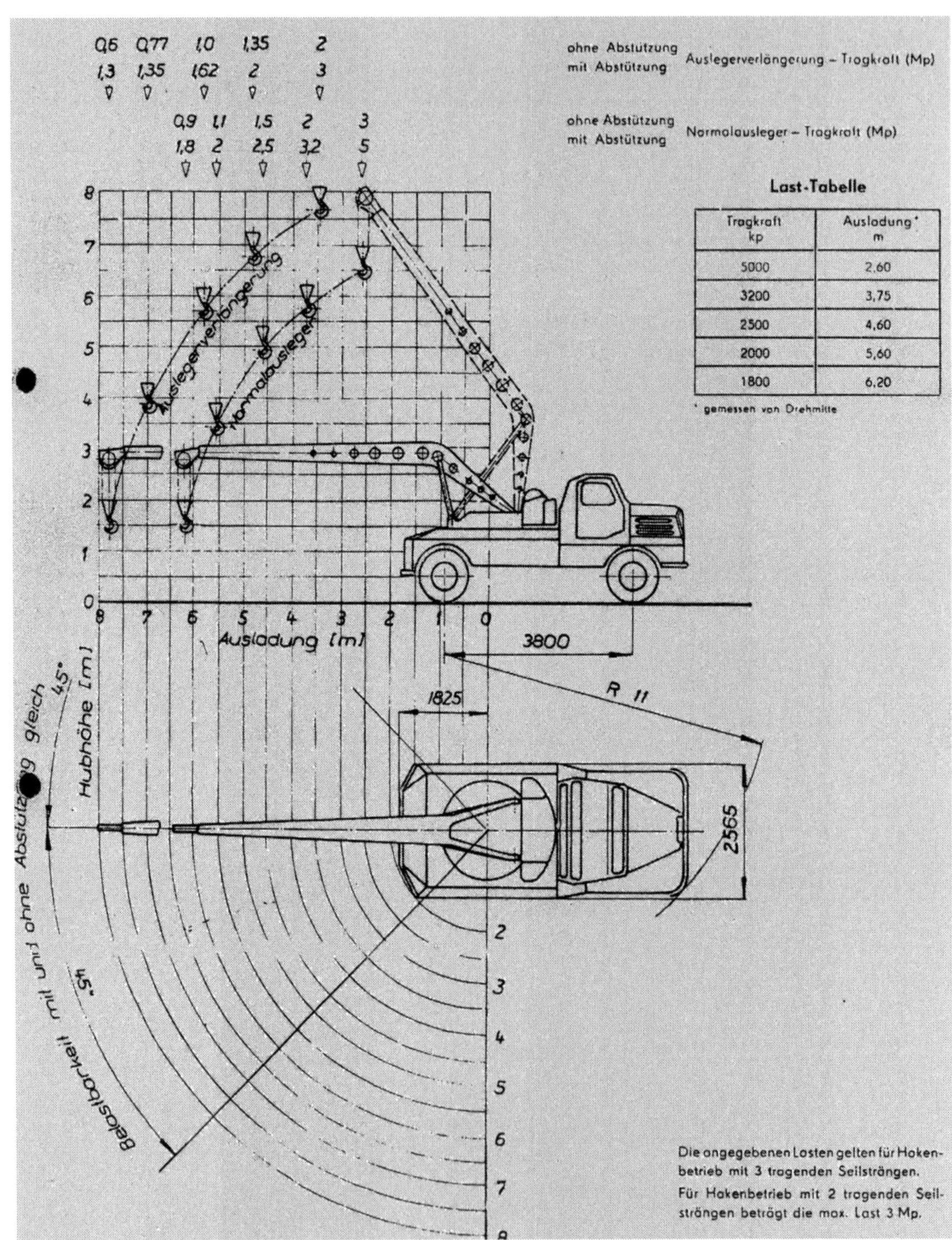

Last-Tabelle

Tragkraft kp	Ausladung* m
5000	2,60
3200	3,75
2500	4,60
2000	5,60
1800	6,20

* gemessen von Drehmitte

Autodrehkran ADK V/5 „Panther“ Tragkraftdiagramm / 21 /

Kranzahl: **1.2.05**

Erzeugnis: **ADK 6,3 = ADK 63*)**

Status: **Neu- und Weiterentwicklung**

Kranhersteller: **VEB Hebezeugwerk Sebnitz**

Autodrehkran ADK 6,3 = ADK 63 / 18 /

Bei der Entwicklung wurde das konstruktive Grundkonzept der Vorläuferkrane ADK I/5 und ADK V/5 beibehalten.
Beim Unterwagen konnte durch ein verändertes Schaltgetriebe die Fahr-geschwindigkeit von 42 auf 55 km/h gesteigert werden. Bei der Lenkung wurde eine hydraulische Lenkhilfe eingeführt.

Im Oberwagen war die wesentlichste Gebrauchsänderung die Erhöhung der Tragfähigkeit des Grundauslegers von 5 auf 6,3 t. Dazu wurde der Ausleger, bei Beibehaltung seiner äußeren bekannten Form, überarbeitet und gleichzeitig die Bewegung der Auslegerverlängerung auf ein pneumatisches System umgestellt.

Die Hubgeschwindigkeit im 2- und 3-strängigen Betrieb wurde gleichfalls um ca. 35 % gesteigert.

Seit 1968 wurde der Kran serienmäßig ab Gerät 961**) mit einer Lastmomentsicherung (LMS) ausgerüstet.

Autodrehkran ADK 6,3 = ADK 63
Fahrerhaus mit Zweitlenkung für Kranbetrieb / 21 /

*) Die Bezeichnung ADK 6,3 wurde 1967 ab Gerät 701 aus standardmäßigen Gründen in ADK 63, ohne Veränderung von konstruktiven und funktionellen Parametern, umbenannt.
**) / 18 /

Kranzahl: 1.2.05

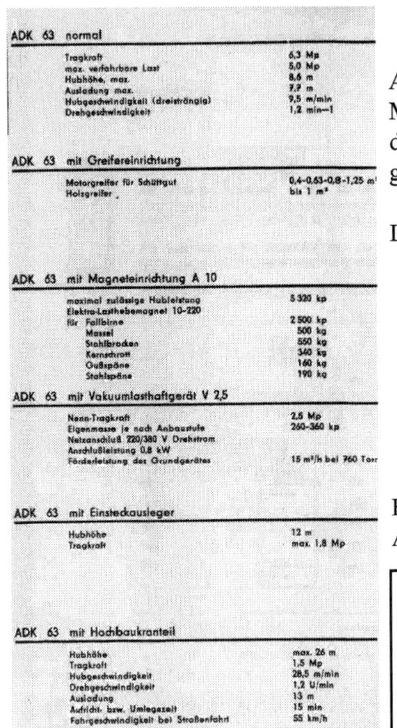

ADK 63 normal	
Tragkraft	6,3 Mp
max. verfahrbare Last	5,0 Mp
Hubhöhe, max.	8,6 m
Ausladung max.	7,7 m
Hubgeschwindigkeit (dreisträngig)	9,5 m/min
Drehgeschwindigkeit	1,2 min—1

ADK 63 mit Greifereinrichtung	
Motorgreifer für Schüttgut	0,4-0,63-0,8-1,25 m³
Holzgreifer	bis 1 m³

ADK 63 mit Magneteinrichtung A 10	
maximal zulässige Hubleistung	5 320 kp
Elektro-Lasthebemagnet 10-220	
für Fallbirne	2 500 kp
Massel	500 kg
Stahlbrocken	550 kg
Kernschrott	340 kg
Gußspäne	160 kg
Stahlspäne	190 kg

ADK 63 mit Vakuumlasthaftgerät V 2,5	
Nenn-Tragkraft	2,5 Mp
Eigenmasse je nach Anbaustufe	260-360 kp
Netzanschluß 220/380 V Drehstrom	
Anschlußleistung 0,8 kW	
Förderleistung des Grundgerätes	15 m³/h bei 760 Torr

ADK 63 mit Einsteckausleger	
Hubhöhe	12 m
Tragkraft	max. 1,8 Mp

ADK 63 mit Hochbaukranteil	
Hubhöhe	max. 26 m
Tragkraft	1,5 Mp
Hubgeschwindigkeit	28,5 m/min
Drehgeschwindigkeit	1,2 U/min
Ausladung	13 m
Aufricht- bzw. Umlegezeit	15 min
Fahrgeschwindigkeit bei Straßenfahrt	55 km/h

Autodrehkran ADK 6,3 = ADK 63
Zusatzausrüstungen / 21 /

Als Zusatzausrüstungen wurden für den Kran wieder der Motor- und Magnetbetrieb und die Notstromversorgung für Fremdaggregate mit den gleichen Leistungsparametern wie beim ADK V/5 zum Einsatz gebracht.

Die Möglichkeit des Einsatzes des Hochbaukranteiles war gegeben.

Entwicklungs-, Produktionslinie und Produktionsstückzahl*) des ADK 6,3= ADK 63:

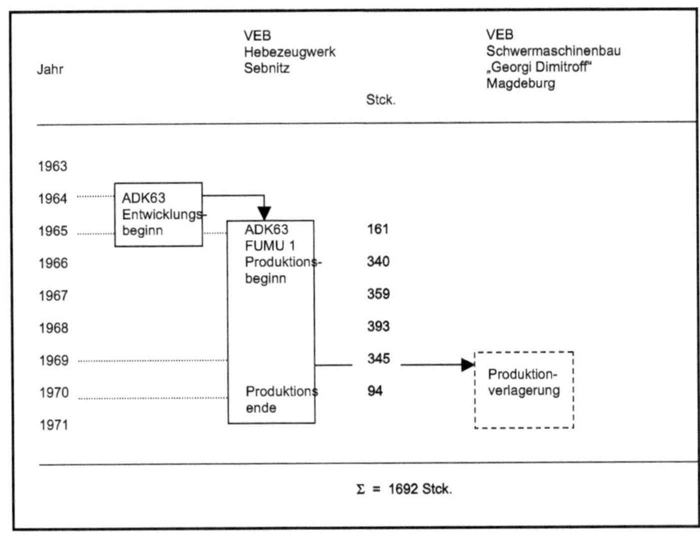

*) / 18 /
Anmerkung:
Durch wirtschaft- und strukturpolitische Entscheidung wurde die Kranproduktion im VEB Hebezeugwerk Sebnitz 1969 (Auslauf des ADK 6,3=ADK 63 1970/71) eingestellt und der Betrieb ab 1970 dem VEB Kombinat "Fortschritt" für die Produktion von landwirtschaftlichen Erzeugnisse unterstellt. Die Kranproduktion wurde nach dem VEB Schwermaschinenbau "Georgi Dimitroff" Magdeburg verlagert.

Kranzahl: 1.2.05

Tragkraft abgestützt	6,3 Mp
Tragkraft unabgestützt	6,3 Mp
Tragkraft verfahrbar	6,3 Mp
Lastmoment bei 75 % Kipplast	16,4 Mpm
Tragkraft mit Auslegerverlängerung	4,0 Mp
Arbeitsgeschwindigkeiten:	
Heben	
einsträngig	28,5 m/min
zweisträngig	14,25 m/min
dreisträngig	9,5 m/min
Drehen je nach Kundenwunsch werden folgende Übersetzungen eingebaut:	1,2 U/min 2,0 U/min
Auslegereinziehen ohne Last:	10 s/Hub
Hubgeschwindigkeit bei gleichzeitiger Betätigung von Hub- und Einziehwerk	19 m/min
Schwenkbereich	340°
Umschlagleistung bei Hakenbetrieb	bis 125 Mp/h
Umschlagleistung bei Greiferbetrieb	bis 55 m³/h
Fahrgeschwindigkeiten: 1. Gang	6,4 km/h
2. Gang	13,5 km/h
3. Gang	20,9 km/h
4. Gang	34,6 km/h
5. Gang	55,0 km/h
Rückwärtsgang	8,6 km/h
Unter Last verfahrbar bis zu	6,4 km/h

Auf Wunsch können Achsübersetzungen für geringere Fahrgeschwindigkeiten eingebaut werden.

Steigfähigkeiten auf griffiger Straße:	
1. Gang	20 %
Rückwärtsgang	15 %
Zulässige Schräglage bei Kranarbeit	3°

Maße und Gewichte:

Eigenmasse	12.900 kg
Vorderachsdruck	5.150 Mp
Hinterachsdruck	8.150 Mp
maximaler Raddruck	11.000 Mp
Bodenfreiheit	300 mm
Länge in Fahrtstellung	8.850 mm
Höhe in Fahrtstellung	3.150 mm
Breite	2.560 mm
Spurweite vorn	1.920 mm
Spurweite hinten	1.820 mm
Achsabstand	3.800 mm
äußerer Wenderadius	9,20 m

Antrieb: Motor	Sachsenring EM 4-22.90 90 PS nach DIN, bei 2200 U/min, wassergekühlt
Kraftstoffverbrauch	215 g/PSh
bei Straßenfahrt	etwa 35 l/100 km
bei Kranarbeit	etwa 8–13 l/h
Kraftstofftank	Inhalt 100 l
Kupplung	Einscheibentrockenkupplung Typ RENAK HR 35
Bremsen	Pneumatische Einkreisbremse Ratschenhandbremse
Lenkung	Mechanische Doppellenkung mit hydraulischer Lenkhilfe
Bereifung	12.00-20 eHD Gelände
Elektrische Anlage	
für Fahrzeug	12 V Gleichstrom
für Kran	380 V/50 Hz Drehstrom
Anhängerkupplung	Bolzenkupplung UKU-B 8 für 5.000 kg rollende Last

Autodrehkran ADK 6,3 = ADK 63 Technische Daten / 21 /

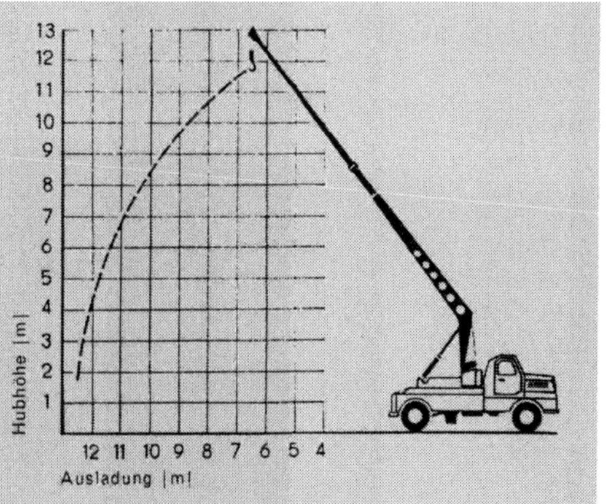

Last-Tabelle (Einsteckausleger)

Tragkraft* [kp]	Ausladung** [m]
900	6,5
800	7,0
650	8,0
500	9,0
400	10,0
330	11,0
250	12,6

* mit und ohne Abstützung gleich
** gemessen von der Drehmitte

Autodrehkran ADK 6,3 = ADK 63 Diagramm für Kran mit Einsteckausleger / 21 /

Kranzahl: 1.2.05.

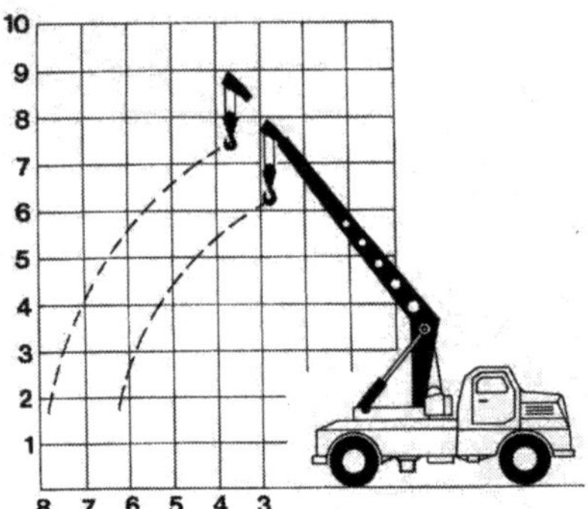

Hubhöhen und Ausladung

Volle Tragkraft nur bei ebenem, festen Untergrund zulässig.

Tragkräfte und Hakenhöhen

Ausladung m	Tragkraft Mp bei 75% Kipplast					
	Auslegerverlängerung eingeschoben			Auslegerverlängerung ausgeschoben		
2,6	6,3	5	3			
3,45				4	3	2
3,75	4,15	3,2	2			
4,6	3,25	2,5	1,5			
4,85				2,68	2	1,35
5,6	2,54	2	1,1			
5,85				2,12	1,65	1
6,2	2,2	1,8	0,9			
7				1,65	1,35	0,77
7,7				1,4	1,3	0,6
Drehbereich mit Abstützung	60° (hinten) beidseitig von Mitte	340°	—	60° (hinten) beidseitig von Mitte	340°	—
Drehbereich ohne Abstützung	—	45° (hinten) beidseitig von Mitte	340°	—	45° (hinten) beidseitig von Mitte	340°

Alle Lasten bis 6,3 Mp sind nach dem Einschwenken in die Kranlängsachse frei verfahrbar.

Auf Wunsch kann eine automatische Lastmomententsicherung eingebaut werden.

Autodrehkran ADK 6,3 = ADK 63 Diagramm für Grundgerät / 21 /

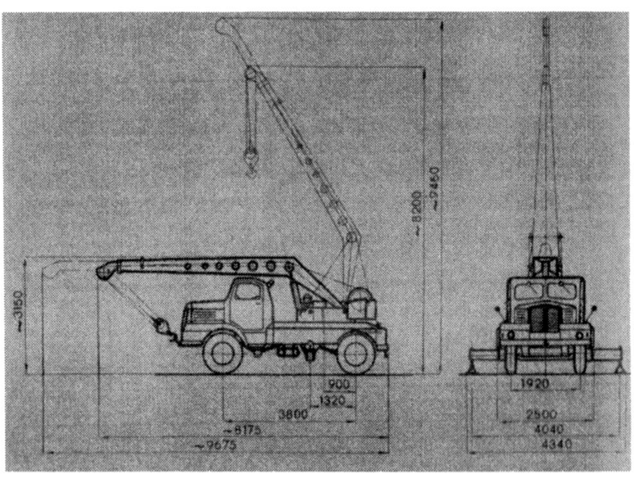

Autodrehkran ADK 6,3 = ADK 63 Hauptabmessungen / 21 /

Kranzahl: **1.2.06**

Erzeugnis: **ADK 63-2**

Status: **Neu- und Weiterentwicklung**

Kranhersteller: **VEB Hebezeugwerk Sebnitz /**

Das Entwicklungskonzept des ADK 63-2 beinhaltete eine umfassende Weiterentwicklung des ADK 63.

Autodrehkran ADK 63-2 / 18 /

Beim Unterwagen wurde ein neuer Motor (4 VD14,5/122-1 SRW) wieder mit 90 PS (66,2 kW) zum Einsatz gebracht, der aber gegenüber seinem Vorgänger einen günstigeren Kraftstoffverbrauch aufwies. Mit der Motorbremse besaß der Kran nun drei voneinander unabhängige Bremssysteme. Die Fahrgeschwindigkeit konnte auf 57,5 km/h erhöht werden.

Die Achsverriegelung wurde auf eine hydraulische Betätigung vom Fahrerhaus umgestellt.

Der Oberwagen wurde neu konzipiert. Der Drehtisch war zur Aufnahme des Auslegers stützbockartig ausgebildet worden, um den Drehpunkt des Auslegers möglichst weit nach hinten zu legen und damit auch eine kürzere Gesamtfahrzeuglänge zu erreichen. Für das Wippen wurden zwei Zylinder verwendet. Mit Anordnung dieses Wippdreiecks wurde die Grundform eines Oberwagen entwickelt, der bei späteren Kranentwicklungen wieder zum Einsatz kommen sollte.

Der Ausleger, mit seiner neuen Lagerung auf dem Stützbock, wurde überarbeitet, wobei diese Konstruktion möglicherweise schon auf den ADK 100 (Sebnitz), dessen Konstruktion bereits 1966/1967 erfolgte, zurückzuführen ist.

Das Ausschubteil war jetzt unter Last teleskopierbar. Die Auslegerverlängerung war wieder seitlich klappbar am Grundausleger angeordnet. Die Lastmomentensicherung wurde serienmäßig eingebaut.

Beim Drehwerk wurde die Feinfühligkeit erhöht.

Die Fahrerkabine wurde durch eine Ganzstahlausführung mit besserer Ergonomie und neuer Instrumentierung ausgeführt.

Die Zusatzausrüstungen, klappbarer Spitzenausleger, Hochbau-Kranteil, Motorgreiferbetrieb, Magnetbetrieb und Notstromversorgung für Fremdaggregate, wurden mit den gleichen Leistungs- und Funktionsparametern übernommen.

Entwicklungs-, Produktionslinie und Produktionsstückzahl*) des ADK 63-2

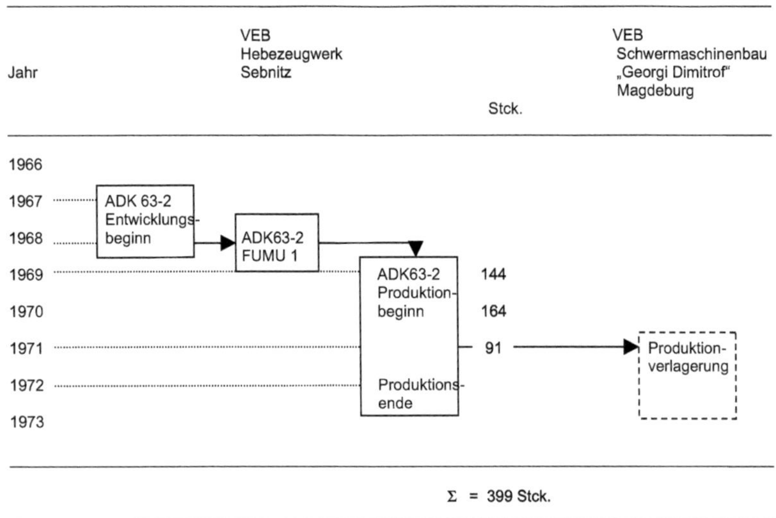

Durch eine wirtschafts- und strukturpolitische Entscheidung wurde die Kranproduktion im VEB Hebezeugwerk Sebnitz 1970 (Auslauf ADK 63-2 1971/72) eingestellt und der Betrieb dem VEB Kombinat „Fortschritt" für die Produktion von landwirtschaftlichen Erzeugnissen unterstellt. Die Kranproduktion wurde nach dem VEB Schwermaschinenbau „Georgi Dimitroff" Magdeburg verlagert.

*) / 18 /

Tragkraft	6,3 Mp
Tragkraft unabgestützt verfahrbar	6,3 Mp
Lastmoment bei 75 % Kipplast	16,4 Mpm
Tragkraft bei 3 m teleskopiertem Ausleger	4,0 Mp

Arbeitsgeschwindigkeiten:

Heben und Senken einsträngig	28,5 m/min
zweisträngig	14,25 m/min
dreisträngig	9,5 m/min
Drehen regelbar 0,55 0,85 1,15	1,75 U/min
Hubgeschwindigkeiten bei gleichzeitiger Betätigung von Hub- und Einziehwerk	19 m/min
Schwenkbereich	340°
Umschlagleistung bei Hakenbetrieb	bis 125 t/h
Umschlagleistung bei Greiferbetrieb	bis 55 m³/h
Fahrgeschwindigkeiten: 1. Gang	6,7 km/h
2. Gang	14,1 km/h
3. Gang	21,8 km/h
4. Gang	36,2 km/h
5. Gang	57,5 km/h
Rückwärtsgang	9,0 km/h
Unter Last verfahrbar bis zu	5,0 km/h

Hydraulische Hinterachsenverriegelung

Zweitüriges Vollsichtfahrerhaus in Ganzstahlausführung

Steigfähigkeit auf griffiger Straße 1. Gang	20 %
Rückwärtsgang	15 %

Maße und Gewichte:

Eigenmasse	13 000 kg
Vorderachsdruck	5 100 kp
Hinterachsdruck	7 900 kp
max. Raddruck unter Belastung	11 000 kp
Bodenfreiheit	300 mm
Länge in Fahrtstellung	7 350 mm
Höhe in Fahrtstellung	3 200 mm
Breite	2 500 mm
Spurweite vorn	1 920 mm
Spurweite hinten	1 820 mm
Achsabstand	3 800 mm
äußerer Wenderadius	9,20 m

Antrieb: Motor 4 VD 14,5/12-1 SRW	90 PS bei 2 300 U/min wassergekühlt
Kraftstoffverbrauch	170 g/PSh
bei Straßenfahrt	etwa 25 l/100 km
bei Kranarbeit	etwa 3,5 l/h
Kraftstofftank	Inhalt 100 l
Kupplung	Einscheibentrockenkupplung Typ RENAK WR 50 - 60 K
Bremsen	Pneumatische Zweikreisbremse, Ratschenhandbremse, Motorbremse
Lenkung	Mechanische Doppellenkung mit hydraulischer Lenkhilfe
Bereifung	12.00-20 eHD S+G
Elektrische Anlage für Fahrzeuge	12 V Gleichstrom
für Kran	380 V/50 Hz Drehstrom Stromabgabe 18 kW möglich, das Gerät kann auch mit Netzstrom 380 V/50 Hz getrieben werden
Anhängerkupplung	Typ BK 63, A 108 für 5 000 kg rollende Last

Änderungen im Interesse technischer Weiterentwicklung vorbehalten!

Durch eine Vielzahl von Zusatzausrüstungen bieten wir Ihnen erhöhten Komfort und einen sehr großen Anwendungsbereich unseres Gerätes

Der ADK 63-2 kann mit diesen Zusatzausrüstungen versehen werden:

- Elektrische Lastmomentensicherung
- Benzinheizung OETF 1
- Fahrtenschreiber
- Hochbaukranteil max. Tragkraft 1,5 Mp, 13,0 m Ausladung, 26,0 m Hubhöhe
- Klappausleger max. Tragkraft 1,8 Mp, 11,8 m Ausladung, 12,5 m Hubhöhe
- Greifereinrichtung mit Motorgreifer 0,4 bis 1,25 m³
- Vakuumlasthaftgerät V 2,5
- Magneteinrichtung

Kranzahl: 1.2.06

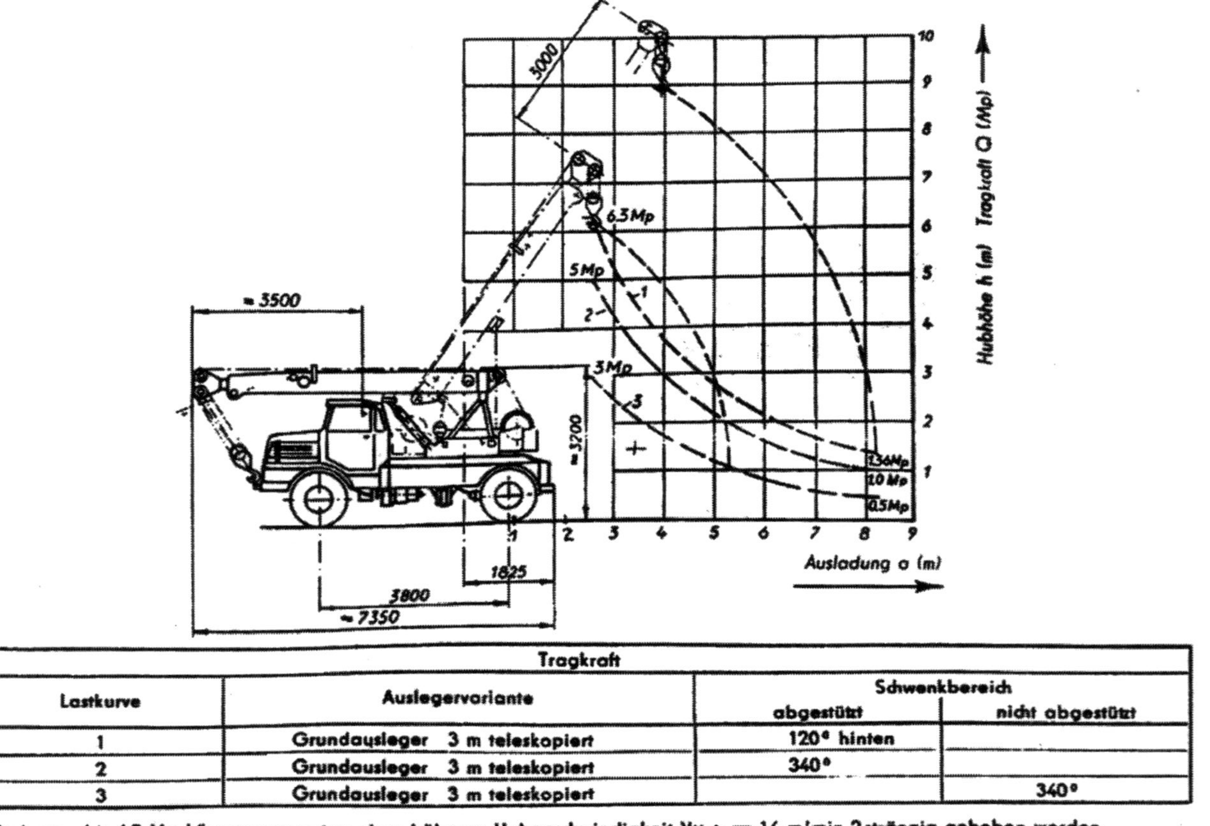

Tragkraft			
Lastkurve	Auslegervariante	Schwenkbereich	
		abgestützt	nicht abgestützt
1	Grundausleger 3 m teleskopiert	120° hinten	
2	Grundausleger 3 m teleskopiert	340°	
3	Grundausleger 3 m teleskopiert		340°

Alle Lasten bis 4,2 Mp können zugunsten einer höheren Hubgeschwindigkeit V_{Hub} = 14 m/min 2strängig gehoben werden.

Kranzahl: **1.2.07**

Erzeugnis: **ADK IV / 1,6**

Status: **Neu- und Weiterentwicklung**

Kranhersteller: **VEB Hebezeugwerk Sebnitz**

Autodrehkran ADK IV/1,6 / 21 /

1958 wurde beim Institut für Fördertechnik Leipzig mit der Entwicklung eines kleinen wendigen und vollhydraulischen Kranes für innerbetriebliche Transportumschläge (Hofkran oder Industriekran) begonnen, während der Musterbau und die spätere Fertigung ab 1959 im Hebezeugwerk Sebnitz fortgeführt wurden.

Der Fahrzeugrahmen war mit einer starren, doppelt bereiften Vorderachse und einer lenkbaren Hinterachse, die einen großen Lenkeinschlag besaß, bestückt. Das Fahrverhalten entsprach damit dem Prinzip eines Gabelstaplers.

Die Vorderachse bildete eine Hinterachse des NKW Garant 32, währen die Hinterachse eine selbst gefertigte Pendelachse war.

Auf dem Fahrzeugrahmen war ein 17 PS (12,5 kW) luftgekühlter Antriebsmotor mit dem Schaltgetriebe und dem Hydrauliksystem sowie der Fahrersitz über der Hinterachse angeordnet. Im vorderen Bereich befand sich der Drehtisch mit Gleitlagerung angeordnet.

Der Ausleger, ein Knickausleger, mit dem mittig angeordneten Wippzylinder verbunden, konnte durch ein manuell zu betätigendes Ausschubteil um 1 m verlängert werden.
Der Kran war unter Last verfahrbar und arbeitete unabgestützt.

Das vollhydraulische, neu entwickelte Hubwerk war in der Praxis beim ersten Funktionsmuster fertigungstechnisch problemreich und in der Anwendung nicht zufriedenstellend. Deshalb wurden für die Produktion die Krane mit dem bewährten, vom ADK III/3 „Puma“ bekannten Faktorenflaschenzug ausgerüstet.

Entwicklungs-, Produktionslinie und Produktionsstückzahl*) des ADK IV/1,6

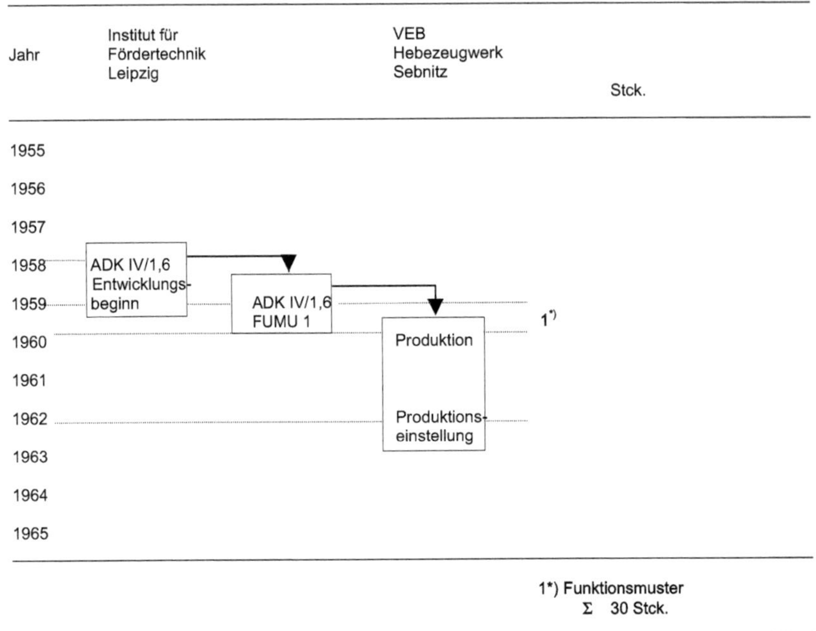

Tragkraft: 1600 kg
Motor: 2-Zylinder-Diesel-Motor, 17 PS luftgekühlt
Fahrgeschwindigkeit: 1. Gang 3 km/h
2. » 5,9 »
3. » 10,7 »
4. » 18,3 »
R.- » 3,7 »
Hubgeschwindigkeit: max. 15 m/min
Wippgeschwindigkeit an der Auslegerspitze: max. 15 m/min
Schwenkgeschwindigkeit an der Auslegerspitze: 0–130 m/min
Schwenkbereich: 60°
max. Hubhöhe: 4 m mit Auslegerverlängerung: 4,8 m
Wenderadius ohne Berücksichtigung des Auslegers: 2,5 m
Zugkraft an der Anhängerkupplung: ca. 350 kg
Bereifung: 6,5–20 eHD, 6fach
Eigengewicht: ca. 3,8 t

Autodrehkran ADK IV/1,6 Technische Daten /21/

*) /18/

Kranzahl: 1.2.07

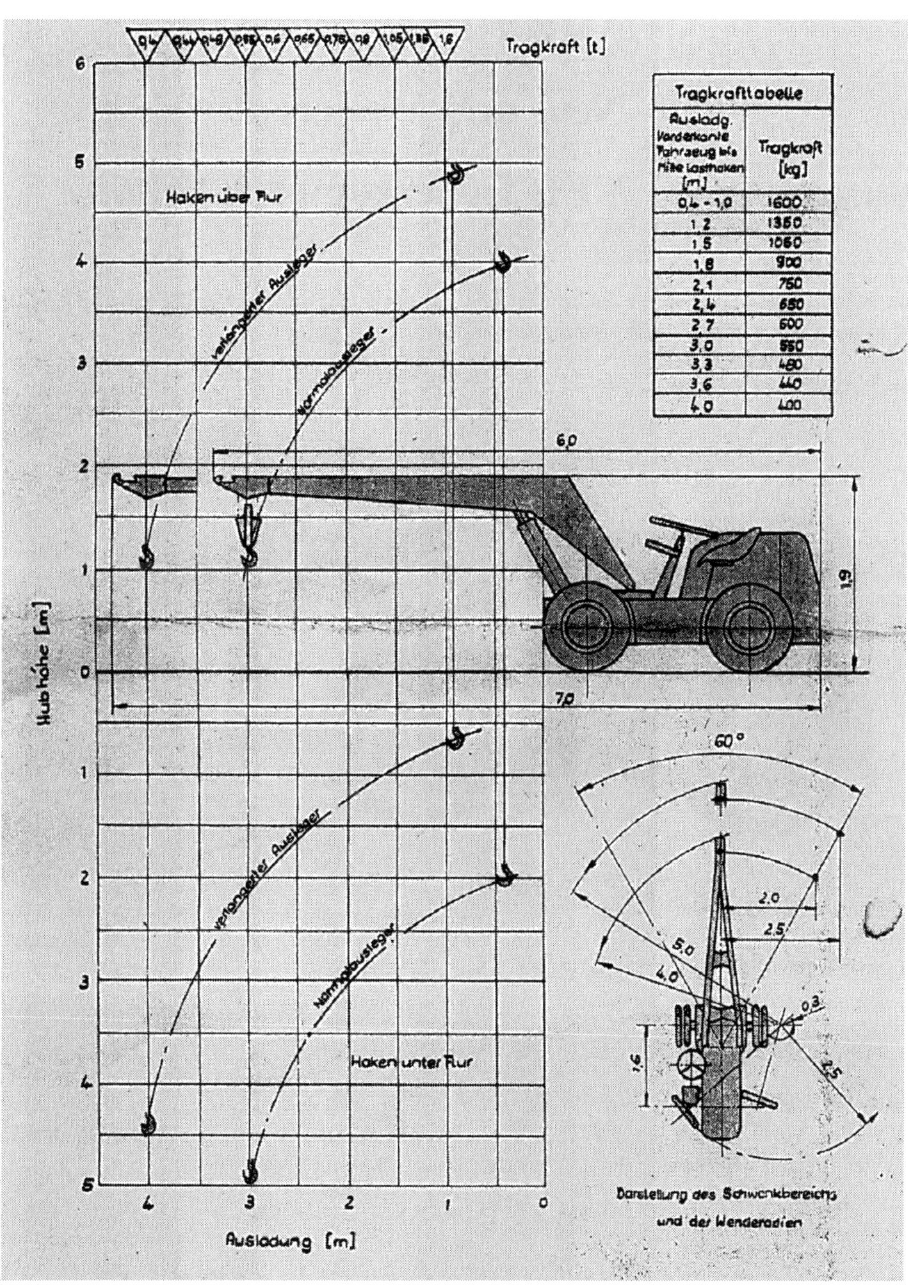

Tragkrafttabelle	
Ausladg. Vorderkante Fahrzeug bis Mitte Lasthaken [m]	Tragkraft [kg]
0,4 - 1,0	1600
1,2	1350
1,5	1060
1,8	900
2,1	750
2,4	650
2,7	600
3,0	550
3,3	480
3,6	440
4,0	400

Autodrehkran ADK IV/1,6 Tragkraftdiagramm / 21 /

Kranzahl: **1.2.08**

Erzeugnis: **ADK III / 3 „PUMA"**

Status: **Neu- und Weiterentwicklung**

Kranhersteller: **VEB Hebezeugwerk Sebnitz**

In Zusammenarbeit mit dem Institut für Fördertechnik Leipzig begannen 1956 die Entwicklungsarbeiten, wobei das Entwicklungsziel ein vollhydraulischer, mobiler Kran war.

Autodrehkran ADK III/3 „Puma" /19/

Der Fahrzeugrahmen des Unterwagens war eine eigene Schweißkonstruktion. Für die Kfz-mäßige Ausrüstung wurden vom NKW H6 die Achsen und die Bremsanlage, sowie vom NKW „Garant" 32 der luftgekühlte 52 PS (38,2 kW) Dieselmotor einschließlich Schaltgetriebe übernommen. Auf dem Fahrzeugrahmen war direkt die Kugeldrehverbindung angeordnet.

Im Fahrbetrieb konnte eine Anhängermasse von 3 t mitgeführt werden.

Der Oberwagen zeichnete sich durch ein für die damalige Zeit gutes Design aus. Die Auslegerform entsprach in der äußeren Kontur der des ADK I/5. Durch ein manuell zu betätigendes Ausschubteil, das im Grundausleger gelagert war, konnte die Auslegerlänge um 1,5 m verlängert werden.

Der Kranbetrieb erfolgte stationär ohne Abstützung.

Die Hub-, Dreh- und Wippbewegungen erfolgten durch ein zentrales Hydrauliksystem und wurden von der Kabine zentral gesteuert.

Der Fahrersitz in der Vollsichtkabine war drehbar angeordnet und mit einer Doppellenkung ausgerüstet, so daß eine Einmannbedienung möglich war. Damit konnte der Kranführer von seinem Sitz aus sowohl den Kran verfahren und nach Drehung des Sitzes um 180° auch alle Kranarbeiten durchführen. Dieses Prinzip wurde später bei der Entwicklung der Autodrehkrane ADK 100(Sebnitz) und ADK 125 übernommen.

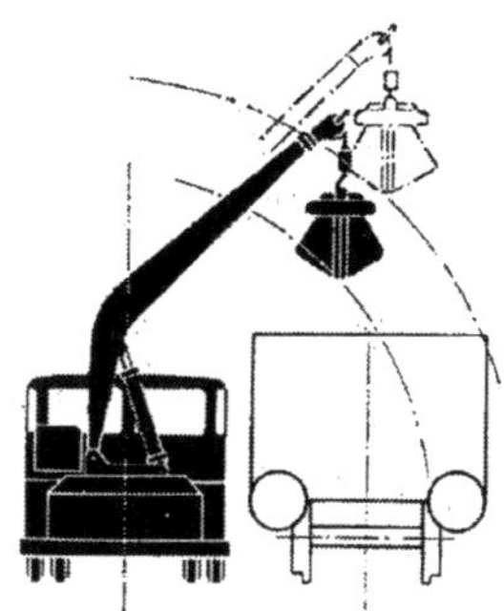

Für den Betrieb mit Motorgreifer und Fremdstromeinspeisung wurde nur ein Funktionsmuster (Gerät 140, Baujahr 1960) gebaut. Die Nutzlast war dabei so gering, daß sich ein Greiferbetrieb als unwirtschaftlich erwies.

Autodrehkran ADK III/3 Motorgreifer mit Fremdstromeinspeisung / 19 /

Entwicklungs,- Produktionslinie und Produktionsstückzahl*) des ADK III/3

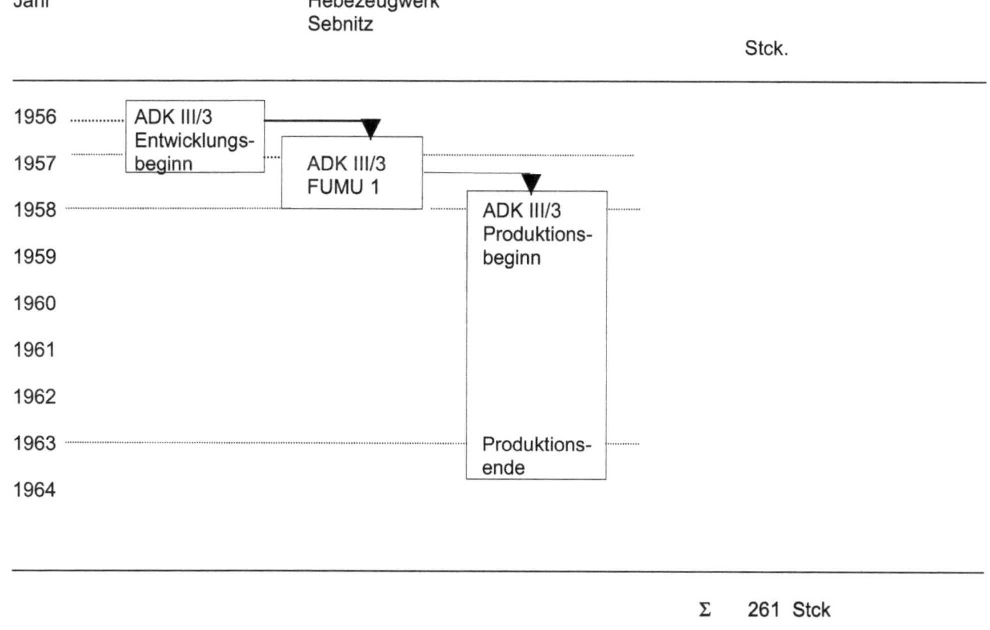

*) / 18 /

Kranzahl: **1.2.08**

Kran im Lastbetrieb:

Tragkraft: max. 3000 kg
Drehbereich: 360°
Steigfähigkeit: mit Last 5 %
Zulässige Fahrgeschwindigkeit mit angehängter Last: 5 km / h
Hubgeschwindigkeit: 0–15 m/mm
Auslegerversteller: 20 Sek.
Hubhöhe, Ausladung und zugehörige Belastung sowie Fahrzeugabmessungen siehe Tragkraftdiagramm.

Kran im Fahrbetrieb:

Innerer Wendekreis: 5 m
Steigfähigkeit: ohne Last 12 %
Eigengewicht: 9 t
Antriebsmotor: 4-Zylinder-Diesel luftgekühlt 52 PS
Brennstoffverbrauch: 248 g/PSh
Fahrgeschwindigkeiten:

1. Gang:	7,2	km/h
2. Gang:	14,2	„
3. Gang:	25,7	„
4. Gang:	45	„
R.-Gang:	8,9	„

Spurweite vorn: 2100 mm
Spurweite hinten: 1820 mm
Reifengröße: 8,25–20 EHD

Autodrehkran ADK III/3 „Puma“ Technische Daten / 19 /

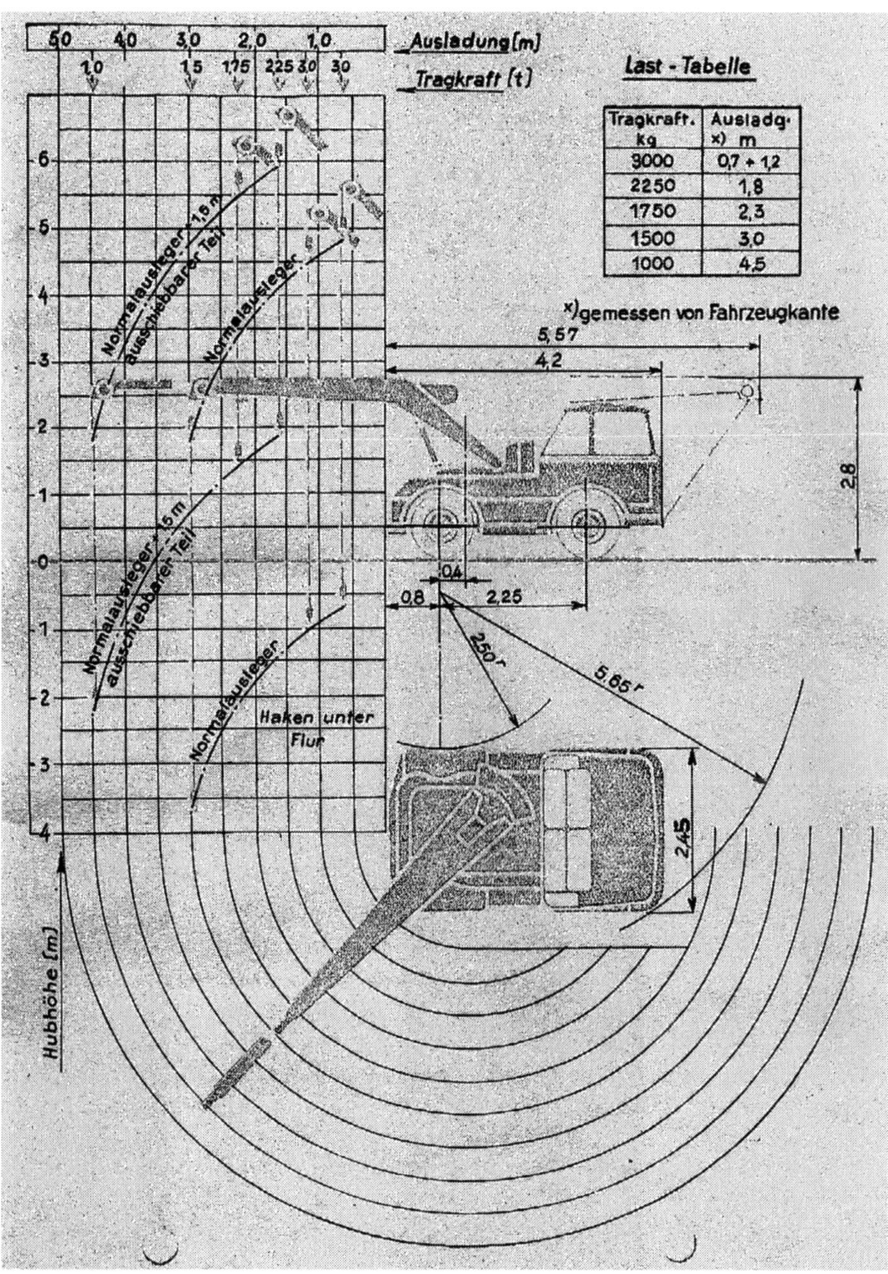

Tragkraft. kg	Ausladg. x) m
3000	0,7 ÷ 1,2
2250	1,8
1750	2,3
1500	3,0
1000	4,5

Autodrehkran ADK III/3 „Puma“ Tragkraftdiagramm / 19 /

Kranzahl: **1.2.09**

Erzeugnis: ADK III / 3 G5

Status: Neu- und Weiterentwicklung

Kranhersteller: VEB Hebezeugwerk Sebnitz

Für den Einsatz bei der Nationalen Volksarmee (NVA) wurde beginnend im Jahre 1959 ein Montagekran mit einer Tragfähigkeit von 3 t entwickelt.

Autodrehkran ADK III/3 G5 Montagekran der NVA /18 /

Als Unterwagen diente das dreiachsige, allradgetriebene NKW G5 vom VEB Kraftfahrzeugwerk „Ernst Grube“ Werdau. Auf den Fahrzeugrahmen wurde der Kranteil vom ADK III/3 „Puma“ mit einem modifizierten „Puma“-Rahmen aufgesetzt und montiert.

Die Hinterachsverriegelung erfolgte hydraulisch und wurde von der Fahrerkabine aus betätigt. Sie ermöglichte bei ausgeschalteter Federung dennoch ein Pendeln der Hinterachsschwinge um ihren Lagerpunkt, damit die Geländegängigkeit aufrecht erhalten werden konnte.

Die Fahrerkabine wurde durch zusätzliche Fenster nach hinten und entsprechende Kranbedienungselemente erweitert. Die Fertigung selbst erfolgte in Kooperation mit einem Betrieb in Meerane.

Die Leistungs- und Funktionsparameter des Kranteiles waren die gleichen wie beim ADK III/3 „Puma“. Der stationäre Kranbetrieb erfolgte ohne Abstützung. Ein Verfahren der Last war nur bei der Auslegerstellung 0° möglich.

Musterbau und NVA-Erprobung wurden 1960/61*) durchgeführt, und die Fertigung erfolgte im Zeitraum 1961 bis 1963*) nur für die NVA.

Entwicklungs- , Produktionslinie und Produktionsstückzahl*) des ADK III / 3 G5:

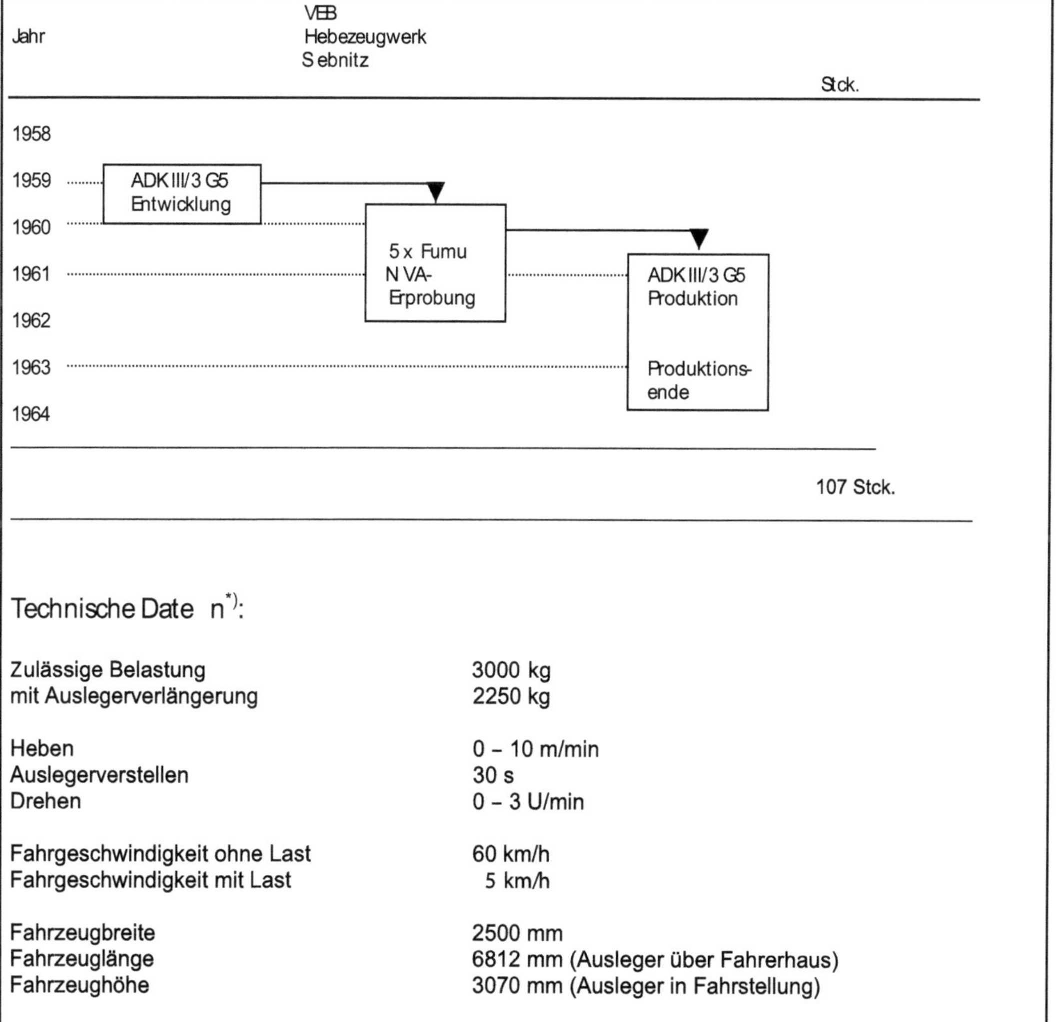

Technische Daten*):

Zulässige Belastung	3000 kg
mit Auslegerverlängerung	2250 kg
Heben	0 – 10 m/min
Auslegerverstellen	30 s
Drehen	0 – 3 U/min
Fahrgeschwindigkeit ohne Last	60 km/h
Fahrgeschwindigkeit mit Last	5 km/h
Fahrzeugbreite	2500 mm
Fahrzeuglänge	6812 mm (Ausleger über Fahrerhaus)
Fahrzeughöhe	3070 mm (Ausleger in Fahrstellung)

*) / 18 /

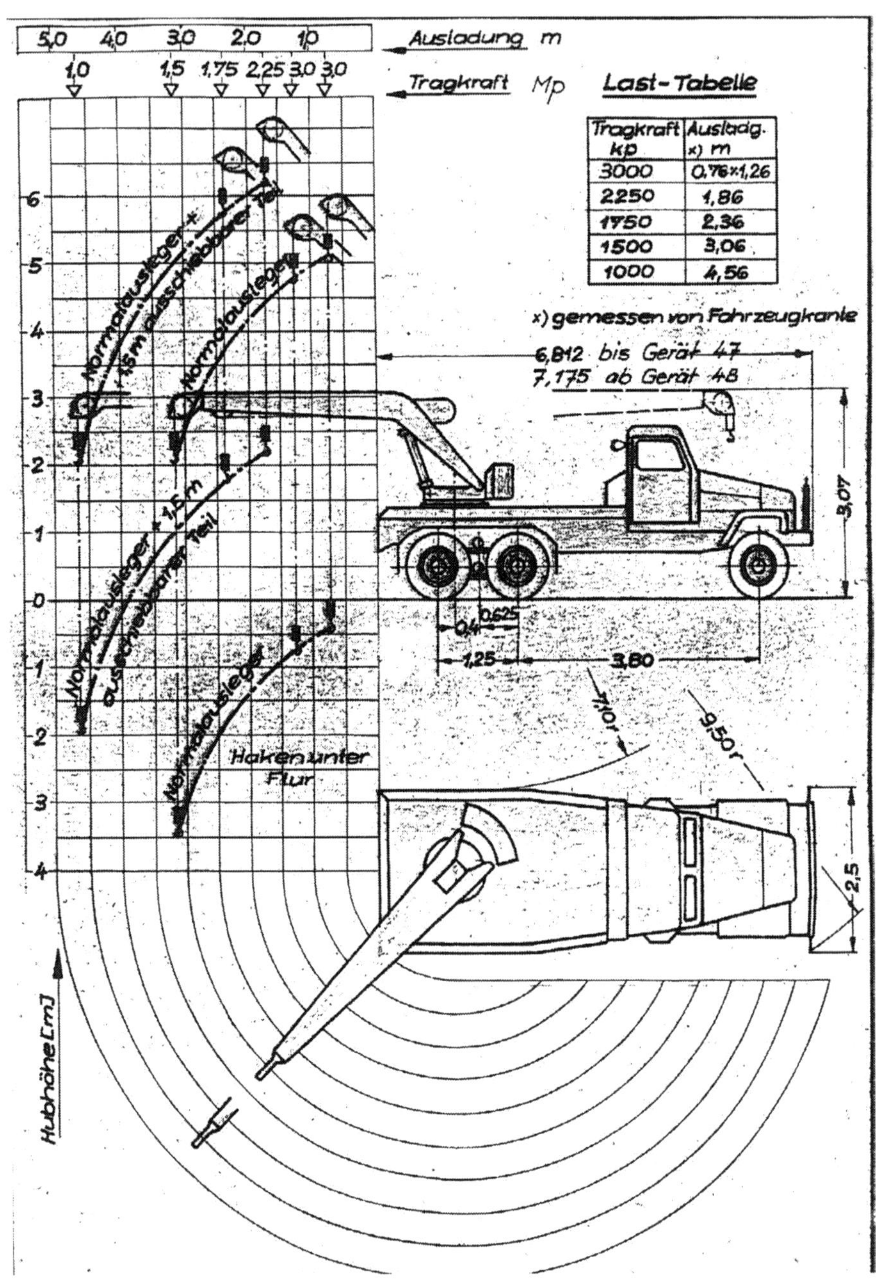

5,0 4,0 3,0 2,0 1,0
Ausladung m
1,0 1,5 1,75 2,25 3,0 3,0
Tragkraft Mp
Last-Tabelle
Tragkraft kp | Ausladg. x) m
3000 | 0,76÷1,26
2250 | 1,86
1750 | 2,36
1500 | 3,06
1000 | 4,56
x) gemessen von Fahrzeugkante
6,812 bis Gerät 47
7,175 ab Gerät 48
3,07
0,625
0,4
1,25
3,80
7,01r
9,50r
2,5
Normalausleger + 1,5m ausschiebbarer Teil
Normalausleger
Haken unter Flur
Hubhöhe [m]

Kranzahl: **1.2.10**

Erzeugnis: **ADK 100 (Sebnitz)** *)

Status: **Neu- und Weiterentwicklung**

Kranhersteller: **VEB Hebezeugwerk Sebnitz**

Durch das Institut für Fördertechnik (IFF) der VVB TAKRAF Leipzig wurde 1966 der VEB Hebezeugwerk Sebnitz beauftragt, einen Autodrehkran mit 10 Mp Tragkraft zu entwickeln.

Autodrehkran ADK 100 (Sebnitz), erstes Muster
Antrieb dieselelektrisch /21/

1968 erfolgte die Fertigstellung des ersten Funktionsmuster.

Im selben Jahr wurde die weitere Entwicklung nach dem VEB Schwermaschinenbau „Georgi Dimitroff" Magdeburg verlagert. Warum diese Verlagerung durchgeführt wurde ist aus heutiger Sicht nicht eindeutig bekannt. Wahrscheinlich spielten zukünftige Kapazitätsprobleme bei Aufnahme der Produktion in Sebnitz parallel zu den anderen Kranerzeugnissen eine Rolle oder auch bereits intern die sich abzeichnende grundsätzliche Verlagerung der gesamten Kranproduktion des Betriebes und dessen Überleitung zum Kombinat Fortschritt**). Für den ADK 100 und die spätere Erweiterung zum ADK 125 war bereits seit 1968 bekannt und geplant gewesen, daß dieser in Magdeburg gebaut werden sollte.

*) Die Bezeichnung ADK 100 besteht dreimal. Eimal die hier aufgeführte Entwicklung von Sebnitz, die von Magdeburg und die spätere Entwicklung des ADK 100 auf dem Fahrgestell des NKW L60 vom Maschinenbau Babelsberg.

**) Durch eine wirtschafts- und strukturpolitische Entscheidung wurde die Kranproduktion im VEB Hebezeugwerk Sebnitz eingestellt und der Betrieb 1970 dem Kombinat „Fortschritt" für die Produktion von landwirtschaftlichen Erzeugnissen unterstellt. Die Kranproduktion wurde nach dem VEB Schwermaschinenbau "Georgi Dimitroff" Magdeburg verlagert.

In der konstruktiven Auslegung war der Unterwagen mit einem 6-Zylinder-Dieselmotor mit 190 PS (139,7 kW) bei 2311 U/min und einem 5-Gang-Getriebe ausgerüstet. Der Antrieb war Diesel-elektrisch. Die max. Fahrgeschwindigkeit lag bei 70 km/h und im Gelände bei 1,7 km/h. Die Steigfähigkeit auf der Straße wurde dabei mit 26 und im Gelände mit 53 % angegeben. Für die Fahrt besaß der Kran drei von einander unabhängig wirkende Bremssysteme. Der Fahrzeugrahmen selbst war eine Schweißkonstruktion in Pontonform und stellte eine Eigenfertigung dar. Die Abstützung erfolgte hydraulisch durch vier auswinkelnde Stützbeine, die einzeln ausfahrbar waren.

Der Kran verfügte über einen teleskopierbaren Ausleger mit einer 4 m unter Last ausfahrbaren Auslegerverlängerung, womit eine Hubhöhe von 11m erreicht wurde. Der Schwenkbereich des Auslegers betrug 360° und der Wendekreisradius des Kranes 8 m. Das Hub- und Wippwerk, Achsverriegelung, Bremsen und Lenkhilfe wurden hydraulisch betrieben. Die Kranarbeit war mit einer LMS und Hubendschalter abgesichert.

Die großzügige Kabine, praktisch eine Großraumkabine, war mit Drehsessel für Fahr- und Kranbetrieb für einen Einmann-Betrieb ausgestattet.

Als Zusatzausrüstungen waren ein Hochbaukranteil, Klappausleger, Greiferbetrieb und ein Autospill konzipiert.

Nähere technische Daten vom ersten Gerät sind nicht bekannt. Es ist stark zu vermuten, daß die Daten im wesentlichen dem ADK 100(Magdeburg) (2. Entwicklungsstufe) entsprechen.

Kranzahl: **1.3.01**

Erzeugnis: **ADK 63**

Status: **Produktionsverlagerung**

Kranhersteller: **VEB Schwermaschinenbau „Georgi Dimitroff“ Magdeburg**

Die gesamte Kranprouktion wurde 1970 durch eine wirtschafts- und strukturpolitische Entscheidung vom VEB Hebezeugwerk Sebnitz zum VEB Schwermaschinenbau „Georgie Dimitroff“ Magdeburg, und damit auch die Produktion des ADK 63, verlagert.

Der Kran wurde in der gleichen Ausführung und ohne Veränderung der Leistungs- und Funktionsparameter weiter produziert.

Der Produktionseinlauf erfolgte bereits im Jahr 1969. 1971 wurde der ADK 63 durch den ADK 63-1 abgelöst.

Entwicklungs-, Produktionslinie und Produktionsstückzahl*) des ADK 63

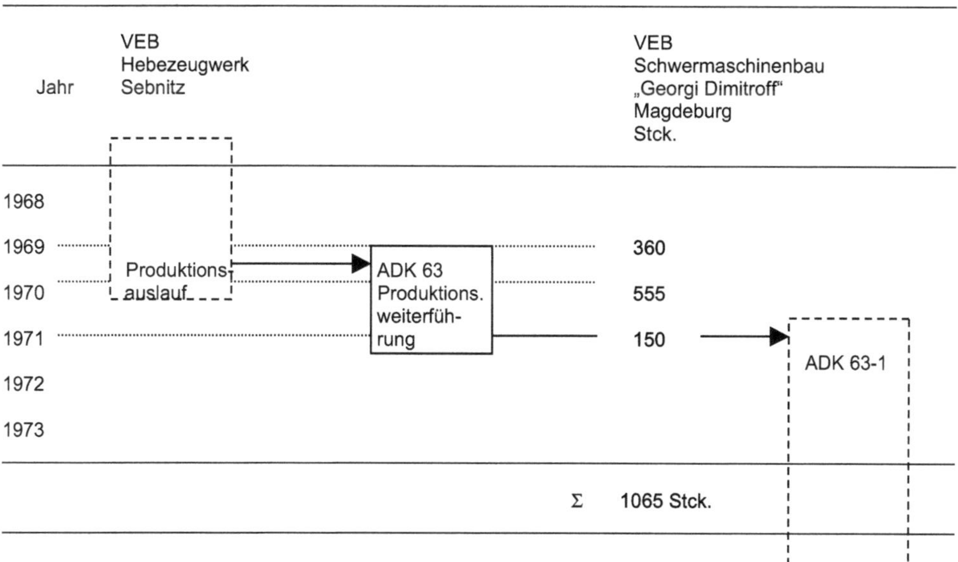

*) / 18 /

Kranzahl: **1.3.02**

Erzeugnis: **ADK 63-1**

Status: **Neu- und Weiterentwicklung**

Kranhersteller: **VEB Schwermaschinenbau „Georgi Dimitroff“ Magdeburg**

Mit der Produktionsverlagerung des ADK 63 vom VEB Hebezeugwerk Sebnitz nach dem VEB Schwermaschinenbau „Georgi Dimitroff“ Magdeburg im Jahr 1969 wurde in der Folge der ADK 63-1 in Magdeburg entwickelt

Autodrehkran ADK 63-1 /22/

Dieser war praktisch ein ADK 63-2. Der Unterschied bestand in der Teleskopierung: während beim ADK 63-2 das Teleskopieren des Auslegers hydraulisch erfolgte, wurde dies beim ADK 63-1 mechanisch durchgeführt. Vermutlich erfolgten auch konstruktive Detailmaßnahmen zur Verbesserung der Zuverlässigkeit und die Anpassung an veränderte oder neue Zulieferelemente.

Entwicklungs-, Produktionslinie und Produktionsstückzahl*) des ADK 63-1

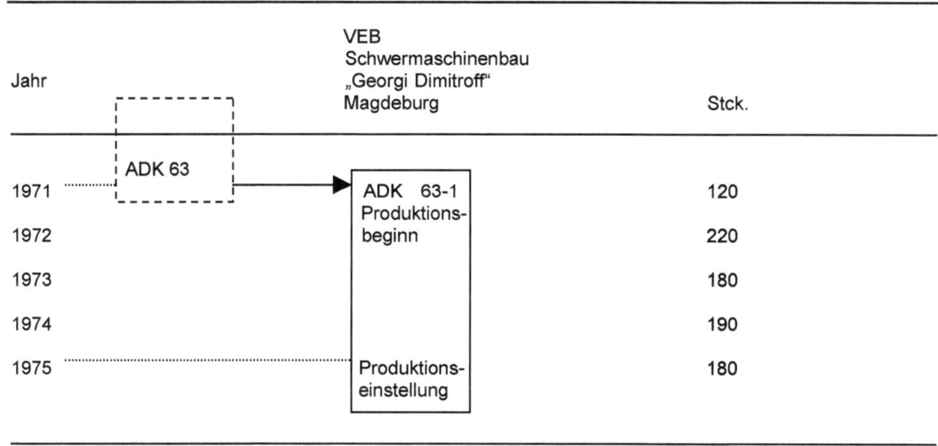

Jahr		VEB Schwermaschinenbau „Georgi Dimitroff" Magdeburg	Stck.
1971	ADK 63	ADK 63-1 Produktionsbeginn	120
1972			220
1973			180
1974			190
1975		Produktionseinstellung	180

Σ 890 Stck.

Durch eine wirtschafts- und strukturpolitische Entscheidung wurde die Kranproduktion im VEB Schwermaschinenbau „Georgi Dimitroff" zu Gunsten der Steigerung von Tagebauausrüstungen, die der Betrieb gleichfalls fertigte, 1975 eingestellt.

Die Produktion des ADK 63-1 und des parallel dazu gefertigten ADK 63-2 wurde 1975 ohne Verlagerung eingestellt. Der Nachfolgekran war der ADK 70. Die Entwicklung dieses Kranes erfolgte im VEB Schwermaschinenbau „S.M. KIROW" Leipzig und die spätere Fertigung ab 1970 im VEB Maschinenbau „Karl Marx" Babelsberg.

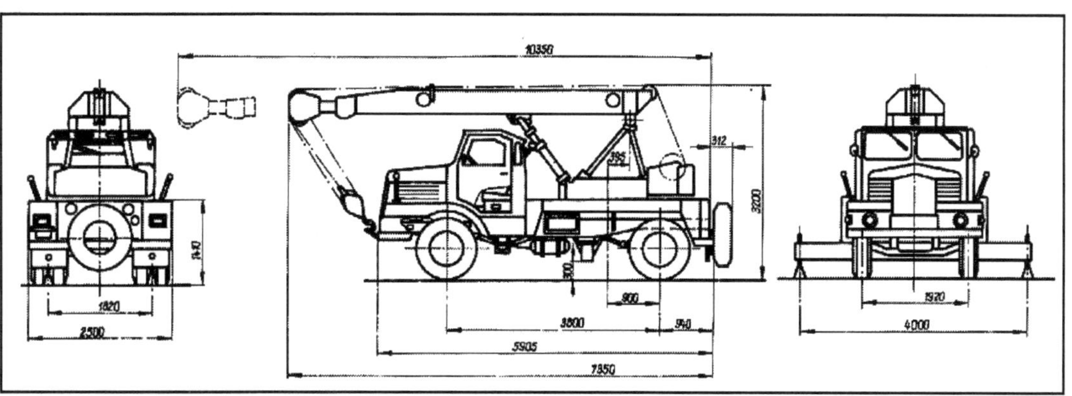

Autodrehkran ADK 63-1 Hauptabmessungen / 22 /

*) / 18 /

1.1. Krantechnische Daten

Tragkraft (max.)	
abgestützt	6,3 Mp
unabgestützt	6,3 Mp
verfahrbar	6,3 Mp
bei 3 m teleskopiertem Ausleger	3,9 Mp
Lastmoment bei 75 % Kipplast	16,4 Mpm
Arbeitsgeschwindigkeiten	
Hubwerk	
Heben und Senken	
einsträngig	28,5 m/min
dreisträngig	9,5 m/min
Wippwerk	
Heben ohne Last	40 s/Hub
Heben mit Last	50 s/Hub
Schwenkwerk	
Schwenken	1,13 U/min

Schwenkbereich	340°
Maximale Hubhöhe	
über Flur	9 m
unter Flur (dreisträngig)	14 m
Maximale Ausladung	8,3 m
Umschlagleistung	
bei Hakenbetrieb	bis 125 Mp/h
Zulässige Einsatzbedingungen	
Arbeiten unter Last nur bei festem Untergrund (gewachsener Boden)	
Arbeitsverbot mit dem Kran	
ab Windstärke	8
≙ Windgeschwindigkeit	18 m/s

1.1.1. Kran-Triebwerke

Hubwerk

Bauart	Trommelhubwerk mit eingebauten Elektromotor und Getriebe
Antrieb	Schleifringläufer-Kranmotor 8,5 kW; n = 950 U/min Bauform: Flanschmotor Schutzart: IP 44
Bremse	Doppelbackenbremse
Bremslüftung	elektrohydraulisch mit zusätzlicher mechanischer Handlüftung
Drahtseil	K 14 x 160; s/Z, TGL 17 555 63 m lang

Schwenkwerk

Drehkranz	zweireihige Kugeldrehverbindung
Antrieb	Schleifringläufer-Kranmotor 2,5 kW; n = 940 U/min
Getriebe	Zylinderschnecken-Stirnrad-getriebe
Übersetzung	i = 100 : 1 Schwenkantrieb ausrückbar
Bremse	Doppelbackenbremse
Bremslüftung	elektromagnetisch

Wippwerk

Bauart	Hydraulikanlage mit 2 Teleskop-Druckzylindern
Nenndruck	160 kp/cm^2
Antrieb	Zahnradpumpe A 25/100 bzw. A 25/160 mit angeflanschtem Kurzschlußläufermotor 5,5 kW; n = 1430 U/min

1.2. Kraftfahrzeugtechnische Daten

Abmessungen	siehe Maßblatt (Bild 1 a)
Massen und Lasten	
Konstruktionsmasse	11 920 kg
Einsatzmasse	12 300 kg
Vorderachslast	
Kran in Straßenfahrtstellung	4 750 kp
Kran unter max. Last	2 400 kp
Kran in Straßenfahrtstellung	7 550 kp
Kran unter max. Last	16 200 kp
Maximale Stützlast bei Verwendung der Abstützung	5 400 kp
Maximale Radlast bei ungünstigster Auslegerstellung	11 000 kp
Zulässige Anhängelast (rollend)	5 000 kp
Fahrgeschwindigkeiten	
1. Gang	6,4 km/h
2. Gang	13,5 km/h
3. Gang	20,9 km/h
4. Gang	34,6 km/h
5. Gang	55,0 km/h
Rückwärtsgang	8,6 km/h
Fahrgeschwindigkeit unter Last	bis 5,0 km/h
Steigfähigkeit	
ohne Last	20 %
mit Last	5 %

Geräuschverhalten

Schalldruckpegel	
im Fahrerhaus	85 dB (AI) nach TGL 10 687
im Schwenkbereich	80 dB (AI) nach TGL 10 687

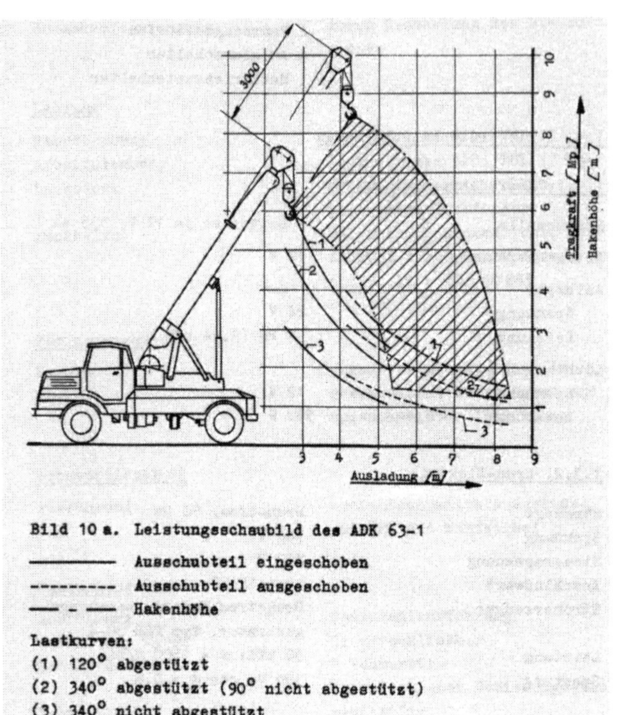

Bild 10 a. Leistungsschaubild des ADK 63-1

——————— Ausschubteil eingeschoben
- - - - - - - - - Ausschubteil ausgeschoben
—— - —— Hakenhöhe

Lastkurven:
(1) 120° abgestützt
(2) 340° abgestützt (90° nicht abgestützt)
(3) 340° nicht abgestützt

Autodrehkran ADK 63-1
Tragkraftdiagramm /22/

Last am Haken — Grundausleger

Bei angebautem Klappausleger verringern sich alle angegebenen Tragkräfte um 0,05 Mp

Auslegerstellung (Skala) Wippstellung	Grundausleger eingeschoben					Grundausleger ausgeschoben				
	Ausladung unter Last [m]	Hakenhöhe unter Last [m]	Tragkraft [Mp]			Ausladung unter Last [m]	Hakenhöhe unter Last [m]	Tragkraft [Mp]		
1	2,60	5,90	6,30	5,00	3,00	4,20	8,50	3,95	3,10	1,80
2	3,10	5,60	5,15	4,05	2,45	5,00	7,90	3,20	2,50	1,40
3	3,70	5,00	4,20	3,30	1,90	5,90	7,10	2,60	2,00	1,10
4	4,30	4,30	3,45	2,70	1,55	6,80	6,00	2,10	1,65	0,90
5	4,90	3,20	2,90	2,25	1,25	7,70	4,30	1,75	1,35	0,70
6	5,30	1,40	2,45	1,90	1,00	8,30	1,20	1,50	1,10	0,55
120° hinten	0° hinten *									
340° hinten	30° hinten									
	340° hinten									
mit Abstützung	ohne Abstützung	Schwenkbereich								

*zum Verfahren mit Last — Ausladung: Mitte Drehtisch - Mitte Lasthaken

Autodrehkran ADK 63-1 Tragkrafttabelle /22/

Kranzahl: **1.3.03**

Erzeugnis: **ADK 63-2**

Status: **Produktionsverlagerung**

Kranhersteller: **VEB Schwermaschinenbau „Georgi Dimitroff“ Magdeburg**

Die gesamte Kranproduktion, und damit auch der ADK 63-2, wurde 1970 durch eine wirtschafts- und strukturpolitische Entscheidung vom VEB Hebezeugwerk Sebnitz zum VEB Schwermaschinenbau „Georgi Dimitroff“ Magdeburg verlagert.

Der Kran wurde in der gleichen Ausführung und ohne Veränderung der Leistungs- und Funktionsparameter in Magdeburg weiter produziert.

Der Produktionseinlauf erfolgte 1971.

Entwicklungs-, Produktionslinie und Produktionsstückzahl*) des ADK 63-2

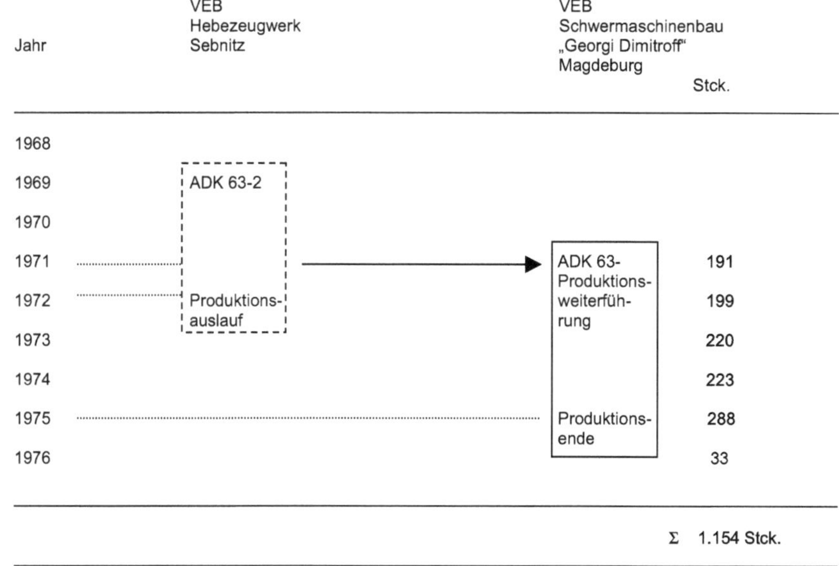

*) / 18 /

Bilanz der Autodrehkranreihe 6,3 t Tragfähigkeit

Betrieb	Krantyp	Jahr												
		1965	66	67	68	69	70	71	72	73	74	75	76	Σ
Sebnitz	ADK 6,3=63	161	340	359	393	34	94							1.692
Magdeburg	ADK 63					360	555	150						1.065
Sebnitz	ADK 63-1													0
Magdeburg	ADK 63-1							120	220	180	190	180		890
Sebnitz	ADK 63-2					144	164	91						399
Magdeburg	ADK 63-2							191	199	220	223	288	33	1.154
Σ		161	340	359	393	849	813	552	419	400	413	468	33	5.200

ADK 63	2.757 Stck.	53%				
ADK 63-1	890 „	17,1%	Sebnitz	2.091	Stck.	40,2%
ADK 63-2	1.553 „	29,9%	Magdeburg	3.109	„	59,8%
Σ_{gesamt}	5.200 Stck.		Σ_{gesamt}	5.200	Stck.	

Produktionsdauer = 12 Jahre, was einer durchschnittlichen Jahresproduktion von ca. 430 Kranen entspricht.

Durch eine wirtschafts- und strukturpolitische Entscheidung wurde die Kranproduktion im VEB Schwermaschinenbau „Georgi Dimitroff" Magdeburg zu Gunsten der Steigerung der Produktion von Tagebauausrüstungen, die der Betrieb gleichfalls fertigte, 1975 eingestellt.

Die Produktion des ADK 63-2 und des parallel dazu gefertigten ADK 63-1 wurde 1975 ohne Verlagerung eingestellt. Der Nachfolgekran war der ADK 70. Die Entwicklung dieses Kranes erfolgte im VEB Schwermaschinenbau „S.M. KIROW" Leipzig und die spätere Fertigung ab 1970 im VEB Maschinenbau „Karl Marx" Babelsberg.

Kranzahl: **1.3.04**

Erzeugnis: **ADK 100 Magdeburg** *) **)

Status: **Neu- und Weiterentwicklung**

Kranhersteller: **VEB Schwermaschinenbau „Georgi Dimitroff“ Magdeburg**

Autodrehkran ADK 100 Antrieb dieselmechanisch

Funktionsmuster 2 und 3 (Magdeburg) / 74 /

Die Entwicklung und der Bau des ersten Funktionsmusters erfolgte durch den VEB Hebezeugbau Sebnitz bis 1968. Danach wurden die weiteren Entwicklungsarbeiten im VEB Schwermaschinenbau „Georgi Dimitroff“ Magdeburg fortgeführt.

Auf Basis der gewonnenen Erkenntnisse aus der Erprobung des ersten Funktionsmusters und der spezifischen Weiterentwicklung einiger Baugruppen erfolgte der Bau zweier weiterer Funktionsmuster in Magdeburg.

Im Jahr 1969 fiel die Entscheidung, ausgehend vom positiven Ergebnis der zwei Funktionsmuster und der weiteren Umsetzung der unifizierten Typenreihe der TAKRAF (ADK-Baureihe mit einheitlichen Konstruktionsprinzipien, die entsprechend der Traglastklasse unterteilt in klein, mittel, groß in verschiedenen Betrieben gebaut werden sollte), die weitere Entwicklung auf einen Autodrehkran mit 12,5 t Tragfähigkeit auszurichten.

Damit wurden die Aktivitäten für den zukünftigen Autodrehkran ADK 125 eingeleitet.

*) Die Bezeichnung ADK 100 besteht dreimal. Einmal die hier aufgeführte Entwicklung von Magdeburg, die von Sebnitz und die spätere Entwicklung des ADK 100 auf dem Fahrgestell des NKW L60 vom Maschinenbau Babelsberg.

**) Der ADK 100 wurde in Magdeburg betriebsintern mit ADK 2100 bezeichnet. Dieses bedeutete dabei die zweite Entwicklungsstufe, was durch die vorgestellte 2 angezeigt wurde.

Chassis:	2-Achs-Chassis, Breite 2,5 m zwei Achsen angetrieben
Unterwagen-rahmen:	Starre Schweißkonstruktion in Pontonform, vorderer Bereich gegabelt. Seitliche Tragarme zur Aufnahme der 4 Abstützungen
Motor:	6-Zylinder wassergekühlter Diesel Typ 6 VD 14,5 - 12,1 SRW/M Hersteller: VEB Dieselmotorenwerk Schönebeck Leistung: 190 PS bei 2311 U/min
Getriebe:	5 - Gang - Getriebe Typ 5 P 80 10 Vorwärtsgänge - 2 Rückwärtsgänge Fahrgeschwindigkeiten: Straßengang = 3,20 - 71,00 km/h Geländegang = 1,70 - 38,50 km/h Steigfähigkeiten: Straßengang = 26,2 % Geländegang = 53,9 %
Achsen:	Vorderachse = gelenkte, angetriebene Starrachse Antrieb-Schneckengetriebe i = 9,667 Differentialsperre nicht vorhanden Hinterachse = angetriebene Starrachse Antrieb: Schneckengetriebe i = 9,667 Differentialsperre vorhanden
Reifen:	Lenkachse einfach bereift nicht lenkbare Achse zwillingsbereift 1 komplettes Reserverad Reifen 12,00 - 20 Schwerlast Hersteller: VEB Reifenwerk Fürstenwalde
Lenkung:	eine Achse gelenkt - hydraulische Lenkhilfe, Wendekreisradius ca. 8000 mm
Bremsen:	3 unabhängig voneinander wirkende Bremssysteme. Fahrbremse: Hydro-pneumatische Bremsen an allen Rädern mit Fußhebelbetätigung Handbremse: Bremszylinder mit Federwirkung Abgasmotorbremse
Hydr. Abstützung:	Hydraulische Abstützungen einzeln ausfahrbar Stützbasis 3200 x 3400 mm Niveau-Ausgleich zwischen den einzelnen Stützen möglich. Betätigung vom Fahrerhaus.
Kran-Oberwagen:	Der Kran-Oberwagen ist durch eine kippsichere 2-reihige Kugeldrehverbindung fest mit dem Unterwagen verbunden. Unbegrenzter Schwenkbereich: -360 ° in allen Richtungen.

Oberwagen-rahmen: Rahmentragwerk als Blechkonstruktion

Kranantrieb: Axialkolbenpumpe für das Hubwerk, Zahnradpumpe für Wippwerk, Teleskopierhydraulik und Schwenkwerk. Ölzufuhr zu den hydr. Arbeitselementen des Oberwagens durch hydraulische Drehverbindung.

Hubwinde: Antrieb durch Axialkolbenmotor mit Drehzahlregulierung
Sonderschneckengetriebe (i = 40:1)
Hubwerksbremse: Federbelastete Summenbandbremse
Trommel: Schweißkonstruktion mit geschnittenen Rillen - mehrlagig bewickelt
Hubseil: B 16 - 150
Hakenflasche: 4-fach eingeschert
max. Hubgeschwindigkeit: 16 m/min
max. Tragkraft: 10 Mp

Schwenkwerk: Antrieb durch Axialkolbenmotor
Drehzahl 2,44 U/min
Drehwerk ist am Unterwagen angeordnet

Ausleger: Grundausleger mit 4 m ausfahrbarer Auslegerverlängerung, Ausfahren unter Last möglich.

Fahrerkabine: Ganzstahlkonstruktion - schwingungsfrei auf dem Unterwagenrahmen verlagert
Sicherheitsglas - Tür mit Schloß -
Fahrersitz schwenkbar zum Kranfahrersitz
Doppellenkrad - doppelte Pedalanordnung - hoher Bedienungskomfort, gute Rundumsicht

Werkzeug: Kompl. Satz Werkzeuge
Ersatzteil- und Bedienungsanweisung vorhanden.

Anstrich: 2 Grundanstriche - ein Endanstrich

Dienstmasse: ca. 16 Mp

Autodrehkran ADK 100 Funktionsmuster 2 und 3 Technische Daten / 23 /

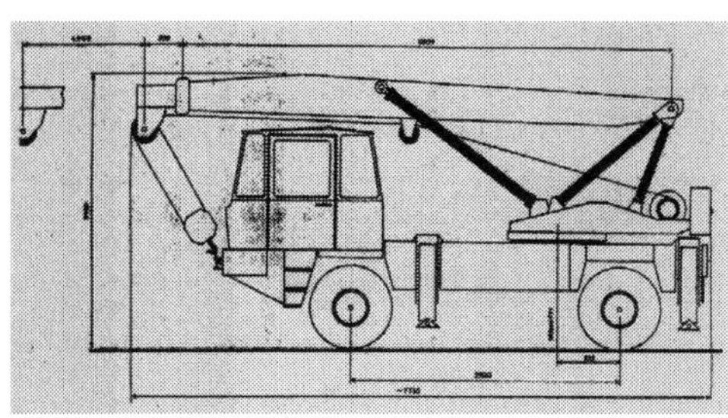

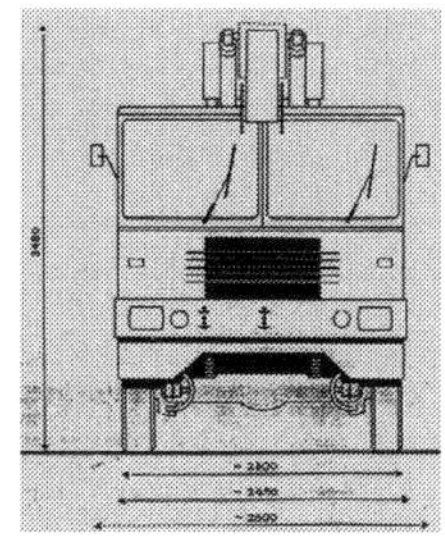

Autodrehkran ADK 100 Funktionsmuster 2 und 3 Hauptabmessungen / 23 /

Kranzahl: 1.3.04

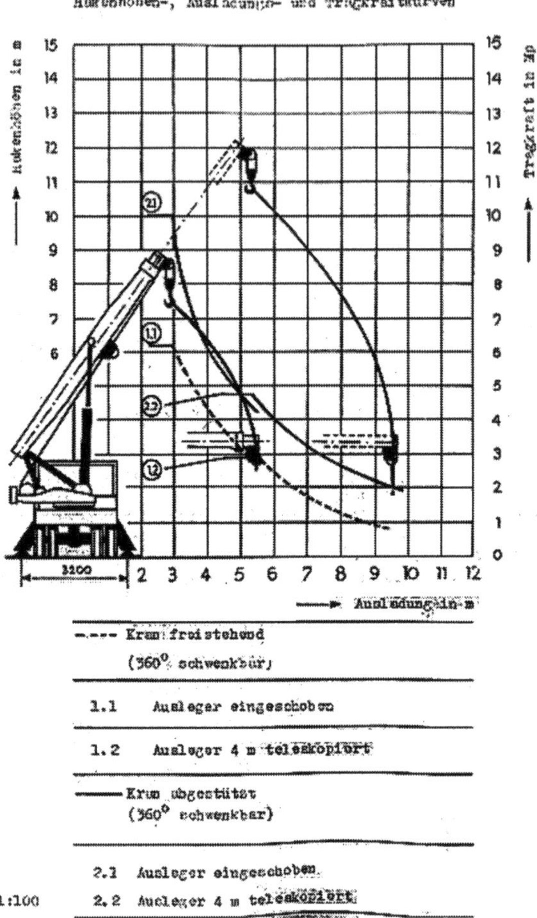

Ausladung (m)	KRAN FREISTEHEND				KRAN ABGESTÜTZT			
	ganz eingeschoben		4m teleskopiert		ganz eingeschoben		4m teleskopiert	
	Tragkraft (Mp)	Hakenhöhe (m)	Tragkraft (Mp)	Hakenhöhe (m)	Tragkraft (Mp)	Hakenhöhe (m)	Tragkraft (Mp)	Hakenhöhe (m)
3.0	6.50	7.80	[illegible]	-	10.00	7.80	-	-
5.4	2.75	3.20	2.84	10.80	4.45	3.20	4.70	10.80
5.5	2.60	1.80	2.80	10.60	4.40	1.80	4.50	10.60
9.5	-	-	0.92	1.70	-	-	2.00	1.70

Kranzahl: **1.3.05**

Erzeugnis: **ADK 125**

Status: **Neu- und Weiterentwicklung**

Kranhersteller: **VEB Schwermaschinenbau „Georgi Dimitroff“ Magdeburg**

Mit der Entscheidung, die Tragfähigkeit des in Entwicklung befindlichen ADK 2100 mit Stand Musterbau, von 10 auf 12,5 t zu erhöhen, wurden 1968 die weiteren Aktivitäten für die Vorbereitung einer Produktion des ADK 100 (ADK 2100) eingestellt und die Entwicklung und Vorbereitung der Produktion auf den ADK 125 konzentriert. Angaben über den weiteren Musterbau für diesen Kran sind nicht bekannt.

Die Entwicklung wurde 1970 abgeschlossen, so daß ab 1971 die Serienproduktion erfolgte.

Autodrehkran ADK 125 / 23 /

In der konstruktiven Auslegung wurde die Grundkonzeption des ADK 100 (ADK 2100), bezogen auf Antriebsleistung, Schaltgetriebe und damit Fahrgeschwindigkeiten und Steigfähigkeit, Allradantrieb und Bremssystem in ihren Parametern beibehalten.

Den Fahrzeugrahmen des Unterwagens bildete wieder eine Schweißkonstruktion, die der neuen Tragfähigkeit angepasst wurde. Das Prinzip der Abstützung wurde gleichfalls übernommen.

Eine völlige Veränderung erfuhr der Oberwagen. Der Drehtisch wurde in einer Vollwandschweißkonstruktion für die Aufnahme der Kugeldrehverbindung und der Drehmittendurchführung aus dem Unterwagen ausgeführt.

Erster Prospekt Autodrehkran ADK 125 aus Magdeburg /23/

Weiterhin wurde zur Vergrößerung der Hubhöhe das Auslegersystem zweifach teleskopierbar gestaltet und nur noch ein Wippzylinder mittig zum Ausleger angeordnet, was eine konstruktive Überarbeitung des Teleskopier-, Hub- und Wippwerkes erforderte.
Bei der Großraumkabine erfolgten Verbesserungen hinsichtlich der Ergonomie. Für die Absicherung der Kranarbeit wurde wieder eine LMS und entsprechende Hubendschalter eingesetzt.

Die Bereitstellung der Achsen (angetriebene 8 t-Vorder- und 11 t-Hinterachse) stellte sich als das größte Problem bei der Vorbereitung der Produktion dar. Für den Anlauf sollten vorerst die gemeinsam vom Institut für Fördertechnik Leipzig und der ZEMAG Zeitz 1969 entwickelten Achsen (ZEMAG-Achsen) zum Einsatz gebracht werden. Diese Achsen waren jedoch nur Musterachsen bzw. manuell hergestellte und nur in geringen Stückzahlen (vermutlich 100 bis 200 Stück) vorhanden. Der Aufbau einer Achsenstraße für eine serienmäßige Produktion bei der ZEMAG Zeitz scheiterte an fehlenden Investitionsmitteln, insbesondere an der Bereitstellung von Werkzeug- und Sondermaschinen.

Einen Hersteller für größere angetriebene Achsen gab es in der DDR nicht, so daß der Bezug nur über Importe möglich war.
Zur Bereitstellung der Achsen wurde mit dem ungarischen Motoren- und Achsenhersteller RABA GYÖR ein entsprechender Vertrag abgeschlossen. Dieser Vertrag regelte die Lieferung von Achsen für jährlich 400 Krane zuzüglich der Ersatzteilversorgung. Auf Forderung der ungarischen Seite war aber diese Lieferung an die Herstellung des Unterwagens in RABA GYÖR gebunden, um damals freie Kapazitäten dieses Betriebes abzudecken. Dazu mußten alle Fertigteile und dazu zählten u.a. auch solche Großbaugruppen wie der Motor vom VEB Magdeburger Dieselmotorenwerk Schönebeck oder die komplette, rohe Fahrerkabine bereitgestellt und nach Ungarn geliefert werden. Dort erfolgte die Herstellung des Fahrzeugrahmens, der Einbau der Achsen, Bremsanlage, Elektrik und die Montage der Fahrkabine einschließlich der Lenkung. Der somit fahrfertige Unterwagen wurde dann zur weiteren Komplettierung per Schiene angeliefert. Diese Kooperation war aufgrund ihrer Gestaltung ständig mit Qualitäts- und Lieferproblemen behaftet.

Kranzahl: 1.3.05

Der Aufbau eigener Kapazitäten für die Herstellung des Unterwagens in der DDR war wegen fehlender Produktionskapazitäten und Investitionsmittel nicht realisierbar. Die Lieferung von Achsen war dabei weiterhin wegen fehlender Importmittel völlig unklar.

Die Serienproduktion des ADK 125 wurde bis 1974 durchgeführt. Durch wirtschafts- und strukturpolitische Entscheidungen der Staatlichen Plankommission der DDR und des Ministeriums für Schwermaschinen und Anlagenbau wurde der Betrieb beauftragt, die Produktion von Ausrüstungen für den Braunkohletagebau zu Lasten der Kapazitäten der Kranproduktion (ADK 125 , ADK 63-1, ADK 63-2)*) zu erweitern.

Die Produktionsverlagerung des ADK 125 erfolgte nach dem VEB Machinenbau „Karl Marx" Babelsberg, dessen Produktion von klimatechnischen Ausrüstungen ebenfalls verlagert wurde.

1974 war das Jahr der Produktionsumstellung in beiden Betrieben, wobei die Produktionsverlagerung des ADK 125 von Magdeburg nach Babelsberg bei laufender Produktion durchgeführt wurde.

Entwicklungs-, Produktionslinie und Produktionsstückzahl**) des ADK 125

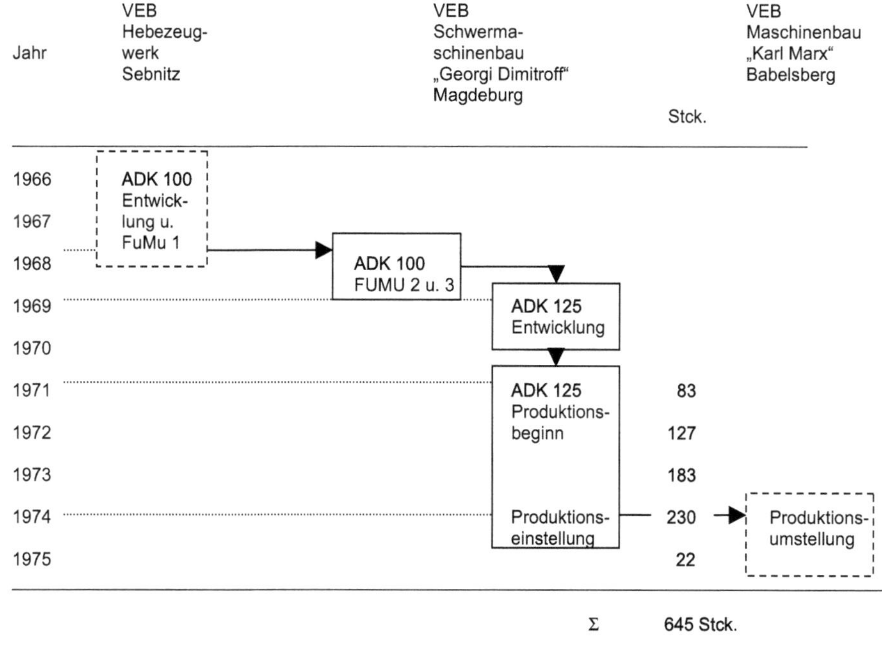

*) Die Produktion des ADK 63-1 und ADK 63-2 wurde mit dem Zeitpunkt der Produktionsverlagerung des ADK 125 eingestellt und durch die Entwicklung des ADK 70, der ab 1976 im VEB Machinenbau "Karl Marx" Babelsberg in Serie ging, ersetzt.
**) / 24 /

- 12,5 Mp - Tragkraft
- 6-Zylinder Dieselmotor, wassergekühlt, Leistung 190 PS bei 2 300 U/min.
- 10 Vorwärtsgänge - 2 Rückwärtsgänge. Maximalste Fahrgeschwindigkeit 75 km/h - minimalste Fahrgeschwindigkeit 1,7 km/h.
- Steigefähigkeiten im Straßengang 24% - im Geländegang 50 %.
- Allradantrieb und Differentialsperre
- Hydraulische Lenkhilfe
- 3 voneinander unabhängige Bremssysteme
- 4 Abstützungen, die hydraulisch und unabhängig voneinander einzeln ausfahrbar sind.

- Wendekreis 19,2 Meter.
- Unbegrenzter Schwenkbereich des Auslegers in beiden Richtungen
- Gesamter Kranantrieb erfolgt hydraulisch
- Ausleger ein- oder zweifach unter Last teleskopierbar
- Fahrersitz ist schwenkbar in Kranbedienungsposition. Doppellenkung, doppelte Pedalanordnung, elektronisches Lastanzeigegerät, einfache Bedienung, gute Sichtverhältnisse. - Lastmomentsicherung
- Echte Einmannbedienung. Alle Funktionen für Kraftfahrzeug und Kranteil werden vom Fahrerhaus gesteuert.
- Keine Rüstzeiten.

Autodrehkran ADK 125 Technische Daten / 23 /

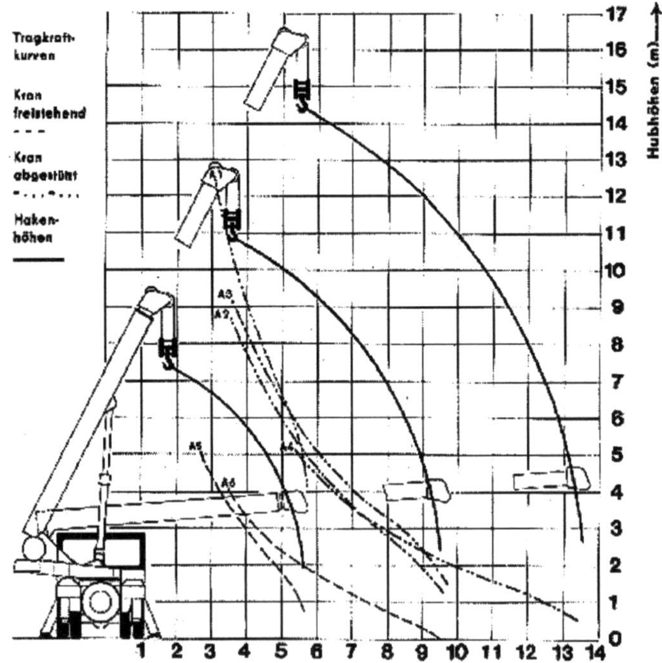

Autodrehkran ADK 125 Tragkraftkurve / 23 /

Kranzahl: **1.4.01**

Erzeugnis: **ADK 70*)**

Status: **Neu- und Weiterentwicklung**

Kranhersteller: **VEB Maschinenbau „Karl Marx“ Babelsberg**

Das Krankonzept des ADK 70 wurde 1974 im VEB Schwermaschinenbau „S.M. KIROW“ Leipzig entwickelt, wo auch das erste Funktionsmuster gebaut wurde. Das Konzept beinhaltete dabei zwei wesentliche Punkte.

Einmal stand mit der Entwicklung und Serienproduktion des NKW W50 und seiner unifizierten Variantenbreite im VEB IFA Automobilwerk Ludwigsfelde ein NKW als Trägerfahrzeug für einen Kranaufbau zur Verfügung. Hinzu kam, daß der Preis für das Fahrgestell dabei niedriger war als bei einer Eigenfertigung des Fahrzeugrahmens. Zusätzlich konnte damit auch für den Kfz-technischen Teil des Kranes das vorhandene länderweite Service-Netz des Automobilwerkes genutzt werden.

Autodrehkran ADK 70 /25/

Weiterhin erlaubte die Nutzmasse des NKW W50 bei einer optimalen Leichtkonstruktion eine Tragfähigkeit des Kranes von 7 t zu erreichen, so daß die Möglichkeit bestand, die im VEB Schwermaschinenbau „Georgi Dimitroff“ Magdeburg zum damaligen Zeitpunkt produzierten ADK 63-1 und ADK 63-2 durch ein effektiveres Gerät ablösen zu können. Diese Ablösung wurde später zur zwingenden Notwendigkeit, da diese Krane in Magdeburg wegen der wirtschaftspolitischen Entscheidung zur Erhöhung der Produktion von Tagebauausrüstungen ab 1976 nicht mehr produziert werden konnten.

*) Der ADK 70 wurde wegen vorgesehener, jedoch nicht realisierter Weiterentwicklung zu einem ADK 70-1, zeitweise auch als ADK 70-0 bezeichnet.

In der konstruktiven Ausführung wurde auf das Trägerfahrzeug ein Zwischenrahmen, in dem gleichzeitig das Abstützsytem integriert war, aufgesetzt und bildete praktisch den Unterwagen. Über die Kugeldrehverbindung und die Drehmittendurchführung war dann der Oberwagen mit dem Zwischenrahmen fest verbunden.

Autodrehkran ADK 70 Wippdreieck Hubwerk Abstützung / 25 /

Autodrehkran ADK 70 Beifahrersitz der Kabine gedreht und in Arbeitsposition / 25 /

Der Beifahrersitz in der Fahrerkabine des NKW wurde drehbar gestaltet und entgegen der Fahrtrichtung die Bedieneinrichtung für den Kranbetrieb und eine Zweitlenkung angeordnet, womit eine Einmannbedienung des Kranes gegeben war.

Der Oberwagen stellte mit dem Drehtisch und dem einfach teleskopierbaren Ausleger eine Leichtkonstruktion mit einem 4 m langen Spitzenausleger dar. Als Sicherheitseinrichtungen wurde eine Lastmomentensicherung, sowie Überlast- und Wegbegrenzungsschalter eingesetzt.

Mit dieser Grundkonzeption war ein universeller, robuster 7 t Autodrehkran entwickelt worden.

Mit der gleichen, oben genannten wirtschaftspolitischen Entscheidung wurde die weitere Entwicklung des Kranes zur Serienreife im VEB Schwermaschinenbau „KIROW" Leipzig eingestellt und nach dem VEB Maschinenbau „Karl Marx" Babelsberg verlagert.

In Vorbereitung der Serie erfolgte in Babelsberg 1975 der Bau von 6 Funktionsmustern.

Nach Abnahme durch die entsprechenden technischen Organe begann 1976 unmittelbar die Serienproduktion, womit gleichzeitig der Anschluß an die im gleichen Jahr im VEB Schwermaschinenbau „Georgi Dimitroff" Magdeburg auslaufende Produktion des ADK 63-1 und des ADK 63-2 erreicht wurde.

Das konstruktive Konzept wurde, abgesehen von der verstärkunsmäßigen Überarbeitung des Drehtisches und der Rohranlenkung am Ausleger sowie ständigen Detailverbesserungen zur Senkung der Fertigungszeiten, bis zum Produktionsauslauf beibehalten.

Als Zusatzausrüstung wurde 1980 ein 6 m Spitzenausleger eingeführt, so daß zwischen 4 oder 6 m gewählt werden konnte.

Speziell für die Reparatur von Dächern und Schornsteinen wurde ein ADK 70 als Prototyp mit einer beweglichen Arbeitsbühne in Korbform für zwei Personen mit einer max. Arbeitshöhe von 11 m und einer Ausladung von 9 m entwickelt und gebaut. Diese Zusatzausrüstung wurde wegen der relativ geringen Arbeitshöhe und der Nichtzulassung durch die damalige Technische Überwachung nicht realisiert und auch nicht weiterverfolgt.

Bild 1. ADK 70 mit zusätzlichem elektrischem Pumpenantrieb. *1* Drehstromlichtmaschine; *2* Druckerzeugung über einen 18,5-kW-Drehstrommotor mit angeflanschter Zahnradpumpenkombination; *3* Einbindung in den Anlagenkreislauf durch hydr. Weiche; *4* Einbindung in den Anlagenölrücklauf; *5* Anschlußkasten; *6* Elektr. Heizung; *7* Anbaustecker; *8* Netz- und Drehrichtungsschalter; *9* Betätigungs- und Überwachungspult für: Motor ein – aus, Heizung ein – aus, Netzleuchte und Ladeleuchte

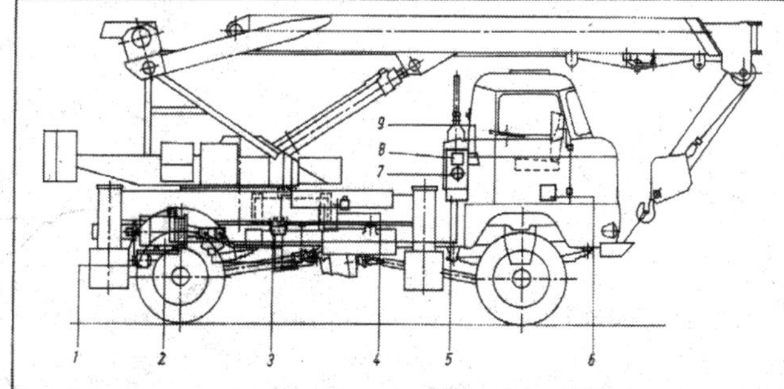

Zur Einsparung von Dieseltreibstoff bei längerem stationären Betrieb des Kranes wurde 1982 ein elektrischer Pumpenantrieb (in Anlehnung an die Sebnitzer Entwicklung bei den 5 und 6,3 t Kranen) durch Einbau eines Generators mit Fremdstromeinspeisung entwickelt und als Zusatzausrüstung angeboten.

Autodrehkran ADK 70 elektrischer Pumpenantrieb mit Fremdstromeinspeisung /26/

Autodrehkrahn ADK 70 bei der Überfahrt auf der Fähre bei Caputh /24/

Kranzahl: 1.4.01

Entwicklungs-, Produktionslinie und Produktionsstückzahl*) des ADK 70

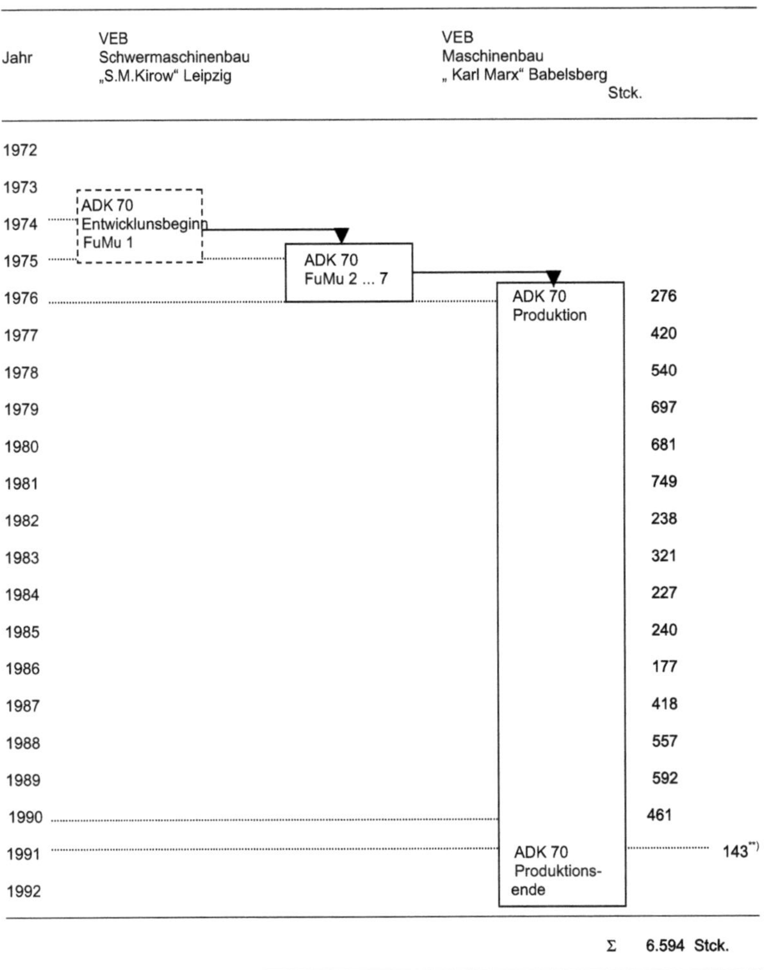

Im Export waren die Hauptabnehmer CSSR, Ungarn, Polen, Bulgarien, China, Vietnam, Kuba und weitere 15 Länder. Der Exportanteil betrug dabei ca. 70%.

*) / 24 /

**) Im Auslauf der Produktion wurden 1991 nochmals 143 Stck. ADK 70 gebaut. Damit betrug die Gesamtstückzahl 6.737 Krane.

Kranteil

Max. Lastmoment
206 kNm (21 Mpm)

Tragfähigkeit 360° drehbar max.
Abgestützt dreifach geschert 7 t
freistehend 5 t

Tragfähigkeit entgegen Fahrtrichtung max.
Freistehend dreifach geschert 7 t

Teleskopierwerk
Teleskopausleger 3 m unter Last
hydraulisch teleskopierbar
Ausfahren min 34 s, einfahren min 7 s

Spitzenausleger klappbar
Einfach geschert
Tragfähigkeit 4 m lang 1,5 t
6 m lang 0,9 t

Hubwerk hydraulisch
Hubgeschwindigkeit lastabhängig
dreifach geschert 0– 9 m/min
zweifach geschert 0–18 m/min
einfach geschert 0–27 m/min

Wippwerk hydraulisch
Wippzeit lastabhängig etwa 44 s/Hub

Drehwerk hydraulisch
Arbeitsgeschwindigkeit 0–2,5 min^{-1}

Abstützungen hydraulisch

Sicherheitseinrichtungen
Lastmomentsicherung
Überlastsicherung und Wegbegrenzungen

Fahrzeugteil

Motor
4-Zylinder-Dieselmotor wassergekühlt,
Typ 4 VD 14,5/12-1 SRW
Leistung: 92 kW (125 PS)
bei n = 2300 min^{-1}

Lenkung
Hydraulisch verstärkt, zusätzliches
Lenkaggregat am Kranbedienstand

Getriebe
5-Gang-Schaltgetriebe mit Rückwärts- und
Geländegang

Achsen
Allradantrieb, Vorderachse gelenkt
Blattfedern der Achsen hydraulisch
verriegelbar

Bereifung
9.00-20 PR 12 vorn einfach bereift
hinten doppelt bereift

Bremsen
3 voneinander unabhängig wirkende
Bremssysteme, Betriebsbremse, Motorbremse, Feststellbremse

Elektrische Anlage
12 V Gleichstrom, 2 Batterien 12 V, 135 Ah
Drehstromlichtmaschine 500 W

Fahrerkabine
Beheizt und belüftet, 2 Sitze

Geschwindigkeit
Max. 70 km/h

Steigfähigkeit
Geländegang 35 %

Gesamtmasse
11,1 t

Zulässige Achslasten
vorn 40,2 kN (4,1 Mp)
hinten 71,6 kN (7,3 Mp)

Schleppmasse
Max. 9 t

Ausladung in m	abgestützt 360 °				freistehend über Hinterachse verfahrbar		freistehend 360°
Swinging radius in m	propped up 360 °				free movable via the rear axle		not propped up 360 °
Portée en m	appuyée tout autour				librement déplaçable par l'essieu arrière		non appuyée tout autour
	A1	A 2	A3	A4	A1	A2	A1
2,00	7,00	—	—	—	7,00	—	5,00
2,50	7,00	—	—	—	5,68	—	4,06
3,00	7,00	—	—	—	4,63	—	3,28
3,50	6,00	4,50	—	—	3,95	3,42	2,78
4,00	5,06	3,90	—	—	3,28	2,95	2,30
4,50	4,38	3,39	—	—	2,83	2,54	1,94
5,00	3,74	2,98	—	—	2,38	2,23	1,63
5,50	3,03	2,67	1,50	—	1,91	1,99	1,26
6,00	—	2,35	1,50	—	—	1,75	—
6,50	—	2,80	1,50	0,90	—	1,54	—
7,00	—	1,85	1,50	0,87	—	1,36	—
7,50	—	1,65	1,47	0,97	—	1,20	—
8,00	—	1,45	1,35	0,71	—	1,05	—
8,50	—	1,20	1,23	0,63	—	0,83	—
9,00	—	—	1,10	0,56	—	—	—
9,50	—	—	0,99	0,50	—	—	—
10,00	—	—	0,92	0,43	—	—	—
10,50	—	—	0,84	0,36	—	—	—
11,00	—	—	0,77	0,31	—	—	—
11,50	—	—	0,70	0,28	—	—	—
12,00	—	—	0,62	0,25	—	—	—
12,50	—	—	0,52	0,22	—	—	—
13,00	—	—	—	0,18	—	—	—
13,50	—	—	—	0,14	—	—	—
14,00	—	—	—	0,10	—	—	—
14,50	—	—	—	0,06	—	—	—

Auslegervarianten

A_1 Grundausleger (Ausschubteil eingefahren)
A_2 Ausschubteil ausgefahren
A_3 Ausschubteil ausgefahren
Spitzenausleger 4 m in Arbeitsstellung
A_4 Ausschubteil ausgefahren
Spitzenausleger 6 m in Arbeitsstellung

Jib variants

A_1 Main jib (telescoping part retracted)
A_2 Telescoping part telescoped
A_3 Telescoping part telescoped
Fly jib 4 m in working position
A_4 Telescoping part telescoped
Fly jib 6 m in working position

Variantes de flèches

A_1 flèche de base (pièce téléscopique rentrée)
A_2 pièce téléscopique sortie
A_3 pièce téléscopique sortie
flèchette de 4 m en position de service
A_4 pièce téléscopique sortie
flèchette de 6 m en position de service

Autodrehkran ADK 70 Tragfähigkeitstabelle (Angaben in t) / 25 /

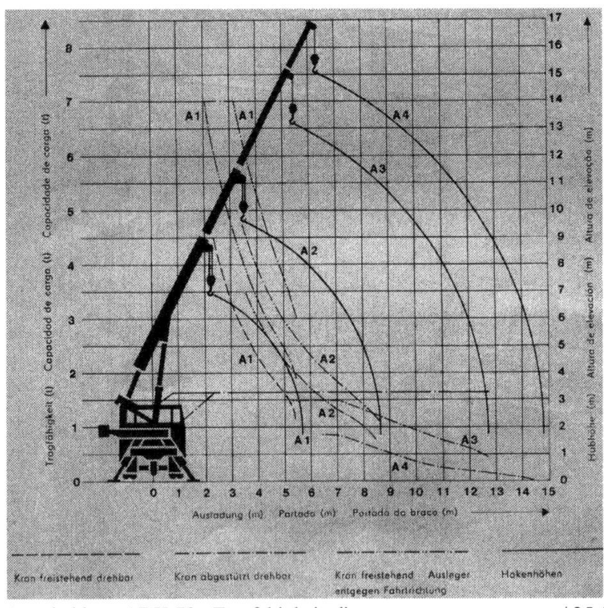

Autodrehkran ADK 70 Tragfähigkeitsdiagramm / 25 /

Autodrehkran ADK 70 Ansicht der Hauptbaugruppen / 25 /

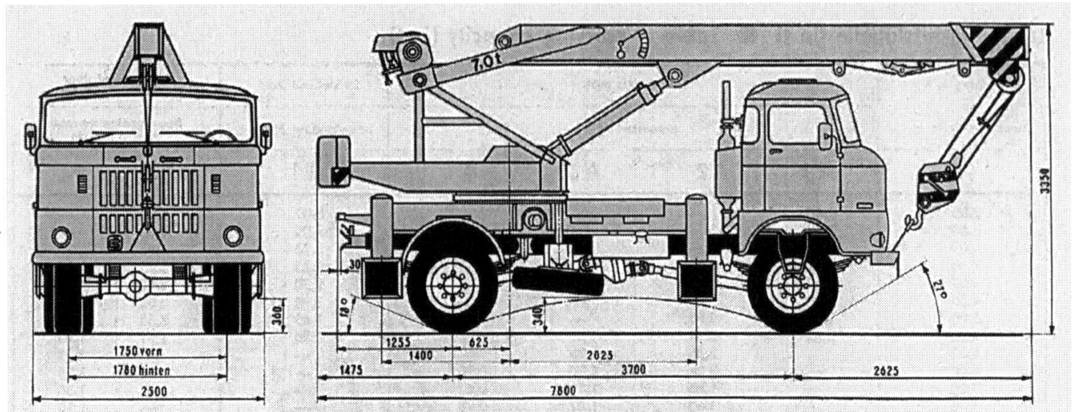

Autodrehkran ADK 70 Hauptabmessungen /25/

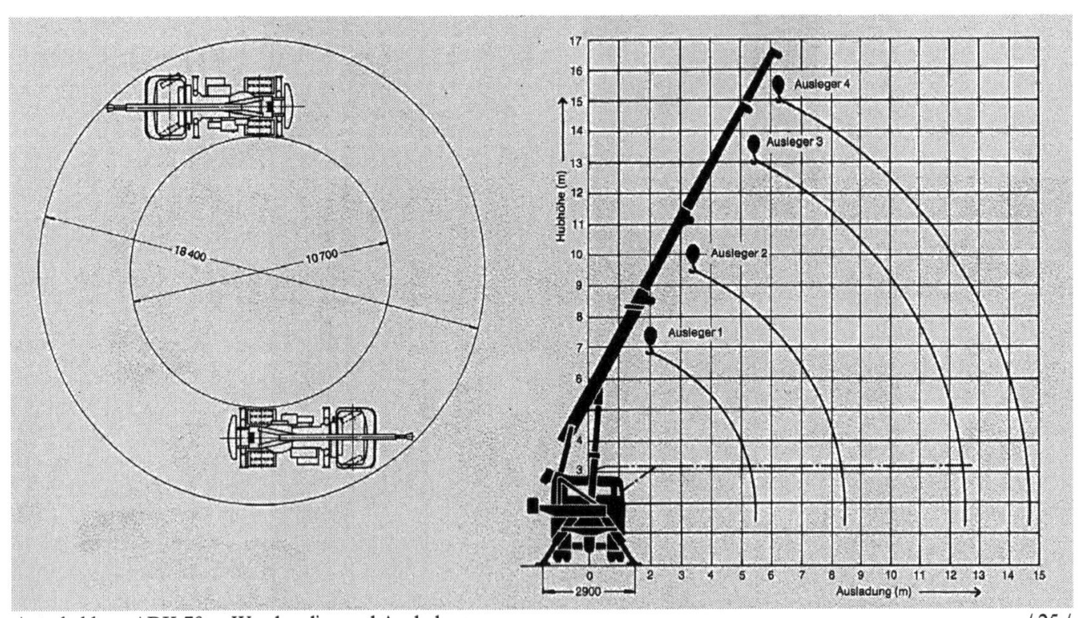

Autodrehkran ADK 70 Wenderadius und Ausladung /25/

Kranzahl: **1.4.02**

Erzeugnis: **ADK 70-U**

Status: **Projekt**

Kranhersteller: **Maschinenbau Babelsberg GmbH*)**

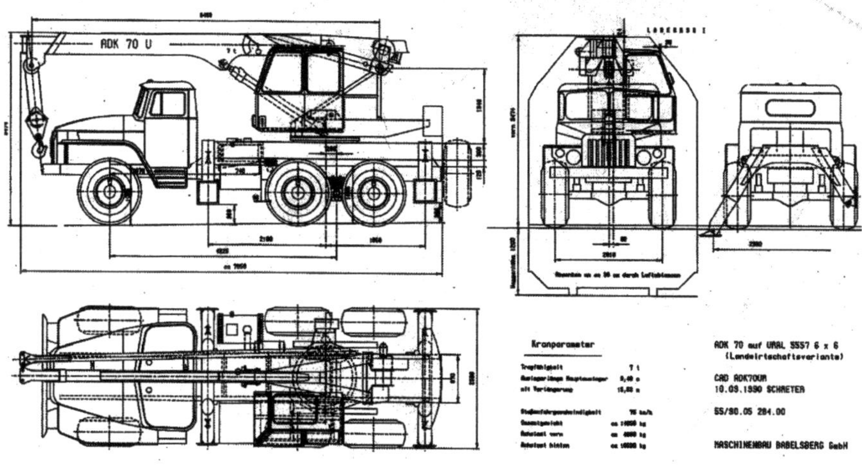

Autodrehkran ADK 70-U Hauptmaße / 24 /

Der Sowjetunion wurde 1989/90 ein Projekt mit der Bezeichnung Autodrehkran ADK 70-U (URAL) für den Kraneinsatz in der Landwirtschaft angeboten.

Für den Unterwagen war der NKW URAL 5557 vorgesehen, auf dem der Zwischenrahmen einschließlich Abstützung des ADK 70 adaptermäßig aufgesetzt wurde. Der Pumpenantrieb erfolgte vom Nebenabtrieb des Fahrzeugmotors. Der krantechnische Teil entsprach dem original- ADK 70, und die Krankabine war vom ADK 100 übernommen worden.

Der Kran mußte nach den entsprechenden GOST-Vorschriften ausgelegt werden.

In einer weiteren Variante wurde auch der Aufbau des Oberwagens ADK 70 auf ein entsprechendes SIL-Fahrgestell des Moskauer Autowerkes untersucht, da diese Fahrzeuge in der sowjetischen Landwirtschaft ebenfalls weit verbreitet waren.

Beide Projekte kamen nicht zur Realisierung.

*) 1989/90 wurde der Betrieb vom VEB Maschinenbau "Karl Marx" Babelsberg in Maschinenbau Babelsberg GmbH umgewandelt.

KRANTEIL

MAX.LASTMOMENT
206 kNm (21 Mpm)

TRAGFÄHIGKEIT 360 GRAD DREHBAR, MAX
Abgestützt dreifach geschert 7 t

TRAGFÄHIGKEIT ENTGEGEN FAHRTRICHTUNG, MAX.
Freistehend verfahrbar 3,5 - 4,0 t

TELESKOPIERWERK
Teleskopausleger 3 m unter Last
hydraulisch teleskopierbar
Ausfahren ca. 34 s, einfahren ca. 7 s

SPITZENAUSLEGER KLAPPBAR, LÄNGE 6 m
Tragfähigkeit einfach geschert 0,9 t

HUBWERK HYDRAULISCH
Hubgeschwindigkeit lastabhängig
dreifach geschert 0 - 9 m/min
zweifach geschert 0 - 18 m/min
einfach geschert 0 - 27 m/min

ABSTÜTZUNG
hydraulisch

SICHERHEITSEINRICHTUNG
Lastmomentensicherung
Überlastsicherung
Endbegrenzungen

WIPPWERK HYDRAULISCH
Wippzeit lastabhängig ca. 44 s/Hub

DREHWERK HYDRAULISCH
Drehgeschwindigkeit 0 - 2,5 U/min

FAHRGESTELL URAL 5557
mit ALLRADANTRIEB 6 x 6

GESCHWINDIGKEIT
Maximal 75 km/h

STEIGFÄHIGKEIT
Maximal ca. 50 %

MOTOR
Typ KAMAZ-740.10, Leistung 154 kW bei
n = 2600 U/min

LENKUNG
mechanisch, hydraulisch verstärkt

GETRIEBE
5-Gang Schaltgetriebe, 2.-5.Gang synchronisiert, Verteilergetriebe mit
Straßen- und Geländegang

ACHSEN
Allradantrieb, Vorderachse gelenkt

BEREIFUNG
Typ ID-P284,1200x500-508 Breitprofil, mit
Reifendruckregelanlage 0,35....0,1 MPa

BREMSEN
3 voneinander unabhängig wirkende
Bremssysteme: Betriebsbremse, Motorbremse,
Feststellbremse

ELEKTRISCHE ANLAGE
24 V Gleichstrom, 2 Batterien,
Generator 1000 W

FAHRERKABINE
3-sitzig, mit Heizung

GESAMTMASSE des FAHRZEUGKRANES: ca.14660 kg
Vorderachlast: 39812 kN(4060 kg)
Hinterachslast: 2x51972 kN(5300 kg)

Kranzahl: **1.4.02**

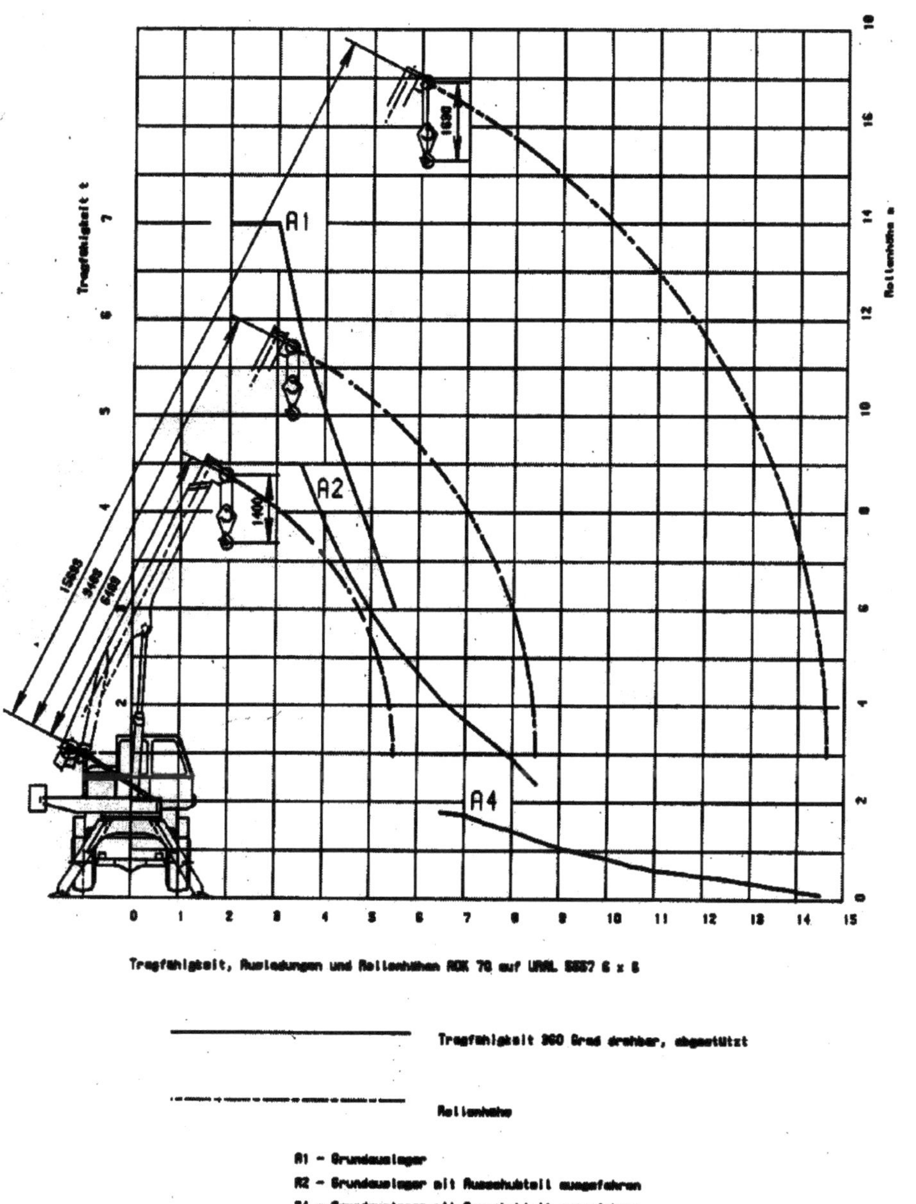

Kranzahl: **1.4.03**

Erzeugnis: **ADK 70 - Varianten**

Status: **Projekt**

Kranhersteller: **Maschinenbau Babelsberg GmbH*)**

1990 wurde durch die Möglichkeit, jetzt Fahrgestelle westlicher NKW-Hersteller beziehen zu können, eine Reihe von Projekten ausgearbeitet.

Der konstruktive Aufbau der Krane war dabei immer gleich. Auf den Fahrzeugrahmen des Unterwagens wurde der Zwischenrahmen mit der integrierten Abstützung adaptermäßig aufgesetzt.

Der Oberwagen bestand aus dem kompletten Kranteil des ADK 70 und der Krankabine des ADK 100.

Es wurden folgende Projekte erarbeitet:

Projekt **ADK 70 auf Mercedes 1114/37**

Projekt **ADK 70 auf MAN 10.150**

Projekt **ADK 70 auf DAF FA1000 CB**

Projekt **ADK 70 auf UNIMOG**

Alle Projekte konnten im Vergleich zu anderen gleich gelagerten oder ähnlichen Kranen technisch und vor allem aber preislich nicht bestehen.

Keines der Projekte wurde deshalb realisiert.

*) 1989/90 wurde der Betrieb vom VEB Maschinenbau "Karl Marx" Babelsberg in Maschinenbau Babelsberg GmbH umgewandelt.

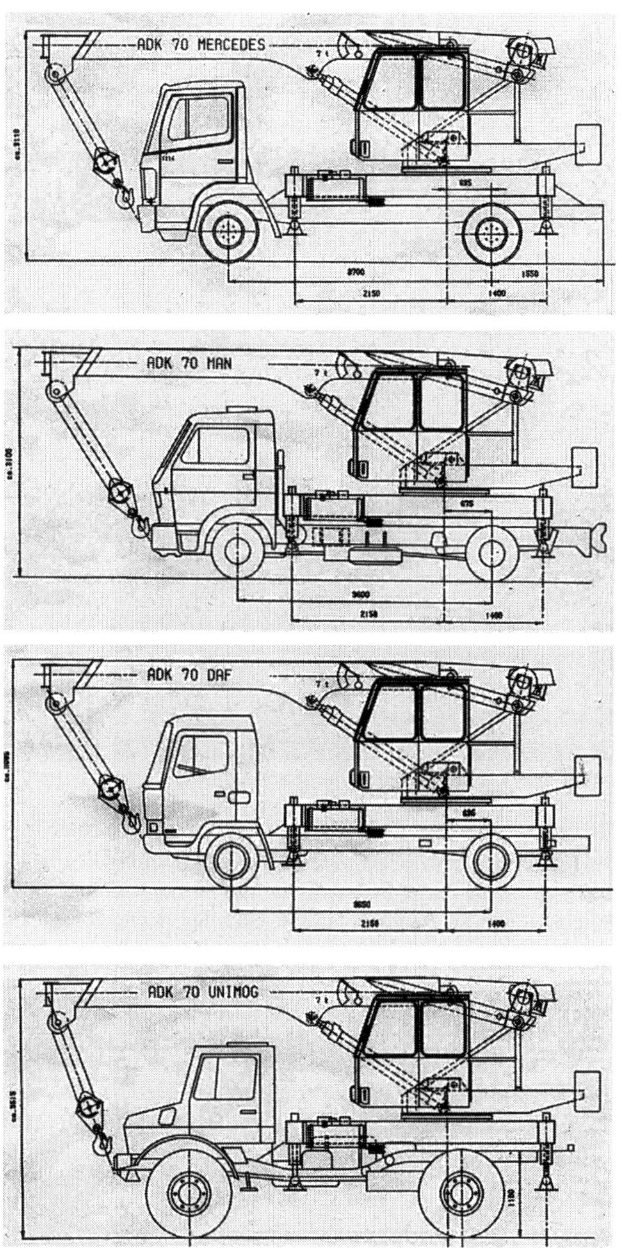

Projekt Autodrehkran ADK 70 auf MERCEDES, MAN, DAF und UNIMOG / 24 /

Kranzahl: **1.4.04**

Erzeugnis: **ADK 80*)**

Status: **Neu- und Weiterentwicklung**

Kranhersteller: **VEB Maschinenbau „Karl Marx“ Babelsberg**

1982 wurde mit dem Ziel, den ADK 70 nicht weiter zu entwickeln, sondern durch eine Neuentwicklung abzulösen, mit der Entwicklung des ADK 80 als Nachfolgekran begonnen.

Autodrehkran ADK 80 /25/

Das technisch-wirtschaftliche Ziel war die Entwicklung als Aufbaukran mit einer Tragfähigkeit von 8 t unter weiterer Nutzung des NKW-Fahrgestelles W50 vom VEB IFA Automobilwerk Ludwigsfelde sowie die Integration des Autodrehkranes in die breite Produktions- und Verkaufspalette des Automobilwerkes und damit wiederum die Möglichkeit der Nutzung des länderweiten Servicenetzes für den Kfz-technischen Teil des Kranes.

Erstmals kamen mikroelektronische Bauelemente für die sicherheitstechnische Überwachung der Kranarbeit zur Gewährleistung der 8 t Tragfähigkeit und der Steuerung des Kranes zum Einsatz.

Weiterhin wurden universelle Möglichkeiten für die Anwendung von Zusatzausrüstungen, wie elektrohydraulischer Schüttgutgreifer, Vakuumlasthaftgeräte, Lasthaftmagneten, Drehstromabgabe, Kranbetrieb mit Fremdstromeinspeisung sowie der Betrieb mit einer Arbeitsplattform geschaffen.

Das konstruktive Konzept beinhaltete beim Unterwagen wieder die Nutzung des Fahrgestelles W50 LA, auf dem ein Zwischenrahmen mit integrierter Abstützung aufgesetzt wurde.

*) Der ADK 80 wurde am Beginn dieser Entwicklungsreihe auch als ADK 80-0 bezeichnet.

Beim Oberwagen wurde der Drehtisch in einer geschweißten Vollwandkonstruktion ausgeführt. Der Ausleger war einfach teleskopierbar und zur Aufnahme eines 6 m-Spitzenauslegers als Zusatzausrüstung ausgelegt.

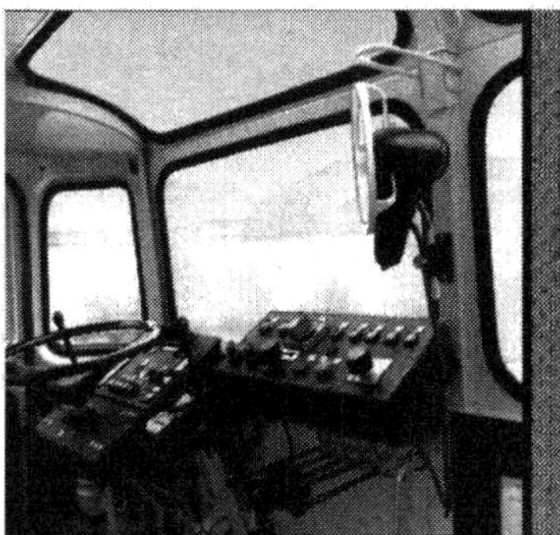

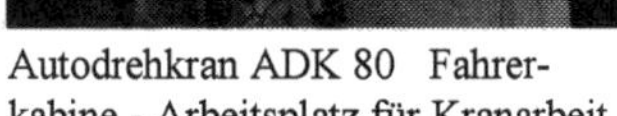

Autodrehkran ADK 80 Fahrerkabine - Arbeitsplatz für Kranarbeit

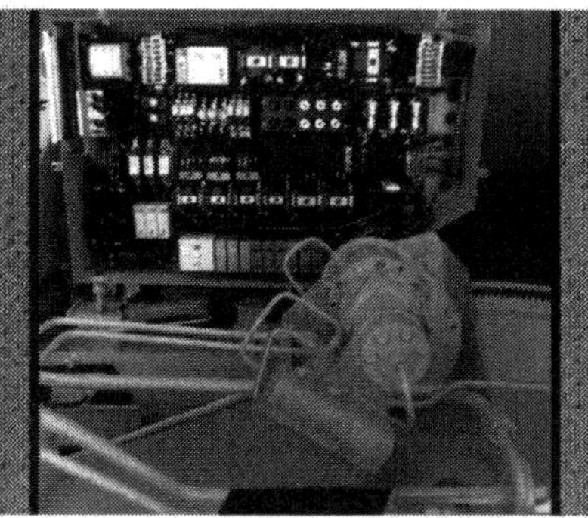

Zentraler Schalt- und Steuerschrank

Stromanschluß nach außen/innen / 25 /

Autodrehkran ADK 80 Rückansicht mit Hubwerk / 25 /

Für den Einmannbetrieb war im Fahrerhaus des NKW die gleiche Anordnung wie beim ADK 70 gewählt worden. Hinter dem Beifahrersitz befanden sich die Steuerschalter und das Bedientableau. Der Beifahrersitz war drehbar angeordnet, so daß bei Drehung um 180° die Arbeitsposition für die Kranarbeit hergestellt wurde.

Durch die Verwendung eines Lastmomentbegrenzers, gleichzeitig als Überlastsicherung wirkend, war am Kranfahrerplatz die Möglichkeit geschaffen worden, dem Kranfahrer einen hohen Informationsgehalt zum Kranbetrieb zu vermitteln. Mit dieser angewendeten Elektronik war es durch bessere Nutzung der Kranparameter auch möglich, die Steigerung der Tragfähigkeit auf 8 t zu erreichen.

1984 erfolgte der Bau des ersten Funktionsmusters. Für das gleiche Jahr war der Bau von 10 Stck. Fertigungsmuster und der Serienbeginn geplant. Diese Zielstellung konnte durch ungenügende Seriensicherheit nicht verwirklicht werden. Es ergaben sich erhebliche Probleme in der Beherrschung der erstmals angewandten Mikroelektronik und der gleichzeitigen schaltungstechnischen Ballung aller Möglichkeiten für die geforderten Ausführungsvarianten. Hinzu kam die mangelte Qualität der zum Teil selbst hergestellten mikroelektronischen Baugruppen. Weiterhin waren die Werksbereiche der Montage und Abnahme auf die neue Qualität der Kranherstellung nicht genügend vorbereitet worden. Damit verbunden war die Nichterreichung des geplanten Herstellungsaufwandes und damit auch die Einhaltung des disponierten Preises.

Ausführungsvarianten:

Standardausführung 103 bestehend aus
Grundgerät 100
Zweitlenkung vom Kranbedienplatz
LMB

Ausführungen für zusätzlichen Betrieb von Speziallastaufnahmemitteln wie elektrohydraulischer Schüttgutgreifer, Lasthebemagnete und Vakuumlasthaftgeräte.
Für den Betrieb dieser Spezialiastaufnahmemittel kommen zur Anwendung
a) Ausführung 117 mit Drehstromgenerator sowie Möglichkeit zur Abgabe von Drehstrom, Leistung 12 A, 380 V
b) Ausführung 113 mit Fremdstromeinspeisung
c) Ausführung 115 mit Fremdstromeinspeisung und Möglichkeit des elektrischen Antriebs der hydraulischen Krantriebwerke

Zusatzausrüstung zur Komplettierung der Ausführungsvarianten

- Spitzenausleger 6 m, 1,0 t Tragfähigkeit
- Zyklon für Abgasanlage des Fahrzeugdieselmotors
- Reservekanister à 20 l

In Abhängigkeit von der Kombination der Ausführungsvariante mit den Zusatzausrüstungen treten bei den Achslasten, Gesamtmassen und Fahrzeuggeschwindigkeiten geringfügige Veränderungen auf.

Folgende Spezialiastaufnahmemittel liegen im Lieferprogramm
- Elektro-hydraulischer Greifer EHG 2-2 0,8 m³
- Lasthebemagnet LA 6,5 - 53 - 220 / LA 10 - 53 - 220
- Vakuumlasthaftgerät VN 2,5 / VN 5,0

Standard-Zubehör:
- Reserverad
- Abschleppstange
- kompletter Bordsatz

Autodrehkran ADK 80 Ausführungsvarianten / 25 /

Nach Überwindung der oben dargestellten technischen Probleme erfolgte 1985 der Serienanlauf. Auch hier blieb die mikroelektronische Überwachung und Steuerung mehr oder weniger ein sensibler Bereich.

Das führte dazu, daß gegenüber der durchschnittlichen jährlichen Produktionsstückzahl des ADK 70 diese in keiner Weise erreicht wurde. Daraus folgte die Entscheidung, die Herstellung des ADK 70 nicht wie geplant auslaufen zu lassen, sondern parallel zum ADK 80 weiter zu produzieren.

Absatzmäßig konnte sich der Kran trotz seiner universalen Möglichkeiten preislich nicht durchsetzen, so daß 1989 die Produktion eingestellt wurde.

Entwicklungs-, Produktionslinie und Produktionsstückzahl*) des ADK 80

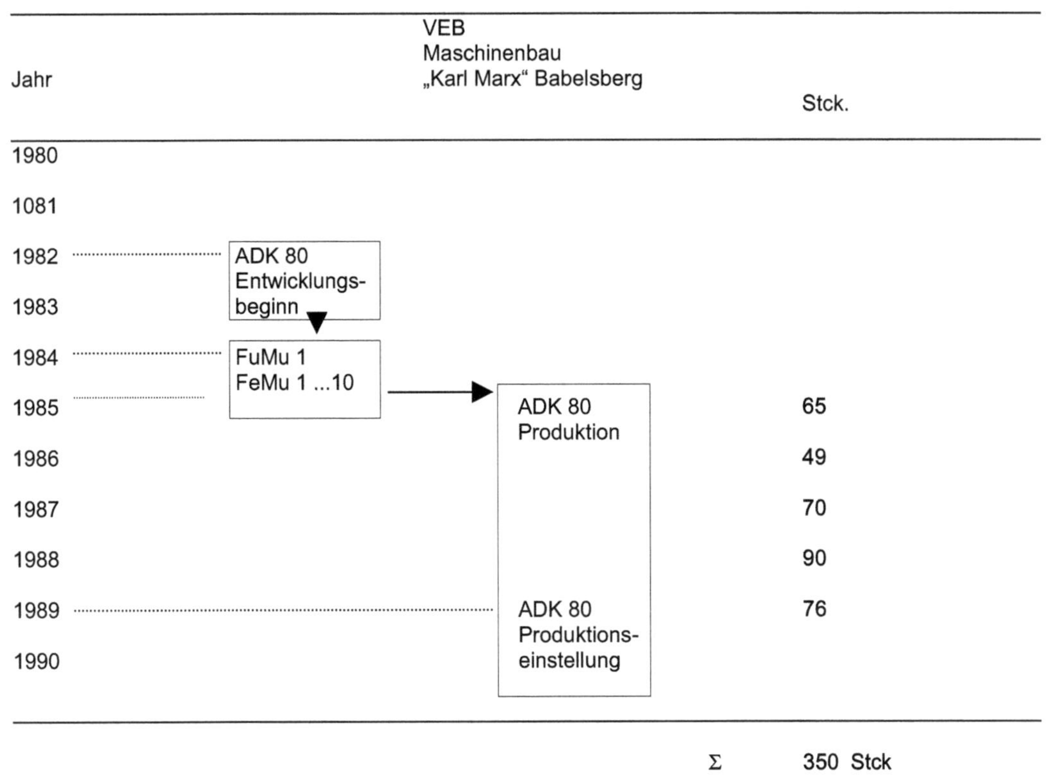

*) / 24 /

Kranteil

Max. Lastmoment
235,4 kNm (24 Mpm)

Tragfähigkeit
abgestützt 360° drehbar, max 8 t
nicht abgestützt 360° drehbar, max. 6 t
nicht abgestützt, Ausleger entgegen Fahrtrichtung (Last verfahrbar) max. 7 t

Ausleger
4 m unter Last
hydraulisch teleskopierbar
Ausfahren 40 s, einfahren 20 s
(lastabhängig)

Hubwerk
hydraulisch
Hubgeschwindigkeit lastabhängig
vierfach geschert 0–17 m/min
zweifach geschert 0–34 m/min
einfach geschert 0–68 m/min

Auslegereinziehwerk
hydraulisch
Auslegerverstellwinkel, max. 75°
Ausleger, heben, lastabhängig
etwa 30 s/Hub
Ausleger, senken, lastabhängig
etwa 35 s/Hub

Drehwerk
hydraulisch
Arbeitsgeschwindigkeit 0–3,0 min⁻¹

Durch Einsatz eines Lastmomentbegrenzer (LMB), gleichzeitig als Überlastsicherung (ÜLS) wirkend, wird zur besseren Ausnutzung der Kranparameter eine große Variantenvielfalt realisiert und unabhängig vom Kranfahrer die jeweils eingestellte Kranbetriebsvariante überwacht. Der LMB bietet dem Kranfahrer einen hohen Informationsgehalt durch Anzeige der Last, Auslastung und der Ausladung (Ist-Maximum). Bei Greifer- und Lastmagnetbetrieb sowie einer Hubgeschwindigkeit ab 11 m/min erfolgt eine automatische Abminderung der Tragfähigkeit auf 66 bzw. 50 %.

Fahrzeugteil

Fahrgestell
IFA W 50 LA/ADK 80

Motor
4-Zylinder-Dieselmotor wassergekühlt,
Typ 4 VD 14,5/12 – 1 SRW
Leistung: 92 kW (125 PS) bei n = 2300 min⁻¹

Lenkung
hydraulisch verstärkt

Getriebe
5-Gang-Schaltgetriebe mit Rückwärts- und Geländegang

Achsen
Allradantrieb, Differentialsperre, Blattfedern der Achsen hydraulisch blockierbar

Bereifung
9.00 – 20 PR 12 vorn einfach bereift
hinten doppelt bereift

Bremsen
3 voneinander unabhängig wirkende Bremssysteme, Betriebsbremse, Motorbremse, Feststellbremse

Elektrische Anlage
24 V Gleichstrom, 2 Batterien 12 V, 135 Ah
Drehstromlichtmaschine 700 W, 28 V

Fahrerkabine
beheizt und belüftet, 2 Sitze
davon 1 Sitz 180° drehbar für Kranbedienung

Geschwindigkeit, variantenabhängig
max. 70 km/h

Steigfähigkeit
Geländegang etwa 35 %

Gesamtmasse, variantenabhängig
max. 11 400 bzw. 11 600 kg

Zulässige Achslasten
vorn 4100 kg bzw. 4200 kg
hinten 7300 kg bzw. 7400 kg

Anhängemasse
max. 8 t

Autodrehkran ADK 80 Technische Daten /25/

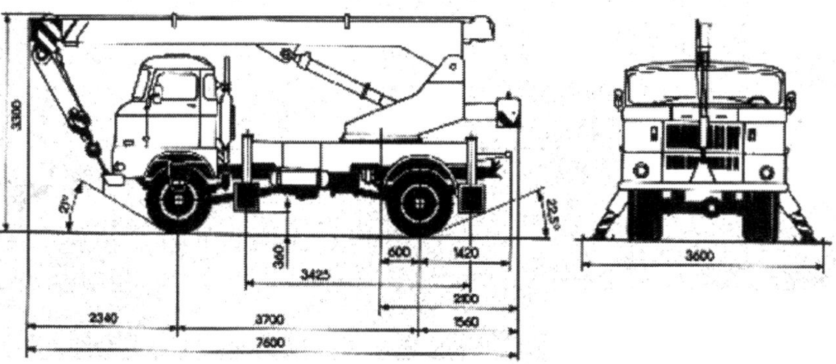

Autodrehkran ADK 80 Hauptabmessungen /25/

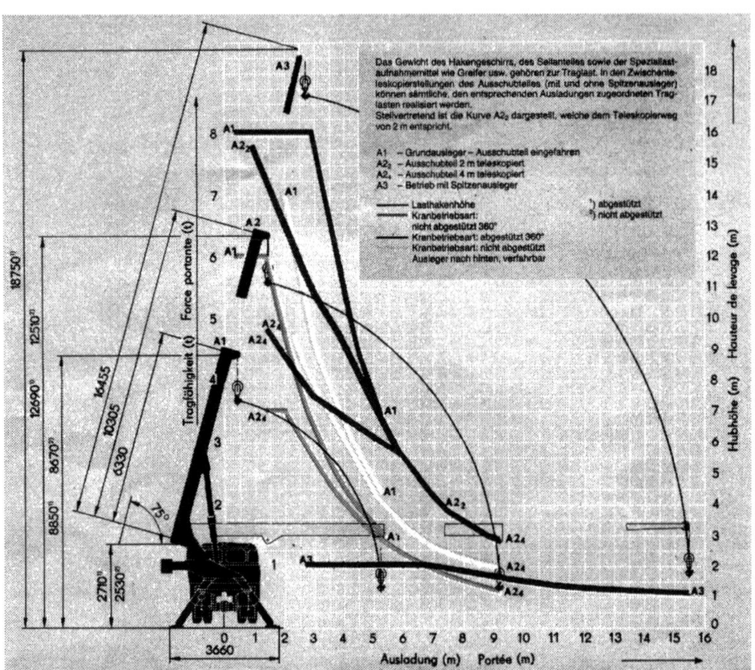

Autodrehkran ADK 80 Tragfähigkeitsdiagramm / 25 /

Ausladung (m) / Portée (m)	abgestützt 360° / appuyée tout autour 360°						nicht abgestützt 360° / librement déplaçable 360°				Ausleger nach hinten und verfahrbar / Flèche vers l'arrière et mobile	
	A1		A2		A3		A1		A2			
	H	100%	H	A2₄-4m 100%	H	100%	H	100%	H	A2₄-4m 100%	A1 100%	A2₄-4m 100%
1,5	7,0	8,00	11,2	4,78	–	–	6,8	6,00	11,0	3,50	7,00	–
2,3	6,6	8,00	11,0	4,24	–	–	6,4	4,50	10,8	3,40	6,50	4,70
3,0	6,1	8,00	10,7	3,70	17,2	1,00	5.9	3,28	10,5	2,76	4,64	3,88
3,8	5,3	6,12	10,3	3,44	17,0	1,00	5,1	2,60	10,1	2.20	3,60	3,20
4,5	4,2	4,53	9,9	3,21	16,8	1,00	4,0	1,94	9,7	1,76	2,82	2,60
5,3	1,3	3,48	9.4	2,98	16,5	1,00	1,1	1,50	9,2	1.42	2,18	2,10
6,0	–	–	8,7	2,75	16.2	1,00	–	–	8,5	1.18	–	1,68
6,8	–	–	7,9	2,25	15,6	1,00	–	–	7,7	1.00	–	1,40
7,3	–	–	7,3	2,01	15,5	0,96	–	–	7,1	0,90	–	1,28
7,5	–	–	6,9	1,89	15,3	0,91	–	–	6,8	0,85	–	1,20
8,3	–	–	5,6	1,63	14,9	0,88	–	–	5,4	0,70	–	1,08
9,0	–	–	3,4	1,44	14,4	0,80	–	–	3,2	0,60	–	0,98
9,2	–	–	1,3	1,40	14,2	0,78	–	–	1,1	0,56	–	0,96
10,2	–	–	–	–	13,4	0.72	–	–	–	–	–	–
11,1	–	–	–	–	12,5	0,67	–	–	–	–	–	–
11,5	–	–	–	–	12,0	0,66	–	–	–	–	–	–
12,0	–	–	–	–	11,5	0,64	–	–	–	–	–	–
12,9	–	–	–	–	10.2	0,61	–	–	–	–	–	–
13,5	–	–	–	–	9,1	0,59	–	–	–	–		
13,8	–	–	–	–	8,6	0,58	–	–	–	–	–	–
14,7		–	–	–	6.5	0,56	–	–	–	–	–	–
15,5	–	–	–	–	1,8	0,55	–	–	–	–	–	–

H = Hakenhöhe Hauteur du crochet

Autodrehkran ADK 80 Tragfähigkeitstabelle (in t) / 25 /

Kranzahl: **1.4.05**

Erzeugnis: **ADK 100 (Babelsberg)*)**

Status: **Neu- und Weiterentwicklung**

Kranhersteller: **VEB Maschinenbau „Karl Marx" Babelsberg**

Im Vorfeld der Entwicklung wurde 1986 eine Studie für den Aufbau von Kranen auf dem im VEB IFA Automobilwerk Ludwigsfelde in Entwicklung befindlichen NKW L60 erarbeitet. Betrachtet wurden die Varianten L60 4x4 für eine Tragfähigkeit von 10 t und L60 6x6 (6x4) für 15 t. Die letztere Variante wurde nicht weiter verfolgt, weil das Automobilwerk sich auf die Entwicklung und Serienvorbereitung des L60 4x4 konzentrierte. Die Variante 6x6 wurde als eine Perspektiventwicklung betrachtet.

Autodrehkran ADK 100 (Babelberg) erstes Muster /24/

Im Ergebnis der Studie war der Entwicklungsbeginn 1986/87.

Das grundsätzliche Entwicklungsziel für den ADK 100 war ein sog. „Mittel", aufbauend wiederum auf den zur Verfügung stehenden materiellen Möglichkeiten der Zulieferindustrie, einen Kran zu entwickeln, der einmal den ADK 125 annähernd in seiner Tragfähigkeit, weiterhin den moralisch verschlissenen ADK 70 und den sensiblen ADK 80 unter Nutzung aller bisher im Kranbau gesammelten Erfahrungen ersetzen sollte. Der Vergleich der wichtigsten Kranparameter ist in dem folgenden Diagrammen ersichtlich und zeigt die Bandbreite der Kompromisse vor allem zu dem bewährten ADK 125.

*) Die Bezeichnung ADK 100 besteht dreimal. Einmal die hier aufgeführte Entwicklung von Babelsberg, die von Sebnitz und die von Magdeburg.

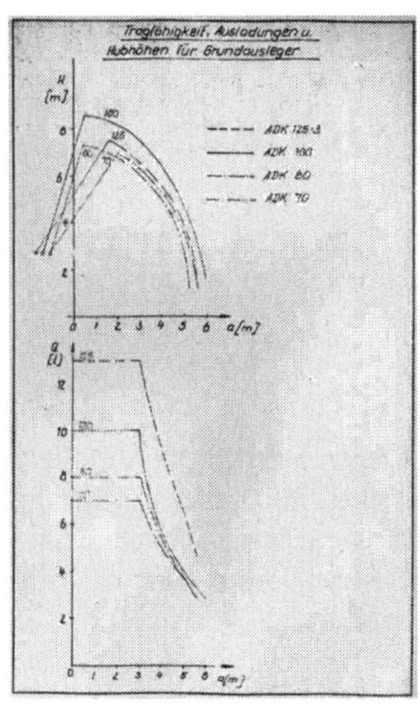

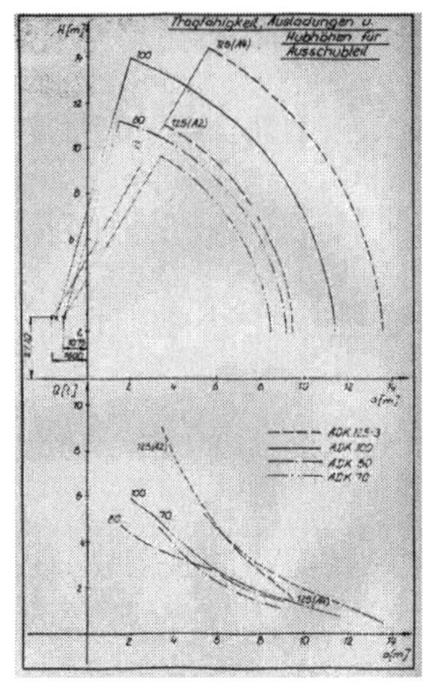

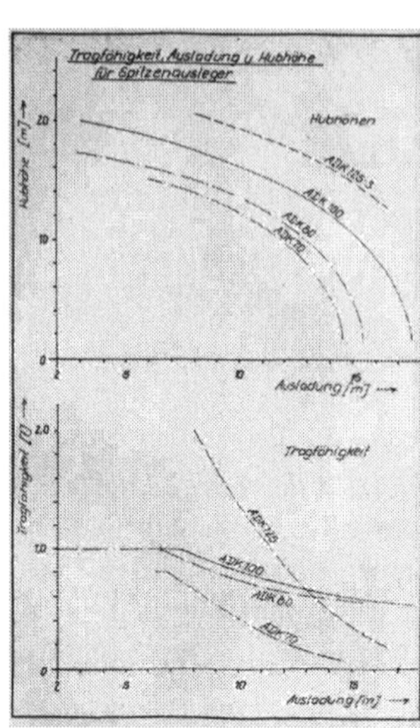

Grundausleger Ausschubteil Spitzenausleger

Vergleich der Hubhöhen und Tragfähigkeiten von den Kranen ADK 70, ADK 80, ADK 125 zum ADK 100 / 24 /

Daraus ergaben sich die prinzipiellen Anforderungen an das Entwicklungskonzept. Basis war wieder ein Aufbaukran mit 10 t Tragfähigkeit auf den NKW L60 bei Gewährleistung eines Einmannbetriebes, Integration in die zukünftige Produktpalette des NKW L60 und Nutzung des länderweiten Service-Netzes des Automobilwerkes. Als Absatzmarkt waren neben dem Inland wieder traditionell die Ostblockstaaten vorgesehen.

Bremsluftbehälter Bedienpult — Bedientableau in der Krankabine — Hubwerk — Drehwerk

Autodrehkran ADK 100 / 25 /

Aufgrund der beim ADK 80 gemachten Erfahrungen war vorerst kein universeller Einsatz von Zusatzausrüstungen vorgesehen, sondern der Einsatz auf einen 10 t Montagekran beschränkt. Die Ausführungsvarianten waren dabei für eine Niederdruck- und eine Hochdruckbereifung vorgesehen.

Weiterhin war der Kran so zu gestalten, daß sein Oberteil auch auf Fahrgestelle anderer NKW-Hersteller möglich war.

In der Gesamtanordnung erfolgte eine Trennung der bisher kombinierten Fahrer/Krankabine in eine Fahrerkabine, als Original vom L60, und eine Krankabine mit ihrer eigenen Instrumentierung auf dem Oberwagen.

Beim Unterwagen wurde auf das Fahrgestell wieder ein Zwischenrahmen in einer Vollwand-Schweißkonstruktion mit der integrierten Teleskop-Abstützung, die seitlich winkelförmig ausgefahren wurde, aufgesetzt. Der Zwischenrahmen nahm die Kugeldrehverbindung, Hersteller VEB Kranbau Eberswalde, sowie die Drehmittendurchführung auf.

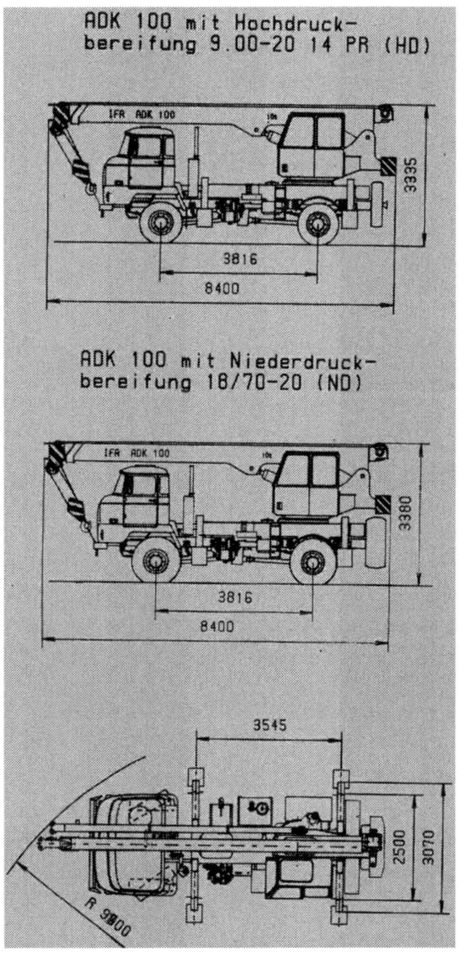

Autodrehkran ADK 100
Ausführungsvarianten /24/

Der Oberwagen bestand aus dem Auslegersystem, dem Drehtisch und der Krankabine. Der Ausleger besaß einen einstufigen 4 m Teleskopzylinder für das Ausschubteil, an dem ein 6 m klappbarer Spitzenausleger angebracht werden konnte. Die Ausführung des Auslegerkopfes gestattete einen ein- bis fünfsträngigen Kranbetrieb. Weiterhin war der Betrieb mit einer abgewinkelten Auslegerverlängerung von 9,5 m Länge für spezielle Einsatzfälle vorgesehen.

Die Kransteuerung war unter Verwendung integrierter Schaltkreise und kontaktloser Leistungsschalter auf Leiterplatten aufgebaut. Basis der Schaltung waren CMOS-Schaltkreise.
Die Verbindung der Elektro-Hauptbaugruppen untereinander erfolgte durch Vielfachstecker.

Das Zentrum der Sicherheitstechnik war der elektronische Lastmomentenbegrenzer LMB 13010 vom VEB Robotron „Otto Schön“ Dresden, der zugleich auch als Überlastsicherung wirkte. Die Erfassung der Ist-Zustände erfolgte dazu durch einen hydraulisch gedämpften Pendelwinkelgeber, einem Längengeber und einer Kraftmeßdose. Damit bestand für die Arbeit des Kranfahrer ein hoher Informationsgehalt.

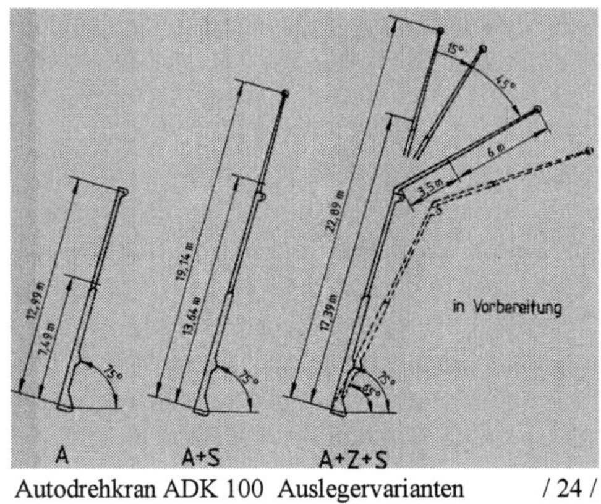

Autodrehkran ADK 100 Auslegervarianten /24/

A	**Hauptausleger**
A + S	**Hauptausleger + 6m Spitzenausleger**
A + Z + S	**Hauptausleger + Zwischenstück + 6m Spitzenausleger**

Der Serienbeginn war bereits für 1989 geplant.

Die Konstruktionsarbeiten begannen 1986 und der Bau des ersten Funktionsmusters 1987.

Das erste Gerät (Funktionsmuster 1) wurde im Jahr 1987 erstmalig auf der Leipziger Herbstmesse vorgestellt. Die Herstellung der weiteren 8 Stck. Funktionsmuster verzögerte sich aufgrund von Entwicklungsproblemen beim NKW L60 im Automobilwerk.

Als neuer Serienbeginn wurde das Jahr 1990 festgelegt.

Als Folge der gesellschaftlichen Veränderungen in der DDR wurde der Betrieb 1990 in eine Kapitalgesellschaft*) umgewandelt und die Arbeiten an dem ADK 100 auf L60 und dessen Serienanlauf eingestellt. Im Rahmen des auslaufenden Musterbaues wurden die 8 Stck. Funktionsmuster fertiggestellt und erprobt.

1990 bis 1992 wurden im Auslauf der Kranproduktion noch in Einzelfertigung 30 Stck. hergestellt.

Für den praktisch fertig entwickelten ADK 100 erfolgte weiterhin die Erarbeitung von Projekten, um mit Nutzung anderer NKW-Fahrgestelle den ADK 100 zur Serie zu bringen. Umgesetzt wurden der ADK 100 auf KAMAZ und auf MERCEDES mit kleinen Stückzahlen, während der weiterhin vorgesehene URAL nicht mehr realisiert werden konnte.

Die Entwicklungs- und Erprobungsergebnisse sowie der praktische Einsatz der ersten Geräte bestätigten, daß mit dem ADK 100 ein leistungsfähiger Kran auf der Grundlage der damals möglichen materiellen Basis entwickelt worden war.

*) 1989/90 wurde der Betrieb vom VEB Maschinenbau "Karl Marx" Babelsberg in Maschinenbau Babelsberg GmbH umgewandelt.

Kranzahl: **1.4.05**

Entwicklungs-, Produktionslinie und Produktionsstückzahl*) des ADK 100

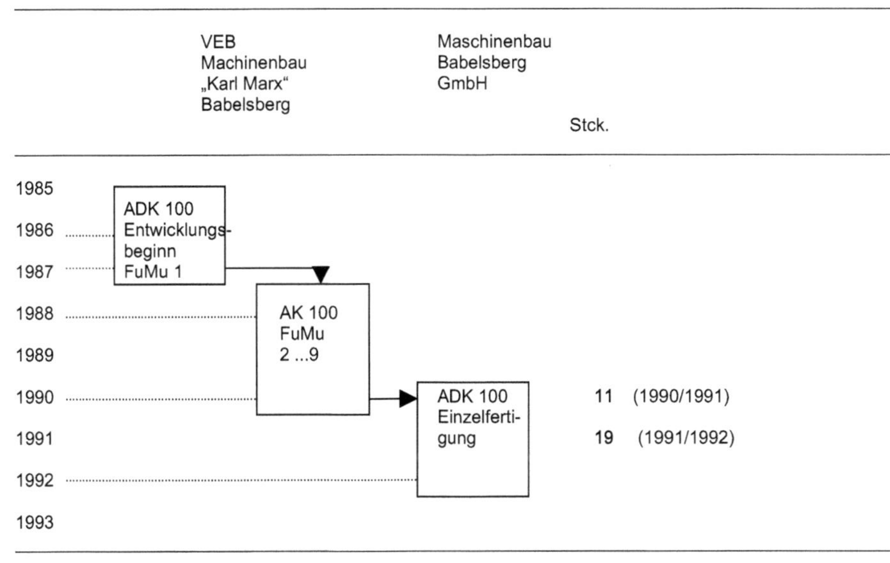

Σ 30 Stck.

Die Lieferung der 30 Krane soll auch teilweise in Baugruppen erfolgt sein. (Genaue Unterlagen liegen nicht mehr vor).

Bilanz der im Auslauf der Kranproduktion noch hergestellten Krane:

Musterbau

Funktionsmuster 1	1 Stck.	
Funktionsmuster 2 ... 9	8 „	

Kleinserie

ADK 100		30 Stck.	
ADK 100-K		17 „	
ADK100-M		11 „	**(1992 bis 1995)**
Σ	9 Stck.	58 Stck.	

*) / 24 /

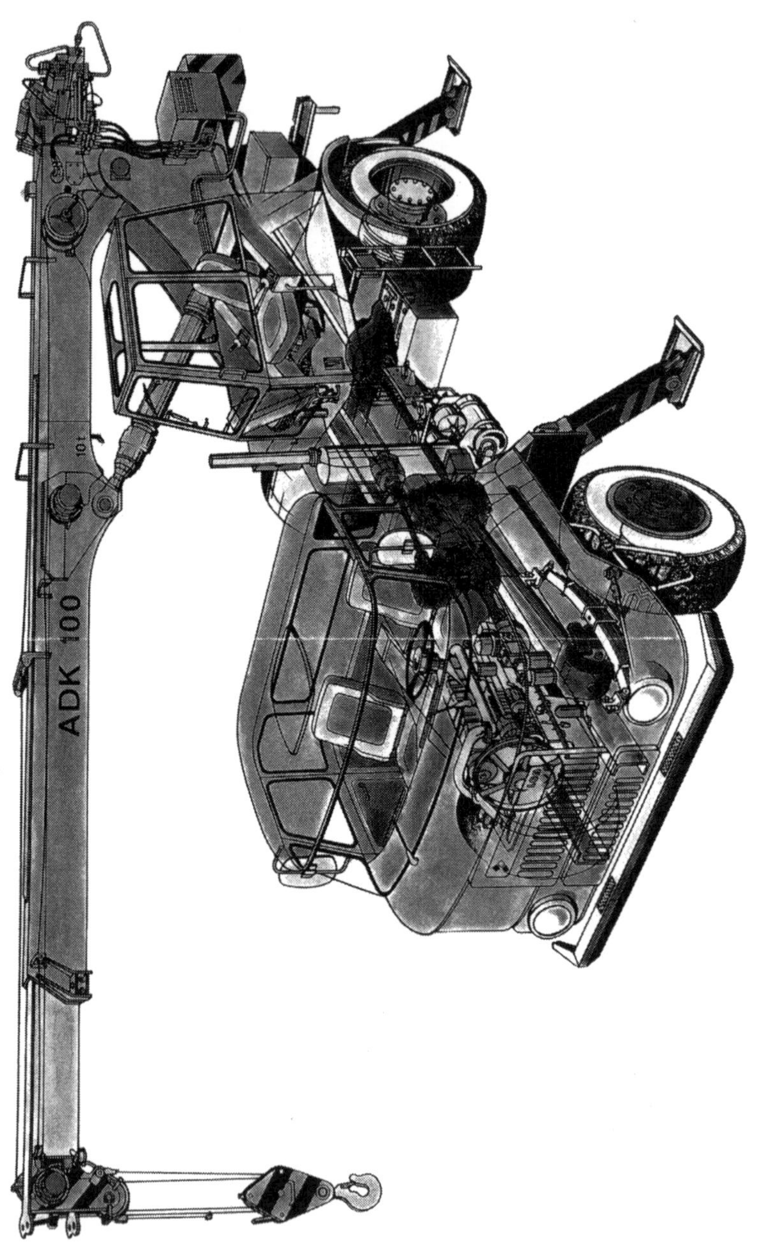

Autodrehkran ADK 100 Röntgendarstellung der Hauptbaugruppen /25/

Kranteil

max. Lastenmoment:	294,3 kNm (30 Mpm)
Tragfähigkeit:	abgestützt, 360° drehbar, 10 t bei 3 m Ausladung nicht abgestützt, 360° drehbar ND: verboten; HD: 3,4 t bei 3 m Ausladung nicht abgestützt, Ausleger entgegen Fahrtrichtung; Last verfahrbar; 2,5 m Ausladung; ND: 5,25 t; HD: 6,2 t
Ausleger:	2teilig, unter Last stufenlos teleskopierbar
Teleskopierwerk:	hydraulisch, 5,5 m Teleskopierlänge
Hubwerk:	hydraulisch; Hubgeschwindigkeit, max. 80 m/min (Last- und Scherungsabhängig)
Wippwerk:	hydraulisch, Wippwinkel, max. 75°
Drehwerk	hydraulisch, Drehgeschwindigkeit max. ca. 2,0 min^{-1}
Abstützung, Achsfederblockierung:	von außerhalb der Krankabine (Zwischenrahmen) hydraulisch, einzeln und gesamt bedienbar
Krankabine:	Ergonomisch gestalteter Kranbedienplatz, Kabine serienmäßig mit Ausstellfenster, Heizung, Belüftung und Schiebetür ausgestattet Kombinationen der Funktionen heben, senken { drehen / teleskopieren / [illegible]
Kranhydraulik:	2-Kreislaufhydraulik mit lastunabhängiger, elektro-proportionaler Verstellung der Mengen und damit der Arbeitsgeschwindigkeiten. Zuordnung der Krantriebwerke durch elektrisch direkt gesteuerte Magnetventile. Druckbegrenzung durch erweiterte Druckventile, gesteuertes Absenken und Sicherheit gegen Rohrbruch durch Senkbremsventile an den Triebwerken.
Kransteuerung und Sicherheitstechnik:	Die Steuerung der Krantriebwerke und die Überwachung der Sicherheit des Kranes Tragfähigkeits- und Endbegrenzungen – erfolgt über einen Bordcomputer mit Mikroprozessor. Dazu werden die Ausgangsgrößen – Signale für die Hydraulikventile – softwaremäßig von den Eingangsgrößen, z. B. Befehle des Steuergebers, der Kraftmeßdose, des Winkel- und Längengebers gesteuert. Der Bordcomputer und die Steuerungs- und Sicherungseinrichtungen sind auf Leiterplatten in einem Gefäßsystem kompakt in der Krankabine angeordnet. Durch Anzeige der jeweiligen Kranzustände, die vom Kranfahrer abgerufen werden können und der codierten Fehleranzeige, besitzt der Kranfahrer ein hohes Maß an Sicherheit, sowie Informationen zur Verhinderung von gefährlichen Kransituationen in allen Betriebsvarianten.
Zusatzausrüstungen zur Komplettierung des Kranes:	Spitzenausleger 6 m, 1 t Traglast, anklappbar Reservekanister 20 l Hakengeschirr für Spitzenauslegerbetrieb
Standard-Zubehör:	Reserverad Abschleppstange kompletter Bordsatz Vorrichtung zum Lüften der Hub- und Drehwerksbremse hydraul. Notdruckstromerzeuger

Fahrzeugteil

Motor:	6 Zyl.-Dieselmotor, 6 VD 13,5/12 SRF wassergekühlt Leistung 132 kW (180 PS) bei n = 2300 min^{-1}
Lenkung:	hydraulisch verstärkt
Getriebe:	8-Gang-Schaltgetriebe mit Rückwärts- und Crawlergang
Achsen:	Allradantrieb, Differentialsperre
Bremsen:	3 voneinander unabhängig wirkende Bremssysteme Betriebsbremse, Motorbremse, Feststellbremse Anhängerbremsanlage – Zweileiteranschluß nach ECE
Elektr. Anlage:	24 V Gleichstrom, 2 Batterien 12 V; 135 Ah Drehstromlichtmaschine 28 V; 30 A mit elektronischem Regler
Fahrerkabine:	kippbar, beheizt und belüftet, 2sitzig
Geschwindigkeit max.:	Hochdruckbereifung – HD – ca. 70 km/h Niederdruckbereifung – ND – ca. 55 km/h
Steigfähigkeit:	ca. 50 %
Zulässige Achslasten:	vorn: 4700 kg; hinten: 8600 kg
Anhängermasse:	9000 kg
Kleinster Wendekreisdurchmesser:	17 500 mm Spurbreite vorn 1860 HD 1990 ND Spurbreite hinten 1775 HD 1999 ND

Autodrehkran ADK 100 / 25 /

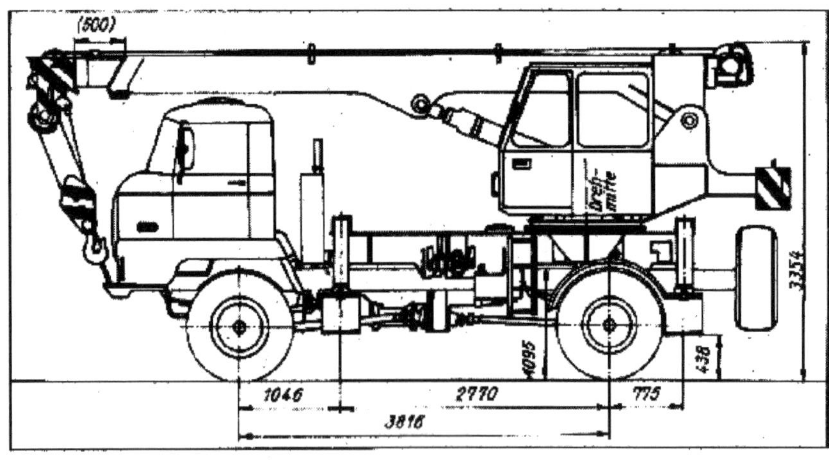

Autodrehkran ADK 100 Hauptabmessungen / 25 /

Kranzahl: **1.4.05**

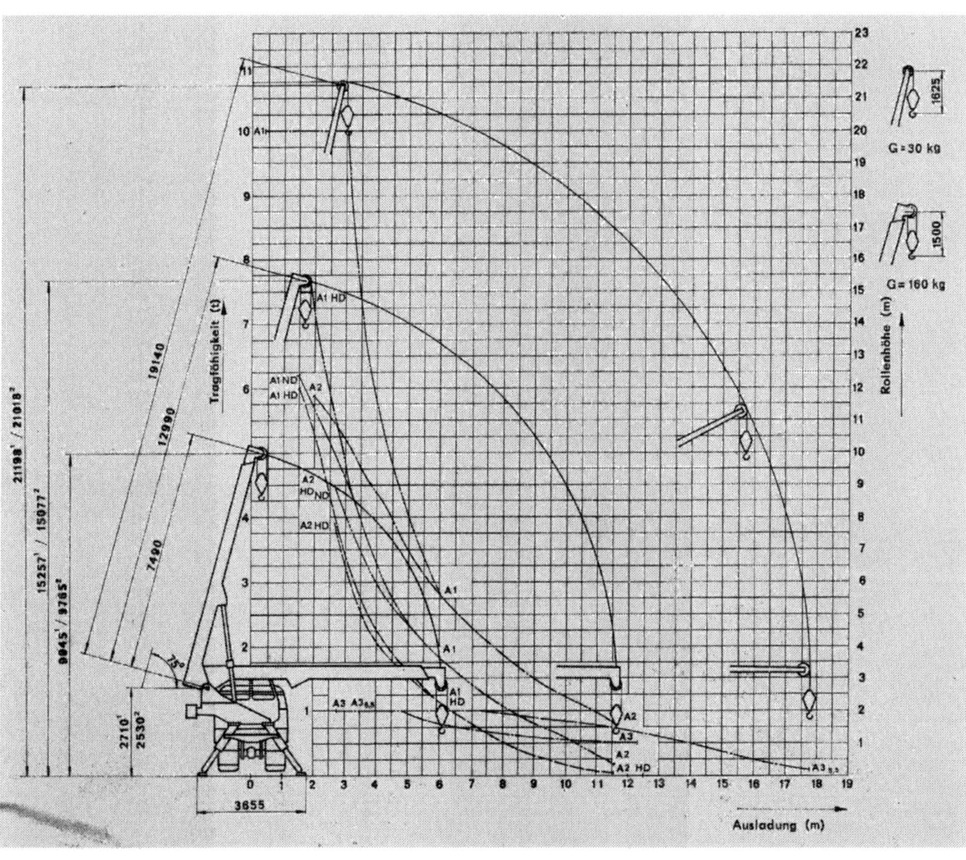

————————	Lasthakenhöhe
——— · ———	Kranbetriebsart, abgestützt 360°
——— · · ———	Kranbetriebsart, nicht abgestützt, Ausleger nach hinten (Last verfahrbar)
—— —— ——	Kranbetriebsart, nicht abgestützt, 360°

HD = Hochdruckbereifung
ND = Niederdruckbereifung
A1 = Grundausleger
A2 = Grundausleger und Ausschubteil
A3 = Grundausleger und Spitze
$A3_{5,5}$ = Grundausleger und Ausschubteil und Spitze

In den Zwischenteleskop'erstellungen des Ausschubteiles (mit und ohne Spitze) können sämtliche, den entsprechenden Ausladungen zugeordnete Traglasten realisiert werden.
Das Gewicht des Hakengeschirrs und des Seilanteiles gehören zur Traglast.

Autodrehkran ADK 100, Tragfähigkeitsdiagramm / 25 /

Tragfähigkeitstabelle (t) Betrieb mit Hauptausleger

Ausladung m	abgestützt, 270°				Ausleger nach hinten, Last verfahrbar			
	A1		A2		A1		A2	
	H	100 %	H	100 %	H	100 %	H	100 %
1,5	8,32	10,0	–	–	7,88	4,50	–	–
2,25	7,92	10,0	13,76	5,70	7,58	4,41	13,58	4,4
3,00	7,42	10,0	13,46	5,12	7,08	3,70	13,28	3,35
3,75	6,82	6,32	13,16	4,54	6,58	2,92	12,98	2,60
4,50	6,02	4,8	12,76	3,96	5,68	2,40	12,56	2,50
5,25	4,82	3,7	12,36	3,38	4,48	1,90	12,18	1,67
6,00	2,42	2,82	11,96	2,83	1,88	1,40	11,78	1,41
6,75	–	–	11,36	2,40	–	–	11,18	1,15
7,50	–	–	10,66	2,00	–	–	10,48	0,95
8,25	–	–	9,86	1,70	–	–	9,68	0,81
9,00	–	–	9,09	1,50	–	–	8,88	0,67
9,75	–	–	7,96	1,28	–	–	7,78	0,55
10,50	–	–	6,46	1,05	–	–	6,28	0,45
11,75	–	–	1,36	0,70	–	–	1,18	0,25

Tragfähigkeitstabelle (t) Betrieb mit Spitzenausleger

Ausladung	m	2,67	3,31	4,75	5,19	6,83	7,78	8,91	9,95	10,99	12,03	13,07	14,11	15,18	16,19	17,84
H 59 kg Fl.	m	20,10	19,90	19,50	19,30	18,70	18,10	17,40	16,70	15,90	15,00	13,90	12,50	10,90	8,80	1,80
H 160 kg Fl.	m	19,68	19,48	19,08	18,81	18,28	17,68	16,91	16,28	15,48	14,58	13,48	12,08	10,48	8,38	1,38
A3		1,00	1,00	1,00	0,83	0,72	0,64	0,60	0,56	0,53	0,51	–	–	–	–	–
A3; 5,5 m		–	1,00	1,00	1,00	1,00	0,97	0,90	0,84	0,79	0,70	0,60	0,48	0,35	0,23	0,07

Autodrehkran ADK 100 Tragfähigkeitstabellen für Haupt- und Spitzenausleger / 25 /

Tragfähigkeitstabelle ADK 100-0 auf L60 Kranbetrieb mit 9,5m Auslegerverlängerung ; abgestützt
Hublast = Last + Hakenflasche + Seilanteil in kg ; 1strängig

	0	1	2	3	4	5	6	7	8	9	10	11	12
Ausladung in mm	Auslegerlänge / Teleskopierlänge in mm bezogen auf Mitte Kopfrolle												
	15483	15943	16403	16863	17323	17783	18243	18703	19163	19623	20083	20543	20983
	0	460	920	1380	1840	2300	2760	3220	3680	4140	4600	5060	5500
8500	350	0	0	0	0	0	0	0	0	0	0	0	0
9000	350	350	350	350	350	0	0	0	0	0	0	0	0
9500	350	350	350	350	350	350	350	350	350	350	0	0	0
10000	350	350	350	350	350	350	350	350	350	350	350	350	350
10500	350	350	350	350	350	350	350	350	350	350	350	350	350
11000	–	–	–	350	350	350	350	350	350	350	350	350	350
11500	–	–	–	–	–	350	350	350	350	350	350	350	350
12000	–	–	–	–	–	–	–	–	350	350	350	350	350
12500	–	–	–	–	–	–	–	–	–	–	350	350	350
12850	–	–	–	–	–	–	–	–	–	–	–	–	350

Achtung ! Der Kranbetrieb im Wippwinkelbereich 0 bis 65 Grad ist verboten !

Betriebsbedingungen : Die Abstützungen sind grundsäzlich voll auszufahren.

Die Achsen sind zu blockieren.

Der ADK 100 muss waagerecht ausgerichtet sein , daß heißt , seine Neigung ist 0 Grad.

Zum Ausrichten dürfen voll ausgefahrene Abstützungen nur max. bis 60 mm bezogen auf die max. Ausfahrlänge eingezogen werden.

Die Drehgeschwindigkeit ist in Abhängigkeit von der jeweiligen Last und Ausladung zu wählen, daß heißt, kleine Drehgeschwindigkeit bei großen Lasten bzw. Ausladungen. Eine Drehgeschwindigkeit von 1 U/min darf nicht Ueberschritten werden.

Autodrehkran ADK 100 Tragfähigkeitstabelle für abgewinkelte Auslegerverlängerung / 24 /

Kranzahl: **1.4.06**

Erzeugnis: **ADK 100-K*)**

Status: **Neu- und Weiterentwicklung**

Kranhersteller: **VEB Maschinenbau „Karl Marx“ Babelsberg**)**

Für die Nutzung des praktisch fertig entwickelten ADK 100 auf NKW L60 wurde die im Entwicklungskonzept vorgesehene Variante der Verwendung anderer NKW-Fahrgestelle, dies als erstes mit dem Aufbaukran auf Basis des NKW KAMAZ, realisiert.

Das Grundkonzept beinhaltete die Auslegung als Straßen- und Geländekran für schweres Gelände.

Für den Unterwagen wurde das Fahrgestell des NKW KAMAZ 43105 verwendet, auf dem der Zwischenrahmen einschließlich Abstützung mit entsprechender adaptermäßiger Anpassung aufgesetzt wurde.

Autodrehkran ADK 100- K /24/

Der Oberwagen war, einschließlich Kransteuerung und Sicherheitstechnik, voll identisch dem des ADK 100 auf NKW L60.

Durch den Allradantrieb und die breite, einspurige Bereifung mit Druckregelung war der Kran vorzüglich für den Einsatz im Gelände geeignet.

*) K steht für die Bezeichnung KAMAZ
**) 1990/91 wurde der Betrieb in Machinenbau Babelsberg GmbH umgewandelt.

Ein spezifischer Einsatzfall des Kranes war im Braunkohletagebau das Auswechseln von Grundwasserpumpen im schweren Gelände. Diese Ausführungsvariante verfügte über eine spezielle automatische Oberwagensteuerung, die den Ausleger automatisch und punktgenau auf den Brunnenmittelpunkt beim Pumpenausbau justierte und mit der neuen Grundwasserpumpe dorthin zurückführte. Der Ausleger war mit einer speziellen 2 m-Auslegerverlängerung ausgestaltet, um bei entsprechender vorgeschriebener Hubhöhe (Pumpenschachttiefe) die 4 t schwere Pumpenaggregate auszuheben und genau abzusenken.

Produktionsstückzahl im Zeitraum 1989/90:

ADK 100-K	**Für Einsatz im Braunkohletagebau**	**8 Stck.**
AKD 100-K	**Export in die Sowjetunion**	**9 „**
ADK 100-Kgesamt		**17 Stck.**

Fahrzeugteil

Motor:	8-Zyl.-4-Takt Dieselmotor, Direkteinspritzung, wassergekühlt, Leistung 154,5 kW (210 PS) bei n = 2600 min^{-1}
Lenkung:	hydraulisch verstärkt
Getriebe:	5-Gang Schaltgetriebe im Straßen- und Geländegang, 1 Rückwärtsgang
Achsen:	Allradantrieb, Differentialsperre
Bereifung:	1-fach, 1220 × 400 × 533, Modell J - P 184
Scheibenrad:	310 - 533 mit Toroidalschulter
Bremsen:	3 voneinander unabhängig wirkende Bremssysteme, Betriebsbremse, Motorbremse, Feststellbremse Anhängerbremse: Zweileiteranschluß – Einleiteranschluß
Elektr. Anlage:	24 V Gleichstrom, 2 Batterien 12 V; 190 Ah, Drehstromsynchronlichtmaschine 800 W
Fahrerkabine:	kippbar, beheizt und belüftet, 3sitzig
Geschwindigkeit max.	Straßengang: 85 km/h, Geländegang: 47 km/h, Last verfahren: 5 km/h
Zulässige Achslasten:	vorn: 5200 kg, hinten 2 × 5350 kg
Anhängermasse:	max. 9000 kg
Kleinster Wendekreishalbmesser:	etwa 10500 mm
Spurbreite:	vorn 2010 mm, hinten 2010 mm
Dienstmasse:	kompletter Kran 15720 kg (mit vollen Vorräten)

Kranteil

max. Lastenmoment:	294,3 kNm (30 tm)
Tragfähigkeit:	abgestützt, 270° drehbar, 10 t bei 3 m Ausladung, nicht abgestützt 360° drehbar, 0,5 t bei 8,75 m Ausladung nicht abgestützt, Ausleger entgegen Fahrtrichtung; Last verfahrbar; 4,5 t bei 2 m Ausladung
Ausleger:	2teilig, unter Last stufenlos teleskopierbar
Teleskopierwerk:	hydraulisch, 5,5 m Teleskopierlänge
Hubwerk:	hydraulisch; max. Seilgeschwindigkeit etwa 100 m/min, (last-, scherungs- und seillagenabhängig)
Wippwerk:	hydraulisch, Wippwinkel max. 75°
Drehwerk:	hydraulisch, Drehgeschwindigkeit max. etwa 2,0 min^{-1}
Abstützung, Achsfederblockierung:	von außerhalb der Krankabine (Zwischenrahmen) hydraulisch, einzeln oder gesamt bedienbar
Krankabine:	Ergonomisch gestalteter Kranbedienplatz, Kabine serienmäßig mit Ausstellfenster, Heizung, Belüftung und Schiebetür ausgestattet
Kranhydraulik:	Kombination der Funktionen: heben, senken / drehen, teleskopieren, Schnellhub; wippen / drehen, teleskopieren 2-Kreislaufhydraulik mit lastunabhängiger, elektro-proportionaler Verstellung der Mengen und damit der Arbeitsgeschwindigkeiten, Zuordnung der Krantriebwerke durch elektrisch direkt gesteuerte Magnetventile. Druckbegrenzung durch erweiterte Druckventile, gesteuertes Absenken und Sicherheit gegen Rohrbruch durch Senkbremsventile an den Triebwerken.
Kransteuerung und Sicherheitstechnik:	Die Steuerung der Krantriebwerke und die Überwachung der Sicherheit des Kranes, sowie Tragfähigkeits- und Endbegrenzungen erfolgen über einen Bordcomputer mit Mikroprozessor. Dazu werden die Ausgangsgrößen – Signale für die Hydraulikventile – softwaremäßig von den Eingangsgrößen, z. B. Befehle des Steuergebers, der Kraftmeßdose, des Winkel- und Längengebers gesteuert. Der Bordcomputer und die Steuerungs- und Sicherungseinrichtungen sind auf Leiterplatten in einem Gefäßsystem kompakt in der Krankabine angeordnet. Durch Anzeige der jeweiligen Kranzustände, die vom Kranfahrer abgerufen werden können, und der codierten Fehleranzeige, besitzt der Kranfahrer ein hohes Maß an Sicherheit, sowie Informationen zur Verhinderung von gefährlichen Kransituationen in allen Betriebsvarianten.
Zusatzausrüstungen zur Komplettierung des Kranes:	anklappbarer Spitzenausleger 6 m, 1 t Traglast oder Zusatzausleger 2 m, 4 t Traglast oder abgewinkelte Auslegerverlängerung 9,5 m, 0,35 t Traglast bei 65° – 75° Wippwinkelstellung, Reservekanister 20 l; 2 Stück, Ausleuchtung des Arbeitsplatzes, 3×70 W/24 V Halogenscheinwerfer, Hakengeschirr für Spitzenauslegerbetrieb, Vorrichtung zum Lüften der Hub- und Drehwerksbremse
Standard-Zubehör:	Reserverad, Abschleppstange, kompletter Bordsatz, hydraulischer Notdruckstromerzeuger

Autodrehkran ADK 100-K
Technische Daten /25/

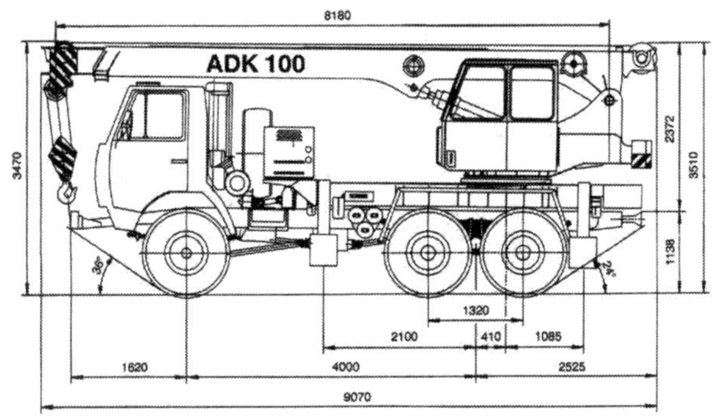

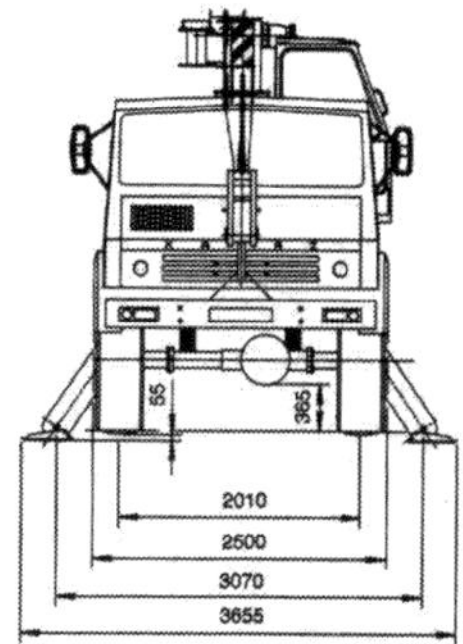

Autodrehkran ADK 100-K Hauptabmessungen / 25 /

Tragfähigkeitstabelle (t) Betrieb mit Hauptausleger

Ausladung m	abgestützt, 270°				Ausleger nach hinten, Last verfahrbar			
	A1 H	A1 100 %	A2 H	A2 100 %	A1 H	A1 100 %	A2 H	A2 100 %
1,5	8,32	10,0	–	–	7,88	4,50	–	–
2,25	7,92	10.0	13,76	5,70	7,58	4,41	13.58	4,4
3,00	7,42	10.0	13,46	5,12	7,08	3,70	13,28	3,35
3,75	6,82	6,32	13,16	4,54	6,58	2,92	12,98	2,60
4,50	6,02	4,8	12,76	3,96	5,68	2,40	12,56	2,50
5,25	4,82	3,7	12,36	3,38	4,48	1,90	12,18	1,67
6,00	2,42	2,82	11,96	2,83	1,88	1,40	11,78	1,41
6,75	–	–	11,36	2,40	–	–	11,18	1,15
7,50	–	–	10,66	2,00	–	–	10,48	0,95
8,25	–	–	9,86	1,70	–	–	9,68	0,81
9,00	–	–	9,09	1,50	–	–	8,88	0,67
9,75	–	–	7,96	1,28	–	–	7,78	0,55
10,50	–	–	6,46	1,05	–	–	6,28	0,45
11,75	–	–	1,36	0,70	–	–	1,18	0,25

Tragfähigkeitstabelle (t) Betrieb mit Spitzenausleger

Ausladung	m	2,67	3,31	4,75	5,19	6,83	7,78	8,91	9,95	10,99	12,03	13,07	14,11	15,16	16,19	17,84
H 58 kg Fl.	m	20,10	19.90	19,50	19,30	18,70	18,10	17,40	16,70	15,90	15.00	13,90	12.50	10,90	8,80	1,80
H 160 kg Fl.	m	19,68	19,48	19,08	18,81	18,28	17,68	16,91	16,28	15,48	14,58	13,48	12,08	10,48	8,38	1,38
A3		1,00	1,00	1,00	0,83	0,72	0,64	0,60	0,56	0,53	0,51	–	–	–	–	–
A3; 5,5 m		–	1,00	1,00	1,00	1,00	0,97	0,90	0,84	0,79	0,70	0,60	0,48	0,35	0,23	0,07

Autodrehkran ADK 100-K Tragfähigkeitstabelle / 25 /

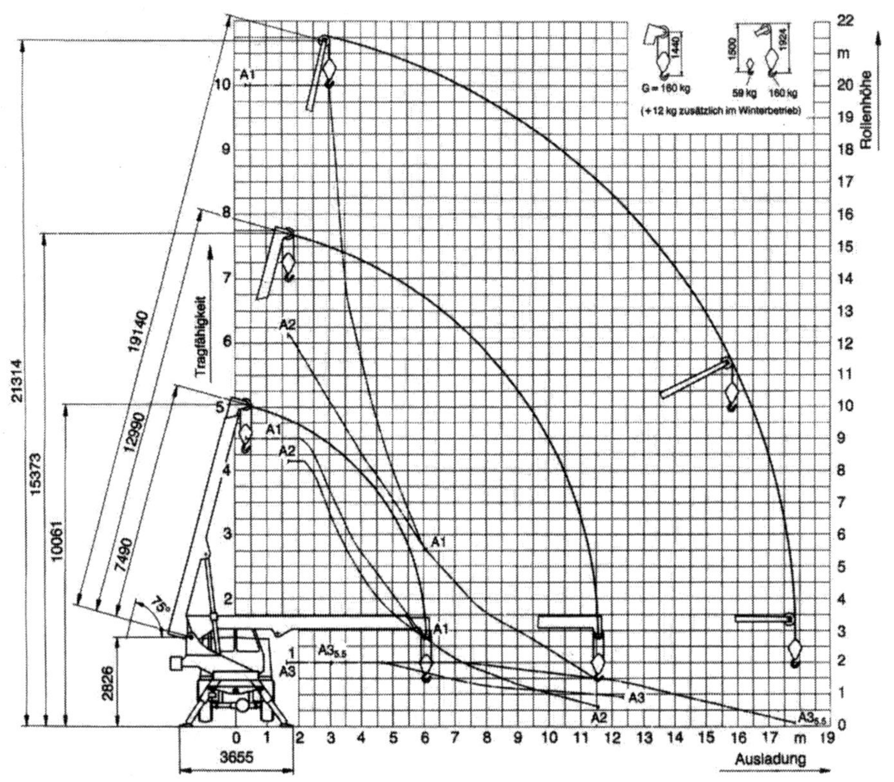

Legende zur Traglastkurve:

		Grenzwert	Strängigkeit
———	Rollenhöhe		
—·—	Kranbetriebsart, abgestützt 360°	4strängig	0 bis 10 t
—··—	Kranbetriebsart, nicht abgestützt, Ausleger nach hinten (Last verfahrbar)	2strängig	0 bis 5 t
		1strängig	0 bis 1 t

A 1 = Grundausleger
A 2 = Grundausleger und Ausschubteil
A 3 = Grundausleger und Spitze
$A3_{5,5}$ = Grundausleger und Ausschubteil und Spitze
H = Hubhöhe in m

In den Zwischenteleskopierstellungen des Ausschubteiles (mit und ohne Spitze) können sämtliche, den entsprechenden Ausladungen zugeordnete Traglasten realisiert werden.
Das Gewicht des Hakengeschirrs und des Seilanteiles gehören zur Traglast.
Die Hubhöhe entspricht der Rollenhöhe abzüglich des Sicherheitsabstandes der jeweilig eingesetzten Hakenflasche.

Kranzahl: **1.4.07**

Erzeugnis: **ADK 100-V** *)

Status: **Projekt**

Kranhersteller: **Maschinenbau Babelsberg GmbH**

Für die Nutzung des praktisch fertiggestellten ADK 100 auf NKW L60 erfolgte 1990/91 die Erarbeitung eines Projektes auf Basis eines NKW-Fahrgestelles VOLVO als Aufbaukran.

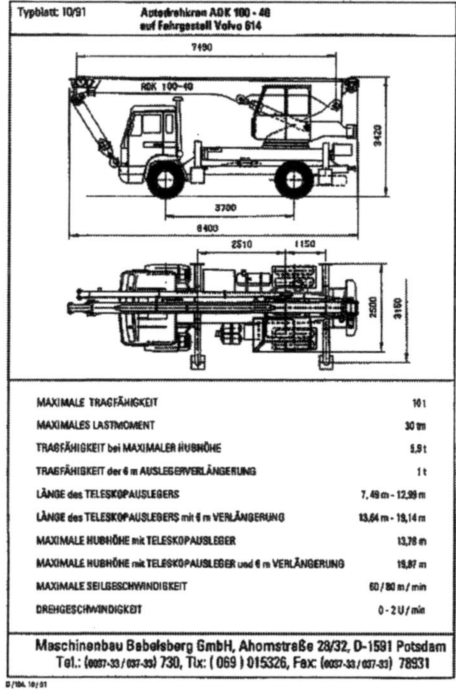

Typblatt: 10/91 — Autodrehkran ADK 100 - 40 auf Fahrgestell Volvo 614

MAXIMALE TRAGFÄHIGKEIT	10 t
MAXIMALES LASTMOMENT	30 tm
TRAGFÄHIGKEIT bei MAXIMALER HUBHÖHE	5,9 t
TRAGFÄHIGKEIT der 6 m AUSLEGERVERLÄNGERUNG	1 t
LÄNGE des TELESKOPAUSLEGERS	7,49 m - 12,99 m
LÄNGE des TELESKOPAUSLEGERS mit 6 m VERLÄNGERUNG	13,64 m - 19,14 m
MAXIMALE HUBHÖHE mit TELESKOPAUSLEGER	13,78 m
MAXIMALE HUBHÖHE mit TELESKOPAUSLEGER und 6 m VERLÄNGERUNG	19,87 m
MAXIMALE SEILGESCHWINDIGKEIT	60 / 80 m / min
DREHGESCHWINDIGKEIT	0 - 2 U / min

Maschinenbau Babelsberg GmbH, Ahornstraße 28/32, D-1591 Potsdam
Tel.: (0037-33 / 037-33) 730, Tlx: (069) 015326, Fax: (0037-33 / 037-33) 78931

D/104. 10/91

Autodrehkran ADK 100-V / 24 /

Das Projekt wurde nicht realisiert.

*) Die Betriebsbezeichnung des Kranes war Autodrehkran ADK 100 - 40 VOLVO

Kranzahl: **1.4.08**

Erzeugnis: **ADK 100-M** *)

Status: **Neu- und Weiterentwicklung**

Kranhersteller: **VEB Maschinenbau „Karl Marx“ Babelsberg****)

Für die Nutzung des praktisch fertiggestellten ADK 100 auf NKW L60 wurde die im Entwicklungskonzept vorgesehene Variante der Verwendung anderer NKW-Fahrgestelle, dies mit dem Aufbaukran auf Basis NKW MERCEDES, realisiert.

Die Variante wurde 1990 erarbeitet.

Autodrehkran ADK 100-M /24/

Der Zwischenrahmen mit den Abstützungen und der Achsverriegelung wurde adaptermäßig angepaßt, so daß je nach Kundenwunsch der Kranaufbau auf das Fahrgestell NKW Mercedes 1317, 1417A oder 1820AK mit Allradantrieb erfolgen konnte.

Für das Abstützsystem wurde neben der bisher angewendeten Schrägstütze auch eine Variante als horizontal ausschiebbare Stütze zur Vergrößerung der Abstützfläche entwickelt.

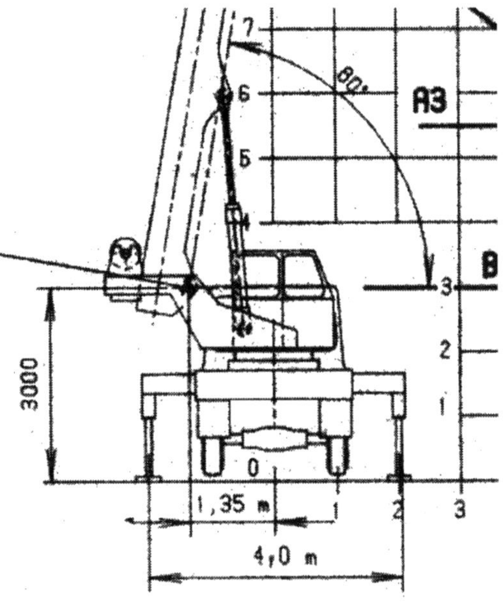

Autodrehkran ADK 100-M mit ausschiebbaren Stützen /24/

*) M steht für die Bezeichnung MERCEDES

**) 1989/90 wurde der Betrieb in Maschinenbau Babelsberg GmbH umgewandelt.

Kranzahl: 1.4.08

Der Oberwagen war einschließlich Kransteuerung und Sicherheitstechnik voll identisch mit dem des ADK 100 auf NKW L60.

Produktionsstückzahl in Einzelfertigung, Zeitraum 1990/95:

ADK 100-M 11 Stck

Fahrzeugteil

Motor:	Typ 366 A; 6 Zyl.-4 Takt Dieselmotor; wassergekühlt, 125 kW (170 PS) bei 2600 min^{-1}
Lenkung:	hydraulische Servolenkung
Getriebe:	Typ G 4/65-6/9; 6 Vorwärts-, 1 Rückwärtsgang
Achsen:	Radformel 4×2, Hinterradantrieb mit Differentialsperre
Bereifung:	vorn flach 10 R 22,5, hinten Zwilling 10 R 22,5
Scheibenrad:	7,50 × 22,5
Bremsen:	3 voneinander unabhängige Bremsen, Betriebsbremse, Motorbremse, Feststellbremse Anhängerbremsanlage. Zweileitungsanschluß, ABS
Elektrische Anlage:	24 V Gleichstrom, 2 Batterien à 12 V, 88 Ah, Drehstromlichtmaschine 28 V, 55 A Schub-Schraubtrieb-Starter 24 V, 4 kW
Fahrerkabine:	kippbar, beheizt, belüftet, luftgefedert, Kopfstützen, Automatiksicherheitsgurte
Geschwindigkeit max.	Straße: 86 km/h, Last verfahren: 5 km/h
Zulässige Achslasten:	vorn: 4000 kg, hinten: 9000 kg
Anhängermasse:	max. 8000 kg
Kleinster Wendekreishalbmesser:	etwa 7000 mm
Dienstmasse:	kompletter Kran 12 850 kg (mit vollen Vorräten)

Kranteil

max. Lastmoment:	294,3 kNm (30 tm)
Tragfähigkeit:	abgestützt, 360° drehbar, 10 t bei 3 m Ausladung, nicht abgestützt, 360° drehbar, 4 t bei 2 m Ausladung nicht abgestützt, Ausleger entgegen Fahrtrichtung: Last verfahrbar, 5 t bei 2 m Ausladung
Ausleger:	2-teilig, unter Last stufenlos teleskopierbar
Teleskopierwerk:	hydraulisch, 5,5 m Teleskopierlänge
Hubwerk:	hydraulisch; max. Seilgeschwindigkeit etwa 100 m/min, (last-, scherungs- und seillagenabhängig)
Wippwerk:	hydraulisch, Wippwinkel, max. 75°
Drehwerk:	hydraulisch, Drehgeschwindigkeit max. etwa 2,0 min^{-1}
Abstützung, Achsfederblockierung:	von außerhalb der Krankabine (Zwischenrahmen) hydraulisch, einzeln oder gesamt bedienbar
Krankabine:	Ergonomisch gestalteter Kranbedienplatz, Kabine serienmäßig mit Ausstellfenster, Heizung, Belüftung und Schiebetür ausgestattet
Kranhydraulik:	Kombination der Funktionen: heben, senken / drehen, teleskopieren, Schnellhub; wippen / drehen, teleskopieren 2-Kreislaufhydraulik mit lastunabhängiger, elektro-proportionaler Verstellung der Mengen und damit der Arbeitsgeschwindigkeiten, Zuordnung der Krantriebwerke durch elektrisch direkt gesteuerte Magnetventile. Druckbegrenzung durch erweiterte Druckventile, gesteuertes Absenken und Sicherheit gegen Rohrbruch durch Senkbremsventile an den Triebwerken.
Kransteuerung und Sicherheitstechnik:	Die Steuerung der Krantriebwerke und die Überwachung der Sicherheit des Kranes, sowie Tragfähigkeits- und Endbegrenzungen erfolgen über einen Bordcomputer mit Mikroprozessor. Dazu werden die Ausgangsgrößen – Signale für Hydraulikventile – softwaremäßig von den Eingangsgrößen, z. B. Befehle des Steuergebers, der Kraftmeßdose, des Winkel- und Längengebers gesteuert. Der Bordcomputer und die Steuerungs- und Sicherungseinrichtungen sind auf Leiterplatten in einem Gefäßsystem kompakt in der Krankabine angeordnet. Durch Anzeige der jeweiligen Kranzustände, die vom Kranfahrer abgerufen werden können, und der codierten Fehleranzeige, besitzt der Kranfahrer ein hohes Maß an Sicherheit, sowie Informationen zur Verhinderung von gefährlichen Kransituationen in allen Betriebsvarianten.
Zusatzausrüstungen zur Komplettierung des Kranes:	anklappbarer Spitzenausleger 6 m, 1 t Traglast oder Zusatzausleger 2 m, 4 t Traglast bei 2strängigem Betrieb oder abgewinkelte Auslegerverlängerung 9,5 m, 0,350 t Traglast Reservekanister 20 l; 2 Stück, Ausleuchtung des Arbeitsplatzes, 3×70 W/24 V Halogenscheinwerfer, Hakengeschirr für Spitzenauslegerbetrieb, Vorrichtung zum Lüften der Hub- und Drehwerksbremse
Standardzubehör:	Reserverad, Abschleppstange, kompletter Bordsatz, hydraulischer Notdruckstromerzeuger

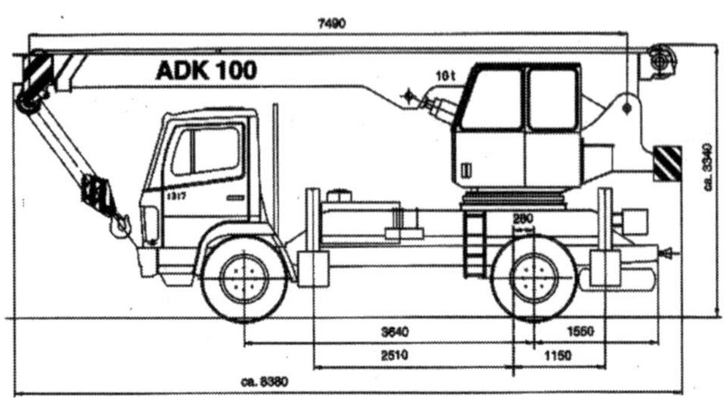

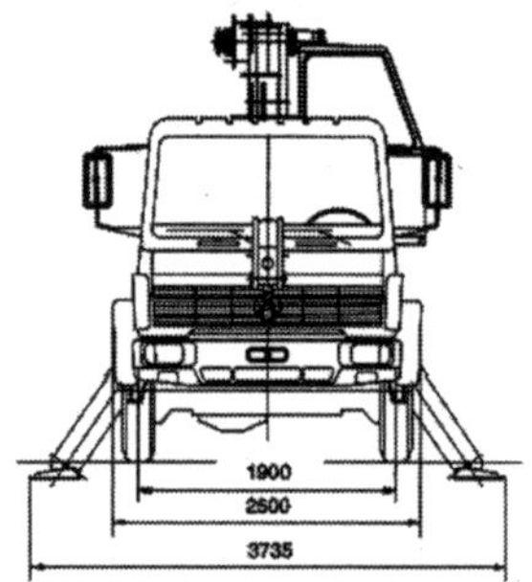

Autodrehkran ADK 100-M Hauptabmessungen /25/

Tragfähigkeitstabelle (t) Betrieb mit Hauptausleger

Ausladung m	abgestützt, 270°				Ausleger nach hinten, Last verfahrbar			
	A1		A2		A1		A2	
	H	100 %	H	100 %	H	100 %	H	100 %
1,5	8,32	10,0	–	–	7,88	4,50	–	–
2,25	7,92	10,0	13,76	5,70	7,58	4,41	13,58	4,4
3,00	7,42	10,0	13,46	5,12	7,08	3,70	13,28	3,35
3,75	6,82	6,32	13,16	4,54	6,58	2,92	12,98	2,60
4,50	6,02	4,8	12,76	3,96	5,68	2,40	12,56	2,50
5,25	4,82	3,7	12,36	3,38	4,48	1,90	12,18	1,67
6,00	2,42	2,82	11,96	2,83	1,88	1,40	11,78	1,41
6,75	–	–	11,36	2,40	–	–	11,18	1,15
7,50	–	–	10,66	2,00	–	–	10,48	0,95
8,25	–	–	9,86	1,70	–	–	9,68	0,81
9,00	–	–	9,09	1,50	–	–	8,88	0,67
9,75	–	–	7,96	1,28	–	–	7,78	0,55
10,50	–	–	6,46	1,05	–	–	6,28	0,45
11,75	–	–	1,36	0,70	–	–	1,18	0,25

Tragfähigkeitstabelle (t) Betrieb mit Spitzenausleger

Ausladung	m	2,67	3,31	4,75	5,19	6,83	7,78	8,91	9,95	10,99	12,03	13,07	14,11	15,18	16,19	17,84
H 59 kg Fl.	m	20,10	19,90	19,50	19,30	18,70	18,10	17,40	16,70	15,90	15,00	13,90	12,50	10,90	8,80	1,80
H 160 kg Fl.	m	19,68	19,48	19,08	18,81	18,28	17,68	16,91	16,28	15,48	14,58	13,48	12,08	10,46	8,38	1,38
A3		1,00	1,00	1,00	0,83	0,72	0,64	0,60	0,56	0,53	0,51	–	–	–	–	–
A3; 5,5 m		–	1,00	1,00	1,00	1,00	0,97	0,90	0,84	0,79	0,70	0,60	0,48	0,35	0,23	0,07

Autodrehkran ADK 100-M Tragfähigkeitstabelle /25/

Kranzahl: 1.4.08

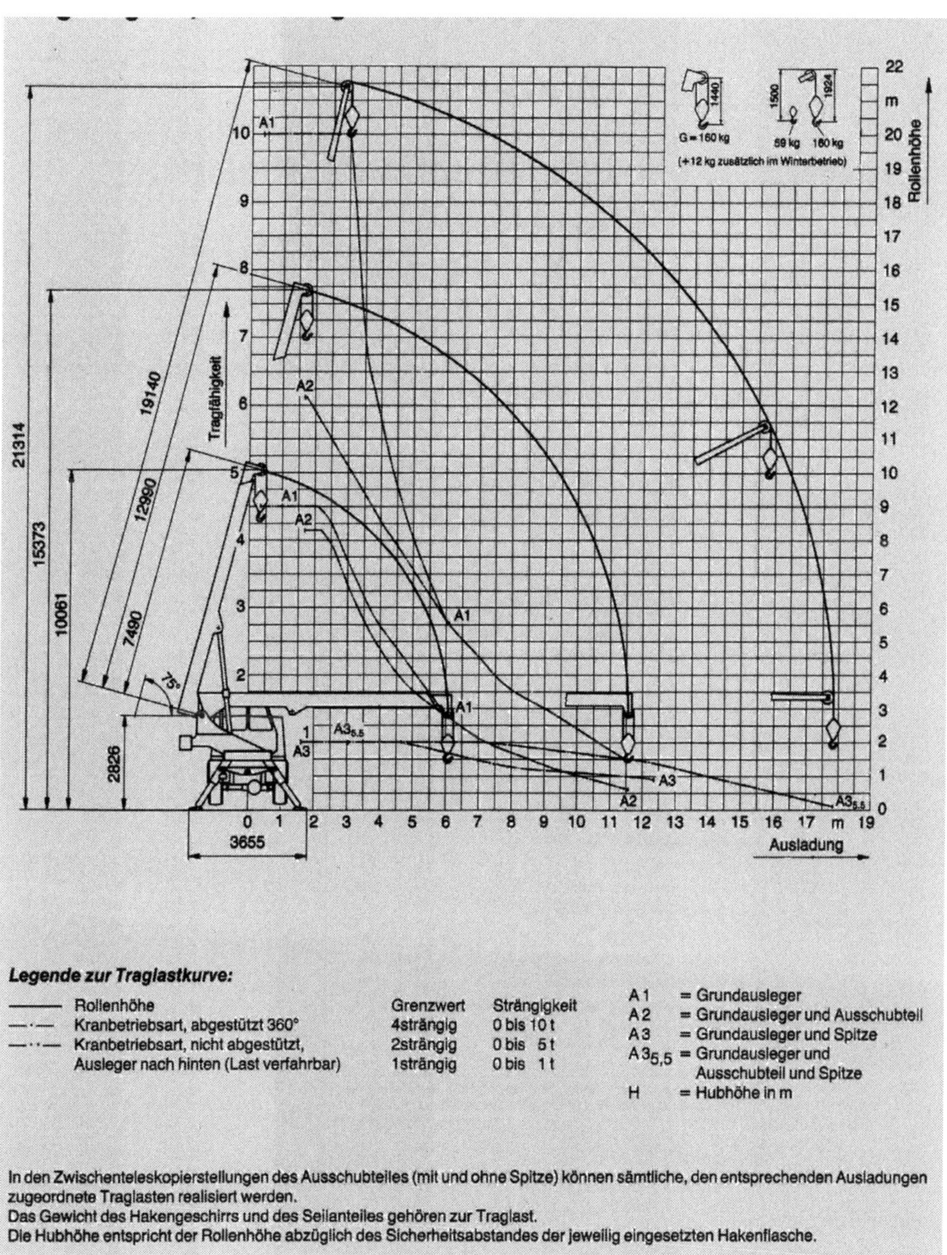

Kranzahl: **1.4.09**

Erzeugnis: **ADK 120-M** *)

Status: **Projekt**

Kranhersteller: **Maschinenbau Babelsberg GmbH**

In der Weiterentwicklung des Projektes ADK 100-M konnte durch moderne computergestützte Berechnungsverfahren die max. Tragfähigkeit ohne nennenswerte Masseerhöhungen, analog dem ADK 120-K, auf 12 t erhöht werden.

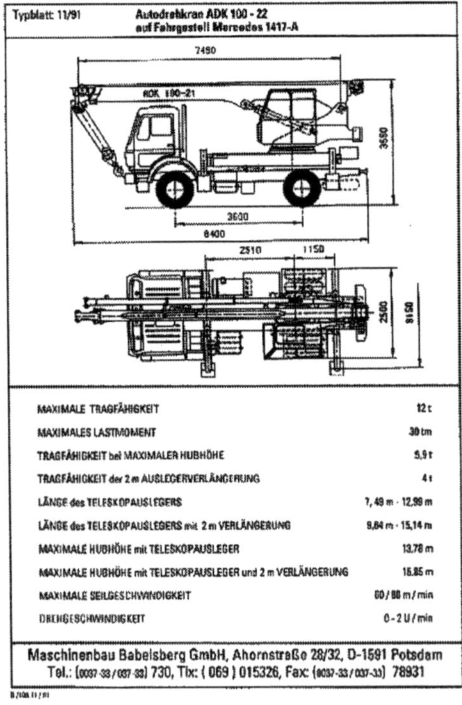

Typblatt: 11/91

Autodrehkran ADK 100 - 22
auf Fahrgestell Mercedes 1417-A

MAXIMALE TRAGFÄHIGKEIT	12 t
MAXIMALES LASTMOMENT	30 tm
TRAGFÄHIGKEIT bei MAXIMALER HUBHÖHE	5,9 t
TRAGFÄHIGKEIT der 2 m AUSLEGERVERLÄNGERUNG	4 t
LÄNGE des TELESKOPAUSLEGERS	7,49 m - 12,99 m
LÄNGE des TELESKOPAUSLEGERS mit 2 m VERLÄNGERUNG	9,84 m - 15,14 m
MAXIMALE HUBHÖHE mit TELESKOPAUSLEGER	13,78 m
MAXIMALE HUBHÖHE mit TELESKOPAUSLEGER und 2 m VERLÄNGERUNG	15,85 m
MAXIMALE SEILGESCHWINDIGKEIT	60 / 80 m / min
DREHGESCHWINDIGKEIT	0 - 2 U / min

Maschinenbau Babelsberg GmbH, Ahornstraße 28/32, D-1591 Potsdam
Tel.: (0037-33 / 037-33) 730, Tlx: (069) 015326, Fax: (0037-33 / 037-33) 78931

Autodrehkran ADK 120-M / 24 /

Das Projekt wurde nicht realisiert.

*) Die Betriebsbezeichnung des Kranes war Autodrehkran ADK 100 - 22 MERCEDES

Kranzahl: **1.4.10**

Erzeugnis: **ADK 120-K** *)

Status: **Projekt**

Kranhersteller: **Maschinenbau Babelsberg GmbH**

In einer Weiterentwicklung des Projektes ADK 100-K konnte durch moderne computergestützte Berechnungsverfahren die max. Tragfähigkeit ohne nennenswerte Masseerhöhungen auf 12 t angehoben werden.

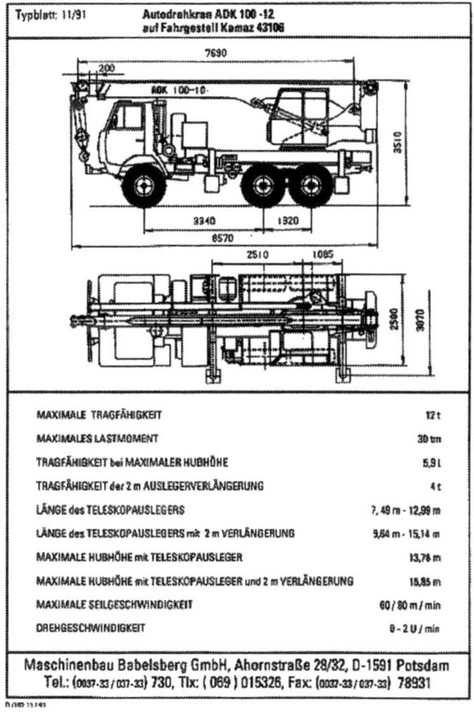

Typblatt: 11/91

Autodrehkran ADK 100-12
auf Fahrgestell Kamaz 43106

MAXIMALE TRAGFÄHIGKEIT	12 t
MAXIMALES LASTMOMENT	30 tm
TRAGFÄHIGKEIT bei MAXIMALER HUBHÖHE	5,9 t
TRAGFÄHIGKEIT der 2 m AUSLEGERVERLÄNGERUNG	4 t
LÄNGE des TELESKOPAUSLEGERS	7,49 m - 12,99 m
LÄNGE des TELESKOPAUSLEGERS mit 2 m VERLÄNGERUNG	9,64 m - 15,14 m
MAXIMALE HUBHÖHE mit TELESKOPAUSLEGER	13,78 m
MAXIMALE HUBHÖHE mit TELESKOPAUSLEGER und 2 m VERLÄNGERUNG	15,85 m
MAXIMALE SEILGESCHWINDIGKEIT	60 / 80 m / min
DREHGESCHWINDIGKEIT	0 - 2 U / min

Maschinenbau Babelsberg GmbH, Ahornstraße 28/32, D-1591 Potsdam
Tel.: (0037-33 / 037-33) 730, Tlx: (069) 015326, Fax: (0037-33 / 037-33) 78931

Autodrehkran ADK 120-K /24/

Das Projekt wurde nicht realisiert.

*) Die Betriebsbezeichnung des Kranes war Autodrehkran ADK 100-12 KAMAZ

Kranzahl: **1.4.11**

Erzeugnis: **ADK 125**

Status: **Produktionsverlagerung**

Kranhersteller: **VEB Maschinenbau „Karl Marx“ Babelsberg**

Durch die wirtschafts- und strukturpolitische Entscheidung der Staatlichen Plankommision der DDR und dem Ministerium für Schwermaschinen und Anlagenbau wurde die Produktion des Autodrehkranes ADK 125 vom VEB Schwermaschinenbau „Georgi Dimitroff“ Magdeburg nach dem VEB Maschinenbau „Karl Marx“ Babelsberg verlagert.

1974 war das Jahr der Produktionsumstellung in beiden Betrieben, wobei die Verlagerung des ADK 125 bei laufender Produktion erfolgte.

Mit der Verlagerung wurden am Kran keinerlei konstruktive Maßnahmen, die zur Veränderung der Fahr- und Kranparameter führten, vorgenommen. Der Kooperationsvertrag mit RABA GYÖR wurde gleichfalls unverändert übergeleitet.

Die Serienproduktion begann 1975.

Autodrehkran ADK 125 /24/

Die Weiterentwicklung des ADK erfolgte mit den gegebenen Möglichkeiten der Zulieferindustrie und dem Kooperationsvertrag mit RABA GYÖR. Aus dem ADK 125 wurde in der Reihenfolge der ADK 125-1, der ADK 125-2 und der ADK 125-3 entwickelt. Als Varianten wurden der HC 38 als spezielle Exportvariante und das Hebegerät HG 125 abgeleitet.

Aufgrund ständiger Liefer-, Qualitäts- und Preisprobleme bei der Bereitstellung der Unterwagen durch den ungarischen Partner wurde die Produktion 1987 eingestellt.

Der vorgesehene Nachfolgekran AT 160/180 scheiterte wiederum an der Beschaffung der Achsen.

Kranzahl: **1.4.11**

Entwicklungs-, Produktionslinie und Produktionsstückzahl*) des
ADK 125, ADK 125-1, ADK 125-2, ADK 125-3, HC 38

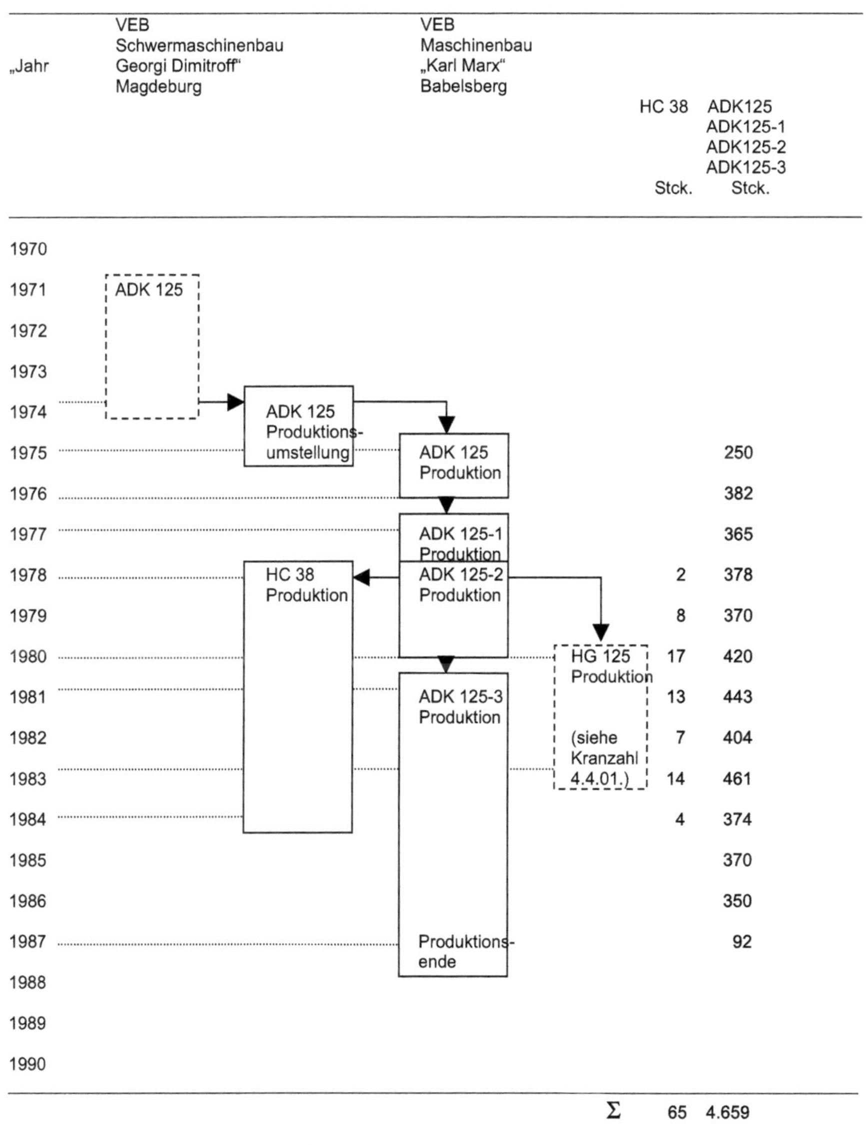

*) / 24 /

Kranzahl: 1.4.11

Bilanz der Entwicklung und Produktion des ADK 125 mit seinen Varianten:

Magdeburg	ADK 125	645	Stck.
Babelsberg	ADK 125, ADK 125-1, ADK 125-2, ADK 125-3	4.659	„
		5.304	Stck.

Babelsberg	Variante HC 38	65	Stck.	
(Babelsberg	Variante HG 125	38	„	Siehe Kranzahl 4.4.01.)

Gesamt	5.407	Stck.

Produktionsdauer = 17 Jahre, was einer durchschnittlichen Jahresstückzahl von ca. 318 Kraneinheiten entspricht.

Technische Parameter Fahrzeug

Fahrgeschwindigkeit	max. 70 km/h min. 1,7 km/h
Steigfähigkeit (ohne Anhänger)	max. 50 %
Antriebsmotor	6-Zylinder-Dieselmotor, wassergekühlt, 6 VD 14,5/12-1 SRW, N · 190 PS, n = 2300 min^{-1} VEB Dieselmotorenwerk Schönebeck (Elbe) · DDR
Federung	Längsblattfeder vorn und hinten
Federblockierung	mechanisch mit hydraulischer Betätigung vom Fahrerhaus
Lenkung	Doppellenkung (Hydro-Servo-Lenkung)
Fahrzeugbremsen Betriebsbremse	Simplex-Bremse mit Membranbremszylinder in pneum. Zweikreisanlage
Feststellbremse	Federspeicherbremse, pneumatisch betätigt
Motorbremse	Auspuffklappenbremse mit Einspritzpumpenkopplung, pneumatisch betätigt
Bereifung	12.00-20 PR 18 Schwerlast (für 2fach Teleskop. vorn Super)
Achslasten in Straßenfahrstellung	
Vorderachse	7,4/7,65 Mp
Hinterachse	11,7/11,85 Mp
Netto-Masse des Krans	1fach teleskopierbar 19.100 kg
	2fach teleskopierbar 19.500 kg
Kleinster innerer Wendekreisdurchmesser	9,64 m
Kleinster äußerer Wendekreisdurchmesser	18,53 m
Anhängelast	max. 9 t
Kraftstoffnormverbrauch im Fahrbetrieb	37 l/100 km
im Kranbetrieb	8 l/h
Elektrische Anlage	24 V
Reserverad einschl. Felge	
Anhängekupplung	

Zusatzausrüstung (besonders zu bestellen):
Bordsatz Motorverschleißteile
Batteriewarmhalteeinrichtung
Motorwärmeeinrichtung

Technische Parameter Kran

Tragkraft, abgestützt, 360° drehbar	max. 12,5 Mp
Tragkraft, freistehend, 360° drehbar	max. 5,0 Mp
Tragkraft, freistehend verfahrbar (Ausleger nach hinten)	max. 9,0 Mp
Ausleger Normalausleger	1fach teleskopierbar (Grundausleger, Ausschubteil und Teleskopierzylinder)
Normalausleger mit Ausschubverlängerung	2fach teleskopierbar (Normalausleger, Ausschubverlängerung und Verriegelungssystem)
Auslegerneigung	max. 63° min. 5° (unter Last)
Abstützungen	4 hydraulisch bewegte Stützen für eine Stützlast von 18,5 Mp je Abstützung
Arbeitsgeschwindigkeiten Heben (Seilgeschwindigkeit)	0 . . . 12 m/min
Teleskopierzeit (1. Stufe unter Last möglich) einfahren	22 s
ausfahren	35 s
Auslegerwippen (max.-min. Ausladung) auf und ab	je ca. 30 s
Drehen	0 . . . 2 min^{-1}
Kranfahrgeschwindigkeit (unter Last)	≤ 5,0 km/h
Antrieb der Arbeitsbewegungen	vollhydraulisch ND 160 kp/cm^2
Fahrerkabine	Frontlenkeraufbau mit Doppellenkung, Möve-Schwingsitz zur Kranbedienung um 180° schwenk- und verriegelbar
Steuerung der Krantriebwerke	durch Handhebel vom Kranbedienungssitz

Zusatzausrüstung (besonders zu bestellen):
elektronische Lastmomentsicherung für automatische Abschaltung bei Überlast
Bordsatz Verschleißteile

Autodrehkran ADK 125 Technische Daten /25/

In der Verkaufsargumentation wurde der Kran u.a. als, „wendig und mit der dabei bestehenden Möglichkeit, sicher beengte Tore und Einfahrten zu durchfahren“, bezeichnet.

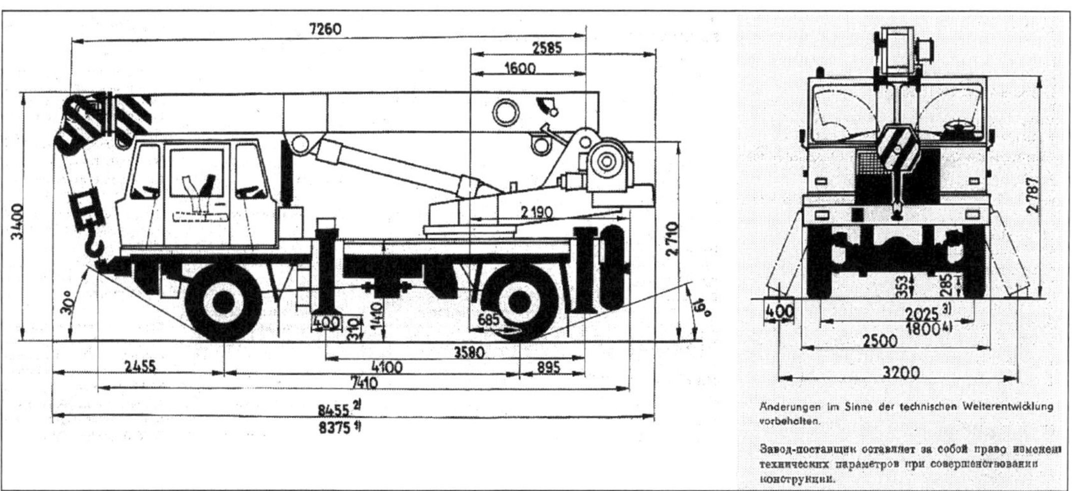

Autodrehkran ADK 125 Hauptabmessungen / 25 /

Autodrehkran ADK 125 Fahrt durch das Jägertor in Potsdam / 24 /

Ausladung	Ausleger A 1 bzw. B 1 max. Hakenhöhe Auslegerlänge	7,53 m (A 1) 7,60 m (B 1) 7,18 m (A 1) 7,26 m (B 1)	Ausleger A 2 bzw. B 2[1] max. Hakenhöhe Auslegerlänge	11,10 m 11,18 m (A 2) 11,26 m (B 2)	Ausleger B 3[2] max. Hakenhöhe 11,10 m Auslegerlänge 11,25 m	Ausleger B 4 max. Hakenhöhe 14,70 m Auslegerlänge 15,25 m
	freistehend	abgestützt	freistehend	abgestützt	abgestützt	abgestützt
m	Mp	Mp	Mp	Mp	Mp	Mp
2,65	5,00	12,50	—	—	—	—
3,00	4,35	12,50	—	—	—	—
3,50	3,57	10,90	4,00	8,95	9,40	—
4,00	2,90	9,20	3,36	7,75	8,25	—
4,50	2,32	7,72	2,85	6,80	7,25	—
5,00	1,78	6,45	2,40	6,02	6,40	—
5,30	1,42	5,60	2,18	5,60	6,00	5,25
5,50	1,07	4,85	2,04	5,35	5,70	5,03
6,00	—	—	1,73	4,75	5,10	4,50
7,00	—	—	1,20	3,70	4,06	3,65
8,00	—	—	0,76	2,83	3,20	3,00
9,00	—	—	0,34	2,03	2,42	2,45
9,50	—	—	0,02	1,45	1,86	2,20
10,00	—	—	—	—	—	1,95
11,00	—	—	—	—	—	1,55
12,00	—	—	—	—	—	1,18
13,00	—	—	—	—	—	0,82
13,55	—	—	—	—	—	0,50

Überlastschutz durch Lastmomentsicherung

[1] 1. Teleskopteil ausgeschoben, 2. Teleskopteil eingeschoben

[2] 1. Teleskopteil eingeschoben, 2. Teleskopteil ausgeschoben

Autodrehkran ADK 125 Tragkrafttabelle / 25 /

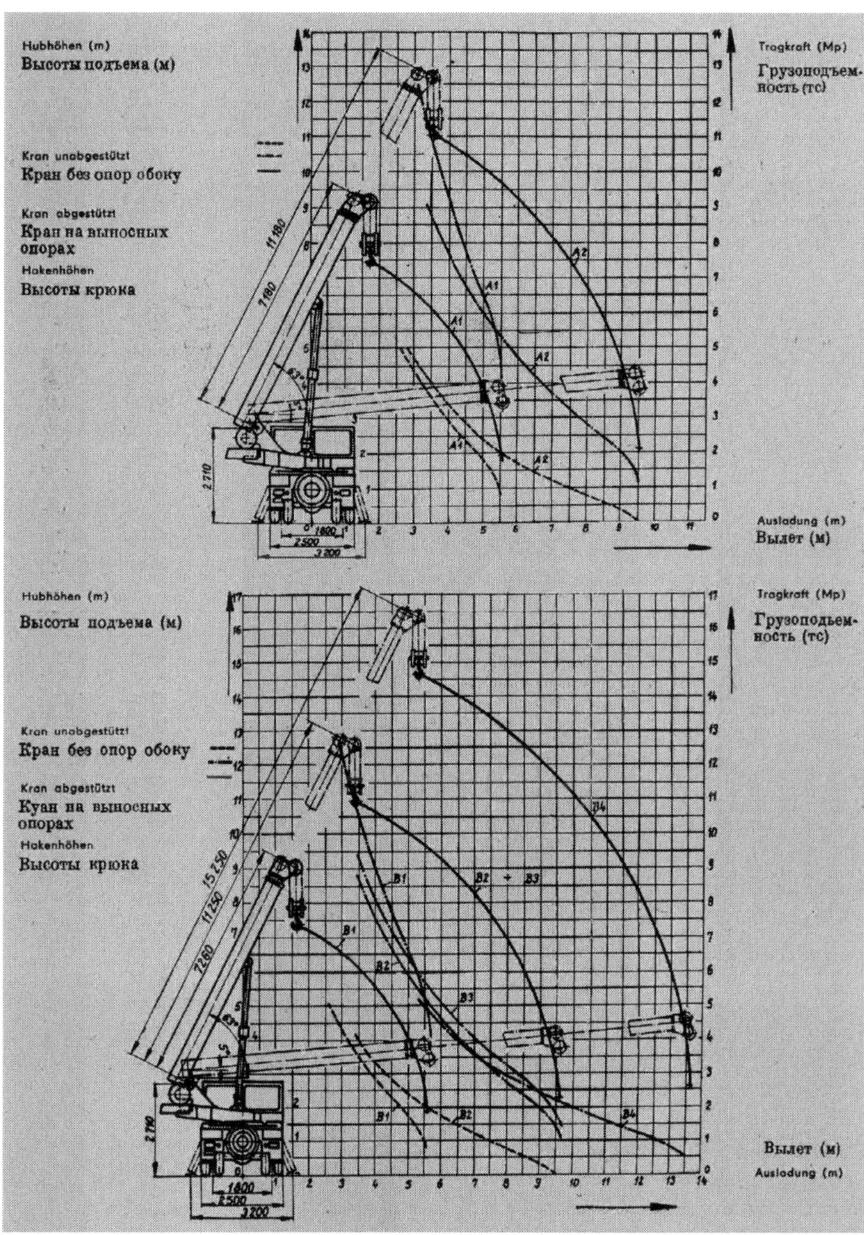

Autodrehkran ADK 125 Hakenhöhe, Ausladung, Tragkraftkurve
1-fach teleskopierbar (oben)
2-fach teleskopierbar (unten) / 25 /

Kranzahl: **1.4.12**

Erzeugnis: **ADK 125 - 1**

Status: **Neu- und Weiterentwicklung**

Kranhersteller: **VEB Maschinenbau „Karl Marx“ Babelsberg**

1977 erfolgte die erste Weiterentwicklung des ADK 125 zum ADK 125 -1 und dessen Serieneinführung.

Autodrehkran ADK 125-1 / 25 /

Dazu wurden eine Reihe von Detailmaßnahmen zur Erhöhung der Zuverlässigkeit des Kranes durchgeführt. Dazu zählten im wesentlichen der Abbau von Schwingungen durch Optimierung der Gelenkwellenwinkel im gesamten Antriebsstrang und die Senkung des Schallpegels in der Großraumkabine.

Die Fahr- und Kranparameter blieben gegenüber dem ADK 125 unverändert.

Die Produktionsdauer und Produktionsstückzahl siehe bei ADK 125, Kranzahl 1.4.11.

Kranzahl: **1.4.12**

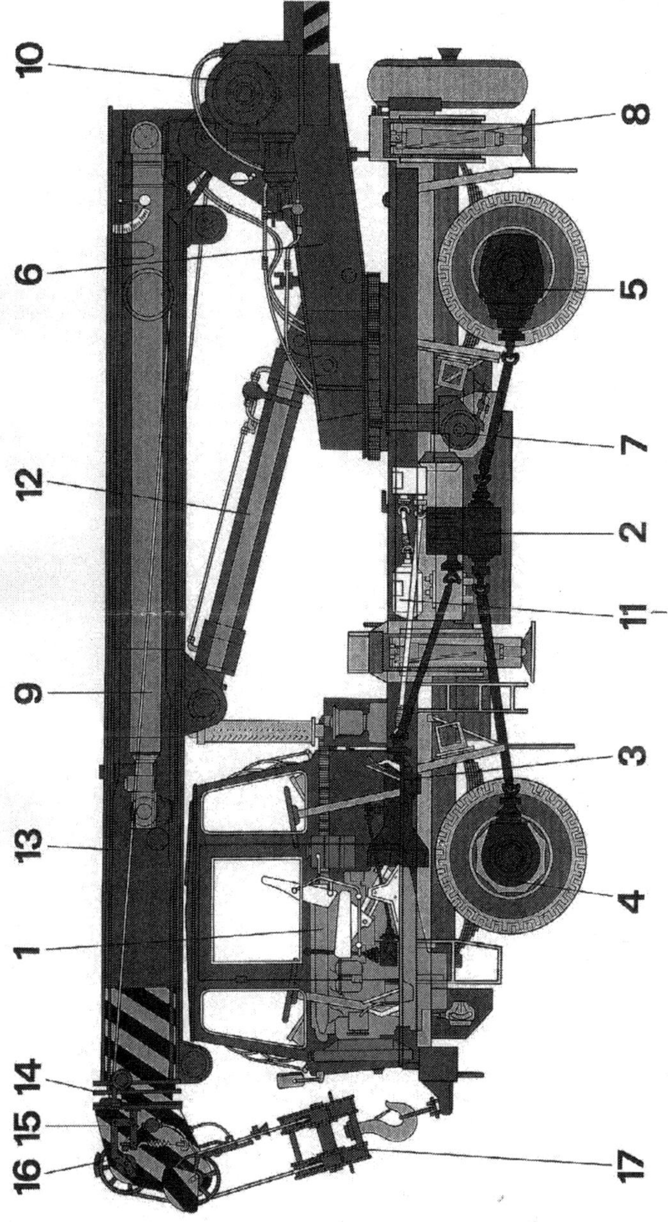

1 Dieselmotor
2 Fahrverteilergetriebe
3 Schaltgetriebe
4 Vorderachse
5 Hinterachse
6 Drehtisch
7 Drehwerksantrieb
8 Abstützung
9 Teleskopierzylinder
10 Hubwerksantrieb
11 Pumpenantrieb
12 Wippzylinder
13 Grundausleger
14 Ausschubteil
15 Ausschubteilverländerung
16 Überlastsicherung
17 Hakenflasche

Kranzahl: **1.4.13**

Erzeugnis: **ADK 125 - 2**

Status: **Neu- und Weiterentwicklung**

Kranhersteller: **VEB Maschinenbau „Karl Marx“ Babelsberg**

1978 wurde die Entwicklung vom ADK125 -1 zum ADK 125 -2 abgeschlossen und im selben Jahr in die Serie überführt.

Autodrehkran ADK 125-2 /25/

Das Hauptziel der Weiterentwicklung war die Massereduzierung des Kranes. Dazu wurde, bei Beibehaltung der Krankonzeption, der Ausleger einschließlich Auslegerkopf und die Auslegerhydraulik konstruktiv mit einer Masseminderung von 700 kg überarbeitet.

Weiterhin erfolgte eine Verdoppelung der Hubgeschwindigkeit von 12 auf 24 m/min.

Die Fahr- und Kranparameter wurden beibehalten und waren die gleichen wie bei dem ADK 125 und dem ADK 125-1.

In der Folge wurde ein Lastmomentbegrenzer (LMB) eingeführt und 1978 der Kran mit einem 6 m- Spitzenausleger als Zusatzausrüstung versehen.

Für Umschlagarbeiten unter Rohrbrücken, also mit begrenzter Arbeitshöhe, erfolgte für die BASF in Ludwigshafen 1980 die Erarbeitung einer Variante, die vom ADK 125-2 abgeleitet wurde. Zur Lösung dieses speziellen Einsatzfalles war die Lastmomentenkurve verändert worden, so daß 9 t bei 3 m Ausladung und bei voll ausgefahrenem Ausleger max. 5 t nach hinten verfahrbar waren. An die BASF wurden 2 solche Krane geliefert.

Die Produktionsdauer und Produktionsstückzahl siehe bei ADK 125, Kranzahl 1.4.11.

Kranzahl: **1.4.13**

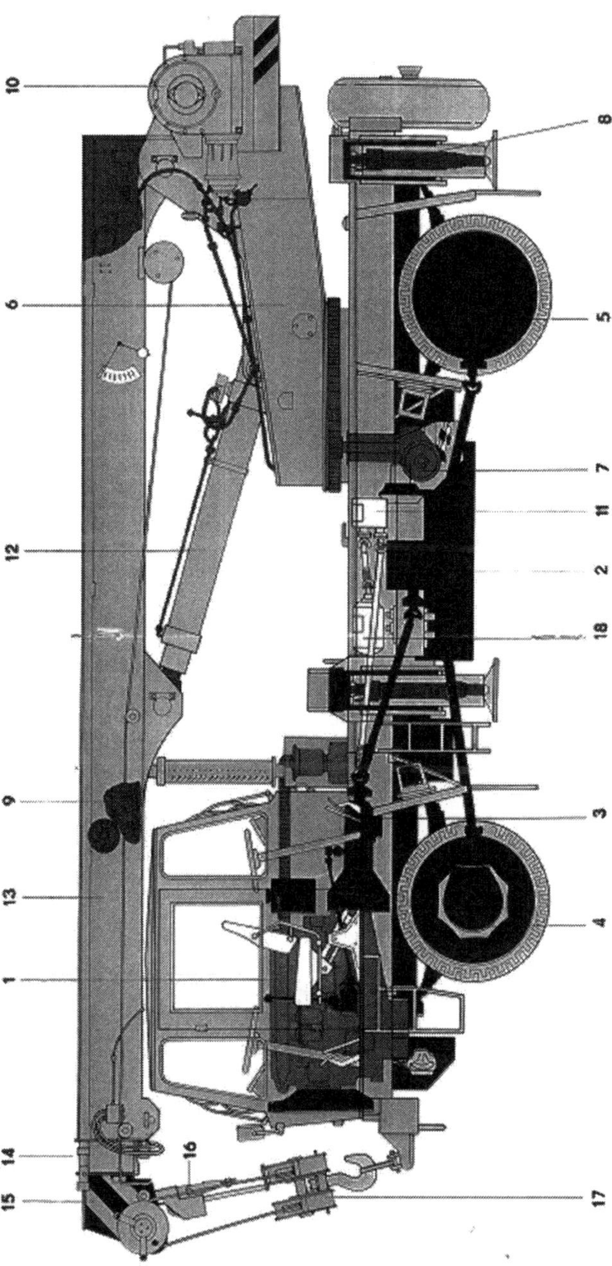

1 Dieselmotor
2 Fahrverteilergetriebe
3 Schaltgetriebe
4 Vorderachse
5 Hinterachse
6 Drehtisch (Plattform)
7 Drehwerksantrieb
8 Abstützung
9 Teleskopierzylinder
10 Hubwerksantrieb
11 Pumpenverteilergetriebe
12 Wippzylinder
13 Grundausleger
14 Ausschubteil
15 Ausschubteilverländerung
16 Überlastsicherung
17 Hakenflasche
18 Axialkolbenpumpe

Autodrehkran ADK 125-2 Röntgendarstellung der Hauptbaugruppen /25/

Technische Daten

Max. Lastmoment 387,5 kNm (38,75 Mpm)

Tragfähigkeit

abgestützt max. 12,5 t
nicht abgestützt max. 5,0 t

Verfahren der Last

max. 9 t bei 3 m Ausladung: Ausleger nach hinten in Kranlängsachse geschwenkt

Ausleger

zweifach teleskopierbar, bestehend aus: Grundausleger, Ausschubteil und Ausschubteilverlängerung, Ausschubteil unter Last 4 m ausfahrbar.

Zeit für: Ausfahren 45 s
Einfahren 22 s

Hubwerk

Hakenflasche 4fach bzw. 2fach geschert
Hubgeschwindigkeit 0 ... 12 m/min bzw. 0 ... 24 m/min lastabhängig

Wippwerk

Antrieb durch hydraulischen Arbeitszylinder, Wippzeit ca. 40 s/Hub

Drehwerk

360° schwenkbar 0 ... 2 min^{-1}

Abstützungen

4 hydraulische Abstützungen Betätigung voneinander unabhängig

Motor

6-Zylinder-Dieselmotor
wassergekühlt Typ 6 VD 14,5/12-1 SRW
Leistung max. 139,7 kW (190 PS) bei $n = 2300\ min^{-1}$

Lenkung

Im Fahr- und Kranbetrieb Doppellenkung (Hydro-Servo-Lenkung)

Getriebe

Schaltgetriebe mit 5 Vorwärts- und 1 Rückwärtsgang jeweils für Straße und Gelände

Achsen

Vorderachse = Lenkstarrachse
Hinterachse = Starrachse
Achsen bei Kranbetrieb hydraulisch am Rahmen verriegelbar, Allradantrieb

Räder und Bereifung

Vorderachse, einfach bereift 12.00-20 PR 18
Hinterachse, doppelt bereift 12.00-20 PR 18

Bremsen

3 voneinander unabhängig wirkende Bremssysteme
Feststellbremse
Betriebsbremse
Motorbremse

Elektrische Anlage

24-V-Gleichstromanlage, 2 Batterien 12 V, 180 Ah

Fahrerkabine

Frontlenkaufbau in Ganzstahlausführung, 2 Sitze, Fahrersitz für Kranbetrieb um 180° drehbar, Regelbare Heizung und Belüftung

Fahrgeschwindigkeit

Straße max. 70 km/h
Gelände (1. Geländegang) 1,7 ... 4,9 km/h

Steigfähigkeit

Straßengang max. 24 %
Geländegang max. 50 %

Gesamtmasse des ADK 18,5 t

Anhängemasse max. 9 t

Achslasten (aus Eigenmasse)

Vorderachse 69,1 kN (7,05 Mp)
Hinterachse 112,3 kN (11,45 Mp)

Ausladung	Auslegerlänge 15,26 m + Spitzenauslegerlänge ca. 6 m; max. Hakenhöhe ca. 20 m, Tragfähigkeit abgestützt
(m)	(t)
8,00	1,5
10,60	0,8
12,30	0,5
13,50	0,3

Bei Ausrüstung des ADK 125-2 mit Spitzenausleger verändern sich nachfolgende technische Daten:

Hakenflasche einfach geschert

Hubgeschwindigkeit, lastabhängig	0 ... 45 m/min
Bereifung	12.00 R 20/18 PR
Fahrzeuglänge	8 715 mm ± 50 mm
Fahrzeughöhe	3 400 mm ±50 mm
Gesamtmasse des ADK (Eigenmasse)	18,9 t ± 0,2 t
Achslasten aus Eigenmasse	
Vorderachse	72,6 kN ± 2 kN (7,4 Mp ± 0,2 Mp)
Hinterachse	112,8 kN ± 2 kN (11,5 Mp ± 0,2 Mp)

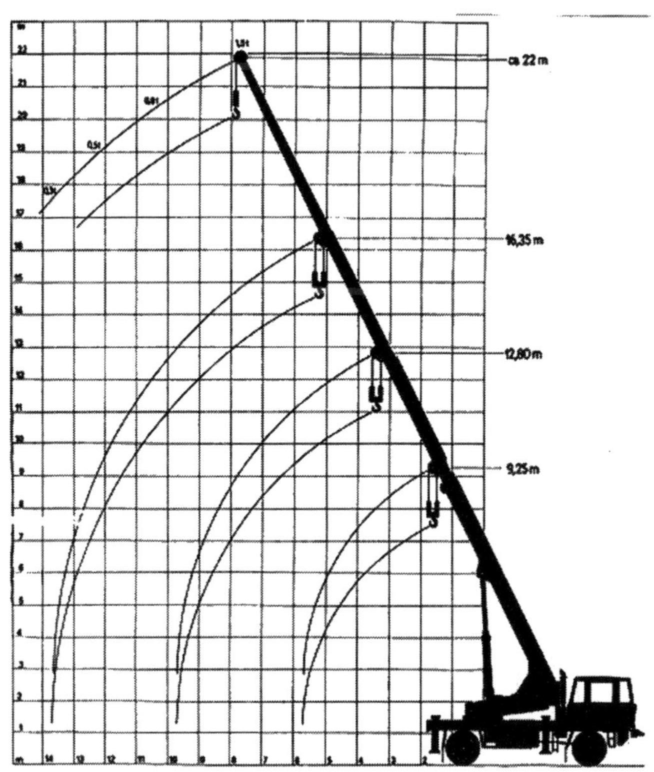

Autodrehkran ADK 125-2 mit 6m-Spitzenausleger /2/

Kranzahl: **1.4.14**

Erzeugnis: **ADK 125 - 3**

Status: **Neu- und Weiterentwicklung**

Kranhersteller: **VEB Machinenbau „Karl Marx“ Babelsberg**

1981 erfolgte der Abschluß der Entwicklung und die Produktionseinführung des ADK 125 - 3.

Mit dem unveränderten Krankonzept wurde die Tragfähigkeit auf 13 t erhöht. (Wegen des Bekanntheitsgrades bei in- und vor allem bei ausländischen Kunden wurde die Bezeichnung 125 jedoch beibehalten).

Die konstruktiven Veränderungen waren die umfangreichsten in der Entwicklungslinie des Kranes. Mit diesem konstruktiven Entwicklungsstand war auch die Grenze des Krankonzeptes insbesondere die weitere Erhöhung der Tragfähigkeit und der Hubhöhe erreicht. Merkmal dafür war auch die relativ lange Produktionsdauer.

Der Bedarf im Inland und im Export an diesem Krantyp bestand jedoch weiter, so daß die Produktion bis 1987 weitergeführt wurde.

Aufgrund ständiger Liefer-, Qualitäts- und Preisprobleme bei der Anlieferung des Unterwagens durch die ungarische Firma RABA GYÖR wurde die Produktion 1987 endgültig, trotz der großen Nachfrage, eingestellt

Autodrehkran ADK 125-3 /25/

Die Produktionsdauer und Produktionsstückzahl siehe bei ADK 125, Kranzahl 1.4.11.

Kranzahl: **1.4.14**

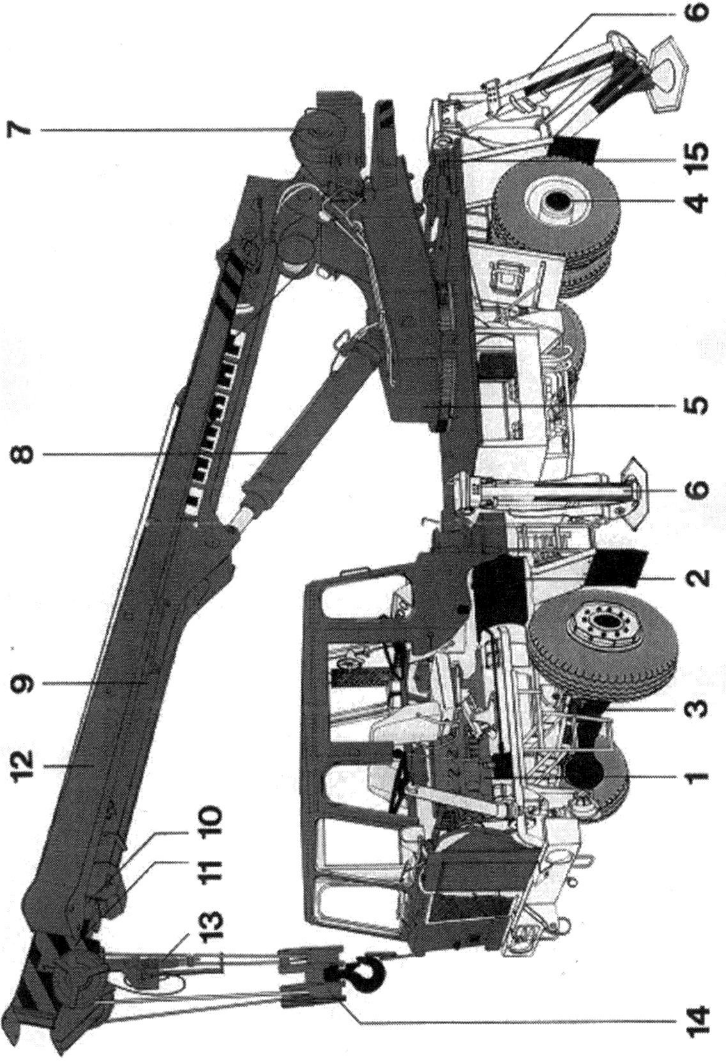

1 Dieselmotor
2 Schaltgetriebe
3 Vorderachse
4 Hinterachse
5 Drehtisch (Plattform)
6 Abstützung
7 Hubwerksantrieb
8 Wippzylinder
9 Grundausleger
10 Ausschubteil
11 Ausschubteilverländerung
12 Spitzenausleger
13 Überlastsicherung
14 Hakenflasche 4fach geschert
15 Hakenflasche 2fach geschert

Kranzahl: 1.4.14

ADK 125-3 Abstützung /25/

Bei dem Abstützsystem erfolgte eine Massereduzierung von 600 kg durch eine neue konstruktive Gestaltung. Das bisherige Ausfahren der Abstützung wurde durch eine neue Kinematik verändert. Weiterhin konnten damit größere Abstützteller verwendet werden, was zur Senkung der Bodenpressung führte.

Damit wurde eine Achslast von 7,8 Mp vorn und 10,6 Mp hinten erreicht. Damit war es u.a. möglich, die Bereifung von Barumreifen, die Importe aus der CSSR waren, auf hiesige Pneumat-Reifen umzustellen.

1982 erfolgte die Entwicklung einer funkenfreien Abgasanlage (Zyklon) für Arbeiten in explosionsgefährdeten Räumen.

Im gleichen Jahr wurde als Zusatzeinrichtung eine Bergeeinrichtung (Spill) für die Bergung havarierter Fahrzeuge, allgemeine Spillarbeiten und die Eigenbergung entwickelt. Die Spillarbeiten waren von vorn wie auch von hinten möglich.

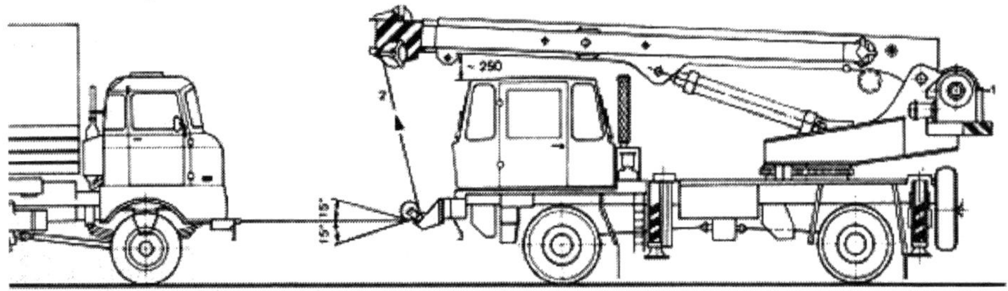

Anschlagarten, Bergen vorn
einsträngig zweisträngig dreisträngig

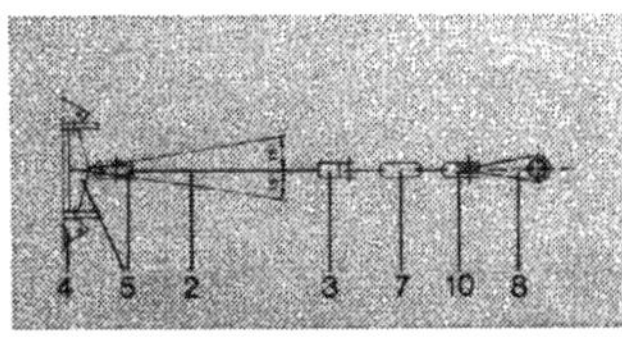

Seilzugkräfte maximal
(Seillagenabhängig)

einsträngig	47,1 kN	(4,8 Mp)
zweisträngig	92,2 kN	(9,4 Mp)
dreisträngig	134,3 kN	(13,7 Mp)

Strängigkeit	**1**	**2**	**3**
Seilzug-geschwindigkeit km/h	**2,52 ... 2,80**	**1,26 ... 1,40**	**0,84 ... 0,93**
Bergelänge m	**70**	**35**	**23**

Autokran ADK 125-3 Bergen vorn /25/

Kranzahl: **1.4.14**

Anschlagarten, Bergen hinten
einsträngig zweisträngig dreisträngig

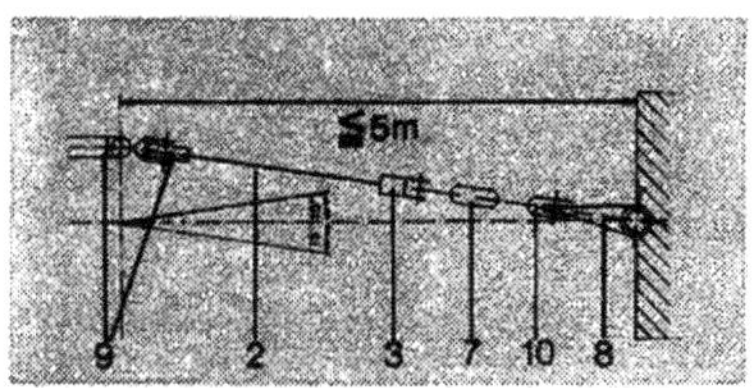

Kranstandardteile:
1 Hubwerk
2 Hubseil
3 Seilschloß
4 Stoßstange verstärkt

Zusätzliche Teile:
5 Traverse mit Seilrolle
6 Umlenkrolle mit Schäkel
7 Zwei Kettenglieder R 23 mit Übergangsglied
8 Zwei Anschlagseile D 26 x 2 TGL 17454
9 Seilrolle mit Gelenkgabel
10 Schäkel A 6
11 Schäkel A 8

Strängigkeit	1	2	3
Seilzug-geschwindigkeit km/h	2,52 ... 2,80	1,26 ... 1,40	0,84 ... 0,93
Bergelänge m	70	35	23

Seilzugkräfte maximal
(Seillagenabhängig)

einsträngig	45,1 kN	(4,6 Mp)
zweisträngig	88,3 kN	(9,0 Mp)
dreisträngig	128,5 kN	(13,1 Mp)

Autodrehkran ADK 125-3 Bergen hinten /25/

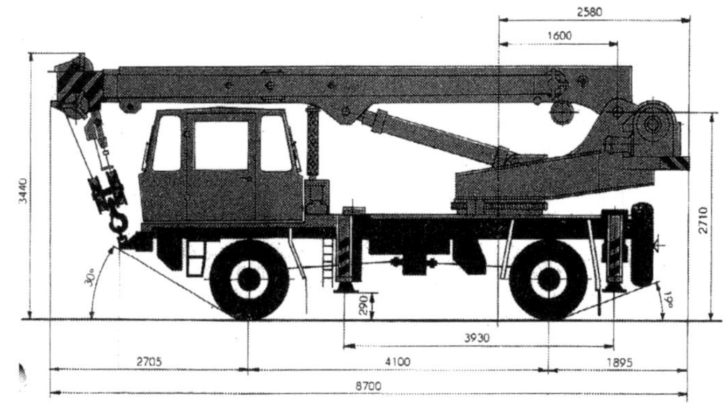

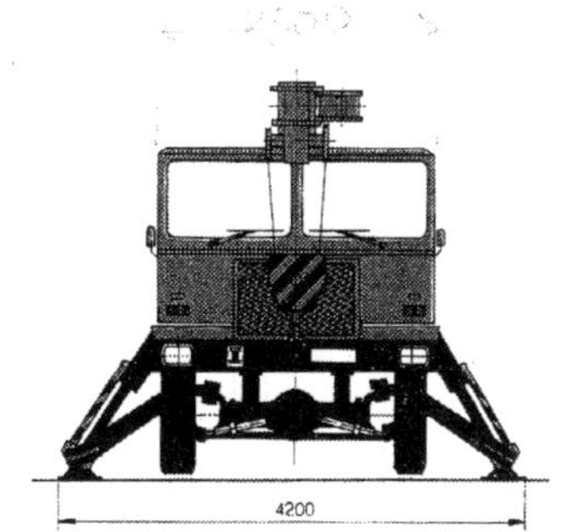

Autodrehkran ADK 125-3 Hauptabmessungen /25/

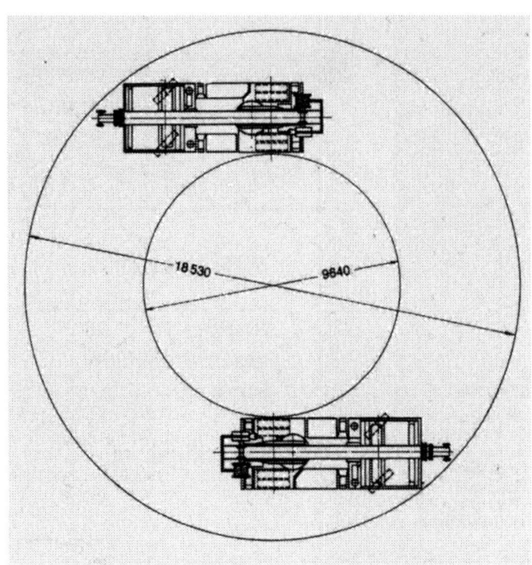

Autodrehkran ADK 125-3 Wenderadius / 25 /

Ausladung m / Swinging radius in m / Portée en m	abgestützt 360° / propped up 360° / appuyée tout autour					freistehend über Hinterachse verfahrbar / free movable via the rear axle / librement déplaçable par l'essieu arrière		freistehend 360° / not propped up 360° / non appuyée tout autour	
	A1	A2	A3	A4	A5	A1	A2 A3	A1	A2 A3
2,50	13,00	—	—	—	—	9,00	—	5,00	—
2,65	13,00	—	—	—	—	9,00	—	4,80	—
3,00	13,00	—	—	—	—	9,00	—	4,30	—
3,50	10,93	8,92	9,37	—	—	3,55	3,97	3,55	3,97
4,00	9,30	7,77	8,25	—	—	2,85	3,33	2,85	3,33
4,50	7,76	6,80	7,20	—	—	2,32	2,77	2,32	2,77
5,00	6,57	6,00	6,37	—	—	1,82	2,35	1,82	2,35
5,30	5,72	5,60	5,95	5,25	—	1,48	2,13	1,48	2,13
5,50	4,85	5,33	5,70	5,03	—	1,15	2,02	1,15	2,02
6,00	—	4,75	5,08	4,50	—	—	1,73	—	1,73
7,00	—	3,67	4,02	3,65	—	—	1,20	—	1,20
8,50	—	2,40	2,72	2,62	2,00	—	0,54	—	0,54
9,00	—	2,03	2,35	2,38	1,80	—	0,34	—	0,34
9,50	—	1,48	1,80	2,15	1,60	—	—	—	—
10,00	—	—	—	1,95	1,44	—	—	—	—
11,00	—	—	—	1,56	1,15	—	—	—	—
12,00	—	—	—	1,18	0,95	—	—	—	—
13,55	—	—	—	0,50	0,62	—	—	—	—
15,00	—	—	—	—	0,36	—	—	—	—
16,00	—	—	—	—	0,25	—	—	—	—
16,50	—	—	—	—	0,18	—	—	—	—

Auslegervarianten

A_1 Grundausleger
(Ausschubteil und Ausschubteilverlängerung eingefahren)
A_2 Ausschubteil ausgefahren, Ausschubteilverlängerung eingefahren
A_3 Ausschubteil eingefahren, Ausschubteilverlängerung ausgefahren
A_4 Ausschubteil und Ausschubteilverlängerung ausgefahren
A_5 Ausschubteil und Ausschubteilverlängerung ausgefahren
Spitzenausleger 6 m in Arbeitsstellung

Tragfähigkeiten überschreiten nicht 75 % der Kipplast

Jib variants

A_1 Main jib
(telescoping part and telescoping part extension retracted)
A_2 Telescoping part telescoped, telescoping part extension retracted
A_3 Telescoping part retracted, telescoping part extension telescoped
A_4 Telescoping part and telescoping part extension telescoped
A_5 Telescoping part and telescoping part extension telescoped
Fly jib 6 m in working position

Capacities do not exceed 75 % of tipping load

Variantes de flèches

A_1 flèche de base
(pièce téléscopique et allongement de pièce téléscopique rentrés)
A_2 pièce téléscopique sortie, allongement de pièce téléscopique rentré
A_3 pièce téléscopique rentrée, allongement de pièce téléscopique sorti
A_4 pièce téléscopique et allongement de pièce téléscopique sortis
A_5 pièce téléscopique et allongement de pièce téléscopique sortis,
flèchette de 6 m en position de service

Forces de levage n'excèdent pas 75 % de l'effort de renversement

Autodrehkran ADK 125-3 Tragfähigkeitstabelle / 25 /

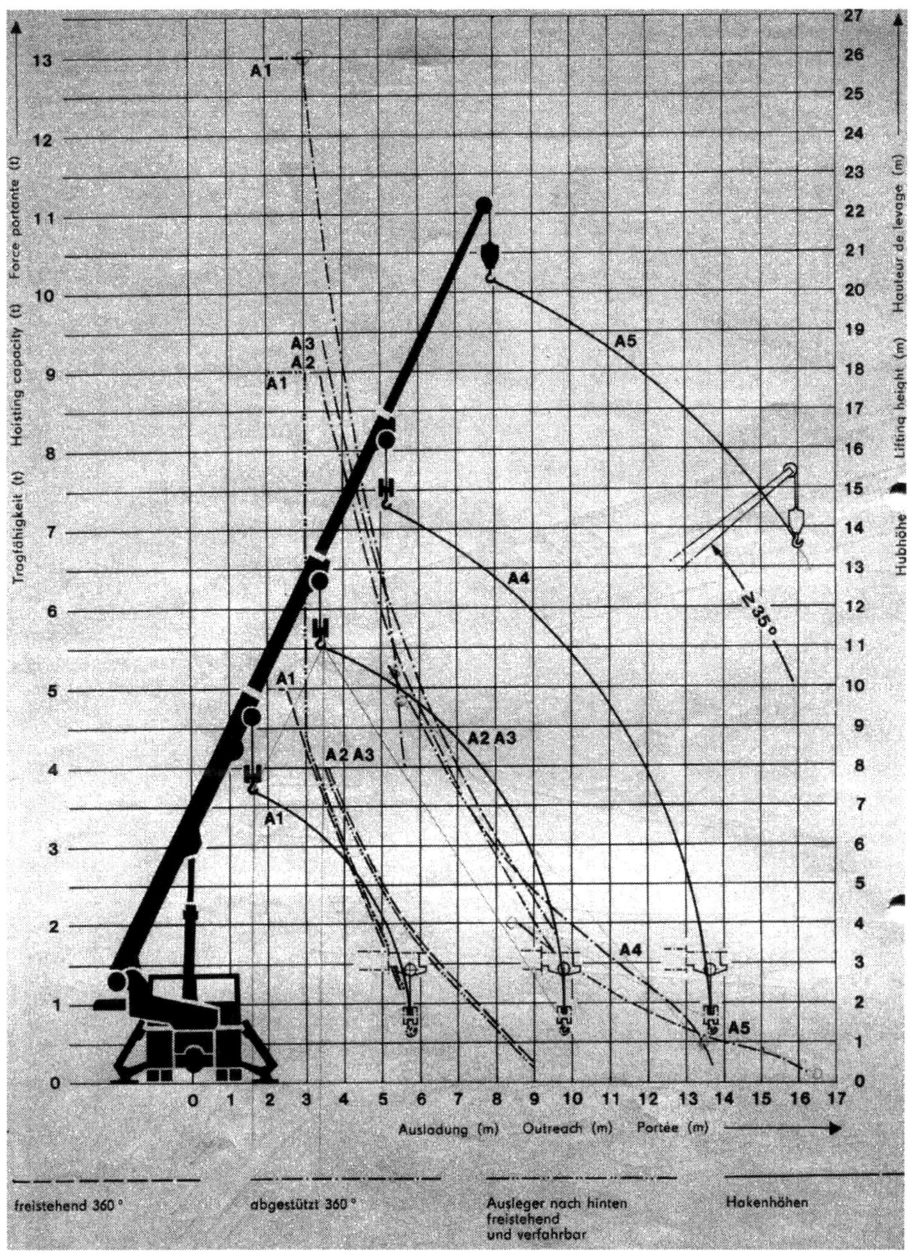
Tragfähigkeit (t) Hoisting capacity (t) Force portante (t)
Hubhöhe (m) Lifting height (m) Hauteur de levage (m)
Ausladung (m) Outreach (m) Portée (m)
A1
A2
A3
A4
A5
A2 A3
≥ 35°
freistehend 360°
abgestützt 360°
Ausleger nach hinten freistehend und verfahrbar
Hakenhöhen

Kranzahl: **1.4.15**

Erzeugnis: **HC 38**

Status: **Exportvariante ADK 125-2**

Kranhersteller: **VEB Maschinenbau „Karl Marx“ Babelsberg**

1978 wurde eine Vertriebsvereinbarung zwischen dem Außenhandelsunternehmen Maschinenexport Berlin und Mannesmann DEMAG Baumaschinen Düsseldorf abgeschlossen. Diese beinhaltete den Verkauf des ADK 125-2 durch die Fa. DEMAG Baumaschinen zur Ergänzung ihrer Verkaufspalette für kleine Krane.

Autodrehkran ADK HC 38 / 24 /

Zur Anpassung an die Benennung der DEMAG-Krane erhielt der ADK 125-2 die Bezeichnung HC 38 (Hydraulic Crane mit maximalen Lastmoment 38 Mpm)

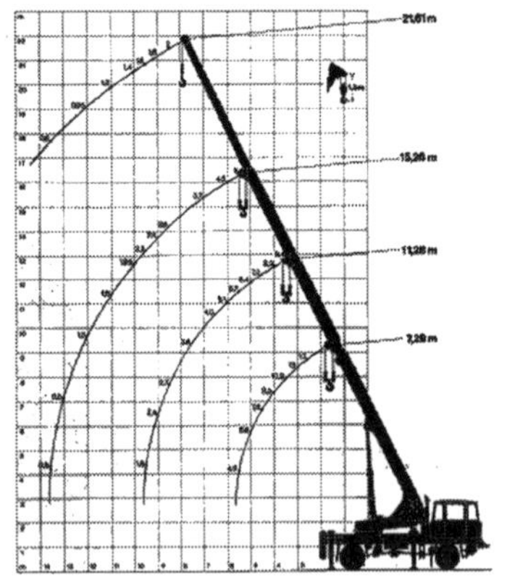

Autodrehkran ADK HC 38 / 24 /

Die Leistungsdaten des Kranes blieben unverändert. Es war aber erforderlich, eine Reihe von Detailveränderungen am Ober- und Unterwagen durchzuführen, um eine Angleichung zwischen den DDR-Vorschriften und denen der Bundesrepublik Deutschland (TÜV, UVV) für die Zulassung von Kranen zu gewährleisten.

Eine gleiche Zulassung erfolgte für den Kran auch in Frankreich.

Kranzahl: **1.4.17**

Erzeugnis: **ADK 150-U**

Status: **Projekt**

Kranhersteller: **VEB Maschinenbau „Karl Marx“ Babelsberg*)**

1990 wurde das Projekt eines allgemeinen Montagekranes für schweres Gelände erarbeitet.

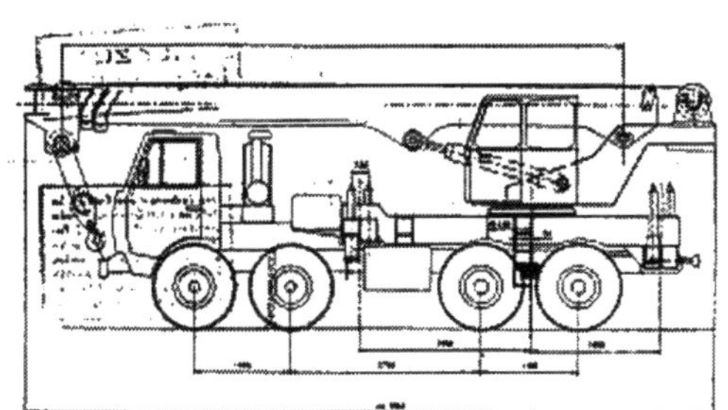

Projekt Autodrehkran ADK 150-U / 24 /

Abgeleitet aus dem Konzept 15Mp-Kran für L60 6x6 Ludwigsfelde und in Folge ADK 150-M Mercedes, wurde der autarke Oberwagen auf Grund der möglichen Nutzlast (Gelände) auf den Ural 5323 über einen Zwischenrahmen mit der Abstützung aufgesetzt.

Fahrgestell des NKW URAL 5323 / 24 /

Tragfähigkeit des Kranes	**15 ...16 t**
Nennlastmoment	**441 ...470 kNm**
Hauptauslegerlänge max.	**18,55 m**
mit 6 m Spitzenausleger	**24,55 m**
erforderliche Nutzmasse des URAL-Fahrgestelles	**13.500 kg**
Gesamtgewicht des ADK	**ca. 23.000 kg**

Das Projekt konnte trotz großer Verhandlungsinitiativen nicht realisiert werden.

*) 1989/90 wurde der Betrieb vom VEB Maschinenbau "Karl Marx" Babelsberg in Machinenbau Babelsberg GmbH umgewandelt.

Kranzahl: **1.4.18**

Erzeugnis: ADK 150-M

Status: Projekt

Kranhersteller: VEB Maschinenbau „Karl Marx“ Babelsberg*)

Nach dem Prinzip eines Aufbaukranes wurde 1990 ein 15Mp-Montagekran konzipiert.

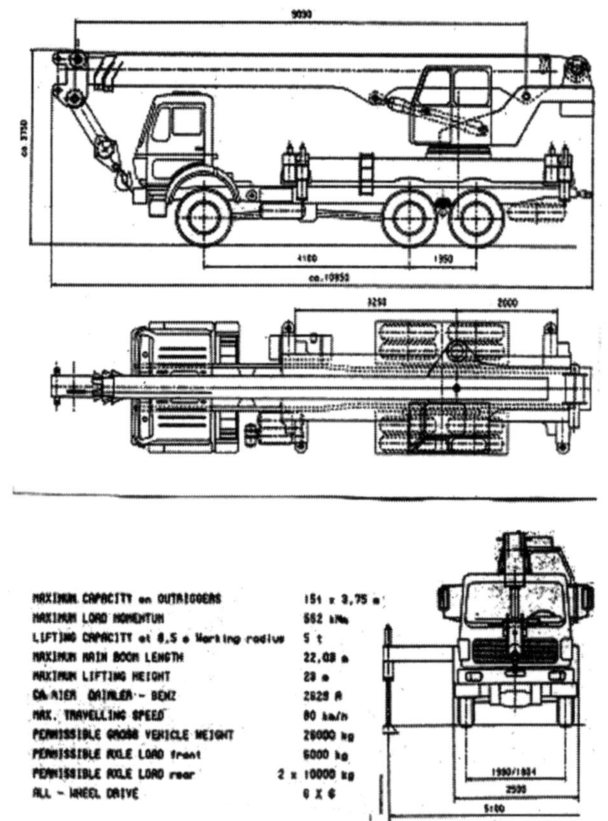

Projekt Autodrehkran ADK 150-M /24/

*) 1989/90 wurde der Betrieb vom VEB Maschinenbau "Karl Marx" Babelsberg in Machinenbau Babelsberg GmbH umgewandelt.

Kranzahl: **1.4.18**

Dem Konzept lag dabei die Studie des Kranes von 15Mp auf NKW L60 6x6 aus dem Jahre 1988 zugrunde.

Das Projekt sah vor, auf das Mercedes-Fahrgestell 6x6 mit Allradantrieb den gleichen Oberwagen aus dem L60-Projekt bei entsprechender Anpassung und Modernisierung aufzusetzen.

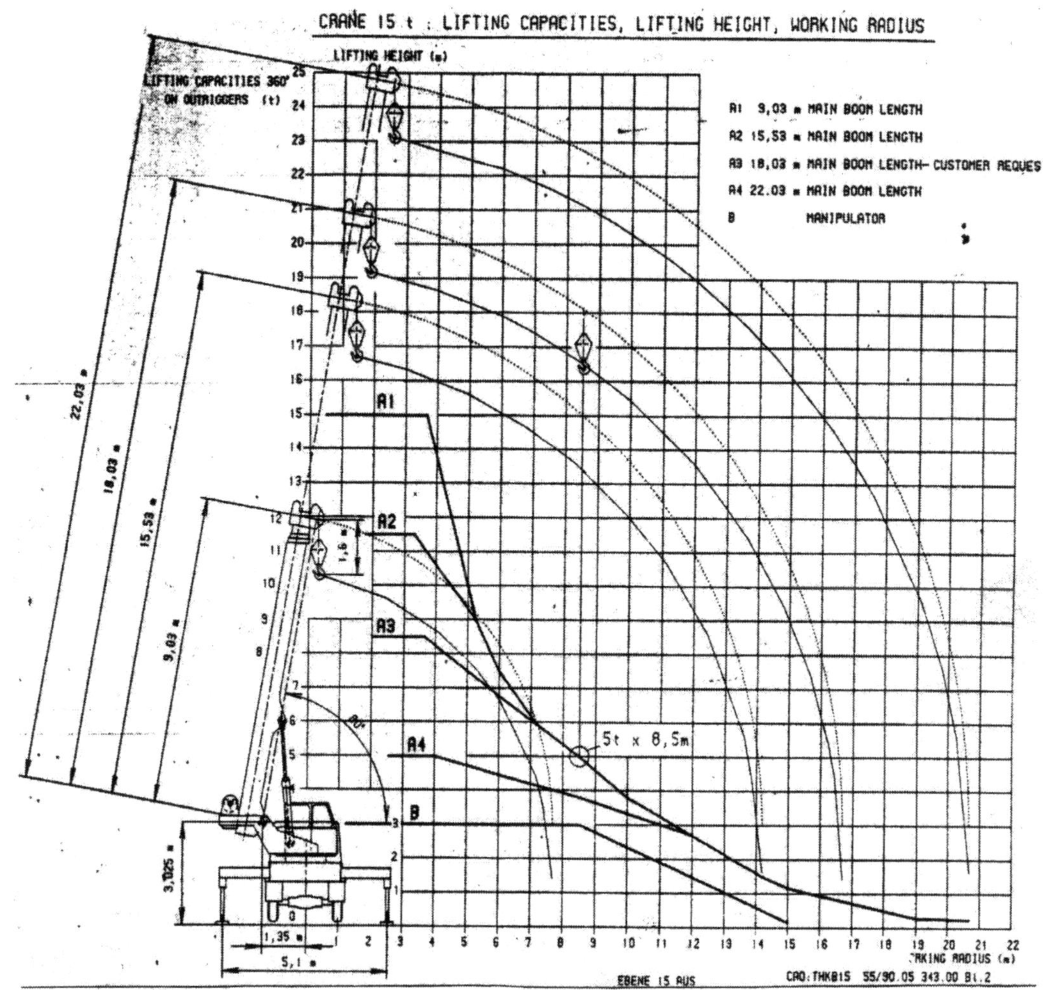

Projekt Autodrehkan ADK 150-M Tragfähigkeitsdiagramm / 24 /

Das Projekt wurde nicht realisiert.

Kranzahl: **1.4.19**

Erzeugnis: **AT 160/180**

Status: **Projekt**

Kranhersteller: **VEB Maschinenbau „Karl Marx“ Babelsberg**

Das Entwicklungsziel war die Ablösung des ADK 125 durch einen modernen All Terrain- Kran (AT-Kran) mit einer Tragfähigkeit von 16 bis 18 t. Damit sollten einmal die ständigen Qualitäts-, Liefer- und Preisprobleme mit dem ungarischen Betrieb RABA Göyr beendet und vor allem aber, dem Stand der Technik und dem internationalen Trend folgend, ein AT-Kran entwickelt werden.

Das Entwicklungsprojekt wurde 1984 begonnen.

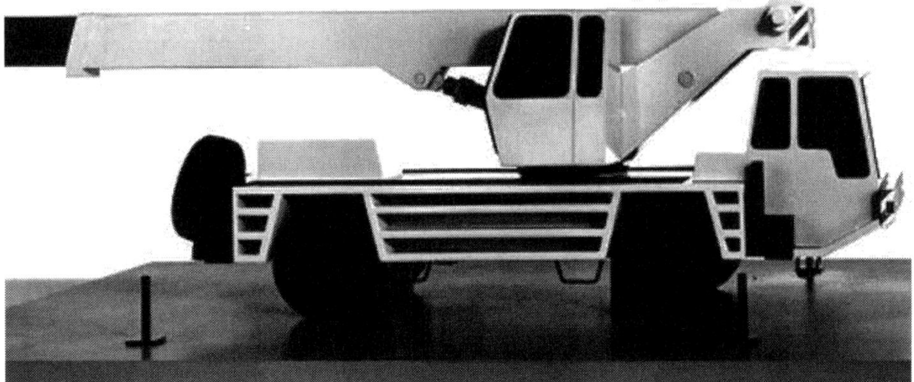

Modell des All Terrain Kranes AT 160/180 in Fahrposition /24 /

Das konstruktive Konzept beinhaltete den AT-Kran mit einem in Eigenfertigung herzustellenden Unterwagen.

Der Oberwagen mit 3-fach teleskopierbarem Ausleger war sowohl mit Pumpenantrieb vom Fahrzeugmotor als auch später in autarker Ausführung mit Hilfsdiesel auf dem Oberwagen und gleichzeitig auch als Variante für andere Trägerfahrzeuge vorgesehen.

Kranzahl: **1.4.19**

Vorgesehene technische Daten:

Tragfähigkeit	**16/18 t**
Lastmoment max.	**48/54 tm**
Hauptauslegerlänge	**24,62 m**
Auslegerverlängerung	**6/8 m**
Hakenhöhe	**ca. 25,5 m**
Straßenfahrgeschwindigkei	**80 km/h**
Transportgewicht	**20 t**
Achslast vorn	**10 t**
hinten	**10 t**
Fahrgestell-Eigenbau, Radformel	**4x4**
Motor 6VD 13,5/12 mit	**180 kW**

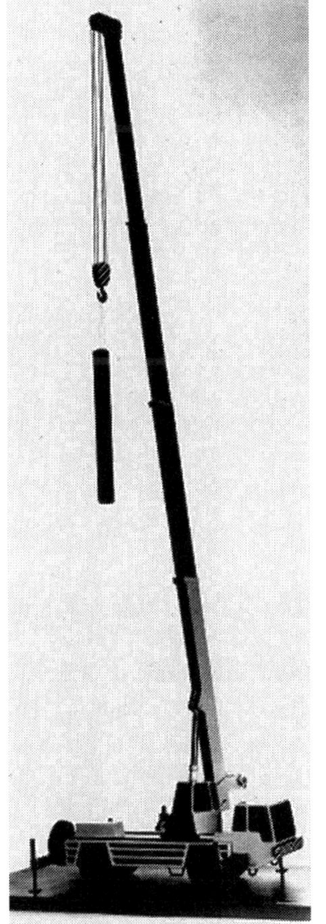

Die erforderlichen Entwicklungen in der Zulieferindustrie waren eingeleitet.

Das Problem bestand wieder in der Beschaffung und Lieferung der Achsen. In der DDR wurden, wie schon an anderer Stelle gesagt, keine Achsen in dieser geforderten Größe hergestellt und waren auch zukünftig nicht geplant. Trotz aller Bemühungen konnten keine Importmittel für die Lieferung der Achsen aus dem Ausland bereitgestellt werden.

In der zeitlichen Überlagerung mit der Strukturentscheidung, daß der VEB Maschinenbau „Karl Marx" Babelsberg in das VEB IFA Kombinat Nutzkraftfahrzeuge Ludwigsfelde eingegliedert wurde und damit neue Produktionsaufgaben für KFZ-technische Erzeugnisse zu übernehmen hatte, und das Achsenproblem valutaseitig absolut nicht lösbar war, erfolgte die Entscheidung, daß nach Abschluß der damaligen Entwicklungsstufe K1 die Arbeiten an dieser Kranentwicklung abzubrechen sind.

Modell All Terrain Kran AT 160/180 in Arbeitsposition / 24 /

Kranzahl: **1.4.20**

Erzeugnis: **ADK180-K**

Status: **Projekt**

Kranhersteller: **VEB Maschinenbau „Karl Marx“ Babelsberg*)**

Ausgehend vom ADK 100 auf KAMAZ wurde 1990 das Projekt ADK 180 für zwei Projektvarianten erarbeitet.

Das Konzept beinhaltete wieder einen Aufbaukran. Für den Unterwagen war das Fahrgestell des NKW KAMAZ 6x6 vorgesehen. Über einen Zwischenrahmen mit der integrierten Abstützung erfolgte über die Kugeldrehverbindung der Aufbau des Oberwagens.

Der Oberwagen selbst war dabei von der nicht weiter geführten Entwicklung des AT 160/180 im Jahr 1984 abgeleitet und sollte entsprechend modernisiert und dem NKW-Fahrgestell angepaßt werden.

Die Projektvarianten unterschieden sich durch ihre Teleskopierstufen.

Projekt	**ADK 180-K I**	2-fach teleskopierbar, 19 m Auslegerlänge
Projekt	**ADK 180-K II**	3-fach teleskopierbar, 25 m Auslegerlänge

Durch Erhöhung der Nutzlast des Fahrgestelles seitens des KAMAZ-Werkes, Verlagerung des Oberwagens zum Unterwagen und Vergrößerung der Abstützfläche konnte die 3-fach-Teleskopierung erreicht werden.

Beide Projekte wurden nicht realisiert.

*) 1989/90 wurde der Betrieb vom VEB Maschinenbau "Karl Marx" Babelsberg in Machinenbau Babelsberg GmbH umgewandelt.

Kranzahl: 1.4.20

Projektvariante ADK 180-KI

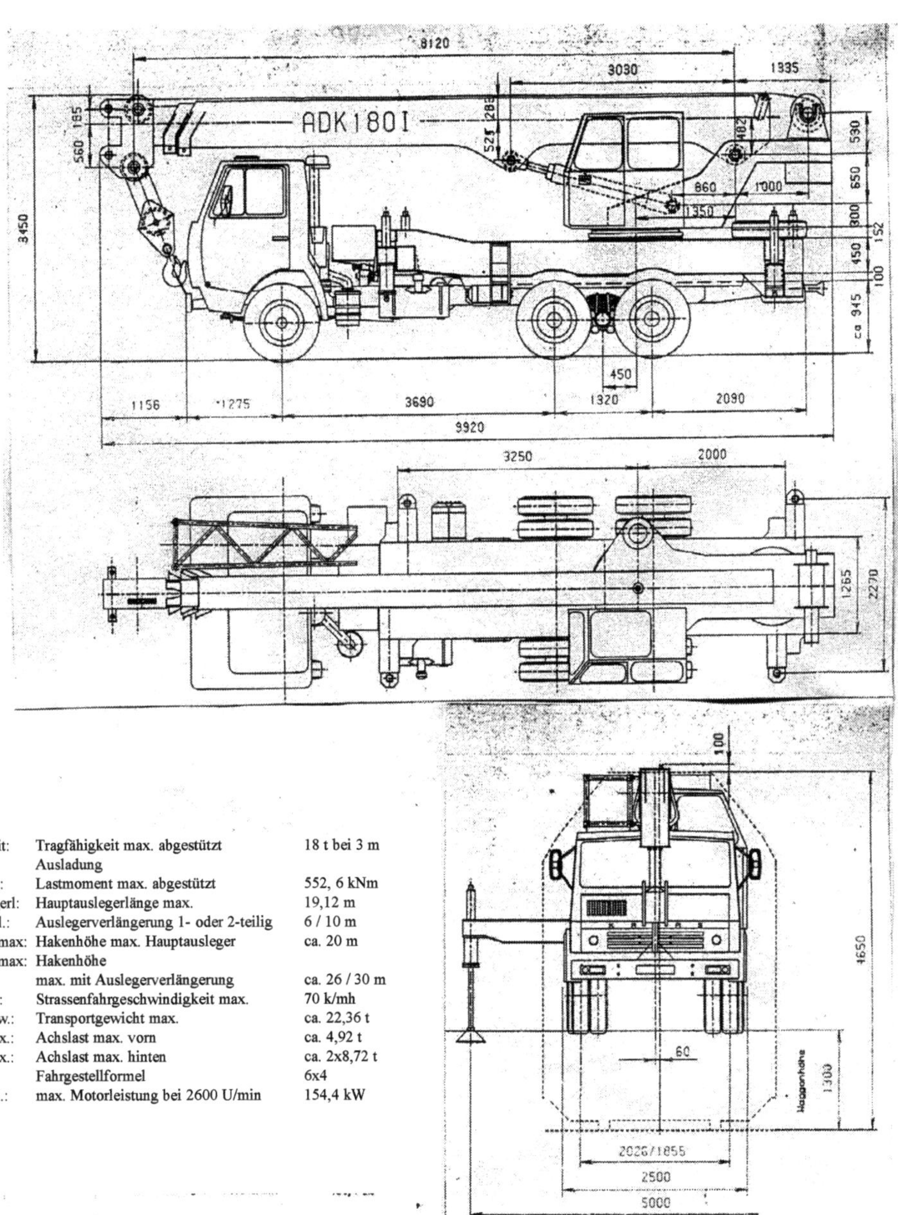

Tragfähigkeit:	Tragfähigkeit max. abgestützt Ausladung	18 t bei 3 m
Lastmoment:	Lastmoment max. abgestützt	552, 6 kNm
Hauptauslegerl:	Hauptauslegerlänge max.	19,12 m
Auslegerverl.:	Auslegerverlängerung 1- oder 2-teilig	6 / 10 m
Hakenhöhe max:	Hakenhöhe max. Hauptausleger	ca. 20 m
Hakenhöhe max:	Hakenhöhe max. mit Auslegerverlängerung	ca. 26 / 30 m
Strassenfahr:	Strassenfahrgeschwindigkeit max.	70 k/mh
Transportgew.:	Transportgewicht max.	ca. 22,36 t
Achslast max.:	Achslast max. vorn	ca. 4,92 t
Achslast max.:	Achslast max. hinten	ca. 2x8,72 t
Fahrgestell:	Fahrgestellformel	6x4
max. Motorl.:	max. Motorleistung bei 2600 U/min	154,4 kW

Projekt Autodrehkran ADK 180-KI Hauptabmessungen und technische Daten /24/

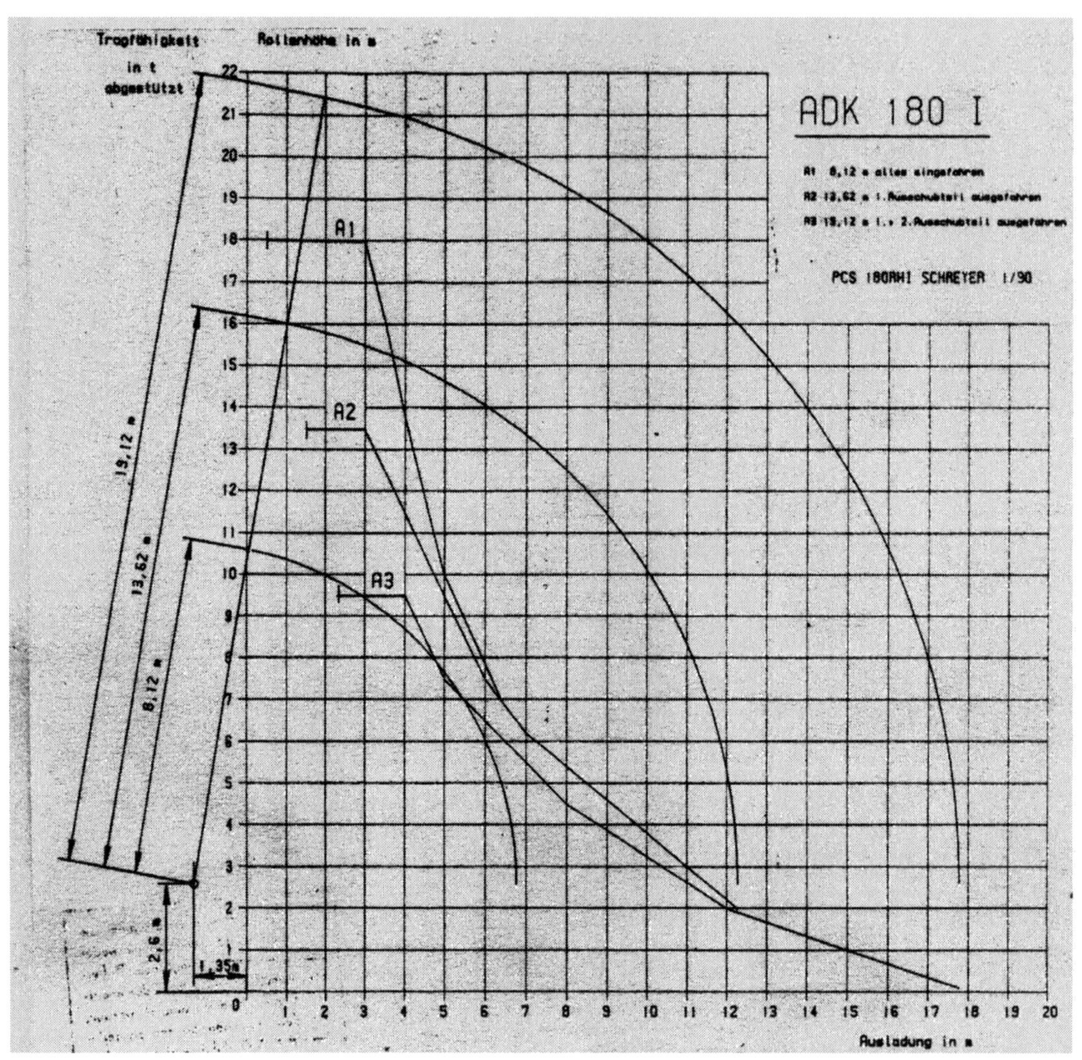

Projekt Autodrehkran ADK 180-KI Tragfähigkeitsdiagramm /24/

Projektvariante ADK 180-KII

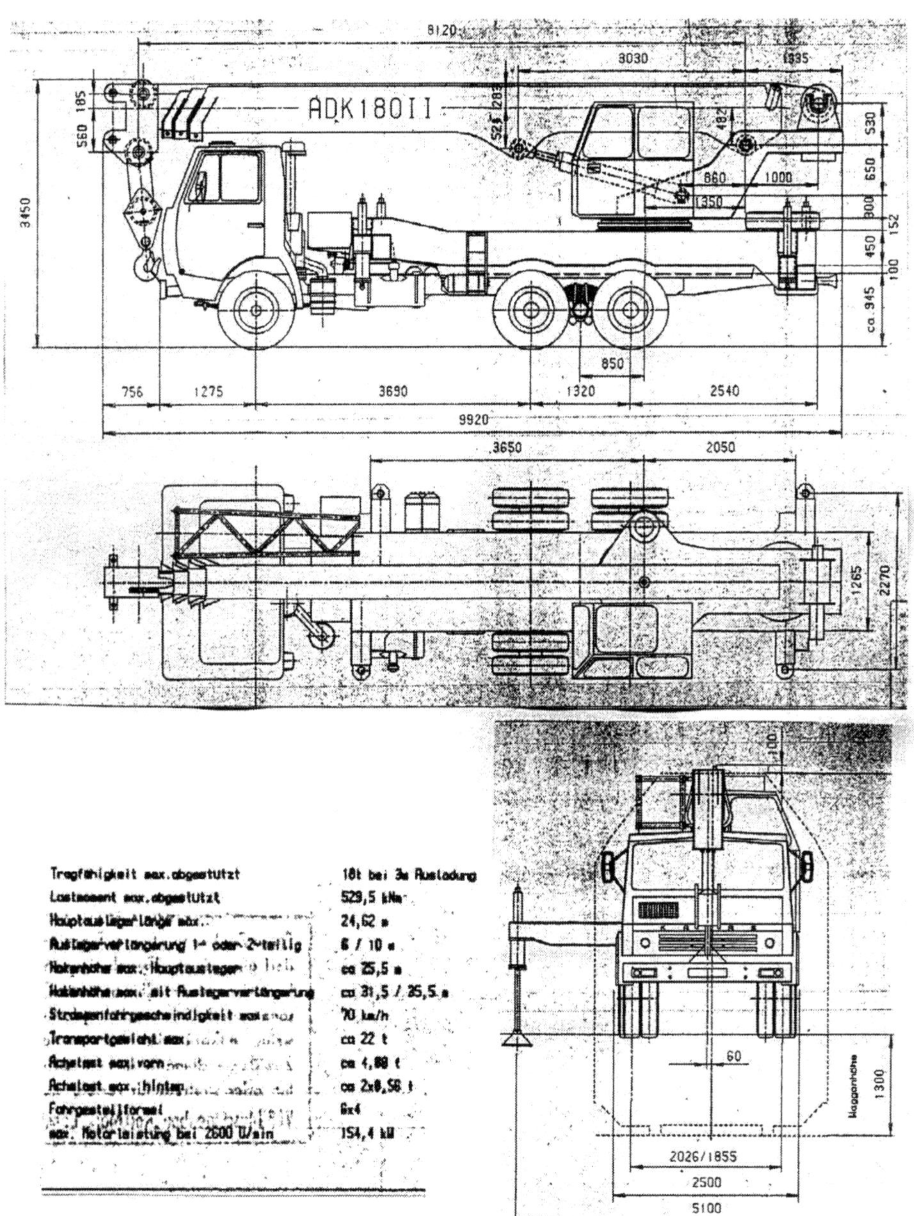

Tragfähigkeit max. abgestützt	18t bei 3m Ausladung
Lastmoment max. abgestützt	529,5 kNm
Hauptauslegerlänge max.	24,62 m
Auslegerverlängerung 1- oder 2-teilig	6 / 10 m
Hakenhöhe max. Hauptausleger	ca 25,5 m
Hakenhöhe max. mit Auslegerverlängerung	ca 31,5 / 35,5 m
Straßenfahrgeschwindigkeit max.	70 km/h
Transportgewicht max.	ca 22 t
Achslast max. vorn	ca 4,88 t
Achslast max. hinten	ca 2x8,56 t
Fahrgestellformel	6x4
max. Motorleistung bei 2600 U/min	154,4 kW

Kranzahl: **1.4.20**

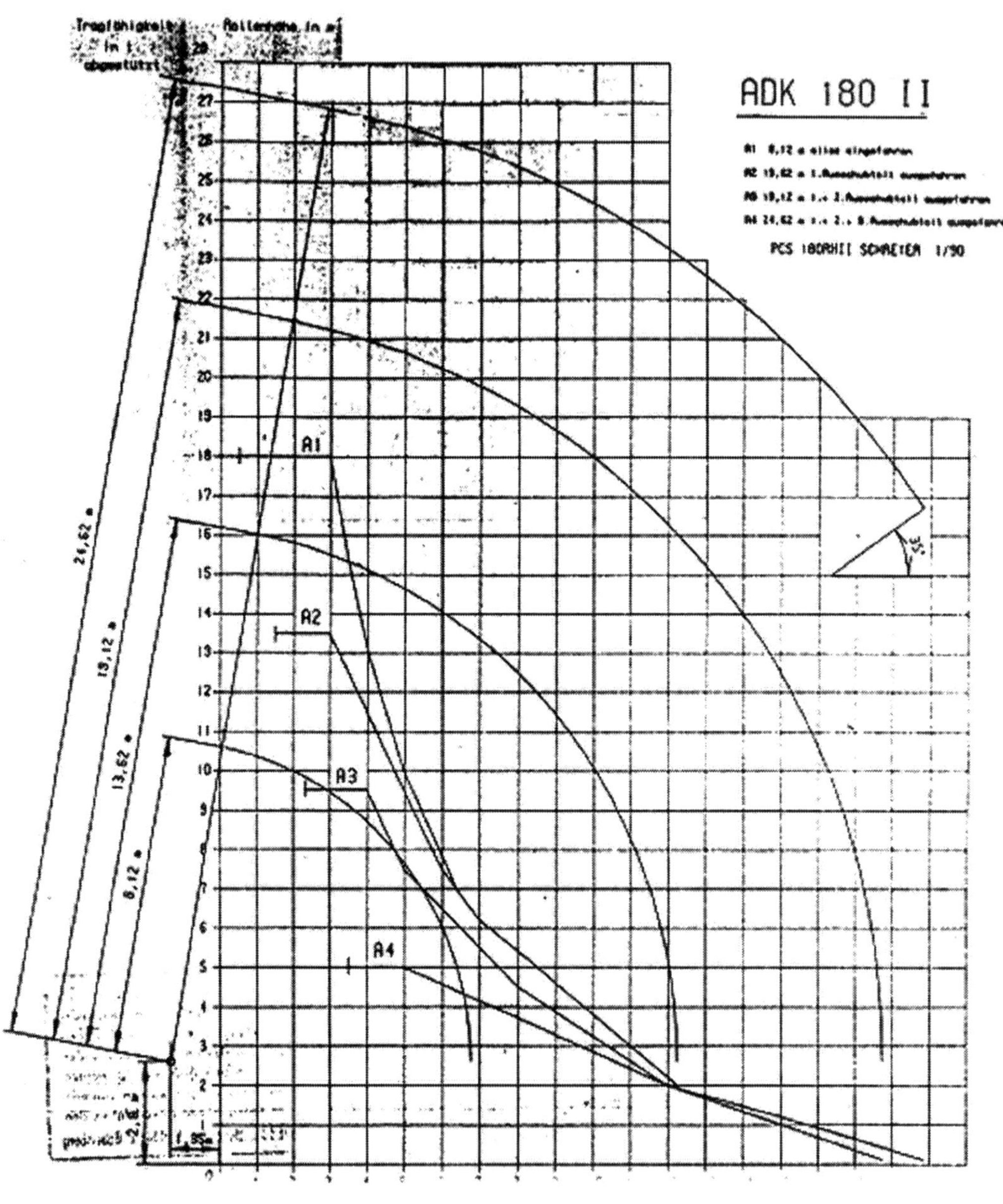

Kranzahl: **1.4.21**

Erzeugnis: **ADK 180-U**

Status: **Projekt**

Kranhersteller: **VEB Maschinenbau „Karl Marx“ Babelsberg*)**

In Fortführung des ADK 150 U auf Basis des NKW-Fahrgestelles URAL, wurde dieses Projekt 1990 in zwei Projektvarianten erarbeitet.

Das Konzept beinhaltete wieder einen Aufbaukran und war praktisch ein Parallelprojekt zum Projekt ADK 180-K (ADK 180-KI, ADK 180-KII). Der Unterschied zwischen den Projekten bestand darin, daß der ADK 180-K überwiegend für den Einsatz auf befestigtem Untergrund und der ADK 180-U für den Einsatz im schwerem Gelände geplant war.

Fahrgestell URAL 5323 / 24 /

Zur Verwendung für den Unterwagen war das Fahrgestell URAL 5323 mit der Radformel 8x6 vorgesehen. Über einen Zwischenrahmen mit integrierter Abstützung erfolgte über die Kugeldrehverbindung das Aufsetzen des Oberwagens.

Der Oberwagen selbst war dabei von der nicht weiter geführten Entwicklung des AT 160/180 aus dem Jahr 1984 abgeleitet und sollte entsprechend modernisiert und dem NKW-Fahrgestell angepaßt werden.

Die Projektvarianten unterschieden sich durch ihre verschiedenen Teleskopierstufen.

Projekt	**ADK 180-U I**	**2-fach teleskopierbar, 19m Auslegerlänge**
Projekt	**ADK 180-U II**	**3-fach teleskopierbar, 23m Auslegerlänge**

Das Projekt konnte trotz intensiver Verhandlungen im Komplex mit den anderen Ural-Varianten nicht realisiert werden.

*) 1989/90 wurde der Betrieb vom VEB Maschinenbau "Karl Marx" Babelsberg in Maschinenbau Babelsberg GmbH umgewandelt.

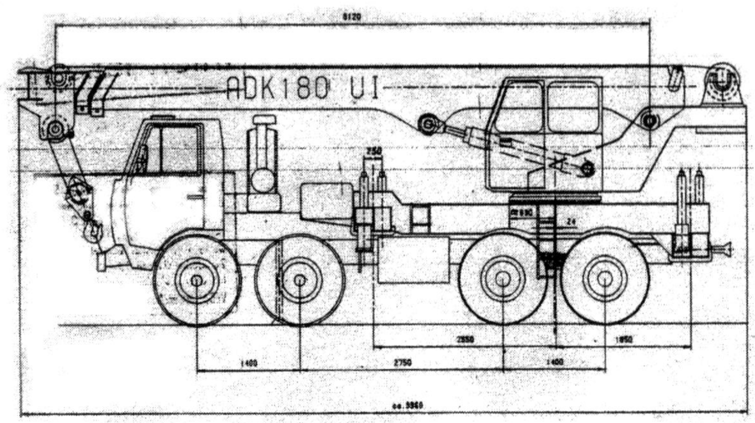

Tragfähigkeit des Kranes:	18 t	Gesamtgewicht des ADK:	ca. 24100 kg
Nennlastmoment:	529,5 kNm	zusätzliche Hilfsstütze vorn erforderlich	
Hauptauslegerlänge max:	23 m	Gegengewicht:	ca. 700 kg
erforderliche Nutzmasse des Ural-Fahrgestelles:	14500 kg		

Projekt Autodrehkran ADK 180-UI Hauptabmessungen und technische Daten / 24 /

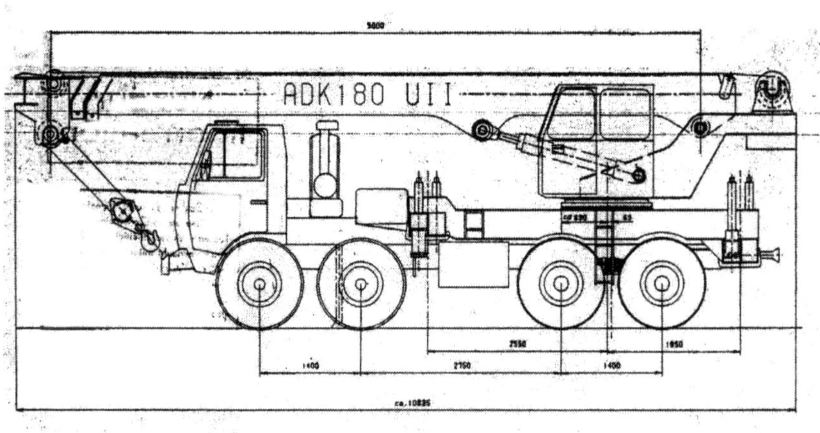

Tragfähigkeit des Kranes:	18 t	Gesamtgewicht des ADK:	ca. 23100 kg
Nennlastmoment:	529,5 kNm	zusätzliche Hilfsstütze vorn erforderlich	
Hauptauslegerlänge max:	19,12 m	Gegengewicht:	ca. 300 kg
erforderliche Nutzmasse des Ural-Fahrgestelles:	13500 kg		

Projekt Autodrehkran ADK 180-UII Hauptabmessungen und technische Daten / 24 /

Kranzahl: **1.4.22**

Erzeugnis: **ADK 180-E*)**

Entwicklungsziel: **Projekt**

Kranhersteller: **VEB Maschinenbau „Karl Marx“ Babelsberg**)**

1990 wurde für das Setzen von Masten wie auch für das kranmäßige Aufrichten der Maste ein kombiniertes Gerät für die Verwendung von Erdbohrern projektiert.

Für den Unterwagen war das Fahrgestell vom NKW Mercedes 2628A mit der Radformel 6x6 konzipiert, auf das der Zwischenrahmen mit Abstützung aufgesetzt wurde.

Der Oberwagen war mit einem 2-fach teleskopierbaren Auslegersytem für 18 t Tragfähigkeit vorgesehen. Die Krankabine entsprach der des ADK 100. Trotz max. Verwendung von Baugruppen des ADK 100, wären für eine spätere Auslegung umfangreiche konstruktive Arbeiten erforderlich gewesen.

Das Projekt wurde nicht realisiert.

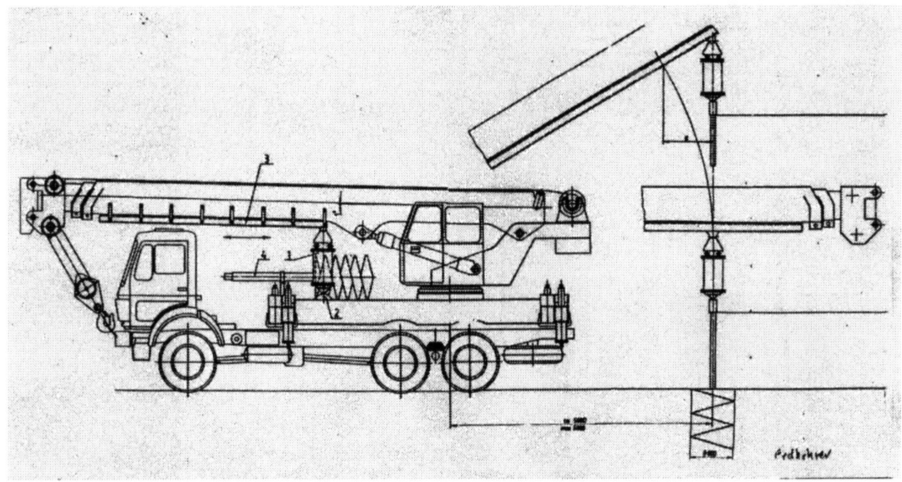

Projekt Autodrehkran 180 Erdbohrgerät Kombination aus Bohren der Fundamentlöcher und Aufrichten der Maste. / 24 /

*) E steht für die Bezeichnung Erdbohrgerät
**) 1989/90 wurde der Betrieb vom VEB Maschinenbau "Karl Marx" Babelsberg in Maschinenbau Babelsberg GmbH umgewandelt.

Kranzahl: **1.4.23**

Erzeugnis: **ADK-200 U*)**

Status: **Projekt**

Kranhersteller: **VEB Maschinenbau „Karl Marx“ Babelsberg**)**

Im Rahmen der Uralprojekte wurde 1990 zur Abrundung der Angebotspalette auch ein Projekt über einen 20 Mp-Montagekran für den Einsatz im schweren Gelände erarbeitet.

Das Konzept beinhaltete einen Aufbaukran. Für den Unterwagen war das Fahrgestell URAL 53234 mit der Radformel 8x8 oder 8x6 vom URALER Automobilwerk vorgesehen.

Der Oberwagen, zweistufig ausgelegt, war über einen Zwischenrahmen und inklusive Abstützung mit dem Unterwagen über die Kugeldrehverbindung fest verbunden.

Fahrgestell des NKW URAL 53234 / 24 /

Verhandlungsdelegation im URALER Automobilwerk von li.: Projektleiter Schreyer, Leitkonstrukteur Soloduchin, Chefkonstrukteur Romanchenko, Direktor Technik Lütche, Dolmetscher. / 24 /

*) U steht für die Bezeichnung URAL
**) 1989/90 wurde der Betrieb vom VEB Maschinenbau "Karl Marx" Babelsberg in Maschinenbau Babelsberg GmbH umgewandelt.

Kranzahl: 1.4.23

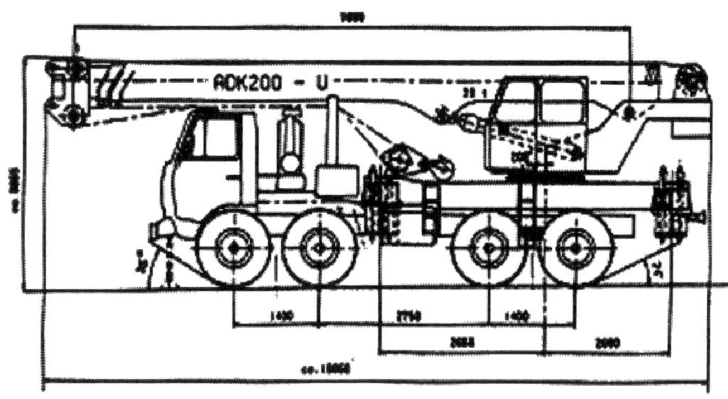

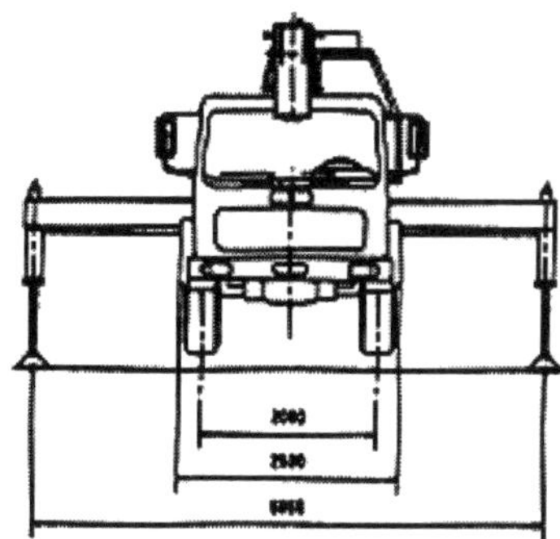

Projekt Autodrehkran ADK 200-U Hauptabmessungen / 24 /

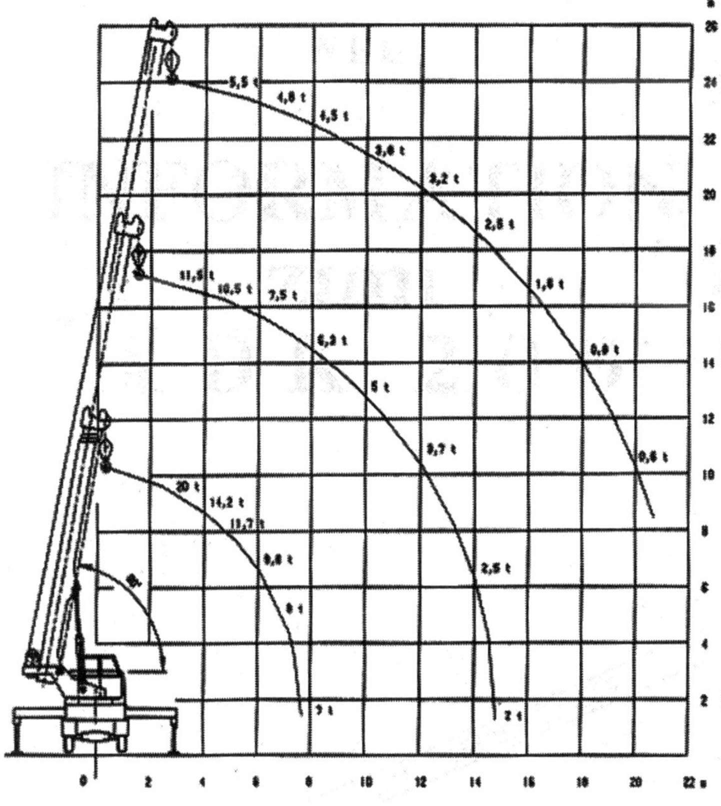

Projekt Autodrehkran ADK 200-U Tragfähigkeitsdiagramm / 24 /

Das Projekt konnte trotz großer Verhandlungsinitiativen, auch in Verflechtung mit den Projekten ADK 150-U und ADK 180-U, nicht realisiert werden. Hauptgründe waren Finanzierungsfragen und die beginnenden Veränderungen im Produktionsprofil des Betriebes.

Kranzahl: **1.4.24**

Erzeugnis: **ADK 200-K*)**

Status: **Projekt**

Kranhersteller: **Maschinenbau Babelsberg GmbH**

Analog zu den Projekten „URAL“ und „MERCEDES“ wurde 1990 auch ein Autokran auf Basis des Fahrgestelles KAMAZ 43106 vom KAMAZ Automobilwerk angeboten.

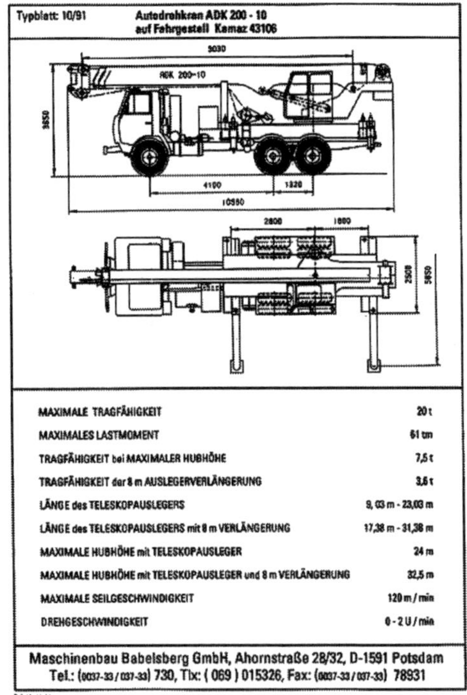

Typblatt: 10/91 Autodrehkran ADK 200 - 10 auf Fahrgestell Kamaz 43106

MAXIMALE TRAGFÄHIGKEIT	20 t
MAXIMALES LASTMOMENT	61 tm
TRAGFÄHIGKEIT bei MAXIMALER HUBHÖHE	7,5 t
TRAGFÄHIGKEIT der 8 m AUSLEGERVERLÄNGERUNG	3,6 t
LÄNGE des TELESKOPAUSLEGERS	9,03 m - 23,03 m
LÄNGE des TELESKOPAUSLEGERS mit 8 m VERLÄNGERUNG	17,38 m - 31,38 m
MAXIMALE HUBHÖHE mit TELESKOPAUSLEGER	24 m
MAXIMALE HUBHÖHE mit TELESKOPAUSLEGER und 8 m VERLÄNGERUNG	32,5 m
MAXIMALE SEILGESCHWINDIGKEIT	120 m / min
DREHGESCHWINDIGKEIT	0 - 2 U / min

Maschinenbau Babelsberg GmbH, Ahornstraße 28/32, D-1591 Potsdam
Tel.: (0037-33 / 037-33) 730, Tlx: (069) 015326, Fax: (0037-33 / 037-33) 78931

Projekt Autodrehkran ADK 200-K / 24 /

Das Projekt wurde nicht realisiert.

*) K steht für die Bezeichnung KAMAZ;
Die Betriebsbezeichnung war Autodrehkran ADK 200-10

Kranzahl: **1.4.25**

Erzeugnis: **ADK 200-M*)**

Status: **Projekt**

Kranhersteller: **Maschinenbau Babelsberg GmbH**

Für einen allgemeinen Montagekran mit 20 t Tragfähigkeit erfolgte 1990 die Projektbearbeitung.

Das Konzept beinhaltete einen Aufbaukran. Für den Unterwagen war der NKW 6x6 MERCEDES 2629A vorgesehen. Über einen Zwischenrahmen mit der Abstützung war der Oberwagen ausgestattet mit zwei Teleskopausschüben und einem Spitzenausleger, über die Kugeldrehverbindung auf das Fahrgestell fest aufgesetzt. Die Projektbearbeitung lief praktisch konform mit dem ADK 200-U und dem ADK 200- K.

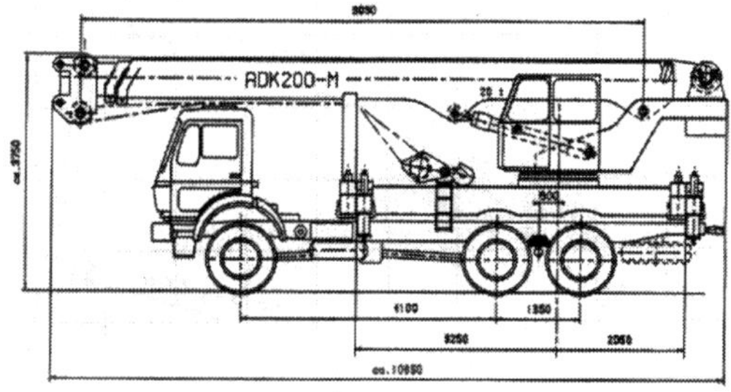

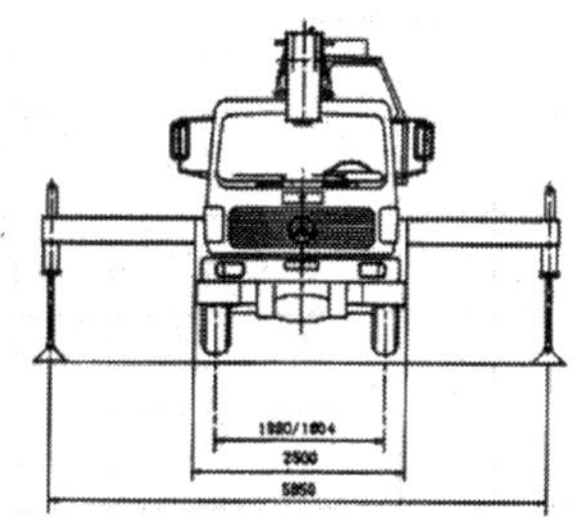

Das Projekt wurde nicht realisiert.

Projekt Autodrehkran ADK 200-M Hauptabmessungen / 24 /

*) M steht für die Bezeichnung MERCEDES

Kranzahl: 1.4.25

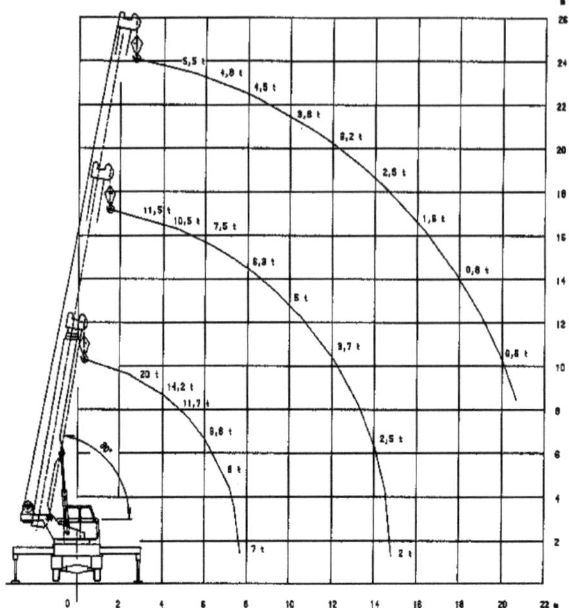

Projekt Autodrehkran ADK 200-M
Tragfähigkeitsdiagramm
Hauptausleger 23,03 m

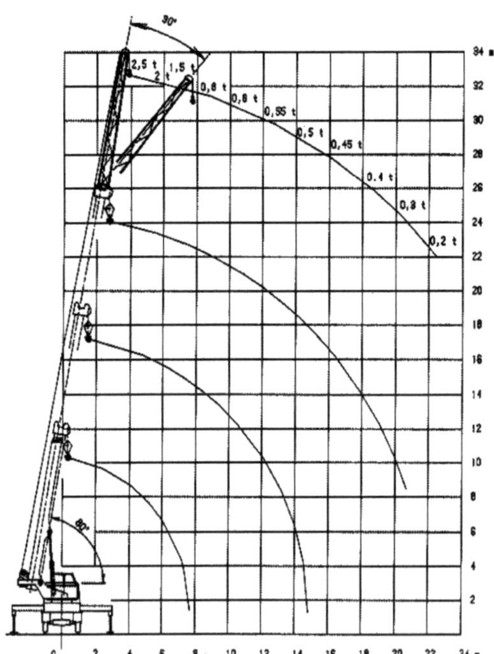

Projekt Autodrehkran ADK 200-M
Tragfähigkeitsdiagramm
Hauptausleger 23,03 m
8 m Verlängerung mit 0° und 30° abwinkelbar / 24 /

Kranzahl: **1.4.26**

Erzeugnis: ADK TL - 200

Status: Projekt

Kranhersteller: VEB Maschinenbau „Karl Marx“ Babelsberg*)

Das Projekt ist als eine Projektidee zu bezeichnen, und der Vorgang selbst ist nicht mehr genau zu ermitteln. Es handelt sich wahrscheinlich um einen 20 Mp-Oberwagen der Fa. LIEBHERR ein Fahrgestell URAL 5323 8x8 und um einen KAMAZ 6x6 (verstärkt), der für einen gemeinsamen Export in die Sowjetunion vorgesehen war.

Projektidee **ADK TL 200-U**
Projektidee **ADK TL 200-K**

Diese Projektideen wurde nicht weiter verfolgt.

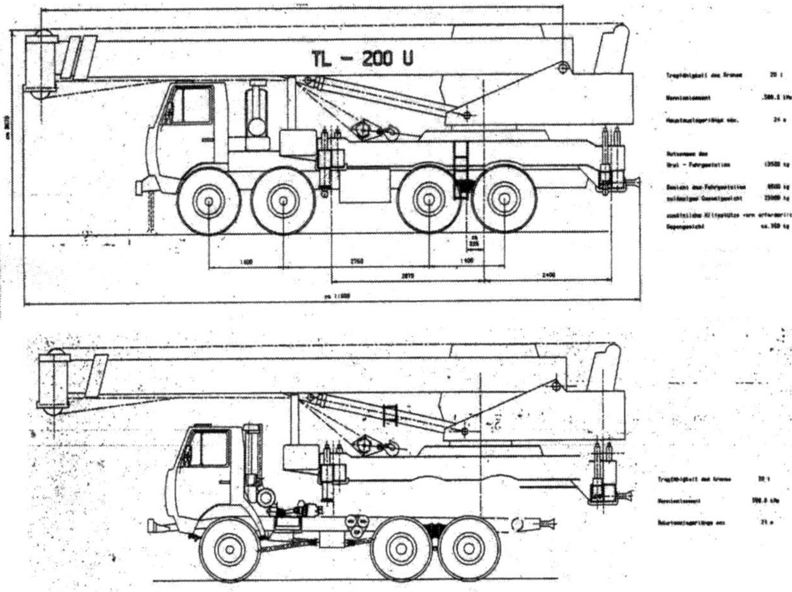

Projektidee: oben Autodrehkran ADK TL 200-U, unten Autodrehkran ADK TL 200-K/ 24 /

*) 1989/90 wurde der Betrieb vom VEB Maschinenbau "Karl Marx" Babelsberg in Maschinenbau Babelsberg GmbH umgewandelt.

Kranzahl: **1.4.27**

Erzeugnis: **ADK 250-M*)**

Status: **Projekt**

Kranhersteller: **Maschinenbau Babelsberg GmbH**

Für allgemeine Montagearbeiten wurde 1990/91 ein Projekt für einen 25 Mp-Kran erarbeitet.

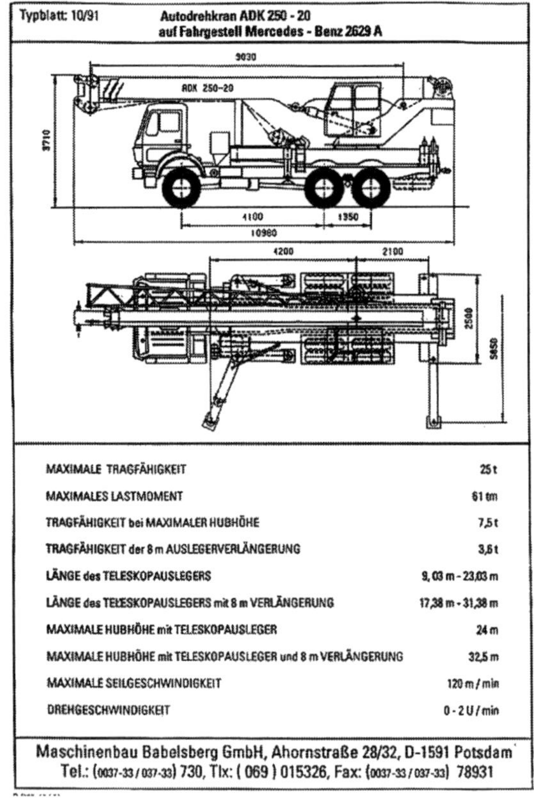

Typblatt: 10/91 — Autodrehkran ADK 250 - 20 auf Fahrgestell Mercedes - Benz 2629 A

MAXIMALE TRAGFÄHIGKEIT	25 t
MAXIMALES LASTMOMENT	61 tm
TRAGFÄHIGKEIT bei MAXIMALER HUBHÖHE	7,5 t
TRAGFÄHIGKEIT der 8 m AUSLEGERVERLÄNGERUNG	3,6 t
LÄNGE des TELESKOPAUSLEGERS	9,03 m - 23,03 m
LÄNGE des TELESKOPAUSLEGERS mit 8 m VERLÄNGERUNG	17,38 m - 31,38 m
MAXIMALE HUBHÖHE mit TELESKOPAUSLEGER	24 m
MAXIMALE HUBHÖHE mit TELESKOPAUSLEGER und 8 m VERLÄNGERUNG	32,5 m
MAXIMALE SEILGESCHWINDIGKEIT	120 m / min
DREHGESCHWINDIGKEIT	0 - 2 U / min

Maschinenbau Babelsberg GmbH, Ahornstraße 28/32, D-1591 Potsdam
Tel.: (0037-33 / 037-33) 730, Tlx: (069) 015326, Fax: (0037-33 / 037-33) 78931

Projekt Autodrehkran ADK 250-M / 24 /

*) M steht für die Bezeichnung MERCEDES
Die Betriebsbezeichnung war Autodrehkran ADK 250-20

Kranzahl: 1.4.27

Das Konzept basierte auf einem Aufbaukran. Für den Unterwagen war das NKW-Fahrgestell MERCEDES 2629A vorgesehen. Entgegen den bei anderen Projekten verwendeten Abstützungen mittels ausfahrbarer Balken wurde für die vordere Abstützung, zur Erreichung einer möglichst großen Abstützfläche, eine schwenkbare Ausführung angeordnet.

Der Oberwagen war über einen Zwischenrahmen und dem Abstützsystem durch die Kugeldrehverbindung fest mit dem Unterwagen verbunden. Der Ausleger besaß zwei Teleskopierstufen und eine Auslegerverlängerung.

Das Projekt wurde nicht realisiert.

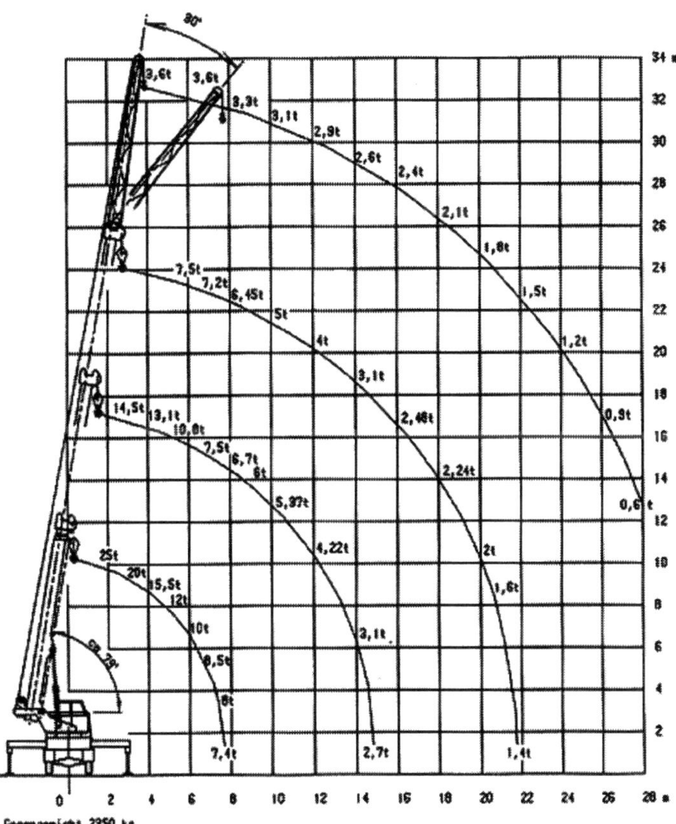

Projekt Autodrehkran ADK 250-M Tragfähigkeitsdiagramm
Auslegerlänge 23,03 m mit 8 m Verlängerung,
Verlängerung 0° und 30° abwinkelbar
Kran 360° schwenkbar / 24 /

Kranzahl: 1.4.28

Erzeugnis: **AT 35**

Status: **Projekt**

Kranhersteller: **VEB Maschinenbau „Karl Marx“ Babelsberg**

Im Jahr 1983 gab es Überlegungen, mit der Fa. Mannesmann DEMAG Baumaschinen eine gemeinsame Entwicklung und Herstellung eines All Terrain Kranes mit einer Tragfähigkeit von 30 bis 35 t durchzuführen.

Das Ziel war, neben der Produktion des ADK 125 und ADK 70, die Produktionspalette um eine höhere Tragfähigkeitsklasse zu erweitern und gleichzeitig ein entsprechendes Know-how für die weitere Entwicklung und Herstellung zu übernehmen. Weiterhin damit auch das Problem „schwerer Antriebsachsen“ im Rahmen der sich dann ergebenen Arbeitsteilung zu lösen.

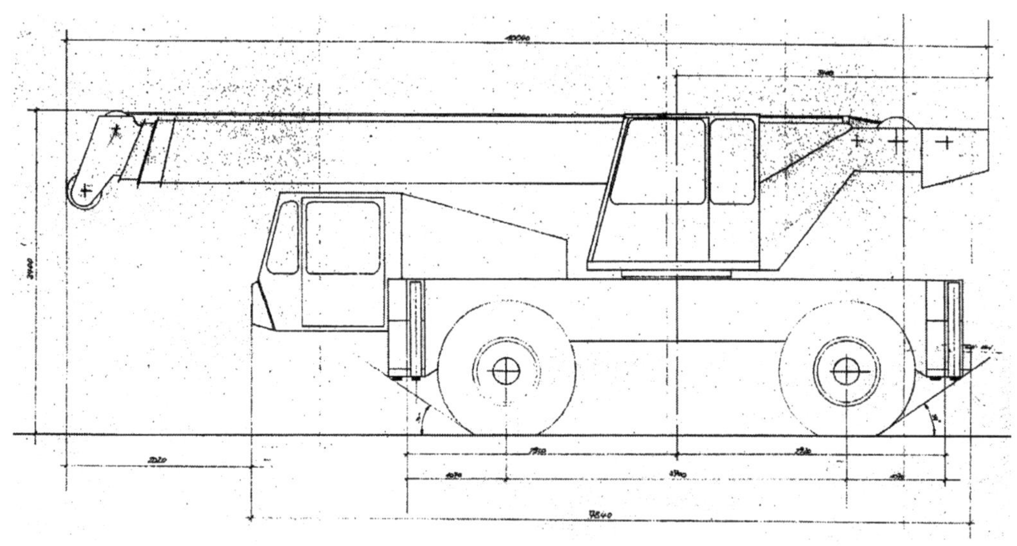

Projekt AT 35 / 24 /

Das angedachte Projekt konnte aufgrund der damaligen Lage und Stand der Handelsbeziehungen DDR/BRD nicht weiter verfolgt werden.

Kranzahl: **1.5.01**

Erzeugnis: **ADK 200 T**

Status: **Neu- und Weiterentwicklung**

Kranhersteller: **VEB Eisengießerei und Maschinenfabrik ZEMAG Zeitz**

Die konstruktive Auslegung eines 20 t Kranes mit einem Ausleger in Gitterausführung ist gegenüber einem Teleskopausleger für flexible Montagearbeiten in dieser Traglastklasse unwirtschaftlich. Dies führte auch zur Entscheidung, die Entwicklungsarbeiten am ADK 250 abzubrechen und an seiner Stelle einen 20 t hydraulischen Teleskopkran zu entwickeln.

Die Entwicklung wurde 1969 aufgenommen. Dem Konzept lag ein 20 t dreifach teleskopierbarer Teleskopkran mit einer Auslegerlänge von 25 m zu Grunde.

Autodrehkran ADK 200 T /68/

Als Unterwagen wurde die Konstruktion des ADK 250-1 übernommen. Der Antriebsmotor war ein 250 PS (183,8 kW) Dieselmotor für den Fahrantrieb und die gesamte Hydraulikanlage. Alle Bewegungen der Abstützung erfolgten bei diesem Kran hydraulisch.

Der Oberwagen war über eine Kugeldrehverbindung fest mit dem Unterwagen verbunden. Alle Arbeitsbewegungen erfolgten hydraulisch. Der Kran konnte unter Last teleskopieren. An der Unterseite des Hauptauslegers war schwenkbar ein 5 m Hilfsausleger angeordnet. Der Kran war aus der Krankabine lenk- und verfahrbar, womit eine Einmannbedienung gegeben war.

Es wurden 2 Funktionsmuster gebaut.

Bei der Bereitstellung des Materials ergaben sich zwei zentrale Probleme, die nicht gelöst werden konnten. Einmal die Beschaffung der Achsen und zum anderen die Möglichkeit, den erforderlichen 6 m langen Teleskopzylinder über Importe zu beziehen. DDR-seitig konnte die Hydraulikindustrie nur Hydraulikzylinder bis zu 3 m Länge herstellen.

Für die Achsen hätte es vielleicht, wie später beim ADK 125 in Magdeburg, mit RABA GYÖR in Ungarn eine Lösung gegeben, für westliche Importe jedoch nicht. Eine Lösung durch den Eigenbau derartiger Achsen (ZEMAG-Achse) im Rahmen einer Fertigungsstraße bei ZEMAG Zeitz selbst scheiterte an fehlenden Investitionsmitteln, insbesondere an der Bereitstellung von Werkzeug- und Sondermaschinen.

Aus diesen Gründen wurde die weitere Entwicklung ab 1971 eingestellt. Die gebauten Funktionsmuster waren mehrere Jahre im Einsatz.

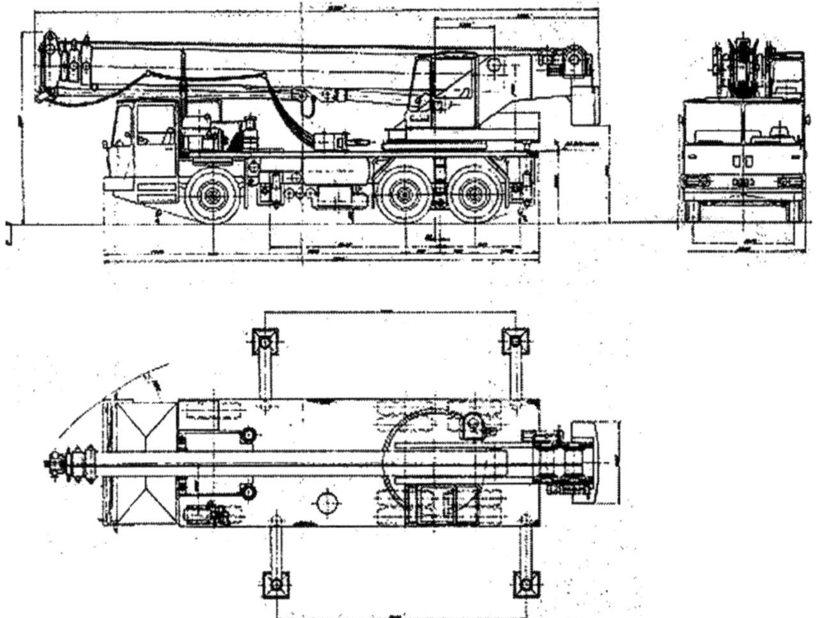

Autodrehkran ADK 200 T Hauptabmessungen /27/

Länge in Transportstellung	11 124 mm
Breite in Transportstellung	2500 mm
Höhe in Transportstellung	3620 mm
Max. Abstützbreite	4780 mm
(Mitte Abstützzylinder bis Mitte Abstützzylinder)	
Motor: 250 PS Dieselmotor	

Fahrgeschwindigkeit:	
im 5. Gang mit eingelegtem Straßengang	65 km/h
im 1. Gang mit eingelegtem Geländegang	3 km/h
im Feinfahrgang	0,25 km/h
Tragkraft:	
Haupthub:	max. 20 Mp
Hilfshub:	max. 2,5 Mp

Auslegerlängen:	
Auslegerlänge bei 3-fach teleskopierten Ausleger	25 200 mm
Hilfsausleger	5150 mm
Hubgeschwindigkeiten	
Haupthub bei 20 Mp Tragkraft	5,7 m/min
Hilfshub bei 2,5 Mp Tragkraft	25 m/min

Änderungen im Rahmen der technischen Weiterentwicklung behalten wir uns vor.

Autodrehkran ADK 200 T Technische Daten /27/

Kranzahl: **1.5.02**

Erzeugnis: **ADK 250 T**

Status: **Projekt**

Kranhersteller: **VEB Eisengießerei und Maschinenfabrik ZEMAG Zeitz**

Im Unifizierungsprogramm der TAKRAF war neben einheitlichen Konstruktionsprinzipien, Austauschbarkeit und betrieblichen Zuordnungen auch die Entwicklung von Baureihen vorgesehen. Trotz der ungeklärten Lage des Importes von größeren Teleskopierzylindern und der Absicherung der Achsen wurde noch 1972 das Projekt eines 25 t diesel-hydraulischen Teleskopkranes erarbeitet.

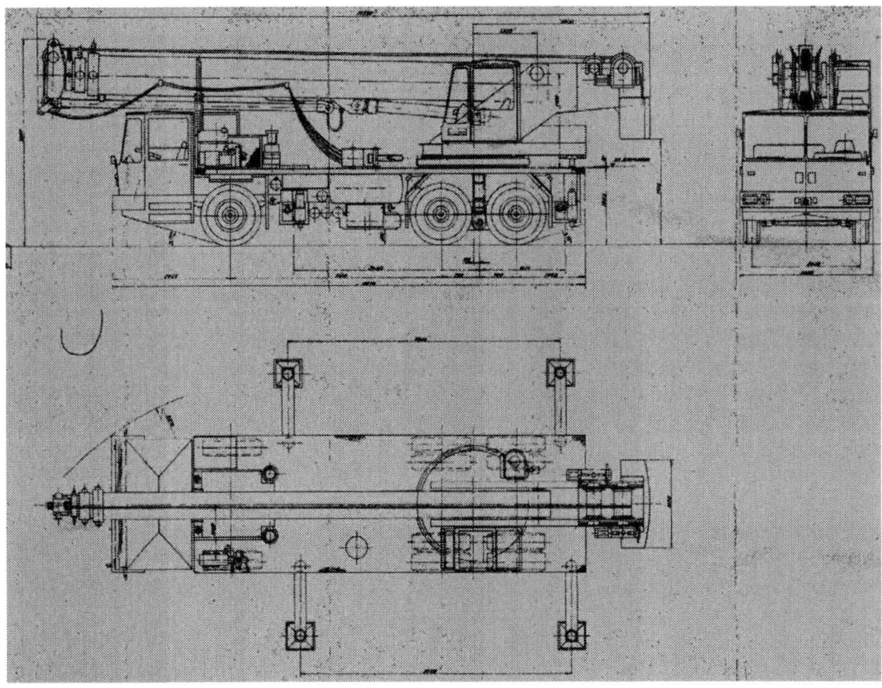

Projekt Autodrehkran ADK 250 T /28/

Das Projekt baute im wesentlichen auf die konstruktive Auslegung und die bei der Fertigung und Erprobung gewonnen Erkenntnisse der ADK 250 und ADK 200 T auf.

Die hauptsächlichen Veränderungen waren die Erhöhung der Tragkraft auf 25 Mp sowie die Vergrößerung des Lastmomentes auf 112 Mpm bei einem Standsicherheitsfaktor von 1,4.

Der Unterwagen entsprach im wesentlichen dem des ADK 250. Den Fahrzeugrahmen war eine Schweißkonstruktion aus hochfestem Stahl St 45/60. Die Radformel war 6x4 und der Antriebsmotor bot eine Leistung von 250 PS (183,8 kW).

Auch beim Oberwagen erfolgte eine enge Anlehnung an den ADK 200T. Der Oberwagen, wieder mit eigener Krankabine, von wo aus auch der Kran gelenkt und verfahren werden konnte, besaß einen 3-fach teleskopierbaren Ausleger mit einer Länge von 25,2 m. An der Unterseite des Auslegers war ein 5 m schwenkbarer Schnabelausleger fest angeordnet. Am Auslegerkopf konnte als Zusatzausrüstung ein 12 m-Spitzenausleger angebracht werden. Das hydraulische System für alle Antriebe war mit einem Betriebsdruck von 320 kp/cm² ausgelegt.

Insgesamt sollte der Kran den Vorschriften der GOST 9692-71 und 11556-71 entsprechen.

Die Arbeiten wurden wie beim ADK 200 T aus den bekannten Gründen abgebrochen.

Parameter zum Projekt des ADK 250 T

Tragkraft	Haupthubwerk max	25 Mp
	Hilfshubwerk max	2,5 Mp
Lastmoment	abgestützt max	112 Mpm
Auslegerlänge	Grundausleger	9 m; 14,4 m; 19,8 m; 25,2 m
	Schnabelausleger	5,15 m
	Hilfsausleger	12 m
Hakenhubhöhe max	Haupthub ca	25,5 m
	Hilfshub mit Schnabelausleger ca	30 m
	Hilfshub mit Hilfsausleger ca	36,5 m
Eigenmasse	mit Gegengewicht und Ausleger ca	32 t
Fahrzeugabmessungen	Breite	2500 mm
	Länge	11370 mm
	Höhe	3800 mm
Unterwagen	Fahrgeschwindigkeit max	65 km/h
	" min unter.	1,6 km/h
	Fahrgestellformel	6 x 4
	Steigfähigkeit	70 %
	Antriebsmotor	250 PS
	Gangzahl	5 Straßengänge
		5 Geländegänge
		1 Rückwärtsstraßengang
		1 Rückwärtsgeländegang
	Elektrische Anlage	24 V
	Bereifung	12,00-20 Schwerlast 10 fach (+1)
	Schleppkraft der Anhängerkupplung	12 Mp
	Druckstufe Hydraulik	160 at bis 320 at
	Abstützbasis	4780 mm + 5050 mm
	Achslasten vorn	8 t
	hinten	2x12 t
Oberwagen		
Hubgeschwindigkeit	Haupthub-8Seilstränge	
	max	7,5 m/min
	min	0,38 m/min
	Hilfshub	
	max	41,8 m/min
	min	2,09 m/min
Drehzahl	des Oberwagens max	1,45 U/min
Druckstufe	Hydraulik	160 at bis 320 at

Kranzahl: **1.5.02**

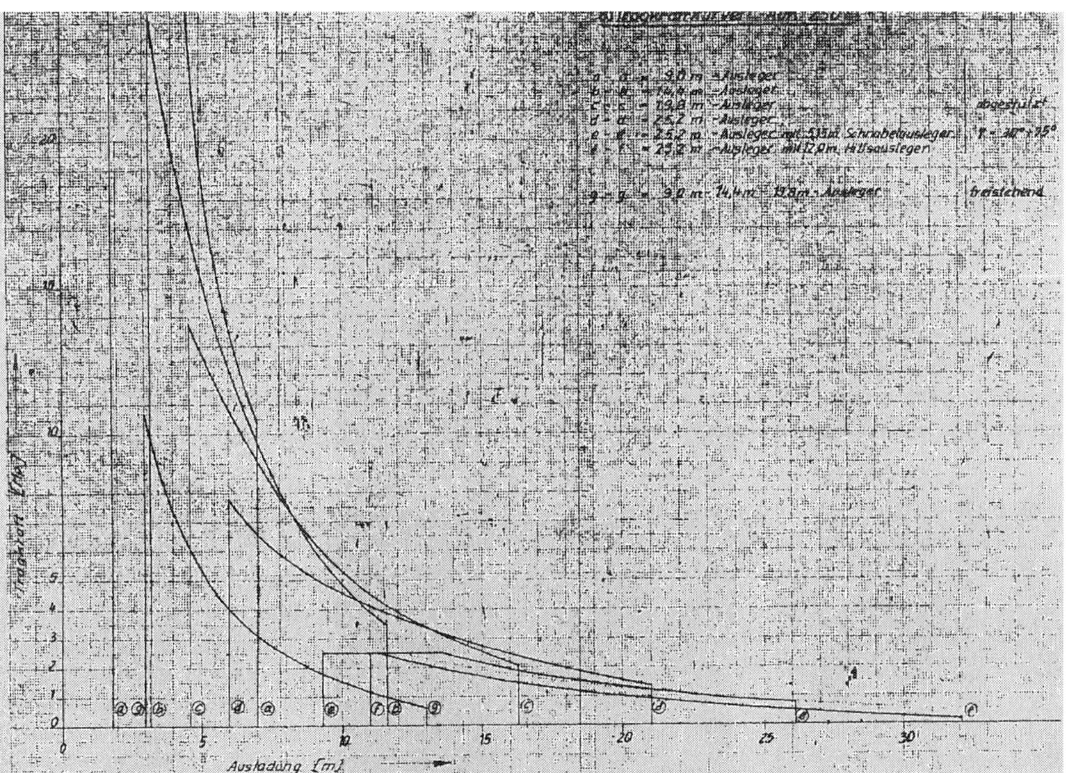

Projekt Autodrehkran ADK 250 T Tragkraftdiagramm / 28 /

Kranzahl: **1.5.03**

Erzeugnis: **ADK 250**

Status: **Neu- und Weiterentwicklung**

Kranhersteller: **VEB Eisengießerei und Maschinenfabrik ZEMAG Zeitz**

Abgeleitet aus dem unifizierten ADK-Programm der VVB TAKRAF erfolgte 1967 bei der ZEMAG Zeitz der Entwicklungsbeginn eines Autodrehkranes mit 25 t Tragfähigkeit. Grundlage bildete unter anderen eine Prognose, in der eine Größenordnung von ca. 550 Kranen pro Jahr in dieser Traglastklasse nach einem mehrjährigen Einlauf ermittelt worden war.

Das konstruktive Konzept sah einen Kran mit 25 t Tragfähigkeit bei einer Ausladung von 3,3 m vor, der bei Temperaturen von -40°C bis +40°C einsetzbar sein sollte. Hierbei galt es, auch die entsprechenden GOST-Normen einzuhalten.

Der Ausleger war eine Gitterkonstruktion aus nahtlosem hochfesten Stahlrohr mit einer Grundauslegerlänge von 12 m. Diese konnte durch Einfügen von 7 Zwischenstücken auf 40 m verlängert werden. Das Anbringen eines Spitzenauslegers in jeder Auslegerlänge war möglich. Die jeweilige Montage des Auslegers und des Gegengewichtes konnte vom Kran selbst ausgeführt werden. Die Standsicherheit wurde mit 1,4 bei abgestütztem und mit 1,3 bei unabgestütztem Betrieb angegeben.

Für die Arbeitssicherheit kamen eine Lastmomentensicherung sowie Auslade- und Hubbegrenzung zur Anwendung.

Autodrehkran ADK 250 / 28 /

Mit einer Hydraulikanlage von 160 kp/cm² Druck wurden alle Arbeitsbewegungen hydraulisch ausgeführt. Der Antriebsmotor verfügte über 110 PS (80,9 kW) bei 1900 U/min. Die Hubgeschwindigkeit betrug bei maximaler Last 5, die Hilfshubgeschwindigkeit 32 m/min. Ein Verfahren des Unterwagens vom Oberwagen, und damit auch eine Einmannbedienung, war möglich.

Autodrehkran ADK 250 / 68 /

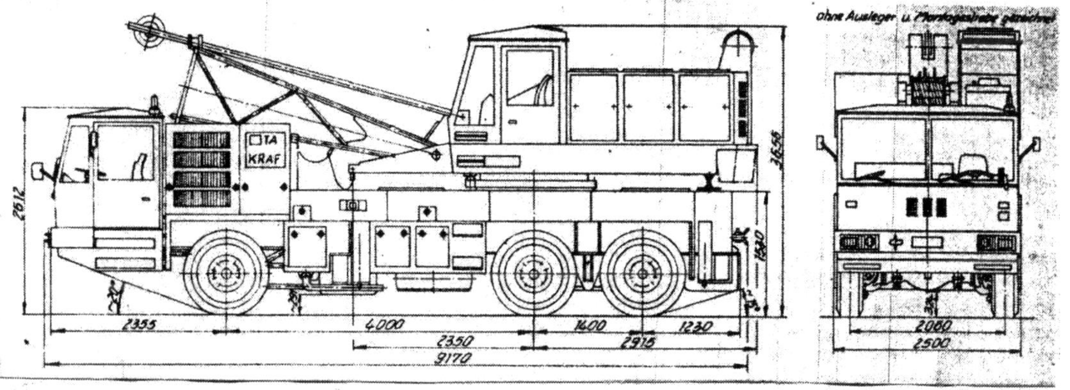

Autodrehkran ADK 250 / 28 /

Der Unterwagen mit der Antriebsformel 6x6 war eine eigene Schweißkonstruktion und den krantechnischen Belangen angepaßt. Er besaß einen diesel-mechanischen Antrieb mit einer Motorleistung von 190 PS (139,7 kW) bei 2300 U/min. Die Fahrgeschwindigkeit betrug 65 km/h. Der Geländegang erreichte 3 und der Feingang 0,24 km/h. Die Steigfähigkeit war je nach Transportzustand mit 20 bis 55% angegeben. Die Zugkraft im Geländegang erreichte 14 t.

Von diesem Kran wurden 1968 2 Stück als Funktionsmuster gebaut. In Auswertung der Entwicklungsergebnisse zeigte sich beim Arbeitsverhalten als Autodrehkran für universelle Montagearbeiten, daß das Umrüsten, des Auslegersystems in die verschiedenen Arbeitspositionen gegenüber einem hydraulischen Teleskopkran zu umständlich war und zu lange Umrüstzeiten erforderte. Weiterhin war ein Teleskopkran in dieser Größenklasse, bedingt durch seinen funktionellen Aufbau und seiner Arbeitsweise, insgesamt wirtschaftlicher. Hinzu kam weiterhin der zusätzliche Transport der Zwischenstücke auf einem gesonderten NKW.

Ausgehend von diesen Erkenntnissen wurden die weiteren Entwicklungsarbeiten an diesem Kran eingestellt.

Der ADK 250 ist ein diesel-hydraulischer Autodrehkran, einsetzbar bei Temperaturen von +40 °C bis -40 °C.

<u>Grundgerät:</u>

Fahrgestell:	Eigenkonstruktion, 6 x 6
Rahmen:	Geschweißte Ausführung, auf der Oberseite mit trittsicheren Blechen abgedeckt.
Abstützung:	vollhydraulisch 4 Ausschubkästen auf Gleitführungen je ein Ausschub-Hydraulikzylinder und je ein Abstütz-Hydraulikzylinder, getrennt steuerbar.
Motor:	6-Zylinder-Viertakt-Dieselmotor Hersteller: Dieselmotorenwerk Schönebeck Typ: 6-VD 14,5/12-1 SRW (MAN-System) Anlassung: elektrisch, 6 PS für 24 V Kühlung: Wasser Leistung: max. 190 PS bei 2300 min.$^{-1}$ Drehmoment: max. 66 kpm
Kupplung:	LIAZ-Einscheiben-Trockenkupplung pneumatisch geschaltet, hydraulisch gesteuert.
Wechselgetriebe:	Klauengeschaltetes 5-Gang-Wechselgetriebe max. Eingangsmoment 80 kpm
Verteilergetriebe:	Zweiwellen-Gruppenschaltgetriebe mit Stirnradverteilerdifferential zwischen Vorder- und Hinterachsantrieb, Verteilung 1:2,9 mit Straßen- und Geländegang, Differentialsperre, beides ferngeschaltet.
Feinfahrmotor:	Axialkolbenmotor direkt an das Schneckenradgetriebe angeflanscht.
Feinfahrgetriebe:	Schneckengetriebe mit unten liegender Schnecke, Übersetzung i = 40
Vorderachse:	Angetriebene Achse Schraubenfederung mit Dämpfung, bestehend aus 4 Schraubenfedern, 2 Hydraulikzylinder werden zur Achsblockierung und Schwingungsdämpfung verwendet.
Vorderachsgetriebe:	Schneckengetriebe Übersetzung i = 9,6, Kegelradachsdifferential nicht sperrbar.
Vorderachsblockierung:	Achsblockierung durch Anziehen der Schraubenfedern bis Kontaktschluß zwischen Achse und Rahmen besteht.
Zwischenachsdifferential zwischen d. Hinterachsen:	Kegelraddifferential mit Verteilung 1 : 1
Hinterachse:	angetriebene Doppelachse (Tandem) Schraubenfederung mit statischem Achsausgleich zwischen den beiden Hinterachsen.
Hinterachsgetriebe:	Schneckengetriebe, Übersetzung i = 9,6 Kegelradachsdifferential sperrbar, fernbetätigt.
Hinterachsblockierung:	Blockierung der Federn durch zwei Arbeitszylinder, welche Exzenter verdrehen. Statischer Achsausgleich bleibt bestehen.
Bremsen:	Fremdkraft-Zweikreisbremsanlage, hydraulisch gesteuert mit Luftunterstützung und hydraulischer Betätigung. Zwei Lufterzeugungsanlagen, Betriebsdruck 6.85 - 7.35 at.

Autodrehkran ADK 250 Technische Daten / 28 /

Betriebsbremse auf alle Räder wirkend
Feststellbremse von Ober- und Unterwagen elektr. gesteuert und verriegelt, auf alle Räder wirkend
Parkbremse als mechanische Federspeicherbremse auf die Hinterräder wirkend, hydraulisch gelüftet.
Radbremsen sind doppelseitig wirkende Servo-Bremsbakken mit Bremskraftbegrenzern. Anhänger-Bremsanschluß für Einleitungs- und Zweileitungsbremsanlage.

Lenkung: Mechanische Lenkung, hydraulisch unterstützt. Hydrolenkgetriebe Typ 32o kpm mit zusätzlichen Lenkhilfszylindern und zwei getrennt angetriebenen Lenkhilfspumpen.

Bereifung: 12,oo - 2o Schwerlast 1o-fach 8 atü.

Elektrische Ausrüstung: Drehstrom-Lichtmaschine 8o42.1/o8 mit 24 V und 5oo W, 2 Stück Batterien 12 V und 18o Ah TGL 1o241, Bl. 3 sowohl im Oberwagen als auch im Unterwagen.

Fahrerhaus: Ganzstahl - Frontfahrerhaus (lowline) vollkommen vom Motorraum getrennt, schallisoliert, auf Gummiverbindungen gelagert, Fahrersitz höhen- und längsverschiebbar. Sitzbank für Beifahrer.

Heizung: bei Kaltstart:
Warmwasser-Ölheizung, Heizleistung 2oooo kcal/h, Leistungsbedarf 85 W, Spannung 24 V
Fahrerhaus und Batterieraum durch Wärmetauscher beheizt.

Kraftstofftank: Haupttank unter Fahrerkabine 25o l Reservetank in Unterwagenmitte 375 l
Damit ist 14-stündiger Betrieb bei max. Leistung möglich.

Anhängerkuppl.: Bolzenkupplung A 122 nach TGL 5o48 Gesamtanhängelast 14 Mp

Kugeldrehverbindung: Zweireihige außenverzahnte Kugeldrehverbindung.

Geschwindigkeiten: max. Geschw. im 5. Gang 6o km/h
" " Geländegang 3 km/h
" " Feinfahrgang o,24 km/h

Größtes Steigvermögen:
im Geländegang, Dienstzustand 45
im Geländegang, Transportzustand 5

Oberwagen:

Antrieb: 4-Zylinder-Viertakt-Dieselmotor
Fabrikat: Dieselmotorenwerk Nordhausen
Typ: 4 VD 14,5/12-1 SRW (MAN-System)
Anlassung: elektrisch, 4 PS, 24 V
Kühlung: Wasser
Dauerleistung: 11o PS bei 19oo min^{-1}

Verteilergetriebe: Übersetzung 2,44, mit einem Abtrieb an der langsam laufenden Welle und je einen An- und Abtrieb an der schnell laufenden Welle

Steuerung u. Antrieb: durch Hydraulik und Axialkolbenmotoren

Hydraulikanlage: Behälter für 5oo l Hydrauliköl, oberhalb der selbstansaugenden Pumpen angebracht.

Axialkolbenpumpe: Förderstrom 25o l/min bei n_1 = 143o min^{-1}, zum Antrieb des Haupt- und Hilfshubwerkes.

Drehwerk: Axialkolbenmotor angeflanscht an Schneckengetriebe mit Übersetzung i = 4o.

Einziehwerk: 7 tragende Seilstränge. Einziehwinde

Haupthubwerk: Flaschenzug, 3 Seilrollen und Hubwinde
B 2o x 16o Drahtseil 11o m lang drehungsarm, verzinkt

Hilfshubwerk:	Hilfshubwinde wie Einziehwinde
Fahrerkabine:	Ein-Mann-Kabine, beheizt Sichtmöglichkeiten nach allen Seiten, verstellbarer Fahrersitz
Sicherheitseinrichtungen:	Alle Sicherheitseinrichtungen - Lastmomentensicherung, Ausladungsbegrenzung, Hubbegrenzungen - wirken mittels elektrisch betätigter Wegeventile auf die Vorsteuerung. Beim Ansprechen einer Sicherheitseinrichtung werden die Wegeventile durch Federn in die Hältstellung gebracht. Beim Ausfall des Motors bzw. einzelner Pumpen wird die Last im Augenblick der Energieunterbrechung gehalten. Die Antriebe besitzen Rohrbruchsicherungen.
Ruck-Zuck-Lenkung:	Möglichkeit des Verfahrens des Unterwagens im Feinfahrgang und Lenkung durch Ventilbetätigung mit Lenkrad von der Oberwagenkabine aus.
Krangeschwindigkeiten:	Hubgeschwindigkeit bei max. Nutzlast 5,5 m/min. - 6-fache Einscherung Hilfshubgeschwindigkeit bei 3,5 Mp 34 m/min.
Oberwagendrehzahl:	2,6 min^{-1}
Gegengewicht:	37oo kg

Ausrüstungen:

Ausleger:	Fachwerkausleger mit umlaufendem Strebenfachwerk aus nahtlosem Stahlrohr
	Grundausleger 12 m lang
	Zwischenstück 4 m lang
	Bolzensteckverbindung
	Größte Auslegerlänge 4o m (ohne Hilfsausleger)
	Hilfsausleger 6 o. 9 m lang
Kranausrüstung:	25 Mp Hakenflasche u. Haken
	2o/16 " " " "
	12,5/8 " " " "
	5 " Seilbirne

Gesamtmasse des Grundgerätes im Transportzustand <u>27 t.</u>

Bei der Normalausführung sind das Benzin-Elektro-Aggregat und einige Heizaggregate nicht vorhanden.

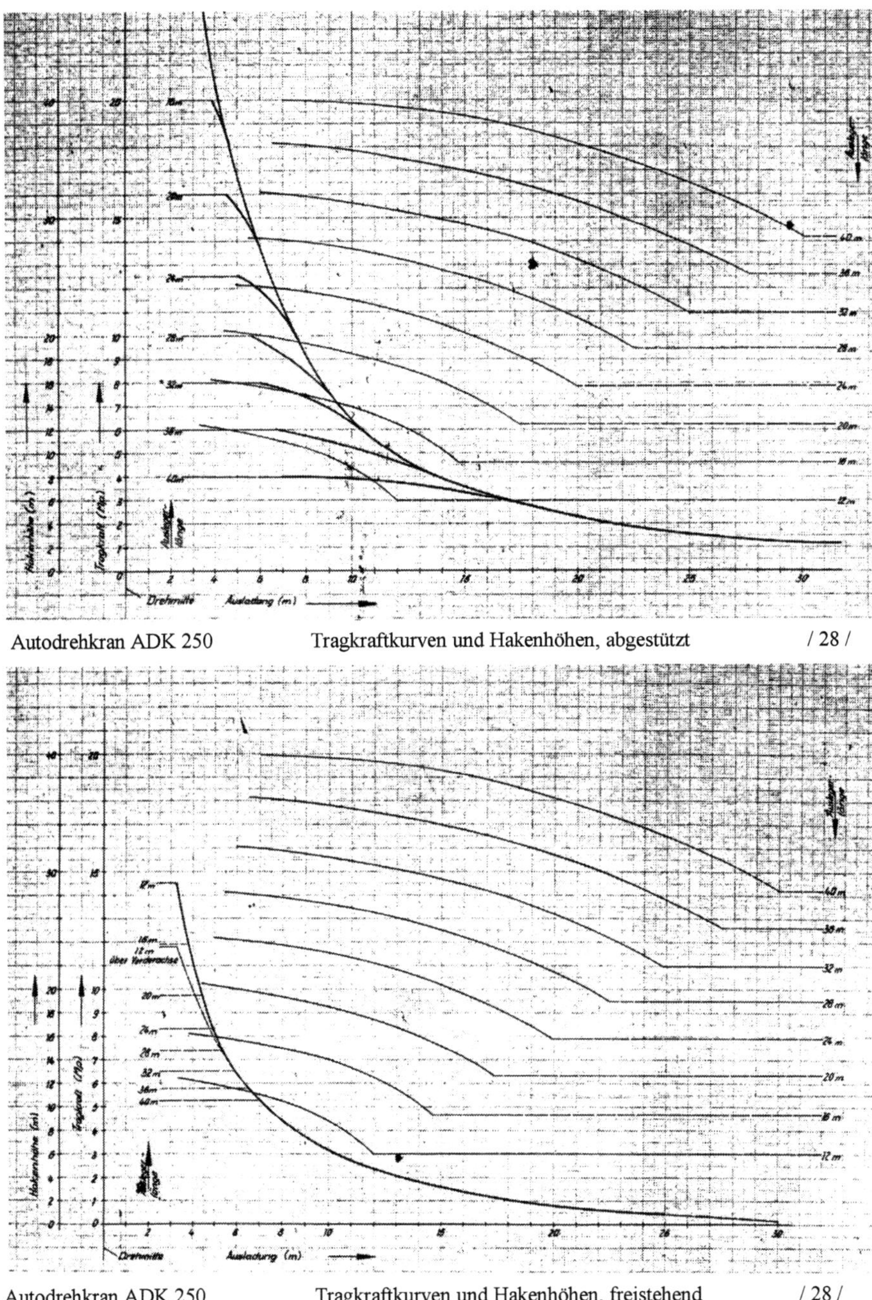

Autodrehkran ADK 250 Tragkraftkurven und Hakenhöhen, abgestützt /28/

Autodrehkran ADK 250 Tragkraftkurven und Hakenhöhen, freistehend /28/

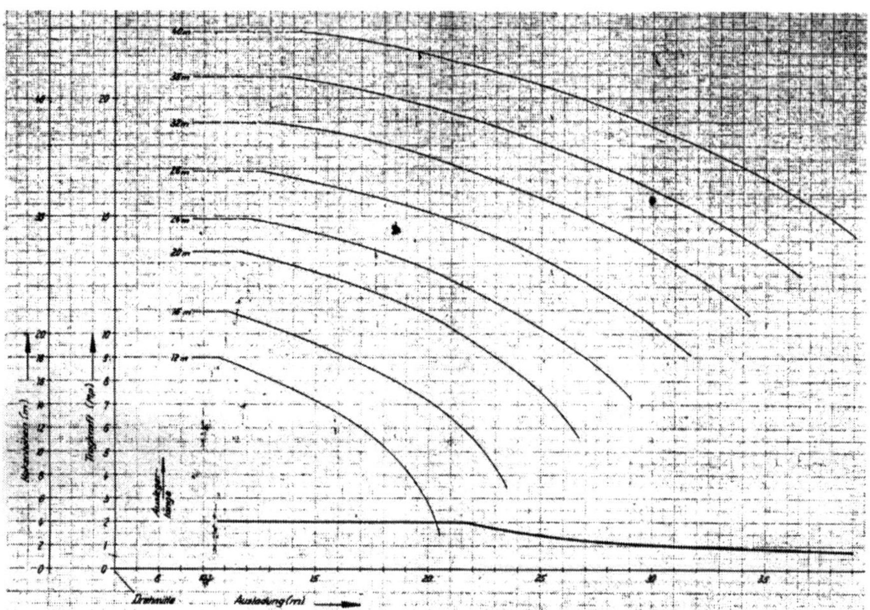

Autodrehkran ADK 250 Tragkraftkurven und Hakenhöhen mit 6 m Schnabelausleger, abgestützt / 28 /

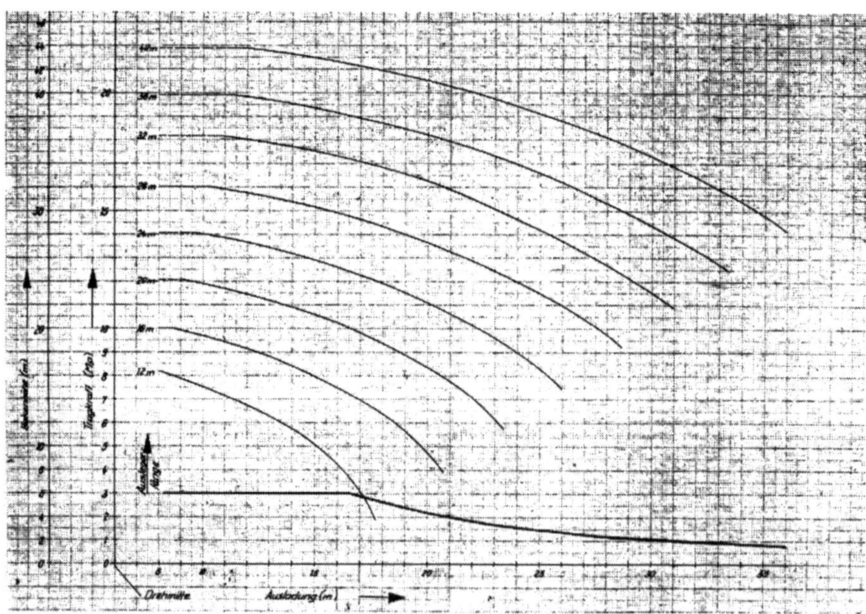

Autodrehkran ADK 250 Tragkraftkurven und Hakenhöhen mit 9 m Schnabelausleger, abgestützt/ 28 /

Kranzahl: **1.5.04**

Erzeugnis: **ADK 250-1**

Status: **Neu- und Weiterentwicklung**

Kranhersteller: **VEB Eisengießerei und Maschinenfabrik ZEMAG Zeitz**

In Auswertung der Erkenntnisse bei der Entwicklung und des Funktionsmusterbaues für den ADK 250 wurde zur Vergrößerung der Abstützfläche des Kranes die Anordnung der Abstützung im Unterwagen geändert. Anstelle der vorderen Balkenabstützung wurde das System einer Klappstütze, die seitlich ausschwenkbar war, angeordnet. Damit konnte der Abstand der Stützteller, in Fahrtrichtung gesehen, um 1 m vergrößert werden.

Ein Unterwagen in dieser Ausführung wurde als Funktionsmuster gebaut. Eine gemeinsame Erprobung mit dem Oberwagen des ADK 250 kam wegen der ungünstigeren Wirtschaftlichkeit gegenüber einem Teleskopkran nicht zustande.

Der vorhandene Unterwagen wurde dann in das Krankonzept des Teleskopkranes ADK 200 T eingebunden.

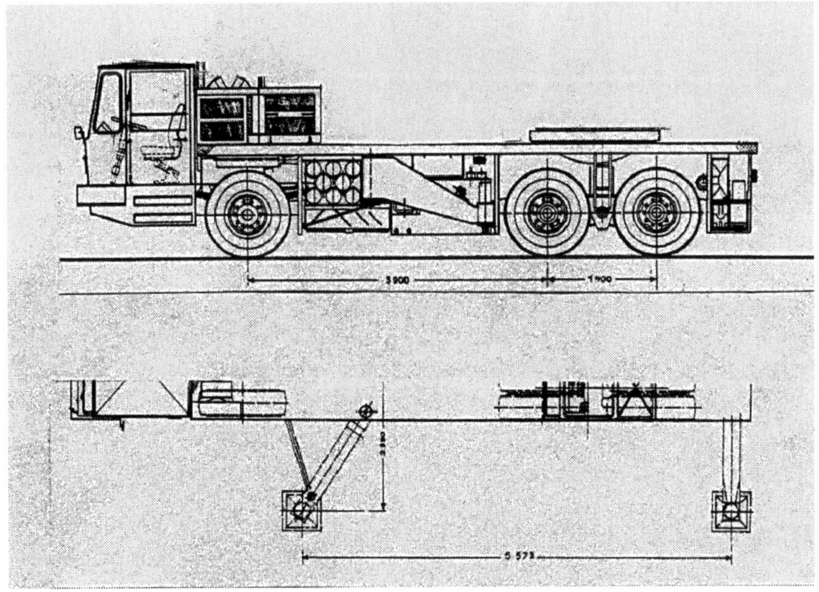

Autodrehkran ADK 250-1 Unterwagen mit vorderer ausschwenkbarer Abstützung / 28 /

Kranzahl: **1.5.05**

Erzeugnis: **ADK 280**

Status: **Projektidee**

Kranhersteller: **VEB Eisengießerei und Maschinenfabrik ZEMAG Zeitz**

Es bestand die Idee, den Oberwagen eines Raupendrehkranes (RDK) auf ein ADK-Fahrgestell zu setzen.

Laut der aufgefundenen Skizze kann es sich nach Bewertung der äußeren Konturen des Oberwagen vermutlich um einen RDK 250 oder RDK 280 handeln. Dies würde auch annähernd mit einem 4-achsigen Unterwagen übereinstimmen.

Es kann in Annäherung bei dieser Projektidee von einem Autodrehkran mit einer Tragfähigkeit von 28 t ausgegangen werden.

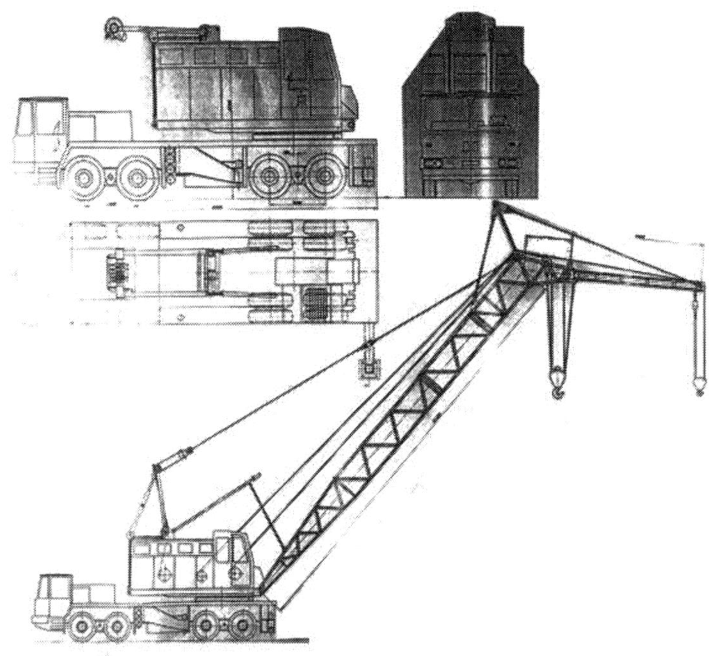

Projektidee Autodrehkran ADK 280 RDK-Oberwagen auf ADK-Unterwagen / 18 /

Kranzahl: **1.5.06**

Erzeugnis: **ADK 1000 T**

Status: **Projekt**

Kranhersteller: **VEB Eisengießerei und Maschinenfabrik ZEMAG Zeitz**

Es gab das Bestreben im Rahmen einer langfristigen Planung eine Typenreihe Teleskopkrane von 6,3 bis 100 t Tragfähigkeit zu entwickeln.

Die Studie über den ADK 1000 T wurde gemeinsam mit dem Institut für Fördertechnik Leipzig und dem Außenhandelsunternehmen BURMA Polen bearbeitet. Basiskran wäre vermutlich der ADK 200 T (Kranzahl 1.5.01.) gewesen.

Die Projektidee wurde, so kann nur vermutet werden, aus Beschaffungsgründen , die die Zulieferindustrie betrafen, und weil Achsen und lange Hydraulikzylinder nicht importiert werden konnten, sowie aufgrund von Kapazitäts- und Investitionsproblemen nicht weiter verfolgt.

Autodrehkran ADK 1000 T Modell /18/

Im Verkehrsmuseum Dresden ist das Modell des ADK 1000 T eingelagert.

Kranzahl: **1.6.01**

Erzeugnis: **HKL 25*)**

Status: **Neu- und Weiterentwicklung**

Kranhersteller: **Schwermaschinenbau „Kirow“ Leipzig GmbH / Hunger Hydraulik Lohr am Main**

1989/90 standen im IFA Automobilwerk Ludwigsfelde und mit der beginnenden Rückrüstung bei der NVA Standardfahrzeuge L60 LA mit Allradantrieb verkaufsmäßig zur Verfügung.

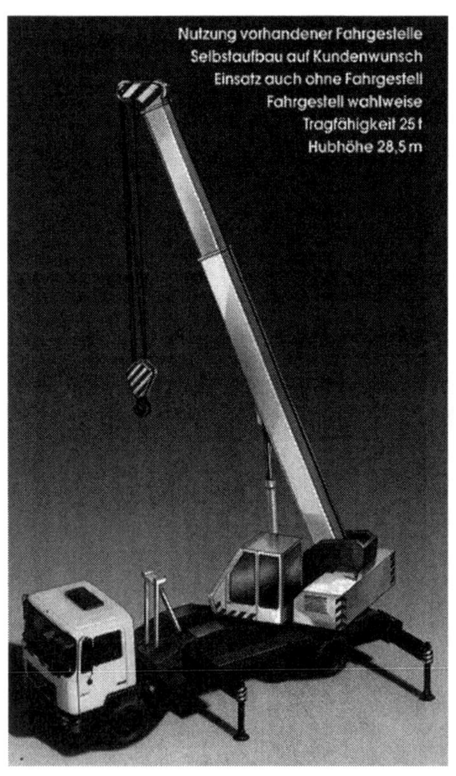

Dies führte zum Konzept eines 3-achsigen Autodrehkranes als Aufbaukran, mit einer Tragfähigkeit von 25 t. Beim Aufbau auf den NKW L60 LA wurde dieser durch eine zusätzliche luftgefederte Schleppachse verstärkt. Wahrscheinlich wurde dabei auch die perspektivische Planung eines 3-achsigen NKW L60 vom IFA Automobilwerk Ludwigsfelde mit in die Konzipierung einbezogen.

Der Kran wurde von einer separaten Krankabine aus, die auf dem drehbaren Teil des Kranes montiert war, gesteuert.

Auf dem drehbaren Oberteil war ein gesonderter Pumpenantrieb, der von einem wassergekühlten Dieselmotor angetrieben wurde, angeordnet. Damit war der Oberwagen autark und konnte auch auf andere NKW-Fahrgestelle, die über eine Nutzlast von mindestens 11,5 t verfügten, aufgesetzt werden.

Bei einem Fahrgestell mit einem schweren Nebenabtrieb (ca. 40 kW) konnte alternativ der Antrieb der Kranhydraulik von diesem erfolgen.

Autodrehkran HKL 25 Modell /29/

*) Die Bezeichnung HKL 25 bedeutet Hunger-Kirow-Leipzig mit 25 t Tragfähigkeit

Kranzahl: **1.6.01**

Der Kran arbeitete vollhydraulisch. Die Steuerung der gesamten Kranfunktionen erfolgte feinfühlig von der Krankabine aus. Dabei waren jeweils zwei Kranbewegungen überlagerbar. Das Verfahren des Kranes erfolgt von der Fahrerkabine des NKW-Fahrgestelles aus.

Der Ausleger war über den gesamten Arbeitsbereich unter Last stufenlos teleskopierbar.

1990 wurden zwei Funktionsmuster gebaut, wobei Probleme bezüglich der Dichtheit des Hydrauliksystems auftraten.
Durch nicht näher bekannte Gründe konnte ein Kauf der Fahrzeuge nicht erfolgen, die Verwendung anderer Fahrgestelle scheiterte an preislichen Problemen.

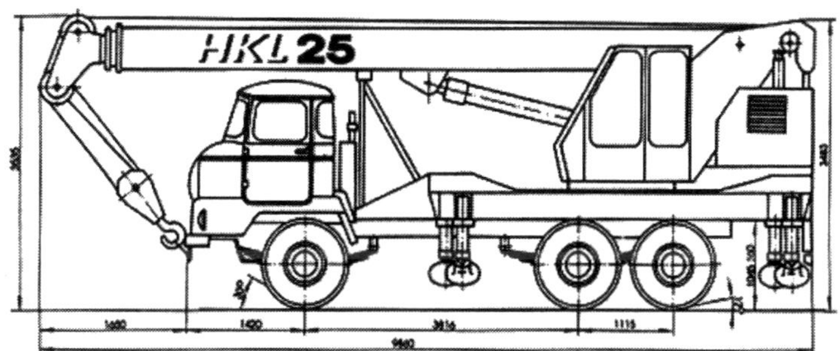

Autodrehkran HKL 25 mit NKW-Fahrgestell L60 Hauptabmessungen / 29 /

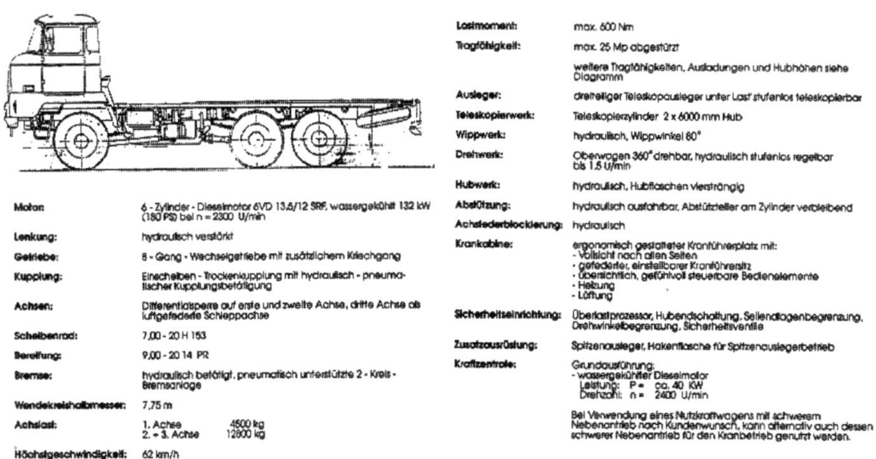

Motor:	6 - Zylinder - Dieselmotor 6VD 13,5/12 SRF, wassergekühlt 132 kW (180 PS) bei n = 2300 U/min
Lenkung:	hydraulisch verstärkt
Getriebe:	8 - Gang - Wechselgetriebe mit zusätzlichem Kriechgang
Kupplung:	Einscheiben - Trockenkupplung mit hydraulisch - pneumatischer Kupplungsbetätigung
Achsen:	Differentialsperre auf erste und zweite Achse, dritte Achse als luftgefederte Schleppachse
Scheibenrad:	7,00 - 20 H 153
Bereifung:	9,00 - 20 14 PR
Bremse:	hydraulisch betätigt, pneumatisch unterstützte 2 - Kreis - Bremsanlage
Wendekreishalbmesser:	7,75 m
Achslast:	1. Achse 4500 kg 2. + 3. Achse 12800 kg
Höchstgeschwindigkeit:	62 km/h

Lastmoment:	max. 600 Nm
Tragfähigkeit:	max. 25 Mp abgestützt
	weitere Tragfähigkeiten, Ausladungen und Hubhöhen siehe Diagramm
Ausleger:	dreiteiliger Teleskopausleger unter Last stufenlos teleskopierbar
Teleskopierwerk:	Teleskopierzylinder 2 x 6000 mm Hub
Wippwerk:	hydraulisch, Wippwinkel 80°
Drehwerk:	Oberwagen 360° drehbar, hydraulisch stufenlos regelbar bis 1,5 U/min
Hubwerk:	hydraulisch, Hubflaschen viersträngig
Abstützung:	hydraulisch ausfahrbar, Abstützteller am Zylinder verbleibend
Achsfederblockierung:	hydraulisch
Krankabine:	ergonomisch gestalteter Kranführerplatz mit: - Vollsicht nach allen Seiten - gefederter, einstellbarer Kranführersitz - übersichtlich, gefühlvoll steuerbare Bedienelemente - Heizung - Lüftung
Sicherheitseinrichtung:	Überlastprozessor, Hubendschaltung, Seilendlagenbegrenzung, Drehwinkelbegrenzung, Sicherheitsventile
Zusatzausrüstung:	Spitzenausleger, Hakenflasche für Spitzenauslegerbetrieb
Kraftzentrale:	Grundausführung: - wassergekühlter Dieselmotor Leistung: P = ca. 40 KW Drehzahl: n = 2400 U/min Bei Verwendung eines Nutzkraftwagens mit schwerem Nebenantrieb nach Kundenwunsch, kann alternativ auch dessen schwerer Nebenantrieb für den Kranbetrieb genutzt werden.

Autodrehkran HKL 25 oben: L60 mit 3. Achse unten: Technische Daten / 29 /

Die weitere Entwicklung wurde aufgrund dieser Situation und auch in Hinblick auf das veränderte Produktionsprofil des Betriebes eingestellt.

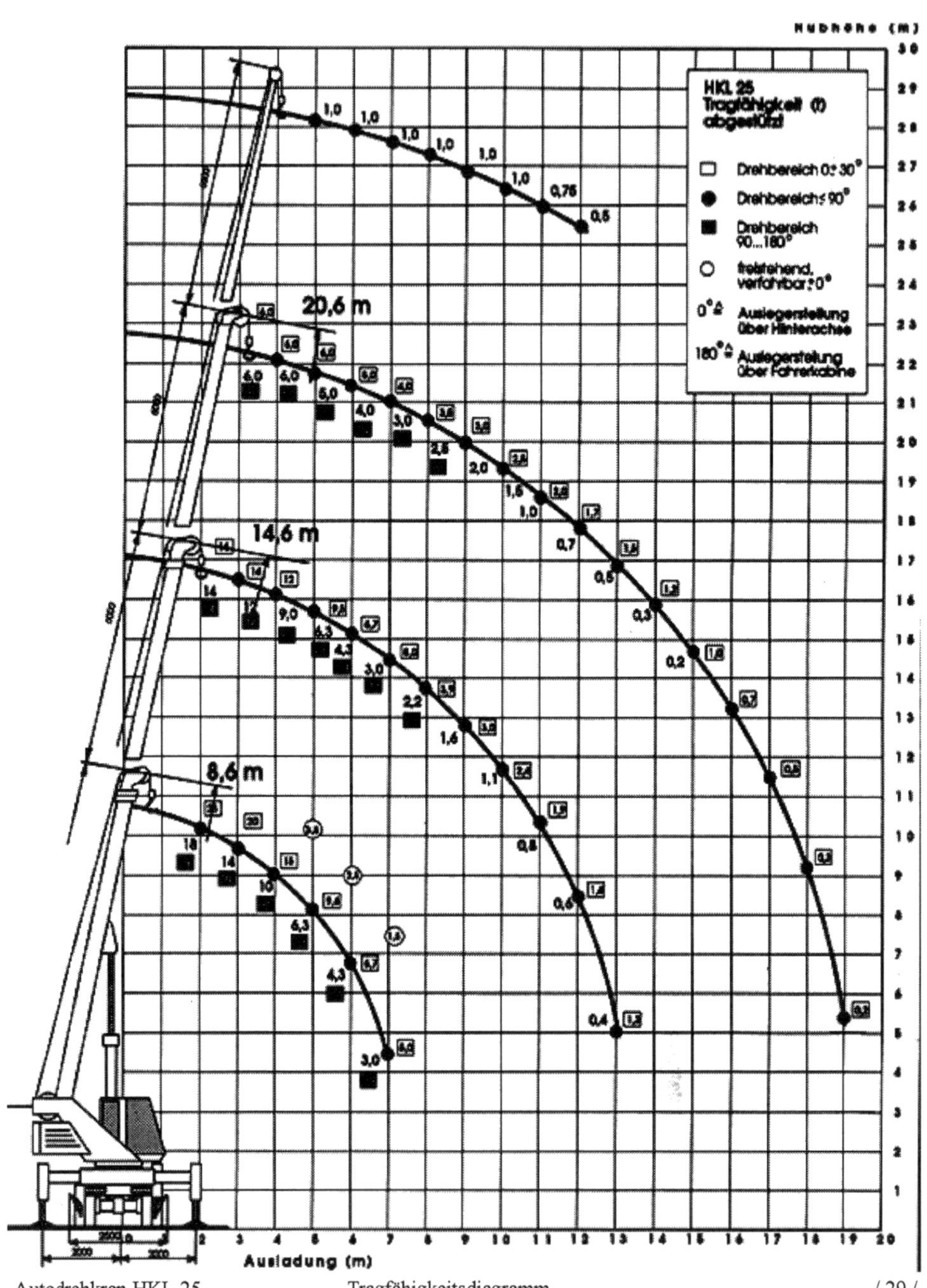
HKL 25
Tragfähigkeit (t)
abgestützt
Drehbereich 0 ± 30°
Drehbereich ≤ 90°
Drehbereich 90...180°
freistehend, verfahrbar ± 0°
0° Auslegerstellung über Hinterachse
180° Auslegerstellung über Fahrerkabine
20,6 m
14,6 m
8,6 m
Hubhöhe (m)
Ausladung (m)

Anhang II

Abschlepp- und Bergekrane

Inhaltsverzeichnis

1. Entwicklung und Produktionsstruktur Abschlepp und Bergekrane

Die Entwicklung der Abschlepp- und Bergekrane kann man, ausgehend von ihrem Einsatzbereich, praktisch in drei Gruppen einteilen. Einmal dem bei der Feuerwehr, weiter im militärischen und schließlich im allgemeinen Bereich.

Die Entwicklung dieser Kranart begann 1959 mit einem Kran- und Werkstattwagen für die Feuerwehr.

Abschlepp- und Bergekrane wurden in der Folge in zwei Betrieben der DDR hergestellt, wenn man von einigen Einzelkranen absieht, die durch Kleinbetriebe für ihre eigenen, spezifischen Einsatzfälle hergestellt wurden. Einmal waren dies Krane für den militärischen Bereich und Krane für die Feuerwehr, die im VEB Hebezeugwerk Sebnitz produziert wurden. Zum anderen gab es für den allgemein Einsatz eine Kranvariante als Aufbauvariante ABK 63 auf ein Serienfahrzeug des NKW W50, die der VEB Spezialfahrzeugbau Löbau herstellte.

Für den Bereich der Feuerwehr, wo die Krane mit der Bezeichnung KW (Kranwagen) geführt wurden, erfolgte die Bereitstellung aus Serien-Kranen, die entsprechend für ihren Einsatz bei der Feuerwehr modifiziert wurden. Dazu gehörten der ADK V/5 als KW 5 von Sebnitz und der ADK 125 als KW 12 aus Babelsberg. Die 1959 begonnen, Entwicklung des KW 10 wurde wegen zu hoher Eigenmasse nicht weitergeführt.

Betrieb	Tragfähigkeit Der Krane t	Zeitdauer der der Kranproduktion Jahr	gesamt produzierte Kraneinheiten Stck.	Produktionsverlagerung / Produktionsauslauf
VEB Hebezeugwerk Sebnitz	3 ... 10	1959 ... ??	60	→ 0
VEB Maschinenbau „Karl Marx“ Babelsberg	12,5	im Rahmen der Serienproduktion	(10)*	→ 0
VEB Spezialfahrzeugwerk Löbau/S	6,3	1966 ... 1990	706	→ 0
Σ	3 ...12,5	1959 ... 1990	770	(gerundet)

*) Stückzahl in Kranzahl 1.4.11 enthalten

Abb. 1 Produktionsübersicht

Die produzierte Stückzahl gegenüber den Auto- und Mobildrehkranen war, aufgrund der Anwendungsspezifik und auch wegen der nur bedingten Anwendungsmöglichkeit von Ladekranen für die gleichen Aufgaben, gering.

Aus der Darstellung der Abb.1 ist ersichtlich, daß praktisch jeweils nur eine einmalige Entwicklung der Krane KW 10, ADK III/3-A G5 und ABK 63 ohne Nachfolgeentwicklung durchgeführt wurde und die Produktion dann bis zum Ende des Produktionszeitraumes erfolgte. Es entstand eine völlig ungenügende Erneuerungssrate die damit gleich der jeweiligen Produktionsjahre war. Auch die modifizierten Serienkrane ADK V/5 und ADK 125 für die Feuerwehr wiesen den gleichen Entwicklungstrend auf.

2. Übersicht, Gliederung und Darstellung der Abschlepp- und Bergekrane

Für die Gliederung wurde eine dreistellige Kranzahl festgelegt, die sich nach folgender Legende zusammensetzt:

X1. X2. X3. = Kranzahl

X1 = Nummer der Bauart
X2 = Nummer des Kranherstellers
X3 = lfd. Nummer des Krantyps in der jeweiligen Bauart (Ordnungsnummer)

Bauart

Nummer der Bauart	Bauart	
2	Abschlepp- und Bergekran	ABK

Kranhersteller

Nummer des Kranherstellers	Kranhersteller
2	VEB Hebezeugwerk Sebnitz
4	VEB Maschinenbau „Karl Marx“ Babelsberg
7	VEB Spezialfahrzeugwerk Löbau / Sachsen

Bauart	Krantyp	Kranhersteller	Kranzahl	Seite
2	Abschlepp- und Bergekrane			
	KW 10	Sebnitz	2.2.01.	
	KW 5	Sebnitz	2.2.02.	
	ADK III/3-A G5	Sebnitz	2.2.03.	
	KW 12	Babelsberg	2.4.01.	
	ABK 63	Löbau/S	2.7.01.	

Kranzahl: **2.2.01**

Erzeugnis: **KW 10 *)**

Status: **Neu- und Weiterentwicklung**

Kranhersteller: **VEB Hebezeugwerk Sebnitz**

Die Entwicklung des KW 10 begann im Jahr 1959 und wurde gemeinsam mit dem VEB Feuerlöschgerätewerk Luckenwalde durchgeführt.

Abschlepp- und Bergekran KW 10 / 18 /

Als Unterwagen wurde das Doppelstockbusfahrgestell Typ Do 54 aus dem VEB Waggonbau Bautzen verwendet, wobei der Fahrzeugrahmen hinten gekürzt wurde. Die Eigenmasse betrug dabei noch 16 t, so daß kaum Anschlagmittel und anderes Gerät mit aufgenommen werden konnte.

Der Kranaufbau ruhte auf einem geschweißten Stahlprofilrahmen, der wiederum auf dem Fahrgestellrahmen aufgeschweißt war.

Der um 360° schwenkbare, in geschweißter Blechkonstruktion gefertigte Kranausleger wurde von einem Hydraulikzylinder (Wippzylinder) gehoben und gesenkt. Der erforderliche Hydraulikdruck wurde durch eine elektrisch betriebene Hochdruckpumpe erzeugt.

Der Antrieb des Hubwerkes und des Drehwerkes erfolgte gleichfalls elektrisch.

Für die Kranarbeit bestand eine Federblockierung. Die Abstützung erfolgte durch seitlich herausziehbare Stützbalken mit entsprechenden Stützspindeln und hinten durch eine absenkbare Rollenachse. Ein Verfahren einer Last von 10 t war mit Hilfe der Rollenachse in Fahrtrichtung möglich.

*) KW 10 bedeutet Kranwagen mit 10 t Tragfähigkeit

Die gesamte elektrische Anlage versorgte ein 30-kVA-Generator, der vom Nebenabtrieb des Getriebes angetrieben wurde. Eine Fremdstromeinspeisung war möglich. Im Betrieb wurden die gesamten Kranbewegungen über ein am Kabel angeschlossenes Steuerpult, daß umgehängt getragen wurde, gesteuert wodurch auch eine Einmannbedienung möglich war.

Produktionsdauer und Jahresstückzahl:

	1959	Σ
Kranwagen KW 10	**1**	**1**

Auf Grund der hohen Eigenmasse wurde nur ein Stück dieses Kranes gebaut und die weitere Entwicklung eingestellt.

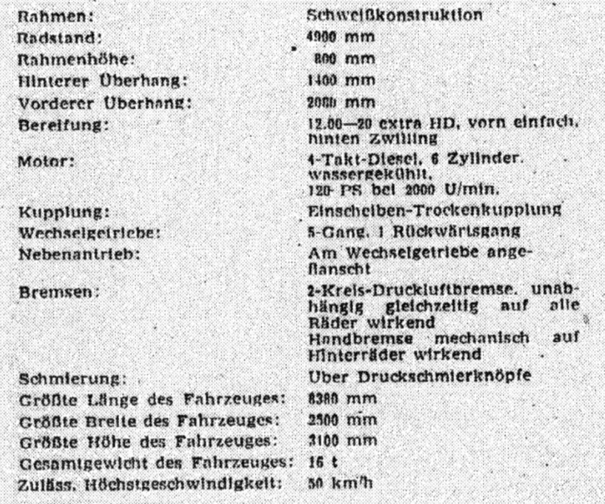

Rahmen:	Schweißkonstruktion
Radstand:	4900 mm
Rahmenhöhe:	800 mm
Hinterer Überhang:	1400 mm
Vorderer Überhang:	2080 mm
Bereifung:	12.00—20 extra HD, vorn einfach, hinten Zwilling
Motor:	4-Takt-Diesel, 6 Zylinder, wassergekühlt, 120 PS bei 2000 U/min.
Kupplung:	Einscheiben-Trockenkupplung
Wechselgetriebe:	5-Gang, 1 Rückwärtsgang
Nebenantrieb:	Am Wechselgetriebe angeflanscht
Bremsen:	2-Kreis-Druckluftbremse, unabhängig gleichzeitig auf alle Räder wirkend Handbremse mechanisch auf Hinterräder wirkend
Schmierung:	Über Druckschmierknöpfe
Größte Länge des Fahrzeuges:	8380 mm
Größte Breite des Fahrzeuges:	2500 mm
Größte Höhe des Fahrzeuges:	3100 mm
Gesamtgewicht des Fahrzeuges:	16 t
Zuläss. Höchstgeschwindigkeit:	50 km/h

Abschlepp- und Bergekran KW 10 Technische Daten / 18 /

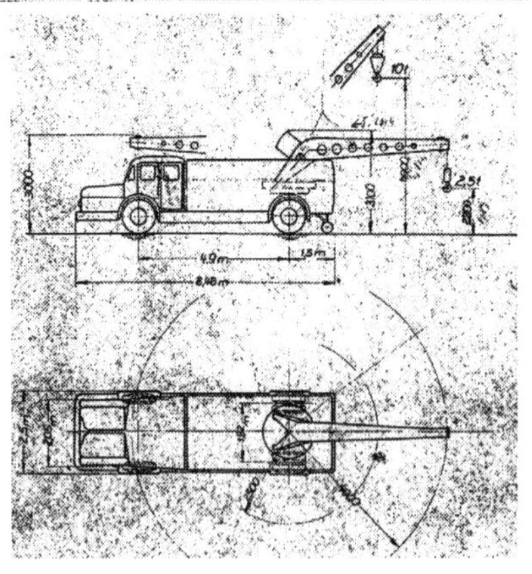

Abschlepp- und Bergekran KW 10 Hauptabmessung / 18 /

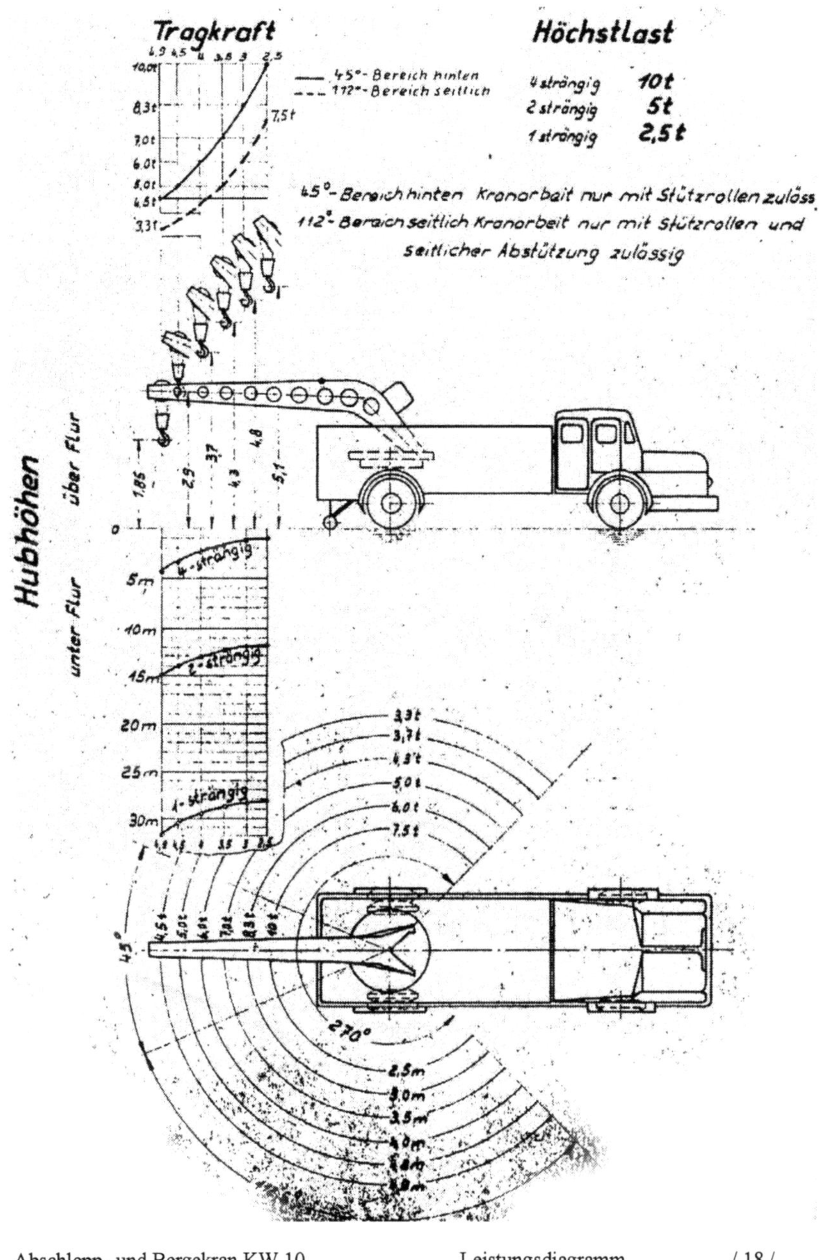
Tragkraft
Höchstlast
45°- Bereich hinten
112°- Bereich seitlich
4 strängig 10t
2 strängig 5t
1 strängig 2,5t
45°- Bereich hinten Kranarbeit nur mit Stützrollen zuläss.
112°- Bereich seitlich Kranarbeit nur mit Stützrollen und seitlicher Abstützung zulässig
Hubhöhen
über Flur
unter Flur
4-strängig
2-strängig
1-strängig
270°
45°

Kranzahl: **2.2.02**

Erzeugnis: **KW 5**

Status: **Variante**

Kranhersteller: **VEB Hebezeugwerk Sebnitz**

Der Kranwagen KW 5 war ein Kran für den Einsatz nur bei der Feuerwehr.

Feuerwehrkran KW5 auf Basis ADK 6,3 / 18 /

Er war in seiner Ausführung praktisch ein Serienkran ADK V/5 bzw. später ADK 6,3 (siehe Kranzahl 1.2.04. und 1.2.05.) und wurde für die Verwendung bei der Feuerwehr, ohne Veränderung der Leistungsparameter, als Variante entsprechend modifiziert.

Produktionsdauer und Jahresstückzahl:

1965	1966	1967	Σ
unbekannt			

Kranzahl: **2.2.03**

Erzeugnis: **ADK III / 3 - A G5**

Status: **Neu- und Weiterentwicklung**

Kranhersteller: **VEB Hebezeugwerk Sebnitz**

Die Entwicklung des Abschlepp- und Bergekranes erfolgte nur für den Einsatz bei der Nationalen Volksarmee (NVA) und war eine Ableitung aus dem Montagekran ADK III/3 G5 (siehe Kranzahl 1.2.09.)

Abschlepp- und Bergekran ADK III/3-A G5 / 18 /

Als Unterwagen wurde der dreiachsige allradangetrieben NKW G5 vom VEB Kraftfahrzeugwerk „Ernst Grube" Werdau wieder verwendet. Auf den Fahrzeugrahmen wurde der Kranteil vom ADK III/3 (siehe Kranzahl 1.2.08.) mit entsprechender Anpassung aufgesetzt.

Als wesentliche Änderung wurde dabei der Ausleger gekürzt. Beim Transport des havarierten Fahrzeuges wurde der Ausleger durch zwei gespreizte Stangen abgestützt und damit zusätzlich gegen eine Verdrehung gesichert.

Das Fahreug war weiterhin mit einem Spill ausgerüstet.

Nähere Angaben sowie technische Daten sind nicht bekannt.

Produktionsdauer und Jahresstückzahl:

(wahrscheinlich) 1963	**1964**	**Σ**
ADK III/3-A G5	**59** (1963–1964 ⟷)	**59**

Kranzahl: **2.4.01**

Erzeugnis: **KW 12**

Status: **Variante**

Kranhersteller: **VEB Maschinenbau „Karl Marx“ Babelsberg**

Der Kranwagen KW 12 war ein Kran für den Einsatz nur bei der Feuerwehr.

Er war in seiner Ausführung ein Serienkran ADK 125 (siehe Kranzahl 1.4.12., 1.4.13.,1.4.14) und wurde für die Verwendung bei der Feuerwehr, ohne Veränderung der Leistungsparameter, als Variante entsprechend modifiziert.

Produktionsdauer: Im Rahmen der Serienproduktion
Produktionsstückzahl: 10 (Stückzahlen in Kranzahl 1.4.11.)

Kranzahl: 2.7.01

Erzeugnis: **ABK 63**

Status: **Neu- und Weiterentwicklung**

Kranhersteller: **VEB Spezialfahrzeugwerk Löbau/S**

Die Entwicklung wurde für den serienmäßigen Aufbau auf den NKW W50 LA des VEB IFA Automobilwerkes Ludwigsfelde 1964/1965 als Aufbauvariante Abschlepp- und Bergekran durchgeführt.

Abschlepp- und Bergekran ABK 63 / 40 /

Das Konzept beinhaltete Kranarbeit nur nach hinten, Abschleppen mittels Kranhaken oder Abschleppstange sowie ein Aufsatteln defekter Fahrzeuge auf eine Abschleppgabel.

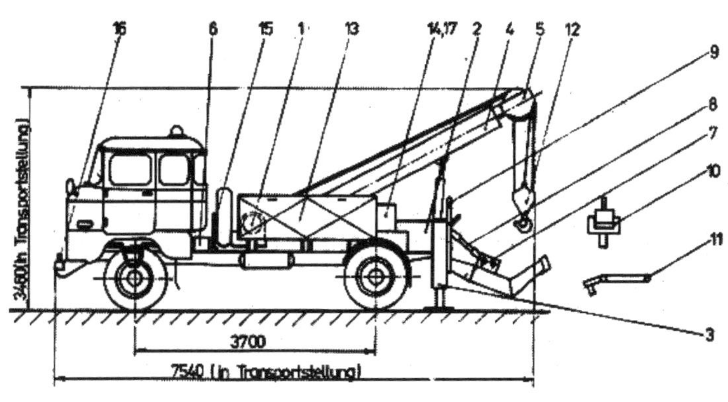

1 Hubwerkswinde
2 Rahmen
3 Abstützung
4 Hauptausleger
5 Teleskopzylinder
6 Ölbehälter
7 Abschleppgabel
8 Zugstange
9 Dreieckschleppstange
10 Drehschemel
11 PKW-Hebegeschirr
12 Hakenflasche
13 Gerätekasten
14 Schaltkasten
15 Reserveradhalter
16 Stoßstange
17 Einmannbedienung

Abschlepp- und Bergekran ABK 63 / 41 /

Konstruktiv war der Kranaufbau direkt auf dem Fahrzeugrahmen angeordnet.

Über den leichten Nebenabtrieb des Fahrzeuggetriebes erfolgte der Antrieb für die Seilwinde (Spill). Mit Hilfe des schweren Nebenabtriebes wurde das elektrohydraulische System gespeist, daß die gesamte Kranhydraulik betrieb.

Die Abstützungen, einzeln ausfahrbar, waren am hinteren Ende des Fahrzeugrahmens angebracht. Ein geschweißtes Kastenprofil bildete die Führung für das Abstützrohr mit dem Abstützzylinder.

Das Hubwerk wurde von einem hydraulischen Axialkolbenmotor über ein Schneckengetriebe angetrieben.

Der Hauptausleger war ein geschweißtes Kastenprofil und am Fahrzeugrahmen mit Bolzen befestigt. In ihm war der Teleskopierausleger, ebenfalls ein geschweißter Kasten, mit dem Teleskopzylinder, der ein Hub von 1 m besaß, angeordnet. Die max. Tragfähigkeit betrug 6,3 t.

Die Kranbewegung war nur über den Wipp- und Teleskopierzylinder sowie dem Hubwerk in Fahrtrichtung nach hinten möglich. Die Absicherung der Kranarbeit erfolgte durch einen Lastmomentbegrenzer (LMB) und ein Druckbegrenzungsventil für den max. Lastzug.

Höchstgeschwindigkeit	70 km/h
Achsuntersetzung	6,07 : 1
Fahrzeug-Länge	7550 mm
-Breite	2500 mm
-Höhe	3450 mm
Masseverteilung (zulässig)	
Vorderachse	4280 kg
Hinterachse	8600 kg bei 60 km/h
zul. Gesamtmasse	11 500 kg
Anhängemasse	16 000 kg
Kranaufbaumasse	ca. 500 kg
kleinster Wendekreisdurchmesser	17,1 m

Fahrgestell:

Motor: Vierzylinder-Viertakt-Dieselmotor, Typ 4 VD 14,5/12—1 SRW, mit Mittelkugelbrennraum (MAN-System), Hubraum 6,56 dm^3 Wasserkühlung, Leistung 92 kW = 125 PS (DIN) bei Drehzahl 2300 min^{-1}, max. Drehmoment 430 Nm bei Drehzahl 1350 min^{-1},
Einscheiben-Trockenkupplung
Wechselgetriebe mit 5 Vorwärtsgängen und 1 Rückwärtsgang, 2. bis 5. Gang synchronisiert. Das Verteilergetriebe für den Allradantrieb ist am Wechselgetriebe angeflanscht. Die Zuschaltung des Allradantriebes erfolgt wahlweise.

Durch einen leichten Nebenantrieb wird die Seilwinde angetrieben.

max. Zugkraft:	3—4,5 Mp
Seillänge:	60 m
Seilgeschwindigkeit:	0,586 m/s

Mittels schwerem Nebenantrieb wird der Kranaufbau elektrohydraulisch betätigt.
Die elektrische Anlage ist mit 24 V ausgelegt.
Hydraulische Lenkunterstützung
Vorderachse, als Gabelachse ausgebildet (Antriebs- und Tragachse getrennt angeordnet) mit Differentialsperre, Teleskop-Stoßdämpfern und Halbelliptik-Blattfedern
Hinterachse (ebenfalls in Antriebs-Tragachse geteilt) mit Differentialsperre, verstärkten Halbelliptik-Blattfedern und progressiv wirkenden Blatt-Zusatzfedern,
Betriebsbremse, als hydraulische Zweikreisbremse mit pneumatischer Verstärkung; Motorbremse; Feststellbremse als Federspeicher-Handbremse
Bereifung 9.00 R 20, 14 PR (2 vorn, 4 hinten, 1 Reserverad)

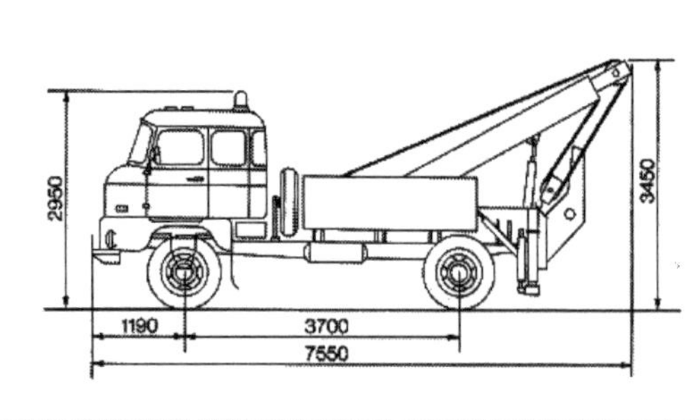

Fahrerhaus:

Ganzstahlkonstruktion in Frontlenkerbauweise, 4 Sitzplätze (davon 1 Schwingsitz für den Fahrer), Warmwasserheizung mit Gebläse, zugfreie Entlüftung mit zusätzlicher Dachklappe, Rundumverglasung aus Sicherheitsglas, elektrische Scheibenwaschanlage, asymmetrisches Abblendlicht.

Kranaufbau:

Kranaufbaumasse 500 kp, Antrieb durch den Fahrzeugmotor über schweren Nebenantrieb — hydraulisch

Tragkraft in kp
Ausladung in mm

mit Abstützung			ohne Abstützung		
6300	6300	4500	5000	3500	2800
200	940	1880	200	940	1880

max. Hubhöhe am Haken	4000 mm
min. Hubhöhe (Unterflur)	— 6000 mm
Hubgeschwindigkeit	2 m/min
Arbeitsdruck der Hydraulikanlage	140 kp/cm²
Von der Abschleppgabel aufzunehmende Masse	
Drehschemel LKW	2400 kg
Hebegeschirr PKW	1000 kg
An der Abschleppgabel abzuschleppende Anhängermasse	10 000 kg
max. Abstützkräfte pro Abstützung (ab Rahmenende)	5125 kp

Abschlepp- und Bergekran ABK 63 Technische Daten und Hauptabmessungen / 42 /

Entwicklungs- und Produktionslinie und Produktionsstückzahl des ABK 63

Jahr	VEB Spezialfahrzeugbau Löbau/S	Lieferung an Dritte Stck.	Lieferung an AWL Stck.	Σ Stck.
1964 ...1965	ABK 63 Entwicklung			
1966 ... 1974	ABK 63 Produktion	8*)		8
1975 ... 1990		242		242
1966 ... 1985			413	413
1986			18	18
1987			19	19
1988			1	1
1989			2	2
1990			3	3
	Σ	250	456	
*) geschätzt	Σ_{gesamt}			706

Der Abschlepp- und Bergekran wurde in die Länder Iran, Nikaragua, Zambia, Angola, Jemen und in weitere Länder geliefert. Der Exportanteil betrug ca. 60%.

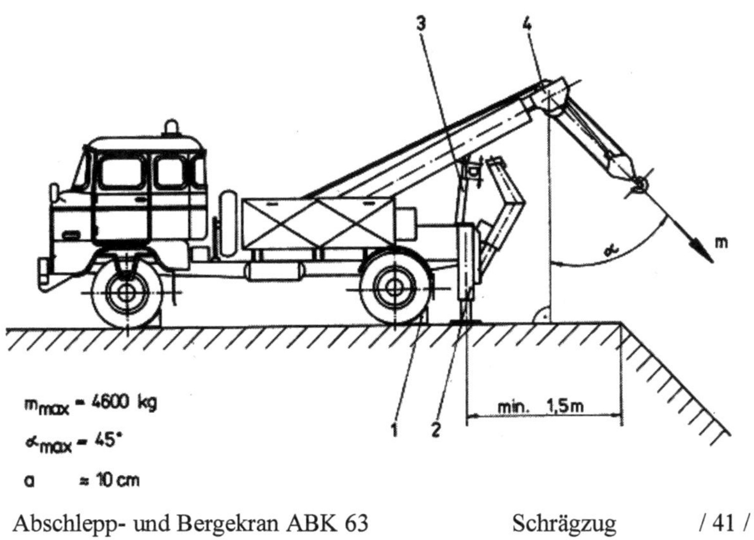

Abschlepp- und Bergekran ABK 63 Schrägzug / 41 /

Kranzahl: **2.7.01**

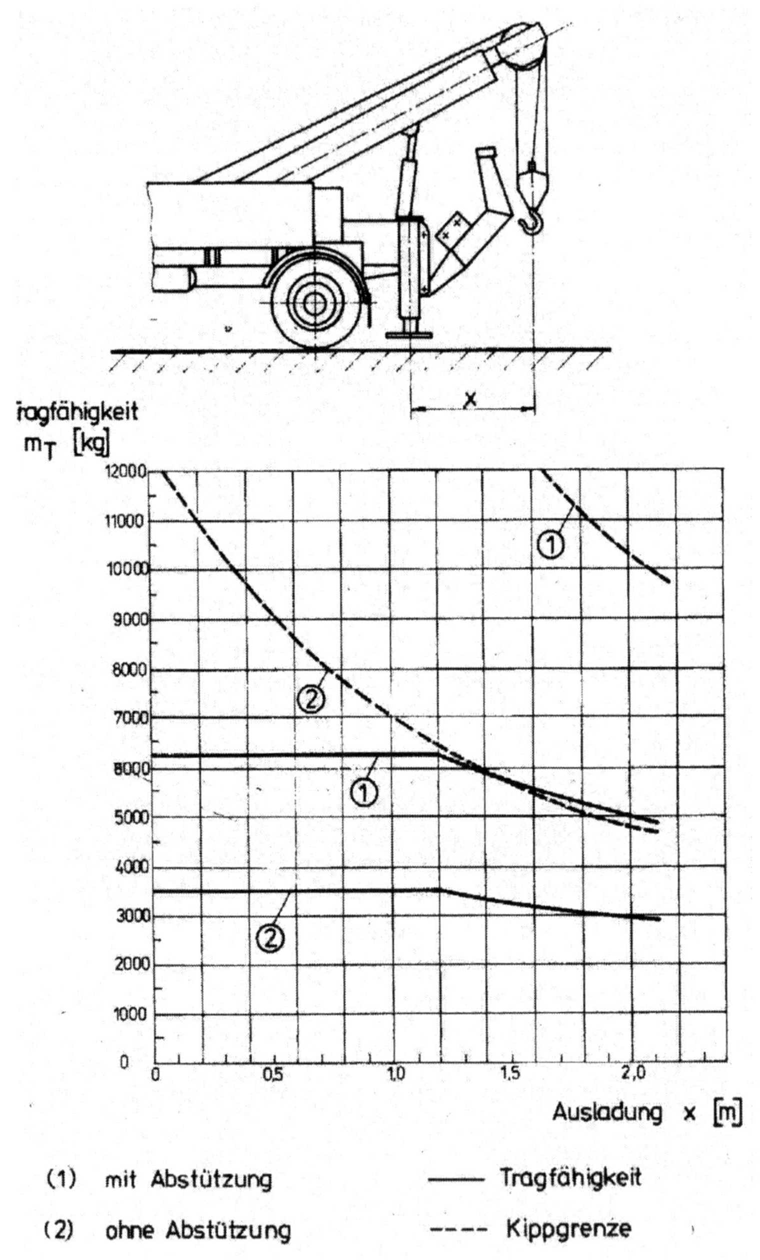

Anhang III

Mobildrehkrane

Inhaltsverzeichnis

1. Entwicklung und Produktionsstruktur Mobildrehkrane

Ende der fünfziger Jahre begannen praktisch zeitgleich in den Betrieben VEB Kranbau Eberswalde und VEB Schwermaschinenbau „S. M. KIROW“ Leipzig die Entwicklung von Mobildrehkranen.

Während in Eberswalde 1957/1958 mit der Entwicklung von Mobildrehkranen mit einer Tragfähigkeit von 20/25 t und 10/16 t begonnen wurde, erfolgte 1958 gleichfalls in Leipzig die Entwicklung eines kleineren Gerätes mit 5/10 t Tragfähigkeit (LDK 5), das ab 1959 produziert wurde.

Aus heutiger Sicht und im einzelnen nicht mehr nachvollziehbar, wurden, wahrscheinlich aus strukturellen Gründen zur Konzentration der Erzeugnisentwicklung und Produktion innerhalb der VVB TAKRAF, die begonnenen Entwicklungen im Kranbau Eberswalde um 1960/1961 nach dem VEB Hebezeugwerk Sebnitz verlagert, wo die Entwicklung fortgesetzt wurde.

Im Entwicklungsprozeß war weiter vorgesehen, bei dem VEB Spezialfahrzeugwerk Berlin, als Kooperationspartner und Zulieferer, die Entwicklung, Konstruktion und Fertigung der Unterwagen beider Mobildrehkrantypen zu konzentrieren. Der Betrieb führte dazu entsprechende Investitionen zur Erweiterung der Produktionskapazitäten durch. Die Entwicklung selbst erfolgte bis zur Fertigstellung von je einem Baumuster.

Durch strukturpolitische Entscheidungen des damaligen Volkswirtschaftsrates (VWR) und des Magistrates von Groß-Berlin wurde diese Entwicklung im Spezialfahrzeugwerk Berlin abgebrochen und der Betrieb auf den schon vorhandenen Fahrzeugbau für Kommunaltechnik konzentriert.

Diese Entscheidung bedeutete, da im Hebezeugwerk Sebnitz, wie auch in anderen gleichgelagerten Betrieben, keine Entwicklungs- und Produktionskapazitäten zur Fortführung der Arbeiten zur Verfügung standen, die Einstellung der gesamten Entwicklung beider Krantypen. In der Folge wurde im Hebezeugwerk Sebnitz ein Mobildrehkran mit 5/7,5 t Tragfähigkeit (MDK 12,5) entwickelt und bis 1968 gefertigt. Danach konzentrierte sich der Betrieb nur noch auf die Entwicklung und Produktion von Autodrehkranen.

Im VEB Schwermaschinenbau „S. M. Kirow“ Leipzig, der ein traditioneller Betrieb für die Entwicklung und Herstellung von Eisenbahndrehkranen war, wurde 1958, vermutlich als Kapazitätsausgleich für die jährlich unterschiedliche Auftragslage von Eisenbahndrehkranen und wahrscheinlich auch zur Vergrößerung seiner Produktionspalette, mit der Entwicklung und Produktion von Mobildrehkranen begonnen. Die erste Entwicklung begann mit dem Mobildrehkran LDK 5, bei dem der Oberwagen noch komplett vom Schienendrehkran SDK 5 übernommen wurde.

Im weiteren zeitlichen Ablauf erfolgte, auch mit der Einstellung der Mobildrehkranproduktion im Hebezeugwerk Sebnitz, eine Konzentration und Spezialisierung der Produktion auf Mobildrehkrane, so daß der Betrieb Alleinhersteller dieser Krane in der DDR bis 1989/1990 wurde.

Mit diesem nun relativ klaren Produktionsprofil wurde neben der Produktion von Eisenbahndrehkranen die Entwicklung und Produktion von Mobildrehkranen in zwei Entwicklungslinien parallel durchgeführt. Die erste waren Mobildrehkrane mit 20 t und die zweite Mobildrehkrane mit 40 t Tragfähigkeit, wie im Bild 1 dargestellt.

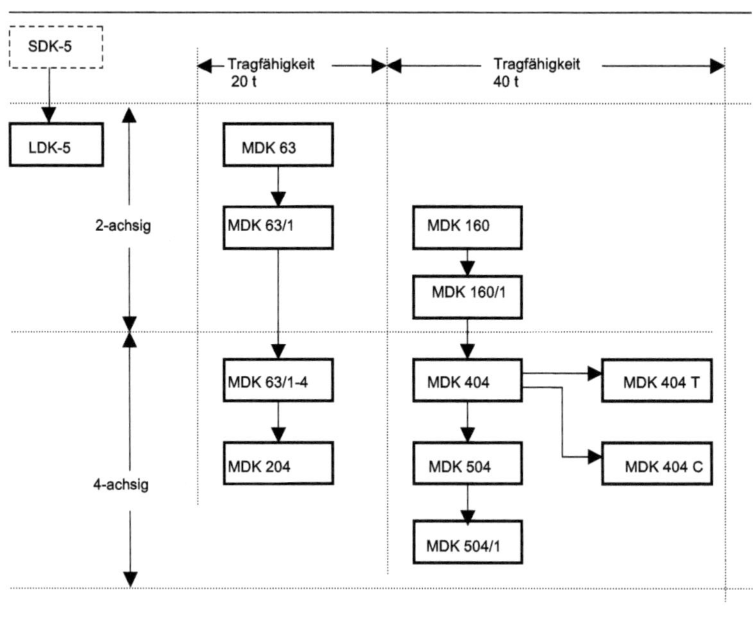

Bild 1 Entwicklung der Mobildrehkrane im VEB Schwermaschinenbau „S. M. KIROW“

In der konstruktiven Auslegung aller Krane lagen vier grundsätzliche Prinzipien zu Grunde, und zwar:

- diesel-elektrischer Antrieb,
- mechanischer Antrieb der Krantriebwerke und des Fahrantriebes,
- elektro-pneumatische Steuerung und
- max. Nutzung von KFZ-Baugruppen aus der Produktion des Automobilbaues.

Durch den Übergang von der 2-achsigen zur 4-achsigen Ausführung und der damit verbundenen Absenkung der Achslasten bei gleichzeitige Erhöhung der Fahrgeschwindigkeit wurde der Einsatz im Gelände wie auch das Fahren im öffentlichen Verkehr ermöglicht.

Mit den gesellschaftlichen Veränderungen in der DDR wurde der Betrieb 1989/1990 in eine GmbH umgewandelt, in deren Konzept die Entwicklung und Herstellung von Mobildrehkranen zu Gunsten von Eisenbahndrehkranen eingestellt wurde.

Betrieb	Tragfähigkeit der Krane t	Zeitdauer der Kranproduktion Jahr	gesamt produzierte Kraneinheiten Stck.	Produktionsverlagerung/ Produktionsauslauf
VEB Kranbau Eberswalde	10 ... 25	1957 ... 1961	nur Entwicklung	→ (nach Sebnitz)
VEB Hebezeugwerk Sebnitz	7,5	1964 ... 1968	260	→ 0
VEB Schwermaschinenbau „S.M. KIROW Leipzig	20 ... 40	1959 ... 1989	1.526	→ 0
Σ	7,5 ... 40	1957 ...1989	1.790	(gerundet)

Bild 2 Produktionsübersicht Mobildrehkrane

Betrieb	Zeitdauer d. Kranproduktion	gesamt produzierte Kraneinheiten	Anzahl d. Neu- u. Weiterentwicklungen	durchschnittlich produzierte Kraneinheiten im Jahr	durchschnittliche Anzahl der Entwicklungsjahre je Entwicklung	durchschnittlich produzierte Kraneinheiten je Entwicklung
	a	M	E	M/a	a/E	M/E
	Jahr	Stck.	Stck.	Stck./Jahr	Jahr/Stck.	Stck./Stck.
VEB Hebezeugwerk Sebnitz	5	260	1	52	5,00	260
VEB Schwermaschinenbau „S.M. KIROW" Leipzig	31	1.526	12	49	2,58	127
	1959 ... 1989					
Σ	31	1.786	13	58	2,38	137

Bild 3 Entwicklung und Produktionsniveau Mobildrehkrane

Bedingt durch die relativ geringe Fahrgeschwindigkeit von 40 bis 50 km/h und die notwendigen Rüstzeiten, hat der Mobildrehkran ein wirtschaftlich begrenztes Arbeitssegment. Sein Einsatzbereich findet im Gelände und bei zeitlich längeren Bau- und Montagestellen. Daraus versteht sich auch die Größenordung der jährlich hergestellten Krane, die im Vergleich zu den Autodrehkranen fast nur 1/10-tel ausmacht. Daraus resultiert auch in Annäherung das unterschiedliche Verhältnis der Erneuerungsrate von 2,38 zu 1,50 bei den Autodrehkranen.

In der Bilanz der produzierten Mobildrehkraneinheiten ergibt sich:

Betrieb	Krantyp	Stückzahl		
Hebezeugwerk Sebnitz	**MDK 12,5**	**260**		
KIROW Leipzig	**LDK 5**	**173**		
	MDK 63 **MDK 63/1**	**307**		
	MDK 63/1-4 **MDK 204**	**98**		
	MDK 160 **MDK 160/1**	**76**		
	MDK 404 **MDK 404 T** **MDK 404 C**	**281**	**(nur Funktionsmuster)**	
	MDK 504 **MDK 504/1**	**591**		
	Σ KIROW		**1.526**	**Mobildrehkraneinheiten**

Produktionsanteile:

Sebnitz	**260**	**15%**
KIROW	**1.526**	**85%**

Σ MDK gesamt 1.786 Mobildrehkraneinheiten

2. Übersicht, Gliederung und Darstellung der Mobildrehkrantypen

Für die Gliederung wurde eine dreistellige Kranzahl festgelegt, die sich nach folgender Legende zusammensetzt:

X1. X2. X3. = Kranzahl

X1 = Nummer der Bauart
X2 = Nummer des Kranherstellers
X3 = lfd. Nummer des Krantyps in der jeweiligen Bauart (Ordnungsnummer)

Bauart

Nummer der Bauart	Bauart	
3	Mobildrehkran	MDK

Kranhersteller

Nummer des Kranherstellers	Kranhersteller
2	VEB Hebezeugwerk Sebnitz
6	VEB Schwermaschinenbau „S. M. KIROW“ Leipzig

Bauart	Krantyp	Kranhersteller	Kranzahl
3	**Mobildrehkrane**		
	MDK 12,5	Sebnitz	3.2.01.
	MDK 40/63	Sebnitz	3.2.02.
	MDK 80/125	Sebnitz	3.2.03.
	LDK-5	KIROW	3.6.01.
	MDK 63	KIROW	3.6.02.
	MDK 63/1	KIROW	3.6.03.
	MDK 63/1-4	KIROW	3.6.04.
	MDK 204	KIROW	3.6.05.
	MDK 160	KIROW	3.6.06.
	MDK 160/1	KIROW	3.6.07.
	MDK 404	KIROW	3.6.08.
	MDK 404 T	KIROW	3.6.09.
	MDK 404 C	KIROW	3.6.10.
	MDK 504	KIROW	3.6.11.
	MDK 504/1	KIROW	3.6.12.

Kranzahl: **3.2.01**

Erzeugnis: **MDK 12,5**

Status: **Neu- und Weiterentwicklung**

Kranhersteller: **VEB Hebezeugwerk Sebnitz**

1961 wurde mit der Entwicklung begonnen. Die erste Konstruktion beinhaltete einen Kran ohne Abstützung mit einer Tragfähigkeit von 5 t. Dieses Konzept wurde wegen der begrenzten Kranarbeit auf der Baustelle nach wenigen Produktionsgrößen verlassen. Es erfolgte eine konstruktive Überarbeitung des Gerätes und Auslegung mit einer Abstützung, so daß die Tragfähigkeit 7,5 / 5 t betrug.

Mobilldrehkran MDK 12,5 / 21 /

Das letztere Krankonzept beinhaltet einen diesel-mechanischen Kran mit einer Motorleistung von 70 PS (51,5 kW), wobei der Motor ein luftgekühlter Otto- oder Dieselmotor sein konnte. Das Schaltgetriebe bot 5 Gänge, die Fahrgeschwindigkeit betrug max. 42 km/h.

Der Kran konnte für schweres Gelände mit einer angetriebenen, abschaltbaren Vorderachse für Allradbetrieb ausgerüstet werden. Eine automatische Lenkumschaltung sicherte, unabhängig von der Stellung des Oberwagens, den richtigen Radeinschlag.

Der Wendekreis betrug 12,5 m. Für die Kranarbeit und das Verfahren unter Last wurden die Achsen hydraulisch verriegelt. Im Fahrantrieb wurden die Baugruppen Motor, Kupplung und Schaltgetriebe von dem NKW LO2500 aus dem VEB Roburwerk Zittau verwendet.

Das den Krantriebwerken vorgeschaltete 5-Gang-Schaltgetriebe gestattete das Arbeiten in 5 Stufen innerhalb derer weitere Regelmöglichkeiten durch Veränderung der Motordrehzahl gegeben waren, so daß der Gesamtregelbereich 1:26 betrug.

Für das Umrüsten von Fahr- auf Kranbetrieb und umgekehrt wurde der Normalausleger hydraulisch in Fahrtrichtung nach hinten umgeklappt. Dieser hatte eine Länge von 8 m und konnte durch 2 m-Zwischenstücke , als Hochbauausleger auf 10, 12, 14 und 16 m verlängert werden. Ein 3 m- und 4 m-Spitzenausleger komplettierte den Ausleger.

Es bestand Einmannbedienung. Die Kransteuerung erfolgte mittels einer halbautomatischen elektropneumatischen Druckknopfsteuerung.

Als Zusatzausrüstung konnte ein 0,6 m^3-Zweiseilgreifer für Schüttgüter verwendet werden.

Entwicklungs-, Produktionslinie und Stückzahlen des MDK 12,5*)

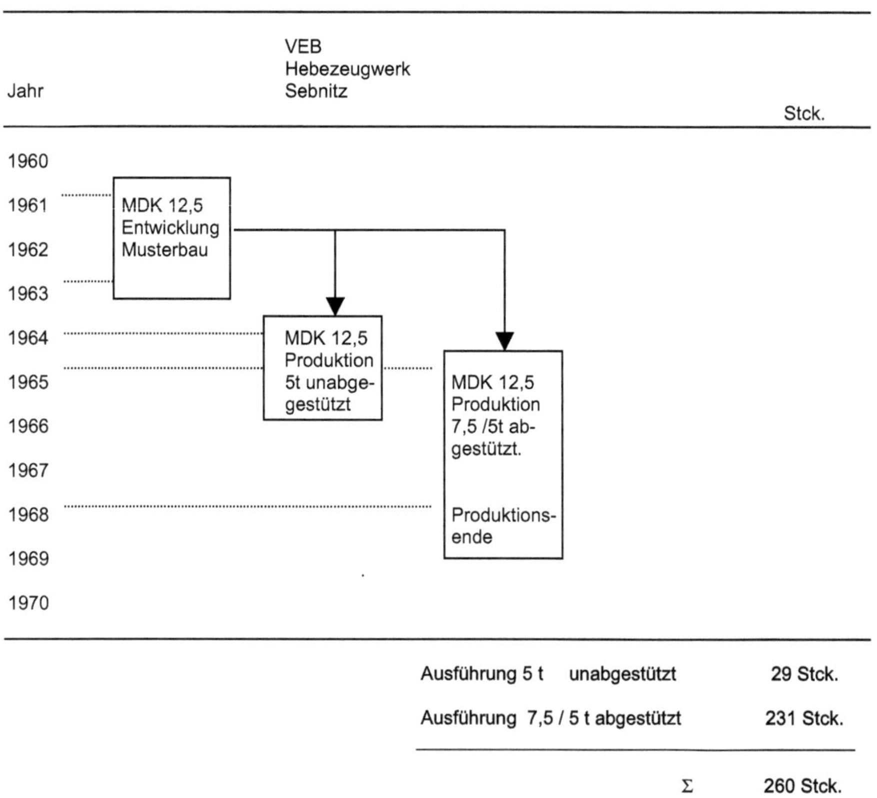

*) / 18 /

Ausladung (m)	Kran abgestützt							Kran unabgestützt				
	Tragfähigkeit bei Auslegerlänge (kp)					Spitzenausleger (kp)		Tragfähigkeit bei Auslegerlänge (kp)				
	8	10	12	14	16	SP 14	SP 16	8	10	12	14	16
2,70	7500							5000				
3,00	6700	6500						4400	4250			
3,40	5850	5750	5500					3650	3640	3600		
3,90	5050	4950	4800	4500				3100	3050	2950	3000	
4,15	4700	4600	4500	4250	4000			2860	2800	2720	2650	2500
4,70	4100	4000	3900	3700	3500			2480	2400	2300	2200	2130
5,00	3830	3730	3620	3450	3270			2300	2220	2120	2020	1950
5,40	3500	3400	3300	3150	2980			2100	2030	1930	1820	1730
5,75	3270	3170	3050	2920	2750	1600		1960	1900	1780	1660	1580
6,20	3000	2900	2800	2650	2500	1600	1600	1800	1750	1620	1500	1420
6,50	2830	2750	2640	2500	2350	1500	1470	1700	1650	1530	1400	1310
6,80	2680	2620	2480	2350	2200	1380	1360	1620	1550	1450	1310	1240
7,00	2570	2530	2400	2260	2140	1330	1300	1560	1500	1400	1260	1180
7,50	2330	2320	2180	2070	1950	1180	1140	1430	1360	1300	1160	1070
8,00	2100	2100	2000	1900	1800	1060	1000	1300	1230	1180	1060	960
8,50		1950	1850	1750	1650	960	900		1120	1080	970	870
9,00		1800	1700	1600	1500	860	800		1040	980	900	800
9,75		1550	1500	1430	1330	740	680		950	860	780	700
10,00			1450	1360	1280	710	650			840	750	660
10,50			1330	1250	1170	650	580			760	680	600
11,00			1220	1150	1080	590	530			700	620	550
11,50			1100	1050	980	540	480			650	560	500
12,00				960	900	480	430				520	460
13,30				700	680	380	320				400	350
14,00					570	330	260					310
14,75					470	270	200					260
15,00					400	260						250
16,20						200						

Die in der Tabelle angegebenen Werte dürfen nicht überschritten werden. Sie entsprechen einer 75 %igen Ausnutzung des Lastmomentes.

Änderungen vorbehalten!

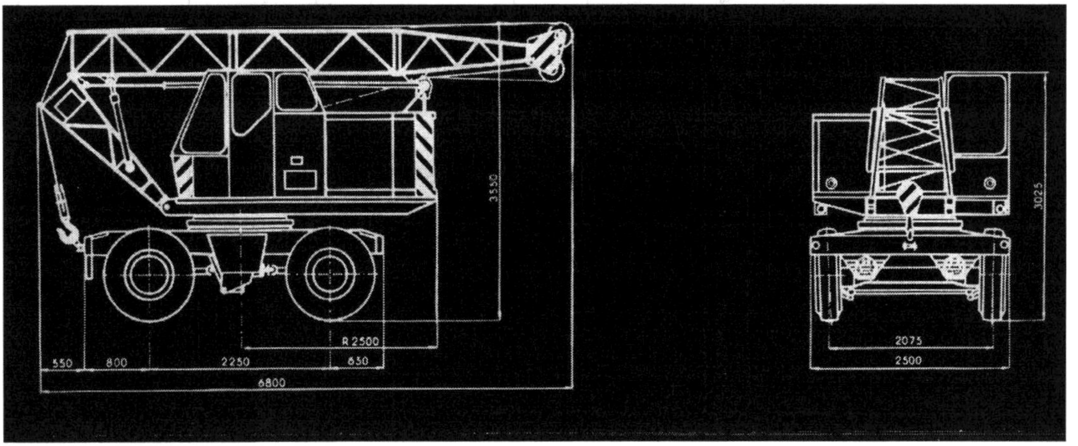

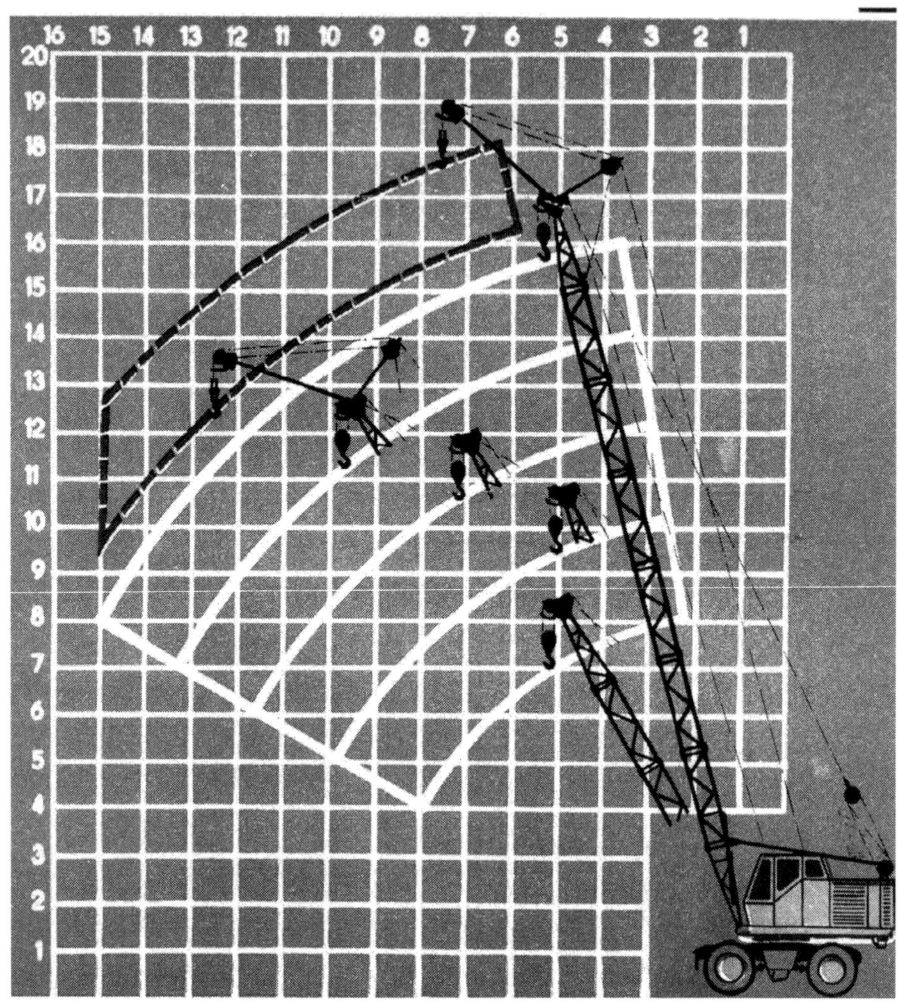

Mobildrehkran MDK 12,5 Ausladung und Hubhöhe / 21 /

Kranzahl: **3.2.02**

Erzeugnis: **MDK 40/63**

Status: **Projekt**

Kranhersteller: **VEB Hebezeugwerk Sebnitz**

Im Zeitraum 1957/1958 wurde mit der Entwicklung des 2-achsigen MDK 40/63 im VEB Kranbau Eberswalde begonnen. Die Tragfähigkeit sollte 10/16 t betragen. Vermutlich wurde die Entwicklung parallel mit dem MDK 80/125 mit 20/25 t Tragfähigkeit durchgeführt.

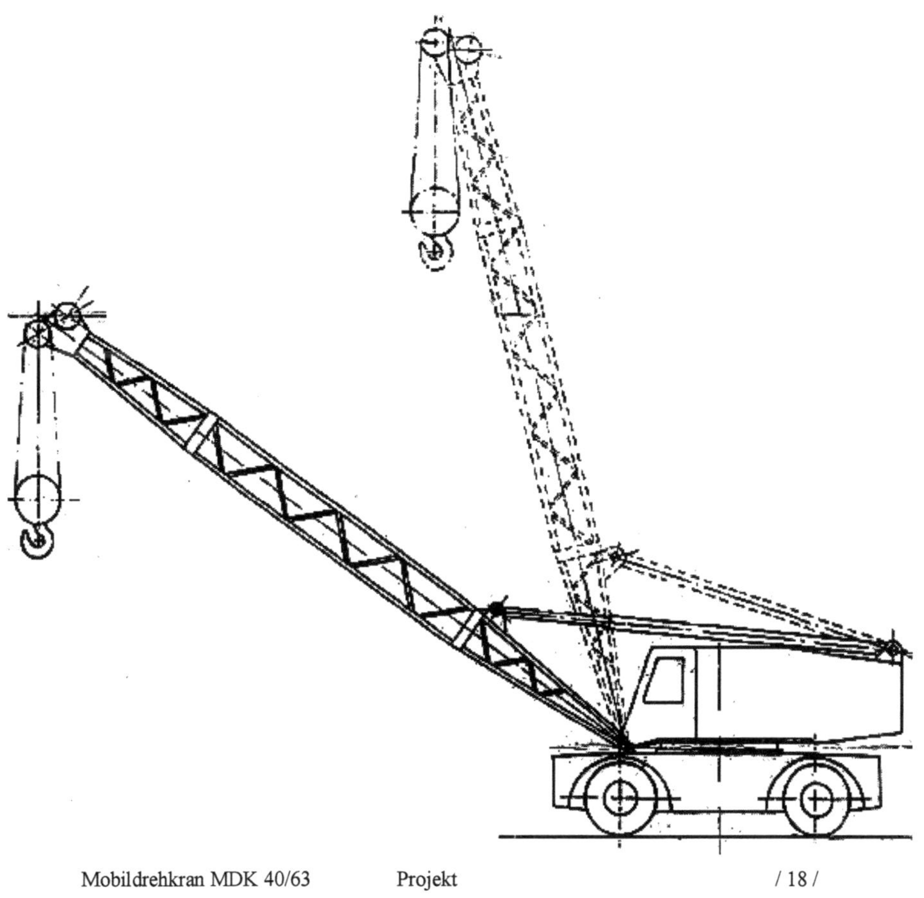

Mobildrehkran MDK 40/63 Projekt / 18 /

Aus wahrscheinlich strukturellen Gründen der Konzentration der Entwicklung und Produktion innerhalb der VVB TAKRAF wurde die Entwicklung nach dem VEB Hebezeugwerk Sebnitz verlagert und dort weiter geführt.

Im Entwicklungsprozeß war vorgesehen, das der VEB Spezialfahrzeugwerk Berlin Zulieferer des kompletten Unterwagens – einschließlich der Entwicklung, analog zum MDK 80/125 – werden sollte. Durch eine strukturpolitische Entscheidung hatte der Betrieb jedoch zukünftig den schon vorhandenen Fahrzeugbau für Kommunaltechnik weiter kapazitiv auszubauen, was die Einstellung der Entwicklung und der späteren Herstellung der Unterwagen bedeutete.

In der Entwicklung selbst hatte das Spezialfahrzeugwerk Berlin zum Zeitpunkt dieser Entscheidung einen Unterwagen als Musterbau komplett fertiggestellt.

Durch das Fehlen von Entwicklungs- und Produktionskapazitäten zur Weiterführung dieser Arbeiten in Sebnitz, wie auch in anderen gleichgelagerten Betrieben, wurde die Entwicklung eingestellt.

Der Kran sollte mit dem gleichen Antriebsmotor wie der MDK 80/125 ausgerüstet werden. Damit hätten sich bei seinen geringeren Lasten höhere Arbeitsgeschwindigkeiten und eine größere Steigfähigkeit im Fahrbetrieb ergeben.

Weitere nähere technische Daten und Angaben zu dieser Entwicklung sind nicht bekannt.

Kranzahl: **3.2.03**

Erzeugnis: **MDK 80/125**

Status: **Projekt**

Kranhersteller: **VEB Hebezeugwerk Sebnitz**

Im Zeitraum 1957/1958 wurde mit der Entwicklung des 3-achsigen MDK 80/125 im VEB Kranbau Eberswalde begonnen. Die Tragfähigkeit war mit 20/25 t konzipiert. Vermutlich wurde die Entwicklung parallel mit dem MDK 40/63 mit 10/16 t Tragfähigkeit durchgeführt.

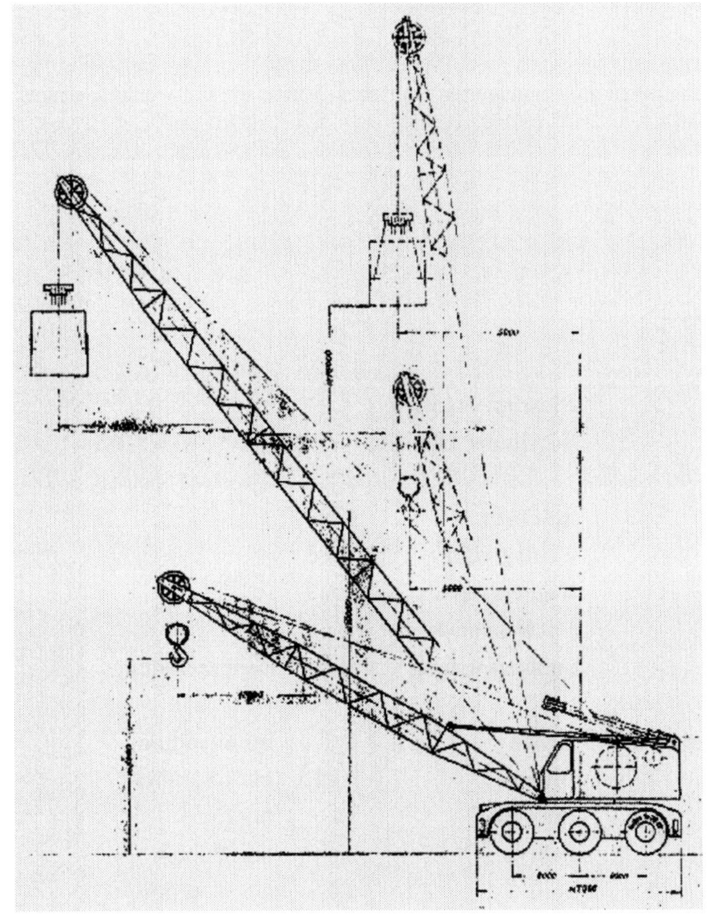

Mobildrehkran MDK 80/125 / 18 /

Kranzahl: 3.2.03

Aus wahrscheinlich strukturellen Gründen der Konzentration der Entwicklung und Produktion innerhalb der VVB TAKRAF wurde die Entwicklung nach dem VEB Hebezeugwerk Sebnitz verlagert und dort weiter geführt.

Im Entwicklungsprozeß war vorgesehen, das der VEB Spezialfahrzeugwerk Berlin Zulieferer des kompletten Unterwagens – einschließlich der Entwicklung, analog zum MDK 40/80 – werden sollte. Durch eine strukturpolitische Entscheidung hatte der Betrieb jedoch zukünftig den schon vorhandenen Fahrzeugbau für Kommunaltechnik weiter kapazitiv auszubauen, was die Einstellung der Entwicklung und der späteren Herstellung der Unterwagen bedeutete.

In der Entwicklung selbst hatte das Spezialfahrzeugwerk Berlin zum Zeitpunkt dieser Entscheidung einen Unterwagen als Musterbau komplett fertiggestellt.

Durch das Fehlen von Entwicklungs- und Produktionskapazitäten zur Weiterführung dieser Arbeiten in Sebnitz, wie auch in anderen gleichgelagerten Betrieben, wurde die Entwicklung eingestellt.

Technische Daten:

Antrieb	**Dieselmechanisch**		
Motor	**8-Zylinder Dieselmotor NYD 12,5 SRL , GD8**		
Betriebsart	**Stückgut**	**0 bis 25 t**	
	Kohlegreifer	**2 m3**	
	Baggergreifer	**1 m3**	
	Hochbauausleger		
	Spillausrüstung	**für 4 t Strangbelastung**	
Arbeitsgeschwindigkeiten	**Heben**	**2**	**bis 60 m/min**
	Drehen	**0,42**	**bis 4,8 U/min**
	Einziehen	**15**	**bis 13 s**
	Fahren	**2,6**	**bis 30 km/h**
	Spill	**2,6**	**bis 30 m/min**

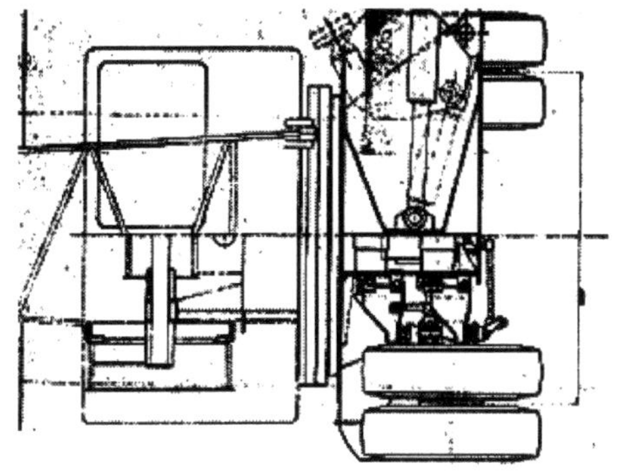

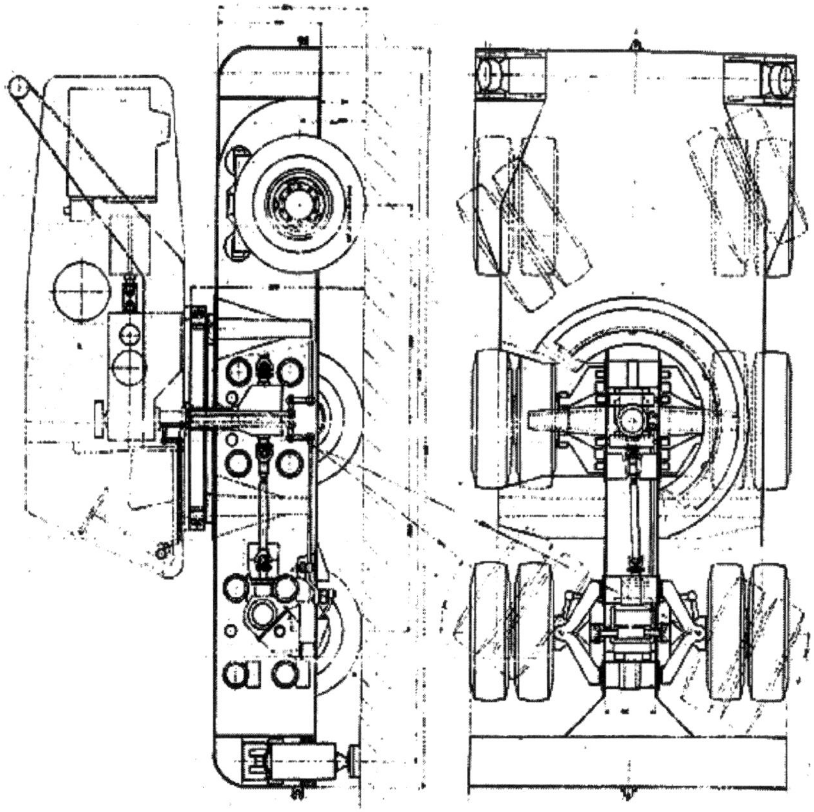

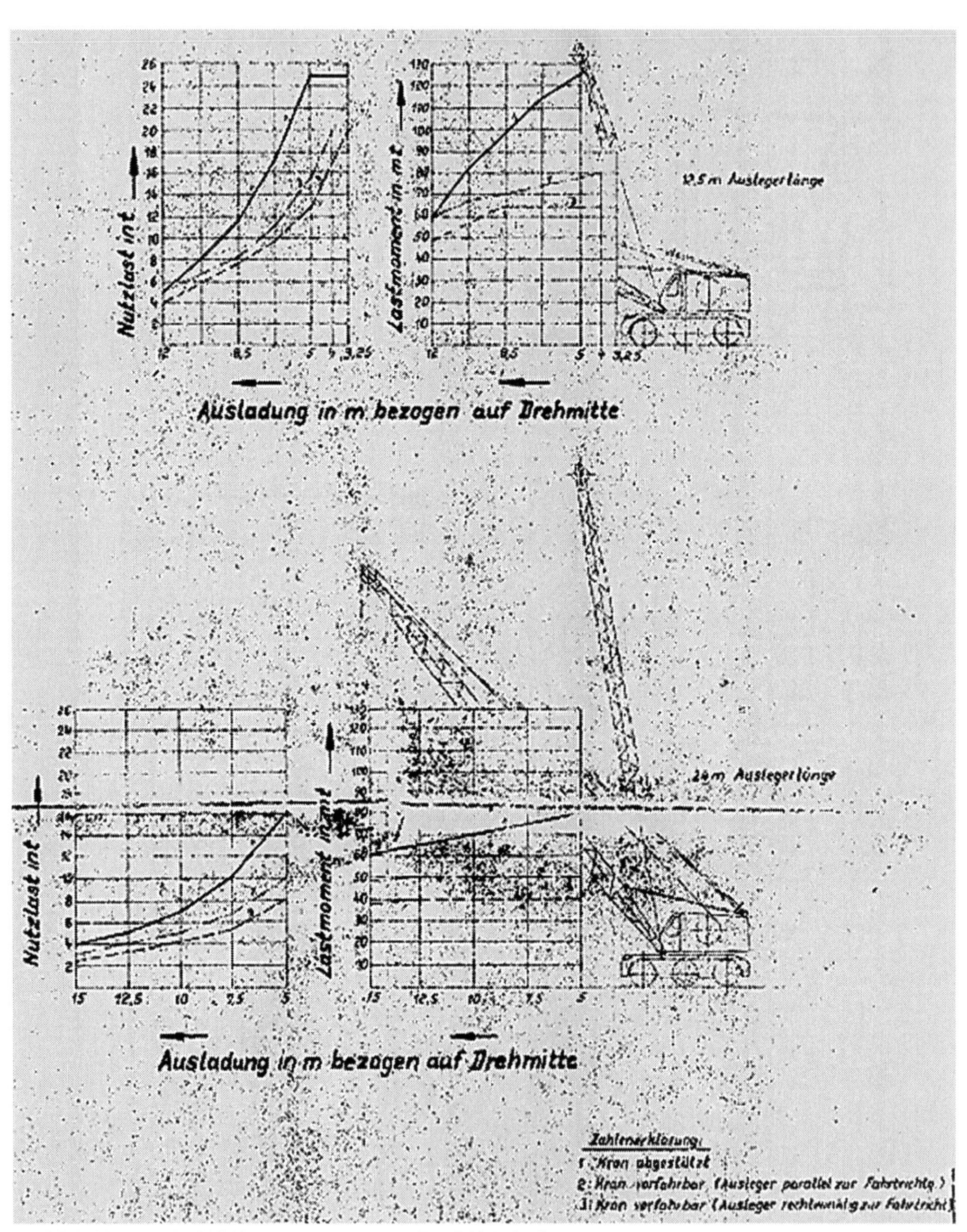
Nutzlast in t
Lastmoment in mt
12,5 m Auslegerlänge
Ausladung in m bezogen auf Drehmitte
24 m Auslegerlänge
Ausladung in m bezogen auf Drehmitte
Zahlenerklärung:
1: Kran abgestützt
2: Kran verfahrbar (Ausleger parallel zur Fahrtrichtg.)
3: Kran verfahrbar (Ausleger rechtwinklig zur Fahrtricht.)

Kranzahl: 3.6.01

Erzeugnis: **LDK 5**

Status: **Neu- und Weiterentwicklung**

Kranhersteller: **VEB Schwermaschinenbau „S. M. Kirow" Leipzig**

Die Entwicklung für den 5 t-Mobildrehkran erfolgte im Jahr 1958. Produktionsbeginn war 1959.

Mobildrehkran LDK-5 / 29 /

Der Unterwagen war 2-achsig in Doppelbereifung ausgelegt. Für den diesel-elektrischen Antrieb mit Konstantspannungsgenerator erfolgte die Verwendung eines 50 PS (36,8 kW) luftgekühlten Motors bei 1500 U/min. Die Lenkung war pneumatisch mit Lenkhilfe ausgeführt.

Der Oberwagen wurde im Original vom Schienendrehkran SDK-5 übernommen.

Der Ausleger konnte durch mehrere Zwischenstücke verlängert und mit einem Schnabelausleger ausgerüstet werden, so daß sich mit der Ober- und Unterflasche eine Vielzahl von Arbeitsvarianten ergaben. Damit bestanden zwei Auslegerarten, eine als Geradausleger und eine als Schnabelausleger.

Kranzahl: **3.6.01**

Der Mobildrehkran war sowohl für Montagen mit Kranhaken und für Greiferbetrieb mit elektrohydraulischem Motorgreifer als auch für Magnetbetrieb ausgelegt.

Der Kranbetrieb wurde durch eine automatische Ausladungsanzeige sowie durch Hubendschalter gesichert.

max. Tragkraft, freistehend	5 000 kp
max. Tragkraft, abgestützt	10 000 kp
Ausladungsbereich für Geradausleger	ca. 3,75 – 12,00 m
Ausladungsbereich für Schnabelausleger	ca. 7,35 – 13,70 m
Hubhöhe über Standort (mit Ausleger A 1)	ca. 9,00 – 3,50 m
Hubgeschwindigkeit (3 Seilstränge)	ca. 13,3 m/min
Einziehdauer	ca. 35 s
Drehen	ca. 1,4 U/min
zul. Fahrgeschwindigkeit	20 km/h
3-Zylinder luftgekühlter Dieselmotor	51 PS 1500 U/min
Konstantspannungsregler 380 V, 50 Hz	38 kVA
Radstand	ca. 3 100 mm
Gesamtlänge (ohne Ausleger)	ca. 4 700 mm

Gesamtlänge mit Ausl. 1 (Fahrbereitschaft)	ca. 13 500 mm
Gesamtbreite	ca. 2 500 mm
max. Höhe	ca. 3 600 mm
Hintere Ausladung des Oberwagens	ca. 2 190 mm
Bereifung 8fach	12,00 – 20 eHDv
Lenkung	pneum. Lenkhilfe
Kurvenradius	ca. 10 m
Abstützbasis	2,8 x 2,8 m
Gesamtmasse mit Gegenlast	ca. 19,5 t
Vorderachslast bei Straßenfahrt	ca. 7,5 Mp
Hinterachslast bei Straßenfahrt	ca. 12 Mp
max. Steigfähigkeit bei Straßenfahrt auf befestigten Straßen	15 Prozent

Mobildrehkran LDK-5 Technische Daten / 29 /

In der Folge wurde der LDK-5 zum LDK-5/2 weiterentwickelt.

Produktionsdauer*): 1959 bis 1965 (-67 ?)

Produktionsstückzahl*):	LDK-5	LDK-5/2	Σ
	80	93	173

Ein LDK-5/1 ist nicht bekannt.

*) / 18 /, / 66 /

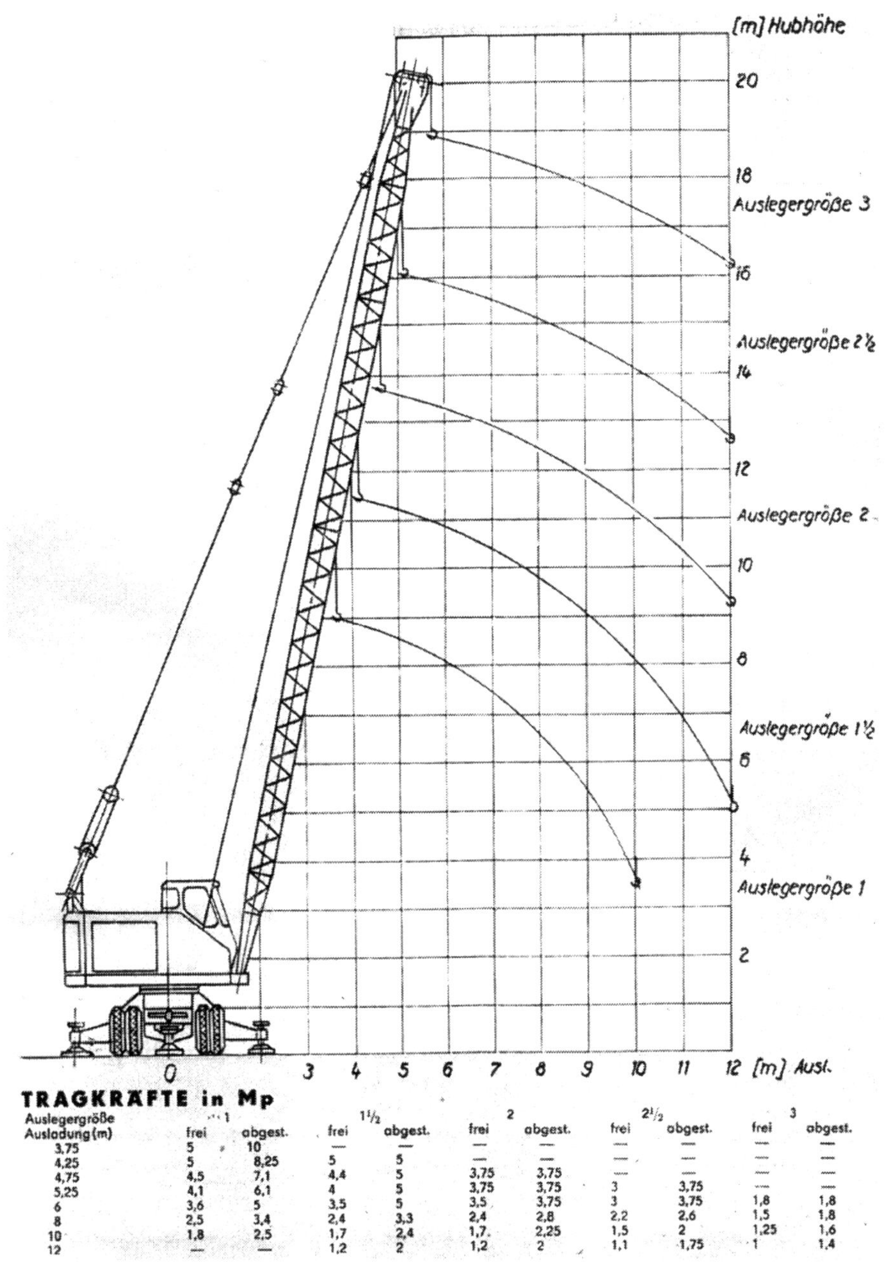

TRAGKRÄFTE in Mp

Auslegergröße	1		1½		2		2½		3	
Ausladung (m)	frei	abgest.	frei	abgest.	frei	abgest.	frei	abgest.	frei	abgest.
3,75	5	10	—	—	—	—	—	—	—	—
4,25	5	8,25	5	5	—	—	—	—	—	—
4,75	4,5	7,1	4,4	5	3,75	3,75	—	—	—	—
5,25	4,1	6,1	4	5	3,75	3,75	3	3,75	—	—
6	3,6	5	3,5	5	3,5	3,75	3	3,75	1,8	1,8
8	2,5	3,4	2,4	3,3	2,4	2,8	2,2	2,6	1,5	1,8
10	1,8	2,5	1,7	2,4	1,7	2,25	1,5	2	1,25	1,6
12	—	—	1,2	2	1,2	2	1,1	1,75	1	1,4

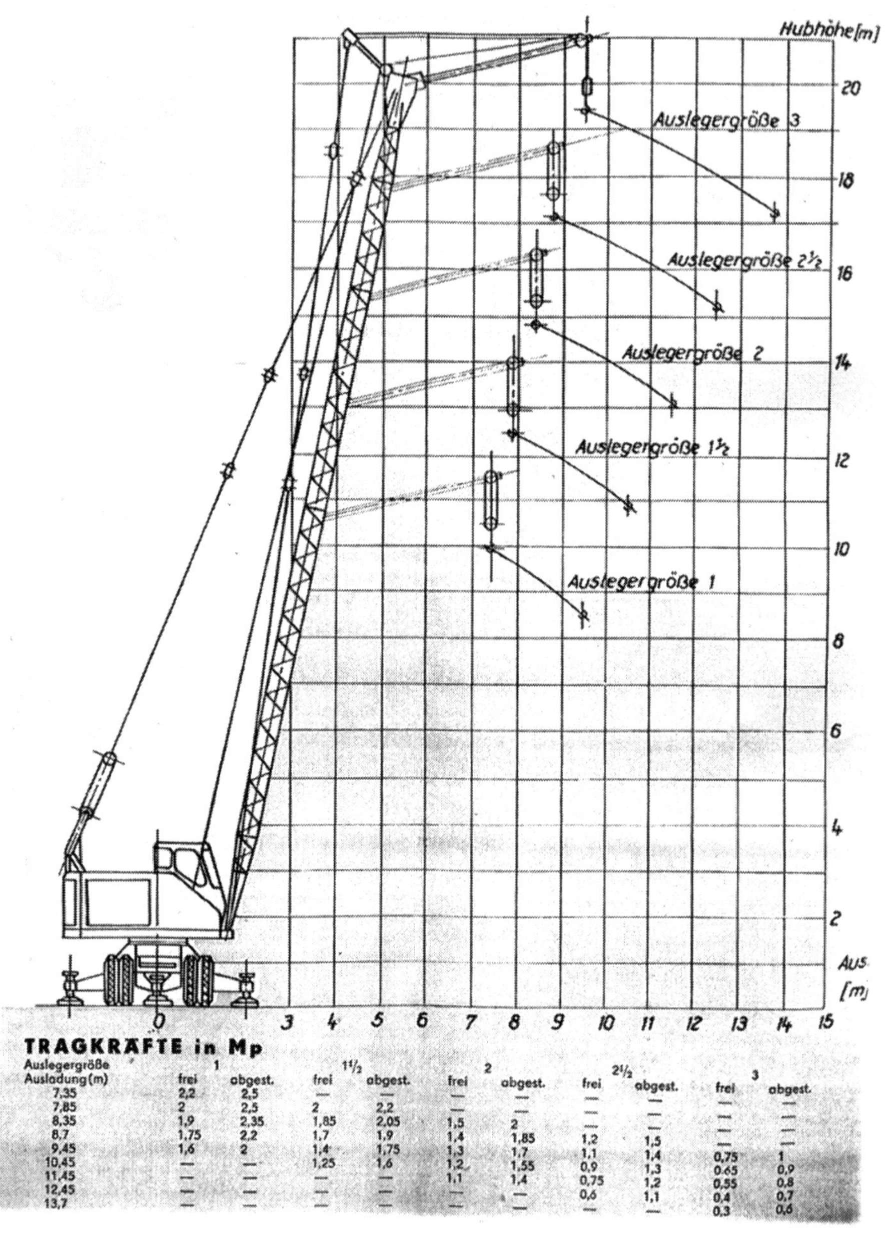

TRAGKRÄFTE in Mp

Auslegergröße	1		1½		2		2½		3	
Ausladung (m)	frei	abgest.	frei	abgest.	frei	abgest.	frei	abgest.	frei	abgest.
7,35	2,2	2,5	—	—	—	—	—	—	—	—
7,85	2	2,5	2	2,2	—	—	—	—	—	—
8,35	1,9	2,35	1,85	2,05	1,5	2	—	—	—	—
8,7	1,75	2,2	1,7	1,9	1,4	1,85	1,2	1,5	—	—
9,45	1,6	2	1,4	1,75	1,3	1,7	1,1	1,4	0,75	1
10,45	—	—	1,25	1,6	1,2	1,55	0,9	1,3	0.65	0,9
11,45	—	—	—	—	1,1	1,4	0,75	1,2	0,55	0,8
12,45	—	—	—	—	—	—	0,6	1,1	0,4	0,7
13,7	—	—	—	—	—	—	—	—	0,3	0,6

Kranzahl: **3.6.02**

Erzeugnis: **MDK 63**

Status: **Neu- und Weiterentwicklung**

Kranhersteller: **VEB Schwermaschinenbau „S. M. Kirow“ Leipzig**

Der Entwicklungsbeginn war das Jahr 1964. Das konstruktive Konzept sah die Entwicklung eines dieselmechanischen Mobildrehkranes mit 20/12,5 t Tragfähigkeit vor.

Mobildrehkran MDK 63 /29/

Für den Fahrantrieb des Kranes bestanden die Varianten Allradlenkung mit Hinterachsantrieb (Achsausführung AC) und Allradantrieb mit Allradlenkung (Achsausführung CC)

Der Unterwagen war mit zwei zwillingsbereiften und ungefederten Achsen versehen, die im Kranbetrieb hydraulisch verriegelt wurden.

Die Lenkung erfolgte mechanisch bei gleichzeitiger Wirkung einer hydraulischen Lenkunterstützung. Für das sinngemäße Lenken bei zur Fahrtrichtung entgegengesetzt stehendem Oberwagen sorgte ein Lenkwendegetriebe.

Eine auf alle vier Räder wirkende, pneumatische Zweikreisbremse sowie eine Handbremse gewährleisteten eine sichere Beherrschung des Fahrzeuges.

Für die Abstützung des Kranes wurden von Hand ausschwenkbare, seitliche Abstützarme mit handbetätigten Abstützspindeln und entsprechend großflächigen Abstütztellern verwendet.

Der Antrieb erfolgte über einen luftgekühlten 4-Zylinder 120 PS (88,2 kW) Dieselmotor.

Die Haupthub-, Hilfshub-, Einzieh- und Drehwerke wurden elektro-pneumatisch durch Schalter gesteuert. Die Betätigung der Bremsen, mit Ausnahme der mechanisch wirkenden Fußbremse des Drehwerkes, erfolgte gleichfalls pneumatisch.

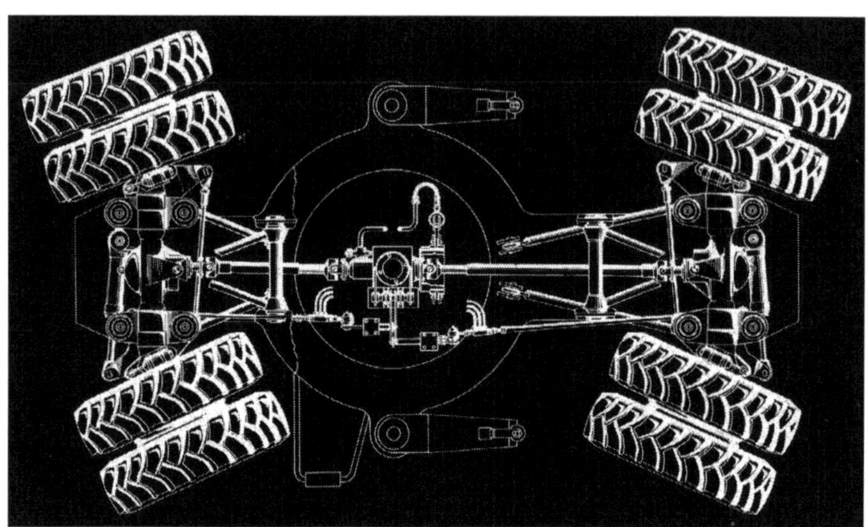

Mobildrehkran MDK 63 Unterwagen /29/

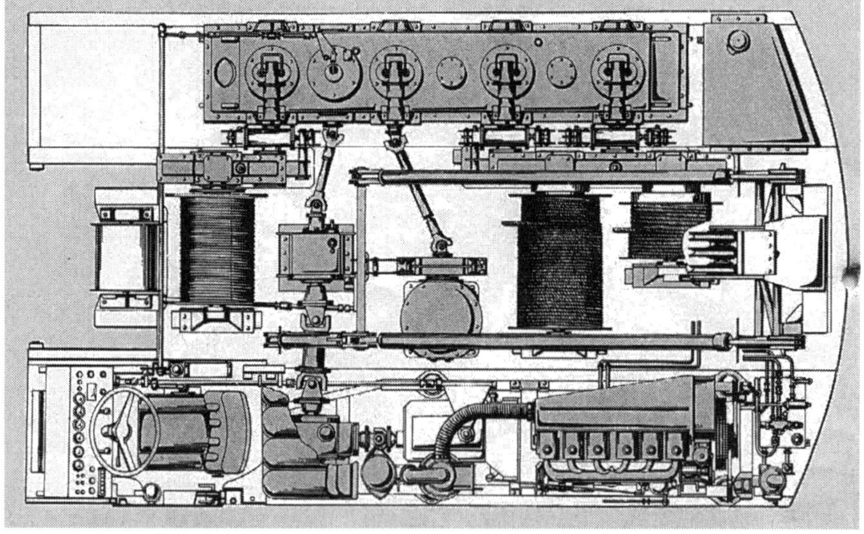

Mobildrehkran MDK 63 Oberwagen /29/

Den Ausleger bildete eine geschweißte Gitterrohrkonstruktion. Durch Bolzensteckverbindungen mittels Zwischenstücken konnte eine Auslegerlänge von 32 m erreicht werden. Die Anordnung einer Auslegerspitze war möglich. Das Aufrichten des Gesamtauslegers erfolgte aus eigener Kraft.

Für Straßenfahrten wurde der Normalausleger zwecks Erzielung einer günstigen Schwerpunktlage und besserer Sichtverhältnisse hydraulisch in Fahrtrichtung nach hinten umgeklappt. Für Bahnfahrten wurden die Räder abgenommen.

Neben den Montagearbeiten mittels Kranhaken war auch der Einsatz für den Umschlag von Schütt- und Greifgütern durch die Verwendung eines Zweiseilgreifers mit 1 m^3 Inhalt möglich. Das Haupthubwerk diente dabei als Halte- und das Hilfshubwerk als Schließwerk.

Max. Lastmoment		64 Mpm[1]	
Tragkräfte:	abgestützt, 360° drehbar	20 Mp[2]	bei 3,20 m Ausladung
	freistehend, verfahrbar Ausleger in Fahrtrichtung	20 Mp	
	freistehend, 360° drehbar verfahrbar	12,5 Mp	

Antriebsmotor:	6-Zylinder-Dieselmotor, luftgekühlt 120 PS bei 2000 min^{-1}
Wechselgetriebe:	Schaltgetriebe, 5 Vorwärtsgänge 1 Rückwärtsgang
Arbeitsgeschwindigkeiten:	je nach eingelegtem Gang, eingescherter Stränge und Motordrehzahl
Haupthubwerk:	0,68–70,6 m/min
Hilfshubwerk:	2,0–70,6 m/min je nach eingelegtem Gang und Motordrehzahl
Drehwerk:	0,23–3,88 min^{-1}
Einziehwerk:	22–376 s Einziehdauer
Eigenfahr- oder Schlepp-geschwindigkeit:	40 km/h Dauerfahrgeschwindigkeit

Achslasten[3])	10,9 Mp vorn 15,9 Mp hinten	bei Straßenfahrt
	40 Mp freistehend	Ausleger in Fahrtrichtung
Raddruck max.	21 Mp freistehend	Ausleger über Eck
Bereifung:	8fach, 14,00×24 EM – Spezial	
Bremsen:	Druckluft-Fußbremse als Zweikreisbremse, Hydraulische Handbremse als Getriebebremse	Allradwirkung
Lenkung:	Mechanische Lenkung mit hydraulischer Lenkhilfe Lenkwendegetriebe, elektro-pneumatisch geschaltet	
Steigung:	24%	
Kurvenradien:	5,0 m bei Allradlenkung 10,0 m bei Vorderradlenkung	

Maße des Kranes	
Achsabstand:	4,0 m
Spurweite:	2,18 m
Breite Oberwagen:	3,0 m
Breite Unterwagen:	3,0 m
Gesamtlänge:	5,7 m ohne Ausleger
Höhe:	3,6 m bei abgeklapptem Ausleger
Hintere Ausladung:	3,3 m
Abstützbasis:	4,0 × 4,9 m

Dienstmasse:	24,1 t Grundgerät

1) Mpm = tm
2) Mp = t
3) mit Allradlenkung, Allradantrieb, Hilfshubwerk und Auslegerklappvorrichtung

Mobildrehkran MDK 63 Technische Daten / 29 /

Kranzahl: **3.6.02**

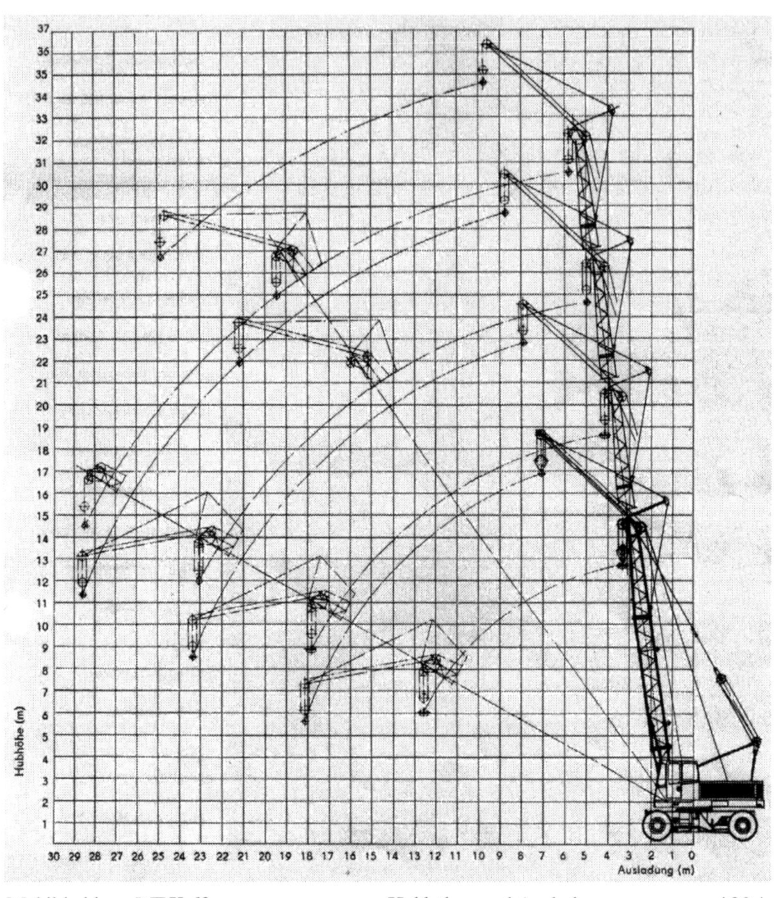

Mobildrehkran MDK 63 Hubhöhen und Ausladung /29/

1965 erfolgte die Erprobung, und 1966 begann die Serienproduktion.

Produktionsdauer*): 1965 bis 1967

Produktionsstückzahl*):

1965	1966	1967	Σ
1	16	31	48

*) /66/

Kranzahl: **3.6.02**

Ausleger A freistehend

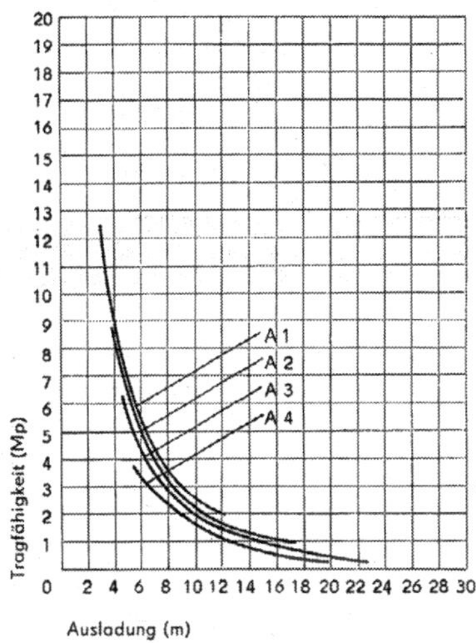

Ausleger B freistehend
Last am Schnabel

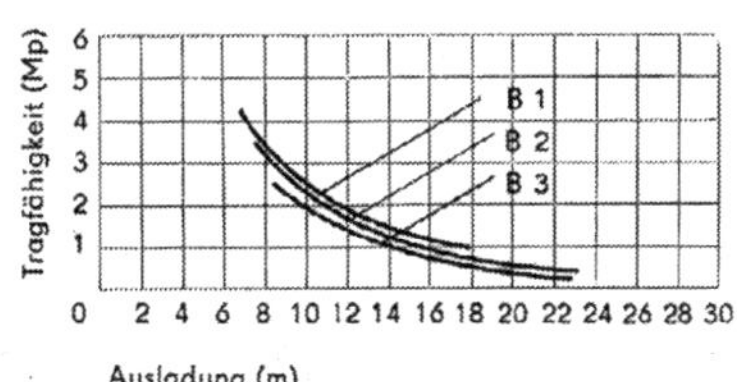

Ausleger A abgestützt

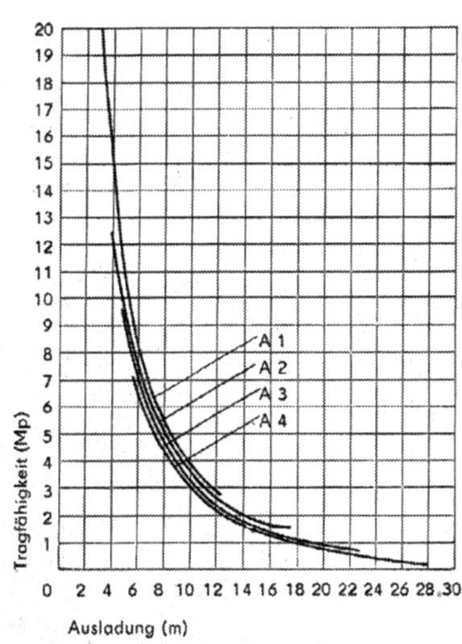

Ausleger B abgestützt
Last am Schnabel

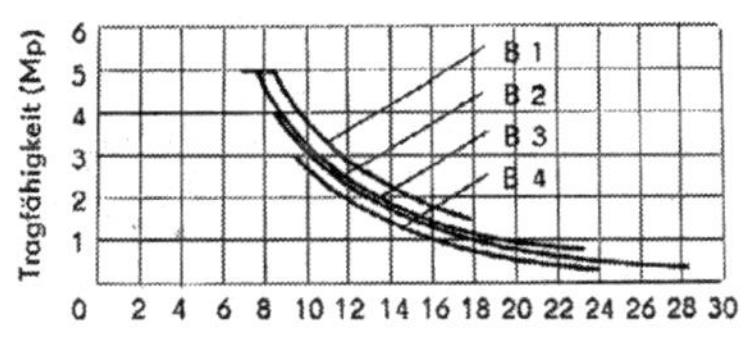

Die „abgestützt" zulässigen Traglasten dürfen auch gehoben und verfahren werden, wenn der Ausleger in Fahrtrichtung steht.

Kranzahl: 3.6.03

Erzeugnis: **MDK 63/1**

Status: **Weiter- und Neuentwicklung**

Kranhersteller: **VEB Schwermaschinenbau „S. M. Kirow" Leipzig**

Der MDK 63/1 wurde aus dem MDK 63 abgeleitet und ist diesem in seinem konstruktiven Aufbau gleich. In den Leistungsparametern gab es nur wenige Änderungen, so wurde die Motorantriebsleistung von 120 auf 144 PS (105,9 kW) erhöht. Das max. Lastmoment konnte um 2 auf 66 Mpm gesteigert werden.

Durch material-ökonomische Maßnahmen, unter anderem wurde der Ausleger in hochfestem Stahl ausgeführt, konnte eine Reduzierung der Achslasten vorn um 1,7 und hinten um 0,6 Mp erreicht werden. Weiterhin erfolgte durch konstruktive Detailmaßnahmen die Anpassung veränderter oder neuer Zulieferelemente zur Erhöhung der Zuverlässigkeit.

Produktionsdauer*): 1967 bis 1971

Produktionsstückzahlen*):

1967	1968	1969	1970	1971	Σ
60	54	98	28	19	259

*) / 66 /

Kranzahl: **3.6.04**

Erzeugnis: **MDK 63/1-4**

Status: **Neu- und Weiterentwicklung**

Kranhersteller: **VEB Schwermaschinenbau „S. M. Kirow“ Leipzig**

Die Weiterentwicklung und Konstruktion erfolgte 1965/1966.

Das bisherige Konzept eines 2-achsigen Fahrantriebes wurde, bei Beibehaltung des Oberwagens vom MDK 63/1, verlassen und ein 4-achsiger Unterwagen mit Allradlenkung und Allradantrieb, der durch Absenkung der Achslasten der Straßenverkehrszulassung für öffentliche Straßen entsprach, neu entwickelt.

Der Fahrantrieb war 4-achsig ausgeführt und einfach bereift. Damit wurden die Achslasten wesentlich, um annähernd 50 %, gegenüber der 2-achsigen Ausführung gesenkt und der Rollwiderstand vermindert. Die von der Fahrerkabine aus schaltbaren Differentialsperren erhöhten die Geländegängigkeit des Kranes. Damit vergrößerte sich auch die Steigfähigkeit auf 40 %. Die max. Achslast betrug bei Straßenfahrt 8 Mp, die Fahrgeschwindigkeit konnte auf 45 km/h erhöht werden. Je Pendelachsenpaar besaß der Kran eine als Torsionsfeder ausgebildete Federung, die im Kranbetrieb durch eine hydraulische Federblockierung wirkungslos gemacht wurde.

Die Lenkung erfolgte mechanisch bei gleichbleibender Einwirkung einer hydraulischen Lenkunterstützung. Das sinngemäße Lenken, bei zur Fahrtrichtung entgegengesetzt stehendem Oberwagen, erfolgte durch ein Lenkwendegetriebe. Bei Straßenfahrt wurde der Vorderradantrieb und die Hinterachslenkung abgeschaltet.

Mobildrehkran MDK 63/1-4 / 29 /

Die Bremsung erfolgte durch eine auf alle acht Räder wirkende pneumatische Zweikreisbremse sowie einer Handbremse.

An den Stirnseiten des Unterwagens waren zur Abstützung des Kranes vier manuell ausziehbare Abstützarme mit großflächigen Abstütztellern angeordnet.

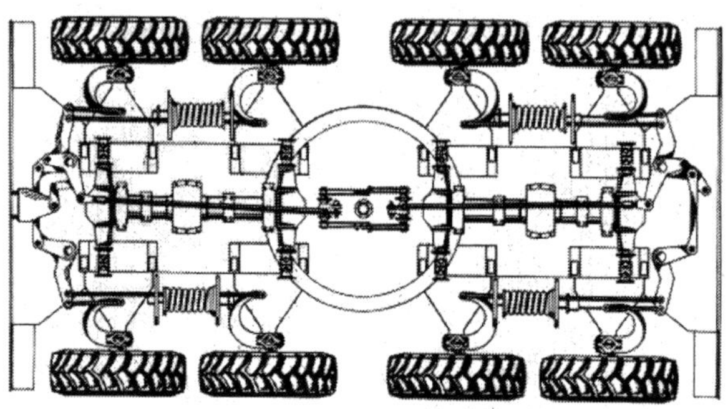

Mobildrehkran MDK 63/1-4 Unterwagen / 29 /

max. Lastmoment:	70 Mpm
max. Tragkraft abgestützt, 360° drehbar:	20 Mp
max. Tragkraft freistehend, 360° drehbar:	12,5 Mp
max. Fahrgeschwindigkeit (Dauergeschwindigkeit):	45 km/h
max. Schleppgeschwindigkeit:	40 km/h
max. Steigfähigkeit:	ca. 40 %
Achslasten bei Straßenfahrt mit umgeklapptem Ausleger:	
Grundgerät	Achse 1 5,55 Mp Achse 2 5,55 Mp Achse 3 7,85 Mp Achse 4 7,85 Mp
Bereifung:	12,00 - 20 EM - Spezial, 8fach
Reifenluftdruck:	8 atü
Federung:	Torsionsfeder
Federblockierung:	pneumatisch mit mechanischer Verriegelung
Lenkung:	mech. Lenkkraftübertragung mit hydraulischer Lenkhilfe und Lenkwendegetriebe
Fahrzeugbremsen:	
Betriebsbremse:	Zweikreis-Druckluftbremse mit Fußbetätigung, auf alle 8 Räder wirkend
Feststellbremse:	Federspeicherbremse mit Druckluftbetätigung
Antriebsmotor:	6-Zylinder-Dieselmotor, luftgekühlt 6 VD 14,5/12-1 SRL $N = 144$ PS, $n = 2000 \text{ min}^{-1}$
Inhalt des Kraftstoffbehälters:	220 l
Kraftstoffverbrauch:	
Straßenfahrt:	ca. 80 l/100 km
Kranbetrieb:	ca. 4,5 l/Stunde
Steuerung der Krantriebwerke:	elektro-pneumatisch
Dienstmasse:	Grundgerät: 26,8 t

Zulässige Abweichungen der Eigenmassen, Geschwindigkeiten und Achslastangaben ± 5 %

Mobildrehkran MDK 63/1-4 Technische Daten / 29 /

Die Motorleistung wurde mit 144 PS (105,9 kW) beibehalten.

Beim Oberwagen wurden alle wesentliche Baugruppen vom MDK 63/1 übernommen und die max. Tragkraft mit 20/12,5 Mp sowie die maßliche Krangeometrie mit Hauptausleger und Verlängerung der Auslegerlänge durch Zwischenstücke einschließlich Schnabelausleger beibehalten. Das max. Lastmoment konnte von 66 auf 70 Mpm gesteigert werden.

Neben dem Kranbetrieb mittels Kranhaken konnte gleichfalls ein Greiferbetrieb für den Umschlag von Schüttgütern erfolgen. Die Arbeit wurde mit einem Zweiseilgreifer von 1 m³ durchgeführt. Hierbei diente das Haupthubwerk als Halte- und das Hilfshubwerk als Schließwerk.

Produktionsdauer: **siehe Kranzahl 3.6.05.**
Produktionsstückzahlen: **siehe Kranzahl 3.6.05.**

Kranzahl: **3.6.04**

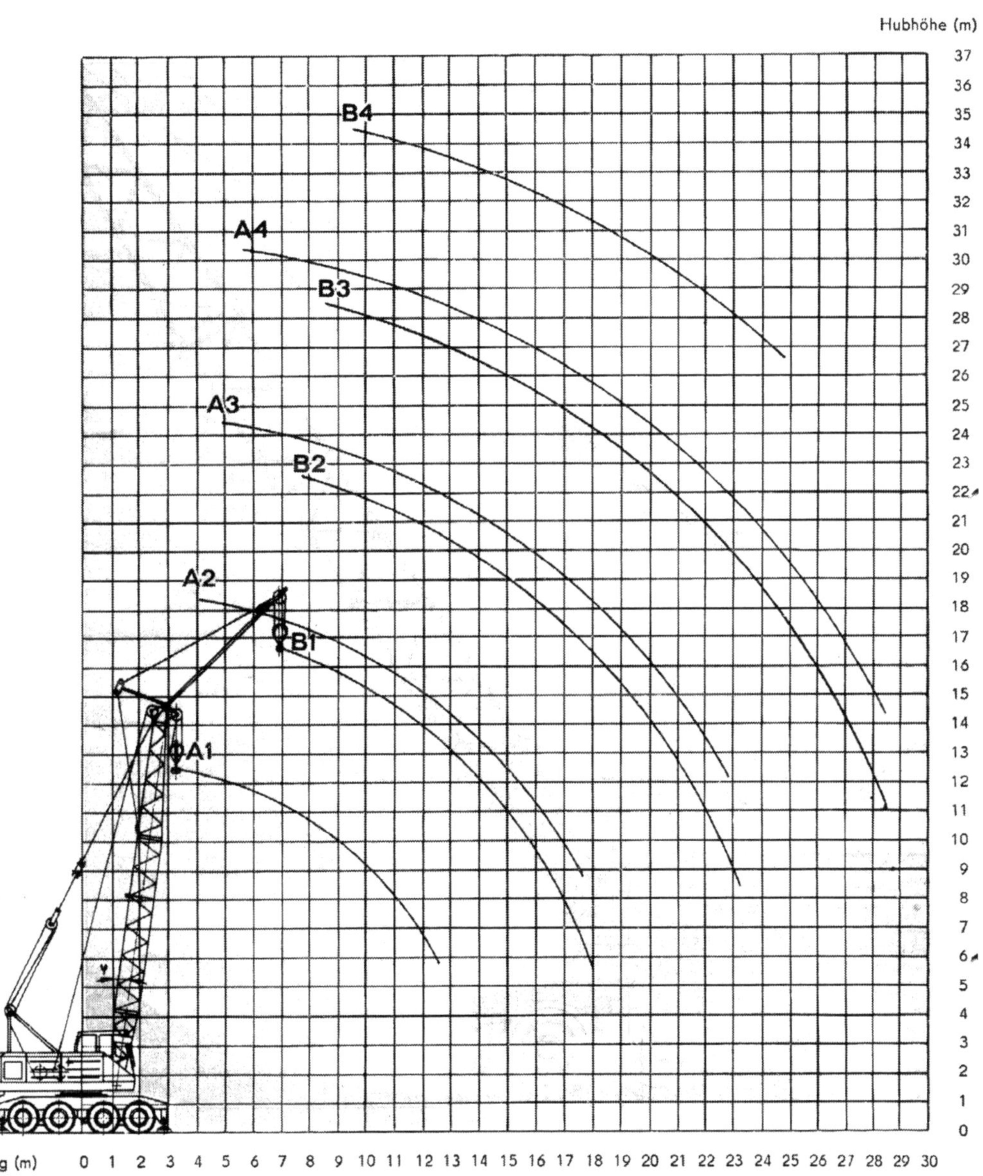

Kranzahl: 3.6.04

Tragkrafttabelle

Ausleger A 1			Ausleger A 2			Ausleger A 3			Ausleger A 4		
Aus-ladung m	Tragkraft abgest. Mp	Tragkraft freist. Mp	Aus-ladung m	Tragkraft abgest. Mp	Tragkraft freist. Mp	Aus-ladung m	Tragkraft abgest. Mp	Tragkraft freist. Mp	Aus-ladung m	Tragkraft abgest. Mp	Tragkraft freist. Mp
3,3	20,0	12,5	4,1	12,5	6,5	5,0	8,0	4,0	5,8	5,2	2,4
3,5	20,0	10,0	4,5	11,2	5,8	5,4	7,2	3,6	6,3	4,8	2,1
3,7	18,4	9,0	4,8	10,5	5,0	5,8	6,5	3,3	6,8	4,4	2,0
4,2	15,6	8,0	5,4	9,0	4,5	6,7	5,6	2,8	7,9	3,8	1,7
4,8	12,8	7,0	6,4	7,5	3,6	7,9	4,6	2,2	9,5	3,1	1,3
6,9	8,0	4,5	9,4	4,6	2,2	12,0	2,7	1,2	14,5	1,6	0,5
8,8	5,9	3,1	12,2	3,2	1,6	15,7	1,9	0,7	19,1	1,0	0,15
10,5	4,8	2,5	14,7	2,6	1,2	19,0	1,4	0,43	23,2	0,7	—
11,9	4,0	2,0	16,8	2,2	1,0	21,7	1,1	0,3	25,6	0,5	—
12,4	3,8	1,8	17,6	2,0	0,8	22,7	1,0	0,2	27,9	0,4	—
Ausleger B 1			Ausleger B 2			Ausleger B 3 abgestützt			Ausleger B 4 abgestützt		
7,1	6,4	3,3	7,9	4,5	2,1	8,7	3,3		9,6	2,2	
7,4	6,1	3,1	8,3	4,2	1,9	9,2	3,0		10,2	2,0	
7,7	5,8	2,9	8,7	4,0	1,7	9,7	2,8		10,8	1,8	
8,3	5,3	2,6	9,5	3,5	1,5	10,7	2,4		12,0	1,5	
9,1	4,6	2,2	10,6	3,0	1,2	12,2	2,0		13,7	1,2	
11,7	3,3	1,5	14,2	1,9	0,6	16,7	1,1		19,3	0,4	
14,0	2,6	1,0	17,4	1,3	0,23	20,8	0,55		24,3	0,1	
15,9	2,1	0,8	20,1	1,0	—	24,4	0,3		28,0	—	
17,4	1,8	0,5	22,3	0,8	—	27,2	0,13		32,1	—	
17,9	1,7	0,4	23,0	0,7	—	28,2	0		33,3	—	

Arbeitsgeschwindigkeiten

Heben

min. Hubgeschwindigkeit 6strängig 20,0 Mp = 0,68 m/min
max. Hubgeschwindigkeit 1strängig 3,2 Mp = 70,6 m/min

Wechselgetriebe im: Tragkraft Mp	Strang-zahl	Unter-flasche	1. Gang	2. Gang	3. Gang	4. Gang	5. Gang	Arbeitsweise
			Hubgeschwindigkeit in m/min					
20,0	6	3 Rollen	0,68 — 1,37	1,30 — 2,59	1,88 — 3,78	3,70 — 7,41	5,88 — 11,8	Abgestützt ringsum drehbar oder freistehend mit Ausleger in Fahrtrichtung verfahrbar
16,0	5		0,82 — 1,65	1,55 — 3,11	2,26 — 4,52	4,45 — 8,89	7,06 — 14,1	
12,5	4		1,03 — 2,06	1,94 — 3,89	2,83 — 5,65	5,56 — 11,1	8,82 — 17,6	Freistehend 360° drehbar und verfahrbar
10,0	3	1 Rolle	1,37 — 2,74	2,59 — 5,18	3,77 — 7,54	7,41 — 14,8	11,8 — 23,5	
6,3	2		2,06 — 4,12	3,89 — 7,77	5,65 — 11,3	11,1 — 22,2	17,6 — 35,3	
3,2	1		4,12 — 8,23	7,77 — 15,5	11,3 — 22,6	22,2 — 44,5	35,3 — 70,6	

Fahren, Einziehen, Drehen

Wechselgetriebe im		1. Gang	2. Gang	3. Gang	4. Gang	5. Gang	R-Gang
Fahrgeschwindigkeit	km/h	0,75 — 5,3	1,04 — 10,0	2,4 — 17,4	3,9 — 28,6	6,2 — 45,4	0,87 — 7,2
Drehgeschwindigkeit	min^{-1}	0,23 — 0,45	0,43 — 0,85	0,62 — 1,24	1,22 — 2,44	1,94 — 3,88	Krantriebwerke bei eingeschaltetem R-Gang gesperrt
Einziehdauer	min	6,27 — 3,14	3,32 — 1,66	2,28 — 1,14	1,16 — 0,58	0,73 — 0,37	

Kranzahl: **3.6.05**

Erzeugnis: **MDK 204*)**

Status: **Neu- und Weiterentwicklung**

Kranhersteller: **VEB Schwermaschinenbau „S. M. Kirow“ Leipzig**

Der Mobilkran MDK 204 entspricht in seinen funktionellen und leistungsmäßigen Parametern dem Mobilkran MDK 63/1-4.

Durch material-ökonomische Maßnahmen wurden eine Reihe von Detailverbesserungen vorgenommen, so wurde u.a. das Schaltgetriebe verändert und die Einzelradaufhängung verbessert. Weiterhin wurde der Kran mit einer Lastmomentsicherung ausgerüstet. Durch die Möglichkeit von Straßen- und Kriechgang konnte die Geschwindigkeit in den einzelnen Gängen feinfühliger gestaltet und die max. Fahrgeschwindigkeit von 45 auf 51 km/h gesteigert werden.

Produktionsdauer**) MDK63/1-4, MDK 204: 1968 bis 1973

Produktionsstückzahl**) : MDK 63/1-4 , MDK 204:

1968	1969	1970	1971	1972	1973	Σ
1	5	16	32	29	15	98

*) Bei diesem Mobilkran wurde die Bezeichnung nicht mehr mit der Größe des max. Lastmomentes angegeben, sondern durch eine zusammengesetzte Zahl (204) aus max.Tragfähigkeit (20) und Achszahl (4).
**) / 66 /

Kranzahl: **3.6.06**

Erzeugnis: **MDK 160**

Status: **Neu- und Weiterentwicklung**

Kranhersteller: **VEB Schwermaschinenbau „S. M. Kirow“ Leipzig**

Unter Nutzung bewährter Baugruppen des MDK 63/1 wurde 1965 ein 2-achsiger zwillingsbereifter Mobildrehkran mit diesel-mechanischem Antrieb für den Stück- und Schüttgutumschlag mit einem max. Lastmoment von 160 Mpm und einer Tragkraft von 40/16 Mp entwickelt.

Mobildrehkran MDK 160 /29/

Der Unterwagen war eine Schweißkonstruktion. Vom MDK 63/1 wurden die Allradlenkung und der Allradantrieb übernommen. Das Achsgetriebe war wieder vom NKW W50. Die Verriegelung der Achsen erfolgte für den Kran- und Greiferbetrieb pneumatisch. Bei der Lenkung bestand hydraulische Lenkhilfe. Eine pneumatische Zweikreisbremse wirkte auf alle Räder.

Die Abstützung war am Fahrzeugrahmen stirnseitig vorn und hinten angebracht, wobei die Abstützarme manuell seitlich herausgezogen wurden.

Der Antriebsmotor besaß eine Leistung von 120 PS (88,2 kW). Der Antrieb des Haupt- und Hilfshubes-, des Dreh- und des Einziehwerkes erfolgten mechanisch durch den jeweils eingelegten Gang des Schaltgetriebes und die Motordrehzahl. Die Bremsung wurde pneumatisch durchgeführt.

Kranzahl: 3.6.06

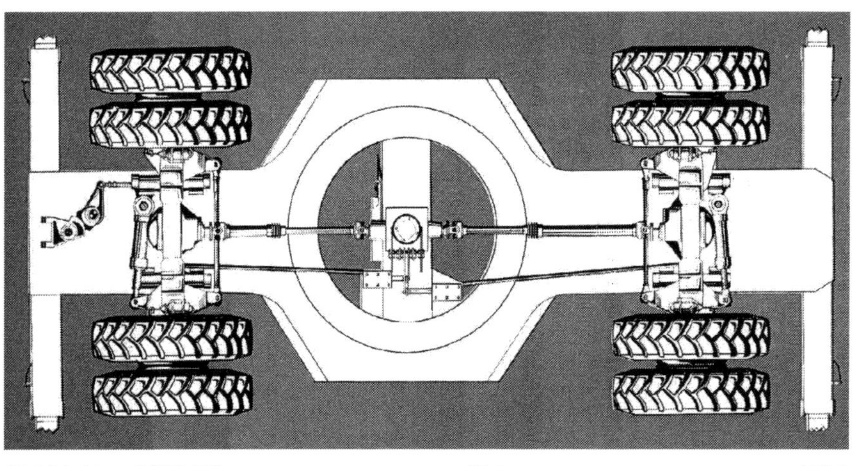

Mobildrehkran MDK 160 Unterwagen / 29 /

Maximales Lastmoment:	160 Mpm[1]
Tragkräfte:	abgestützt, 360° drehbar, bei 4 m Ausladung 40 Mp[2]; freistehend, verfahrbar, Ausleger in Fahrtrichtung, bei 4 m Ausladung 22 Mp; freistehend, 360° drehbar, verfahrbar, bei 4 m Ausladung 16 Mp; Einziehstütze als Hilfsausleger im Straßentransportzustand 6,3 Mp
Antriebsmotor:	6-Zylinder-Dieselmotor luftgekühlt 120 PS bei 2000 min^{-1}
Wechselgetriebe:	Fahrzeugschaltgetriebe mit 5 Vorwärts- und 1 Rückwärtsgang
Arbeitsgeschwindigkeiten:	je nach eingelegtem Gang, Anzahl der Seilstränge und Motordrehzahl
Haupthubwerk:	0,20 m/min bis 22,3 m/min
Hilfshubwerk:	1,2 m/min bis 44,6 m/min
Drehwerk:	je nach eingelegtem Gang und Motordrehzahl 0,15—2,84 min^{-1}
Einziehwerk:	42 s bis 810 s Einziehdauer
Eigenfahrgeschwindigkeit:	max. 23 km/h
Schleppgeschwindigkeit:	max. 30 km/h
max. Steigfähigkeit:	38%
Bereifung und Felgen:	8fach 14,00-24 EM Spezial Schrägschulterfelgen
Bremsen:	Druckluft-Fußbremse als Zweikreisbremse, Allradwirkung, Handbremse hydraulisch
Lenkung:	mech. Lenkung mit hydraulischer Lenkverstärkung, Lenkwendegetriebe elektro-pneumatisch geschalten
Achsabstand:	4400 mm
Spurweite:	2180 mm
Kurvenradius:	bei Allradlenkung etwa 5,5 m bei abgeschalteter Hinterradlenkung etwa 10,5 m
Breite des Oberwagens:	3000 mm
Breite des Unterwagens:	3000 mm
Gesamtlänge ohne Ausleger:	etwa 6900 mm
Gesamthöhe (bei Straßenfahrt):	etwa 3900 mm
Hintere Ausladung:	3600 mm
Abstützbasis:	4800×6540 mm
Achslasten (bei Straßenfahrt):	vorn 12,6 Mp, hinten 16,2 Mp
Dienstmasse (Grundgerät)	etwa 40 t

[1] Mpm ≙ tm [2] Mp ≙ t

Mobildrehkran MDK 160 Technische Daten / 29 /

Der Ausleger war eine geschweißte Gitterrohrkonstruktion aus hochfestem Stahl. Am Auslegeransatz erfolgte der Aufbau des Auslegers durch Zwischen-Stücke mittels Bolzensteckverbindungen für die jeweils gewünschte Länge bis zu max. 45 m. Ein Schnabelausleger konnte an dem jeweiligen Längenende des Auslegers angebracht werden. Das Aufrichten des Auslegers vom Boden erfolgte aus eigener Kraft.

Der Transport auf Straße und Schiene erfolgte nur mit der Einziehstütze. Beim Bahntransport wurden die Räder abgenommen.

Für Schüttgutarbeiten konnte eine Zweiseil-Schüttgutgreifer mit 1 und 1,25 m^3 Inhalt eingesetzt werden. Beim Betrieb diente dabei das Seil des Haupthubwerkes als Halte- und das des Hilfshubwerkes als Schließseil.

Kranzahl: **3.6.06**

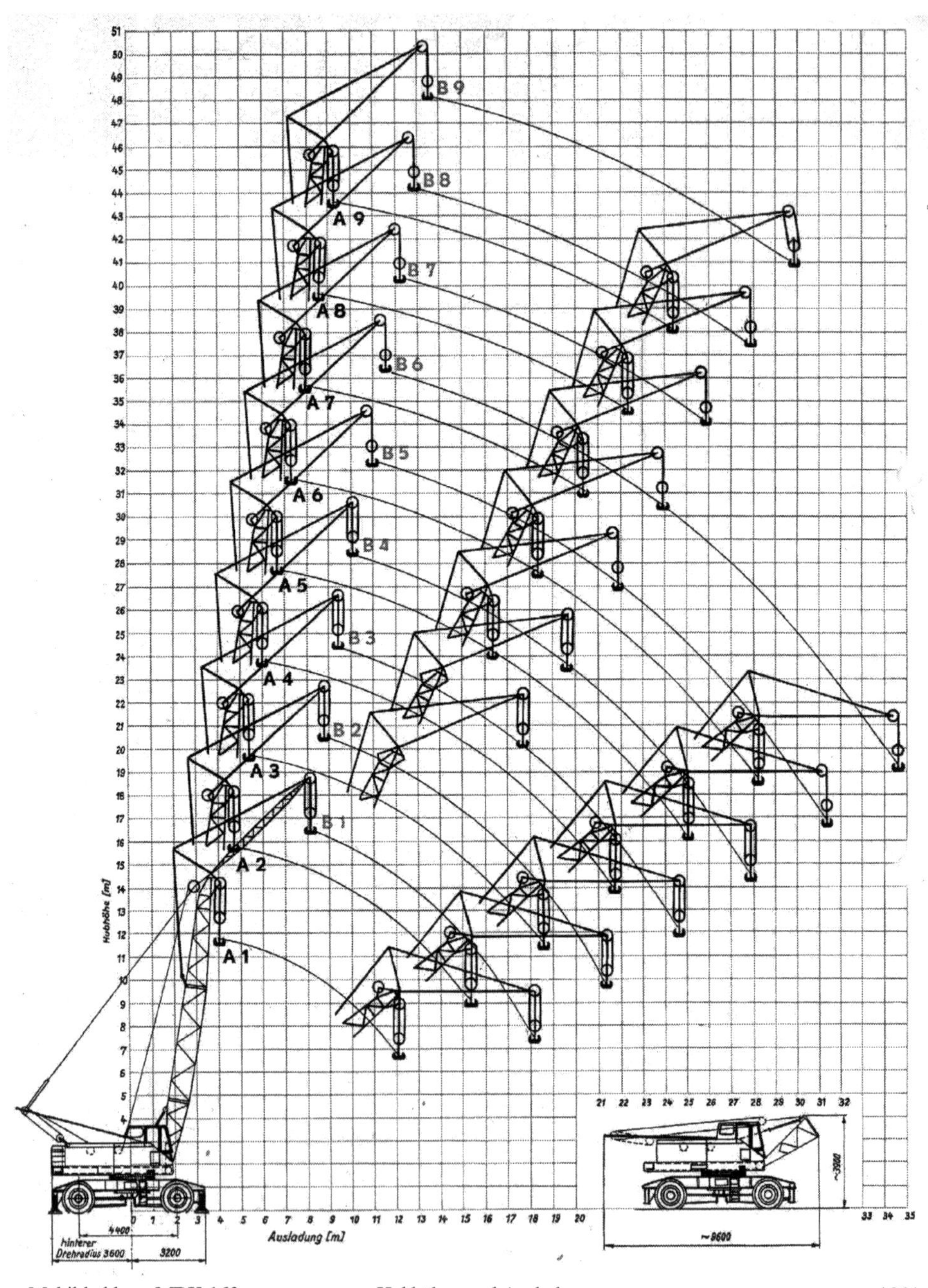

Kranzahl: 3.6.06

Tragkrafttabelle

φ	Ausleger A1 Ausladung [m]	Tragkraft freist.	Tragkraft abgest.	Ausleger A3 Ausladung [m]	Tragkraft freist.	Tragkraft abgest.	Ausleger A5 Ausladung [m]	Tragkraft freist.	Tragkraft abgest.	Ausleger A7 Ausladung [m]	Tragkraft freist.	Tragkraft abgest.	Ausleger A9 Ausladung [m]	Tragkraft freist.	Tragkraft abgest.
9°	4,0	17,0	40,0	5,2	10,0	19,0	6,3	5,7	11,5	7,8	3,5	7,4	9,0	1,9	4,8
11°	4,4	14,7	31,4	6,0	8,2	16,2	7,5	4,8	9,8	9,0	2,8	6,3	10,5	1,4	4,0
15°	5,3	11,9	24,3	7,3	6,5	12,5	9,4	3,6	7,5	11,5	1,9	4,7	13,5	0,7	2,8
25°	7,3	8,0	15,5	10,7	4,0	8,0	14,1	2,0	4,5	17,4	—	2,5	—	—	—
35°	9,2	6,0	11,5	13,8	2,8	5,7	18,4	1,1	3,0	22,9	—	1,5	—	—	—
45°	10,8	4,8	9,3	16,5	2,1	4,5	22,1	0,66	2,3	27,8	—	1,0	—	—	—
55°	12,2	4,2	8,1	18,7	1,7	4,0	25,3	0,38	1,8	31,8	—	0,6	—	—	—
	Ausleger B1			Ausleger B3			Ausleger B5			Ausleger B7			Ausleger B9		
9°	8,2	6,2	8,0	9,5	3,2	7,0	10,7	1,7	4,0	12,0	—	2,7	13,2	—	1,4
11°	8,6	5,6	8,0	10,1	2,8	6,1	11,9	1,35	3,7	13,4	—	2,2	14,9	—	1,0
15°	9,7	4,7	8,0	11,8	2,3	5,0	14,0	0,9	2,8	16,1	—	1,5	18,2	—	0,4
25°	12,4	3,4	6,8	15,8	1,5	3,5	19,4	—	1,8	—	—	—	—	—	—
[illegible]	14,7	2,8	5,6	19,3	1,1	2,9	24,2	—	1,3	—	—	—	—	—	—
45°	16,6	2,4	4,9	22,2	0,9	2,5	28,2	—	1,1	—	—	—	—	—	—
55°	18,1	2,2	4,6	24,6	0,8	2,4	31,4	—	1,0	—	—	—	—	—	—

Arbeitsgeschwindigkeiten

Tragkraft- und Hubgeschwindigkeiten

Tragkraft	Strangzahl	Unterflasche	Wechselgetriebe im 1. Gang	2. Gang	3. Gang	4. Gang	5. Gang
			Hubgeschwindigkeit m/min				
. 40	10	5-rollig	0,21—0,67	0,40—1,26	0,69—2,20	1,14—3,60	1,80—5,72
32	8	4-rollig	0,26—0,83	0,50—1,57	0,87—2,75	1,42—4,50	2,26—7,15
25	6	3-rollig	0,35—1,11	0,66—2,10	1,15—3,66	1,89—6,01	3,01—9,54
20	5		0,42—1,33	0,79—2,52	1,39—4,39	2,27—7,21	3,61—11,4
16	4	2-rollig	0,53—1,67	0,99—3,15	1,73—5,49	2,84—9,01	4,51—14,3
12.5	3		0,70—2,22	1,32—4,20	2,31—7,32	3,79—12,01	6,01—19,01
8	2	1-rollig	1,05—3,34	1,99—6,30	3,46—10,99	5,68—18,0	9,02—28,6
4	1		2,10—6,67	3,97—12,6	6,93—23,0	11,4—36,0	18,0—57,2

Fahrgeschwindigkeit, Drehgeschwindigkeit, Einziehdauer

Wechselgetriebe im		1. Gang	2. Gang	3. Gang	4. Gang	5. Gang	R-Gang
Fahrgeschwindigkeit	km/h	1,0—2.6	2,0—5,0	3,5—8,8	5,8—14,5	9,1—22,5	1,4—3,6
Drehgeschwindigkeit	min^{-1}	0,15—0.33	0,28—0,63	0,49—1,10	0,80—1,80	1,27—2,85	—
Einziehdauer	min	14,5—6.45	7,52—3,42	4,42—1,97	2,58—1,20	17,—0,75	—

Mobildrehkran MDK 160 Tragkrafttabelle und Arbeitsgeschwindigkeiten / 29 /

Produktionsdauer: siehe Kranzahl 3.6.07.

Produktionsstückzahl: siehe Kranzahl 3.6.07.

Kranzahl: **3.6.07**

Erzeugnis: **MDK 160/1**

Status: **Neu- und Weiterentwicklung**

Kranhersteller: **VEB Schwermaschinenbau „S. M. Kirow“ Leipzig**

Maximales Lastmoment 160 Mpm[1])
Tragkräfte abgestützt, 360° drehbar, bei 4 m Ausladung 40 Mp[2])
freistehend verfahrbar, Ausleger in Fahrtrichtung, bei 4 m Ausladung 22 Mp
freistehend, 360° drehbar, verfahrbar, bei 4 m Ausladung 17 Mp
Einziehstütze als Hilfsausleger im Straßentransportzustand 6,3 Mp
Antriebsmotor 6-Zylinder-Dieselmotor, luftgekühlt, 144 PS bei 2000 min^{-1}
Wechselgetriebe Fahrzeugschaltgetriebe mit fünf Vorwärtsgängen und einem Rückwärtsgang
Arbeitsgeschwindigkeiten je nach eingelegtem Gang, Anzahl der Seilstränge und Motordrehzahl
Haupthubwerk 0,21 m/min bis 57,2 m/min
Hilfshubwerk 1,05 m/min bis 57,2 m/min
Drehwerk je nach eingelegtem Gang und Motordrehzahl 0,15 bis 2,85 min^{-1}
Einziehwerk 45 s bis 870 s Einziehdauer
Eigenfahrgeschwindigkeit maximal 22,5 km/h
Schleppgeschwindigkeit maximal 30 km/h
maximale Steigfähigkeit 37%
Bereifung und Felgen 8fach 14,00—24 EM
Spezial Schrägschulterfelgen
Bremsen Druckluft-Fußbremse als Zweikreisbremse, Allradwirkung, Handbremse als Federspeicherbremse ausgebildet
Lenkung mechanische Lenkung mit hydraulischer Lenkverstärkung, Lenkwendegetriebe elektro-pneumatisch geschalten
Achsabstand 4400 mm
Spurweite 2180 mm
Kurvenradius bei Allradlenkung etwa 5,5 m bei abgeschalteter Hinterradlenkung etwa 10,5 m
Breite des Oberwagens 3000 mm
Breite des Unterwagens 3000 mm
Gesamtlänge (bei Straßenfahrt) etwa 8800 mm
Gesamthöhe (bei Straßenfahrt) etwa 3900 mm
Hintere Ausladung 3600 mm
Abstützbasis 4800 × 6540 mm
Achslasten (bei Straßenfahrt) vorn 13,1 Mp, hinten 15,6 Mp
Dienstmasse (Grundgerät) etwa 40 t

Mobildrehkran MDK 160/1 Technische Daten / 29 /

Der MDK160 wurde 1966 zum MDK160/1 bei Beibehaltung aller wesentlichen Funktionen weiterentwickelt.

Verändert wurden einige Leistungsparameter. So wurde die Motorleistung von 120 auf 144 PS (105,9 kW) erhöht. Durch materialökonomische Maßnahmen wurden eine Reihe von konstruktiven Details verbessert und bei den Achslasten erfolgte ein gewisser Ausgleich, indem die Vorderachsbelastung um 0,5 erhöht und die der Hinterachse um 0,7 Mp gesenkt wurde.

Die max. Traglast erhöhte sich von 40/16 auf 40/17Mp.

Die Arbeitsgeschwindigkeiten wurdenverbessert. Durch Anpassung geänderter oder neuer Zulieferelemente wurde in Verbindung mit veränderten Leistungsparametern die Zuverlässigkeit erhöht.

Produktionsdauer*): MDK 160 , MDK 160/1 1967 bis 1970

Produktionsstückzahlen*): MDK 160 , MDK 160/1

1967	1968	1969	1970	Σ
6	32	17	21	76

*) / 66 /

Kranzahl: **3.6.08**

Erzeugnis: **MDK 404**

Status: **Neu- und Weiterentwicklung**

Kranhersteller: **VEB Schwermaschinenbau „S. M. Kirow“ Leipzig**

Der MDK 404 war die Weiterentwicklung des MDK160/1 von einem 2-achsigen, allradangetriebenen, zwillingsbereiften Mobildrehkran zu einem 4-achsigen, einfachbereiften, allradangetriebenen Mobildrehkran mit diesel-mechanischem Antrieb für Stück- und Schüttgutumschlag. Der Entwicklungszeitraum war 1968/1969.

Krangeometrie und Arbeitsfunktionen wurden bei einem max. Lastmoment von 160 Mpm und einer Tragfähigkeit von 40/17 t belassen.

Der 6-Zylinder-Dieselmotor besaß wiederum eine Leistung von 144 PS (105,9 kW).

Das Fahrzeugteil war eine Schweißkonstruktion. Die Achsen waren einzeln mit Schraubenfedern aufgehängt und besaßen alle eine Differentialsperre. Im Kranbetrieb erfolgte eine pneumatische Federblockierung. Die Lenkung erfolgte mit hydraulischer Lenkhilfe. Das Bremssystem war eine Zweikreis-Druckluftbremse, die auf alle acht Räder wirkte, sowie eine Feststellbremse als Federspeicherbremse.

Die Fahrgeschwindigkeit konnte von 22,5 auf 48 km/h (ohne Gegengewicht) gesteigert werden, während die Steigfähigkeit von 37 auf 26 % (ohne Gegengewicht) zurückgenommen wurde. Während der Fahrt wurde die Hinderachslenkung abgeschaltet und der Ausleger und die Gegengewichte abgebaut. Mit der Einziehstütze konnte ein Hilfsbetrieb durchgeführt werden.

Mobildrehkran MDK 404 / 29 /

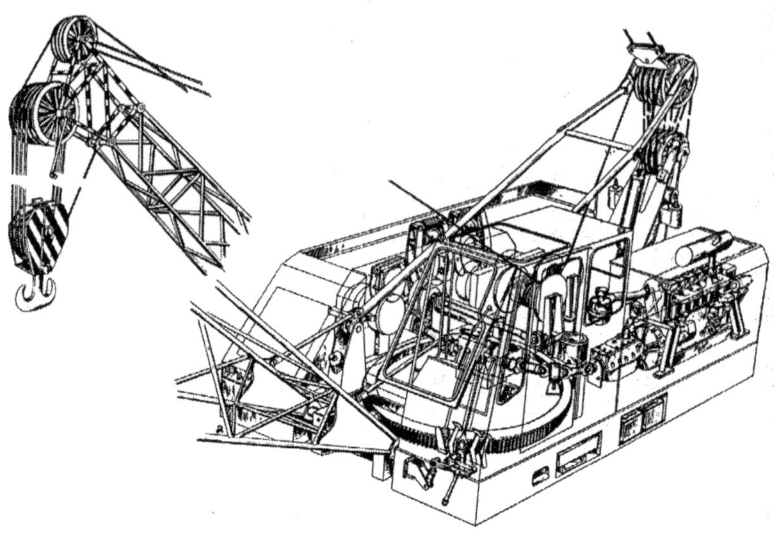

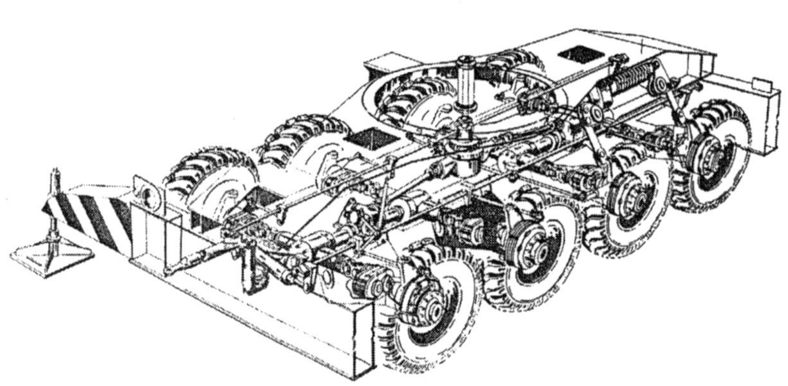

Mobildrehkran MDK 404 oben: Oberwagen; unten: Unterwagen /29/

Die Abstützung war an den Stirnseiten des Unterwagens angeordnet und wurde hydraulisch betätigt. Die Kransteuerung war wieder elektropneumatisch ausgeführt.

Den Ausleger bildete eine Rohr-Gitterkonstruktion aus hochfestem Stahl, und er konnte durch acht Zwischenstücke bis zu einer Hubhöhe von 48 m verlängert werden.

Ein 6 m-Spitzenausleger komplettierte die Kranausrüstung. Die Absicherung im Kranbetrieb erfolgte durch eine Lastmomentsicherung und entsprechende Endschalter.

Für die Montage der Gegenlast und des Auslegers wie auch zum Umrüsten wurde kein zweites Hebezeug benötigt.

Beim Greiferbetrieb zum Umschlag von Schüttgütern wurde ein Zweiseilgreifer von 1 m^3 oder 1,25 m^3 verwendet. Hierbei diente das Haupthubwerk als Halte- und das Hilfshubwerk als Schließwerk.

Produktionsdauer*): 1971 bis 1977

Produktionsstückzahl

1971	1972	1973	1974	1975	1976	1977	Σ
42	41	39	41	41	50	23	277

max. Lastmoment		160 Mpm
max. Tragkraft		
abgestützt		40 Mp
freistehend 360° drehbar		17 Mp
max. Fahrgeschwindigkeit		
ohne Gegenlast	ca.	48 km/h
mit Gegenlast	ca.	18 km/h
max. Schleppgeschwindigkeit		50 km/h
max. Steigfähigkeit		
ohne Gegenlast	ca.	26 %
mit Gegenlast	ca.	20 %
Bereifung		14,00 - 24 EM Spezial
Reifenluftdruck		8 atü
Federung		Schraubenfeder
Federblockierung		pneumatisch
Lenkung		
im Straßenfahrzustand		mechanisch mit hydraulischer Lenkhilfe
im Kranbetriebszustand		hydraulisch
Fahrzeugbremsen		
Betriebsbremse		Zweikreis-Druckluftbremse auf alle Räder wirkend
Feststellbremse		Federspeicherbremse
Antriebsmotor		6-Zylinder-Dieselmotor mit Luftkühlung N = 144 PS, n = 2000 min⁻¹
Inhalt des Kraftstoffbehälters		300 Liter
Kransteuerung		elektropneumatisch
Dienstmasse		Grundgerät = 40,5 t
Kleinster Kurvenradius		
bei Lenkung der Achsen 1 und 2	ca.	6400 mm
bei Allradlenkung	ca.	4300 mm
Achslast		
im Straßenfahrzustand	ohne Gegenlast	Achse 1 6,6 Mp; Achse 2 6,6 Mp; Achse 3 9,5 Mp; Achse 4 9,5 Mp
	mit Gegenlast 7,7 Mp auf Oberwagen	Achse 1 4,9 Mp; Achse 2 4,9 Mp; Achse 3 15,1 Mp; Achse 4 15,1 Mp
max. Raddruck im Betrieb		13,5 Mp
max. Stempeldruck im Betrieb		41,0 Mp
Kraftstoffverbrauch		
Straßenfahrt	ca.	65 l/100 km
Kranbetrieb	ca.	4 l/h

Mpm ≙ tm, Mp ≙ t

zul. Abweichungen der Eigenmassen, Geschwindigkeiten und Achslasten ± 5 %

Mobildrehkran MDK 404 Technische Daten / 29 /

*) / 66 /

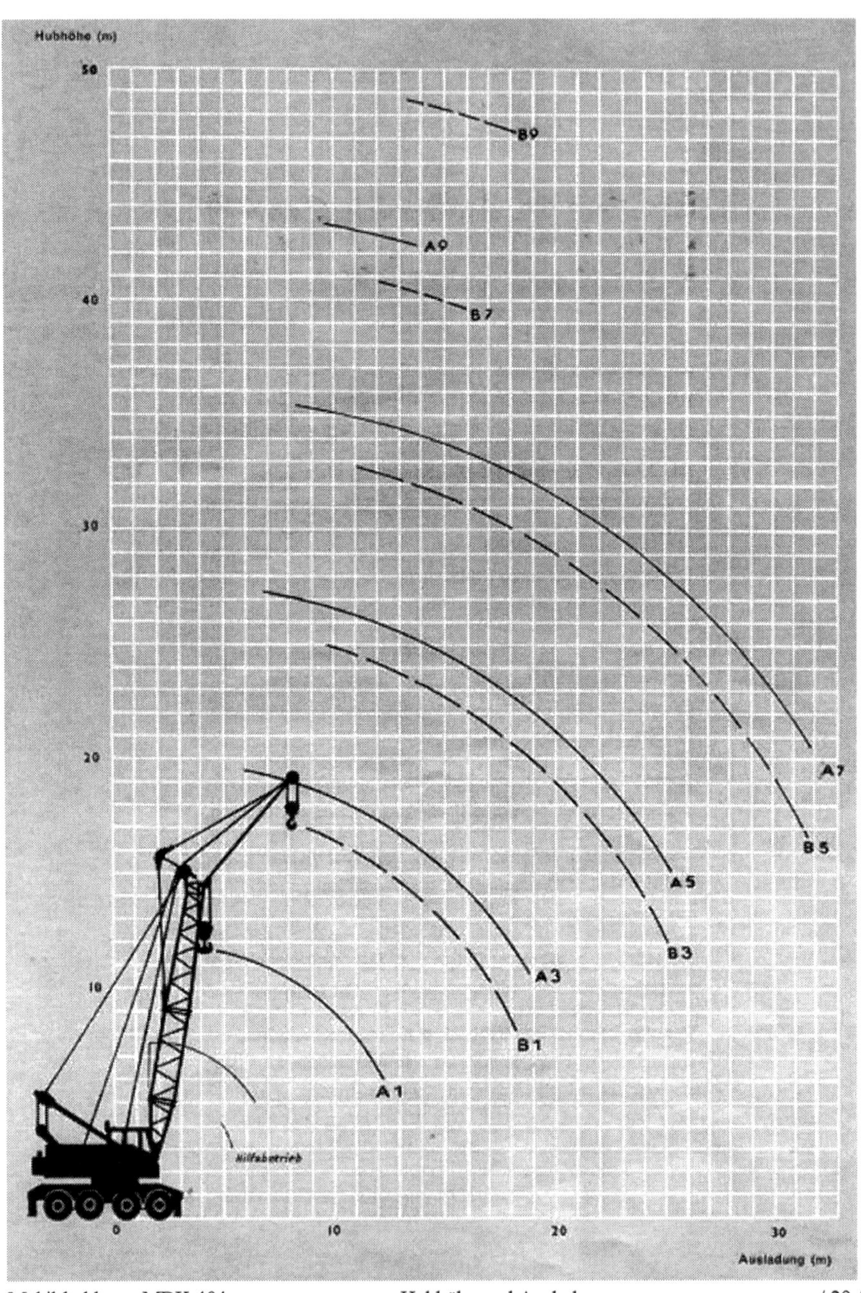

Mobildrehkran MDK 404 Hubhöhe und Ausladung / 29 /

Tragkrafttabelle

f	Ausleger A1 (B1)			Ausleger A3 (B3)			Ausleger A5 (B5)			Ausleger A7 (B7)			Ausleger A9 (B9)		
	Aus-ladung	Tragkraft		Aus-ladung	Tragkraft		Aus-ladung	Tragkraft		Aus-ladung	Tragkraft		Aus-ladung	Tragkraft	
		ab-gest.	freist.		ab-gest.	freist.		ab-gest.	freist.		ab-gest.	freist.		ab-gest.	freist.
0	m	Mp		m	Mp		m	Mp		m	Mp		m	Mp	
1	2	3	4	5	6	7	8	9	10	11	12	13	14	15	16
9	4,0	40,0	17,0	5,3	19,0	10,0	6,6	11,5	5,7	8,0	7,4	3,5	9,3	4,8	1,9
	(8,0)	(8,0)	(6,2)	(9,4)	(7,0)	(3,2)	(10,7)	(4,0)	(1,7)	(12,0)	(2,7)	(—)	(13,3)	(1,4)	(—)
10	4,2	34,0	15,6	5,6	17,4	8,8	6,9	10,5	5,2	8,3	6,8	3,1	9,7	4,4	1,6
	(8,3)	(8,0)	(5,8)	(9,7)	(6,5)	(3,0)	(11,0)	(4,0)	(1,5)	(12,4)	(2,4)	(—)	(13,8)	(1,2)	(—)
11	4,4	31,4	14,7	5,9	16,2	8,2	7,4	9,8	4,8	9,0	6,3	2,8	10,5	4,0	1,4
	(8,6)	(8,0)	(5,6)	(10,1)	(6,1)	(2,8)	(11,6)	(3,7)	(1,35)	(13,1)	(2,2)	(—)	(14,7)	(1,0)	(—)
12	4,6	29,2	13,9	6,3	15,1	7,7	7,9	9,0	4,5	9,6	5,8	2,6	11,3	3,6	1,2
	(8,8)	(8,0)	(5,3)	(10,5)	(5,8)	(2,7)	(12,2)	(3,5)	(1,2)	(13,8)	(2,0)	(—)	(15,5)	(0,8)	(—)
15	5,2	24,3	11,9	7,3	12,5	6,5	9,4	7,5	3,6	11,4	4,7	1,9	13,5	2,8	0,7
	(9,7)	(8,0)	(4,7)	(11,8)	(5,0)	(2,3)	(13,8)	(2,8)	(0,9)	(15,9)	(1,5)	(—)	(18,0)	(0,4)	(—)
25	7,3	15,5	8,0	10,7	8,0	4,0	14,0	4,5	2,0	17,4	2,5	—	—	—	—
	(12,4)	(6,8)	(3,4)	(15,8)	(3,5)	(1,5)	(19,1)	(1,8)	(—)	(—)	(—)	(—)	(—)	(—)	(—)
35	9,1	11,5	6,0	13,7	5,7	2,8	18,3	3,0	1,1	22,9	1,5	—	—	—	—
	(14,7)	(5,6)	(2,8)	(19,3)	(2,9)	(1,1)	(23,9)	(1,3)	(—)	(—)	(—)	(—)	(—)	(—)	(—)
45	10,8	9,3	4,8	16,4	4,5	2,1	22,1	2,3	0,66	27,7	1,0	—	—	—	—
	(16,7)	(4,9)	(2,4)	(22,3)	(2,5)	(0,9)	(28,0)	(1,1)	(—)	(—)	(—)	(—)	(—)	(—)	(—)
55	12,1	8,1	4,2	18,7	4,0	1,7	25,2	1,8	0,38	31,8	0,6	—	—	—	—
	(18,2)	(4,6)	(2,2)	(24,7)	(2,4)	(0,8)	(31,3)	(1,0)	(—)	(—)	(—)	(—)	(—)	(—)	(—)

Tragkraft Hilfsbetrieb 6,3 Mp

Bei Greiferbetrieb darf die Masse (Greifereigenmasse + Greiferfüllung) die bei der jeweiligen Ausladung zulässige Tragkraft nicht überschreiten und nicht mehr als 4,2 Mp betragen.

Arbeitsgeschwindigkeiten

Wechselgetriebe im			1. Gang	2. Gang	3. Gang	4. Gang	5. Gang	R-Gang
Tragkraft	Strangzahl	Unterflasche	Hubgeschwindigkeit m/min					
40	10	5-rollig	0,16—0,78	0,31— 1,47	0,54— 2,56	0,89— 4,20	1,41— 6,65	—
32	8		0,21—0,98	0,39— 1,84	0,68— 3,20	1,11— 5,25	1,76— 8,30	—
25	6		0,28—1,30	0,56— 2,45	0,90— 4,27	1,48— 7,00	2,35—11,1	—
20	5	3-rollig	0,33—1,56	0,62— 2,94	1,08— 5,12	1,78— 8,40	2,82—13,3	—
16	4		0,41—1,95	0,78— 3,68	1,35— 6,40	2,22—10,5	3,52—16,6	—
12,5	3	1-rollig	0,55—2,59	1,03— 4,90	1,80— 8,53	2,96—14,0	4,70—22,2	—
8,0	2		0,82—3,89	1,55— 7,35	2,70—12,8	4,43—21,0	7,05—33,3	—
4,0	1		1,64—7,78	3,10— 14,7	5,41—25,6	8,87—42,0	14,1 —66,6	—
Drehgeschwindigkeit min^{-1}			0,12—0,40	0,23— 0,77	0,40— 1,34	0,66— 2,20	1,05— 3,50	—
Einziehdauer min			15,3 —4,61	8,16— 2,45	4,66— 1,40	2,86— 0,86	1,80— 0,54	—
Fahrgeschwindigkeit km/h		Schnellgang	1,70—5,67	3,21—10,7	5,58—18,6	9,18—30,6	14,6 —48,6	2,29—7,64
		Kriechgang	0,96—3,21	1,82— 6,06	3,18—10,6	5,19—17,3	8,25—27,5	1,30—4,34

Änderung der Konstruktion und der technischen Daten behält sich das Lieferwerk unter Gewährleistung der wesentlichsten Charakteristik des Kranes vor. Stand: 1. 1. 1971

Kranzahl: **3.6.09**

Erzeugnis: **MDK 404 T**

Status: **Neu- und Weiterentwicklung**

Kranhersteller: **VEB Schwermaschinenbau „S. M. Kirow“ Leipzig**

Um 1969 wurde für den MDK 404 eine Turmdrehkranausrüstung mit einer max. Hubhöhe von 21,5 m und einer Ausladung des Auslegers von 20 m entwickelt. Das max. Lastmoment betrug 120 Mpm.

Der Unterwagen war dabei bis Drehtisch identisch mit dem des MDK 404, auf dem dann die Hochbauausrüstung als Zusatzausrüstung aufgesetzt werden konnte. Zum Aufrüsten aus der Straßentransportstellung wurde kein zweites Hebezeug benötigt.

(Mit dieser Turmdrehkranausrüstung konnte die Forderung, Montage der „5 Mp-Laststufe“ und der „raumgroßen Decke 8 Mp“ des Bauwesens realisiert werden).

Bei der Erprobung des ersten Funktionsmusters traten konstruktiv-statische Probleme auf. Die Entwicklung wurde deshalb nicht weitergeführt und eingestellt.

Produktionsdauer: —

Produktionstückzahl: 1 Funktionsmuster

Mobildrehkran MDK 404 mit Turmdrehkranausrüstung /29/

max. Lastmoment 120 Mpm

max. Tragkraft abgestützt, 360° drehbar
8 Mp von 4 bis 15 m Ausladung
6 Mp von 4 bis 20 m Ausladung

max. Hubhöhe: 21,5 m

Bereifung: 8 × 14,00-24 EM spezial

Reifenluftdruck: 8 atü

Federung: horizontal eingebaute über Hebelsystem wirkende Schraubenfeder

Federblockierung: hydraulisch (handbetätigt)

Lenkung: hydraulisch

Fahrzeugbremsen:
Betriebsbremse: Zweikreis-Druckluftbremse auf alle Räder wirkend
Feststellbremse: Federspeicherbremse

Antriebsmotor: 6-Zylinder Dieselmotor, luftgekühlt 6 VD 14,5/12-1 SRL
N = 144 PS, n = 2000 min^{-1}

Inhalt des Kraftstoffbehälters: 400 l

Kransteuerung: elektro-pneumatisch

Dienstmasse im Betrieb: etwa 53,6 t

Achslast
bei Kranbetrieb ohne Last:
Achse 1: 14,3 Mp
Achse 2: 14,3 Mp
Achse 3: 12,8 Mp
Achse 4: 12,8 Mp

Stempelbrücke im Betrieb:
max. S_1: 33,5 Mp max. S_2: 29 Mp

Kleinster Kurvenradius:
bei Lenkung der Achsen 1 und 2: etwa 6200 mm
bei Allradlenkung: etwa 3600 mm

Mobildrehkran MDK 404 mit Turmdrehkranausrüstung Technische Daten / 29 /

Wechselgetriebe im			1. Gang	2. Gang	3. Gang	4. Gang	5. Gang	R-Gang
Hubgeschwindigkeit		m/min	0,68—2,50	1,29—4,70	2,24—8,18	3,68—13,4	5,85—21,3	—
Katzfahrgeschwindigkeit		m/min	1,23—4,11	2,33—7,76	4,06—13,5	6,66—22,2	—	—
Drehgeschwindigkeit		min^{-1}	0,1—0,33	0,18—0,62	0,32—1,07	—	—	—
Kranfahrgeschw. ohne Last	Schnellgang	m/min	27,5—91,7	—	—	—	—	—
	Kriechgang	m/min	12,5—41,9	23,8—79,2	—	—	—	16,8—56,6

Mobildrehkran MDK 404 mit Turmdrehkranausrüstung Arbeitsgeschwindigkeiten / 29 /

Kranzahl: **3.6.10**

Erzeugnis: **MDK 404 C**

Status: **Neu- und Weiterentwicklung**

Kranhersteller: **VEB Schwermaschinenbau „S. M.Kirow“ Leipzig**

Dieser Kran war eine Ableitung vom MDK 404 und für den Containerumschlag für Container der Gattung 10 t und 20 t nach ISO-Standard konzipiert.

Durch zusätzliche Gegenlasten auf dem Oberwagen wurde im freistehenden Betriebszustand – Ausleger entgegen der Fahrtrichtung – erhöhte Tragkräfte gemäß der Tragkrafttabelle zugelassen.

Die Fahrgeschwindigkeit beim Umsetzen mit max. Tragkraft betrug 1 km/h.

Zur Gewährleistung einer zügigen Arbeitsweise war der MDK 404C mit einer hydraulische Abstützung ausgerüstet worden.

Alle weiteren Parameter ensprechen dem des MDK 404.

Produktionsdauer*): **1974**
Produktionsstückzahl*): **3**

Mobildrehkran MDK 404C / 29 /

*) / 66 /

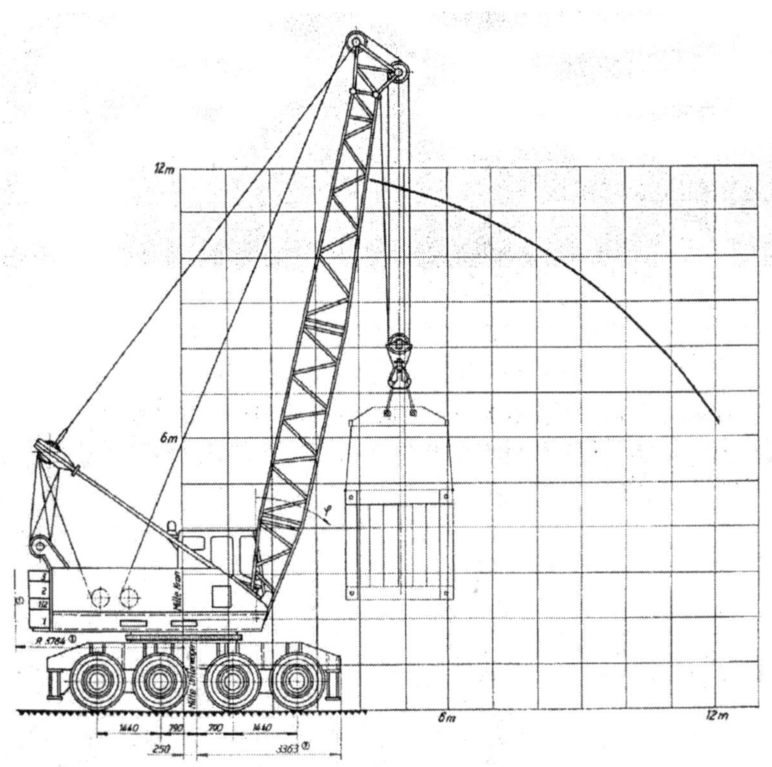

Mobildrehkran MDK 404C Hubhöhe und Ausladung /29/

Ausleger A 1

Grad	Ausladung m	Tragkraft freistehend Mp
1	2	3
9	4,0	20,5
10	4,2	20,5
11	4,4	20,5
12	4,6	20,5
13	4,9	20,5
15	5,2	16
25	7,3	12,5
35	9,1	9,5
45	10,8	8,0
55	12,1	6,4

Mobildrehkran MDK 404C Tragkrafttabelle /29/

Kranzahl: **3.6.11**

Erzeugnis: **MDK 504**

Status: **Neu- und Weiterentwicklung**

Kranherstelller: **VEB Schwermaschinenbau „S. M. Kirow“ Leipzig**

1975/1976 wurde der MDK 404 zum MDK 504 weiterentwickelt.

Mobildrehkran MDK 504 /29/

Das Entwicklungskonzept beinhaltete für den Einsatzbereich die Durchführung von Industrie- und Baumontagen, den Stückgut- und den Cotainerumschlag für 10 und 20 t ISO-Container. Die Steigerung der Tragfähigkeit erfolgte von 40/17 auf 50/17 t bei einem max. Lastmoment von 200 Mpm, darüber hinaus konnten weitere Funtionseigenschaften verbessert werden. In puncto Mobilität wurde die Fahrgeschwindigkeit auf der Straße auf 50 km/h erhöht.

Der vierachsige, allradangetriebene und einfach bereifte Unterwagen in Schweißkonstruktion sowie die stirnseitig angebrachten Abstützungen wurden entsprechend den neuen Traglasten angepaßt und verändert.

Das Fahrverteilergetriebe sowie die vier Achsgetriebe waren vom Fahrerhaus sperrbar. Dabei konnten jeweils nur das Fahrverteilergetriebe oder die vier Achsdifferentiale (alle vier gleichzeitig) gesperrt werden. Die Schaltung erfolgte pneumatisch. Die Halbachsen waren am Unterwagen pendelnd als Einzelradaufhängung aufgehängt.

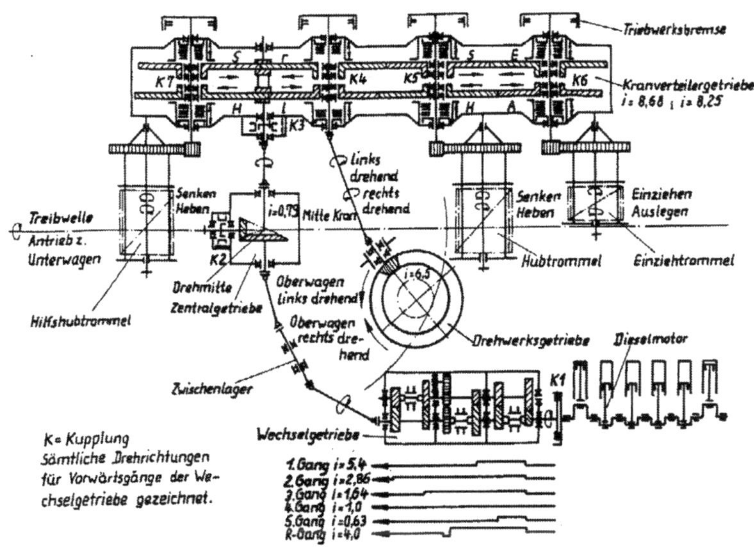

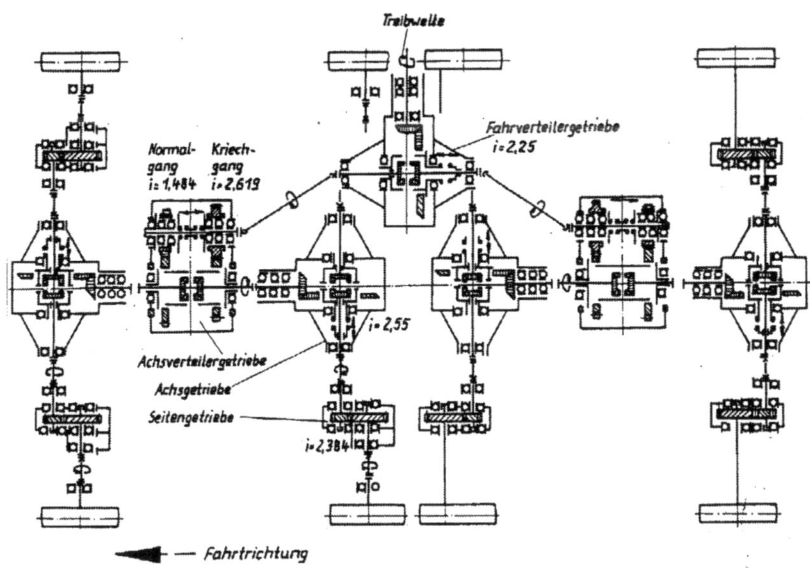

Mobildrehkran MDK 504 kinematisches Schema
oben: Oberwagen
unten: Unterwagen / 29 /

Kranzahl: 3.6.11

Der Kran besaß je Pendelachsenpaar eine Federung, die als Zylinder-Druckfeder ausgebildet war und über Winkelhebel und Schubstange auf das Pendelachspaar wirkte. Ein pneumatischer Zylinder je Federblock blockierte die zylindrische Druckfeder, so daß eine starre Verbindung zwischen Unterwagenrahmen und Pendelachsen vorhanden war und nur ein Ausgleich zwischen beiden Halbachsen bestand.

Der Oberwagen war eine geschweißte Konstruktion. Der Antrieb des Kranes erfolgte jetzt durch einen wassergekühlten Viertakt-Dieselmotor, womit eine Leistungssteigerung um 4 kW verbunden war. Über eine Einscheibentrockenkupplung wurde das Drehmoment auf ein 5-Gang-Wechselgetriebe übertragen. Der gesamte Antriebsblock war auf dem Oberwagenrahmen gelagert.

Der Antrieb vom Wechselgetriebe erfolgte weiter über Längsgelenkwellen zum Zentralgetriebe. In diesem erfolgte die Weiterleitung des Drehmomentes zum Kran- und Fahrverteilergetriebe. Die Schaltung der Kupplung erfolgte pneumatisch. Das Kranverteilergetriebe, auf dem Oberwagenrahmen gelagert, diente zum Antrieb aller vier Krantriebwerke. Alle Triebwerksbremsen waren als Innenbackenbremsen ausgeführt.

Die Lenkung des Kranes bestand aus einem mechanischen Lenkgestänge, einer hydraulischen Lenkunterstützung, einem Lenkgetriebe und einer Lenkwendeeinrichtung.

Als Betriebsbremse fand eine auf alle Räder wirkende Zweikreisdruck-Hydraulikbremse Verwendung. Die Handbremse war eine Federspeicherbremse.

max. Lastmoment	2000 kNm
max. Tragfähigkeit	
abgestützt 360° drehbar	50 t
freistehend 360° drehbar	17 t
freistehend, entg. d. Fahrtrichtung	20,5 t
max. Fahrgeschwindigkeit	
ohne Gegenlast	50 km/h
mit Gegenlast	19 km/h
max. Schleppgeschwindigkeit	50 km/h
Bereifung	14,00–24 EM Spezial
Reifenluftdruck	0,8 MPa
Federung	Schraubenfeder
Federblockierung	pneumatisch
Lenkung	
bei Straßenfahrt	mechanisch m. hydr. Lenkhilfe
bei Kranbetrieb	hydraulisch
Kleinster Kurvenradius	6400 mm
Fahrzeugbremsen	
Betriebsbremse	Zweikreis-Druckluftbremse auf alle Räder wirkend
Feststellbremse	Federspeicherbremse
Antriebsmotor	6-Zyl.-Dieselmotor m. Wasserkühlung N = 110 KW, n = 2000 min^{-1}
Inhalt des Kraftstoffbehälters	300 l
Kransteuerung	elektropneumatisch
max. Raddruck im Betrieb	127 KN
max. Stempeldruck im Betrieb	444 KN

Dienstmasse bei Kranbetrieb		
mit Ausleger A 1		42 t
mit Ausleger B 6 bzw. 0		45 t
Gesamtmasse bei Straßenfahrt (ohne Ausleger)		
ohne Gegenlast		31,3 t
mit Gegenlast		40,2 t
Statische Achslast bei Straßenfahrt (ohne Ausleger)		
ohne Gegenlast	Achse 1	75,5 kN
	Achse 2	75,5 kN
	Achse 3	78,0 kN
	Achse 4	78,0 kN
Statische Achslast mit Gegenlast	Achse 1	65,7 kN
	Achse 2	65,7 kN
im Hilfsbetriebszustand	Achse 3	131,5 kN
	Achse 4	131,5 kN
Steigfähigkeit		
ohne Gegenlast		ca. 25 %
mit Gegenlast		ca. 20 %

Mobildrehkran MDK 504 Technische Daten / 29 /

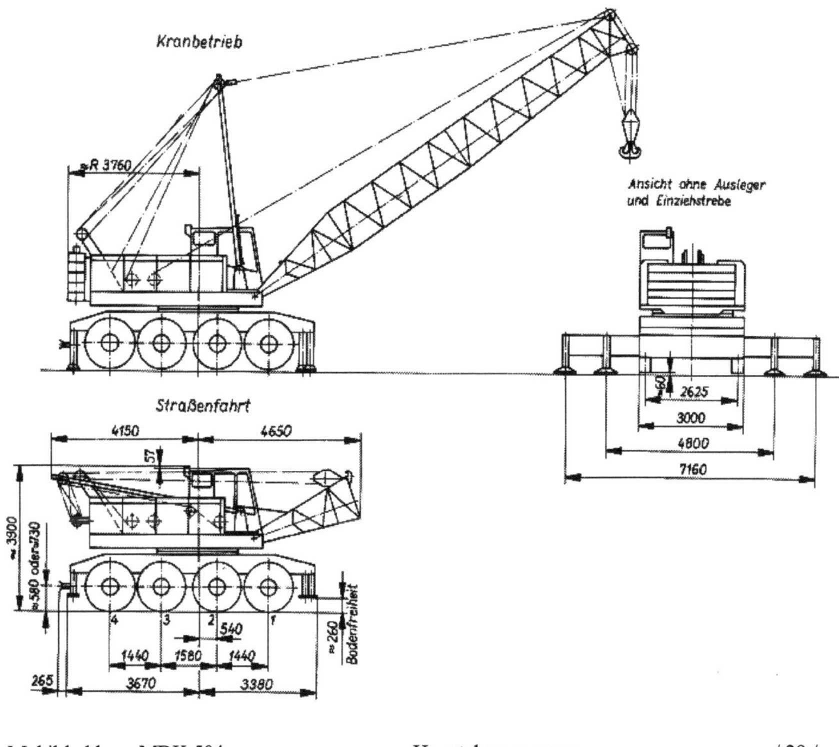

Mobildrehkran MDK 504 Hauptabmessungen / 29 /

Der Ausleger war wieder eine Gitterrohrkonstruktion und bestand aus Auslegerunterteil, Auslegerzwischenstücken und dem Auslegeroberteil, die mittels Bolzensteckverbindungen verbunden wurden. Am Auslegeroberteil konnte ein 7 m-Schnabelausleger bzw. ein Spitzenausleger von 30 m Länge angebracht werden.

Die Steuerung der Krantriebwerke war elektro-pneumatisch ausgelegt. Die Sicherheit beim Kranbetrieb wurde durch eine Lastmomentsicherung, Überlastsicherungen und Endschalter überwacht.

Produktionsdauer*): 1977 bis 1979

Produktionsstückzahlen*):

1977	1978	1979	Σ
4	67	80	151

*) / 66 /

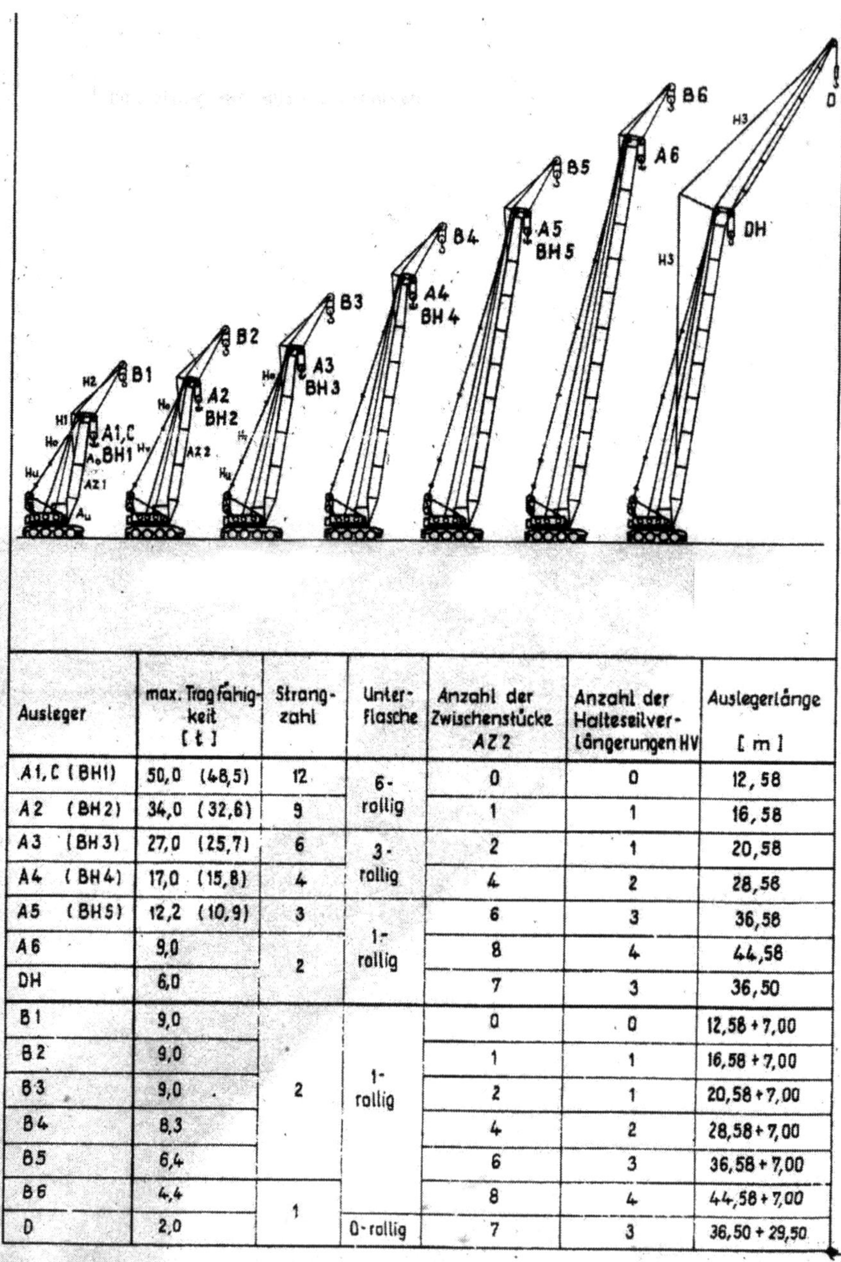

Ausleger	max. Tragfähigkeit [t]	Strangzahl	Unterflasche	Anzahl der Zwischenstücke AZ 2	Anzahl der Halteseilverlängerungen HV	Auslegerlänge [m]
A1, C (BH1)	50,0 (48,5)	12	6-rollig	0	0	12,58
A2 (BH2)	34,0 (32,6)	9		1	1	16,58
A3 (BH3)	27,0 (25,7)	6	3-rollig	2	1	20,58
A4 (BH4)	17,0 (15,8)	4		4	2	28,58
A5 (BH5)	12,2 (10,9)	3	1-rollig	6	3	36,58
A6	9,0	2		8	4	44,58
DH	6,0			7	3	36,50
B1	9,0	2	1-rollig	0	0	12,58 + 7,00
B2	9,0			1	1	16,58 + 7,00
B3	9,0			2	1	20,58 + 7,00
B4	8,3			4	2	28,58 + 7,00
B5	6,4			6	3	36,58 + 7,00
B6	4,4	1		8	4	44,58 + 7,00
D	2,0		0-rollig	7	3	36,50 + 29,50

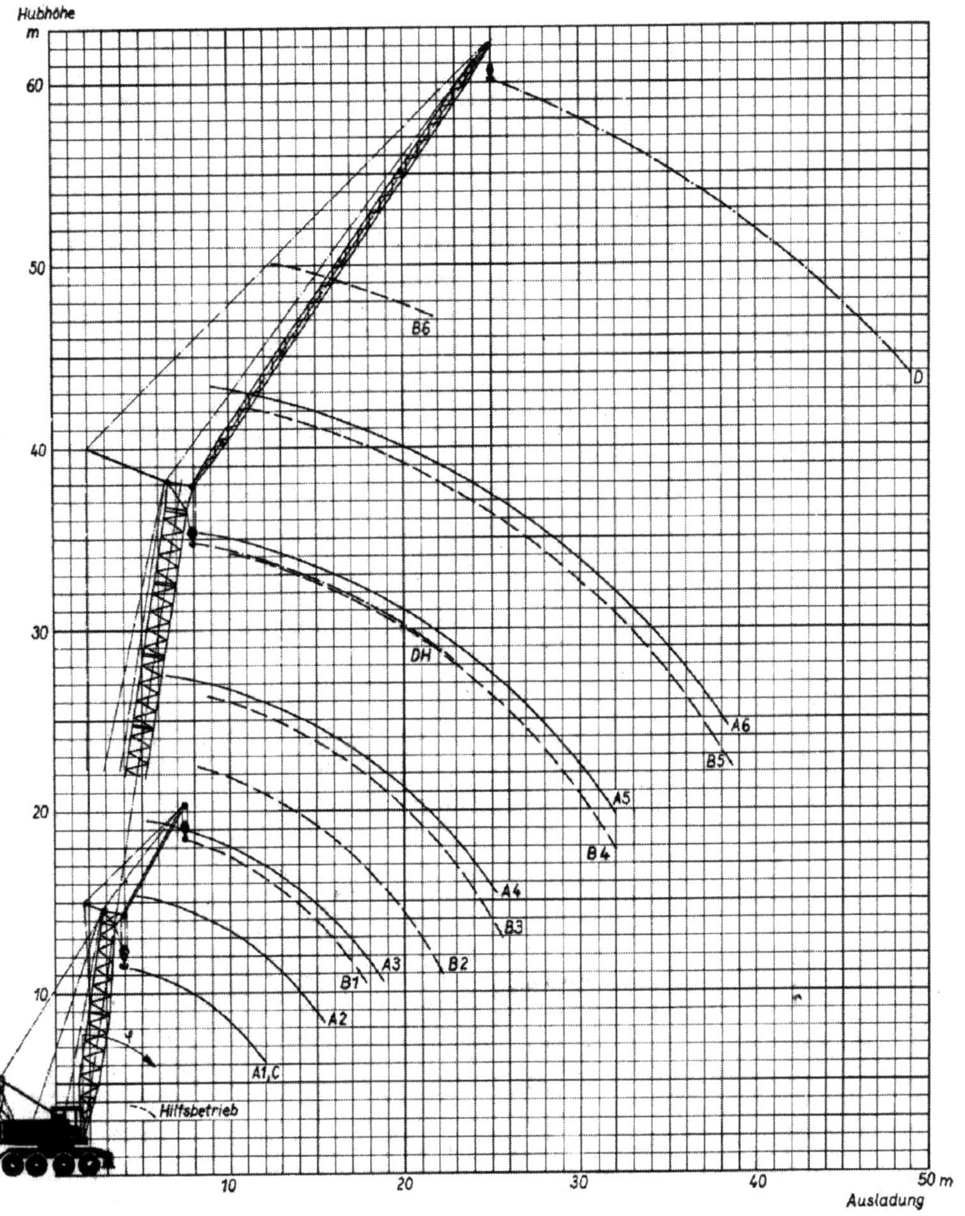
Hubhöhe
m
60
50
40
30
20
10
B6
D
A6
B5
DH
A5
B4
A4
B3
A3
B2
B1
A2
A1,C
Hilfsbetrieb
10
20
30
40
50 m
Ausladung

Kranzahl: 3.6.11

Hauptausleger A1 bis A6, BH1 bis BH5 und C

Auslegerstellung	Ausleger A1+C+BH1: Ausladung	Tragfähigkeit A1 abgestützt	Tragfähigkeit A1 freistehend	Tragfähigkeit C freistehend entgegen d. Fahrtrichtung	Tragfähigkeit BH1 abgestützt	Tragfähigkeit BH1 freistehend	Hubhöhe	Ausleger A2+BH2: Ausladung	Tragfähigkeit A2 abgestützt	Tragfähigkeit A2 freistehend	Tragfähigkeit BH2 abgestützt	Tragfähigkeit BH2 freistehend	Hubhöhe	Ausleger A3+BH3: Ausladung	Tragfähigkeit A3 abgestützt	Tragfähigkeit A3 freistehend	Tragfähigkeit BH3 abgestützt	Tragfähigkeit BH3 freistehend	Hubhöhe	Ausleger A4+BH4: Ausladung	Tragf.-keit A4 abgestützt	Tragf.-keit A4 freistehend	Tragf.-keit BH4 abgestützt	Hubhöhe	Ausleger A5+BH5: Ausladung	Tragf.-keit A5 abgestützt	Tragf.-keit A5 freistehend	Tragf.-keit BH5 abgestützt	Hubhöhe	Ausleger A6: Ausladung	Tragf.-keit A6 abgestützt	Tragf.-keit A6 freistehend	Hubhöhe
°	m	t	t	t	t	t	m	m	t	t	t	t	m	m	t	t	t	t	m	m	t	t	t	m	m	t	t	t	m	m	t	t	m
9	4,0	50,0	17,0	20,5	48,5	15,1	11,6	4,7	34,0	12,0	32,6	10,2	15,5	5,2	27,0	9,8	25,7	7,8	19,7	6,5	17,0	6,3	15,8	27,6	7,7	12,2	4,2	10,9	35,6	9,0	9,0	2,7	43,5
10	4,2	47,6	15,9	20,5	46,2	14,1	11,5	4,9	32,8	11,7	31,5	10,0	15,6	5,6	24,1	9,1	22,8	7,3	19,6	7,0	15,4	5,8	14,2	27,5	8,4	10,8	3,8	9,5	35,5	9,7	8,1	2,4	43,3
11	4,4	45,5	15,0	20,5	44,1	13,3	11,5	5,2	30,0	11,0	28,7	9,4	15,4	5,9	22,1	8,5	20,9	6,8	19,5	7,4	14,0	5,4	12,8	27,4	9,0	9,9	3,5	8,7	35,3	10,5	7,3	2,1	43,2
12	4,6	42,0	14,1	20,5	40,6	12,4	11,4	5,4	27,6	10,3	26,3	8,7	15,3	6,3	20,4	7,9	19,2	6,3	19,4	7,9	12,9	5,0	11,8	27,3	9,6	9,1	3,1	7,9	35,2	11,3	6,6	1,9	43,0
15	5,2	33,0	12,1	20,5	31,7	10,6	11,3	6,3	22,2	8,8	21,0	7,4	15,1	7,3	16,5	6,6	15,3	5,2	19,2	9,4	10,4	4,0	9,3	26,9	11,5	7,2	2,4	6,1	34,7	13,5	5,1	1,3	42,5
20	6,3	24,6	9,8	14,8	23,4	8,4	10,9	7,7	16,8	7,0	15,7	5,7	14,6	9,0	12,5	5,2	11,4	3,9	18,6	11,8	7,8	3,0	6,8	26,1	14,5	5,2	1,6	4,2	33,7	17,2	3,6	0,7	41,3
25	7,3	19,8	8,2	12,5	18,6	6,9	10,4	9,0	13,6	5,8	12,5	4,6	14,1	10,7	10,0	4,2	8,9	3,0	17,9	14,0	6,2	2,3	5,2	25,1	17,4	4,0	—	3,0	32,5	20,8	2,6	—	39,7
35	9,1	14,5	6,3	9,5	13,4	5,1	9,3	11,4	9,9	4,3	8,8	3,2	12,6	13,7	7,3	3,0	6,3	1,9	16,0	18,3	4,3	1,5	3,3	22,8	22,9	2,7	—	1,7	29,2	27,5	1,5	—	35,8
45	10,8	11,7	5,2	7,8	10,6	4,1	7,8	13,6	8,0	3,5	7,0	2,4	10,6	18,4	5,9	2,4	4,9	1,3	13,7	22,1	3,4	1,0	2,5	19,3	27,8	1,9	—	1,0	25,1	33,4	1,0	—	30,7
55	[illegible]	10,2	4,5	6,4	[illegible]	3,4	6,1	15,4	6,0	3,3	5,0	2,0	[illegible]	[illegible]	5,0	2,0	4,9	1,0	10,8	[illegible]	2,8	0,8	1,9	15,5	31,8	[illegible]	—	0,5	20,2	38,3	0,5	—	26,7

Schnabelausleger B1 bis B6 — Spitzenausleger DH u. D

Auslegerstellung	Ausleger B1: Ausladung	Tragfähigkeit abgestützt	Tragfähigkeit freistehend	Hubhöhe	Ausleger B2: Ausladung	Tragfähigkeit abgestützt	Tragfähigkeit freistehend	Hubhöhe	Ausleger B3: Ausladung	Tragfähigkeit abgestützt	Tragfähigkeit freistehend	Hubhöhe	Ausleger B4: Ausladung	Tragfähigkeit abgestützt	Tragfähigkeit freistehend	Hubhöhe	Ausleger B5: Ausladung	Tragfähigkeit abgestützt	Tragfähigkeit freistehend	Hubhöhe	Ausleger B6: Ausladung	Tragfähigkeit abgestützt	Hubhöhe	Ausleger DH: Ausladung	Tragfähigkeit abgestützt	Hubhöhe	Ausleger D: Ausladung	Tragfähigkeit abgestützt	Hubhöhe
°	m	t	t	m	m	t	t	m	m	t	t	m	m	t	t	m	m	t	t	m	m	t	m	m	t	m	m	t	m
9	7,5	9,0	6,7	18,6	8,1	9,0	5,4	22,6	8,7	9,0	4,4	26,5	10,0	8,3	2,9	34,4	11,2	6,4	1,8	42,3	12,5	4,4	50,2	7,9	6,0	34,8	25,0	2,0	60,1
10	7,8	9,0	6,4	18,5	8,5	9,0	5,1	22,5	9,2	9,0	4,1	26,4	10,6	7,7	2,7	34,3	12,0	5,9	1,6	42,2	13,3	4,4	50,0	8,5	5,6	34,7	26,0	1,9	59,7
11	8,1	8,6	6,1	18,4	8,9	8,6	4,9	22,3	9,6	8,6	3,9	26,3	11,2	7,2	2,5	34,1	12,7	5,4	1,4	42,0	14,2	4,1	49,8	9,1	5,2	34,6	27,0	1,8	59,2
12	8,4	8,3	5,8	18,3	9,3	8,3	4,6	22,2	10,1	8,3	3,7	26,1	11,8	6,7	2,3	33,9	13,4	5,0	1,3	41,8	15,1	3,7	49,6	9,7	4,9	34,5	28,0	1,7	58,8
15	9,4	8,0	5,1	17,9	10,4	8,0	4,0	21,8	11,4	8,0	3,1	25,6	13,5	5,6	1,8	33,4	15,6	4,0	0,9	41,1	17,6	2,8	48,8	11,6	3,8	34,0	31,0	1,4	57,3
20	10,9	7,5	4,3	17,2	12,3	7,4	3,2	20,9	13,6	6,4	2,4	24,7	16,3	4,3	1,3	32,2	19,1	2,9	0,4	39,7	21,8	1,9	47,2	14,5	2,5	33,0	36,0	1,0	54,5
25	12,3	7,0	3,7	16,3	14,0	6,7	2,7	19,9	15,7	5,3	2,0	23,5	19,1	3,5	—	30,8	22,5	2,2	—	38,0	—	—	—	17,3	1,6	31,8	40,7	0,6	51,3
35	15,0	6,5	2,9	12,2	17,3	5,2	2,0	17,5	19,5	4,0	1,4	20,7	24,1	2,4	—	27,3	28,7	1,4	—	33,8	—	—	—	22,7	0,5	28,3	49,0	0,3	43,7
45	17,2	5,8	2,4	11,7	20,0	4,4	1,6	14,5	22,8	3,3	1,0	17,3	28,5	1,9	—	23,0	34,1	0,9	—	28,6	—	—	—	—	—	—	—	—	—
55	18,9	5,2	2,2	8,8	22,2	3,9	1,4	11,1	25,5	2,9	0,8	13,4	32,0	1,5	—	18,0	38,6	0,6	—	22,5	—	—	—	—	—	—	—	—	—

Mobildrehkran MDK 504 — Tragfähigkeit und Arbeitsbereiche

Anmerkung:

BH = Last am Haupthaken bei angebautem Schnabelausleger
DH = Last am Haupthaken bei angebautem Spitzenausleger
C = freistehend entgegen der Fahrtrichtung / 65 /

Kranzahl: **3.6.12**

Erzeugnis: **MDK 504/1**

Status: **Neu- und Weiterentwicklung**

Kranhersteller: **„S. M. Kirow“ Leipzig**

Der MDK 504/1 war eine Weiterentwicklung des MDK 504, wobei das konstruktive Konzept nicht verändert und die Leistungsdaten belassen wurden.

Die Veränderungen erfolgten durch material-ökonomische Maßnahmen und konstruktive Detailverbesserungen zur Erhöhung der Zuverlässigkeit sowie die Anpassung von veränderten bzw. neuen Zulieferelementen.

Produktionsdauer*): 1980 bis 1998

Produktionsstückzahlen*) :

1980	1981	1982	1983	1984	1985	1986	1987	1988	1989	Σ
49	61	44	46	40	40	40	40	40	40	440

*) / 66 /; Stückzahlen 1984 bis 1989 teilweise geschätzt

3. Bauarten und Krantypen

Anhang IV

Raupendrehkrane

Inhaltsverzeichnis

1. Entwicklung und Produktionsstruktur Raupendrehkrane

Die Anfänge der Raupendrehkranproduktion können auf die Betriebe VEB Kranbau Eberswalde und VEB Bleichert Transportanlagenfabrik Leipzig zurückgeführt werden.

Im VEB Kranbau Eberswalde erfolgte vermutlich bereits 1945/46 die Entwicklung eines Raupendrehkranes mit einer Tragfähigkeit von 6,3 t unter der Bezeichnung DIER-Kran I. Dieses Gerät wurde in Eberswalde produziert und dann, aus heute unbekannten Gründen, nach dem Weimar Werk verlagert.

Die Entwicklung des DIER-Kran-I wurde, wie oben bereits gesagt, von Eberswalde nach dem VEB Weimar-Werk verlagert und dort kurzzeitig von 1952 bis 1954 produziert. Heute nicht mehr nachvollziehbar, erfolgte 1954 dann eine weitere Verlagerung dieser Produktion nach dem späteren VEB Förderanlagen „7. Oktober" Magdeburg. Dort erfolgte nach Produktionsaufnahme die Weiterentwicklung des DIER-Kran-I zum DIER 59 mit 6,3 t, zum DIER 61 mit 8 t und schließlich zum DIER 65 mit 12,5 t Tragfähigkeit. Aus dem DIER 65 wurde für den Export in die Sowjetunion der DIER 65-1 auf der Grundlage der GOST-Vorschriften abgeleitet. Durch verbindliche Standardisierungsvorschriften*) erhielt der DIER 65-1 die neue Bezeichnung RDK 160.

Im VEB Bleichert Transportanlagenfabrik Leipzig erfolgt 1953 die Entwicklung und Produktion der Raupendrehkrane RK 3 „Mitschurin" bei dem das Oberteil vom ADK 3 „SIS" verwendet wurde. Weiterhin der RK 5 und der RK 15. Durch Veränderung des Produktionsprofiles des Betriebes zu anderen fördertechnischen Erzeugnissen wurde 1960 der RK 3 und RK 5 nach dem VEB Förderanlagen „7.Oktober" Magdeburg verlagert und die Produktion des RK 15 nicht weiter geführt.

In Magdeburg wurden der RK 3 und RK 5 bis 1965 weiter produziert und danach die Produktion beider Typen eingestellt.

Im Zeitraum 1966/67 begann zur Erweiterung des Produktionsprofiles im VEB Eisengießerei und Maschinenfabrik ZEMAG Zeitz die Entwicklung von Raupenkranen. Die ersten Raupendrehkrane konnten dann 1968 hergestellt werden.

*) TGL 22 142/01 - Hebezeuge - Auslegerkrane freizügig ortsveränderlich -Technische Bedingungen

Die weitere Entwicklung und Produktion von Raupendrehkranen konzentrierte sich in der Folge nur noch auf zwei Betriebe, dem VEB Förderanlagen „7.Oktober" Magdeburg und dem VEB Eisengießerei und Maschinenfabrik ZEMAG Zeitz, wo diese spezialisiert bis 1990 durchgeführt wurde.

Folgende Ergebnisse und Leistungen in den einzelnen Betrieben wurden dabei erreicht und sind in der Abb.1 ersichtlich.

Betrieb	Tragfähigkeit der Krane t	Zeitdauer der Kranproduktion Jahr	gesamt produzierte Kraneinheiten Stck.	Produktions-verlagerung/ Produktions-auslauf
VEB Kranbau Eberswalde	??	??	??	→ 0
VEB Bleichert Transportanlagen-Fabrik	3 ... 15	1953 ... 1960	.644	
VEB Weimar-Werk	6,3	1953 ... 1954	65	
VEB Förderanlagen „7.Oktober" Magdeburg	3 ... 20	1954 ...1990	7.164	→ 0
VEB Eisengießerei u. Maschinenfabrik ZEMAG Zeitz	25 ... 63	1968 ...1990	15.773	→ 0
VEB Maschinenbau „Karl Marx" Babelsberg	12,5	1980 ... 1983	38	→ 0
VEB Spezialfahrzeugwerk Berlin	??	1961	3	→ 0
Σ	3 ... 63	1953 ...1990	23.700 (gerundet)	

Abb. 1 Produktionsübersicht Raupendrehkrane

Das Produktionsprogramm des VEB Förderanlagen „7. Oktober" Magdeburg umfaßte Raupendrehkrane von 3 bis 20 t mit entsprechenden Varianten, die bis 1990 mit einem hohen Exportanteil, vor allem für die Sowjetunion, produziert wurden. Der RK 3 besaß einen elektrischen Antrieb, während alle weiteren Typen mit dieselelektrischem Antrieb ausgerüstet waren.

Das Grundkonzept aller Raupenkrane war der Einsatz sowohl im Montage- als auch im Umschlagbetrieb. Während die Typen RK 3 und RK 5 den Umschlagbetrieb durch in den Lasthaken eingehängte Motorgreifer oder Lasthebemagnete realisierten, wurden die Typen DIER und RDK mit einem Greiferwindwerk ausgerüstet und konnten so mit Zweischalen-Vierseilgreifern betrieben werden. Daneben war natürlich der Hakenbetrieb für Montagearbeiten möglich.

Mit den gesellschaftlichen Veränderungen 1989/90 in der DDR wurde die Fertigung in Magdeburg eingestellt und der Betriebsteil dieses Betriebes aufgelöst.

Der VEB Eisengießerei und Maschinenfabrik ZEMAG Zeitz entwickelte sich neben seiner weiteren Produktionslinie, dem Anlagenbau und dem Bau von Universalbaggern, durch die begonnene Konzentration auf Raupendrehkrane zu einem bedeutenden Produzenten dieser Krane.

Im Laufe der Zeit wurde eine RDK-Typenreihe mit einem hohen Standardisierungsgrad geschaffen. Die Typenreihe umfaßte Raupendrehkrane von 25 bis 63 t Tragfähigkeit.

Das Grundkonzept der Entwicklung beruhte auf einer reinen Montagekran-Reihe für die Bauindustrie der Sowjetunion und mußte den entsprechenden GOST-Normen entsprechen.

Die Krane waren alle mit einem diesel-elektrischen Antrieb ausgerüstet und besaßen einen einheitlichen Grundaufbau beim Unter- und Oberwagen. Die Auslegerkombination war: Grundausleger, Grundausleger mit Hilfsausleger und Grundausleger mit Wippausleger als Hochbauausrüstung. Alle Krane hatten einen Haupt- und Hilfshub. Die Leistungsparameter wurden dabei ständig mit der Erhöhung der Tragfähigkeit entsprechend gesteigert. Für die Kranüberwachung und Steuerung erfolgte entsprechend dem allgemeinen Trend in späterer Zeit der Einsatz von mikroelektronischen Bauelementen.

Der Betrieb war ein exportorientierter Betrieb. In dem Zeitraum von 1968 bis 1990 wurden rd. 15700 Kraneinheiten hergestellt, wovon über 13700 Stück in die Sowjetunion geliefert wurden, was einen Exportanteil von knapp 90% entsprach.

1986 erfolgte die Erarbeitung einer Studie, um Raupendrehkrane nach einem neuen Krankonzept für die Montage schwerer und kompakter Lasten mit einem Lastmoment von 1000 kNm zu entwickeln. Vergleiche mit dem vom VEB Schwermaschinenbau „S. M. KIROW“ Leipzig entwickelten Montagekranzuges (MKZ) für analoge Kranarbeiten ergaben jedoch höhere Transport- und Rüstkosten, so daß das Projekt nicht weiter verfolgt wurde.

Weiterhin wurden Entwicklungsstudien für Geräte mit einem Lastmoment von 800 und 1600 tm bearbeitet.

Mit den gesellschaftlichen Veränderungen 1989/90 in der DDR endete die Raupendrehkranproduktion, der Betrieb wurde in eine GmbH umgewandelt und erhielt ein neues Produktionsprofil.

Die Bilanz der entwickelten und in die Produktion umgesetzten Raupendrehkrane, die primär in den Betrieben ZEMAG Zeitz und Förderanlagen Magdeburg (FAM) produziert wurden, ergibt in ihrer Gesamtheit *) im Überblick folgendes Bild:

Betrieb	Krantyp	Stückzahl	Σ
Bleichert Leipzig	RK 3 „Mitschurin“	507	
	RK 5	136	
	RK 12	1	644
Maschinenbau Babelsberg	HG 125	38	38
ZEMAG Zeitz	RDK 200	1	
	RDK 25 RDK 250 RDK 250-1 RDK 250-2 RDK 250-3	13.414	
	RDK 280 RDK 280-1 RDK 300 RDK 300-1	1.914	
	RDK 400	122	
	RDK 500 RDK 500-1 RDK 630	319	
	RDK 580	3	15.773
Weimar Werk	DIER I	65	65
Förderanlagen Magdeburg RK 3/1	RK 3 RK 3/1 = B 6,3	425	
	RK 5	56	
	DIER I	233	
	DIER 59	266	
	DIER 61	503	
	DIER 65	1.192	
	RDK 160 RDK 160-1 RDK 160-2	3.293	
	RDK 200 RDK 160-3	1.196	7.164
Spezial fahrzeugwerk Berlin	Mehrzweck-Gleisunter-haltungsgerät	3	3
Σ			23.687

*) ohne Kranbau Eberswalde

Betrieb	Zeitdauer d. Kranproduktion	gesamt produzierte Kraneinheiten	Anzahl d. Neu- u. Weiterentwicklungen	durchschnittlich produzierte Kraneinheiten im Jahr	durchschnittliche Anzahl der Entwicklungsjahre je Entwicklung	durchschnittlich produzierte Kraneinheiten je Entwicklung
	a	M	E	M/a	a/E	M/E
	Jahr	Stck.	Stck.	Stck./Jahr	Jahr/Stck.	Stck./Stck.
VEB Kranbau Eberswalde	??	??	1	??	??	??
VEB Weimar Werk	2	65	-	33	-	-
VEB Transportanlagenfabrik Bleichert Leipzig	8	644	4	81	2,00	161
VEB Förderanlagen „7. Oktober" Magdeburg	37	7.164	9	194	4,11	796
VEB Eisengießerei und Maschinenfabrik ZEMAG Zeitz	23	15.773	12	686	1,92	1.314
VEB Maschinenbau „Karl Marx" Babelsberg	4	38	1	10	4.00	38
VEB Spezialfahrzeugwerk Berlin	1	3	1	3	1.00	3
	1953...1990					
durchschnittliches Gesamtergebnis[**)]	**38**	**23.687**	**28**	**623**	**1,36**	**846**

Abb. 2 Entwicklungs- und Produktionsniveau Raupendrehkrane [**)] ohne Kranbau Eberswalde

Die Abb. 2 zeigt die Erneuerungsquote, die zwischen 1,9 und 4 Jahren liegt. Im Gesamtdurchschnitt beträgt die Größe 1,36 und liegt, im Vergleich mit 1,50 bei Autodrehkranen, praktisch im gleichen Niveau.

Betrachtet man die Verteilung der Krane bezüglich ihrer Tragfähigkeit die von 3 bis 63 t in ihrer Gesamtheit reicht, ergibt sich über den Produktionszeitraum von 1953 bis 1990 folgende Verteilung:

Tragfähigkeit der Raupendrehkrane	... 5 t	6 ... 10 t	11 ... 15 t	16 ... 20 t	21 ... 30 t	31 ... 70 t
%-ualer Anteil	4,7	4,5	5,1	19,1	65,0	1,6

Es ist ersichtlich, daß die Dominanz auf den Bereichen 16 ... 20 t und 21 ... 30 t liegt und durch die Raupendrehkrane DIER 65, RDK 160, RDK 250, RDK 280 und RDK 300 im wesentlichen bestimmt wird.

Bezogen auf die Gesamtproduktion des Magdeburger Betriebes hatte der DIER 65 und die RDK-Reihe 160 einen Anteil von rd. 63%. Bei ZEMAG Zeitz war es die Reihe RDK 250 mit rd. 85%.

Ersichtlich ist auch aus den Abbildungen 1 und 2 die Konzentration der Raupendrehkranproduktion auf die beiden Betriebe in Magdeburg und Zeitz. Der prozentuale Anteil aller Betriebe beträgt dabei:

Betrieb	Anteil an der RDK-Produktion %
Kranbau Eberswalde	?
Spezialfahrzeugwerk Berlin	< 0,1
Maschinenbau Babelsberg	0,1
Weimar Werk	0,3
Bleichert Anlagenfabrik	2,7
Förderanlagen Magdeburg	30,3
ZEMAG Zeitz	66,6

Im Zeitraum von 38 Jahren wurden insgesamt rd. 23.700 Raupendrehkraneinheiten mit einem hohen Exportanteil von bis zu 90% in die Sowjetunion, bei 28 Neu- und Weiterentwicklungen, gebaut.

Durch den Seriencharakter lag die Jahresproduktion im Durchschnitt bei rd. 620 Kraneinheiten. Die in die Produktion überführten Entwicklungen erbrachten eine durchschnittliche Produktionsmenge von ca. 850 Kraneinheiten.

2. Übersicht, Gliederung und Darstellung der Raupendrehkrantypen

Für die Gliederung wurde eine dreistellige Kranzahl festgelegt, die sich nach folgender Legende zusammensetzt:

X1. X2. X3. = Kranzahl

X1 = Nummer der Bauart
X2 = Nummer des Kranherstellers
X3 = lfd. Nummer des Krantyps in der jeweiligen Bauart (Ordnungsnummer)

Bauart

Nummer der Bauart	Bauart	
4	Raupendrehkran	RDK

Kranhersteller

Nummer des Kranherstellers	Kranhersteller	
1	VEB Bleichert Transportanlagenfabrik Leipzig	
4	VEB Maschinenbau „Karl Marx“ Babelsberg	
5	VEB Eisengießerei und Maschinenfabrik ZEMAG Zeitz	
8	VEB Kranbau Eberswalde	
9	VEB Weimar Werk	
10	VEB Förderanlagen „7. Oktober“ Magdeburg	(FAM)
12	VEB Spezialfahrzeugbau Berlin	

Bauart	Krantyp	Kranhersteller	Kranzahl	Seite
4	Raupendrehkrane			
	RK 3 „Mitschurin“	Bleichert	4.1.01.	
	RK 5	Bleichert	4.1.02.	
	RK 12	Bleichert	4.1.03.	

RK 15	Bleichert	4.1.04.
RK 16	Bleichert	4.1.05.
HG 125	Babelsberg	4.4.01.
RDK 200	ZEMAG	4.5.01.
RDK 25	ZEMAG	4.5.02.
RDK 250	ZEMAG	4.5.03.
RDK 250-1	ZEMAG	4.5.04.
RDK 250-2	ZEMAG	4.5.05.
RDK 250-3	ZEMAG	4.5.06.
RDK 250-4 POLAR	ZEMAG	4.5.07.
RDK 280	ZEMAG	4.5.08.
RDK 280-1	ZEMAG	4.5.09.
RDK 300	ZEMAG	4.5.10.
RDK 300-1	ZEMAG	4.5.11.
RDK 350	ZEMAG	4.5.12.
RDK 350U	ZEMAG	4.5.13.
RDK 400	ZEMAG	4.5.14.
RDK 500	ZEMAG	4.5.15.
RDK 500-1	ZEMAG	4.5.16.
RDK 580	ZEMAG	4.5.17.
RDK 630	ZEMAG	4.5.18.
RDK 630-1	ZEMAG	4.5.19
RDK 800	ZEMAG	4.5.20.
RDK 1000	ZEMAG	4.5.21.
RDK 1600	ZEMAG	4.5.22.
DIER I	Eberswalde	4.8.01.
DIER I Hochbauausleger	Eberswalde	4.8.02.
RK 4	Eberswalde	4.8.03
DIER	Eberswalde	4.8.04
DIER I	Weimar	4.9.01.
RK 3 „Mitschurin“	FAM	4.10.01.
RK 3/1=B 6,3	FAM	4.10.02.
RK 5	FAM	4.10.03.
DIER I	FAM	4.10.04.
DIER 59	FAM	4.10.05.
DIER 61	FAM	4.10.06.
DIER 65	FAM	4.10.07.
DIER 65-1=RDK 160	FAM	4.10.08.
RDK 160-1	FAM	4.10.09.
RDK 160-2	FAM	4.10.10
RDK 160-3	FAM	4.10.11.
RDK 200	FAM	4.10.12.
RDK 25-28	FAM	4.10.13.
Mehrzweck-Gleisunter-haltungsgerät	Spez. Berlin	4.12.01.

Kranzahl: **4.1.01**

Erzeugnis: **RK 3*) „Mitschurin“**

Status: **Neu- und Weiterentwicklung**

Kranhersteller: **VEB Bleichert Transportanlagenfabrik Leipzig**

Das Konstruktionskonzept von 1953 basierte auf der Übernahme des Oberwagen vom ADK 3 „SIS“ und einer elektrischen Fremdstromeinspeisung auf ein Raupenfahrwerk.

Der Antrieb für den Fahr- und Kranbetrieb erfolgte durch Netzanschluß. Auf Grund der Masse des Raupenfahrwerkes war für den Kranbetrieb keine Abstützung erforderlich. Das Gesamtgewicht des Kranes betrug ca. 8,7 t.

Der Kran konnte mit aufgenommener Last verfahren werden, wobei die Geschwindigkeit des Raupenfahrwerkes 10 m/min betrug.

Raupendrehkran RK 3 „Mitschurin“ / 30 /

Die Produktion wurde 1960 beendet und in Magdeburg, dem späteren VEB Förderanlagen „7. Oktober“, weitergeführt.

Abmessungen:

Plattform:	**Länge**	**1220 mm**
	Breite	**1850 mm**
	Höhe	**ca. 670 mm**

Fahrzeug (Ausleger horizontal):

Länge	**max. ca 5400 mm**
Breite	**ca. 1850 mm**
Höhe	**ca. 2200 mm**

*) Wegen der nur allgemeinen Bezeichnung "Raupenkran" wurde zur Eindeutigkeit in die Erzeugnisbezeichnung ... 3 (Tragfähigkeit) aufgenommen.

Entwicklungs-, Produktionslinie und Produktionsstückzahl*) des RK 3 "Mitschurin"

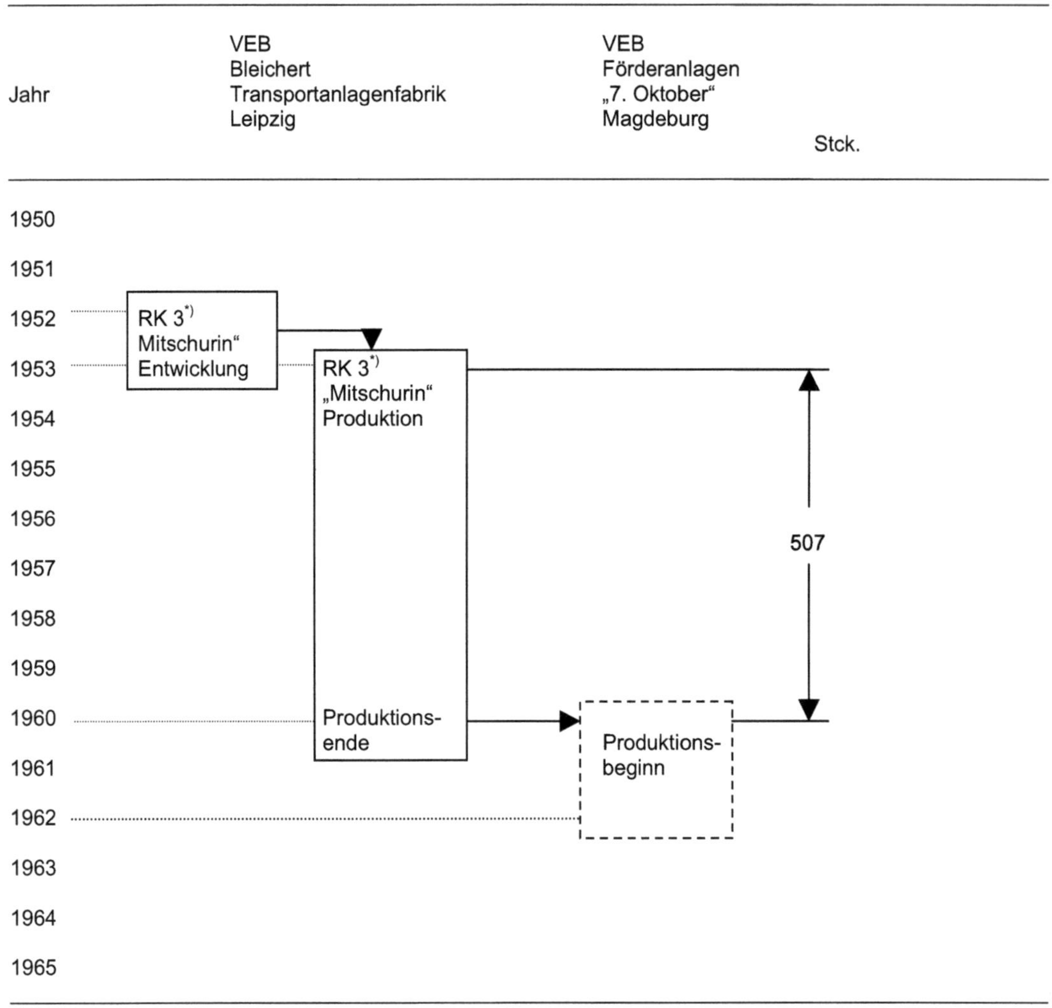

Jahr	VEB Bleichert Transportanlagenfabrik Leipzig		VEB Förderanlagen „7. Oktober“ Magdeburg	Stck.
1950				
1951				
1952	RK 3*) Mitschurin“ Entwicklung			
1953		RK 3*) „Mitschurin“ Produktion		
1954				
1955				
1956				507
1957				
1958				
1959				
1960		Produktions-ende	Produktions-beginn	
1961				
1962				
1963				
1964				
1965				

Σ 507

*) / 18 /

Kranzahl: **4.1.02**

Erzeugnis: **RK 5*)**

Status: **Neu- und Weiterentwicklung**

Kranhersteller: **VEB Bleichert Transportanlagenfabrik Leipzig**

Konstruktiv wurde der Oberwagen des ADK 5 H6 auf ein Raupenfahrwerk aufgesetzt. Der Antrieb war diesel-elektrisch.

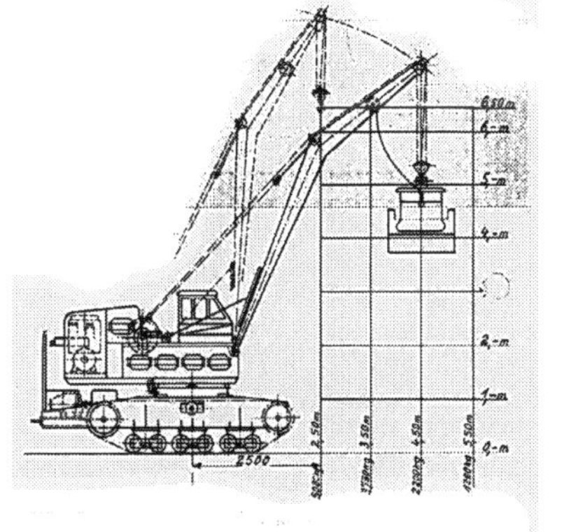

Raupendrehkran RK5 / 19 /

Produktionsbeginn: 1955.
Produktionsende: 1960
In diesem Zeitraum wurden 136 Stck RK 5) produziert.**

Danach wurde die Produktion nach Magdeburg, zum späteren VEB Förderanlagenbau „7.Oktober“ Magdeburg, verlagert.

Technische Daten:

	Raupen-Drehkran, Tragkraft max. 5 t		Raupen-Drehkran, Tragkraft max 5 t
Tragkraft	5000 kg bei 2,5 m Ausl. 1200 kg bei 5,3 m Ausl.	Elektromotoren-Leistung:	~
		Lasthubwerk	6 kW 1430 UpM
		Auslegerhubwerk	2,5 kW 1440 UpM
Hubhöhe max.	6,5 m	Schwenkwerk	1,6 kW 950 UpM
Hubgeschwindigkeit der Last ca.	6,6 m/Min.	Fahrwerk 2 Stck. je	11 kW 1440 UpM
Ausleger heben ca.	27 sec.	Generator	38 kVA
Schwenkgeschwindigkeit	1,1 UpM	Dieselleistung	44 kW = 60 PS 1500 UpM
Fahrgeschwindigkeit: ohne Last und ohne Steigung	[illegible] km/h 4	Länge in Fahrstellung ca.	10,4 m
mit max. Last und 3° Steigung (kurzzeitig)	[illegible] km/h 1,3	Breite in Fahrstellung ca.	3,05 m
Eigengewicht ca.	[illegible] t 14,2	Höhe in Fahrstellung ca.	3,4 m

Raupendrehkran RK 5
Technische Daten / 19 /

*) Wegen der nur allgemeinen Bezeichnung „Raupenkran“ wurde zur Eindeutigkeit in die Erzeugnisbezeichnung ... 5 (Tragfähigkeit) aufgenommen.
**) /18/

Kranzahl: **4.1.03**

Erzeugnis: **RK 12*)**

Status: **Neu- und Weiterentwicklung**

Kranhersteller: **VEB Bleichert Transportanlagenfabrik Leipzig**

Raupenkran RK 12 / 20 /

Die Entwicklung dieses Kranes muß vermutlich nach der Konstruktion des Raupenkrans RK 5 erfolgt sein. Genaue Daten sind nicht bekannt, so daß als Entwicklungsjahr 1955/56 angenommen werden kann. Der Produktionsbeginn könnte dann 1956/57 erfolgt sein.

Das konstruktive Konzept basierte auf einem diesel-elektrischen Antrieb. Unterwagen und Oberwagen waren nach den allgemeinen Prinzipien gestaltet. Ein Hilfshub bestand nicht. Der Oberwagen konnte mit einem auswechselbaren Ausleger von 12 m und 15 m Länge ausgestattet werden.

Raupenkran RK 5 mit spezieller Transportvorrichtung für den Ausleger / 18 /

Technische Daten)**:**

12 t Last bei 4,5 m Ausladung, 3 t Last bei 8,5 m Ausladung

Hubhöhe:	**12 t Last**	**8 m**	**(kurzer Ausleger)**
Hubhöhe:	**3 t Last**	**15 m**	**(langer Ausleger)**

Fahrgeschwindigkeit: **ohne Last ca. 8 km/h**
mit Last ca. 1 km/h

Produktionsdauer und Produktionsstückzahlen sind nicht bekannt. Nach dem vorliegenden Bild muß mindestens ein Gerät gebaut worden sein.

*) Wegen der nur allgemeinen Bezeichnung "Raupenkran 12t" wurde zur Eindeutigkeit die Erzeugnisbezeichnung mit RK 12 benannt.
**) / 20 /

Kranzahl: **4.1.04**

Erzeugnis: **RK 15*)**

Status: **Neu- und Weiterentwicklung**

Kranhersteller: **VEB Bleichert Transportanlagenfabrik Leipzig**

Einzelheiten bezüglich Entwicklungsjahr, Produktionsdauer, Stückzahlgrößen und nähere allgemeine Angaben sind nicht bekannt. Die einzige Unterlage über diesen Kran wurde in einem Angebotskatalog des DIA (Deutscher Innen- und Außenhandel) gefunden, der 1954 gedruckt wurde. Daraus kann allgemein geschlußfolgert werden, daß der Kran um 1952/1953 entwickelt und vielleicht ab1954 produziert wurde.

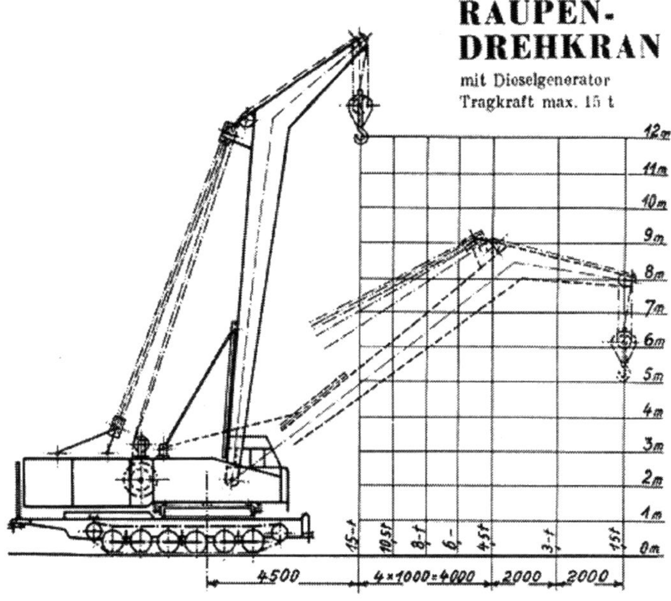

Raupenkran RK 15 / 19 /

*) Wegen der nur allgemeinen Bezeichnung "Raupenkran" wurde zur Eindeutigkeit in die Erzeugnisbezeichnung ... 15 (Tragfähigkeit) aufgenommen.

Kranzahl: **4.1.04**

Entsprechend dem Katalog handelt es sich um einen dieselelektrischen, selbstfahrenden Raupendrehkran zum Be- und Entladen von Stückgütern. Der Kran ist unter Last verfahrbar. In Verbindung mit einem Motorgreifer kann er für Schüttgüter eingesetzt werden.

Technische Daten:

	Raupen-Drehkran, Tragkraft max. 15 t		Raupen-Drehkran, Tragkraft max. 15 t
Tragkraft	15 000 kg bei 4,5 m Ausl., 1500 kg bei 12,5 m Ausl.	Elektromotoren-Leistung:	
Hubhöhe max.	12 m	Lasthubwerk	30 kW 965 UpM
Hubgeschwindigkeit der Last ca.	7,5 m/Min.	Auslegerhubwerk	16 kW 960 UpM
Ausleger heben ca.	60 sec.	Schwenkwerk	8 kW 950 UpM
Schwenkgeschwindigkeit	0,7 UpM	Fahrwerk 2 Stck. je	75 kW 950 UpM
Fahrgeschwindigkeit: ohne Last und ohne Steigung	5 km/h	Generator	125 kW (mit Leonard-Steuerung)
mit max. Last und 3° Steigung (kurzzeitig)	1 km/h	Dieselleistung	140 kW = 190 PS 1500 UpM
Eigengewicht ca.	48 t	Länge in Fahrstellung ca.	20 m
		Breite in Fahrstellung ca.	3,1 m
		Höhe in Fahrstellung ca.	5 m

Raupendrehkran RK 15 Technische Daten /19/

Kranzahl: **4.1.05**

Erzeugnis: **RK 16*)**

Status: **Projekt**

Kranhersteller: **VEB Bleichert Transportanlagenfabrik Leipzig**

Der Entwicklungszeitraum, Produktionsdauer und Produktionsstückzahlen sind nicht bekannt. Es kann nur geschätzt werden, das die mögliche Entwicklung und Produktion im Zeitraum von 1955 bis 1960 gelegen hat.

Das konstruktive Konzept basierte auf einen dieselelektrischen Raupenkran für Haken- und Greiferbetrieb mit 16 t Tragfähigkeit. Eine Fremdstromeinspeisung mittels Schleppkabel war vorgesehen.

Der erforderliche Strom konnte durch zwei Dieselmotoren, die über ein Getriebe auf einen Generator arbeiteten, erzeugt werden. Für normalen Kranbetrieb reichte die Leistung eines Dieselmotors aus, für das Verfahren waren jedoch beide Motoren erforderlich. Der Antrieb aller Kran- und Fahrbewegungen erfolgte durch Elektromotoren.

Für den Transport auf Eisenbahnwaggons mußten, zur Einhaltung des Fahrprofiles, die beiden Raupensätze demontiert werden, während beim Oberwagen keine Demontagen erforderlich waren. Der Ausleger wurde dabei auf einen Schutzwaggon abgelegt.

Vergleicht man die Leistungsfähigkeit des RK 16 mit den Raupenkranen RK 15, bezogen auf das Lastmoment, ergibt sich:

Raupenkran	max. Lastmoment tm	Lastmoment bei max. Ausladung tm
RK 15	67,5	18,8
RK 16	120,0	80,0

Der RK 16 besitzt damit für die Kranarbeit ein hohes Arbeitsvermögen, wie auch aus dem Nutzlastdiagramm ersichtlich ist.

*) Wegen der nur allgemeinen Bezeichnung "Raupenkran 16 t" wurde zur Eindeutigkeit die Erzeugnisbezeichnung mit RK 16 benannt.

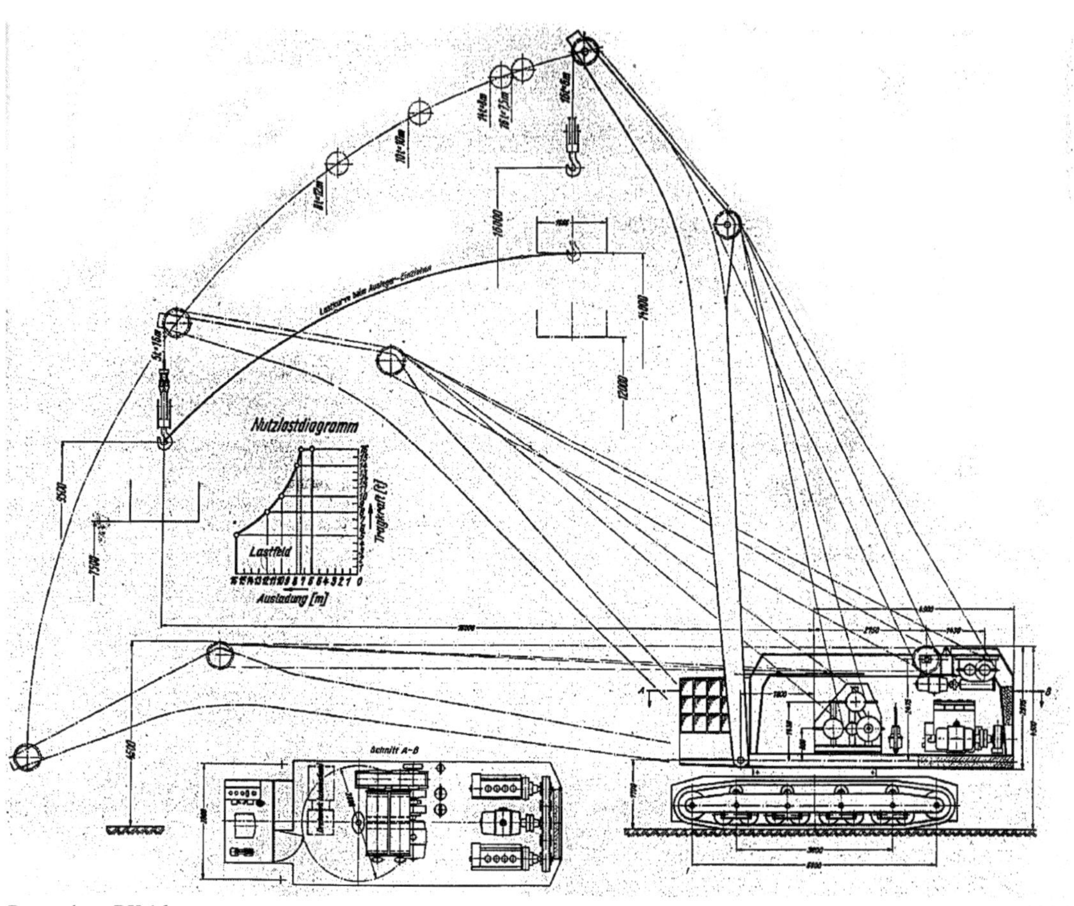

Raupenkran RK 16 / 20 /

Kranzahl: **4.4.01**

Erzeugnis: **HG 125**

Status: **Neu- und Weiterentwicklung**

Kranhersteller: **VEB Maschinenbau „Karl Marx“ Babelsberg**

Dieses Gerät wurde 1980 gemeinsam mit der Braunkohleindustrie für den speziellen Einsatz im Tagebau mit der Bezeichnung HG 125 entwickelt. Für die Bezeichnung wurde HG 125, was Hebe-Gerät mit 12,5 t Tragfähigkeit heißt, festgelegt.

Hebegerät HG 125 in Fahrposition /24/

Das Krankonzept basiert auf der Verwendung eines sowjetischen Panzers vom Typ T34 als Unterwagen auf dem der Oberwagen des ADK 125-2 aufgesetzt wurde. Konstruktiv wurde der Panzerturm abgenommen und darauf ein autarker Oberwagen aufgesetzt, der über die Kugeldrehverbindung mit dem Panzer als Unterwagen fest verbunden war.

Die Leistungsparameter des Kranteiles, die Krangeometrie und die Arbeitsgeschwindigkeiten waren die gleichen wie beim ADK 125-2.

Der autarke Oberwagen war mit einem 55 kW luftgekühlten Diesel-Motor vom VEB ROBUR-Werke Zittau und einer Vollsichtkanzel vom VEB Schwermaschinenbau NOBAS Nordhausen sowie mit dem Hydrauliksystem für den Kranbetrieb bestückt. Hub-, Wipp- und Drehwerk sowie das gesamte Auslegersystem entsprach dem des ADK 125-2.

Beim Unterwagen, dem Panzerchassis mit einem 331 kW starken Motor, wurde die Panzervorderseite aufgebrannt und eine verglaste Fahrerkabine eingesetzt.

Kranzahl: 4.4.01

Beim Kranbetrieb erfolgte eine Blockierung der Laufräder der Panzerkette.

Hebegerät HG 125 in Fahrposition /24/

Im VEB Rationalisierungsmittelbau Regis erfolgte die Herrichtung der Panzerfahrgestelle und in Babelsberg die Fertigstellung und Abnahme des gesamten Kranes.

Hebegerät HG 125 in Arbeitsposition /24/

Produktionsdauer und Jahresstückzahl:

Jahr	Jahresstückzahl
1980	8
1981	10
1982	10
1983	10
Σ	38

Kranzahl: **4.5.01**

Erzeugnis: **RDK 200**

Status: **Produktionsverlagerung**

Kranhersteller: **Zeitzer Maschinen, Anlagen, Geräte – ZEMAG GmbH**

Der Raupendrehkran RDK 200 wurde 1983 im VEB Förderanlagen „7. Oktober" Magdeburg entwickelt und bis 1990 dort produziert. Mit der Auflösung des Betriebsteiles Krane erfolgte 90/91 eine Verlagerung nach ZEMAG Zeitz und sollte dort in das Typenprogramm Raupenkrane integriert und weiter hergestellt werden. Durch die Veränderungen im Produktionsprofil des Betriebes unter jetzt neuem Namen wurde jedoch die Raupendrehkranproduktion ebenfalls eingestellt. Im Auslauf der Produktion erfolgte dann nur noch (ohne konstruktive Veränderung des Gerätes) die Herstellung von 1 Stck. (als RDK 160-3 für den Export nach Kasachstan).

Kranzahl: **4.5.02**

Erzeugnis: **RDK 25**

Status: **Neu- und Weiterentwicklung**

Kranhersteller: **VEB Eisengießerei und Maschinenfabrik ZEMAG Zeitz**

Die Entwicklung des Raupendrehkranes erfolgte 1966/1967 und war der Prototyp für die späteren Weiterentwicklungen.

Der Kran war vorrangig für einen Export in die Sowjetunion vorgesehen, so daß die konstruktive Auslegung nach den entsprechenden GOST-Normen erfolgte.

Raupendrehkran RDK 25
(Ausrüstungsvariante Kranausleger mit Hilfsausleger) / 28 /

Das Konstruktionskonzept war auf einem diesel-elektrischen Antrieb mit einer Leistung von 108 kW aufgebaut und konnte bei längerem stationären Betrieb auch mit Fremdstrom und damit lärmarm und umweltfreundlich erfolgen. Dies beinhaltete auch umgekehrt die Möglichkeit, daß der Kran elektrische Leistung für Notstrom bei Havarien oder für den Antrieb von Baustellenaggregaten abgeben konnte.

Die Tragfähigkeit betrug am Haupthaken / Hilfshaken 25 / 5 t.

Für die Kranarbeit besaß der Kran die üblichen Hub-, Hilfshub- und Einziehwerke mit dem jeweiligen elektro-motorischen Antrieb.

Der Unterwagenrahmen und die Raupenträger waren Schweißkonstruktionen. Jede Raupenkette wurde durch einen Elektromotor, der gegen Schmutz und Beschädigungen gekapselt war, angetrieben.

Unterwagen und Oberwagen waren durch eine zweireihige, selbstzentrierende Kugeldrehverbindung fest miteinander verbunden. Der Antrieb mit Generator, die einzelnen Hubwerke und das Drehwerk, die Schaltschränke und Nebenaggregate waren verkleidet durch ein Maschinenhaus auf dem Oberwagen angeordnet, wo sich auch die Kabine befand.

Durch verbolzte Zwischenstücke konnte die Auslegerlänge variiert werden, womit eine Vielzahl von Arbeitsmöglichkeiten in Kombination mit den Ausrüstungsvarianten sich ergaben.

Die Ausrüstvarianten waren:

Kranausleger 12,5 m, der mittels Zwischenstücke von 5 m auf 32,5 m verlängert werden konnte,

Kranausleger von 12,5 bis 32,5 m und einem fest angeordneten 5 m-Hilfsausleger,

Standmast von 12,5 bis 22,5 m und einem 20 m-Bauausleger
(Wippausleger) als Hochbauausrüstung.

Das Prinzip dieser Ausrüstungsvarianten wurde in der Folge bei allen weiteren Entwicklungen beibehalten und gewährleistete einen flexiblen Kraneinsatz als Bau- und Montagekran.

Weiterhin war als Zusatzausrüstung der Einsatz von Elektro-Lasthebemagneten und elektro-hydraulischen Motorgreifern möglich.

Produktionsdauer und Produktionsstückzahl unter Kranzahl 4.5.07. ausgewiesen.

Raupendrehkran RDK 25

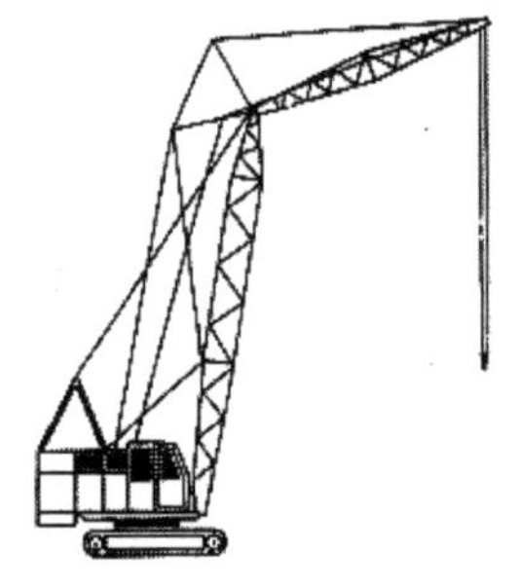

Ausrüstungsvariante
Hochbauausrüstung

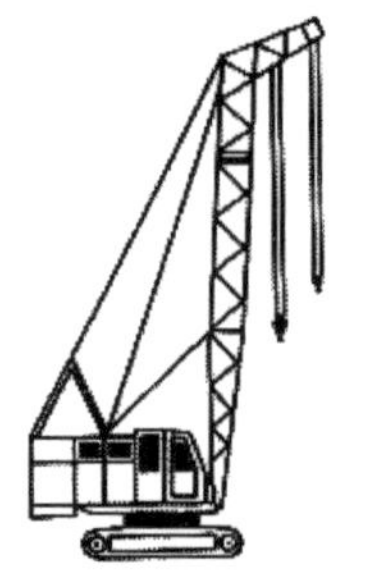

Ausrüstungsvariante
Kranausleger

Ausrüstungsvariante
Kranausleger mit Hilfsausleger /27/

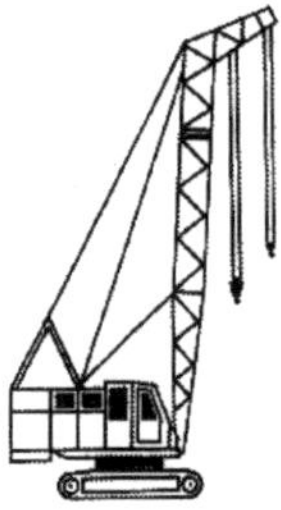

Zusatzausrüstung
Elektro-Lasthebemagnet

Zusatzausrüstung
elektro-hydraulischer Motorgreifer /27/

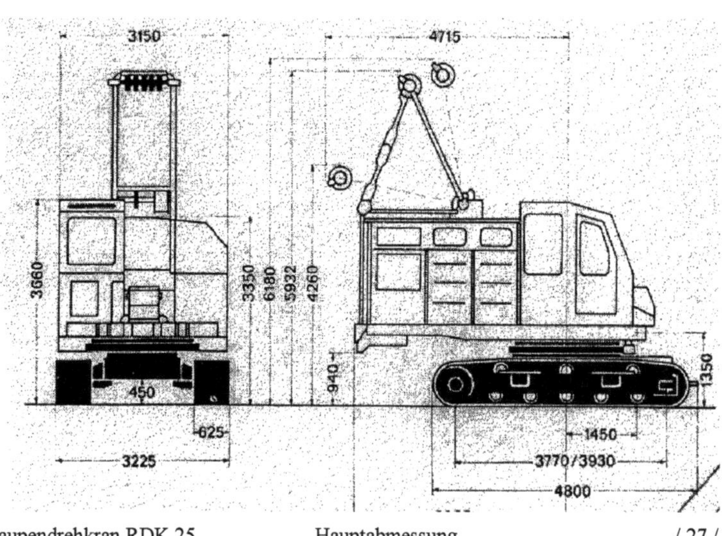

Raupendrehkran RDK 25 Hauptabmessung /27/

Kranzahl: 4.5.02

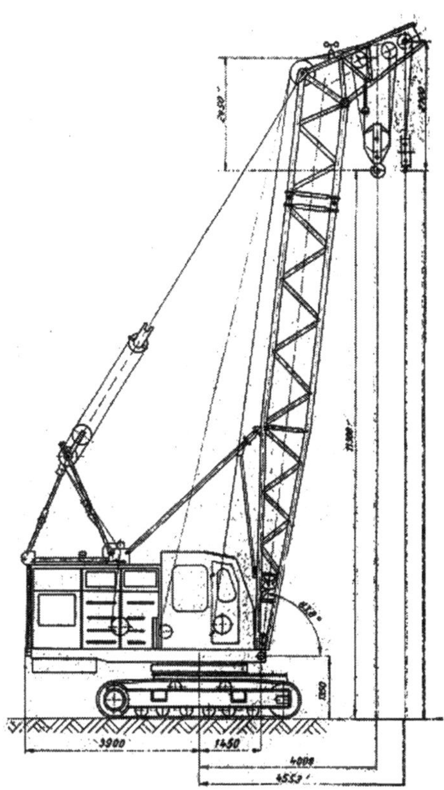

Raupendrehkran RDK 25
Ausführungsvariante
Kranausleger / 28 /

Technische Daten des Kranauslegers RDK 25						
Länge des Kranauslegers	(m)	12,5	17,5	22,5	27,5	32,5
Ausladung min. (Haupthaken/Hilfshaken)	(m)	4,0/4,55	4,54/5,09	5,08/5,63	5,62/6,17	6,16/6,71
Ausladung max.	(m)	12,35/12,86	16,38/16,79	18,79/19,33	18,53/19,22	19,07/19,69
Lastmoment bei min. Ausladung	(Mpm)	100,0	90,8	81,4	70,3	61,6
Tragkraft bei min. Ausladung Haupthaken/Hilfshaken	(Mp)	25,0/5,0	20,0/5,0	16,0/5,0	12,5/5,0	10,0/5,0
Tragkraft bei max. Ausladung Haupthaken/Hilfshaken	(Mp)	5,00/4,66	2,95/2,92	2,05/2,00	1,83/1,79	1,39/1,30
Hubhöhe max. (Haupthaken/Hilfshaken)	(m)	12,00/12,64	16,96/17,61	21,93/22,58	26,90/27,56	31,87/32,53
Hubhöhe min.		6,33/6,77	9,60/9,98	14,50/14,81	21,30/21,76	27,06/27,57
Arbeitsgeschwindigkeiten - Haupthub						
Heben max.	(m/min)	7,0	7,0	7,0	14,0	14,0
Heben min.	(m/min)	0,9	0,9	0,9	1,8	1,8
Senken max.	(m/min)	7,0 - 1,4	7,0 - 1,4	7,0 - 1,4	14,0 - 2,8	14,0 - 2,8
Senken min.	(m/min)	0,9 - 0,18	0,9 - 0,18	0,9 - 0,18	1,8 - 0,36	1,8 - 0,36
Arbeitsgeschwindigkeiten - Hilfshub						
Heben max. (zweisträngig/einsträngig)	(m/min)	15,7/31,5	15,7/31,5	15,7/31,5	15,7/31,5	15,7/31,5
Senken max. (zweisträngig/einsträngig)	(m/min)	15,7/31,5	15,7/31,5	15,7/31,5	15,7/31,5	15,7/31,5
Senken min.	(m/min)	3,1/6,2	3,1/6,2	3,1/6,2	3,1/6,2	3,1/6,2
Oberwagendrehzahl	(min^{-1})	0,44	0,44	0,44	0,44	0,44
Fahrgeschwindigkeit	(km/h)	1,17	1,17	1,17	1,17	1,17
Einziehzeit für Kranausleger	(min)	4,5	4,4	3,74	2,68	2,2
Gewicht						
Raupendrehkran mit Gegengewicht und Ausrüstung	(t)	44,0	44,5	44,91	45,42	45,93
Grundgerät	(t)	40,18	40,18	40,18	40,18	40,18
Breite der Raupenkette	(mm)	625	625	625	625	625
Spezifischer Bodendruck (Raupendrehkran kompl./Grundgerät)	(kp/cm^2)	0,88/0,804	0,89/0,804	0,898/0,804	0,908/0,804	0,919/0,804
Steigfähigkeit	(°)	15	15	15	15	15
Bodenfreiheit	(mm)	450	450	450	450	450
Antrieb						
Dieselmotor		Д 108				
Generator		DGC 15 - 100 B				
Drehstrom		380 V/50 Hz				
Gesamtleistung		70 KVA				

Raupendrehkran RDK 25
Technische Daten zur
Ausführungsvariante
Kranausleger / 28 /

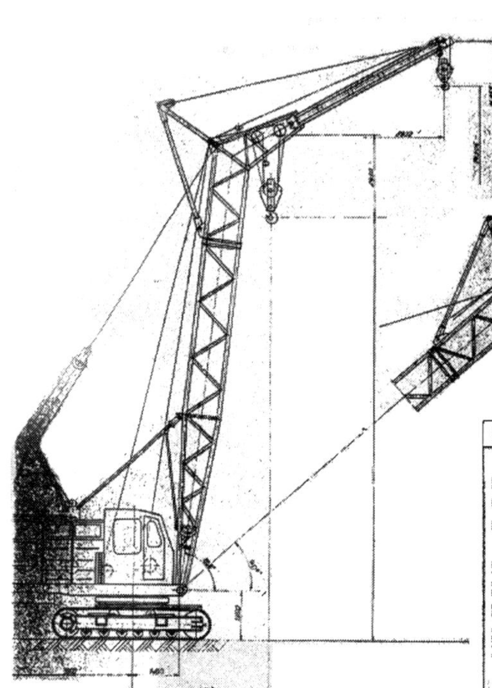

Raupendrehkran RDK 25
Ausführungsvariante
Kranausleger mit Hilfsausleger /28/

Technische Daten des Kranauslegers mit Hilfsausleger RDK 25						
Länge des Kranausleger	(m)	12,5	17,5	22,5	27,5	32,5
Länge des Hilfsausleger	(m)	5	5	5	5	5
Ausladung min. (Kranausleger, Hilfsausl.)	(m)	4,0 / 8,93	4,54 / 9,48	[illegible] / 10,02	5,62 / 10,56	6,16 / 11,10
Ausladung max.	(m)	12,35 / 17,69	16,18 / 21,62	18,77 / 24,25	18,59 / 24,22	19,07 / 24,67
Lastmoment bei min. Ausladung	(Mpm)	97,2	86,3	76,5	70,3	[illegible]
Tragkraft bei min. Ausladung Kranausleger / Hilfsausleger	(Mp)	24,3 / 5,0	19,0 / 5,0	15,0 / 5,0	12,5 / 5,0	10,0 / 5,0
Tragkraft bei max. Ausladung Kranausleger / Hilfsausleger	(Mp)	4,36 / 2,96	2,46 / 1,66	1,51 / 1,22	1,3 / 1,0	0,84 / 0,67
Hubhöhe max.	(m)	12,0 / 14,91	16,96 / 19,88	21,93 / 24,85	26,90 / 29,82	31,87 / 34,79
Hubhöhe min.	(m)	6,39 / 5,51	9,60 / 8,72	14,50 / 13,96	21,30 / 21,74	27,06 / 27,89
Arbeitsgeschwindigkeiten-Haupthub						
Heben max.	(m/min)	7,0	7,0	7,0	14,0	14,0
Heben min.	(m/min)	0,9	0,9	0,9	1,8	1,8
Senken max.	(m/min)	7,0 - 1,4	7,0 - 1,4	7,0 - 1,4	14,0 - 2,8	14,0 - 2,8
Senken min.	(m/min)	0,9 - 0,18	0,9 - 0,18	0,9 - 0,18	1,8 - 0,36	1,8 - 0,36
Arbeitsgeschwindigkeiten - Hilfshub zweisträngig / einsträngig						
Heben max.	(m/min)	15,7 / 31,5	15,7 / 31,5	15,7 / 31,5	15,7 / 31,5	15,7 / 31,5
Senken max.	(m/min)	15,7 / 31,5	15,7 / 31,5	15,7 / 31,5	15,7 / 31,5	15,7 / 31,5
Senken min.	(m/min)	3,1 / 6,2	3,1 / 6,2	3,1 / 6,2	3,1 / 6,2	3,1 / 6,2
Oberwagendrehzahl	(min⁻¹)	[illegible]	0,44	0,44	0,44	0,44
Fahrgeschwindigkeit	(km/h)	1,17	1,17	1,17	1,17	1,17
Einziehzeit für Kranausleger	(min)	4,5	4,4	3,74	2,68	2,2
Gewicht:						
Raupendrehkran mit Gegengewicht und Ausrüstung	(t)	44,8	45,3	45,71	46,22	46,73
Grundgerät	(t)	40,18	40,18	40,18	40,18	40,18
Breite der Raupenkette	(mm)	625	625	625	625	625
Spezifischer Bodendruck Raupendrehkran kompl. / Grundgerät	(kp/cm²)	0,895 / 0,804	0,905 / 0,804	0,915 / 0,804	0,925 / 0,804	0,935 / 0,804
Steigfähigkeit	(°)	15	15	15	15	15
Bodenfreiheit	(mm)	450	450	450	450	450
Antrieb:						
Dieselmotor		A 108				
Generator		DGC 15 - 100 B				

Raupendrehkran RDK 25
Technische Daten zur Ausführungsvariante
Kranausleger mit Hilfsausleger /28/

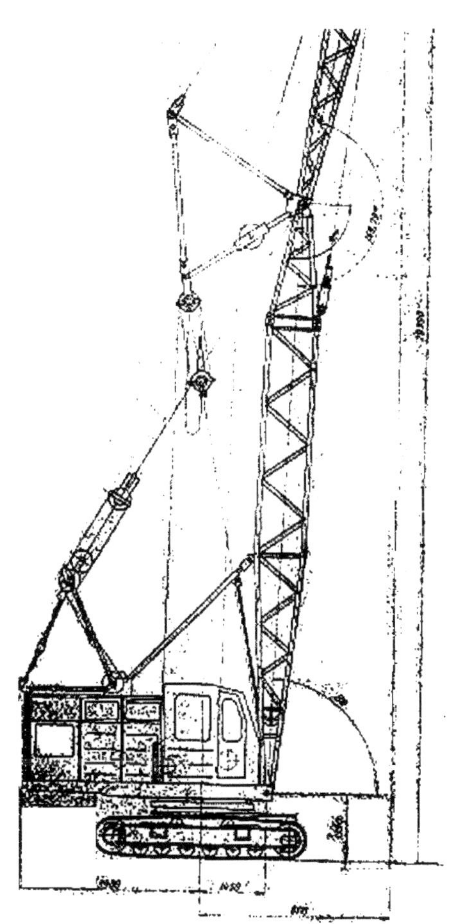

Raupendrehkran RDK 25
Ausführungsvariante
Hochbauausrüstung / 28 /

Technische Daten der Hochbauausrüstung RDK 25				
Standmastlänge	[m]	12,5	17,5	22,5
Bauauslegerlänge	[m]	20,0	20,0	20,0
Ausladung min.	[m]	6,12	6,29	6,46
max.	[m]	21,20	21,38	21,55
Lastmoment bei min. Ausladung	[Mpm]	49,00	50,3	51,70
Tragkraft bei min. Ausladung	[Mp]	8,00	8,00	8,00
Tragkraft bei max. Ausladung	[Mp]	1,00	1,00	1,00
Hubhöhe max.	[m]	29,99	34,99	39,99
min.	[m]	15,62	20,62	25,61
Arbeitsgeschwindigkeiten:				
Heben max.	[m/min]	14	14	14
Heben min.	[m/min]	1,8	1,8	1,8
Senken max.	[m/min]	14…2,8	14…2,8	14…2,8
Senken min.	[m/min]	1,8…0,36	1,8…0,36	1,8…0,36
Oberwagendrehzahl	[min⁻¹]	0,44	0,44	0,44
Fahrgeschwindigkeit	[km/h]	1,17	1,17	1,17
Einziehzeit - Standmast	[min]	8	8,25	8,33
Einziehzeit - Bauausleger	[min]	1,21	1,21	1,21
Gewicht				
Raupendrehkran mit Gegengewicht und Ausrüstung	[t]	46,520	47,206	47,709
Grundgerät	[t]	40,18	40,18	40,18
Breite der Raupenkette	[mm]	625	625	625
Spezifischer Bodendruck [Raupendrehkran kompl./Grundgerät]	[kp/cm²]	0,928/0,804	0,941/0,804	0,951/0,804
Bodenfreiheit	[mm]	450	450	450
Antrieb				
Dieselmotor		Д 108		
Generator		OGC 15-100 B		
Drehstrom		380 V; 50 Hz		
Gesamtleistung		70 kVA		

Raupendrehkran RDK 25
Technische Daten zur
Ausführungsvariante Hochbauausrüstung / 28 /

Kranzahl: 4.5.03

Erzeugnis: **RDK 250**

Status: **Neu- und Weiterentwicklung**

Kranhersteller: **VEB Eisengießerei und Maschinenfabrik ZEMAG ZEITZ**

Um 1967 erfolgte wegen standardmäßiger Festlegung zur Bezeichnung von Raupendrehkranen die Umbenennung des Gerätes

von **RDK 25** in **RDK 250**

Die Kran- und Leistungsparameter, wie auch die Ausrüstungsvarianten, blieben unverändert.

Produktionsdauer und Jahresstückzahl unter Kranzahl 4.5.07. ausgewiesen.

Kranzahl: **4.5.04**

Erzeugnis: **RDK 250-1**

Status: **Neu- und Weiterentwicklung**

Kranhersteller: **VEB Eisengießerei und Maschinenfabrik ZEMAG ZEITZ**

Der RDK 250-1 war die Weiterentwicklung des RDK 250 und wurde 1972 gemeinsam mit entsprechenden Instituten der Sowjetunion durchgeführt. Die Konstruktion war wieder nach den entsprechenden GOST-Normen ausgelegt.

Die Veränderungen gegenüber dem RDK 250 waren material-ökonomische Maßnahmen und konstruktive Detailverbesserungen zur Erhöhung der Zuverlässigkeit und zur Anpassung an neue oder veränderte Zulieferelemente.

Produktionsbeginn war 1972.

Produktionsdauer und Produktionsstückzahl unter Kranzahl 4.5.07. ausgewiesen.

Kranzahl: **4.5.05**

Erzeugnis: **RDK 250-2**

Status: **Neu- und Weiterentwicklung**

Kranhersteller: **VEB Eisengießerei und Maschinenfabrik ZEMAG Zeitz**

Der RDK 250-1 wurde 1979/1980 zum RDK 250-2 weiterentwickelt.

Das konstruktive Konzept wurde mit den gleichen Leistungsdaten beibehalten. Die Veränderungen bezogen sich auf material-ökonomische Maßnahmen und konstruktive Detailveränderungen zur Erhöhung der Zuverlässigkeit und zur Anpassung an neue bzw. veränderte Zulieferelemente. Die Fahrerkabine wurde in ihrer Form verändert und dem Bahnprofil angepaßt.

Produktionsdauer und Produktionsstückzahl unter Kranzahl 4.5.07. ausgewiesen.

Kranzahl: **4.5.06**

Erzeugnis: **RDK 250-3**

Status: **Neu- und Weiterentwicklung**

Kranhersteller: **VEB Eisengießerei und Maschinenfabrik ZEMAG Zeitz**

Der RDK 250-2 wurde 1988 zum RDK 250-3 weiterentwickelt.

Das konstruktive Konzept wurde mit den gleichen Leistungsdaten belassen. Die Veränderungen bezogen sich auf material-ökonomische Maßnahmen und konstruktive Detailverbesserungen zur Erhöhung der Zuverlässigkeit und zur Anpassung an neue bzw. veränderte Zulieferelemente.

Raupendrehkran RDK 250-3 / 68 /

Produktionsdauer und Jahresstückzahl sind unter der Kranzahl 4.5.07. ausgewiesen.

Kranzahl: **4.5.07**

Erzeugnis: **RDK 250-4 POLAR**

Status: **Neu- und Weiterentwicklung**

Kranhersteller: **VEB Eisengießerei und Maschinenfabrik ZEMAG Zeitz**

Der RDK 250-POLAR wurde als „Kältekran" für den polaren Einsatz in der Sowjetunion entsprechend den GOST-Vorschriften 1990/1991 entwickelt.

Das konstruktive Konzept wurde vom RDK 250 mit den gleichen Kran- und Leistungdaten übernommen. Die Konstruktion wurde kältetechnisch durch entsprechende Wärmeschutzisolierungen, zusätzliche Heizungen für verschiedene Aggregate und Veränderungen von Werkstoffgüten überarbeitet und ergänzt.

1991 erfolgte die Herstellung von 6 Geräten. Eine Serienproduktion wurde nicht mehr vorbereitet.

Bilanz der Raupendrehkran-Reihe RDK 250

In der folgenden Tabelle sind die Krantypen

RDK 25
RDK 250
RDK 250-1
RDK 250-2
RDK 250-3

zusammengefaßt dargestellt.

Jahr	Jahresstückzahl
1968	102
1969	317
1970	437
1971	542
1972	547
1973	571
1974	568
1975	614
1976	567
1977	585
1978	636
1979	646
1980	663
1981	761
1982	683
1983	772
1984	691
1985	701
1986	619
1987	648
1988	654
1989	547
1990	543
Σ	**13.414**

Mit einer Produktionsdauer von 1968 bis 1990 = 23 Jahren wurden damit im Durchschnitt jährlich rd. 580 Raupendrehkraneinheiten produziert.

(Nach 1990 wurden mit Auslauf der Raupendrehkran-Produktion nochmals
1991 20 Stck. darunter der RDK250-4 Polar und
1992 6 Stck. Raupendrehkrane hergestellt.)

TRS Transport-Service
Genehmigungsbeschaffung und Transportbegleitung durch ganz Europa
Außergewöhnlicher Service
Außergewöhnliche Transporte
TRS TRANSPORT-SERVICE GmbH
Postfach 13 04 29, 45294 Essen, Tel. 0201 - 592 83 00
NIEDERLASSUNG BUNDE
Dollartstraße 4, 26831 Bunde, Tel. 04953 - 923674
TRS
TRANSPORT-SERVICE
Ein Allianzpartner der Nooteboom Trailers B.V.
Website: www.trstransport-service.de

Kranzahl: **4.5.08**

Erzeugnis: **RDK 280**

Status: **Neu- und Weiterentwicklung**

Kranhersteller: **VEB Eisengießerei und Maschinenfabrik ZEMAG Zeitz**

Der RDK 280 wurde 1976/1977 entwickelt und in seinen Grundelementen von der RDK 250-Reihe abgeleitet. Er war nicht für den SU-Export vorgesehen und sollte im Inland und exportmäßig in andere Länder vertrieben werden.

Der Kran war für einen diesel-elektrischen Betrieb ausgelegt und hatte eine Tragfähigkeit von 28 t.

Durch das Antriebssytem war eine Fremdstromeinspeisung möglich und damit auch ein geräuscharmer und abgasfreier Kranbetrieb gegeben.

Raupendrehkran RDK 280 /27 /

Der Unterwagen war eine geschlossene und geschweißte Kastenkonstruktion. Durch eine zweireihige, selbstzentrierende Kugeldrehverbindung war der Oberwagen mit dem Unterwagen fest verbunden.

Der wassergekühlte 6 Zylinder Dieselmotor hatte eine Leistung von 100 PS (73,5 kW) bei 1500 U/min. Der Konstantspannungs-Generator besaß 75 kVA bei 1500 U/min und 380 V.

Jede Raupenkette wurde von einem Elektromotor angetrieben, der gegen Schmutz und Beschädigungen gekapselt war.

Der Antrieb der Windwerke und des Drehwerkes erfolgten gleichfalls durch Elektromotoren.

Der Ausleger, eine Gitterrohrkonstruktion, konnte in seiner Länge durch verbolzbare 5 m- bzw. 10 m-Zwischenstücke von 12,5 m auf 35,3 m verlängert werden. Die Absicherung des Kranbetriebes erfolgte durch eine Lastmomentsicherung, Überlastsicherungen für den Haupt- und Hilfshub sowie durch Ausleger- und Hubendschalter.

Der Ausleger verfügt über drei Varianten:

- Kranausleger,
- Kranausleger mit einem 5 m Hilfsausleger,
- Kranausleger mit einem Bauausleger (Wippausleger), wahlweise mit 10, 15, 20 m Länge,

wie aus nebenstehendem Bild ersichtlich.

Die Kabine war eine Großraumfahrerkabine und wurde zur Lärmminderung für den Kranführer vom Maschinenraum getrennt.

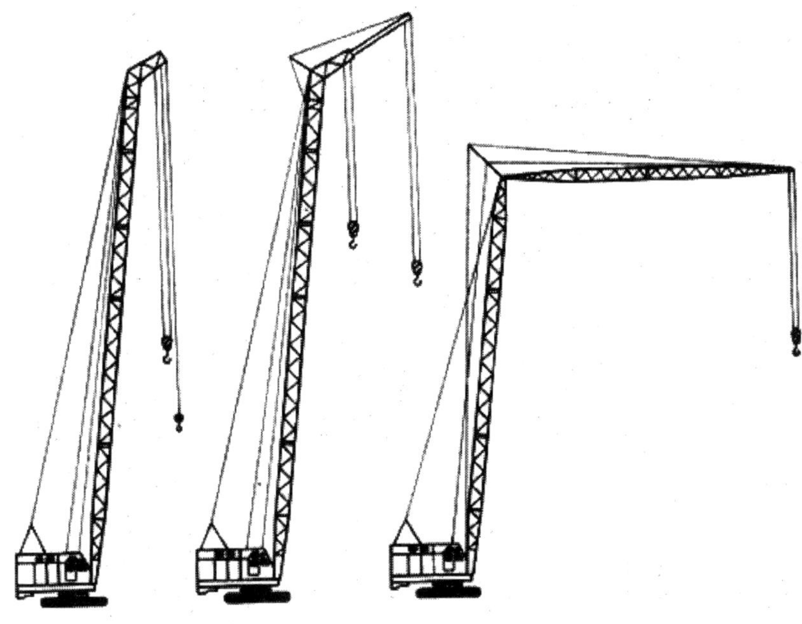

Raupendrehkran RDK 280 Auslegervarianten /27 /

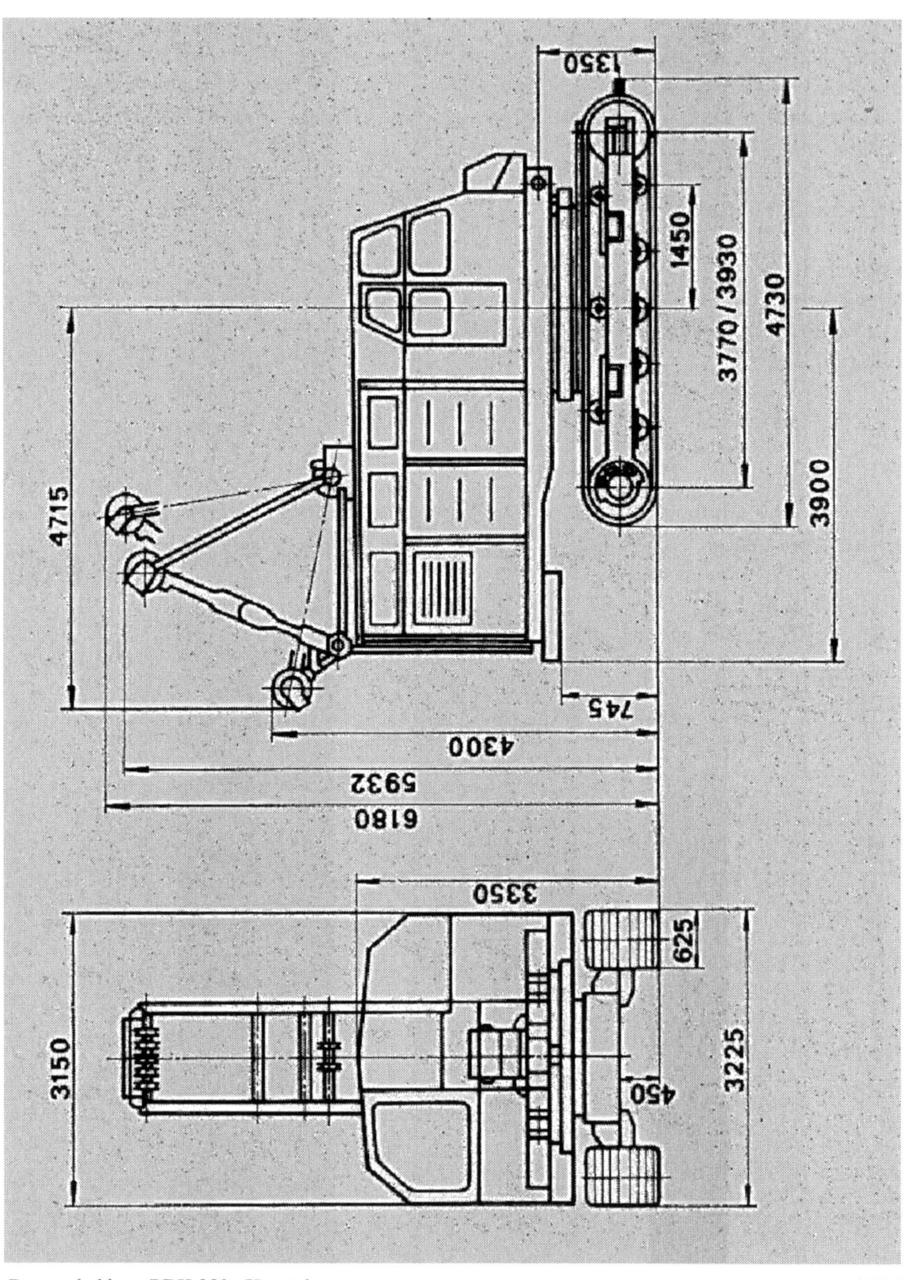

Raupendrehkran RDK 280 Hauptabmessungen /27/

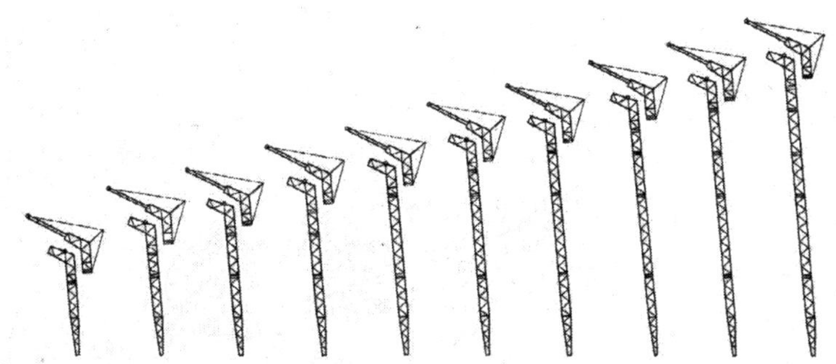

Kranausleger A / Flèche de grue A / Pescante A

Bezeichnung Désignation Désignación	Auslegerlänge (m) Longueur de la flèche (m) Longitud de pescante (m)	Haupthub Levage principal Elevación principal				Hilfshub Levage auxiliaire Elevación auxiliar			
		Ausladung (m) Portée (m) Portada (m)		Tragfähigkeit (t) Force portante (t) Fuerza de levantamiento (t)		Ausladung (m) Portée (m) Portada (m)		Tragfähigkeit (t) Force portante (t) Fuerza de levantamiento (t)	
		min	max	max	min	max	max	max	min
A 0.5	12,5	3,75	12,25	28,00	5,00	4,15	12,65	5,00	5,00
A 1.5	15,3	4,00	14,40	28,00	3,80	4,40	14,80	5,00	3,90
A 2.5	17,5	4,20	16,20	23,00	3,30	4,75	16,80	5,00	3,05
A 3.5	20,3	4,45	18,30	21,00	2,45	5,00	18,95	5,00	2,30
A 4.5	22,5	4,65	18,70	19,20	2,25	5,20	19,35	5,00	2,15
A 5.5	25,3	4,90	20,70	17,20	1,70	5,45	21,30	5,00	1,65
A 6.5	27,5	5,10	18,60	12,50	2,25	5,65	19,20	5,00	2,05
A 7.5	30,3	5,35	20,20	12,50	1,60	5,90	20,85	5,00	1,25
A 8.5	32,5	5,55	19,05	12,00	1,70	6,05	19,70	5,00	1,65
A 9.5	35,3	5,80	20,45	10,00	1,20	6,30	21,10	5,00	1,25

Kranausleger B mit 5 m Hilfsausleger / Flèche de grue B avec flèche auxiliaire 5 m / Pescante B con brazo auxiliar de 5 m

Bezeichnung Désignation Désignación	Auslegerlänge und 5 m Hilfsausleger (m) Longueur de la flèche (m) et flèche auxiliaire 5 m Longitud de pescante y 5 m de brazo auxiliar (m)	Haupthub Levage principal Elevación principal				Hilfshub Levage auxiliaire Elevación auxiliar			
		Ausladung (m) Portée (m) Portada (m)		Tragfähigkeit (t) Force portante (t) Fuerza de levantamiento (t)		Ausladung (m) Portée (m) Portada (m)		Tragfähigkeit (t) Force portante (t) Fuerza de levantamiento (t)	
		min	max	max	min	min	max		min
B 0.5	12,5 + 5,0	3,75	12,25	27,20	4,25	8,45	17,50	5,00	2,65
B 1.5	15,3 + 5,0	4,00	14,40	27,20	3,25	8,75	19,65	5,00	2,35
B 2.5	17,5 + 5,0	4,20	16,20	22,00	2,75	9,05	21,60	5,00	1,75
B 3.5	20,3 + 5,0	4,45	18,30	20,00	1,70	9,30	23,75	5,00	1,10
B 4.5	22,5 + 5,0	4,65	18,70	18,20	1,40	9,50	24,25	5,00	0,90
B 5.5	25,3 + 5,0	4,90	20,70	16,20	0,75	9,75	26,25	5,00	0,50
B 6.5	27,5 + 5,0	5,10	18,60	12,50	1,55	9,95	24,20	5,00	0,90
B 7.5	30,3 + 5,0	5,35	20,20	12,50	1,00	10,20	25,85	5,00	0,65
B 8.5	32,5 + 5,0	5,55	19,05	11,00	1,05	10,40	24,65	5,00	0,60
B 9.5	35,3 + 5,0	5,80	20,45	9,00	0,60	10,65	26,05	5,00	0,40

Raupendrehkran RDK 280 Tragfähigkeitstabelle für Kranausleger und Kranausleger mit 5 m-Spitzenausleger / 27 /

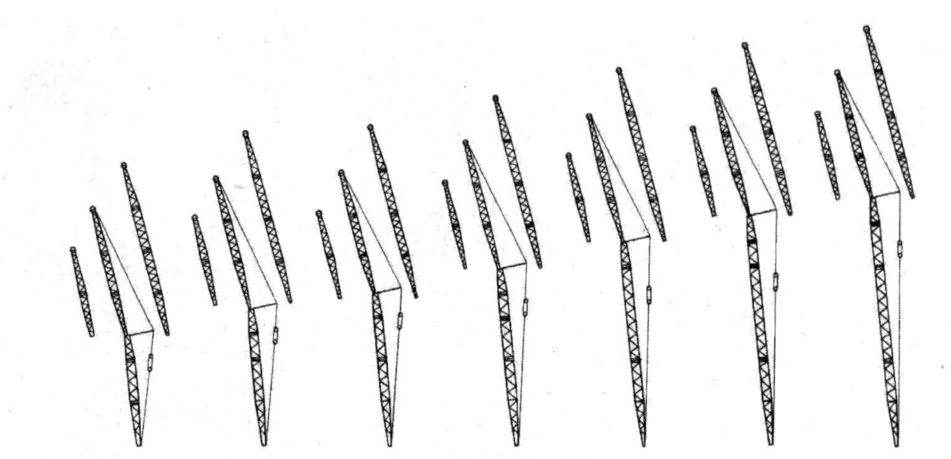

Hochbauausleger C/Flèche de bâtiment C/Pescante para construcciones altas C

Bezeichnung Désignation Designación	Ausleger-länge (m) Longueur de la flèche (m) Longitud de pescante (m)	Bauausleger-länge (m) Longueur de la flèche de construction (m) Longitud del pescante para construcciones (m)	Ausladung Portée (m) Portada (m)		Tragfähigkeit (t) Force portante (t) Fuerza de levantamiento (t)	
			min	max	max	min
C 0.5/10 C 0.5/15 C 0.5/20	12,5	10,0 15,0 20,0	4,30 5,50 6,70	11,55 16,35 21,20	20,0 13,0 8,0	6,05 2,85 1,30
C 1.5/10 C 1.5/15 C 1.5/20	15,3	10,0 15,0 20,0	4,40 5,60 6,80	11,65 16,45 21,30	20,0 13,0 8,0	5,80 2,70 1,25
C 2.5/10 C 2.5/15 C 2.5/20	17,5	10,0 15,0 20,0	4,50 5,70 6,90	11,75 16,55 21,40	20,0 13,0 8,0	5,55 2,60 1,15
C 3.5/10 C 3.5/15 C 3.5/20	20,3	10,0 15,0 20,0	4,60 5,80 7,00	11,85 16,65 21,50	20,0 13,0 8,0	5,30 2,45 1,05
C 4.5/10 C 4.5/15 C 4.5/20	22,5	10,0 15,0 20,0	4,65 5,85 7,05	11,90 16,75 21,55	20,0 13,0 8,0	5,05 2,35 0,95
C 5.5/10 C 5.5/15 C 5.5/20	25,3	10,0 15,0 20,0	4,75 5,95 7,15	12,00 16,85 21,65	17,0 12,0 7,3	4,75 2,25 0,85
C 6.5/10 C 6.5/15 C 6.5/20	27,5	10,0 15,0 20,0	4,85 6,05 7,25	12,10 16,95 21,75	17,0 12,0 7,3	4,50 2,10 0,75

Raupendrehkran RDK 280 Tragfähigkeitstabelle für Hochbauausleger / 27 /

Produktionsdauer und Produktionsstückzahl sind unter Kranzahl 4.5.11. ausgewiesen.

Kranzahl: **4.5.09**

Erzeugnis: **RDK 280-1**

Status: **Neu- und Weiterentwicklung**

Kranhersteller: **VEB Eisengießerei und Maschinenfabrik ZEMAG Zeitz**

Der RDK 280-1 wurde als Weiterentwicklung 1978 aus dem RDK 280 abgeleitet, wobei das Krankonzept mit den Leistungsdaten des RDK 280 beibehalten wurde.

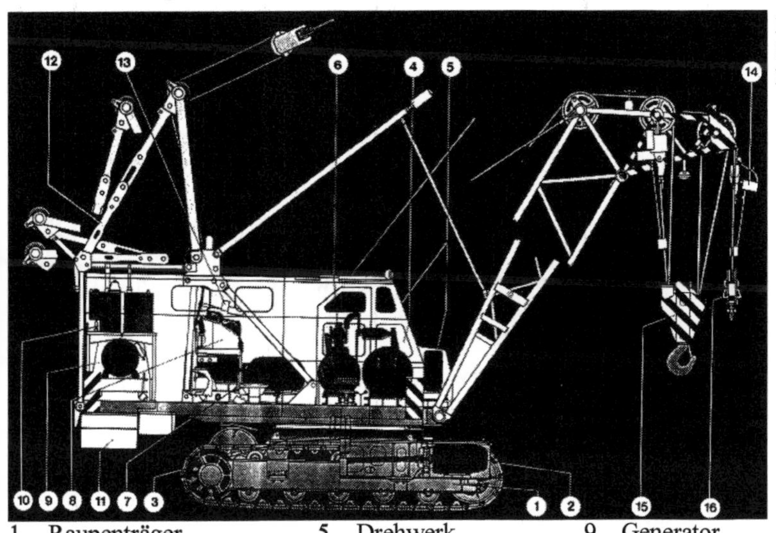

Raupendrehkran RDK 280-1
Schema der Anordnung der
Hauptbaugruppen /27/

1	Raupenträger	5	Drehwerk	9	Generator	13	Lastmomentsicherung
2	Fahrwerksmotor	6	Haupthubwerk	10	Motor	14	Hubendschalter
3	Kugeldrehverbindung	7	Hilfshubwerk	11	Gegengewicht	15	Unterflasche 28 t
4	Fahrerstand	8	Auslegerwindwerk	12	Stützbock	16	Unterflasche 5 t

Die Weiterentwicklung erfolgte im Rahmen von material-ökonomischen Maßnahmen und konstruktiven Detailveränderungen zur Erhöhung der Zuverlässigkeit und der Anpassung an Zulieferveränderungen.

Durch eine formtechnische Anpassung der Großraumfahrerkabine an das Maschinenhaus konnte das Design des Oberwagens insgesamt verbessert werden.

Produktionsdauer und Produktionsstückzahl unter Kranzahl 4.5.11. ausgewiesen.

Kranzahl: **4.5.10**

Erzeugnis: **RDK 300**

Status: **Neu- und Weiterentwicklung**

Kranhersteller: **VEB Eisengießerei und Maschinenfabrik ZEMAG Zeitz**

Die Entwicklung des RDK 300 erfolgte 1981/1982 und wurde aus dem RDK 280 -1 abgeleitet und dabei die Tragfähigkeit von 28 auf 30 t gesteigert.

Das Krankonzept beinhaltete bei gleichen Arbeitsfunktionen, Arbeitsmöglichkeiten und gleichem Aufbau und Anordnung der Aggregate und Baugruppen wie beim RDK 280 einen Bau- und Montagekran mit einem diesel-elektrischen Antrieb und einer max. Tragfähigkeit von 30 t.

Die Steigerung der Tragfähigkeit von 28 auf 30 t wurde dabei durch konstruktive Überarbeitung der tragenden Teile und Antriebsaggregate, verändertem Materialeinsatz und geringfügiger Steigerung der Antriebsleistung von 74 auf 77 kW erreicht.

Die Auslegerlänge betrug max. wieder 35,3 m und es gab die gleichen Varianten mit:

Kranausleger
Kranausleger mit 5 m-Hilfsausleger
Kranausleger mit Hochbauausrüstung,
Wippausleger mit 10,15 und 20 m Länge.

Raupendrehkran RDK 300 /27/

Der Einsatz eines elektrohydraulischen Schüttgutgreifers bis 3,2 m³ und eines Mehrschalengreifers von 1,25 m³ sowie von Lasthebemagneten war gleichfalls wieder gegeben. Die Möglichkeit einer Fremdkomplettierung für Ramm- und Bohreinrichtungen bestand.

Produktionsdauer und Produktionsstückzahl sind unter Kranzahl 4.5.11. ausgewiesen.

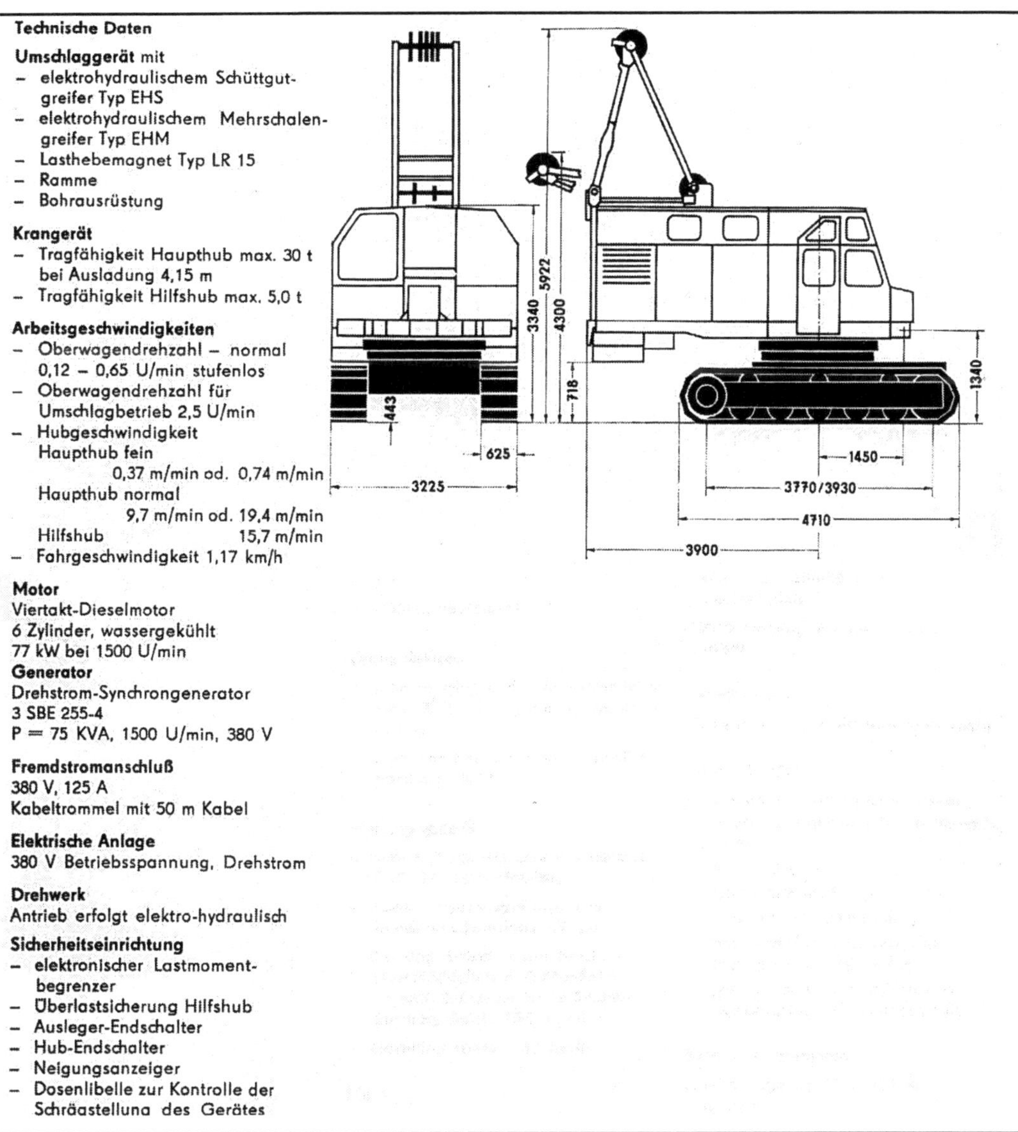

Technische Daten

Umschlaggerät mit
- elektrohydraulischem Schüttgutgreifer Typ EHS
- elektrohydraulischem Mehrschalengreifer Typ EHM
- Lasthebemagnet Typ LR 15
- Ramme
- Bohrausrüstung

Krangerät
- Tragfähigkeit Haupthub max. 30 t bei Ausladung 4,15 m
- Tragfähigkeit Hilfshub max. 5,0 t

Arbeitsgeschwindigkeiten
- Oberwagendrehzahl – normal 0,12 – 0,65 U/min stufenlos
- Oberwagendrehzahl für Umschlagbetrieb 2,5 U/min
- Hubgeschwindigkeit
  Haupthub fein 0,37 m/min od. 0,74 m/min
  Haupthub normal 9,7 m/min od. 19,4 m/min
  Hilfshub 15,7 m/min
- Fahrgeschwindigkeit 1,17 km/h

Motor
Viertakt-Dieselmotor
6 Zylinder, wassergekühlt
77 kW bei 1500 U/min

Generator
Drehstrom-Synchrongenerator
3 SBE 255-4
P = 75 KVA, 1500 U/min, 380 V

Fremdstromanschluß
380 V, 125 A
Kabeltrommel mit 50 m Kabel

Elektrische Anlage
380 V Betriebsspannung, Drehstrom

Drehwerk
Antrieb erfolgt elektro-hydraulisch

Sicherheitseinrichtung
- elektronischer Lastmomentbegrenzer
- Überlastsicherung Hilfshub
- Ausleger-Endschalter
- Hub-Endschalter
- Neigungsanzeiger
- Dosenlibelle zur Kontrolle der Schrägstellung des Gerätes

Raupendrehkran RDK 300 Technische Daten und Hauptabmessungen / 31 /

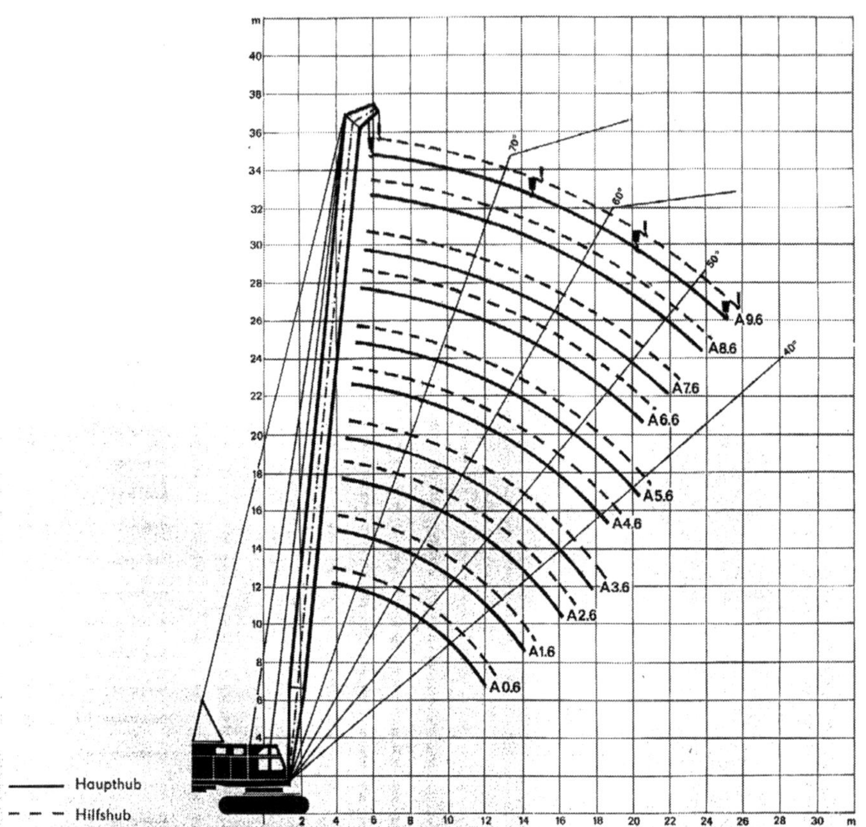

Raupendrehkran RDK 300 Hubhöhe und Ausladung; Variante Kranausleger /27/

Kurzbezeichnung		A 0.6	A 1.6	A 2.6	A 3.6	A 4.6	A 5.6	A 6.6	A 7.6	A 8.6	A 9.6
Tragfähigkeit bei min. Ausladung:											
Haupthub	t	30,0	30,0	27,75	24,0	22,25	20,0	16,8	15,0	13,75	11,5
Hilfshub	t	5,0	5,0	5,0	5,0	5,0	5,0	5,0	5,0	5,0	5,0
Tragfähigkeit bei max. Ausladung:											
Haupthub	t	6,25	4,9	4,1	3,2	3,0	2,4	2,4	1,8	1,35	0,75
Hilfshub	t	5,0	4,8	4,0	3,15	3,05	2,25	2,45	1,8	1,35	0,8
Lastmoment max.	kNm ≈	1221	1177	1143	1059	1026	980	849	802	762	666

Raupendrehkran RDK 300 Tragfähigkeit; Variante Kranausleger /31/

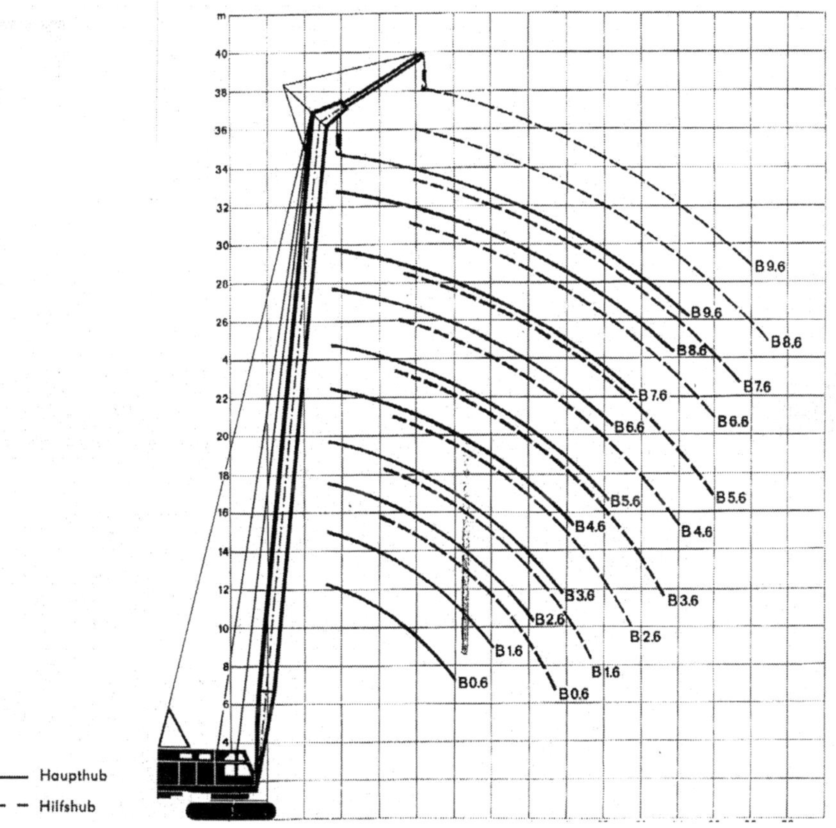

Raupendrehkran RDK 300 Hubhöhe und Ausladung; Variante Kranausleger mit Hilfsausleger / 27 /

Kurzbezeichnung		B 0.6	B 1.6	B 2.6	B 3.6	B 4.6	B 5.6	B 6.6	B 7.6	B 8.6	B 9.6
Tragfähigkeit bei min. Ausladung:											
Kranausleger	t	29,0	29,0	26,6	23,5	21,6	19,2	16,8	14,3	13,3	11,2
Hilfsausleger	t	5,0	5,0	5,0	5,0	5,0	5,5	5,0	5,0	5,0	5,0
Tragfähigkeit bei max. Ausladung:											
Kranausleger	t	5,8	4,4	3,6	2,7	2,55	1,8	1,8	1,15	0,7	0,55
Hilfsausleger	t	3,75	3,1	2,7	2,0	2,0	1,4	1,45	0,9	0,55	0,45
Lastmoment max.	kNm ≈	1181	1138	1096	1026	985	923	849	765	737	648

Raupendrehkran RDK 300 Tragfähigkeit; Variante Kranausleger mit Hilfsausleger / 31 /

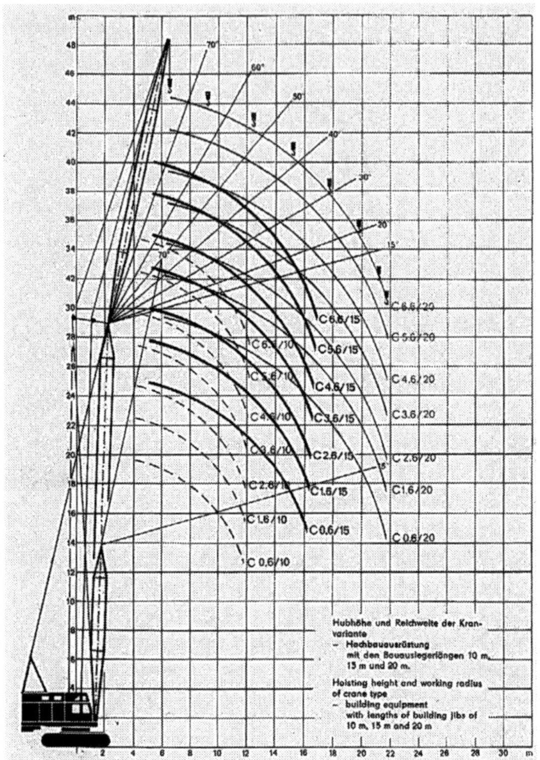

Raupendrehkran RDK 300 Hubhöhe und Ausladung; Variante Bauausleger /27/

Kurzbezeichnung		C 0.6/10	C 1.6/10	C 2.6/10	C 3.6/10	C 4.6/10	C 5.6/10	C 6.6/10
Tragfähigkeit bei min. Ausladung		22,4	22,15	21,05	19,5	18,4	17,5	16,5
Tragfähigkeit bei max. Ausladung		7,0	6,5	6,1	5,8	5,45	5,1	4,8
max. Lastmoment	kNm ≈	879	[illegible]	857	191	181	172	162

Kurzbezeichnung		C 0.6/15	C 1.6/15	C 2.6/15	C 3.6/15	C 4.6/15	C 5.6/15	C 6.6/15
Tragfähigkeit bei min. Ausladung	t	14,8	14,45	14,0	13,75	13,3	12,65	12,1
Tragfähigkeit bei max. Ausladung	t	3,5	3,2	3,0	2,8	2,6	2,4	2,2

Kurzbezeichnung		C 0.6/20	C 1.6/20	C 2.6/20	C 3.6/20	C 4.6/20	C 5.6/20	C 6.6/20
Tragfähigkeit bei min. Ausladung	t	9,45	9,35	9,2	9,05	8,7	8,3	7,9
Tragfähigkeit bei max. Ausladung	t	1,6	1,4	1,25	1,1	1,0	0,9	0,8
max. Lastmoment	kNm ≈	566	569	569	568	551	533	515

Autodrehkran RDK 300 Tragfähigkeit; Variante Bauausleger /31/

Kranzahl: **4.5.11**

Erzeugnis: **RDK 300-1**

Status: **Neu- und Weiterentwicklung**

Kranhersteller: **VEB Eisengießerei und-Maschinenfabrik ZEMAG Zeitz**

Die Weiterentwicklung des RDK 300 zum RDK 300-1 erfolgte 1987/1988.

Das Krankonzept wurde bezüglich der Leistungs- und Funktionsparameter und der Kranabmessungen beibehalten. Die Veränderungen bezogen sich auf konstruktive Detailverbesserungen und materialökonomische Maßnahmen zur Erhöhung der Zuverlässigkeit und die Anpassung an veränderte Zulieferelemente.

Kranzahl: 4.5.11

Bilanz der Raupendrehkranreihe RDK 280/300

In der folgenden Tabelle sind die Krantypen **RDK 280**
RDK 280-1
RDK 300
RDK 300-1

zusammengefaßt dargestellt.

Jahr	Jahresstückzahl	
1976	**83**	.... Produktionsbeginn RDK 280
1977	**96**	
1978	**130**	.... Produktionsbeginn RDK 280-1
1979	**133**	
1980	**165**	
1981	**147**	
1982	**78**	
1983	**85**	.... Produktionsbeginn RDK 300
1984	**109**	
1985	**108**	
1986	**156**	
1987	**138**	
1988	**179**	.... Produktionsbeginn RDK 300-1
1989	**187**	
1990	**120**	
Σ	**1.914**	

Mit einer Produktionsdauer von 1976 bis 1990 = 15 Jahren wurden damit im Durchschnitt jährlich rd. 130 Raupendrehkraneinheiten produziert.

(Nach 1990 wurden mit dem Auslauf der Raupendrehkran-Produktion nochmals
1992 5 Stck. und
1993 1 Stck. Raupendrehkrane hergestellt)

Kranzahl: **4.5.12**

Erzeugnis: **RDK 350**

Status: **Projekt**

Kranhersteller: **VEB Eisengießerei und Maschinenfabrik ZEMAG Zeitz**

1987/1989 wurde die Entwicklung des RDK 350 mit dem Ziel durch Modernisierung der Konstruktion, Erhöhung der Tragfähigkeit auf 35 t und Entwicklung eines Zweiseilgreiferwindwerkes, den RDK 300-1 abzulösen, eingeleitet.

Eine Produktionsaufnahme erfolgte jedoch nicht.

Kranzahl: 4.5.13

Erzeugnis: **RDK 350 U*)**

Status: **Projekt**

Kranhersteller: **VEB Eisengießerei und Maschinenfabrik ZEMAG Zeitz**

1987/1988 wurde parallel zum RDK 350 die Entwicklung des RDK 350 U eingeleitet. Das Ziel war, wie beim RDK 350, durch Modernisierung der Konstruktion, Erhöhung der Tragfähigkeit auf 35 t und der Entwicklung eines Zweiseilgreiferwindwerkes sowie dabei die spezielle Ausrichtung des Entwicklungskonzeptes auf einen primären Umschlagbetrieb im praktischen Einsatz, den RDK 300-1 abzulösen.

Eine Produktionsaufnahme erfolgte jedoch nicht.

*) Die Bezeichnung U bedeutet Umschlag

Kranzahl: **4.5.14**

Erzeugnis: **RDK 400**

Status: **Neu- und Weiterentwicklung**

Kranhersteller: **VEB Eisengießerei und Maschinenfabrik ZEMAG Zeitz**

Die Entwicklung erfolgte 1983 vorrangig für den Export in die damalige Sowjetunion.

Das Krankonzept war ein Bau- und Montagekran mit einem diesel-elektrischen Antrieb, mit der möglichen Kopplung einer Fremdstromeinspeisung, und einer Tragfähigkeit von 40/8 t. Die konstruktive Auslegung erfolgte nach den entsprechenden GOST-Normen.

Der Unterwagen war eine geschlossene und geschweißte Kastenkonstruktion. Durch eine zweireihige, selbstzentrierende Kugeldrehverbindung war der Oberwagen fest mit dem Unterwagen verbunden. Jede Raupe wurde einzeln angetrieben.

Der Ausleger war eine Gitterrohrkonstruktion und konnte durch Zwischenstücke, die durch Steckverbindungen zusammengefügt werden konnten, bis auf eine Länge von 46 m vergrößert werden. Es bestanden drei Auslegervarianten.

Raupendrehkran RDK 400 / 27 /

1. Kranausleger mit	16 m Länge	40 t Tragfähigkeit
	21 m „	30 t „
	26 m „	23 t „
	31 m „	18 t „
	36 m „	13,5 t „
	41 m „	10 t „
	46 m „	7,5 t „

2. Kranausleger mit 6 m-Hilfsausleger
3. Kranausleger mit wippbarem Bauausleger (Hochbauausrüstung)

Der Kranbetrieb wurde durch einen elektronischen Überlastprozessor, elektronischer Anzeige des Lastmomentes und Neigungsanzeige des Kranauslegers und Bauauslegers überwacht.

Das hydraulisch angetriebene Drehwerk war stufenlos regelbar.

Der Einsatz von elektrohydraulischen Schüttgut- und Mehrschalengreifern sowie Lastmagneten war möglich. Der Kran war unter Last verfahrbar.

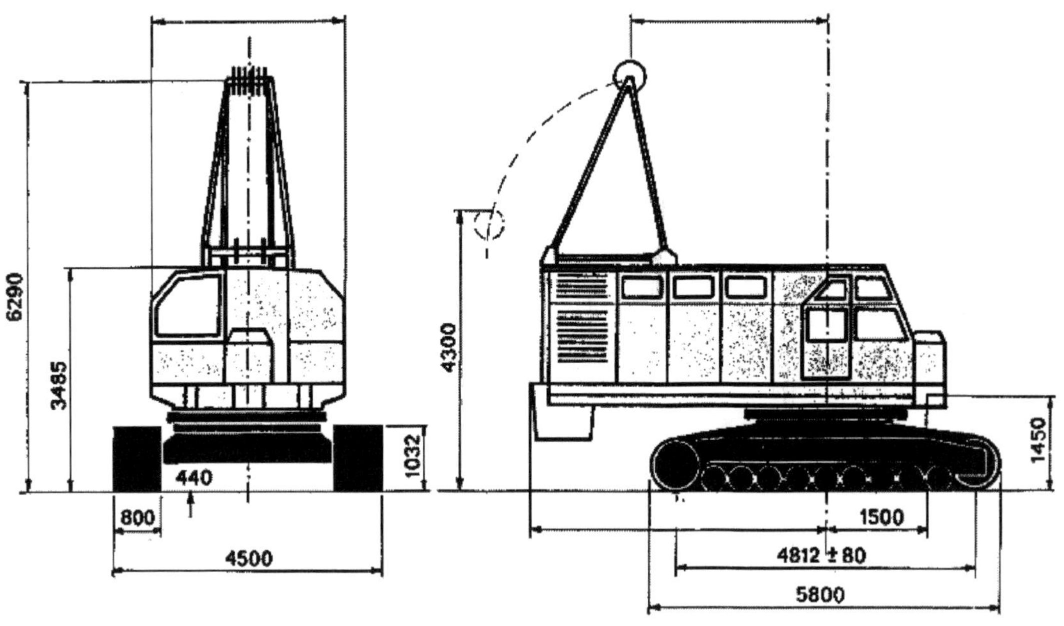

Technische Daten:

max. Tragfähigkeit	Haupthub	40 t
max. Tragfähigkeit	Hilfshub	8 t
Oberwagendrehzahl		0,3 U/min
Fahrgeschwindigkeit		21 m/min
mittl. spez. Bodendruck		0,0839 Mpa
Viertakt-Dieselmotor, 6 Zylinder		
Leistung		103 kW bei 1500 U/min und Benzinstart
Drehstrom-Synchrongenerator		380 V, 50 Hz
Antriebsart		Dieselelektrisch und Fremdstrom Drehstrom 380 V, 50 Hz
Umgebungstemperatur		-40° C bis +40° C

Bilanz der Raupendrehkranreihe RDK 400

Jahr	Jahresstückzahl*)
1989	62
1990	60
Σ	122

*) / 68 /

Kranzahl: **4.5.15**

Erzeugnis: **RDK 500**

Status: **Neu- und Weiterentwicklung**

Kranhersteller: **VEB Eisengießerei und Maschinenfabrik ZEMAG Zeitz**

Die Entwicklung des Kranes erfolgte 1983 für den Markt außerhalb des Exportes nach der Sowjetunion.

Das Krankonzept beinhaltete die Entwicklung eines Bau- und Montagekranes mit einer Tragfähigkeit von 50 t und einem diesel-elektrischen Antrieb bei gleichzeitiger Möglichkeit einer Fremdstromeinspeisung für lärm- und abgasfreien Betrieb.

Raupendrehkran RDK 500 / 27 /

Kranzahl: 4.5.15

Der Unterwagen war eine geschlossene und geschweißte Kastenkonstruktion.

Der Ausleger, eine Gitterrohrkonstruktion, konnte durch Zwischenstücke, die durch Steckverbindungen zusammengefügt wurden, auf eine Länge von 46 m verlängert werden. Es gab drei Auslegervarianten.

Kranausleger
Kranausleger mit 6 m-Hilfsausleger
Kranausleger mit wippbaren 10, 15, 20- und 25 m-Bauausleger (Hochbauausrüstung)

Zusammen mit der 8 t Tragfähigkeit des Hilfshubes ergaben sich über 30 verschiedene Varianten für die Kranarbeit.

Die angegebenen Tragfähigkeiten gelten im Drehbereich von 360°.

Der Einsatz von elektrohydraulischen Schüttgut- und Mehrschalengreifern, von Lasthebemagneten, Spreader für Containerumchlag sowie von Rammen, Bohrausrüstungen und Fallbirnen war möglich.

Ein Verfahren mit max. Last war gegeben.

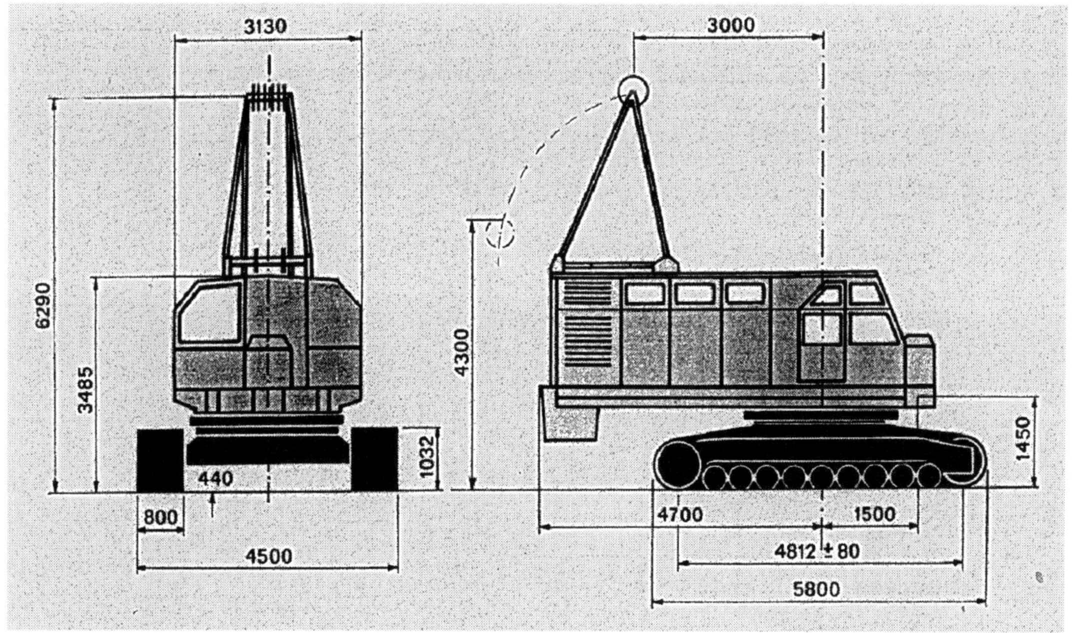

Raupendrehkran RDK 500 Hauptabmessungen / 27 /

Technische Daten:

Tragfähigkeit:	Haupthub	max.	50 t
	Hilfshub max.		8 t

Motor: Viertakt-Diesel, 8 Zylinder, wassergekühlt
Leistung: 118 kW bei 1500 U/min

Generator: Drehstrom-Konstantspannungsgenerator
90 kW, 1500 U/min, 380 V

Kupplung: Seilscheibenkupplung

Fremdstromanschluß: 380 V, Drehstrom

Sicherheitseinrichtung: Elektronischer Lastmomentbegrenzer
Dosenlibelle zur Kontrolle der Schrägstellung des Kranes
Elektronische Neigungsanzeige für Kran- u. Bauausleger
Elektronische Auslastungsanzeige des Lastmomentes
Auslegerendschalter
Hubendschalter
Überlastsicherung für Hilfshub
Rückfallsicherung für Ausleger

Haupthub und Hilfshub waren mit Normal- und Feinhubgeschwindigkeiten ausgestattet.

Produktionsdauer und Jahresstückzahl: unter Kranzahl 4.5.19 ausgewiesen.

Kuzbezeichnung	A 1.8	A 2.8	A 3.8	A 4.8	A 5.8	A 6.8	A 7.8
Tragfähigkeit bei min. Ausladung:							
Haupthub t	50,0	30,0	23,0	18,0	13,5	10,0	7,5
Hilfshub t	8,0	8,0	8,0	8,0	8,0	8,0	8,0
Tragfähigkeit bei max. Ausladung:							
Haupthub t	7,5	5,0	3,9	3,0	2,5	2,4	2,2
Hilfshub t	7,7	5,2	4,0	3,1	2,7	2,5	2,2
Lastmoment max. kNm ≈	2158	1413	1185	1015	821	657	526

Kurzbezeichnung	B 1.8	B 2.8	B 3.8	B 4.8	B 5.8	B 6.8	B 7.8
Tragfähigkeit bei min. Ausladung:							
Kranausleger t	48,3	29,4	21,3	16,4	12,0	8,5	6,0
Hilfsausleger t	8,0	8,0	8,0	7,5	5,9	4,1	3,1
Tragfähigkeit bei max. Ausladung:							
Kranausleger t	5,6	3,8	2,8	1,8	1,4	1,3	1,0
Hilfsausleger t	4,5	3,0	2,2	1,5	1,2	1,0	0,8
Lastmoment max. kNm ≈	2080	1384	1097	925	730	559	421

Raupendrehkran RDK 500 Tragfähigkeit, Variante Kranausleger und Kranausleger mit Hilfsausleger / 27 /

Kranzahl: **4.5.15**

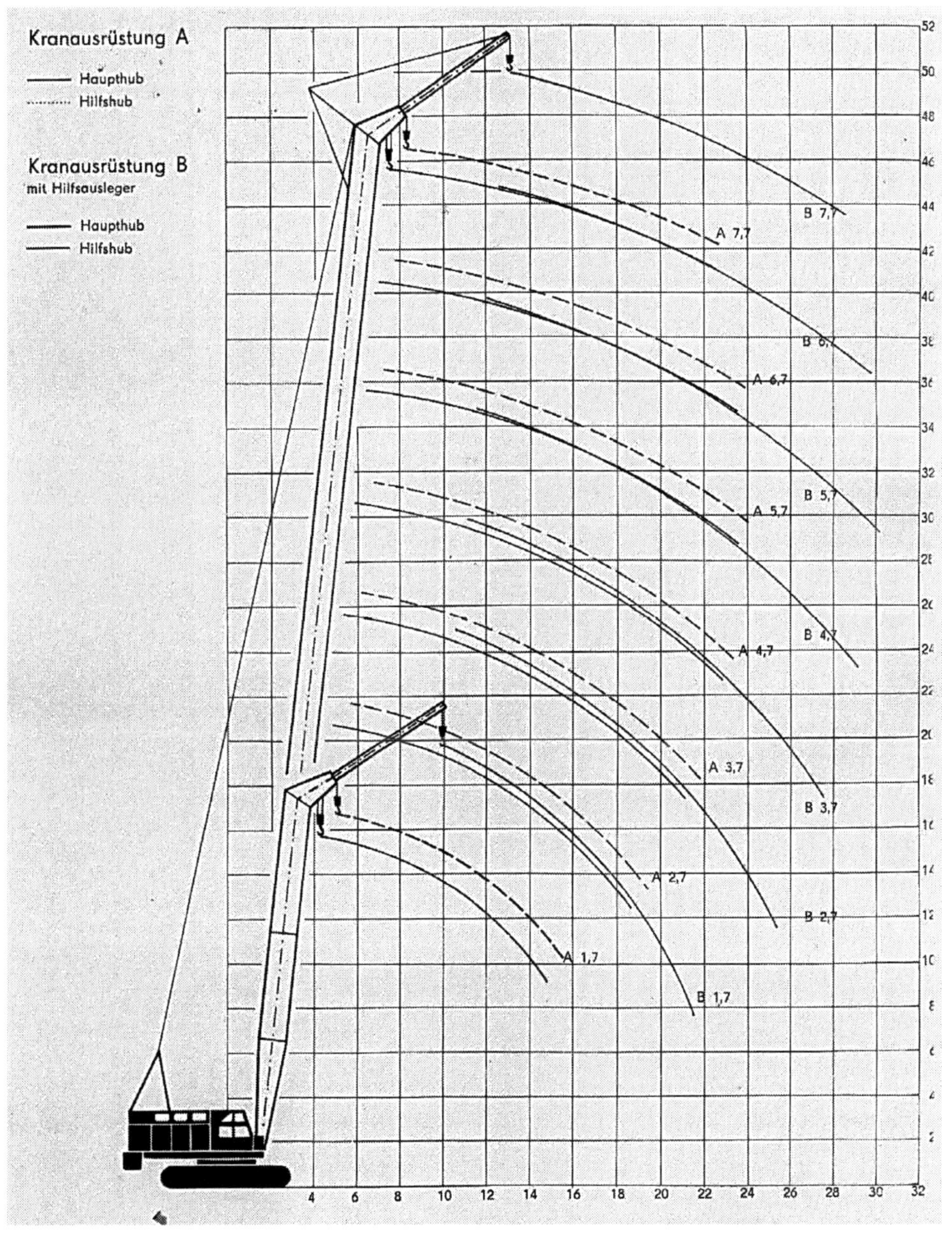

Raupendrehkran RDK 500
Variante Kranausleger und Variante Kranausleger mit Hilfsausleger / 27 /

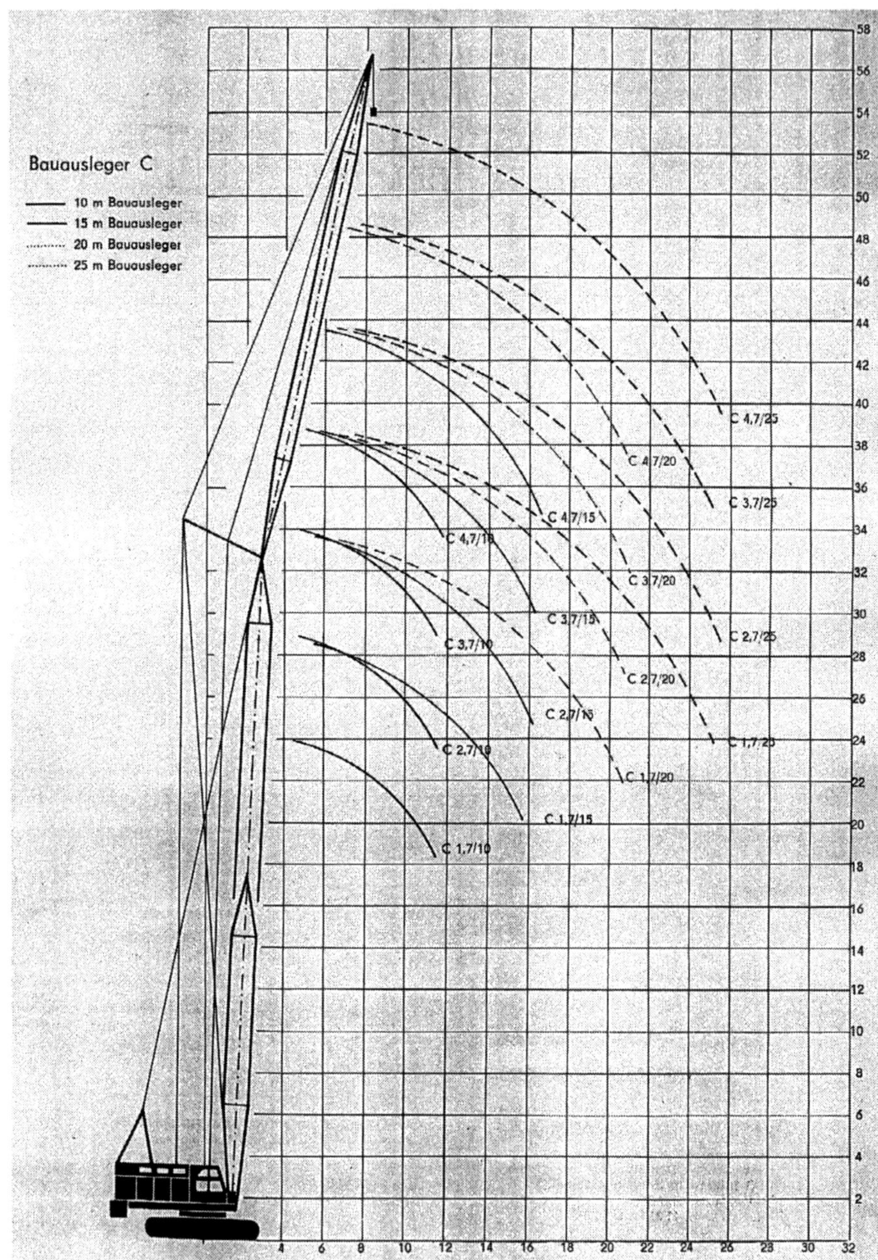

Raupendrehkran RDK 500 Variante Hochbauausrüstung mit
Bauausleger 10 m, 15 m, 20 m, 25 m /27/

Kurzbezeichnung		C 1.8/10	C 2.8/10	C 3.8/10	C 4.8/10
Tragfähigkeit bei min. Ausladung	t	20,0	18,5	17,0	15,5
Tragfähigkeit bei max. Ausladung	t	10,0	9,5	9,0	8,5
max. Lastmoment	kNm ≈	1109	1069	1030	986

Kurzbezeichnung		C 1.8/15	C 2.8/15	C 3.8/15	C 4.8/15
Tragfähigkeit bei min. Ausladung	t	13,0	12,0	11,0	10,0
Tragfähigkeit bei max. Ausladung	t	5,8	5,3	4,8	4,4
max. Lastmoment	kNm ≈	903	839	765	711

Kurzbezeichnung		C 1.8/20	C 2.8/20	C 3.8/20	C 4.8/20
Tragfähigkeit bei min. Ausladung	t	9,0	8,5	8,0	7,5
Tragfähigkeit bei max. Ausladung	t	3,5	3,1	2,7	2,3
max. Lastmoment	kNm ≈	706	628	554	505

Kurzbezeichnung		C 1.8/25	C 2.8/25	C 3.8/25	C 4.8/25
Tragfähigkeit bei min. Ausladung	t	6,5	6,0	5,5	5,0
Tragfähigkeit bei max. Ausladung	t	1,5	1,2	0,9	0,6
max. Lastmoment	kNm ≈	471	446	417	392

Raupendrehkran RDK 500 Tragfähigkeit, Variante Bauausleger 10 m, 15 m, 20 m, 25 m / 27 /

Kranzahl: 4.5.16

Erzeugnis: **RDK 500-1**

Status: **Neu- und Weiterentwicklung**

Kranhersteller: **VEB Eisengießerei und Maschinenfabrik ZEMAG Zeitz**

Der RDK 500 wurde 1986 zum RDK 500-1 weiterentwickelt. Serienbeginn war 1987.

Das konstruktive Konzept wurde mit den gleichen Leistungsdaten belassen. Die Veränderungen bezogen sich auf konstruktive Detailverbesserungen und material-ökonomische Maßnahmen zur Erhöhung der Zuverlässigkeit und zur Anpassung an neue bzw. veränderte Zulieferelemente.

Produktionsdauer und Jahresstückzahl: unter Kranzahl 4.5.19 ausgewiesen.

Kranzahl: **4.5.17**

Erzeugnis:	**RDK 580**
Status:	**Neu- und Weiterentwicklung**
Kranhersteller:	**VEB Eisengießerei und Maschinenfabrik ZEMAG Zeitz**

1989/1990 erfolgte die Modernisierung einer Variante aus dem RDK 630-1 speziell für den Markt in der Sowjetunion.

Technische Daten:

Antrieb	Motor	8-Zyl.Viertakt-Dieselmotor 8VD 14,5/12,5-ISVW
	Leistung	118 kW
	Motordrehzahl	1.500 U/min
	Generator	90 kVA , 380 V , 50 Hz
Kranbetrieb	Max. Lastmoment 270,9 tm	
	Haupthub	max.58 t
	Hilfshub	max. 5 t
	Kranausleger	16 ... 51 m
	Kranausleger	16 ... 46 m mit Hilfsausleger 6m
	Kranantrieb	elektrisch, Drehwerk hydraulisch
	Überwachung	elektronischer Überlastprozessor

Umschlagbetrieb	Kranausleger	16 und 21 m
	Elektrohydraulischer Schüttgutgreifer	3,20 m^3
	elektrohydraulischer Mehrschalengreifer	1,75 m^3

Fahrgeschwindigkeit	0,96 km/h verfahren unter max. Last
Steigung	19 °

Produktionsdauer:	1991
Produktionsstückzahl:	3

Kranzahl: **4.5.18**

Erzeugnis: **RDK 630**

Status: **Neu- und Weiterentwicklung**

Kranhersteller: **VEB Eisengießerei und Maschinenfabrik ZEMAG Zeitz**

Die Entwicklung erfolgte 1987 für den Markt außerhalb des Exportes nach der Sowjetunion. Serienbeginn war 1988.

Raupendrehkran RDK 630 / 27 /

Das Krankonzept wurde aus dem RDK 500 abgeleitet und beinhaltete die Entwicklung eines Bau- und Montagekranes mit einer max. Tragfähigkeit von 63/8 t und war für einen diesel-elektrischen Antrieb, bei gleichzeitiger Möglichkeit einer Fremdstromeinspeisung für lärm- und abgasfreien Betrieb, vorgesehen.

Der Unterwagen war eine geschlossene und geschweißte Kastenkonstruktion.

Beim Ausleger, eine Gitterrohrfachwerkkonstruktion, kam als Werkstoff höherfester Stahl zum Einsatz. Er konnte durch Zwischenstücke, die durch Steckverbindungen zusammengefügt wurden, auf eine Länge bis zu 51 m vergrößert werden. Es gab drei Auslegervarianten.

Kranausleger
Kranausleger mit mit 6 m-Hilfsausleger
Kranausleger mit max. 31 m-Standmast und einem 10, 15, 20, 25 m-Wippausleger (Hochbauausrüstung)

Mit einschließlich des Hilfshubes ergaben sich über 30 verschiedene Varianten für die jeweilige Kranarbeit. Der Kran konnte mit entsprechenden Zusatzausrüstungen vielfältig auch als Umschlaggerät eingesetzt werden.

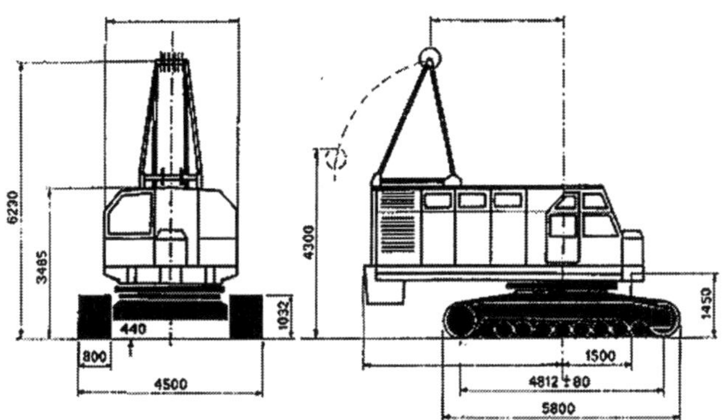

Krangerät
- Haupthub Tragfähigkeit 63 t bei 4,3 m Ausladung
- Hilfshub mit 6 m Hilfsausleger Tragfähigkeit 8 t bei 13,5 m Ausladung
- max. Lastmoment: 270,9 tm
- max. Auslegerlänge: 51,0 m
- max. Ausladung: 30,0 m

Umschlaggerät mit
- Elektrohydraulischem Schüttgutgreifer, Typ EHS bis 3,2 m³ Fassungsvermögen
- Elektrohydraulischem Mehrschalengreifer, Typ EHM bis 1,75 m³ Fassungsvermögen
- Lasthebemagnet LR15
- Ramme, Bohrausrüstung, Fallbirne
- Spreader für Containerumschlag

Arbeitsgeschwindigkeiten
Haupthub

	Grobhub	Feinhub
8-strängig	3,9 m/min	0,195 m/min
6-strängig	5,2 m/min	0,25 m/min
4-strängig	7,7 m/min	0,38 m/min
2-strängig	16,1 m/min	0,78 m/min

Hilfshub

2-strängig	16,5 m/min	0,8 m/min
Drehgeschwindigkeit	0–15 U/min	
Fahrgeschwindigkeit	1,0 km/h	

Dienstmasse
Grundgerät mit 16 m Kranausleger 63,72 t

Bodendruck
Grundgerät mit 16 m Kranausleger 0,082 MPa

Motor
Viertakt-Dieselmotor, 8 Zylinder wassergekühlt
118 kW (160 PS) bei 1500 U/min

Generator
Drehstrom-Konstantspannungsgenerator
S 250 S 4, 90 kW, 1500 U/min, 380 V

Fremdstromanschluß
380 V, 160 A

Elektrische Anlage
380 V Betriebsspannung, Drehstrom

Sicherheitseinrichtungen
- Elektronischer Überlastprozessor
- Elektronische Neigungsanzeige für Kranausleger und Bauausleger
- Elektronische Auslastungsanzeige des Lastmomentes
- Dosenlibelle zur Kontrolle und Schrägstellung des Kranes
- Ausleger-Endschalter
- Hub-Endschalter
- Senkendschalter für Haupthub und Hilfshub
- Rückfallsicherung für Kranausleger und Bauausleger

Kranzahl: **4.5.18**

Auslegerneigung α	A 1,9 – 16 m			A 2,9 – 21 m			A 3,9 – 26 m			A 4,9 – 31 m		
	Tragfähigkeit t	Ausladung m	Hakenhubhöhe m	Tragfähigkeit t	Ausladung m	Hakenhubhöhe m	Tragfähigkeit t	Ausladung m	Hakenhubhöhe m	Tragfähigkeit t	Ausladung m	Hakenhubhöhe m
83,5°	63,0	4,30	14,45	42,0	4,85	19,50	34,0	5,45	24,45	28,0	6,00	29,45
80°	44,5	5,25	14,25	33,5	6,15	19,25	27,0	7,00	24,20	21,5	7,85	29,10
75°	31,0	6,60	13,85	23,5	7,90	18,80	18,0	9,20	23,60	14,0	10,50	28,45
70°	24,0	7,90	13,35	17,5	9,60	18,15	13,0	11,35	22,85	9,5	13,05	27,55
65°	19,5	9,15	12,75	14,0	11,30	17,35	10,0	13,40	21,90	7,0	15,50	26,40
60°	16,5	10,35	12,00	11,8	12,85	16,45	8,0	15,35	20,75	6,0	17,85	25,10
55°	14,3	11,50	11,20	10,0	14,35	15,40	7,0	17,25	19,45	5,4	20,10	23,55
50°	12,8	12,55	10,25	8,7	15,75	14,20	6,5	19,00	18,00	5,0	22,20	21,85
45°	11,6	13,50	9,25	8,0	17,05	12,90						
40°	10,6	14,40	8,15									
35°	9,8	15,20	7,00									

Auslegerneigung α	A 5,9 – 36 m			A 6,9 – 41 m			A 7,9 – 46 m			A 8,9 – 51 m		
	Tragfähigkeit t	Ausladung m	Hakenhubhöhe m	Tragfähigkeit t	Ausladung m	Hakenhubhöhe m	Tragfähigkeit t	Ausladung m	Hakenhubhöhe m	Tragfähigkeit t	Ausladung m	Hakenhubhöhe m
83,5°	22,0	6,55	34,40	15,0	7,15	39,35	11,50	7,55	43,30	8,50	8,10	48,25
80°	16,7	8,75	34,05	12,0	9,60	38,95	9,30	10,30	42,85	6,65	11,20	42,75
75°	10,5	11,80	33,25	7,8	13,10	38,10	6,15	14,15	41,85	4,60	15,45	46,70
70°	7,0	14,75	32,25	5,3	16,45	36,95	4,55	17,90	40,60	3,40	19,65	45,30
65°	5,5	17,60	30,95	4,5	19,75	35,50	3,65	21,55	38,95	2,50	23,65	43,50
60°	4,8	20,35	29,45	4,0	22,85	33,75	3,05	25,00	37,05	1,75	27,55	41,35
55°	4,5	22,95	27,65	3,5	25,85	31,75	2,75	27,05	35,75			
50°												
45°												
40°												
35°												

Raupendrehkran RDK 630 Tragfähigkeit, Variante Kranausleger – Haupthub /27/

Auslegerneigung α	B 1,9 – 16 m			B 2,9 – 21 m			B 3,9 – 26 m			B 4,9 – 31 m			B 5,9 – 36 m			B 6,9 – 41 m		
	Tragfähigkeit t	Ausladung m	Hakenhubhöhe m	Tragfähigkeit t	Ausladung m	Hakenhubhöhe m	Tragfähigkeit t	Ausladung m	Hakenhubhöhe m	Tragfähigkeit t	Ausladung m	Hakenhubhöhe m	Tragfähigkeit t	Ausladung m	Hakenhubhöhe m	Tragfähigkeit t	Ausladung m	Hakenhubhöhe m
83,5°	60,0	4,30	14,45	40,0	4,85	19,50	32,0	5,45	24,45	26,0	6,00	29,35	20,0	6,55	34,30	13,0	7,15	39,25
80°	42,8	5,25	14,25	32,0	6,15	19,25	25,4	7,00	24,20	19,5	7,85	29,00	14,7	8,75	33,95	9,9	9,60	38,85
75°	29,0	6,60	13,85	22,2	7,90	18,80	17,0	9,20	23,60	12,8	10,50	28,35	9,5	11,80	33,15	6,6	13,10	38,00
70°	22,5	7,90	13,35	16,4	9,60	18,15	12,0	11,35	22,85	8,5	13,05	27,45	6,4	14,75	32,15	4,5	16,45	36,85
65°	18,0	9,15	12,75	13,0	11,30	17,35	9,0	13,40	21,90	6,4	15,50	26,30	4,6	17,60	30,85	3,2	19,75	35,40
60°	15,0	10,35	12,00	10,8	12,85	16,45	7,0	15,35	20,75	5,2	17,85	25,00	3,8	20,35	29,35	2,4	22,85	33,65
55°	12,9	11,50	11,20	9,0	14,35	15,40	6,0	17,25	19,45	4,5	20,10	23,45	3,5	22,95	27,55	1,5	25,85	31,65
50°	11,3	12,55	10,25	7,7	15,75	14,20	5,5	19,00	18,00	4,0	22,20	21,75						
45°	10,0	13,50	9,25	7,0	17,05	12,90												
40°	9,0	14,40	8,15															
35°	8,5	15,20	7,00															

Raupendrehkran RDK 630 Tragfähigkeit, Variante Kranausleger mit Hillfsausleger – Haupthub /27/

	B 1,9 – 16 m			B 2,9 – 21 m			B 3,9 – 26 m			B 4,9 – 31 m			B 5,9 – 36 m			B 6,9 – 41 m		
Auslegerneigung α	Tragfähigkeit t	Ausladung m	Hakenhubhöhe m	Tragfähigkeit t	Ausladung m	Hakenhubhöhe m	Tragfähigkeit t	Ausladung m	Hakenhubhöhe m	Tragfähigkeit t	Ausladung m	Hakenhubhöhe m	Tragfähigkeit t	Ausladung m	Hakenhubhöhe m	Tragfähigkeit t	Ausladung m	Hakenhubhöhe m
83,5°	8,0	9,60	18,00	8,0	10,15	22,95	8,0	10,70	27,95	7,5	11,30	32,90	5,9	11,85	37,85	4,1	12,40	42,85
80°	8,0	10,70	17,45	8,0	11,55	22,40	7,2	12,45	27,30	5,8	13,30	32,25	4,4	14,15	37,15	3,1	15,05	42,10
75°	8,0	12,25	16,55	7,2	13,55	21,45	5,5	14,85	26,25	4,2	16,15	31,10	3,0	17,40	35,90	2,3	18,70	40,75
70°	7,6	13,70	15,60	5,8	15,40	20,30	4,5	17,15	25,00	3,2	18,85	29,70	2,2	20,55	34,40	1,8	22,25	39,10
65°	6,5	15,10	14,45	5,0	17,20	19,00	3,8	19,30	23,55	2,6	21,40	28,05	1,8	23,55	32,60	1,4	25,65	37,15
60°	5,7	16,35	13,25	4,4	18,85	17,55	3,3	21,35	21,90	2,3	23,85	26,20	1,5	26,35	30,55	1,05	28,85	34,90
55°	5,2	17,50	11,90	4,0	20,35	16,00	2,9	23,25	20,05	2,0	26,10	24,15	1,3	28,95	28,25	0,8	31,85	32,35
50°	4,8	18,55	10,45	3,6	21,75	14,25	2,7	24,95	18,10	1,8	28,15	21,95						
45°	4,5	19,45	8,90	3,4	22,95	12,45												
40°	4,3	20,20	7,30															
35°	4,2	20,80	5,65															

Raupendrehkran RDK 630 Tragfähigkeit, Variante Kranausleger mit Hilfsausleger – Hilfshub / 27 /

Raupendrehkran RDK 630 / 68 /

Produktionsdauer und Produktionsstückzahl: unter Kranzahl 4.5.19 ausgewiesen.

Kranzahl: **4.5.19**

Erzeugnis: **RDK 630-1**

Status: **Neu- und Weiterentwicklung**

Kranhersteller: **VEB Eisengießerei und Maschinenfabrik ZEMAG Zeitz**

Die Weiterentwicklung des RDK 630 zum RDK 630-1 erfolgte 1989.

Das Krankonzept wurde beibehalten, wobei der Kranbetrieb mit der Auslegervariante – Kranausleger mit 6 m-Hilfsausleger – durch Verlängerung der Auslegerlänge von 41 m auf 46 m verbessert wurde. Weiterhin wurden die Arbeitsgeschwindigkeiten des Haupt- und Hilfshubes geringfügig vergrößert. Außerdem erfolgten Veränderungen durch konstruktive Detailverbesserungen, so unter anderem die stufenlose Regelbarkeit des Drehwerkes und material-ökonomische Maßnahmen zur Erhöhung der Zuverlässigkeit und zur Anpassung an veränderte oder neue Zulieferelemente.

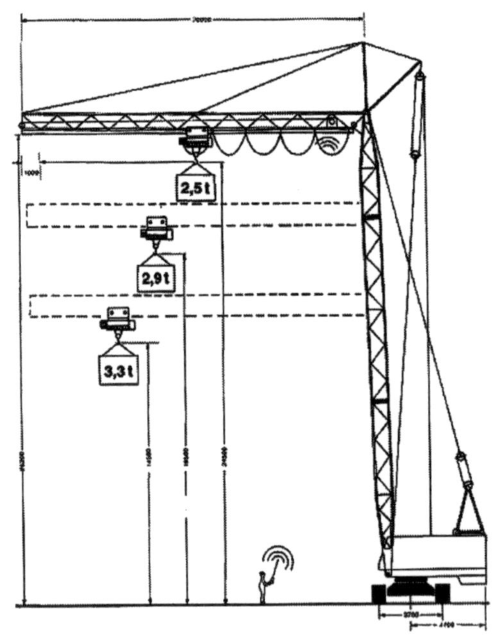

Raupendrehkran RDK 630-1 mit Katzlaufausleger /27/

Weiterhin erfolgte für den RDK 630-1 die Entwicklung eines Katzlaufauslegers, der jedoch nicht gebaut wurde.

Das Grundgerät sollte dabei mit den Standmastlängen 16, 21, und 26 m ausgerüstet werden, denen ein 20 m Katzlaufausleger als Horizontalausleger zugeordnet war. Auf diesem Horizontalausleger lief dann die Laufkatze mit Elektrozug, die durch einen Getriebemotor mit aufgesteckten Seiltrommeln über Umlenkrollen verfahren wurde.

Ein Serienanlauf dieses Krantyps erfolgte nicht mehr.

Bilanz der Raupendrehkranreihe RDK 500/630

In der Tabelle sind die Krantypen
RDK 500
RDK 500-1
RDK 630

zusammengefaßt dargestellt.

Jahr	**Jahresstückzahl**	
1984	**5**	.... Produktionsbeginn RDK 500
1985	**41**	
1986	**56**	
1987	**52**	.... Produktionsbeginn RDK 500-1
1988	**38**	.... Produktionsbeginn RDK 630
1989	**53**	
1990	**74**	
Σ	**319**	

Mit einer Produktionsdauer von 1984 bis 1990 = 7 Jahren wurden damit im Durchschnitt jährlich rd. 46 Raupendrehkraneinheiten produziert.

(Nach 1990 wurde mit dem Auslauf der Raupendrehkran-Produktion nochmals 1993 1 Stck. hergestellt.)

Kranzahl: 4.5.20

Erzeugnis:	**RDK 800**
Status:	**Entwicklungsstudie**
Kranhersteller:	**VEB Eisengießerei und Maschinenfabrik ZEMAG Zeitz**

Die Erarbeitung der Studie erfolgte 1989/1990.

Das Ergebnis wurde nicht weiter verfolgt und die Arbeiten dazu eingestellt.

Kranzahl: **4.5.21**

Erzeugnis: **RDK 1000**

Status: **Entwicklungsstudie**

Kranhersteller: **VEB Eisengießerei und Maschinenfabrik ZEMAG Zeitz**

Die Bearbeitung der Studie erfolgte 1986 /1987.

Das Ziel der Studie war erstmals, unter verlassen der bisherigen Typenreihe der Raupendrehkrane, die mit 63 t Tragfähigkeit endete, die Entwicklung eines Raupendrehkranes größerer Abmessungen für die Montage von Großgeräten in den Tagebauen der Braunkohleindustrie und für den Export in die Sowjetunion durchzuführen.

Weiterhin sollte das Gerät niedrig und schmal gehalten werden, um möglichst wenig Demontageaufwand beim Bahntransport zu haben.

Für die Montage und Demontage des RDK 1000 war ein Montagekran von 30 t erforderlich.

Auf dem Oberwagen waren die Einziehwinde und die Winden für den Haupt- und Hilfshub angeordnet. Alle drei Winden hatten gleiche Getriebe und Lamellenbremsen und verfügten für den Antrieb über je zwei Axialkolbenmotoren.

Die ebenfalls demontierbare Fahrerkabine war im Betriebszustand um 15° neigbar.

Die Raupenträger des Unterwagens waren mit je zwei Antrieben ausgelegt, die jeweils aus einem Axialkolbenmotor, Lamellenbremse, Planeten- und Vorgelegegetriebe bestanden.

Bei der Kranausrüstung hatte der Hauptausleger eine max. Länge von 80 m und der Hilfsausleger von max. 28 m. Der Hilfsausleger war dabei starr an die Hauptauslegerspitze angeordnet und konnte in einer Neigung zum Hauptausleger von 15° und 30° angebracht werden.

Die Steuerung erfolgt von der Krankabine über elektrische, überlagerungsfähige Steuerelemente, die Ansteuerung der Triebwerke selbst durch elektromagnetisch betätigte Wegeventile. Alle Triebwerke waren durch Senkbremsventile gesichert. Die Hydraulikanlage besaß einen offenen Ölkreislauf und arbeitete bei max. 32 MPa.

Kranzahl: 4.5.21

Die Sicherheitseinrichtungen bestanden aus einem elektronischen Tragfähigkeitsbegrenzer, Hubendschalter und elektrische Spindelschalter.

Im gleichen Zeitraum wurde im VEB Schwermaschinenbau „S. M. Kirow“ Leipzig die Entwicklung eines schienengebundenen Montagekranzuges (MKZ) durchgeführt. Der ökonomische Vergleich beider Geräte ergab, daß der RDK 1000 wegen seiner Demontage für den Schienentransport und der weiteren Montage und Demontage auf der Baustelle mittels eines zusätzlichen 30 t Montagekranes dabei wesentlich ungünstiger lag als der MKZ. Diese gesamten Betrachtugen, auch mit dem vorgesehenen Export in die Sowjetunion, führten dazu, das Projekt RDK 1000 nicht weiter zu verfolgen. Die Arbeiten dazu wurden eingestellt.

Parameter	Dim	TGL	GOST
Massemoment	tm	1000	1000
Standsicherheit		1,25	1,4
Tragfähigkeit max. Haupthub	t	180	160
bei Ausladung	m	5,55	5,60
bei Auslegerlänge	m	20,00	20,00
Hilfshub d.Spitzenausleger	t	15	15
Auslegerlängen			
Hauptausleger min.	m	20	20
max.	m	80	80
Zwischenstücke	m	10	10
Spitzenausleger min.	m	[illegible]	10
max.	m	28	28
Auslegerkombinationen Haupt-plus Spitzenausl.	m	70+28	70+28
Krantriebe			
Dieselmotor Leistung	kW	156	156
Drehzahl	U/min	1800	1800
Kühlung		Wasser	Wasser
1. Winde			
Seilgeschwindigkeit max.	m/min	75	75
Seilzugkraft max.	KN	154	154
Seildurchmesser		32	32
Seillagen max. auf Trommel		[illegible]	6
Einscherung max.		16	16
Hubgeschwindigkeit max. bei 16facher Scherung, 6.Lage	m/min	4,68	4,68
2. Winde			
Seilgeschwindigkeit max.	m/min	64	64
Seilzugkraft max.	KN	110	110
Seildurchmesser	mm	26	26
Seillagen max. auf Trommel		4	4
Einscherung max.		4	4
Hubgeschwindigkeit max. bei 4facher Scherung, 4. Lage	m/min	16	16
Einziehwinde			
Seilgeschwindigkeit max.	m/min	73	73
Seilzugkraft max.	KN	146	146
Seildurchmesser	mm	30	30
Seillagen max auf Trommel		6	6
Einscherung		16	16
Drehwerk			
Oberwagenumdrehungen max.	U/min	1,0	1,0
Fahrwerk			
Fahrgeschwindigkeit max.	km/h	0,7	0,7
Steigfähigkeit d.Grundgerätes	%/°	20/11,5	20/11,5
Eigenmassen (geschätzt) Grundgerät mit Hauptausleger 20 m ohne Gegenmasse	t	127	127
Gegenmasse für längsten Hauptausleger	t	55	55
Bodenpressung	kp/cm²	1,03	1,03

Raupendrehkran RDK 1000
Technische Daten / 28 /

Kranzahl: **4.5.21**

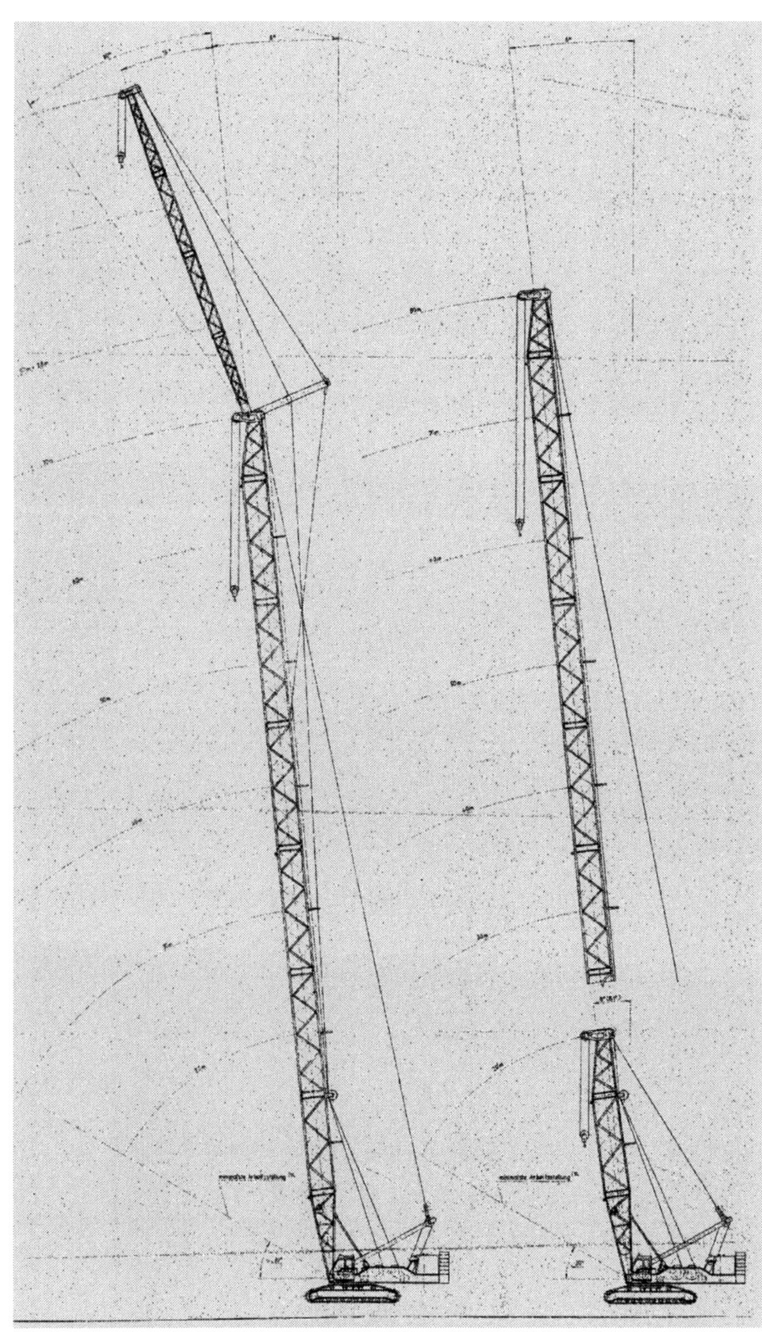

Raupendrehkran
RDK 1000 / 28 /

Kranzahl: **4.5.21**

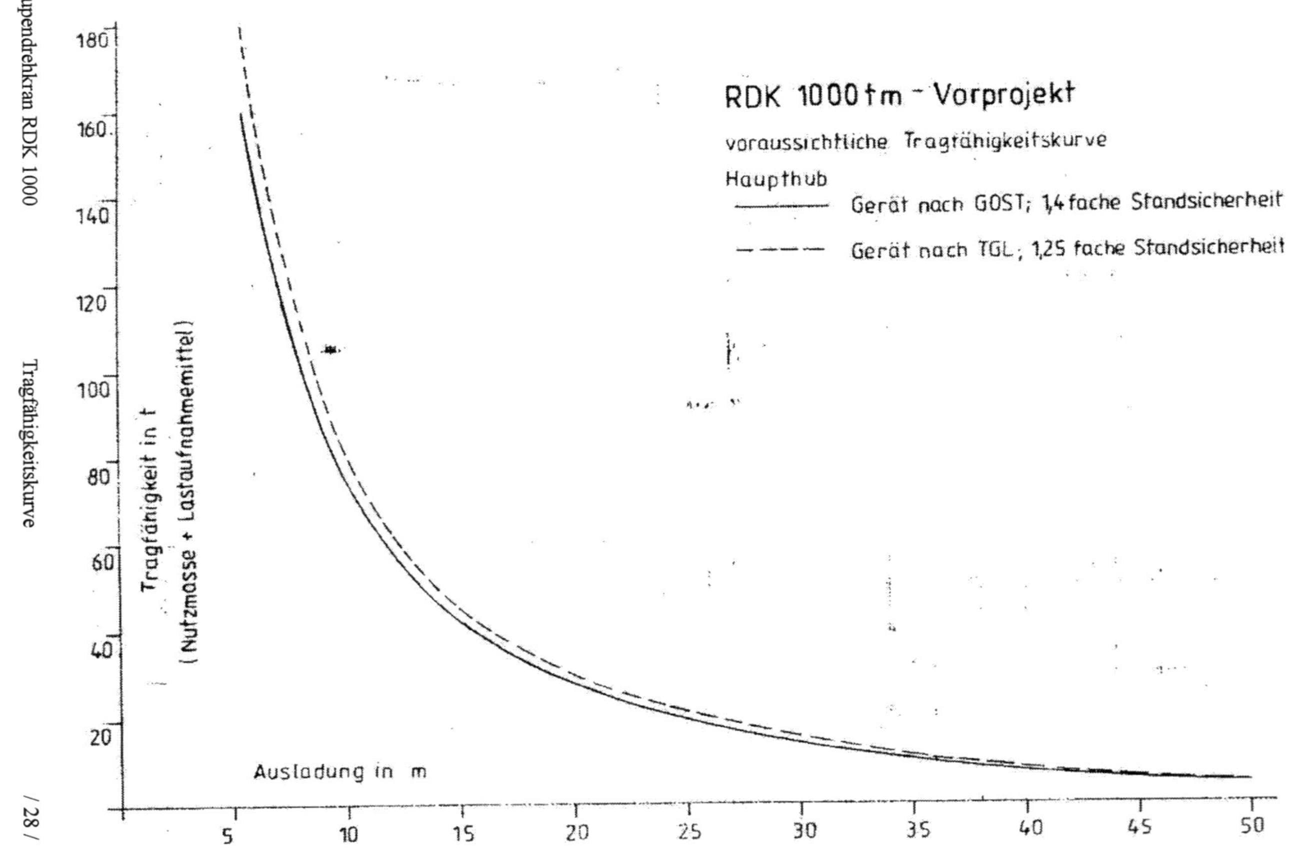

Kranzahl: **4.5.22**

Erzeugnis: **RDK 1600**

Status: **Entwicklungsstudie**

Kranhersteller: **VEB Eisengießerei und Maschinenfabrik ZEMAG Zeitz**

Die Studie wurde 1987/1988 erarbeitet. Ein Projekt des RDK 1000 wurde bereits 1986/1987 abgeschlossen. In weiteren Etappen entstanden Voruntersuchungen für einen RDK 2000 und einen RDK 1800.

Das globale Ziel aufbauend auf den langjährigen Export und die Zusammenarbeit mit der UdSSR war, im weiteren Entwicklungsprozeß gemeinsam mit entsprechenden sowjetischen Institutionen und Einrichtungen einen Raupendrehkran von 160 t Tragfähigkeit und einer Speziallifteinrichtung für 250 t zu entwickelten und zu produzieren. Es erfolgten jedoch keine endgültigen Entscheidungen zur vorgesehenen gemeinsamen Entwicklung, zur arbeitsteiligen Fertigung und zu weiteren Problemen. Durch diese Situation ergaben sich für ZEMAG Zeitz drei zu entscheidende Varianten für die weitere betriebliche Entwicklungsarbeit.

- RDK mit 160 t Tragfähigkeit entsprechend des fortgeschrittene internationalen Standes mit Absatzzielen im SW (sozialistisches Wirtschaftgebiet) und NSW (nichtsozialistischen Wirtschaftsgebiet), mit oder ohne Speziallifteinrichtung.

- RDK mit 160 t Tragfähigkeit gemäß der technischen Forderungen der UdSSR und der bisher protokollierten Besonderheiten.

- RDK mit 160 t Tragfähigkeit für die Montagearbeiten des Schwermaschinenbaukombinates TAKRAF ohne Speziallifteinrichtung.

Mit den gesellschaftlichen Veränderungen 1989/1990 in der DDR und der Überleitung des Betriebes in eine GmbH wurden die weiteren Arbeiten an diesem Projekt eingestellt.

In den nachfolgenden Aussagen zu den technischen Daten ist das vorgesehene konstruktive Konzept in seinen Hauptparametern dargestellt.

Kranzahl: 4.5.22

Antriebsmotor	Dieselmotor Jams 240 (UdSSR)	
	Leistung	265 kW
	Drehzahl	2100 U/min
	Betriebsdrehzahl	1800 U/min
	dabei Drehmoment	1350 Nm
	oder	
	Drehstrom-Asynchronmotor für Niederspannung 2 AHR 354-4	
	Leistung	200 kW
	Drehzahl	1485 U/min
Kranparameter	max. Lastmoment	1040 tm
	max. Tragfähigkeit Haupthub	160 t
	max. Tragfähigkeit Hilfshub	18 t
	Ausladung bei max. Tragfähigkeit mit 33,3 m Hauptausleger	6,5 m
	Auslegerstellung bei 6,5 m Ausladung	84,8 °
	Hubhöhe mit 33,2 m Hauptausleger	32 m
	Verfahrbarkeit von Lasten bis	max. 100 t
	max. Tragfähigkeit bei 15 m Ausladung	45,0 t
	max. Tragfähigkeit bei 20 m Ausladung	33,6 t
	max. Tragfähigkeit bei 30 m Ausladung	16,5 t
	max. Tragfähigkeit bei 50 m Ausladung	6,6 t
	Hauptauslegerlängen	33.2 m 43,2 m 53,2 m 63,2 m 73,2 m 83,2 m
	Hilfsausleger (für alle Hauptauslegerlängen)	3,0 m
	Länge der wippbaren Spitzenausleger (für Hauptauslegerlängen bis 63,2 m)	30,0 m 40,0 m 50,0 m 60,0 m
	max. Rollenhöhe des 63,2 m Hauptauslegers mit 60 m Spitzenausleger	124,6 m
	dabei steilste Stellung des Spitzenauslegers	75 °
	Hubgeschwindigkeit bei max. Tragfähigkeit	
	Haupthub (18-fach)	max. 7 m/min
	Hilfshub (2-fach)	max. 60 m/min
	zul. Oberwagenschrägstellung mit max. Last	+/- 1 °

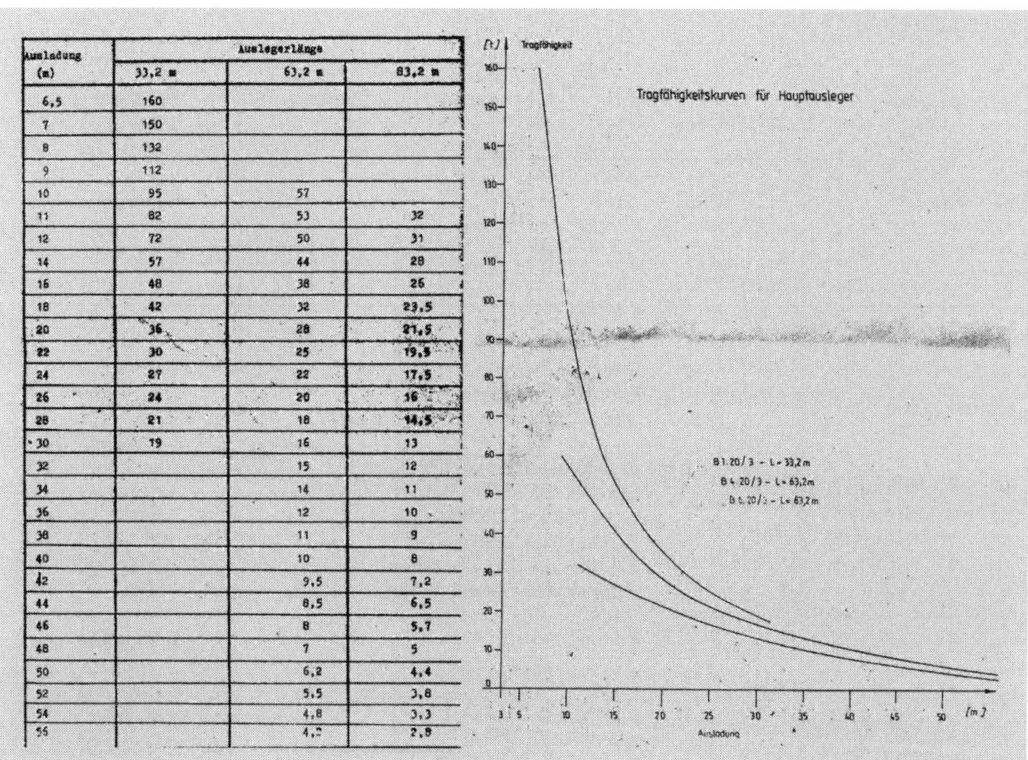

Ausladung (m)	Auslegerlänge 33,2 m	63,2 m	83,2 m
6,5	160		
7	150		
8	132		
9	112		
10	95	57	
11	82	53	32
12	72	50	31
14	57	44	28
16	48	38	26
18	42	32	23,5
20	36	28	21,5
22	30	25	19,5
24	27	22	17,5
26	24	20	16
28	21	18	14,5
30	19	16	13
32		15	12
34		14	11
36		12	10
38		11	9
40		10	8
42		9,5	7,2
44		8,5	6,5
46		8	5,7
48		7	5
50		6,2	4,4
52		5,5	3,8
54		4,8	3,3
56		4,2	2,8

Raupendrehkran RDK 1600 Tragfähigkeitstabelle – Tragfähigkeitskurven /28/

Spezialliftparameter

max. Lastmoment	1467 tm
max. Tragfähigkeit Haupthub	250 t
max. Tragfähigkeit Hilfshub	18 t
Ausladung bei max. Tragfähigkeit mit 26,2 m Ausleger	5,87m
Auslegerstellung bei 5,87 m Ausladung	84,8 °
Hauptauslegerlänge bei 250 t Tragfähigkeit	26,2 m
Gegenauslegerlänge	26,0 m
Hauptauslegerlängen	26,2 m 36,2 m 46,2 m 56,2 m

Hilfsauslegerlänge (für alle Hauptauslegerlängen)	3,0 m

Das Verfahren von Lasten ist bei Spezialliftbetrieb nicht zulässig.

Seilangaben

	max. Geschw. m/min	Seilzugkraft kN	Seillänge m	Seil durchm. mm
Haupthubwerk	126	117	700	26
Hilfshubwerk	126	117	400	26
Einziehwerk	95	160	400	28
Wippwerk	126	117	200	26

Drehgeschwindigkeit	0 – 1,46 U/min
Fahrgeschwindigkeit	0 – 1.4 km/h
Steigfähigkeit des Grundgerätes	21,5 °
Eigenmasse des arbeitsfähigen Gerätes mit 33,2 m Hauptauslegerlänge	190 t
Eigenmasse Oberwagen	49 t
Eigenmasse Unterwagen	65 t
Eigenmasse 1 Raupenträger	26 t
Eigenmasse Gegengewicht	50 t
Bodendruck	0,96 kg/cm^2

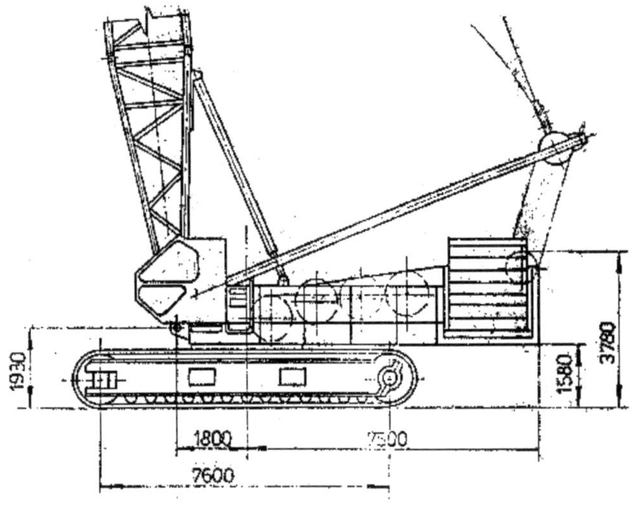

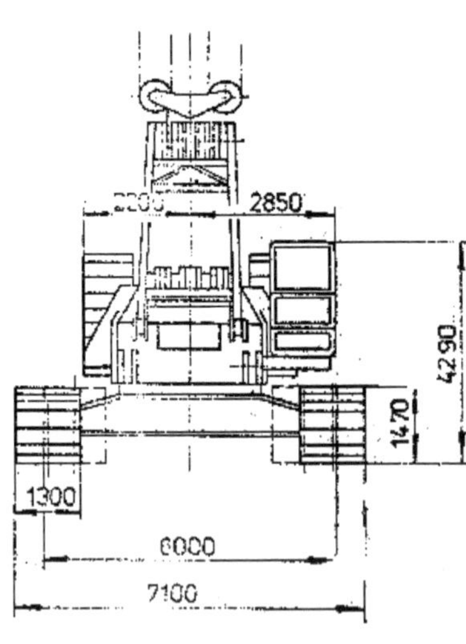

Raupendrehkran RDK 1600 Hauptabmessungen / 28 /

Kranzahl: **4.8.01**

Erzeugnis: **DIER I[*)]**

Status: **Neu- und Weiterentwicklung**

Kranhersteller: **VEB Kranbau Eberswalde**

Die Entwicklung des Kranes erfolgte mit aller Wahrscheinlichkeit zwischen 1945 und 1950. Danach soll der Kran in Serie produziert worden sein. Konkrete Angaben über Produktionsdauer und Jahresstückzahlen sind unbekannt. Um 1952 erfolgte aus heute unbekannten Gründen die Verlagerung der Produktion nach dem Weimar-Werk in Weimar.

Raupendrehkran DIER I (Kranbau Eberswalde) / 20 /

Die max. Tragfähigkeit betrug 6,3 t bei 6 m Ausladung.

*) Die Bezeichnung DIER bedeutet Diesel-Elektrischer Raupenkran.

Kranzahl: **4.8.02**

Erzeugnis: **DIER I (mit Hochbauausleger)**

Status: **Projekt**

Kranhersteller: **VEB Kranbau Eberswalde**

Nähere Angaben, ob dieses Projekt realisiert wurde, sind nicht bekannt.

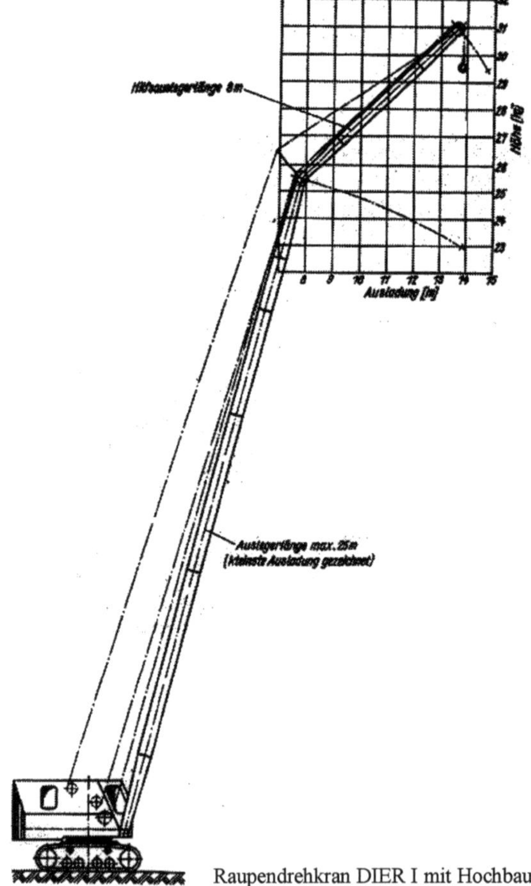

Raupendrehkran DIER I mit Hochbauausleger (Kranbau Eberswalde) / 20 /

Die Tragfähigkeit war mit 6,3 t bei 6 m Ausladung bzw. 3,2 t bei 10 m Ausladung angegeben.

Kranzahl: **4.8.03**

Erzeugnis: **RK 4** *)

Status: **unbekannnt**

Kranhersteller: **VEB Kranbau Eberswalde vormals ARDELT-Werke**

Bei diesem Kran liegen bezüglich Kranhersteller, Produktionsdauer, Stückzahlen und technische Daten keine konkreten Angaben vor.

Die einzigen bekannten Daten sind:

Dieselkran mit 50 PS (36,8 kW) Antriebsleistung
4 t Tragfähigkeit, 4 m Ausladung
2 t Tragfähigkeit, 7 m Ausladung

Raupendrehkran RK 4 / 39 /

Es wird vermutet und angenommen, daß dieser Kran um oder vor 1945 entwickelt und im Zeitraum von ca.1945 bis 1950 noch in Eberswalde produziert wurde.

*) Wegen der nur allgemeinen Bezeichnung Dieselkran, wurde zur eindeutigen Identifizierung die Bezeichnung RK 4 (Raupenkran mit 4 t Tragfähigkeit) verwendet.

Kranzahl: **4.8.04**

Erzeugnis: **DIER**

Status: **unbekannt**

Kranhersteller: **VEB Kranbau Eberswalde vormals ARDELT Werke**

Dieser Kran wurde vermutlich um 1945 oder schon früher entwickelt und wahrscheinlich noch von 1945 bis ca. 1950 in Eberswalde hergestellt.

Dieselraupenkran DIER / 63 /

Technische Daten liegen, bis auf einen Vermerk, daß das Gerät mit einer elektrischen Steuerung ausgerüstet war, nicht vor.

Kranzahl: **4.9.01**

Erzeugnis: **DIER I**

Status: **Produktionsverlagerung**

Kranhersteller: **VEB Weimar-Werk Weimar**

Um 1952 erfolgte, aus heute unbekannten Gründen, die Verlagerung von Entwicklung und Produktion dieses Kranes vom Kranbau Eberswalde (Kranzahl 4.8.01) nach dem Weimar-Werk.

Raupendrehkran DIER I (Weimar-Werk) / 33 /

Produktionsdauer und Jahresstückzahl:

Jahr	Jahresstückzahl
1953	
1954	
Σ	65

Danach wurde wiederum die Produktion, die Gründe sind heute nicht mehr nachvollziehbar, nach Magdeburg, den späteren Betrieb VEB Förderanlagen „7. Oktober“ Magdeburg, verlagert.

Kranzahl: **4.10.01**

Erzeugnis: **RK 3 „Mitschurin“**

Status: **Produktionsverlagerung**

Kranhersteller: **VEB Förderanlagen „7. Oktober“ Magdeburg**

Die Produktion des RK 3 „Mitschurin“ wurde 1960/61 von der Bleichert Anlagenfabrik Leipzig ohne konstruktive Veränderungen übernommen. Die Gründe der Verlagerung der Entwicklung und Konstruktion sind unbekannt.

Raupendrehkran RK 3 / 34 /

Kranzahl: 4.10.01

Das konstruktive Krankonzept von Bleichert beinhaltete einen Raupendrehkran RK 3 als Stückgutkran auf Lagerplätzen aller Art zum Be- und Entladen mit elektrischer Fremdstromeinspeisung. Die max. Hublast betrug 3 Mp. Als Zusatzausrüstung war die Verwendung eines Motorgreifers mit einem Fassungsvermögen von 0,4 bzw. 0,63 m³ mittels Stromzuführungskabel und Federkabeltrommel möglich. Weiterhin konnte der Einsatzes eines Elektrolasthubmagneten erfolgen. Die erforderliche Stromzuführung für alle Arbeitsoperationen erfolgte durch ein Schleppkabel von einem 380 V- Drehstromnetz.

Das Hubwerk gliederte sich in ein Last- und Auslegerhubwerk mit getrennten Antrieben. Die Bremsen waren elektromagnetisch und gewährleisteten ein sicheres Halten der Last in jeder Arbeitsposition. Die Endstellungen wurden durch Spindelendschalter begrenzt. Das Drehen des Oberwagens erfolgte über eine Drehrollenverbindung, bestehend aus Laufkranz mit Triebstockverzahnung und den im Oberwagen angeordneten Drehrollen.

Sämtliche Krantriebteile waren im Oberwagen untergebracht. Das Fahrerhaus war am Verlagerungsrahmen angebaut.

Der Unterwagen war eine in Zellenbauweise hergestellte und geschweißte Blechkonstruktion, in der sich der Antrieb für das Raupenfahrwerk befand. Die Zusammenfassung der Kettentrag- und Kettenstützrollen zu einer pendelnd aufgehängten Schwinge gewährleistete eine gute Geländegängigkeit.

Raupendrehkran RK 3 Antrieb für Hub- und Einziehwerktrommel

Antrieb für Fahrwerk mit Kabeltrommel für Greiferbetrieb / 34 /

Der Ausleger, in seiner Form als Schnabelausleger ausgelegt, stellt eine Leichtkonstruktion dar. An einer Lastskala konnte der Kranführer die verschiedenen Laststellungen erkennen und so die vorgeschriebenen Traglasten entsprechend der Auslegerstellung überwachen.

Produktionsdauer und Jahresstückzahl:

	1960	1961	1962	1963	1964	1965	Σ
Raupendrehkran RK 3	-	75	95	-	-	-	170

Kranzahl: **4.10.01**

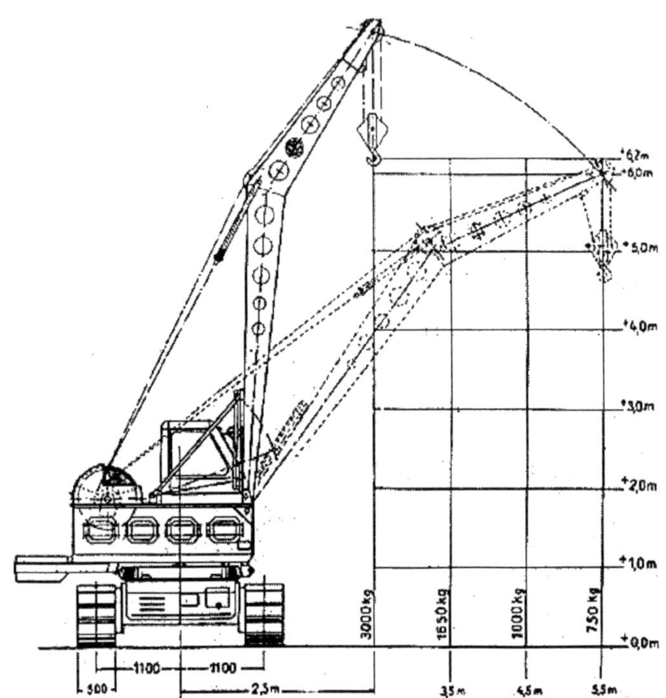

Raupendrehkran RK 3 Tragfähigkeitsdiagramm /34/

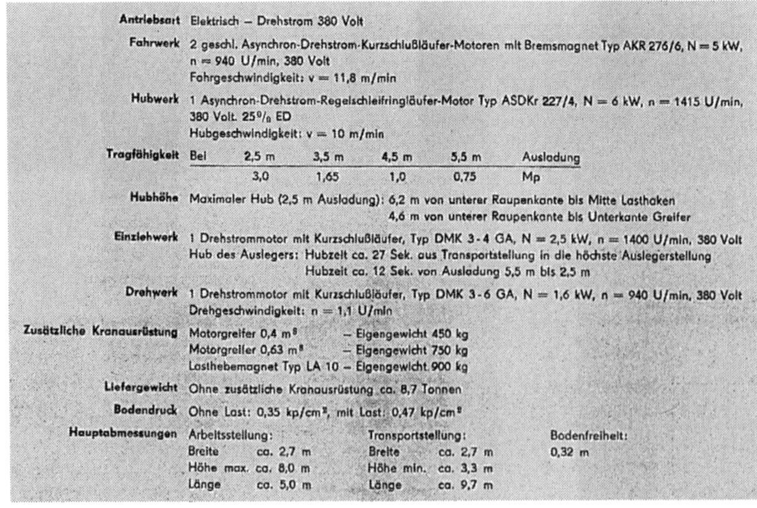

Antriebsart Elektrisch – Drehstrom 380 Volt

Fahrwerk 2 geschl. Asynchron-Drehstrom-Kurzschlußläufer-Motoren mit Bremsmagnet Typ AKR 276/6, N = 5 kW, n = 940 U/min, 380 Volt
Fahrgeschwindigkeit: v = 11,8 m/min

Hubwerk 1 Asynchron-Drehstrom-Regelschleifringläufer-Motor Typ ASDKr 227/4, N = 6 kW, n = 1415 U/min, 380 Volt. 25 % ED
Hubgeschwindigkeit: v = 10 m/min

Tragfähigkeit

Bei	2,5 m	3,5 m	4,5 m	5,5 m	Ausladung
	3,0	1,65	1,0	0,75	Mp

Hubhöhe Maximaler Hub (2,5 m Ausladung): 6,2 m von unterer Raupenkante bis Mitte Lasthaken
4,6 m von unterer Raupenkante bis Unterkante Greifer

Einziehwerk 1 Drehstrommotor mit Kurzschlußläufer, Typ DMK 3-4 GA, N = 2,5 kW, n = 1400 U/min, 380 Volt
Hub des Auslegers: Hubzeit ca. 27 Sek. aus Transportstellung in die höchste Auslegerstellung
Hubzeit ca. 12 Sek. von Ausladung 5,5 m bis 2,5 m

Drehwerk 1 Drehstrommotor mit Kurzschlußläufer, Typ DMK 3-6 GA, N = 1,6 kW, n = 940 U/min, 380 Volt
Drehgeschwindigkeit: n = 1,1 U/min

Zusätzliche Kranausrüstung
Motorgreifer 0,4 m^3 – Eigengewicht 450 kg
Motorgreifer 0,63 m^3 – Eigengewicht 750 kg
Lasthebemagnet Typ LA 10 – Eigengewicht 900 kg

Liefergewicht Ohne zusätzliche Kranausrüstung ca. 8,7 Tonnen

Bodendruck Ohne Last: 0,35 kp/cm^2, mit Last: 0,47 kp/cm^2

Hauptabmessungen

Arbeitsstellung:		Transportstellung:		Bodenfreiheit:
Breite	ca. 2,7 m	Breite	ca. 2,7 m	0,32 m
Höhe max.	ca. 8,0 m	Höhe min.	ca. 3,3 m	
Länge	ca. 5,0 m	Länge	ca. 9,7 m	

Raupendrehkran RK 3 Technische Daten /34/

Kranzahl: **4.10.02**

Erzeugnis: **RK 3/1 = B 6,3*)**

Status: **Neu- und Weiterentwicklung**

Kranhersteller: **VEB Förderanlagen „7. Oktober“ Magdeburg**

Der Raupendrehkran RK 3 wurde in konstruktiven Details und durch materialökonomische Maßnahmen zum RK 3/1 überarbeitet. Das Krankonzept für den Einsatzbereich wurde dabei beibehalten. Der Antrieb erfolgte wieder durch Fremdstromeinspeisung.

Raupendrehkran RK 3/1 mit durch Zwischenstück aufgestockter Kabine / 35 /

*) Nach TGL 20-367400 erfolgte für RK 3/1 die Kranbezeichnung B 6,3.

Die wesentlichsten Änderungen erfolgten im Oberwagen. Die Anordnung und Auslegung des Einziehhubwerkes sowie die Lage der Kabeltrommel wurde verändert. Damit erfolgte eine optisch verbesserte Verkleidung des Maschinenhauses. Neu war die Möglichkeit, das Fahrerhaus durch ein Zwischenstück um 1,75 m zu erhöhen, so daß unter anderem eine bessere Sicht bei der Waggonverladung bestand.

Bei den einzelnen Auslegerstellungen wurde die Tragfähigkeit geringfügig erhöht. Hubhöhe und max. Ausladung wurden beibehalten.

Die Hauptabmessungen blieben die gleichen. Lediglich in der Transportstellung vergrößerte sich die Länge um 0,3 m auf 10 m.

Produktionsdauer und Jahresstückzahl:

	1960	1961	1962	1963	1964	1965	Σ
Raupendrehkran RK 3/1 = B 6,3	-	-	-	125	100	30	255

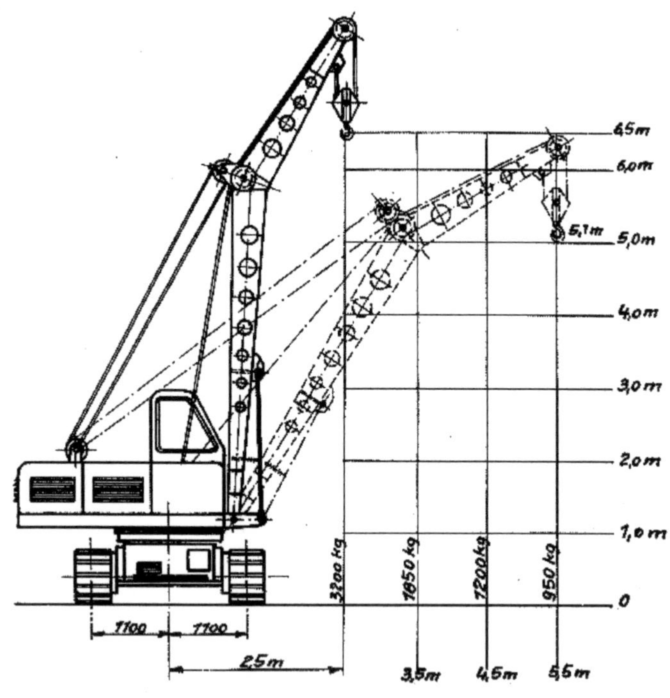

Raupendrehkran RK 3/1 Tragfähigkeitsdiagramm / 35 /

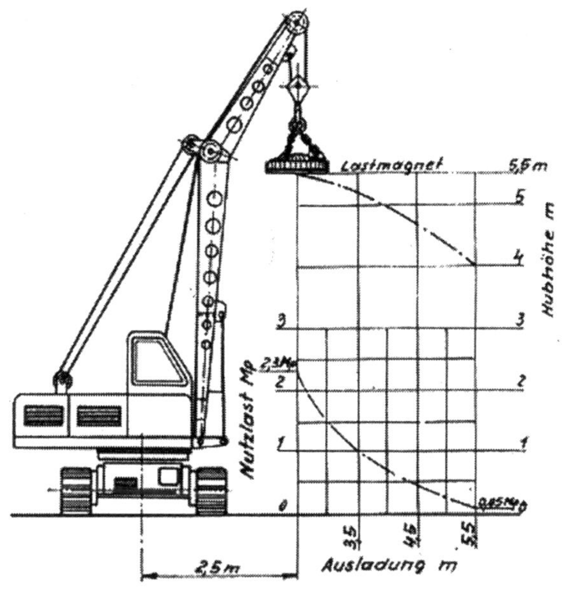

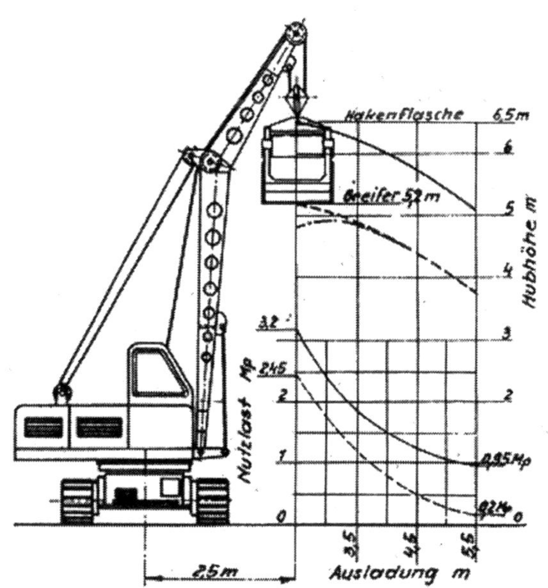

Raupendrehkran RK 3/1 oben: Einsatz mit Lastmagnet,
unten: Einsatz mit Greifer / 35 /

Kranzahl: **4.10.03**

Erzeugnis: **RK 5**

Status: **Produktionsverlagerung**

Kranhersteller: **VEB Förderanlagen „7. Oktober“ Magdeburg**

Die Produktion des RK 5 wurde 1960/1961 von Bleichert Anlagenfabrik Leipzig übernommen. Die Gründe der Verlagerung der Produktion sind unbekannt.

Raupendrehkran RK 5 /34/

Mit der Übernahme wurde der Kran konstruktiv überarbeitet. Dabei wurde die Antriebsleistung von 44 auf 51 kW verstärkt und im Unterwagen wurden die Rollenführungen für die Raupen im Oberlauf verändert.

Beim Oberwagen erfolgten die meisten Veränderungen. Das Einziehwerk wurde neu gestaltet und die Lagerung der Trommel im Maschinenhaus verändert. Damit konnte auch eine optisch bessere Einhausung der Maschinenantriebe erfolgen, die zusammen mit der Kabine eine kompakte Einheit bildete.

Der Ausleger wurde neu gestaltet und die schnabelförmige Ausführung mit einem Zwischenstück in Kastenkonstruktion ausgeführt. Die Auslegerlänge konnte damit zwischen einer kurzen und langen Ausführung variieren. Damit konnten auch die Hubhöhen und Ausladungen vergrößert werden.

Kranzahl: **4.10.03**

Produktionsdauer und Jahresstückzahl:

	1960	1961	1962	1963	1964	1965	Σ
Raupendrehkran RK 5	1	-	55	-	-	-	56

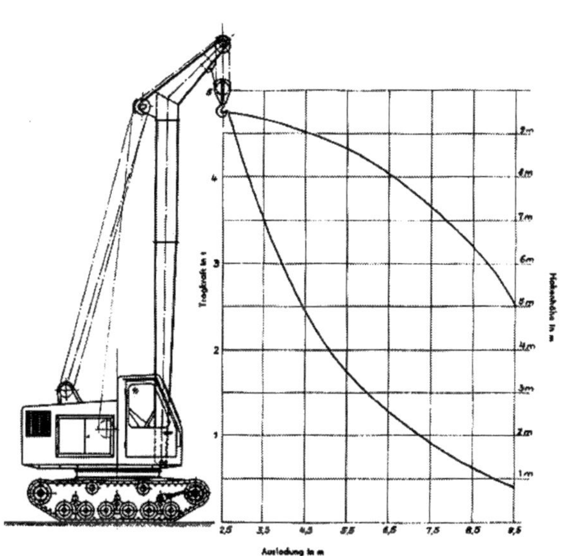

Raupendrehkran RK 5 Tragfähigkeitsdiagramm / 34 /

Tragkraft	Größte Tragkraft am Haken	5,0 t
Hauptabmessungen	Ausladung des Hakens, kurzer Ausleger (verlängerter Ausleger)	2,5 – 6,5 m (2,5 – 9,5 m)
	Tragkräfte in Abhängigkeit von der Ausladung für kurzen und verlängerten Ausleger nach Tragkraftkurve.	
	Größte Hakenhöhe über Fahrbahn	
	mit kurzem Ausleger: größte Ausladung (kleinste Ausladung)	4,0 m (6,5 m)
	mit verläng. Ausleger: größte Ausladung (kleinste Ausladung)	5,0 m (9,5 m)
	Durchfahrtshöhe in Fahrstellung	3,15 m
	Breite über alles in Fahrstellung	3,1 m
	Länge über alles in Fahrstellung, kurzer Ausleger (verl. Ausleger)	ca. 10,6 m (ca. 13,3 m)
	max. Neigung in Arbeitsstellung	5,24 % = 3°
	Dienstgewicht mit kurzem Ausleger (mit verlängertem Ausleger)	ca. 16 t (ca. 16,3 t)
Arbeitsgeschwindigkeiten	Heben	12,5 m/min
	Drehen	1,13 U/min
	Fahren mit eigener Kraft im 1. Gang (im 2. Gang)	1,35 km/h (5,0 km/h)
	Fahren im Schlepp	bis 6,0 km/h
	Einziehdauer des Auslegers von Fahr- in höchste Stellung	65 s
Fahrwerk	Kleinster Wenderadius	Wenden auf der Stelle
	Spurweite	2,55 m
	Bodenfreiheit	0,39 m
	Überhangwinkel	26°
	Größter spez. Bodendruck bei 3° Neigung {kurzer Ausleger (langer Ausleger)}	3,0 kg/cm^2 (3,12 kg/cm^2)
	Steigfähigkeit in Fahrstellung im 1. Gang	18 %
Kraftstation	Antriebsart	diesel-elektrisch
	Stromart	Drehstrom
	Spannung	380 V
	Leistung des Dieselmotors Type 3 KVD 14,5 RL	51 PS
	Leistung des Generators Type DCB 38 – 4	38 kVA
Antriebsmotoren	Hubmotor ASDKr 277/4	11,5 kW
	Einziehmotor AKR 273/6 – P 33/V 1	3,5 kW
	Drehmotor AKR 226/6 – P 33/V 1	2,5 kW
	Fahrmotor ASD 277/4	2 × 11,0 kW
Zusatzeinrichtungen	Motorgreifer	bis 0,8 m^3
	Lastmagnet	bis 0,55 t Tragkraft

Raupendrehkran RK 5 Technische Daten / 34 /

Kranzahl: **4.10.04**

Erzeugnis: **DIER I**

Status: **Produktionsverlagerung**

Kranhersteller: **VEB Schwermaschinenbau „7. Oktober"/ vorm. Mackensen Magdeburg**

Raupendrehkran DIER I

Die Produktion des DIER I (Kranzahl 4.8.01. und 4.9.01.) wurde 1954 ohne konstruktive Veränderungen vom Weimar-Werk Weimar übernommen.

Das Krankonzept beinhaltete einen dieselelektrischen Raupenkran für den Einsatz auf Lagerplätzen aller Art und in Häfen zum Umschlag von Stück- und Schüttgütern.

Der Antrieb erfolgte durch einen Vierzylinder-Dieselmotor mit 60 PS (44,1 kW) bei 1500 U/min der direkt mit dem Drehstromgenerator gekoppelt war. Dieser speiste alle Antriebsmotoren für Fahr-, Dreh-, Hub- und Einziehwerk. Der Kran konnte außerdem auch mit Fremdstrom betrieben werden.

Die wesentlichen Baugruppen waren der Unterwagen mit dem Raupenfahrwerk, das Drehwerk mit Roll- und Zahnkranz und der Oberwagen mit dem Antriebsmotor, Führerhaus, Gegengewicht, Ausleger 12 bzw. 14 m Länge, Stützbock mit zugehöriger Aufrichtvorrichtung und alle Triebwerksteile zum Dreh-, Hub- und Einziehwerk.

Der Greiferbetrieb konnte mit 1,0 oder 1,25 m^3 Greiferinhalt durchgeführt werden. Für den Betrieb mit Lasthaftmagneten war zusätzlich ein Drehstrommotor 9,2 kW, 380 V gekoppelt mit einem Gleichstromgenerator 7 kW, 220 V erforderlich.

/ 34 /

Produktionsdauer und Jahresstückzahl:

	1953	1954	1955	1956	1957	1558	1959	1960	Σ
Raupendrehkran	-	20	34	36	46	80	17	-	233

ENERGIEQUELLE Horch-Dieselmotor, Type EM 4–15, 60 PS, 1500 U/min, mit Drehstromgenerator 38 kVA, 380 Volt, 1500 U/min, Brennstoffverbrauch ca. 220 g pro PS/h. Fremdstrom 380 Volt.

FAHRWERK Drehstrommotor 20 kW, 380 Volt, 960 U/min, 40 % ED, Fahrgeschwindigkeit v_1 = 5,98 m/min für Steigungen bis 20°, v_2 = 18,2 m/min.

DREHWERK Drehstrommotor 4,2 kW, 380 Volt, 955 U/min, 40 % ED, Drehzahl 2,34 pro Minute.

HUBWERK Drehstrommotor 15,5 kW, 380 Volt, 955 U/min, 40 % ED. Hubgeschwindigkeit bei 3,2 t Hublast v_1 = 24 m/min, bei 6,3 t Hublast v_2 = 12 m/min,

Hublast bei 12-m-Ausleger, 10 m Ausladung . . . . 3,2 t
„ „ 12-m-Ausleger, 6 m Ausladung . . . . 6,3 t
„ „ 14-m-Ausleger, 12 m Ausladung . . . . 2 t
„ „ 14-m-Ausleger, 8,5 m Ausladung . . . . 3 t
„ „ 14-m-Ausleger, 5 m Ausladung . . . . 4 t

Für die Ermittlung der Nutzlasten sind hiervon abzusetzen für:
Lastgehänge 3,2 t . . . . 32 kg
Lastgehänge 6,3 t . . . . 93 kg
Greifer 1 m³ . . . . 1570 kg
Greifer 1,25 m³ . . . . 1650 kg
Lasthebemagnet . . . . 1550 kg

EINZIEHWERK Drehstrommotor 4,2 kW, 380 Volt, 945 U/min, 40 % ED, Seilgeschwindigkeit v = 5,54 m/min, Einziehzeit von 10 auf 5 m Ausladung 0,9 min.

LIEFERGEWICHT ca. 32 t, je nach Ausrüstung.

BODENDRUCK ohne Last 0,86 kg/cm², mit Maximallast 1,0 kg/cm².

HUBHÖHEN

Von Unterkante untere Raupe	12-m-Ausleger – Ausladung		14-m-Ausleger – Ausladung		
	5 m	10 m	5 m	8,5 m	12 m
bis Mitte kl. Lasthaken	11,4 m	8,6 m	13,5 m	12,0 m	9,0 m
bis Mitte gr. Lasthaken	8,6 m	6,6 m	9,5 m	10,0 m	7,1 m
bis Unterkante Greifer	7,5 m	6,3 m	11,2 m	9,8 m	6,8 m
bis Unterkante Magnet	10,3 m	7,5 m	12,4 m	11,0 m	8,0 m

Raupendrehkran DIER I Technische Daten / 34 /

Kranzahl: **4.10.05**

Erzeugnis: **DIER 59**

Status: **Neu- und Weiterentwicklung**

Kranhersteller: **VEB Förderanlagen „7. Oktober“ Magdeburg**

Der Raupendrehkran DIR 59 ist die Weiterentwicklung des DIER I. Die konstruktive Überarbeitung erfolgte 1958.

Raupendrehkran DIER 59 / 34 /

Wesentlichstes Merkmal war die Neukonstruktion des Auslegers und des Stützbockes und seine Anordnung. Der Ausleger wurde in einer geschweißten Gitterrohrkonstruktion mit 12 m Länge ausgeführt. Gleichfalls erfolgte die Überarbeitung der Fahrerkabine ihre Ergonomie im Inneren und die Sichtverhältnisse wurden verbessert.

Die Leistungsparameter bezogen auf Antriebsleistung, Traglast, Hubhöhe und Ausladung wurden belassen. Eine Verbesserung der Arbeitsgeschwindigkeiten konnte geringfügig erreicht werden.

Der Einsatz von Mehrseilgreifern und Lasthebemagneten war gleichfalls gegeben.

Der Einsatzbereich des Raupendrehkranes waren wieder der Umschlag von Stück- und Schüttgütern auf Lagerplätzen aller Art.

Kranzahl: 4.10.05

Produktionsdauer und Jahresstückzahl:

	1958	1959	1960	1961	1962	Σ
Raupendrehkran DIER 59	-	63	126	77	-	266

Kranausführung/ 34 /

Raupendrehkran DIER 59
Krankabine

ENERGIEQUELLE Vierzylinder-Dieselmotor, Typ EM 4-15, 60 PS, 1500 U/min, mit Drehstromgenerator 38 kVA, 380 Volt, 1500 U/min, Brennstoffverbrauch ca. 220 g pro PS/h. Fremdstrom 380 Volt

FAHRWERK Drehstrommotor 20 kW, 380 Volt, 960 U/min, 40 % ED, Fahrgeschwindigkeit $v_1 = 8{,}60$ m/min, $v_2 = 25{,}5$ m/min

DREHWERK Drehstrommotor 4,2 kW, 380 Volt, 945 U/min, 40 % ED, Drehzahl 2,34 pro Minute

HUBWERK Drehstrommotor 15,5 kW, 380 Volt, 955 U/min, 40 % ED, Hubgeschwindigkeit mit Lastgehänge 3,05 t $v_1 = 24$ m/min, bei 6,3 t Hublast $v_2 = 12$ m/min

Hublast bei 12-m-Ausleger, 10 m Ausladung . . . . 3,05 t
Hublast bei 12-m-Ausleger, 6 m Ausladung . . . . 6,3 t

Für die Ermittlung der Nutzlasten sind hiervon abzusetzen für:

Lastgehänge 3,05 t . . . . 32 kg
Lastgehänge 6,3 t . . . . 93 kg
Greifer 1,25 m^3 . . . . 1652 kg

EINZIEHWERK Drehstrommotor 4,2 kW, 380 Volt, 945 U/min, 40 % ED, Seilgeschwindigkeit $v = 5{,}54$ m/min, Einziehzeit von 10 auf 6 m Ausladung 0,8 min

LIEFERGEWICHT ca. 32 t, je nach Ausrüstung

BODENDRUCK ohne Last 0,86 kg/cm², mit Maximallast 1,0 kg/cm²

HUBHÖHEN

	Ausladung			
von unterer Raupenkante	6 m	7,5 m	10 m	12 m
bis Mitte Haken Unterflasche	9,5 m	9,0 m	7,0 m	—
bis Mitte Haken Lastgehänge	—	10,5 m	8,6 m	6,5 m
bis Unterkante Greifer	—	7,5 m	6,7 m	6,4 m

GREIFER Der Kran wird mit einem 1,25-m³-Mehrseilgreifer ausgerüstet, welcher in Längs- oder Querausführung geliefert werden kann

VERSAND erfolgt bei Bahntransport komplett montiert, bei Schiffsverladung mit demontiertem Ausleger

Raupendrehkran DIER 59 Technische Daten / 34 /

Kranzahl: **4.10.06**

Erzeugnis: **DIER 61**

Status: **Neu- und Weiterentwicklung**

Kranhersteller: **VEB Förderanlagen „7. Oktober“ Magdeburg**

Der Raupendrehkran DIER 61 ist die Weiterentwicklung des DIER 59. Die konstruktive Überarbeitung erfolgte 1960.

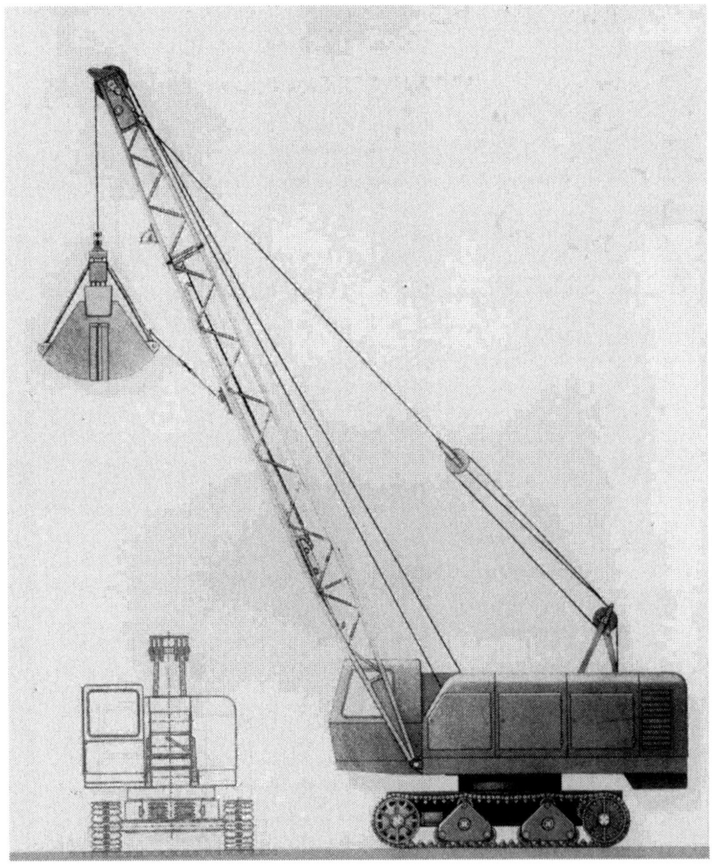

Raupendrehkran DIER 61 / 34 /

Die Antriebsleistung betrug anfangs 60 PS (44,1 kW) und wurde (ab II.-Quartal 1962) auf 68 PS (50 kW) gesteigert.

Verändert wurden die Lage und Anordnung des Stützbockes. Der Ausleger, wieder eine geschweißte Gitterrohrkonstruktion, war in seiner Länge mit 12 und 14 m variabel gestaltet. Die Krankabine wurde höher angebracht und der neuen kompakten Einhausung des Maschinenhauses formtechnisch angepaßt.

Bei den Parametern für Traglast, Hubhöhe und Ausladungen sowie der Arbeitsgeschwindigkeiten erfolgten Verbesserungen.

Durch materialökonomische Maßnahmen konnte die Masse des Kranes (bei 12 m Auslegerlänge und ohne Kranausrüstung) von 32 auf ca. 26,5 t gesenkt werden. Die Möglichkeit des Einsatzes von Mehrseilgreifern und Lasthaftmagneten war wiederum gegeben.

Kranzahl: **4.10.06**

Der Einsatzbereich des Raupenkranes umspannte wieder den Umschlag von Stück- und Schüttgütern auf Lagerplätzen aller Art.

Produktionsdauer und Jahrsstückzahl:

	1960	1961	1962	1963	1964	1965	1966	Σ
Raupendrehkran DIER 61	-	43	147	145	132	36	-	503

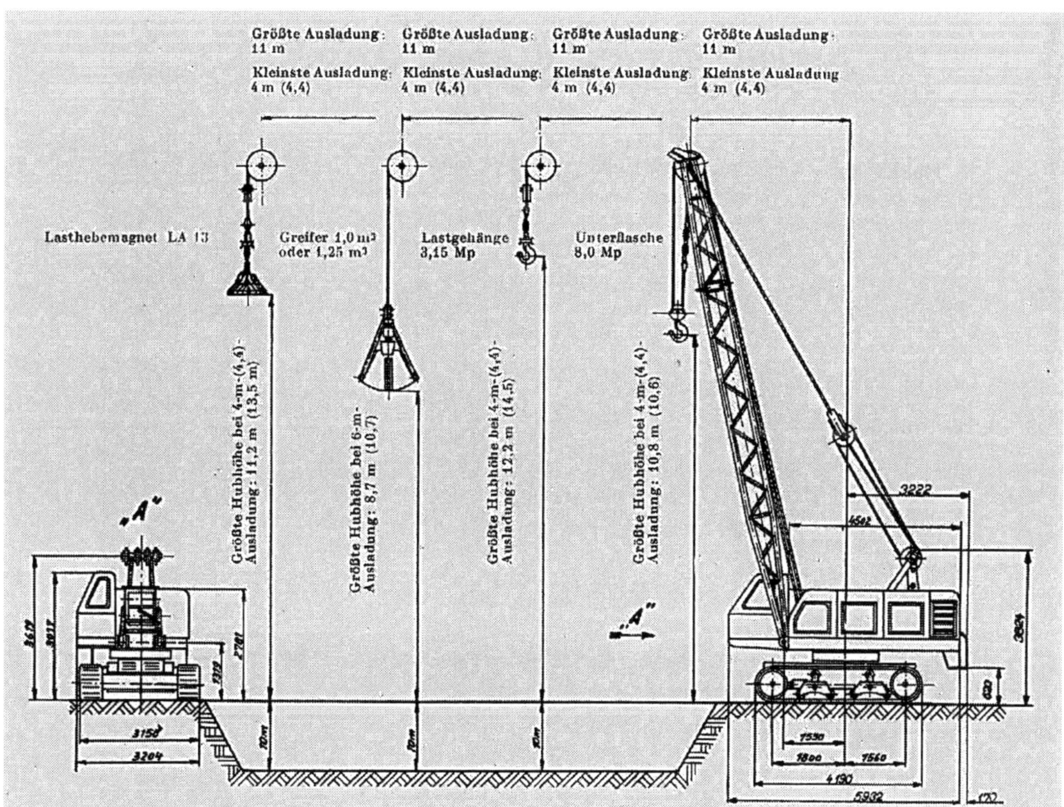

Raupendrehkran DIER 61 Hauptabmessungen /36/

Antriebsart	Horch-Dieselmotor Typ EM 4–15, N = 60 PS, n = 1500 U/min (wassergekühlt), gekuppelt m[illegible] Drehstromgenerator Typ DCB 38–4, N = 38 kVA, 380 Volt, 50 H, Bauform B 3.
(ab II. Quartal 1962)	Dieselmotor Typ 4 KVD 14,5 SRL, N = 68 PS, n = 1500 U/min (luftgekühlt), gekuppelt mit: Drehstromgenerator Typ DCBS 38–4/Y 1, N = 38 kVA, 380 Volt, 50 H, Bauform B 5 / B 20. Brennstoffverbrauch: ca. 220 g/PSh Fremdstromanschluß: 380 Volt
Fahrwerk	2 Drehstrommotoren Typ WODK 67–6, N = 11 kW, n = 965 U/min, 380 Volt, 40 % ED Fahrgeschwindigkeit: v_1 = 12,5 m/min v_2 = 25,0 m/min
Hubwerk	1 Drehstrommotor Typ WDOR 66–6, N = 15 kW, n = 960 U/min, 380 Volt, 40 % ED Hubgeschwindigkeit: v_1 = 24 m/min v_2 = 12 m/min
Tragfähigkeit mit 12 m Ausleger und 14 m Ausleger	Stückgutbetrieb: von 4,4 bis 5,5 m Ausladung . . . . 8 t bis 10,0 m Ausladung . . . . 3,45 t bis 11,0 m Ausladung . . . . 3,05 t Greiferbetrieb: von 5,5 bis 10,0 m Ausladung . . . . 3,6 t bis 11,0 m Ausladung . . . . 3,2 t

Hubhöhen mit 12 m Ausleger (mit 14 m Ausleger)

von unterer Raupenkante: Ausladung in m	5	6	7,5	10	11
bis Mitte Haken Unterflasche	10,5 m (10,5)	10,0 m (10,0)	9,1 m (9,1)	6,3 m (6,3)	— (—)
bis Mitte Haken Lastgehänge	11,9 m (14,2)	11,6 m (13,8)	10,7 m (13,0)	8,6 m (11,4)	7,3 m (10,5)
bis Unterkante Greifer	8,6 m (10,2)	8,7 m (10,7)	8,3 m (10,5)	6,7 m (9,3)	5,5 m (8[illegible]

Einziehwerk	1 Drehstrommotor Typ ODKn 56–6, N = 4,2 kW, n = 960 U/min, 380 Volt, 40 % ED Einziehseilgeschwindigkeit: v = 5,54 m/min
Drehwerk	1 Drehstrommotor Typ ODKn 56–6, N = 4,2 kW, n = 960 U/min, 380 Volt, 40 % ED Oberwagendrehzahl: n = 2,3 U/min Drehwerkaufbau mit Kugeldrehverbindung
Kranausrüstung	Lastgehänge – Eigengewicht 32 kg Unterflasche – Eigengewicht 95 kg Quergreifer 1,0 m³ – Eigengewicht 1572 kg Längsgreifer 1,0 m³ – Eigengewicht 1454 kg Quergreifer 1,25 m³ – Eigengewicht 1652 kg Längsgreifer 1,25 m³ – Eigengewicht 1533 kg Lasthebemagnet Typ LA13 – Eigengewicht 1550 kg
Liefergewicht	Ohne Kranausrüstung, mit 12 m Ausleger: ca. 26,5 t
Auslegervariationen	12 m – 14 m
Bodendruck	Ohne Last 0,7 kg/cm², mit Last 0,91 kg/cm²
Hauptabmessungen	Länge: 5,93 m (mit Kanzel) Breite 3,2 m Höhe: mit Stützbock 3,74 m, ohne Stützbock 2,78 m Bodenfreiheit: 0,30 m

Raupendrehkran DIER 61   Technische Daten   / 34 /

Kranzahl: **4.10.07**

Erzeugnis: **DIER 65**

Status: **Neu- und Weiterentwicklung**

Kranhersteller: **VEB Förderanlagen „7. Oktober“ Magdeburg**

Ausgehend vom diesel-elektrischen Raupendrehkran DIER 61 wurde der DIER 65 entwickelt. Das Krankonzept beinhaltet wieder einen Kran für die Be- und Entladung von Stück- und Schüttgütern, jetzt aber auch für den Einsatz als Montagekran auf Baustellen und im Gelände.

Die Entwicklung begann 1964/65. Im Jahr 1964 erfolgte der Bau von zwei Stück als Funktionsmuster.

Raupendrehkran DIER 65 /34/

Das Grundkonzept des Unterwagens wurde beibehalten und stellt eine geschweißte Kastenkonstruktion dar.

Der Oberwagen war durch eine selbstzentrierende zweireihige Kugeldrehverbindung mit dem Unterwagen verbunden und in beide Richtungen drehbar. Die Triebwerke waren mit Doppelbackenbremsen und elektrohydraulischen Bremslüftgeräten ausgerüstet. Die benötigte Energie für die Antriebe wurde vom Diesel-Elektro-Aggregat geliefert, konnte aber auch als Fremdstrom von einem Drehstromnetz entnommen werden.

Der Ausleger wurde neu konzipiert. Die Auslegerlänge konnte durch Einfügen von 2 m-Zwischenstücken variabel von 12 auf 20 m vergrößert werden. Mit einem 1,5 m-Spitzenausleger wurden die Möglichkeiten des Einsatzbereiches des Kranes weiter vergrößert. Die dazu erforderlichen Rüstarbeiten konnten ohne Hilfe eines zweiten Kranes durchgeführt werden. Das Aufrichten des Auslegers erfolgte ebenfalls selbsttätig. Die max. Tragfähigkeit betrug 12,5 t. Ein Verfahren der Last war möglich.

Neu war weiterhin die Ausführung der Krankabine. Sie konnte in Normalausführung, einer hochgesetzten und in einer höhenverstellbaren Version geliefert werden. Es war möglich, die Kabine durch stufenlose Vergrößerung um 8 m anzuheben und damit die Sichthöhe wesentlich, insbesondere für den Einblick in Waggons, zu erweitern.

Der Einsatz von Schalen- und Motorgreifern sowie von Elektro-Lasthebemagneten war gegeben.

Raupendrehkran DIER 65 Anordnung der Triebwerke /34/

Produktionsdauer und Jahresstückzahl:

	1964	65	66	67	68	69	70	71	72	Σ
Raupendreh-kran DIER 65	-	111	144	144	120	169	165	159	180	1192

Kranzahl: **4.10.07**

Technische Daten

Maximale Tragkraft	12,5 Mp
Antrieb	diesel-elektrisch
Leistung des Dieselmotors	69 PS (50,7 kW)
Fremdstromanschluß	100 A, 380 V, 50 Hz
max. Hubgeschwindigkeit	40 m/min
Drehzahl des Oberwagens	3,5 U/min
Bodenfreiheit	280 mm
Masse des Grundgerätes	25 t
Bodendruck	0,7 ... 0,95 kp/cm^2

Raupendrehkran DIER 65
Kranausführung / 34 /

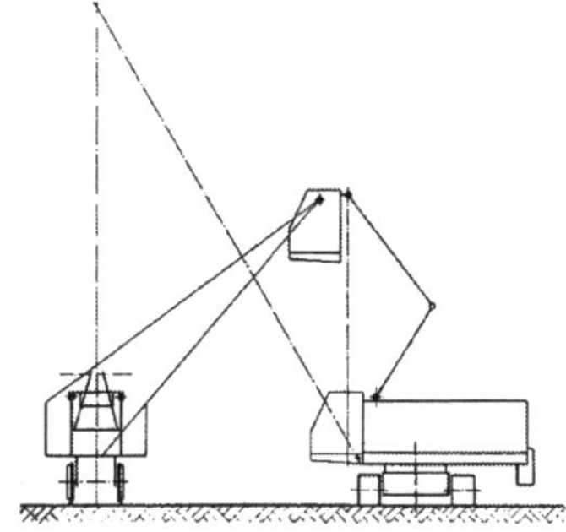

Raupendrehkran DIER 65
max. Blickwinkel bei höhenverstellbarer Kabine / 34 /

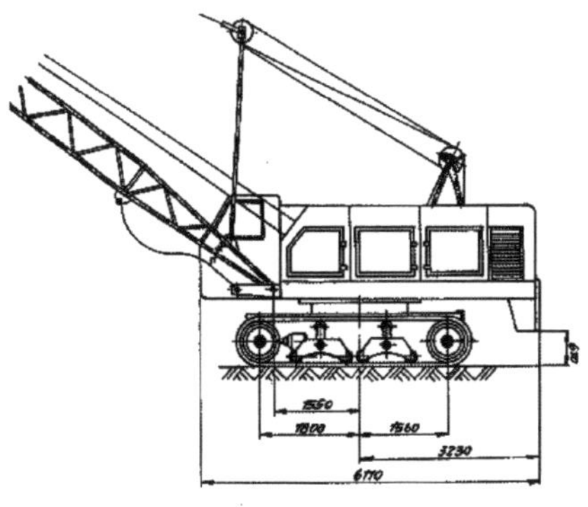

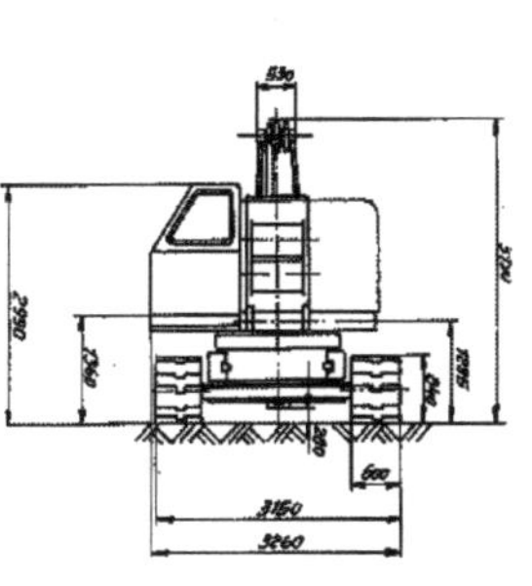

Raupendrehkran DIER 65
Hauptabmessungen / 34 /

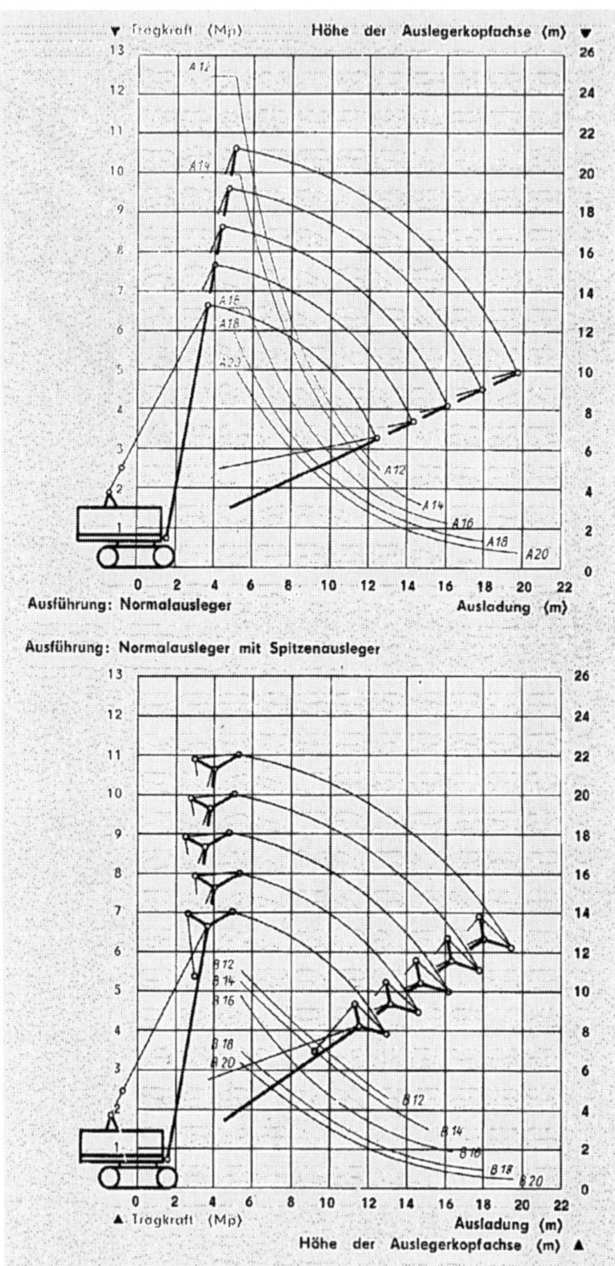
Tragkraft (Mp)
Höhe der Auslegerkopfachse (m)
Ausführung: Normalausleger
Ausladung (m)
Ausführung: Normalausleger mit Spitzenausleger
Tragkraft (Mp)
Ausladung (m)
Höhe der Auslegerkopfachse (m)

Kranzahl: **4.10.08**

Erzeugnis: **DIER 65-1 - RDK 160** *)

Status: **Neu- und Weiterentwicklung**

Kranhersteller: **VEB Förderanlagen „7. Oktober“ Magdeburg**

Der Raupendrehkran DIER 65-1 = RDK 160 ist die Weiterentwicklung des DIER 65 von 12,5 auf 16 Mp Tragkraft bei Beibehaltung des Krankonzeptes. Es wurden dazu entsprechende Detailveränderungen und materialökonomische Maßnahmen durchgeführt. Die Entwicklung begann 1971/72. Im Jahr 1971 erfolgte der Bau des ersten Funktionsmusters (001), 1972 folgte ein zweites Funktionsmuster (002).

Raupendrehkran DIER 65-1 – RDK 160 / 34 /

*) Mit der standardmäßigen Festlegung wurde für Raupendrehkrane die Bezeichnung RDK eingeführt. Für die Übergangszeit wurde für diesen Kran die Doppelbezeichnung DIER 65-1 - RDK 160 angewendet.

Kranzahl: 4.10.08

Der Unterwagen war wieder als ein längssymmetrisches Unterwagengerüst in verwindungssteifer Blechkonstruktion mit kastenförmigen Hauptträgern ausgeführt. Die gewählte Spurweite und der Turasabstand gewährleisteten das Verfahren der max. Last. Es bestanden zwei Fahrgeschwindigkeiten. Auf dem Unterwagen war eine selbstzentrierende zweireihige, kippsichere, außenverzahnte Kugeldrehverbindung angeordnet. Auf dieser war der Oberwagen, unbegrenzt drehbar in beide Richtungen, gelagert.

Die Stromzuführung in den Unterwagen erfolgte über einen drehmittig gelagerten Schleifringkörper. Die Antriebsaggregate im Unterwagen waren paarig angeordnet. Die Drehung des Kranes auf einer Stelle erfolgte durch synchronen gegenläufigen Antrieb der Gleisketten. Die Kurvenfahrt erfolgt um den Mittelpunkt der nicht getriebenen, festgebremsten, kurveninneren Raupe.

Raupendrehkran DIER 65-1- RDK 160 Unterwagen Unterwagenantrieb  / 34 /

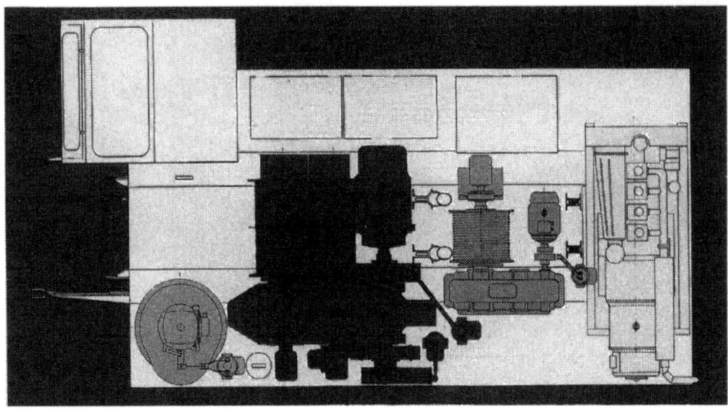

Raupendrehkran DIER 65-1 – RDK 160 Anordnung der Aggregate auf der Plattform / 34 /

Auf dem Oberwagen waren auf der Oberwagenplattform, eine geschweißte verwindungssteife Kastenkonstruktion in Zellenbauweise, Antriebsmotor mit Generator, Greiferwindwerk, Drehwerk, Einziehwerk, Stützbock, elektrische Schaltschränke und die Kabine, in der gleichen Form wie beim DIER 65, angeordnet.

Die Kabine, in verbesserter Ausführung, konnte als Normalausführung, hochgesetzt mit 5 m und höhenverstellbar mit 8 m Sichthöhe geliefert werden.

Die Ausführung des Auslegers war wieder eine Gittermastrohrkonstruktion. Die Auslegerlänge konnte durch 2 m-Zwischenstücke variabel von 12 bis 20 m mit oder ohne 6 m-Spitzenauslegers verlängert werden. Das Rüsten des Auslegers, wie auch das Aufrichten erfolgte eigenständig ohne fremde Hilfe eines zweiten Kranes.

Fremdstromeinspeisung wie auch der Betrieb von Schalengreifern, Motorgreifern und Lasthebemagneten war gegeben.

Produktionsdauer und Jahresstückzahl:

	1972	1973	1974	1975	1976	1977	1978	Σ
Raupendrehkran DIER 65-1- RDK 160	-	162	172	177	181	66	-	758

Technische Daten

Dieselmotor	64 PS (47 kW) bei 1500 U/min
Drehstromgenerator	38kVA, 380 V, 50 Hz
Fremdstromanschluß	100 A, 380 V, 50 Hz
max. Tragkraft	16 Mp
Nennlastmoment	56,8 Mpm
Standsicherheit, dynamisch	> 1,15
statisch	> 1,40
zul. Neigung im Betrieb	3°
Drehen	3,5 U/min
Ausleger einziehen von Neigung 30° bis 80° und umgekehrt	127 sec
Fahren 1. Gang / 2. Gang	0,75 / 1,50 km/h
Masse des Grundgerätes	24.300 kg
mittlerer spezifischer Bodendruck (Normalausführung ohne Last)	0,61 kp/cm2

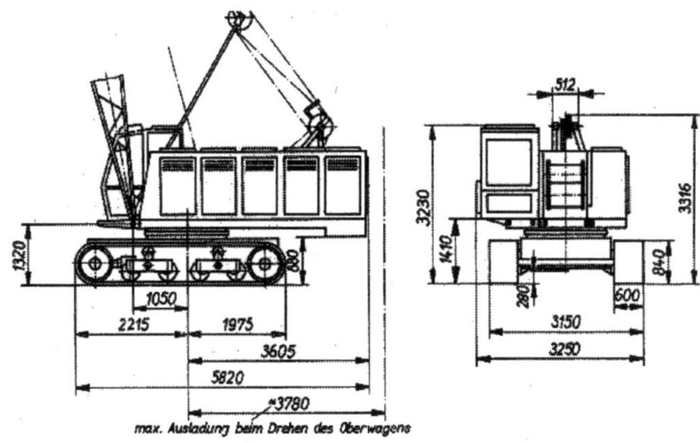

Raupendrehkran DIER 65-1 - RDK 160
Hauptabmessungen / 34 /

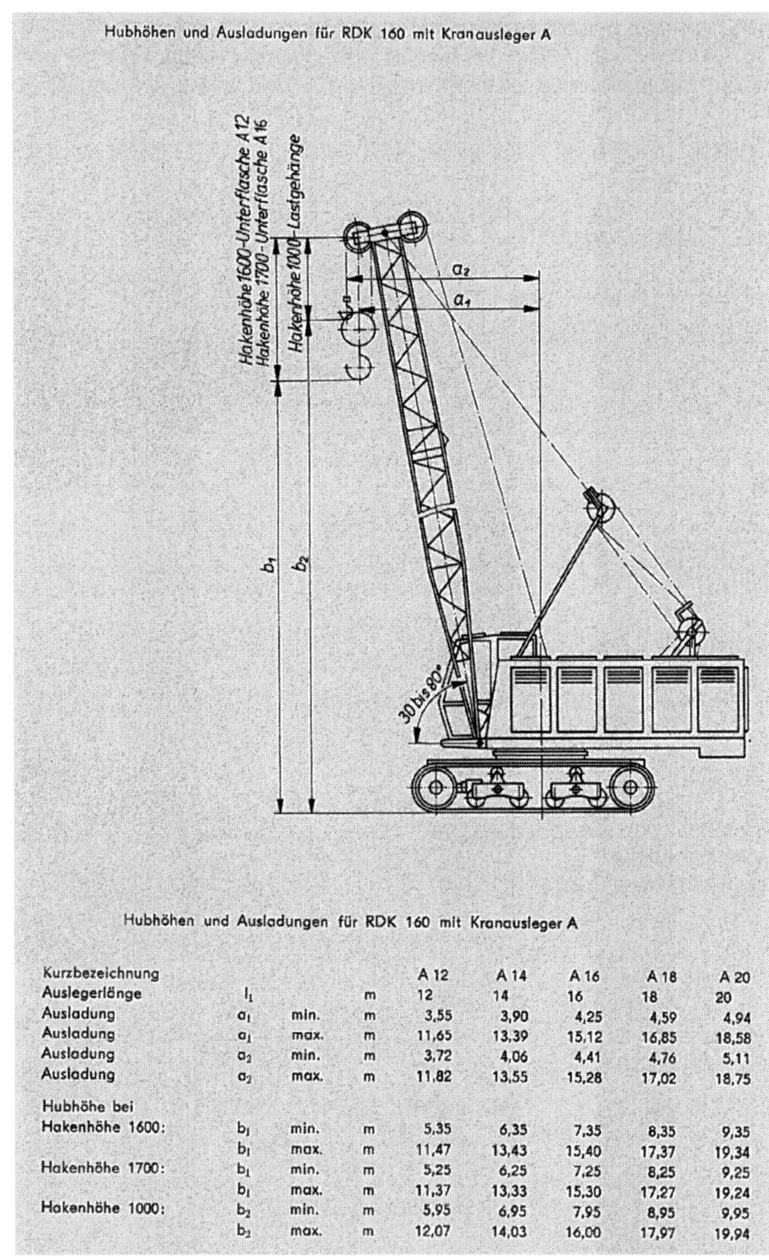

Hubhöhen und Ausladungen für RDK 160 mit Kranausleger A

Kurzbezeichnung				A 12	A 14	A 16	A 18	A 20
Auslegerlänge	l_1		m	12	14	16	18	20
Ausladung	a_1	min.	m	3,55	3,90	4,25	4,59	4,94
Ausladung	a_1	max.	m	11,65	13,39	15,12	16,85	18,58
Ausladung	a_2	min.	m	3,72	4,06	4,41	4,76	5,11
Ausladung	a_2	max.	m	11,82	13,55	15,28	17,02	18,75
Hubhöhe bei								
Hakenhöhe 1600:	b_1	min.	m	5,35	6,35	7,35	8,35	9,35
	b_1	max.	m	11,47	13,43	15,40	17,37	19,34
Hakenhöhe 1700:	b_1	min.	m	5,25	6,25	7,25	8,25	9,25
	b_1	max.	m	11,37	13,33	15,30	17,27	19,24
Hakenhöhe 1000:	b_2	min.	m	5,95	6,95	7,95	8,95	9,95
	b_2	max.	m	12,07	14,03	16,00	17,97	19,94

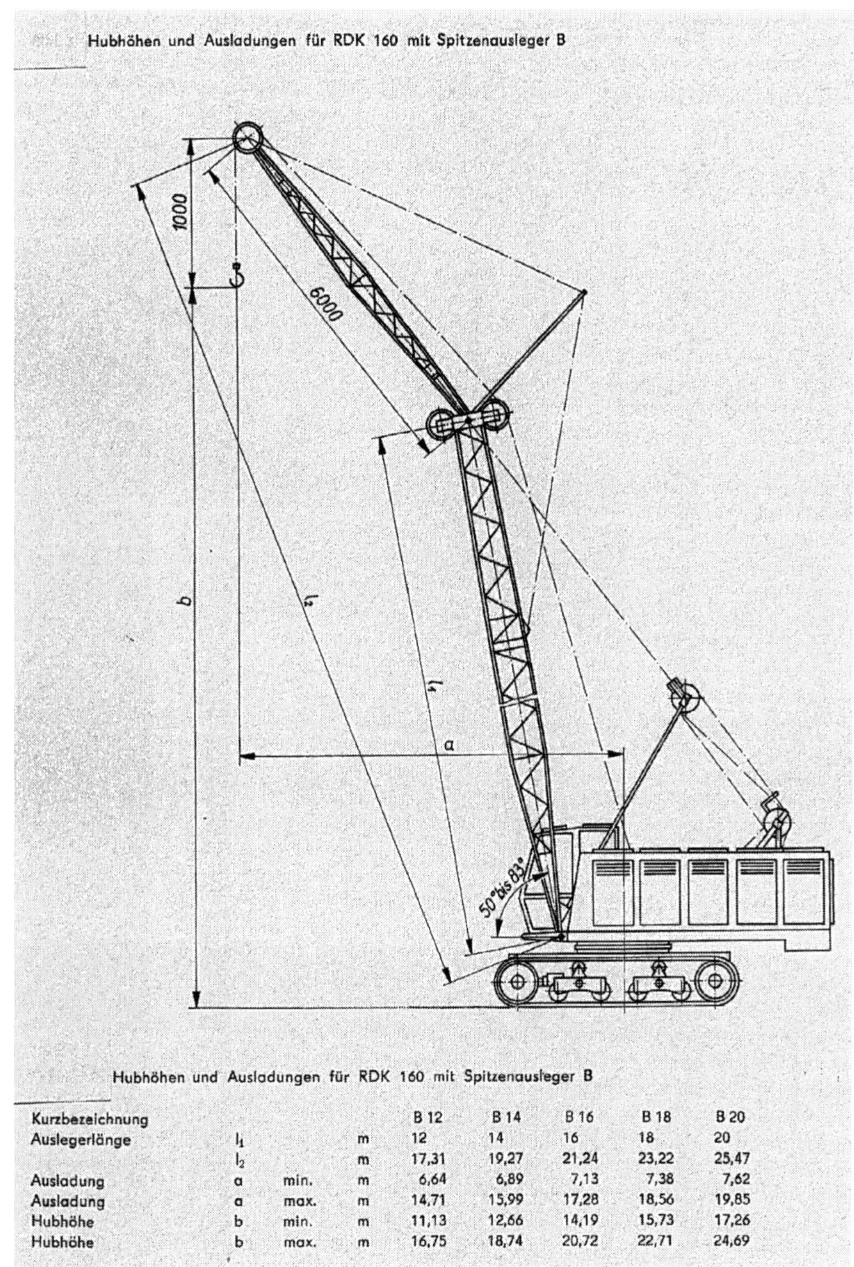

Hubhöhen und Ausladungen für RDK 160 mit Spitzenausleger B

Kurzbezeichnung				B 12	B 14	B 16	B 18	B 20
Auslegerlänge	l_1		m	12	14	16	18	20
	l_2		m	17,31	19,27	21,24	23,22	25,47
Ausladung	a	min.	m	6,64	6,89	7,13	7,38	7,62
Ausladung	a	max.	m	14,71	15,99	17,28	18,56	19,85
Hubhöhe	b	min.	m	11,13	12,66	14,19	15,73	17,26
Hubhöhe	b	max.	m	16,75	18,74	20,72	22,71	24,69

Raupendrehkran DIER 65-1 – RDK 160 Hubhöhen und Ausladung mit Spitzenausleger / 37 /

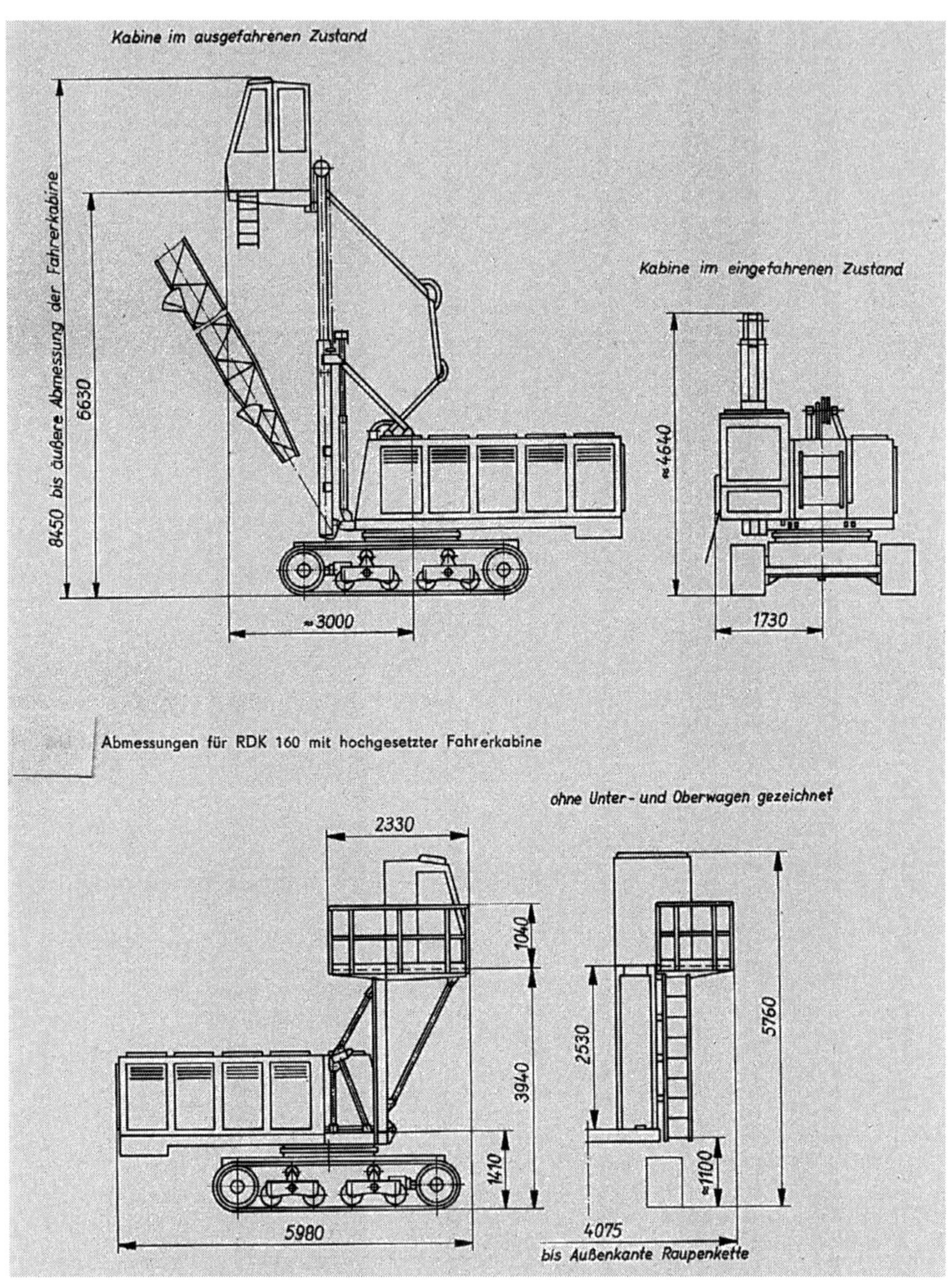

Raupendrehkran DIER 65-1 – RDK 160 höhenverstellbare Kabine / 37 /

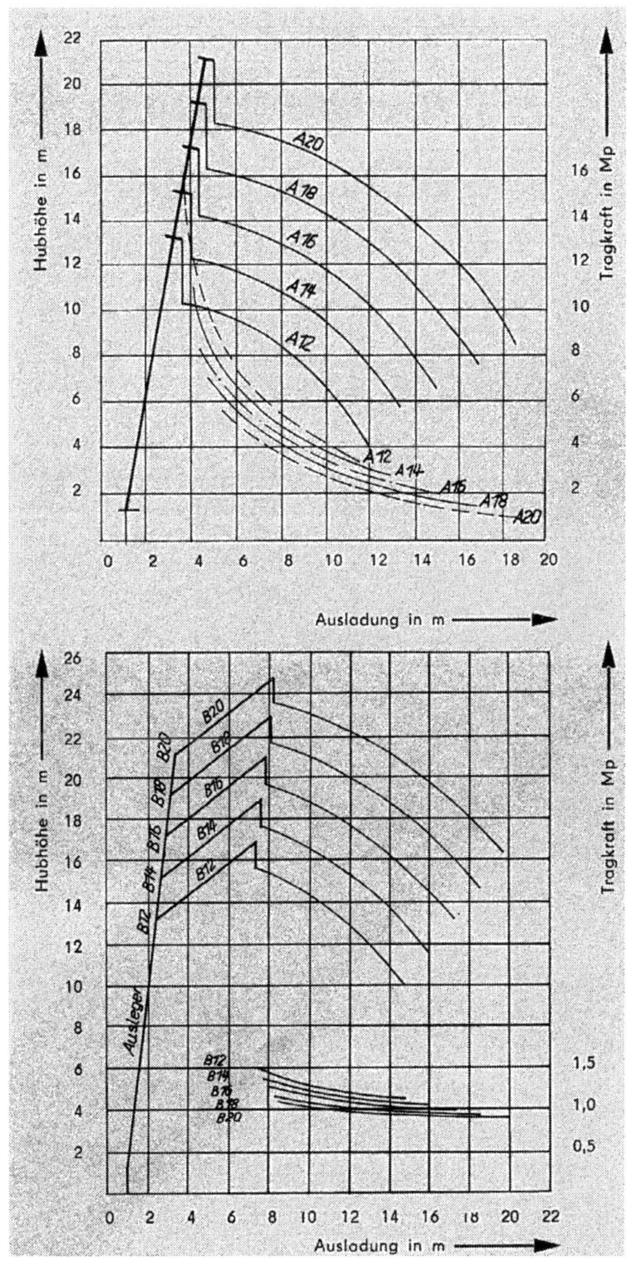

Hubhöhe in m
Tragkraft in Mp
A20
A18
A16
A14
A12
Ausladung in m
B20
B18
B16
B14
B12
Ausleger
1,5
1,0
0,5

Kranzahl: **4.10.09**

Erzeugnis: **RDK 160-1**

Status: **Neu- und Weiterentwicklung**

Kranhersteller: **VEB Förderanlagen „7. Oktober“ Magdeburg**

Raupendrehkran RDK 160-1 / 69 /

Der Raupendrehkran RDK 160-1 ist eine Weiterentwicklung des RDK 65-1 - RDK 160. Durch konstruktive Detailverbesserungen und materialökonomische Maßnahmen wurden Zuverlässigkeit und Gebrauchswert gesteigert. Die technischen Parameter blieben dabei unverändert.

Die konstruktiven Arbeiten wurden 1976/77 durchgeführt.

Produktionsdauer und Jahresstückzahl:

	1976	1977	1978	1979	Σ
Raupendrehkran RDK 160	-	132	132	-	264

Kranzahl: **4.10.10**

Erzeugnis: **RDK 160-2**

Status: **Neu- und Weiterentwicklung**

Kranhersteller: **VEB Förderanlagen „7. Oktober" Magdeburg**

Der Raupendrehkran RDK 160-2 ist die Weiterentwicklung des RDK 160-1.Durch relativ viele konstruktive Detailverbesserungen und materialökonomische Maßnahmen wurden der Gebrauchswert und die Zuverlässigkeit weiter gesteigert. Die technischen Parameter des Kranes blieben dabei unverändert.

Die konstruktiven Arbeiten wurden 1976/77 durchgeführt. 1977 wurde ein Muster (867) hergestellt.

Raupendrehkran RDK 160-2 Baugruppenanordnung / 34 /

Die wesentlichen Veränderungen waren: veränderter Generator, W50-Sitz in der Kabine, Kaltstarteinrichtung, Drehstrom-Lichtmaschine, eine Reihe von Veränderungen im elektrotechnischen System, Erhöhung der Steigfähigkeit auf 18°, elektro-hydraulischer Mehrschalengreifer (als Zusatzausrüstung).

Produktionsdauer und Jahresstückzahl:

	1977	78	79	80	81	82	83	84	85	86	87	88	89	Σ
Raupendrehkran RDK 160-2	-	80	228	242	253	258	275	285	189	192	184	85	-	2271

Von 1984 bis1988 erfolgte fertigungsmäßig eine parallele Produktion des Kranes mit dem RDK 200.

Kranzahl: **4.10.11**

Erzeugnis: **RDK 160-3**

Status: **Neu- und Weiterentwicklung**

Kranhersteller: **VEB Förderanlagen „7. Oktober“ Magdeburg**

Der Raupendrehkran RDK 160-3 war auf der Basis des RDK 200 entwickelt worden und erfüllte die speziellen Forderungen der Sowjetunion: Tragfähigkeit 16 t bei 4,11 m Ausladung nach GOST-Norm, Standsicherheit 1,4, Einsatz bis -40° C, dieselelektrisches Antriebsprinzip und Kaltstarteinrichtung des Dieselmotors.

Die max. Tragfähigkeit im Montagebetrieb betrug 21,1 t bei 3,11 m Ausladung. Die Auslieferung erfolgte immer mit 30 m-Hauptausleger, 6 m-Spitzenausleger, 1,6 m³ Zweischalen-Vierseilgreifer, 2 m-Schnabelausleger und elektronischer Lastmomentsicherung.

Die Erprobung des Mustergerätes erfolgte 1983 und 1984 unter Kältebedingungen bei -48° C in Sibirien.

Produktionsdauer und Jahresstückzahl:

	1982	1983	1994	1985	1986	1987	1988	1989	1990	Σ
Raupendrehkran RDK 160-3	-	-	-	-	-	-	-	230	233	463

Kranzahl: **4.10.12**

Erzeugnis: **RDK 200**

Status: **Neu- und Weiterentwicklung**

Kranhersteller: **VEB Förderanlagen „7. Oktober Magdeburg**

Der Raupendrehkran RDK 200 ist eine Neuentwicklung aufbauend auf den Erfahrungen und dem Entwicklungsstand der RDk 160, -1 und -2, wobei das Krankonzept beibehalten wurde. Der Kran hatte wieder einen diesel-elektrischen Antrieb und war für eine Tragfähigkeit von 20 t ausgelegt. Die Einsatztemperatur betrug +40° bis -40° C.

Raupendrehkran RDK 200 / 38 /

Der Unterwagen wurde vom RDK 160-2 übernommen, wobei eine Umstellung auf Wälzlagerung erfolgte. Der Oberwagen wurde einschließlich des Auslegers und der Triebwerke überarbeitet und neu gestaltet. Die max. Länge des Auslegers betrug 30 m und konnte wahlweise mit einem 2 m-Schnabelausleger oder einem 6 m-Spitzenausleger ausgerüstet werden.

Der Ausleger selbst war eine Gitterrohrkonstruktion und durch Einfügen von 4 m-Zwischenstücken in der Länge von 10 bis 30 m variabel

Bei der Kabine erfolgte die Ausführung in der normal-, hochgesetzten und in der höhenverstellbaren Variante.

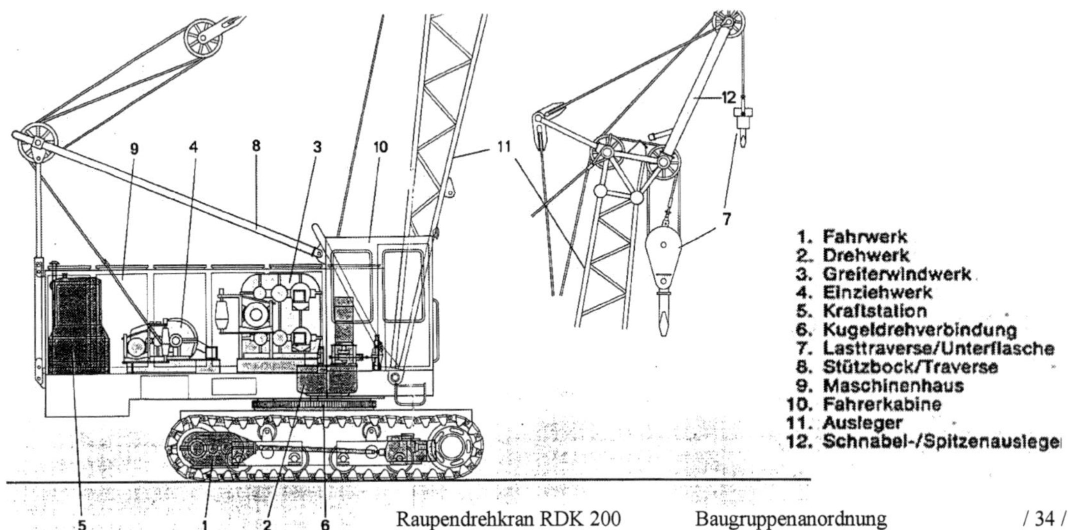

Raupendrehkran RDK 200 Baugruppenanordnung /34/

Ein Fremdstrombetrieb sowie die Abgabe von Strom bei Havarien war gegeben. Gleichfalls konnte der Betrieb mit Zusatzausrüstungen wie Zweischalen-Vierseilgreifer, elektrohydraulische Schüttgutgreifer, elektrohydraulische Mehrschalengreifer und Lasthebemagneten erfolgen.

Als neue Zusatzausrüstung wurde der Anbau einer Rammeinrichtung unter der Bezeichnung RM 18*) eingeführt.

Das erste Funktionsmuster (0001) wurde am 09.04.81 fertiggestellt. Im gleichen Jahr das Zweite (0002). Insgesamt wurden 11 Funktionsmuster und 30 Stück Nullserie hergestellt.

Produktionsdauer und Jahresstückzahl:

	1981	1982	1983	1984	1985	1986	1987	1988	1989	1990	Σ
Raupendrehkran RDK 200	2	3	4	17	97	109	121	225	77	78	733

Von 1984 bis 1988 erfolgte fertigungsmäßig eine parallele Produktion des Kranes mit dem RDK 160-2.

*) Die Bezeichnung RM 18 bedeutet Rammeinrichtung mit einer Mäklerlänge von 18 m.

Maximale Traglast:	Haupthub 22,8 t Hilfshub 8,2 t Seilgreifer 4,0 t
Hubgeschwindigkeiten:	Haupthub 8; 10; 13; 20; 40 m/min Hilfshub 20; 40 m/min Seilgreifer 40 m/min
Oberwagendrehzahl:	0,5; 3,2 min^{-1}
Einziehseilgeschwindigkeit:	12,5 m/min
Fahrgeschwindigkeit:	0,75; 1,5 km/h
Umschlagleistung:	Seilgreifer max. 160 m^3/h Lasthebemagnet max. 280 t/h Motorgreifer max. 96 m^3/h
Steigfähigkeit:	18° (32 %)
max. Neigung im Betrieb:	3° (5 %)
Masse Grundgerät:	27,1 t
Bodenpressung:	0,07 MPa

Antriebsprinzip/Steuerung:	elektrisch
Energiequelle:	Diesel-Elektro-Aggregat Dieselmotor 48 kW, MAN-Prinzip Generator 45 kW Kraftstoffverbrauch 6–8 l/h Netzeinspeisung Drehstrom 3 PEN 50 Hz, 380 V, 100 A
Stromabgabe:	3 PEN 50 Hz, 380 V, 80 A
Einsatz im Temperaturbereich:	Normalausführung –25 °C bis +40 °C Sonderausführung –40 °C bis +40 °C
Drehbereich:	360°
Ausführung der Fahrerkabine:	Normalausführung Sichthöhe 2,7 m Hochgesetzte Ausführung Sichthöhe 5,2 m Hydraulisch-höhenverstellbare Ausführung Sichthöhe 8,0 m

Raupendrehkran RDK 200 Technische Daten / 34 /

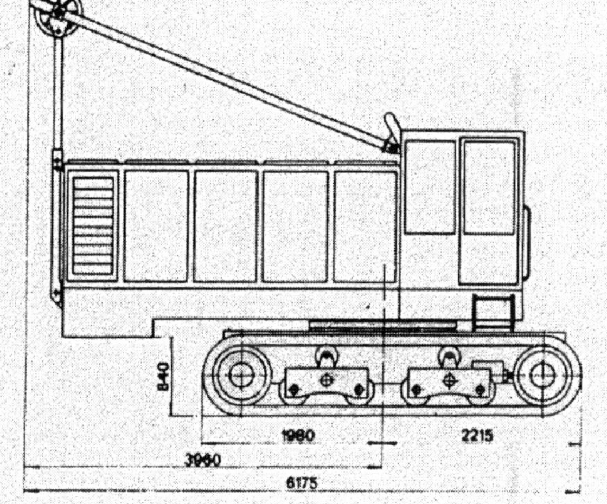

Raupendrehkran RDK 200 Hauptabmessungen / 34 /

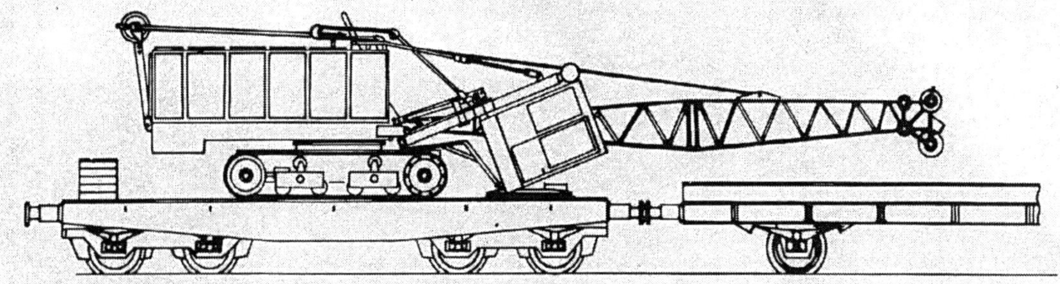

Raupendrehkran RDK 200 Bahntransport (mit höhenverstellbarer Kabine) / 34 /

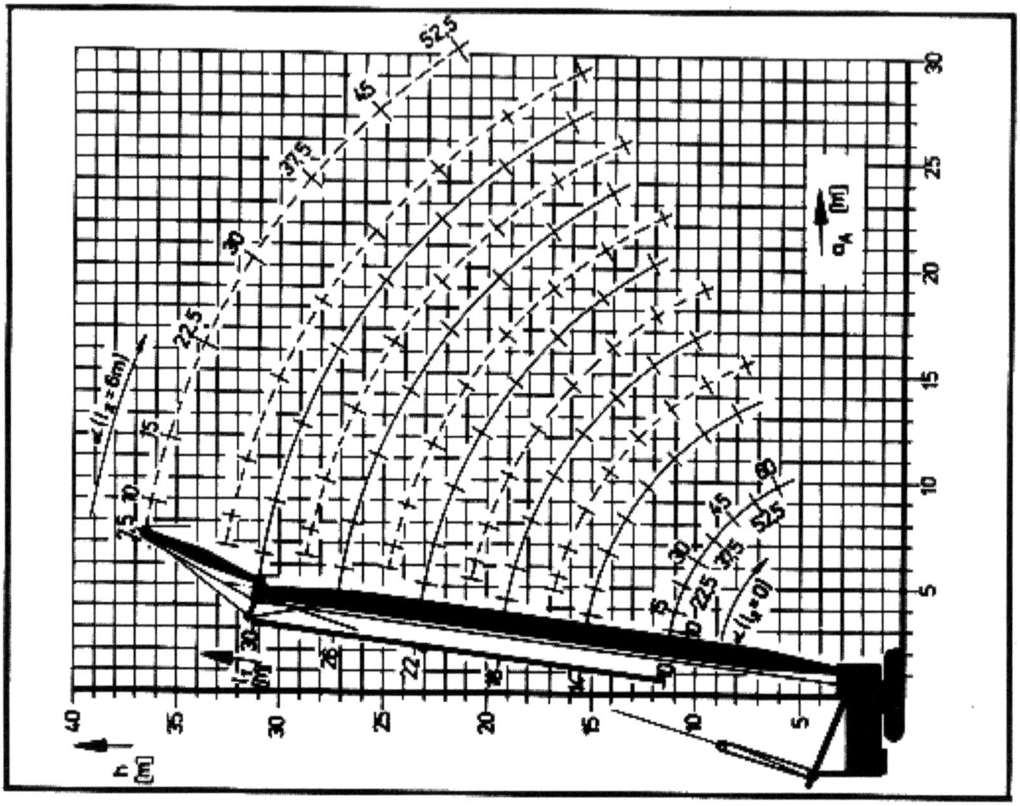

Kranzahl: 4.10.12

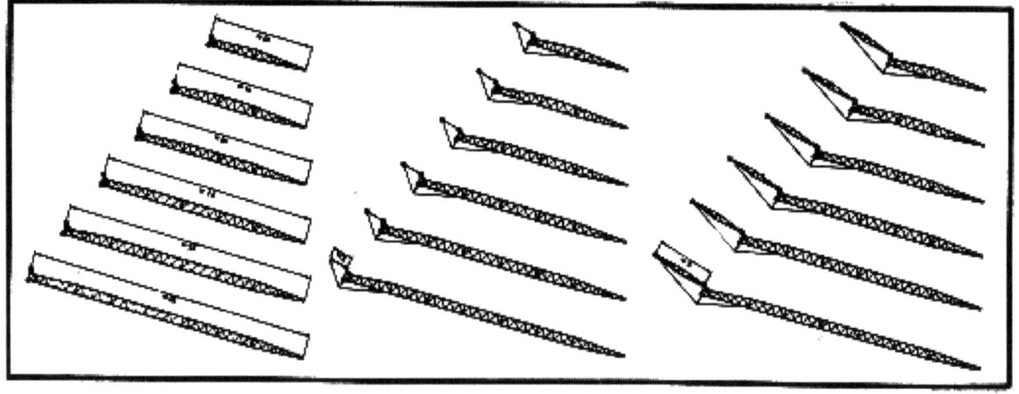

Raupendrehkran RDK 200 Hakenhöhen und Ausladungen / 34 /

Traglasttabelle

Länge Hauptausleger, m	Hauptausleger Ausladung m	Hauptausleger Traglast t	Schnabelausleger 2 m Ausladung m	Schnabelausleger 2 m Traglast t	Spitzenausleger 6 m Ausladung m	Spitzenausleger 6 m Traglast t
10	3,1	22,8	3,5	8,2	5,2	4,1
	4,0	18,7	5,0	8,2	7,2	4,1
	5,2	12,9	6,4	7,8	9,0	3,9
	6,3	9,9	7,8	7,1	10,8	3,7
	7,4	8,1	9,0	5,8	12,4	3,3
	8,4	6,9	10,1	5,1	13,8	2,6
	9,2	6,1	11,0	4,6	14,9	2,2
	9,9	5,5	11,8	4,2	15,9	2,0
14	3,8	19,0	4,0	8,2	5,7	4,1
	5,0	13,0	6,0	8,0	8,2	4,1
	6,7	8,8	7,9	6,7	10,6	3,7
	8,3	6,8	9,8	4,9	12,8	3,1
	9,8	5,5	11,4	3,9	14,8	2,7
	11,2	4,5	12,9	3,2	16,6	2,3
	12,4	3,9	14,2	2,8	18,1	2,0
	13,3	3,4	15,3	2,4	19,3	1,8
18	4,5	15,0	4,5	8,2	6,2	4,1
	6,0	9,3	7,0	7,2	9,2	3,8
	8,2	6,2	9,5	5,2	12,1	3,3
	10,3	4,7	11,8	3,6	14,8	2,7
	12,3	3,8	13,9	2,7	17,2	2,2
	14,0	3,2	15,7	2,2	19,4	1,9
	15,5	2,7	17,4	1,9	21,3	1,7
	16,8	2,4	18,7	1,8	22,8	1,6
22	5,2	11,5	5,0	8,1	6,7	4,1
	7,1	7,1	8,1	6,2	10,3	3,6
	9,8	4,9	11,0	3,9	13,6	2,8
	12,3	3,8	13,6	2,7	16,8	2,1
	14,7	2,9	16,3	2,0	19,7	1,7
	16,8	2,3	18,6	1,5	22,2	1,4
	16,7	1,9	20,6	1,1	24,5	1,2
	20,3	1,7	22,2	0,9	26,3	1,1
26	5,9	6,6	5,5	6,8	7,3	3,7
	8,1	4,6	9,1	3,8	11,3	3,1
	11,3	3,2	12,5	2,4	15,2	2,1
	14,3	2,3	15,8	1,7	18,8	1,5
	17,1	1,8	18,7	1,3	22,1	1,0
	19,7	1,5	21,4	1,1	25,1	0,8
	21,9	1,3	23,7	1,0	27,6	0,6
	23,7	1,1	25,7	0,9	29,7	0,5
30	6,6	5,1	6,1	5,5	7,8	3,5
	9,1	3,6	10,1	3,0	12,3	2,2
	12,8	2,4	14,1	1,9	16,7	1,4
	16,3	1,6	17,8	1,2	20,8	0,9
	19,6	1,2	21,2	0,9	24,5	0,6
	22,5	1,0	24,2	0,7	27,9	0,4
	25,1	0,8	26,9	0,6	30,8	0,0
	27,2	0,7	29,1	0,5	33,2	0,0

Die Traglasten bleiben unter 80 % der Kipplast, beinhalten die Masse der Lastaufnahmemittel und gelten für festen und waagerechten Boden.

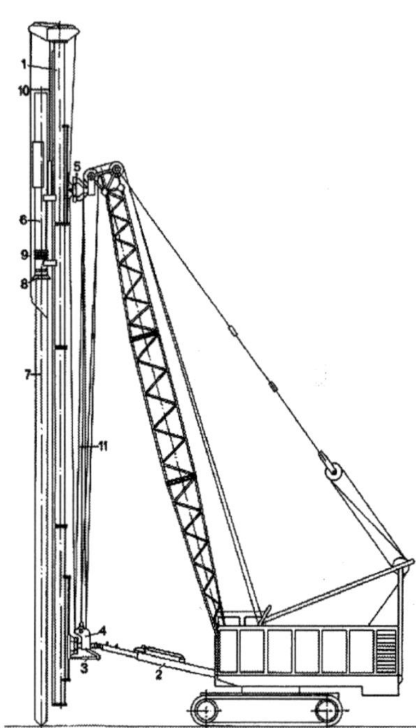

Raupendrehkran RDK 200 mit Ramme RM 18
/ 34 /

Kurzbeschreibung

An der vorderen Rollenachse des Auslegerkopfes wird der Mäkler (1) gelenkig angeschlossen (5). Er dient als Führung für den Rammbär (6) beim Einschlagen des Rammgutes (7). Zur Fixierung des Mäklers in der gewünschten Stellung dient die Abstützung (2), die zwischen Mäklerlager (4) und Kranoberwagen eine Brücke bildet. Diese Abstützung kann mittels hydraulischer Arbeitszylinder und durch Einsetzen eines Zwischenstückes verlängert werden. Zusätzlich kann der Mäkler mittels eines weiteren Arbeitszylinders (3) gedreht werden. Die Hubseile des Kranes dienen als Bär- (10) bzw. Pfahlseil (9), während der Mäkler mittels Tragseil (11) am Ausleger hängt. Die Steuerung der Mäklerbewegungen geschieht von der Kranführerkabine aus.

Einsatzmöglichkeiten der Rammeinrichtung

Die Rammeinrichtung wird zum Rammen von Spundbohlen, Stahlbetonpfählen, Holzpfählen und anderem Rammgut, das nicht länger als 12 m und nicht schwerer als 4000 kg ist, eingesetzt. Es können Spundwände, Baugrundumschließungen, Fundamente und andere Gründungen ausgeführt werden. Da die Rammeinrichtung RM 18 des RDK 200 mit einem Drehmäkler ausgestattet ist, kann sie besonders gut auf beengten Baustellen und für Reihenrammungen verwendet werden.
Einsatzgebiete sind: Wasserbau, Industrie- und Hafenbau, Meliorationsbau, Wohnungsbau, Brückenbau und vieles andere mehr.

Technische Daten

					Neigung nach vorn		Neigung nach hinten	
Lage des Mäklers	senkrecht				1:11,5	1:5	1:5	1:3
Neigung des Auslegers (°)	11	15	19	23	16	23	7,5	
Ausladung bis Mitte Rammgut (m)	5,44	6,39	7,32	8,22	—	—		
max. Rammgutmasse (t)	4,3	3,0	1,3	0,6	2,5	1,2	2,3	1,2
Zwischenstück für Abstützung	—	—	—	×	—	—	—	×
Abstützung: Ausfahrweg (m)	1,6							
Abstützung: minimale Länge (m)	2,8							
Abstützung: maximale Länge (m)	6,0 (mit Zwischenstück)							
Drehwinkel des Mäklers	90° nach links, 90° nach rechts (umsteckbar)							
Rammgutlänge (m)	12							
Mäklerlänge (m)	18							
Rammbär	Dieselbär UR 2–1250							
Antrieb für Mäklerverstellung	elektrohydraulisch							

Raupendrehkran RDK 200 Ramme RM 18 Technische Daten / 34 /

Kranzahl: **4.10.13**

Erzeugnis: **RK 25-28**

Status: **Neu- und Weiterentwicklung**

Kranhersteller: **FAM**
Magdeburger Förderanlagen und Baumaschinen GmbH

Die Entwicklung und Konstruktion erfolgte 1990.

Das Entwicklungskonzept beinhaltete einen universell einsetzbaren Raupendrehkran. Auf dem Unterwagen waren drei Einsatzvarianten möglich, und zwar:

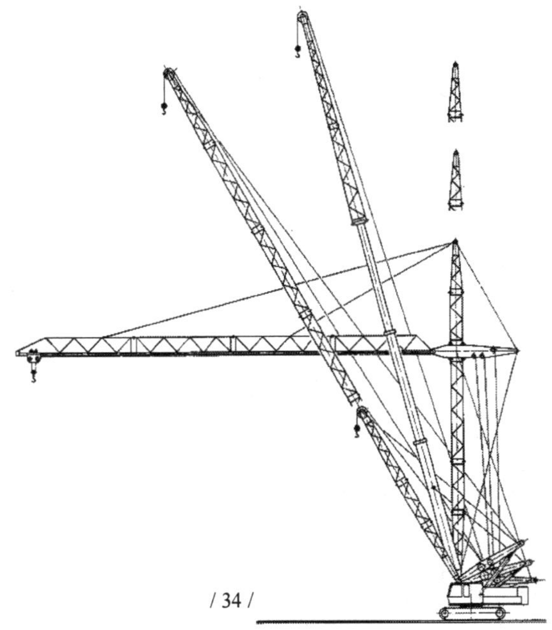

Raupendrehkran RK 25-28 / 34 /

Variante 1 Einsatz als Raupendrehkran mit einem Gittermastausleger.
Dabei war der Auslegerkopf mit vier Seilrollen versehen und erlaubte eine Achtfachscherung. Ein Spitzenausleger konnte über entsprechende Anschlüsse angeordnet werden.

Variante 2 Einsatz als Raupendrehkran mit einem Teleskopausleger.
Die Auslegerlagerung am Drehtisch und das Wippwerk waren so gestaltet, daß ein Teleskopausleger angebaut werden konnte. Dieser Ausleger mußte zum Transport demontiert werden. Ein Spitzenausleger konnte in der üblichen Form angebracht werden.

Variante 3 Einsatz als Turmdrehkran.
Der Hauptmast bestand aus dem Fußstück und den Zwischenstücken. Adapter und Abspannstück wurden angebolzt und der Katzausleger am Adapterstück gelenkig aufgehängt.

Der Unterwagen als Raupenfahrwerk war in Traktorkonstruktion ausgeführt. Die Raupenträger waren mit je einem unabhängigen Kettenantrieb, den Spann- und Umlenkturassen und den Laufrollen versehen. Zur Erhöhung des Standmomentes waren hydraulisch betätigte Abstützungen am Unterwagen angebracht.

Der Oberwagen, eine verwindungssteife Stahlkonstruktion, diente der Lagerung für die verschiedenen Auslegervarianten, den Aufrichtmast mit dem Windenträger, den Verstellzylinder des Aufrichtmastes und das Schwenkwerk. Weiterhin das Motor-Pumpenaggregat, die Hydraulikanlage, Nebenaggregate, das Gegengewicht und die Kabine.

Bei dem Motor-Pumpenaggregat treibt der Dieselmotor über eine Kardanwelle das Pumpenverteilergetriebe. An diesem waren die Pumpen für die Windenantriebe, das Fahrwerk, das Schwenkwerk, der Wippzylinder und die Abstützungen sowie die Hilfspumpen montiert.

Das Schwenkwerk war in der Oberwagen-Stahlkonstruktion angeordnet. Das Antriebsritzel griff dabei in den außenverzahnten Kugeldrehkranz ein.

Das Grundgerät war in der Lage, den Ballast vom Transportfahrzeug abzuladen bzw. den Ballast zur Transportgewichtsreduzierung auf ein Transportfahrzeug zu verladen.

Der Aufrichtmast wurde von einem Wippzylinder von der Transportstellung bis zu seiner höchsten Stellung zur Aufnahme des waagerecht liegenden Auslegers verstellt. Die Winden waren dabei im Windenträger des Aufrichtmastes gelagert.

Die Kransicherheitseinrichtungen bestanden aus der Lastmomentenbegrenzung (LMB) mit den entsprechenden Anzeigen in der Kabine und den Endschaltern.

Eine Produktionsaufnahme erfolgte im Betrieb nicht mehr. Die Konstruktion wurde mit der Veränderung des Produktionsprofiles bei FAM nach der Zeppelin-Baumaschinen GmbH in Bad Oeynhausen verlagert. Eine Fertigungsaufnahme in dieser Leistungsklasse erfolgte nicht.

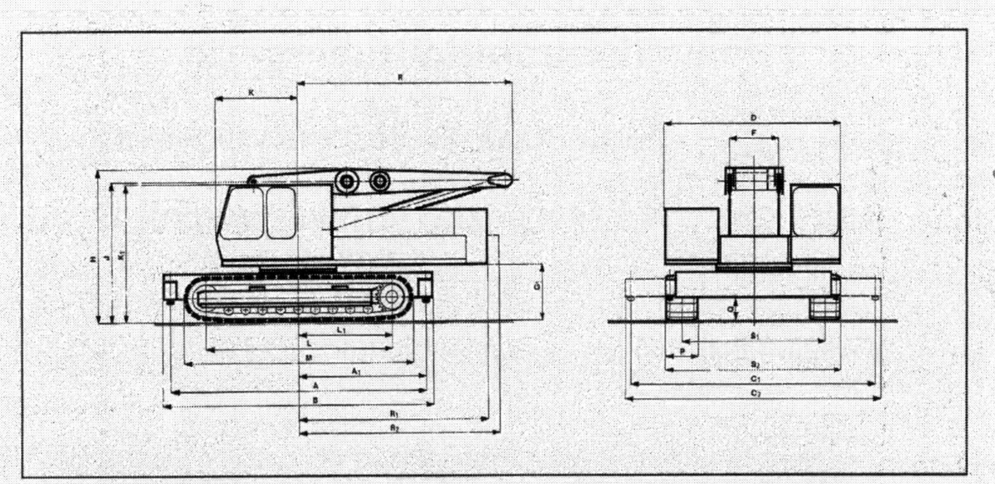

Hauptabmessungen in mm

R	Größte hintere Ausladung	4000
K	Vordere Ausladung Kabine	1500
H	Transporthöhe	2800
I	Höhe der Auslegeranlenkung	2500
K1	Kabinenhöhe	2475
G1	Bodenfreiheit Oberwagen	1000
L1	Drehmitte bis Turas-Mitte	1684
L	Turasstand	3368
M	Raupenlänge	4200
A1	Drehmitte bis Mitte Abstützung	2350
A	Abstützweite längs	4700
B	Länge über Abstützungen	4950
R1	Hintere Ausladung Stand. Ballast	3500
R2	Hintere Ausladung Zusatz-Ballast	3700
D	Breite des Kranoberwagens	3250
F	Breite der Ausleger-Fußlagerung	900
Q	Bodenfreiheit	400
P	Bodenplattenbreite	600
S1	Raupenspur	2650
S2	Unterwagenbreite	3250
C1	Abstützbasis quer	4500
C2	Breite über Abstützungen	4700

Hydraulikanlage

2 Axialkolben-Verstellpumpen in Schrägscheiben-Bauart für geschlossene Kreisläufe der Hauptfunktionen,
1 Axialkolbenpumpe für Wippzylinder und Nebenfunktionen,
1 Schwenkwerkspumpe,
Hilfspumpen für Steueröl und Kühlkreislauf

Förderleistung

Hauptpumpen	ca. L/min. 2 × 156
Pumpe für Wippzylinder	ca. L/min. 61
Pumpe für Schwenkwerk	ca. L/min. 83

Technische Daten

Seilzug Winde I	kN 36
Seilzug Winde II	kN 26
Seilgeschwindigkeiten I + II	m/min. 0 – 100
Seildurchmesser Winde I	mm 16
Seildurchmesser Winde II	mm 14
Seilwickellänge in 4 Lagen + 3 Sicherheitswindungen	ca. m 170
Seiltrommeldurchmesser Winde I	ca. mm 330
Winde II	ca. mm 290
Schwenkgeschwindigkeit	Upm 2
Fahrgeschwindigkeit	km/h 2,3
Steigvermögen	% 40

Dieselmotor

Daimler-Benz, 4-Takt-Dieselmotor mit Turboaufladung, 6-Zylinder, wassergekühlt, elektrische Anlassung, Leistung nach DIN 6271, 120 kW, 163 PS bei 2200 Upm.

Kranzahl: **4.12.01**

Erzeugnis: **Mehrzweck-Gleisunterhaltungsgerät**

Status: **Neu- und Weiterentwicklung**

Kranhersteller: **VEB Spezialfahrzeugwerk Berlin**

Das Gerät wurde 1960/1961 für den Braunkohletagebau zur Instandsetzung der Schienengleise entwickelt.

Mehrzweck-Gleisunterhaltungsgerät /45/

Der Unterwagen, praktisch das Untergestell, war ein umgerüsteter Panzer T34, bei dem der Panzerturm demontiert war, so wie er auch für Gleisrückarbeiten oder beim Hebegerät HG 125 (Kranzahl 4.4.01.) verwendet wurde. Der Umbau zum Untergestell soll im VEB Rationalisierungsmittelbau Regis erfolgt sein, wo auch die Umbauten für die anderen Geräte erfolgten.

Der Hersteller des Oberwagens ist nicht bekannt. Im Spezialfahrzeugbau Berlin erfolgte die Komplettierung zum fertigen Gerät.

Technische Daten und speziell zur Krananlage und deren Tragfähigkeit sind nicht bekannt.

Produktionsdauer: 1961
Stückzahl: 3

Anhang V

Universalbagger mit Kranausrüstung

Inhaltsverzeichnis

1. Entwicklung und Produktionsstruktur Universalbagger mit Kranausrüstung

Die ersten serienmäßigen Bagger wurden mit Beginn der 50er Jahre im VEB Schwermaschinenbau NOBAS Nordhausen hergestellt. Sie besaßen reine mechanische Funktionen die erst in der Folgezeit zu teilhydraulischen und vollhydraulischen Funktionen entwickelt wurden.

Bei der Entwicklung und Produktion der Universalbagger bei der NOBAS Nordhausen bestand eine große Nachfrage der Geräte aus den Ostblockstaaten und insbesondere von der Sowjetunion. Die stückzahlmäßigen Forderungen lagen bereits bei der Entwicklung so hoch, daß die investierten Produktionskapazitäten nicht ausreichten. Durch den Rückgang der Braunkohlegewinnung und -verarbeitung zum damaligen Zeitpunkt wurden im VEB Eisengießerei und Maschinenfabrik ZEMAG Zeitz erhebliche Kapazitäten frei, was zur Entscheidung führte, in diesem Betrieb eine weitere Baggerproduktion aufzubauen. Aus diesem Grunde wurde nach der Entwicklung und dem Bau zweier Prototypen des UB 162 in Nordhausen die weitere Produktion nach Zeitz verlagert. Der verlagerte UB 162 war für den Betrieb Ausgangspunkt für weitere Entwicklungen und geprägt von einem hohen Lieferanteil, in Verbindung mit der parallel laufenden Produktion von Raupendrehkranen, nach der Sowjetunion.

Damit konzentrierte sich die Baggerproduktion bis 1990 in den beiden Betrieben NOBAS Nordhausen und ZEMAG Zeitz. Während bei ZEMAG Zeitz die Produktion 1990 eingestellt wurde und der Betrieb ein neues Produktionsprofil erhielt, erfolgte bei NOBAS Nordhausen mit geringerem Produktionsumfang die Fortführung der Fertigung unter der neuen Firmenbezeichnung HBM NOBAS GmbH.

Von Anfang an war in der allgemeinen Entwicklung vorgesehen, entsprechende Universalbaggertypen neben den eigentlichen Ausrüstungen für Erd- und Tiefbauarbeiten, Kranausrüstungen auch mit zu versehen. Ein erster Versuch erfolgte bereits 1953 bei NOBAS Nordhausen: so sollte der Universalbagger UB 160 mit einer Kranausrüstung ausgestattet werden. Auf Grund der damals bestehenden Kranbestimmungen und dem damit verbundenen Mehraufwand, wurden nach dem Bau eines Mustergerätes die weiteren Arbeiten jedoch abgebrochen. Trotzdem wurde an dem Konzept beibehalten und später auf höherem Niveau Kranausrüstungen entwickelt und gebaut.

Der Anteil gelieferter Universalbagger mit Kranausrüstung war aufgrund vorhandener Raupen- und Mobildrehkrane, die für quasi analoge Montagearbeiten bereits effektiv eingesetzt wurden, begrenzt und relativ gering. Die zusätzliche Kranausrüstung diente nur zur Erweiterung der Einsatzbreite gekaufter Geräte für spezielle Einsatzfälle durch den Anwender. Nähere Angaben darüber, wieviele Bagger mit Kranausrüstungen hergestellt und verkauft wurden, liegen nicht vor.

Betrieb	Tragfähigkeit der UB mit Kranausrüstung	Zeitdauer der Produktion	UB-Produktion gesamt	Anzahl der UB die mit die mit einer Kranausrüstung ausgestattet werden konnten	Anzahl der verkauften UB mit Kranausrüstung	Produktionsverlagerung / Produktionsauslauf
	t	Jahr	Stck (gerundet)	Stck (gerundet)	Stck. (geschätzt)	
VEB Schwermaschinenbau NOBAS Nordhausen	6 ...20	1954 ... 1990	15.500	3.300	250	
VEB Eisengießerei und Maschinenfabrik ZEMAG Zeitz	30	1962 ... 1989	3.900	3..900	250	0
Σ	6 ...30	1954 ... 1990	19.400	7.200	500	

Abb. 1 Produktionsübersicht Universalbagger mit Kranausrüstung

Im einzelnen wurden folgende Baggertypen mit der Möglichkeit des Anbaues einer Kranausrüstung versehen und produziert:

NOBAS Nordhausen RK 16/5 Dieser sollte nach der damaligen Planung parallel zur Baggerproduktion des UB 160 als Kranvariante gebaut werden und erhielt deshalb auch die Bezeichnung Raupenkran.
Im Grunde genommen war er aber ein umgerüsteter Bagger und wird deshalb in der Gliederung dieser Dokumentation unter – Bagger mit Kranausrüstung – geführt.
UB 60
UB 162
UB 1210-14
UB 1256
UB 1254

ZEMAG Zeitz UB 162
UB 162-1
UB 266
UB 1412
UB 1412-1

Wie aus der Abb. 1 ersichtlich, waren bei der NOBAS Nordhausen nur ein Teil, während bei ZEMAG Zeitz alle Bagger die Möglichkeit für eine Kranausrüstung besaßen, was wahrscheinlich auch auf das Exportprogramm nach der Sowjetunion zurückzuführen war.

Produktionsstückzahlen*) der Universalbagger, die mit einer Kranausrüstung ausgestattet werden konnten:

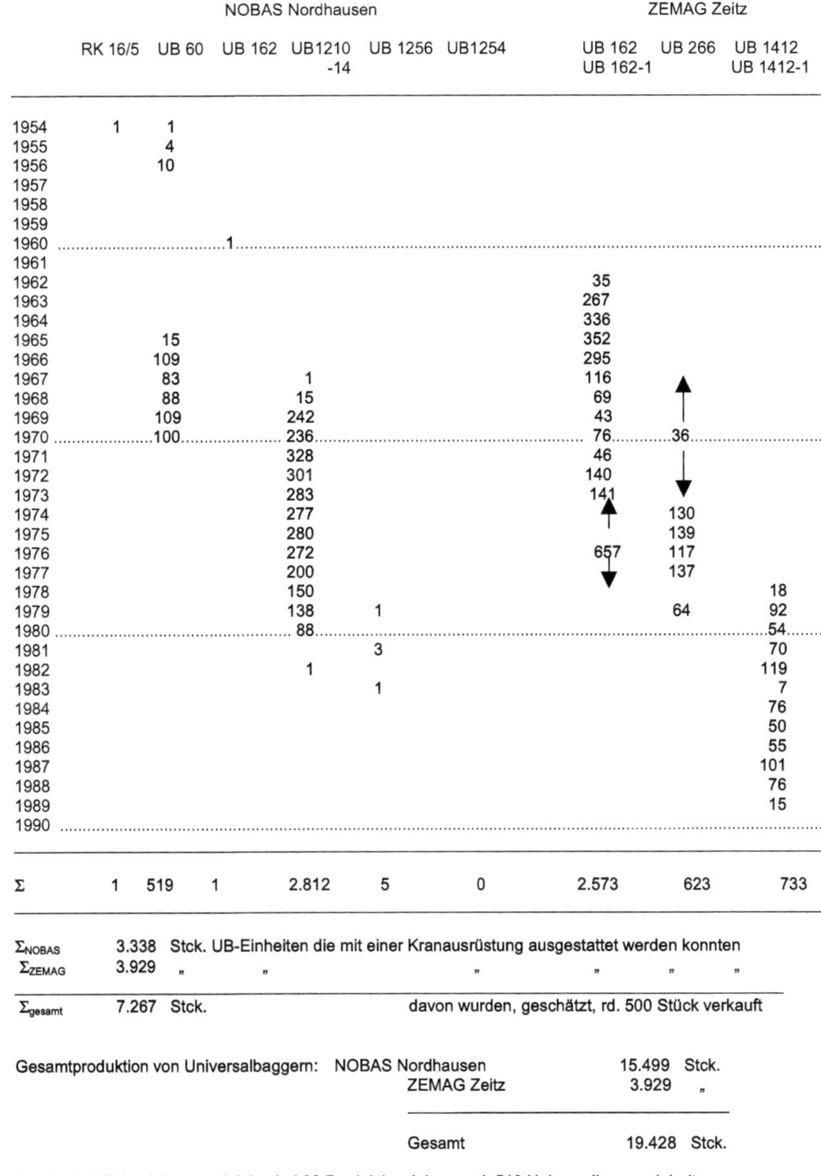

	NOBAS Nordhausen						ZEMAG Zeitz		
	RK 16/5	UB 60	UB 162	UB1210 -14	UB 1256	UB1254	UB 162 UB 162-1	UB 266	UB 1412 UB 1412-1
1954	1	1							
1955		4							
1956		10							
1957									
1958									
1959									
1960			1						
1961									
1962							35		
1963							267		
1964							336		
1965		15					352		
1966		109					295		
1967		83		1			116		
1968		88		15			69		
1969		109		242			43		
1970		100		236			76	36	
1971				328			46		
1972				301			140		
1973				283			141		
1974				277				130	
1975				280				139	
1976				272			657	117	
1977				200				137	
1978				150					18
1979				138	1			64	92
1980				88					54
1981					3				70
1982				1					119
1983					1				7
1984									76
1985									50
1986									55
1987									101
1988									76
1989									15
1990									
Σ	1	519	1	2.812	5	0	2.573	623	733

Σ_{NOBAS} 3.338 Stck. UB-Einheiten die mit einer Kranausrüstung ausgestattet werden konnten
Σ_{ZEMAG} 3.929 „ „ „ „ „ „

Σ_{gesamt} 7.267 Stck. davon wurden, geschätzt, rd. 500 Stück verkauft

Gesamtproduktion von Universalbaggern:	NOBAS Nordhausen	15.499	Stck.
	ZEMAG Zeitz	3.929	„
	Gesamt	19.428	Stck.

Durchschnittliche Jahresproduktion bei 36 Produktionsjahren: rd. 540 Universalbaggereinheiten

*) / 28 / , / 43 / , / 68 /

Nach Abb. 1 betrug der Anteil der Universalbagger, die mit einer Kranausrüstung ausgestattet werden konnten, rd. 7.300 Einheiten, die Anzahl aller hergestellten Universalbagger 19.400 Stück, was damit ca. 38 % entsprach. Die Größenordnung der Universalbagger mit Kranausrüstung, die verkauft wurden, ist, wie schon gesagt, unbekannt und kann nur geschätzt werden. Sie wird nach Aussagen von Zeitzeugen mit ca. 5 bis max. 10 % angenommen, was damit ca. 2 bis 3 % der Gesamtproduktion an Universalbaggern ausmachte.

Die Betrachtung zur Erneuerungsrate für Universalbagger gehört nicht zu dieser Krandokumentation. Die Ermittlung nur für Kranausrüstungen ist auf Grund der fehlenden konkreten Angaben und der nur geschätzten Stückzahlgröße, wie oben erläutert, nicht möglich.

2. Übersicht, Gliederung und Darstellung der Universalbaggertypen mit Kranausrüstung

Für die Gliederung wurde eine dreistellige Kranzahl festgelegt, die sich nach folgender Legende zusammensetzt:

X1. X2. X3. = Kranzahl

X1 = Nummer der Bauart
X2 = Nummer des Kranherstellers
X3 = lfd. Nummer des Krantyps in der jeweiligen Bauart (Ordnungsnummer)

Bauart

Nummer der Bauart	Bauart	
5	Universalbagger mit Kranausrüstung	UBK

Kranhersteller

Nummer des Kranher-stellers	Kranhersteller
5	VEB Eisengießerei und Maschinenfabrik ZEMAG Zeitz
11	VEB Schwermaschinenbau NOBAS Nordhausen

Bauart	Krantyp	Kranhersteller	Kranzahl
5	Universalbagger mit Kranausrüstung		
	UB 162	ZEMAG	5.5.01.
	UB 162-1	ZEMAG	5.5.02.
	UB 266	ZEMAG	5.5.03.
	UB 1411	ZEMAG	5.5.04.
	UB 1412	ZEMAG	5.5.05.
	UB 1412-1	ZEMAG	5.5.06.
	UB 1413	ZEMAG	5.5.07
	RK 16/5	NOBAS	5.11.01.
	UB 60	NOBAS	5.11.02.
	UB 162	NOBAS	5.11.03
	UB 1210-14	NOBAS	5.11.04.
	UB 1256	NOBAS	5.11.05.
	UB 1254	NOBAS	5.11.06.
	UB 80	NOBAS	5.11.07.
	UB 120	NOBAS	5.11.08.

Kranzahl: **5.5.01**

Erzeugnis: **UB 162 mit Kranausrüstung**

Status: **Produktionsverlagerung**

Kranhersteller: **VEB Eisengießerei und Maschinenfabrik ZEMAG Zeitz**

Der UB 162 wurde 1959 im VEB NOBAS Nordhausen entwickelt, wo 1960 der erste Prototyp gebaut wurde. Durch eine zentrale Strukturentscheidung, deren Gründe unter Punkt 1 Seite 5.1 dargelegt wurden, erfolgte eine Verlagerung der weiteren Entwicklung und Produktion nach ZEMAG Zeitz .

Universalbagger mit Kranausrüstung UB 162 / 27 /

Durch den Anbau der verschiedenartigsten Ausrüstungen an das Grundgerät UB 162, war ein Universalgerät mit überaus vielseitigen Einsatzmöglichkeiten entwickelt worden. Eine der Möglichkeiten war der Einsatz einer Kranausrüstung.

Das Antriebssystem war diesel-mechanisch. Der Antrieb erfolgte durch einen luftgekühlten 12-Zylinder-Dieselmotor mit einer Leistung von 204 PS (150 kW) bei 1500 U/min.

Der Unterwagen bestand aus einer geschlossenen, geschweißten, kastenförmigen Stahlkonstruktion. Das zum Fahren erforderliche Drehmoment wurde über einen Getriebezug auf die Raupenketten übertragen. Der Oberwagen war über eine zweirollige Kugeldrehverbindung mit dem Unterwagen fest verbunden.

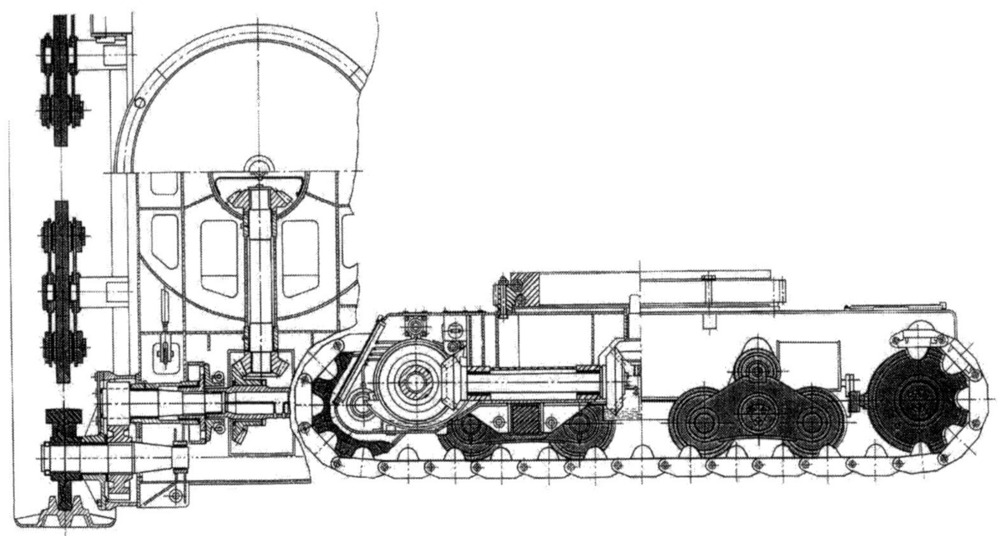

Universalbagger mit Kranausrüstung UB 162 Getriebezug des Fahrantriebes /27/

Der Kranausleger war eine geschweißte Gitterkonstruktion aus Winkelprofilen mit einer max. Tragfähigkeit von 30 t. Die Auslegerlänge betrug 12 m und konnte durch 3 m-Zwischenstücke bis auf 24 m verlängert werden.

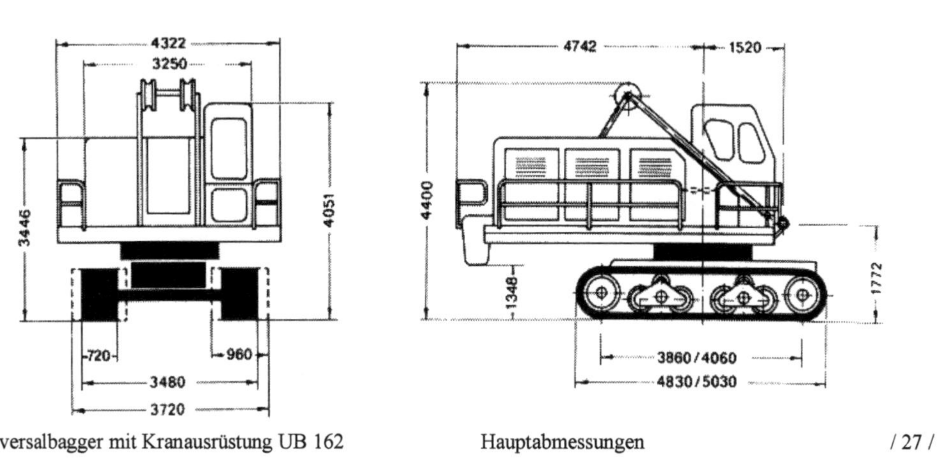

Universalbagger mit Kranausrüstung UB 162 Hauptabmessungen /27/

Die Kransteuerung war hydraulisch-pneumatisch ausgelegt und erfolgte für alle Einsatzmöglichkeiten des Baggers zentral von der Fahrerkabine.

Produktionsdauer und Stückzahl siehe Punkt 1 Seite 5.3

Kranzahl: 5.5.01

Technische Daten:

Motor	Viertakt-Diesel, 12 Zylinder, luftgekühlt	
Leistung	Baggerleistung	150 kW (204 PS) bei 1500 U/min
	Kranleistung	118 kW (160,5 PS) bei 1100 U/min
Getriebe	Übersetzungsgetriebe mit 2 Schaltstufen	
Kupplung	Strömungs- und Bolzenkupplung	
Steuerdruck	6 bar	
Elektrische Anlage	Anlaßspannung	24 V
	Betriebsspannung	12 V
	Lichtmaschine	500 W
	4 Starterbatterien	je 180 Ah
Sicherheits-einrichtungen	Überdruck- und Sicherheitsventile für Druckanlage	
	Dosenlibelle für Schrägstellung des Gerätes	
	Neigungsanzeiger	
	Auslegerendschalter für Gitterausleger	
	Hubendschalter für Kranbetrieb	
	Lastmomentsicherung bei Kranbetrieb	

Bei den ersten Serien des UB 162 betrug die Tragfähigkeit der Kranausrüstung noch 20 t. Später konnte durch konstruktive Veränderungen der Hub- und Senkmechanismen die Tragfähigkeit auf 30 t, entsprechend dem neben stehenden Diagramm, erhöht werden.

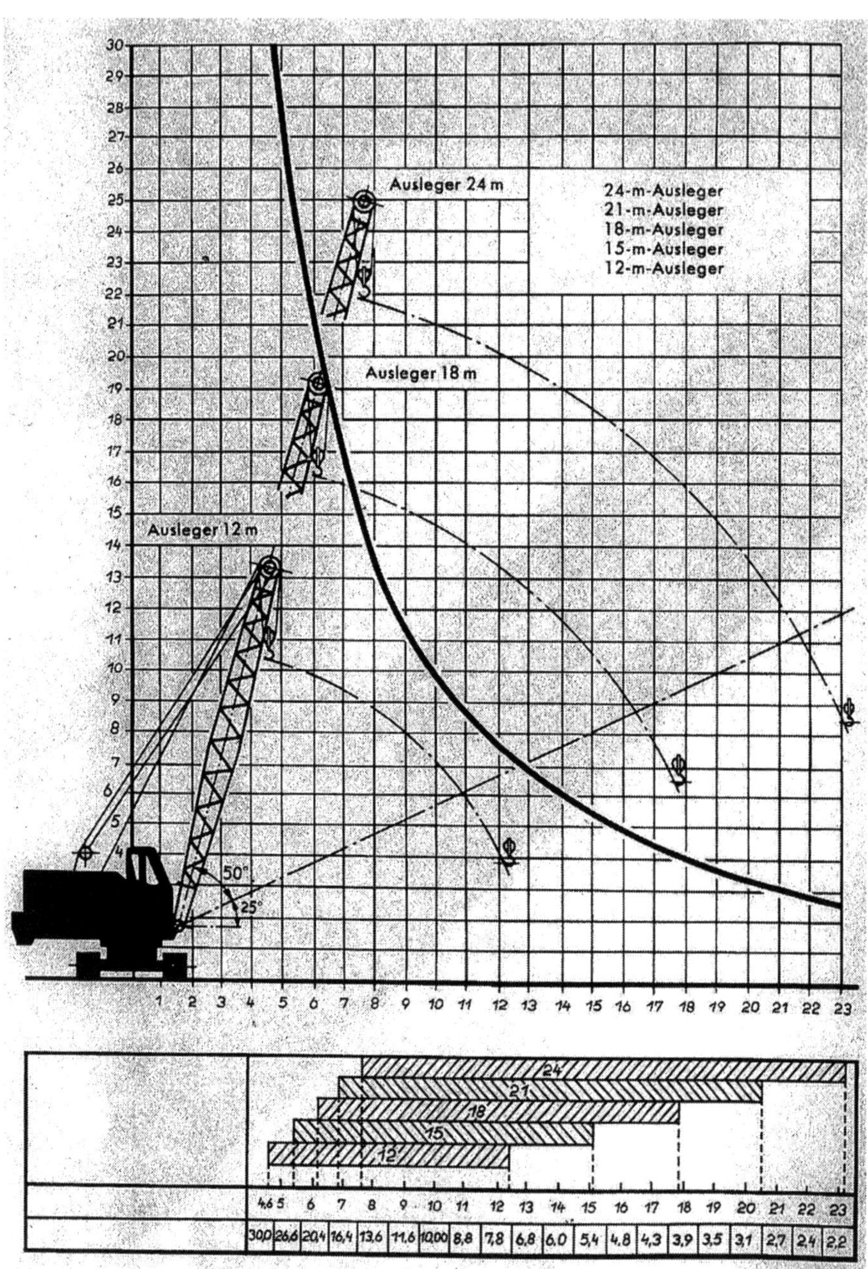

4,6	5	6	7	8	9	10	11	12	13	14	15	16	17	18	19	20	21	22	23
30,0	26,6	20,4	16,4	13,6	11,6	10,00	8,8	7,8	6,8	6.0	5,4	4.8	4,3	3,9	3,5	3,1	2,7	2,4	2,2

Universalbagger mit Kranausrüstung UB 162 Tragfähigkeitsdiagramm /27/

Kranzahl: **5.5.02**

Erzeugnis: **UB 162-1 mit Kranausrüstung**

Status: **Neu- und Weiterentwicklung**

Kranhersteller: **VEB Eisengießerei und Maschinenfabrik ZEMAG Zeitz**

Der UB 162-1 wurde 1968 aus dem UB 162 weiterentwickelt, wobei die Leistungsparameter und geometrischen Größen beibehalten wurden.

Universalbagger UB 162-1 mit Kranausrüstung / 68 /

Die Veränderungen gegenüber dem UB 162, bezogen nur auf die Kranausrüstung, waren einmal der Einbau eines zweistufigen Schaltgetriebes für unterschiedliche Arbeitsgeschwindigkeiten und zum anderen die Schaffung eines kraftschlüssigen Senkens der Last beim Kranbetrieb. Es erfolgte gleichfalls der Einbau eines elektro-mechanischen Lastmomentbegrenzers sowie entsprechende Endabschaltungen. Weiterhin eine Veränderung der Aufhängung des Gitterauslegers durch eine Traverse mit Abspannseilen in feststehenden Längen, entsprechend den eingebauten Zwischenstücken.

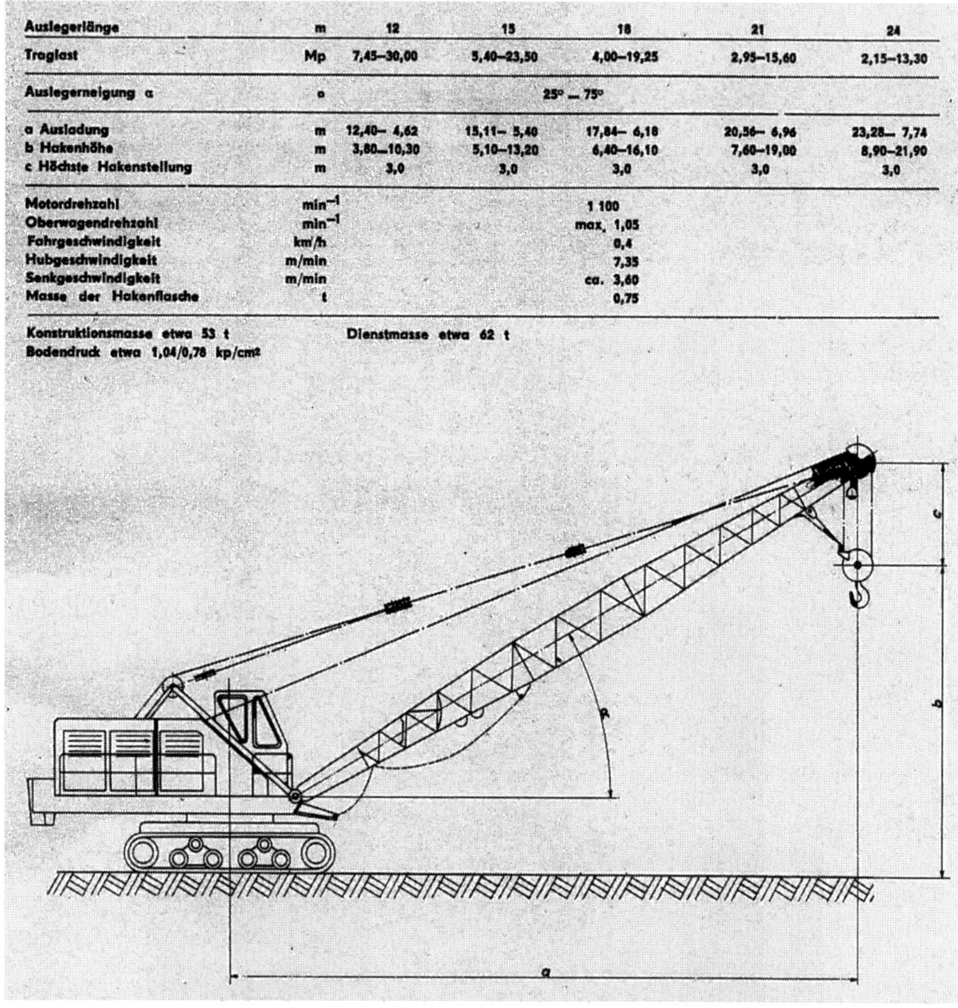

Auslegerlänge	m	12	15	18	21	24
Traglast	Mp	7,45–30,00	5,40–23,50	4,00–19,25	2,95–15,60	2,15–13,30
Auslegerneigung α	°			25° – 75°		
a Ausladung	m	12,40– 4,62	15,11– 5,40	17,84– 6,18	20,56– 6,96	23,28– 7,74
b Hakenhöhe	m	3,80–10,30	5,10–13,20	6,40–16,10	7,60–19,00	8,90–21,90
c Höchste Hakenstellung	m	3,0	3,0	3,0	3,0	3,0
Motordrehzahl	min^{-1}			1 100		
Oberwagendrehzahl	min^{-1}			max, 1,05		
Fahrgeschwindigkeit	km/h			0,4		
Hubgeschwindigkeit	m/min			7,35		
Senkgeschwindigkeit	m/min			ca. 3,60		
Masse der Hakenflasche	t			0,75		

Konstruktionsmasse etwa 53 t   Dienstmasse etwa 62 t
Bodendruck etwa 1,04/0,78 kp/cm²

Universalbagger mit Kranausrüstung UB 162-1   Technische Daten   / 27 /

Produktionsdauer und Stückzahl siehe Punkt 1 Seite 5.3

Kranzahl: **5.5.03**

Erzeugnis: **UB 266 mit Kranausrüstung**

Status: **Neu- und Weiterentwicklung**

Kranhersteller: **VEB Eisengießerei und Maschinenfabrik ZEMAG Zeitz**

Die Entwicklung des Gerätes erfolgte 1965, der Serienbeginn fällt in das Jahr 1967.

Das konstruktive Konzept war die Entwicklung eines Universalbaggers für den Einsatz nördlich des Polarkreises, speziell für die Sowjetunion. Unter Einhaltung der entsprechenden GOST-Normen war die Arbeitsfähigkeit bei – 40°C zu gewährleisten.

Universalbagger UB 266 mit Kranausrüstung / 68 /

Grundlage dieses Kältebaggers bildete der UB 162 bzw. UB 162-1. Von diesen wurden, bezogen auf die Kranausrüstung, die Leistungsdaten und die geometrischen Abmessungen mit einer Tragfähigkeit von 30 t, übernommen.

Für den Kälteschutz überspannte ein Schutzhaus den gesamten Maschinenraum und gewährleistete gleichzeitig die Zugängigkeit zu allen Maschinenaggregaten, ohne den Maschinenraum verlassen zu müssen. Die Fahrerkabine war nochmals durch eine Tür vom Maschinenhaus getrennt und wurde durch ein Ölheizgerät beheizt. Warmluftgebläse verhinderten ein Zufrieren der Scheiben.

Für das Starten des Dieselmotors konnte dieser von außen durch ein Warmluftgebläse sowie die Ölwanne, der Kompressor und der Ölbehälter der zentralen Umlaufschmierung durch elektrische Widerstandsheizung vorgewärmt werden.

Die Batterien für den Anlaßvorgang waren in einem beheizbaren und isolierten Batterieschrank angeordnet und für den Nachladevorgang mit einem Benzin-Elektroaggregat ausgerüstet.

Alle hochbeanspruchten Maschinenteile und tragenden Konstruktionselemente waren aus legierten Stählen mit einer hohen Kerbschlagzähigkeit hergestellt.

Die Steuerungsanlage war vollpneumatisch für alle Arbeitsbewegungen ausgelegt. Gegen das Einfrieren der Anlage durch Kondenswasser bestanden mehrere Wasserabscheider und Alkoholzerstäuber. Die Steuerventile waren durch einen Warmluftstrom umgeben.

Technische Daten:

Tragfähigkeit der Kranausrüstung		30 t
Antrieb	Motor	Diesel, 12 Zylinder, luftgekühlt, Viertakt
	Leistung	204 PS (150kW)
	Drehzahl	1500 U/min
Einsatztemperatur		–40 °C
Fahrgeschwindigkeit		1,5 km/h
Steigmöglichkeit		1:4
Oberwagendrehzahl		4 U/min

Produktionsdauer und Produktionsstückzahl siehe Punkt 1 Seite 5.3

Kranzahl: **5.5.04**

Erzeugnis: **UB 1411 mit Kranausrüstung**

Status: **Projekt**

Kranhersteller: **VEB Eisengießerei und Maschinenfabrik ZEMAG Zeitz**

1975/1976 erfolgte die Entwicklung des UB 1411 als Weiterentwicklung des UB 162-1. Dabei sollte u.a. die Tragfähigkeit der Kranausrüstung 40 t betragen.

Es erfolgte keine Fertigungsaufnahme, Ob negative Erprobungsergebnisse oder die Marktsituation oder beides dazu führten, ist unbekannt.

Universalbagger UB 1411 mit Kranausrüstung / 68 /

Kranzahl: **5.5.05**

Erzeugnis:	**UB 1412 mit Kranausrüstung**
Status:	**Neu- und Weiterentwicklung**
Kranhersteller:	**VEB Eisengießerei und Maschinenfabrik ZEMAG Zeitz**

Die Entwicklung erfolgte 1977/1978 und war die Weiterentwicklung des UB 162-1.

Die Veränderungen bezogen sich dabei primär auf den bagger-technischen Teil des Gerätes. Die Kranausrüstung wurde mit der Tragfähigkeit von 30 t beibehalten.

Technische Daten:

Kranausrüstung		30 t
Antrieb	Motor	Diesel, 12 Zylinder, luftgekühlt
	Leistung	150 kW
	Motordrehzahl	1500 U/min
Fahrgeschwindigkeit		1,5 km/h
Steigmöglichkeit		1:4
Oberwagendrehzahl		4 U/min

Produktionsdauer und Produktionsstückzahl siehe Punkt 1 Seite 5.3

Kranzahl: **5.5.06**

Erzeugnis: **UB 1412-1 mit Kranausrüstung**

Status: **Neu- und Weiterentwicklung**

Kranhersteller: **VEB Eisengießerei und Maschinenfabrik ZEMAG Zeitz**

Der UB 1412-1 mit Kranausrüstung war die Weiterentwicklung des UB 1412.

Das konstruktive Konzept wurde mit den gleichen Leistungsdaten belassen. Die Veränderungen bezogen sich auf material-ökonomische Maßnahmen und konstruktive Detailverbesserungen primär am Unterwagen zur Erhöhung der Zuverlässigkeit und der Anpassung neuer bzw. veränderter Zulieferelemente.

Im Oberwagen wurde ein neuer 8-Zylinder, wassergekühlter Antriebsmotor mit einer Leistung von 158 kW bei 1800 U/min zum Einsatz gebracht.

Produktionsdauer und Produktionsstückzahl siehe Punkt 1 Abschnitt 5.3

Kranzahl: **5.5.07**

Erzeugnis: **UB 1413 mit Kranausrüstung**

Status: **Projekt**

Kranhersteller: **VEB Eisengießerei und Maschinenfabrik ZEMG Zeitz**

1983/1984 erfolgte die Entwicklung des UB 1413. Das konstruktive Konzept beinhaltete einen Elektroantrieb durch Fremdstromeinspeisung.

Eine Produktionsaufnahme erfolgte nicht. Die Gründe hierzu sind nicht bekannt.

Kranzahl: **5.11.01**

Erzeugnis: **RK 16/5**

Status: **Neu- und Weiterentwicklung**

Kranhersteller: **VEB Schwermaschinenbau NOBAS Nordhausen**

Anfang 1955 sollte aus dem in Serie gefertigten Universalbagger UB 160 parallel zur Baggerproduktion eine Kranvariante gebaut werden. Die Entwicklung und Konstruktion erfolgte 1953.

Raupendrehkran RK 16/5 (Bagger mit Kranausrüstung) / 44 /

Raupendrehkran RK 16/5 (Bagger mit Kranausrüstung) Messefoto / 20 /

Auf Grund der damals bestehenden Kranvorschriften und dem damit verbundenen Aufwand wurde nur ein Gerät als Mustergerät gebaut. Danach wurde diese Entwicklung abgebrochen.

Bei späteren Universalbaggger-Entwicklungen wurden jedoch mit den Ausrüstungsvarianten auch Universalbagger mit Kranausrüstung angeboten. Diese Variante war jedoch kein Umbau eines Baggers zum Kran, sondern sie war mit in die anderen Varianten integriert.

Produktionsdauer und Jahresstückzahl: siehe Punkt 1 Seite 5.3

Ausladung	6…16 m
Tragkraft	16…5 t
Hubhöhe	30 m
maximale Hubhöhe über Fahrbahn	16 m
maximale Hubhöhe unter Fahrbahn	20 m

Betriebsart: Stückgutbetrieb
Greiferbetrieb
Magnetbetrieb

Geschwindigkeiten:

		Motor
Heben bei 0…16 t	v_1 = 12,5 m/min	N = 35 kW
Heben bei 0…8 t	v_2 = 25 m/min	
Oberwagendrehen	n = 1,6 U/min	N = 8 kW
Auslegereinziehen	v_m = 7,5 m/min	N = 15 kW
Fahren	v_1 = 0,3 km/h	N = 45 kW
Fahren	v_2 = 1,2 km/h	

Aggregat: 2 EKM-Dieselmotoren, Type 4 NVD 21
Leistung: je Motor 90 PS = 180 PS
Gewicht: je Motor 1350 kg = 2700 kg
Drehzahl n = 1000 U/min
Anlasser elektrisch

1 Drehstromgenerator, Type DCB 125-4 .... N = 125 kVA
n = 1500 U/min
G_E = 750 kg

Ausrüstung: 2,5-m³-Kohlegreifer: Schüttgewicht γ = 0,9 t/m³
Aufhängung: Quergreifer A
G_E = 2800 kg

1-m³-Baggergreifer: Schüttgewicht γ = 2 t/m³
Aufhängung: Quergreifer A
G_E = 2400 kg

Elektro-Lasthebemagnet, Type LA 15 Durchmesser D = 1520 mm
G_E = 2225 kg

Stromzuführung .... Federkabeltrommel

Gewichte:	Konstruktionsgewicht	56000 kg
	Dienstgewicht	65000 kg
	Ballast	8000 kg
Bodendruck beim Fahren		P = 1,4 kg/cm²
Auslegerlänge		17500 mm

Eigen- und Fremdstrombetrieb möglich

Kranzahl: **5.11.02**

Erzeugnis: **UB 60 mit Kranausrüstung**

Status: **Neu- und Weiterentwicklung**

Kranhersteller: **VEB Schwermaschinenbau NOBAS Nordhausen**

Die Entwicklung des Gerätes wurde 1964 durchgeführt und bildete den Ausgangspunkt für die weitere Entwicklung einer Bagger-Typenreihe mit einem möglichst hohen Standardisierungsgrad.

Der Antrieb war diesel-mechanisch. Der luftgekühlte Antriebsmotor besaß eine Leistung von 43 PS (31,6 kW) bei 1250 U/min bis 60 PS (44,1 kW) mit 1750 U/min. Über ein Schaltgetriebe mit 3 Vorwärts- und einem Rückwärtsgang erfolgte die Kraftübertragung mittels einer mit Ölumlaufschmierung versehenen 3fach-Rollenkette auf das Wendegetriebe, das mit zwei luftgesteuerten Stahllamellen-Schaltkupplungen ausgerüstet war. Die Windwerkstrommeln wurden mittels Innenbandkupplung und Schlingbandbremse gesteuert.

Als Verbindung zwischen Unter- und Oberwagen, der um 360° schwenkbar war, diente eine Kugeldrehverbindung die alle axialen und radialen Kräfte aufnehmen konnte.

Der Raupenwagen war eine Schweißkonstruktion. Vier Pendelrollenwagen und zwei Spannfedern, die auf die Raupenketten wirkten, ermöglichten eine gute Anpassung an die Bodenunebenheiten.

Alle Steuer- und Schaltvorgänge erfolgten zentral aus der Kabine, wobei durch die pneumatische Steuerung ein leichtes und gefühlvolles Regeln aller Arbeitsvorgänge gewährleistet war.

Der Kranausleger, eine Gitterkonstruktion mit einer Länge von 8 m, konnte durch 1,5 m- Zwischenstücke auf 14 m verlängert werden.

Der Produktionszeitraum und Stückzahl[*)] siehe Punkt 1 Seite 5.3:

*) / 44 /

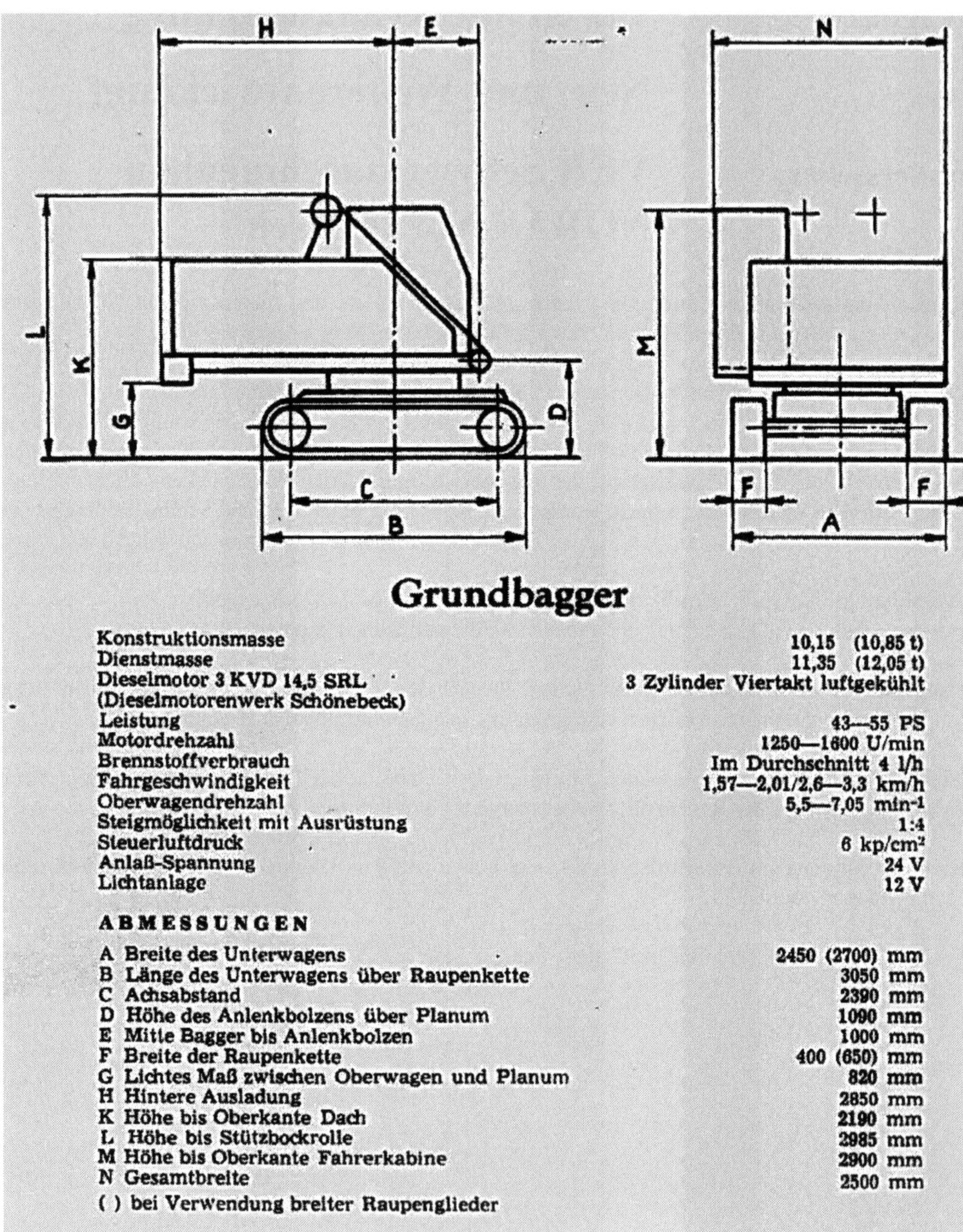

Grundbagger

Konstruktionsmasse	10,15 (10,85 t)
Dienstmasse	11,35 (12,05 t)
Dieselmotor 3 KVD 14,5 SRL	3 Zylinder Viertakt luftgekühlt
(Dieselmotorenwerk Schönebeck)	
Leistung	43—55 PS
Motordrehzahl	1250—1600 U/min
Brennstoffverbrauch	Im Durchschnitt 4 l/h
Fahrgeschwindigkeit	1,57—2,01/2,6—3,3 km/h
Oberwagendrehzahl	5,5—7,05 min^{-1}
Steigmöglichkeit mit Ausrüstung	1:4
Steuerluftdruck	6 kp/cm^2
Anlaß-Spannung	24 V
Lichtanlage	12 V

ABMESSUNGEN

A Breite des Unterwagens	2450 (2700) mm
B Länge des Unterwagens über Raupenkette	3050 mm
C Achsabstand	2390 mm
D Höhe des Anlenkbolzens über Planum	1090 mm
E Mitte Bagger bis Anlenkbolzen	1000 mm
F Breite der Raupenkette	400 (650) mm
G Lichtes Maß zwischen Oberwagen und Planum	820 mm
H Hintere Ausladung	2850 mm
K Höhe bis Oberkante Dach	2190 mm
L Höhe bis Stützbockrolle	2985 mm
M Höhe bis Oberkante Fahrerkabine	2900 mm
N Gesamtbreite	2500 mm

( ) bei Verwendung breiter Raupenglieder

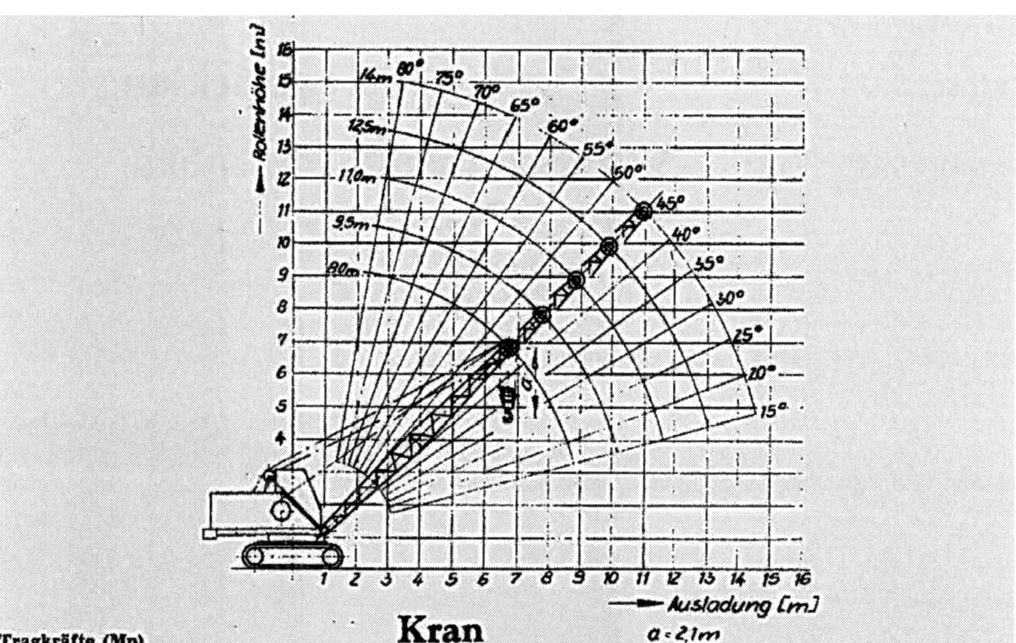

Tragkräfte (Mp)

Die Tragkräfte entsprechen 80% bzw. 66⅔% der Kipplasten und bedeuten die Nutzlasten ausschl. Hakenflasche

Ausladung m	Auslegerlänge 8,0 m		9.5 m		11,0 m		12,5 m		14.0 m	
	80%	66⅔%	80%	66⅔%	80%	66⅔%	80%	66⅔%	80%	66⅔%
3,0	6,00	5,15								
3,5	5,05	4,20	4.90	4,10	4.80	4,00				
4,0	4.20	3,50	4,15	3,45	4,05	3,35	4,00	3,30		
4,5	3,60	2,95	3,55	2,95	3,50	2,90	3,45	2,85	3,35	2,80
5,0	3,15	2,60	3,10	2,55	3,05	2,55	3,00	2,50	2,95	2,45
5,5	2,80	2,35	2,75	2,25	2,70	2,25	2,65	2,20	2,60	2,15
6,0	2,50	2,10	2,45	2,05	2,40	2,00	2,40	1,95	2,35	1,95
6,5	2,30	1,90	2,20	1,85	2,20	1,80	2,15	1,75	2,10	1,75
7,0	2,10	1,75	2,05	1,70	2,00	1,65	1,95	1,60	1,90	1,60
7,5	1,90	1,55	1,85	1,55	1.80	1,50	1,80	1,50	1,75	1,45
8,0	1,80	1,45	1,70	1,40	1,70	1,40	1,65	1,40	1,60	1,35
8,5			1,60	1,30	1,55	1,30	1,55	1,25	1,50	1,25
9,0			1,50	1,25	1,45	1,20	1,40	1,15	1,40	1,15
9,5			1.40	1,15	1,35	1,10	1,35	1,10	1,30	1,10
10,0					1,30	1,05	1,25	1,05	1,20	1,00
10,5					1.20	1,00	1,15	0,95	1,15	0,95
11,0							1,10	0,90	1,05	0,90
11,5							1,05	0,85	1,00	0,85
12,0							1,00	0,80	0,95	0,80
12,5									0,90	0,75
13,0									0,85	0,70
14,0										

Kranzahl: **5.11.03**

Erzeugnis:	**UB 162 mit Kranausrüstung**
Status:	**Neu- und Weiterentwicklung**
Kranhersteller:	**VEB Schwermaschinenbau NOBAS Nordhausen**

Die Entwicklung des Gerätes erfolgte 1959/1960.

Im Rahmen der 0-Serie erfolgt der Bau von zwei Prototypen. Danach wurde die vorgesehene Produktion auf Grund einer zentralen Strukturentscheidung, deren Gründe unter Punkt 1 Seite 5.1 dargelegt wurden, 1963 nach dem VEB Eisengießerei und Maschinenfabrik ZEMAG Zeitz verlagert.

Kranzahl: 5.11.04

Erzeugnis: **UB 1210-1214 mit Kranausrüstung**

Status: **Neu- und Weiterentwicklung**

Kranhersteller: **VEB Schwermaschinenbau NOBAS Nordhausen**

Der Universalbagger UB 80 wurde 1966 bis 1968 zum UB 1210-1214 weiterentwickelt. Das Ziel war, den seit 1960 produzierten UB 80 durch ein Gerät mit neuen Funktionen und einem neuen äußeren Erscheinungsbild zu ersetzen.

Verbesserungen waren dabei die Einführung der Kurzhebelsteuerung, lärmgeschützte Ausführung, variable Unterwagenkonstruktion für spezielle Einsatzbedingungen, moderne Formgebung und die Möglichkeit des Einbaues verschiedener Motoren.

Dazu gab es folgende Ausführungsvarianten:

UB 1210	Grundgerät
UB 1211	Hochbaukran
UB 1212	Ausrüstung für Hochlöffel, Tieflöffel, Zugschaufel oder Greifer.
UB 1213	Unterwagen mit breitem Plattenlaufwerk
UB 1214	Unterwagen mit Traktorenlaufwerk.

Universalbagger UB 1210-1214 Variante 1211 / 44 /

Technische Daten:

Motor	6-Zylinder 4-Takt-Diesel luftgekühlt Leistung 140 PS (102,9 kW) bei 2000 U/min
Antrieb	Diesel-mechanisch
Fahrgeschwindigkeit	bis 2,62 km/h

Der Ausleger konnte durch entsprechende Zwischenstücke von 11 m auf 31 m verlängert werden. Weiterhin war der Anbau eines 5,5 m-Spitzenauslegers möglich. Die max. Tragfähigkeit betrug 20 t.

Inclinaison	11 m Fleche		15 m Fleche		15 m avec fleche de pointe		19 m Fleche		19 m avec fleche de pointe		25 m Fleche		25 m avec fleche de pointe		31 m Fleche		31 m avec fleche de pointe	
	Force de levage	Longueur	Force de levage	Longueur	Force de levage	Longueur	Force de levage	Longueur	Force de levage	Longueur	Force de levage	Longueur	Force de levage	Longueur	Force de levage	Longueur	Force de levage	Longueur
degre	Mp	m	Mp	m	Mp	m	Mp	m	Mp	m	Mp	m	Mp	m	Mp	m	Mp	m
30	4,10	10,90	2,60	14,94	1,40	19,85	1,60	17,82	0,95	23,38	0,95	23,06	–	–	–	–	–	–
35	4,50	10,21	2,80	13,68	1,45	19,20	1,70	16,93	1,05	22,48	1,05	21,88	–	–	–	–	–	–
40	4,70	9,85	3,10	12,89	1,60	18,41	1,90	15,95	1,15	21,48	1,20	20,56	–	–	–	–	–	–
45	5,10	9,21	3,40	12,03	1,75	17,50	2,10	14,85	1,25	20,33	1,35	19,08	0,80	24,57	0,83	23,33	0,40	28,81
50	5,68	8,52	3,80	11,09	1,90	16,44	2,40	13,66	1,45	19,03	1,55	17,54	0,95	22,87	1,00	21,39	0,55	26,74
55	6,39	7,77	4,30	10,06	2,15	15,29	2,80	12,36	1,65	17,58	1,85	15,81	1,10	21,02	1,25	19,26	0,70	24,46
60	7,34	6,98	5,00	8,98	2,45	14,02	3,30	10,98	1,95	16,02	2,25	13,98	1,35	19,02	1,55	16,98	0,95	22,02
65	8,68	6,14	6,00	7,84	2,85	12,65	4,00	9,53	2,30	14,35	2,80	12,06	1,70	16,78	2,03	14,59	1,25	19,42
70	10,67	5,26	7,50	6,63	3,40	11,20	5,10	8,60	2,80	12,56	3,65	10,05	2,15	14,61	2,70	12,10	1,65	16,67
75	13,88	4,45	10,00	5,39	4,15	9,66	7,00	6,34	3,55	10,71	5,05	7,99	2,85	12,26	3,85	9,56	2,30	13,81
80	20,00	3,43	14,70	4,13	5,00	8,07	10,40	4,81	4,70	8,76	7,80	5,85	3,95	9,80	6,10	6,88	3,35	10,84

Universalbagger UB 1210-1214 Variante 1211 Tragkrafttabelle / 44 /

*) / 44 /

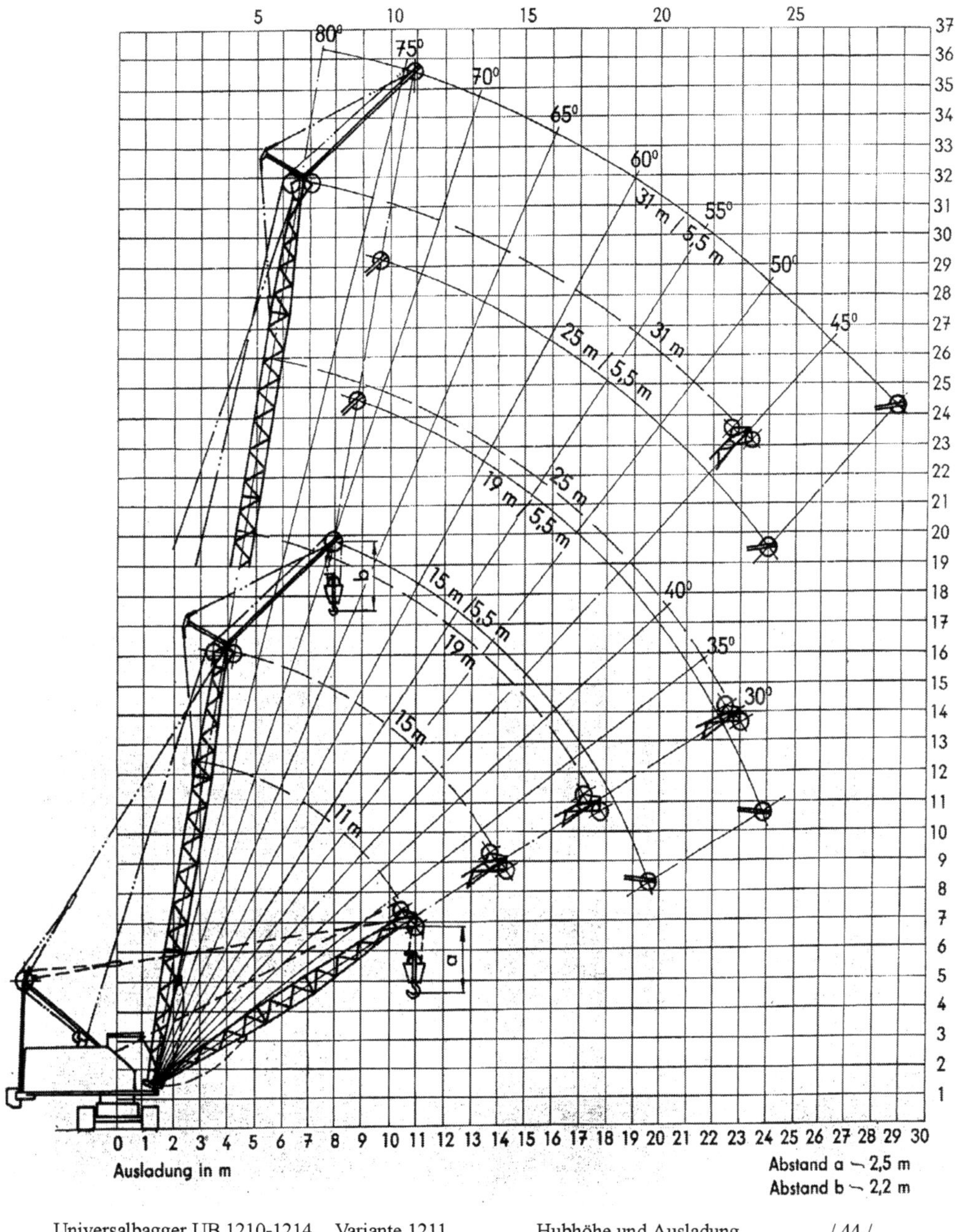

80°
75°
70°
65°
60°
55°
50°
45°
40°
35°
30°
31 m / 5,5 m
31 m
25 m / 5,5 m
25 m
19 m / 5,5 m
19 m
15 m / 5,5 m
15 m
11 m
a
b
Ausladung in m
Abstand a ∽ 2,5 m
Abstand b ∽ 2,2 m

Kranzahl: **5.11.05**

Erzeugnis: **UB 1256 mit Kranausrüstung**

Status: **Neu- und Weiterentwicklung**

Kranhersteller: **VEB Schwermaschinenbau NOBAS Nordhausen**

Die Entwicklung erfolgte 1978/1979.

Mit diesem Gerät wurde erstmalig der Einsatz verschiedener seilbetriebener Ausrüstungen wie Kranausrüstung, Zugschaufelausrüstung und Greiferausrüstung an einem vollhydraulischen Grundbagger ermöglicht.

Die Auslegerlänge war 11,5 m und konnte durch entsprechende Zwischenstücke auf 19,5 m verlängert werden. Die max. Tragfähigkeit betrug 15 t.

Produktionsdauer und Stückzahl*) siehe Punkt 1 Seite 5.3.

Die Stückzahlen setzen sich aus 4 Fertigungsmuster und ein Seriengerät zusammen. Die schlechte Absatzlage (zu spät auf dem Markt) war Ursache das eine Serienproduktion nicht begonnen wurde.

Technische Daten:

Motor	6-Zylinder 4-Takt-Diesel wassergekühlt Leistung 155PS (43 kW)	
Antrieb	Diesel-hydraulisch	
Fahrgeschwindigkeit	Kranfahrt	1,50 km/h
	Baggerfahrt	2,94 km/h

*) / 44 /

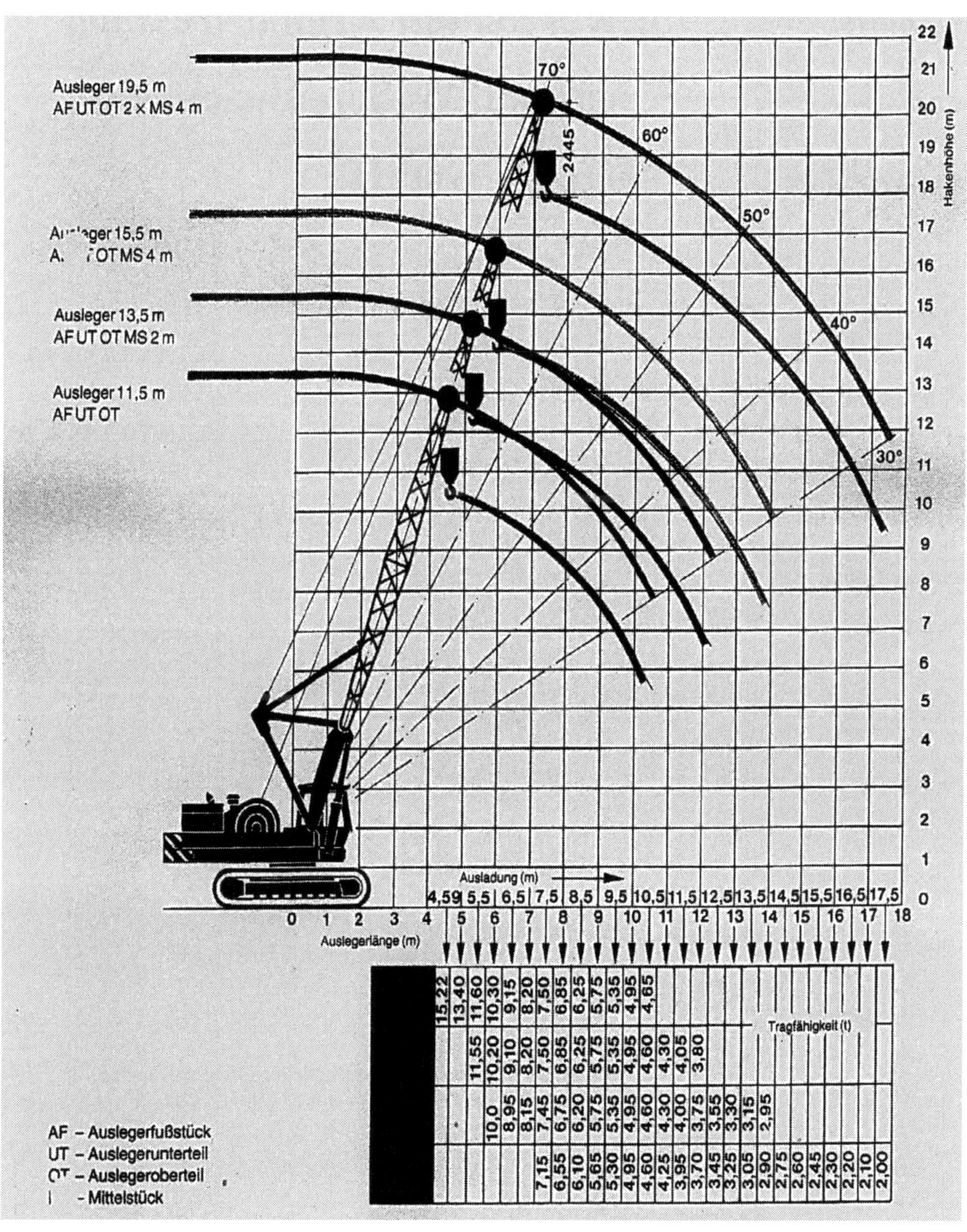

	4,59	5	5,5	6	6,5	7	7,5	8	8,5	9	9,5	10	10,5	11	11,5	12	12,5	13	13,5	14	14,5	15	15,5	16	16,5	17	17,5
	15,22	13,40	11,60	10,30	9,15	8,20	7,50	6,85	6,25	5,75	5,35	4,95	4,65														
			11,55	10,20	9,10	8,20	7,50	6,85	6,25	5,75	5,35	4,95	4,60	4,30	4,05	3,80											
				10,0	8,95	8,15	7,45	6,75	6,20	5,75	5,35	4,95	4,60	4,30	4,00	3,75	3,55	3,30	3,15	2,95							
							7,15	6,55	6,10	5,65	5,30	4,95	4,60	4,25	3,95	3,70	3,45	3,25	3,05	2,90	2,75	2,60	2,45	2,30	2,20	2,10	2,00

Kranzahl: **5.11.06**

Erzeugnis:	**UB 1254 mit Kranausrüstung**
Status:	**Neu- und Weiterentwicklung**
Kranhersteller:	**NOBAS GmbH**

Die Entwicklung wurde 1989 durchgeführt. Es war der erste vollhydraulische Universalbagger und ist aus dem UB 1256 abgeleitet worden.

Durch innerbetriebliche Probleme konnte die Entwicklung nicht in die Produktion überführt werden. Die Produktionsaufnahme erfolgt erst nach der GmbH-Bildung 1990/1991 unter dem Firmennamen HBM NOBAS GmbH.

Der UB 1254 wurde dann unter der Bezeichnung UB 35 geführt und weiterentwickelt.

Technische Daten:

Motor	6-Zylinder 4-Takt-Diesel Turbo, wassergekühlt Leistung 190 PS (139,7 kW) bei 2000 U/min
Antrieb	vollhydraulisch
Fahrgeschwindigkeit	bis 3,9 km/h
Fahrwerksbreite	in Transportstellung 2,98 m in Arbeitsstellung 4,40 m
Schallpegel	104 dB Dauerschalldruckpegel im Fahrerstand 74 dB
Ausleger	Gitterkonstruktion Variante Standardausleger u. Unterwagen LC Variante Ausleger mit Hammerkopf und Unterwagen LC
Auslegerlänge	variabel durch Zwischenstücke von 8 m bis 20 m
Tragfähigkeit	max. 20 t

	Auslegerlänge																											
	8,0 m				10,0 m				12,0 m				14,0 m				16,0 m				18,0 m				20,0 m			
Ausleger-neigung	Aus-ladung	mit Abstützung	ohne Abstützung	Fahren mit Last	Aus-ladung	mit Abstützung	ohne Abstützung	Fahren mit Last	Aus-ladung	mit Abstützung	ohne Abstützung	Fahren mit Last	Aus-ladung	mit Abstützung	ohne Abstützung	Fahren mit Last	Aus-ladung	mit Abstützung	ohne Abstützung	Fahren mit Last	Aus-ladung	mit Abstützung	ohne Abstützung	Fahren mit Last	Aus-ladung	mit Abstützung	ohne Abstützung	Fahren mit Last
grd	m	t	t	t	m	t	t	t	m	t	t	t	m	t	t	t	m	t.	t	t	m	t	t	t	m	t	t	t
30	8,0	8,9	7,8	7,0	9,8	6,8	6,1	5,4	11,5	5,5	4,9	4,4	13,2	4,6	4,1	3,6	15,0	3,8	3,4	3,0	16,7	3,3	2,9	2,6	18,4	2,8	2,5	2,2
35	7,7	9,5	8,3	7,4	9,3	7,3	6,5	5,8	10,9	5,9	5,2	4,7	12,6	4,9	4,3	3,9	14,2	4,1	3,7	3,2	15,8	3,5	3,1	2,8	17,5	3,0	2,7	2,4
40	7,2	10,2	9,0	8,0	8,8	7,9	7,0	6,2	10,3	6,4	5,6	5,0	11,8	5,3	4,7	4,2	13,4	4,5	4,0	3,5	14,9	3,8	3,4	3,0	16,4	3,3	2,9	2,6
45	6,8	11,2	9,8	8,7	8,2	8,6	7,6	6,8	9,6	7,0	6,2	5,5	11,0	5,8	5,2	4,6	12,4	4,9	4,4	3,9	13,8	4,2	3,7	3,3	15,2	3,7	3,2	2,9
50	6,2	12,5	10,9	9,7	7,5	9,6	8,5	7,6	8,8	7,8	6,9	6,1	10,1	6,5	5,8	5,1	11,4	5,5	4,9	4,3	12,7	4,7	4,2	3,7	14,0	4,1	3,7	3,2
55	5,7	14,2	12,4	11,0	6,8	11,0	9,6	8,6	8,0	8,9	7,8	7,0	9,1	7,4	6,6	5,8	10,3	6,3	5,6	5,0	11,4	5,4	4,8	4,3	12,6	4,7	4,2	3,7
60	5,1	16,7	14,4	12,8	6,1	12,9	11,2	10,0	7,1	10,4	9,1	8,1	8,1	8,7	7,7	6,8	9,1	7,4	6,5	5,8	10,1	6,4	5,7	5,0	11,1	5,6	5,0	4,4
65	4,5	20,0	17,4	15,5	5,3	15,7	13,5	12,0	6,2	12,7	11,0	9,8	7,0	10,6	9,3	8,2	7,9	9,0	7,9	7,0	8,7	7,8	6,9	6,1	9,6	6,9	6,1	5,4
70	3,8	20,0	20,0	19,6	4,5	20,0	17,2	15,3	5,2	16,2	14,0	12,4	5,9	13,5	11,7	10,4	6,6	11,5	10,1	9,0	7,3	10,0	8,8	7,8	7,9	8,8	7,7	6,9
75	3,2	20,0	20,0	20,0	3,7	20,0	20,0	20,0	4,2	20,0	19,1	17,0	4,7	18,8	16,0	14,3	5,2	16,0	13,8	12,2	5,8	13,9	12,0	10,7	6,3	12,2	10,6	9,5

Anmerkungen:

1. Die Tragfähigkeiten entsprechen der DIN 15019 und überschreiten nicht 75 %, beim Fahren mit Last 67 % der Kipplast.
2. Die Tragfähigkeiten sind ohne Hakenflasche und ohne Lastaufnahmemittel angegeben.
3. Die Ausladungen sind von Mitte Drehkranz gemessen.
4. Die angegebenen Tragfähigkeiten gelten für waagerechten und festen Untergrund und für einen Schwenkwinkel > 360°.

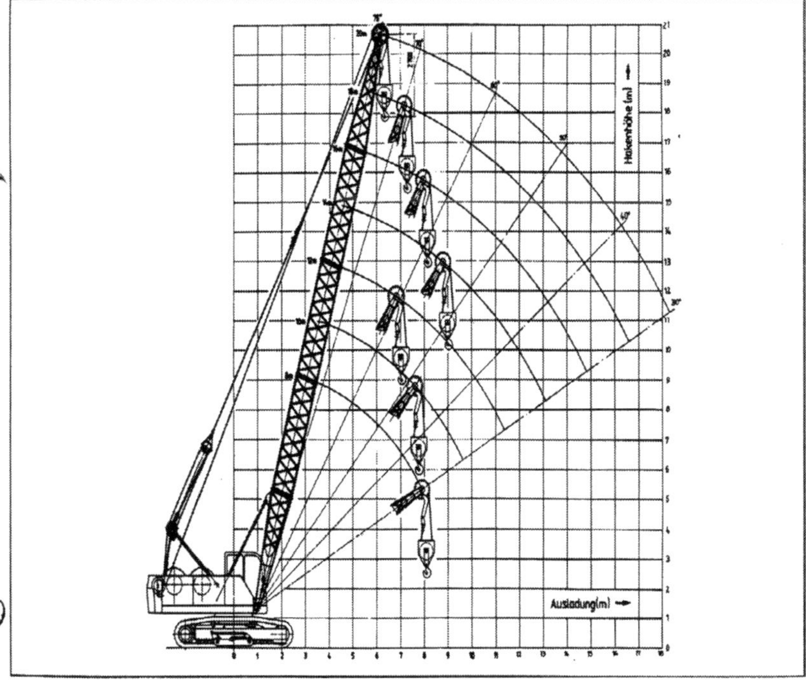

Kranzahl: 5.11.06

Auslegerlänge

Ausleger-neigung	8,0 m Aus-ladung	8,0 m mit Abstützung	8,0 m ohne Abstützung	8,0 m Fahren mit Last	10,0 m Aus-ladung	10,0 m mit Abstützung	10,0 m ohne Abstützung	10,0 m Fahren mit Last	12,0 m Aus-ladung	12,0 m mit Abstützung	12,0 m ohne Abstützung	12,0 m Fahren mit Last
grd					m	t	t	t	m	t	t	t
30					9,7	5,8	5,0	4,5	11,4	4,6	4,0	3,5
35					9,3	6,2	5,3	4,7	10,9	4,9	4,2	3,8
40					8,8	6,6	5,7	5,1	10,3	5,3	4,6	4,1
45					8,2	7,2	6,2	5,5	9,7	5,8	5,0	4,4
50					7,6	8,0	6,5	6,1	8,9	6,4	5,6	4,9
55					7,0	9,0	6,2	6,1	8,1	7,3	6,3	5,6
60					6,3	10,4	5,7	5,7	7,3	8,5	7,0	6,5
65					5,6	12,4	5,0	5,0	6,4	10,1	6,5	6,4
70					4,8	15,4	4,3	4,3	5,5	12,4	5,7	5,7
75					4,0	19,7	3,1	3,1	4,5	16,3	4,7	4,8

Ausleger-neigung	14,0 m Aus-ladung	14,0 m mit Abstützung	14,0 m ohne Abstützung	14,0 m Fahren mit Last	16,0 m Aus-ladung	16,0 m mit Abstützung	16,0 m ohne Abstützung	16,0 m Fahren mit Last	18,0 m Aus-ladung	18,0 m mit Abstützung	18,0 m ohne Abstützung	18,0 m Fahren mit Last	20,0 m Aus-ladung	20,0 m mit Abstützung	20,0 m ohne Abstützung	20,0 m Fahren mit Last
grd	m	t	t	t	m	t	t	t	m	t	t	t	m	t	t	t
30	13,2	3,8	3,2	2,9	14,9	3,1	2,6	2,3	16,6	2,6	2,2	2,0	18,4	2,2	1,8	1,6
35	12,6	4,0	3,5	3,1	14,2	3,3	2,8	2,5	15,8	2,8	2,4	2,1	17,5	2,3	2,0	1,8
40	11,9	4,4	3,8	3,3	13,4	3,6	3,1	2,8	14,9	3,1	2,6	2,3	16,5	2,6	2,2	1,9
45	11,1	4,8	4,1	3,7	12,5	4,0	3,4	3,1	13,9	3,4	2,9	2,6	15,3	2,9	2,5	2,2
50	10,2	5,3	4,6	4,1	11,5	4,5	3,9	3,4	12,8	3,9	3,3	2,9	14,1	3,3	2,8	2,5
55	9,3	6,1	5,3	4,7	10,4	5,1	4,4	3,9	11,6	4,4	3,8	3,4	12,7	3,8	3,2	2,9
60	8,3	7,1	6,1	5,4	9,3	6,0	5,2	4,6	10,3	5,2	4,5	4,0	11,3	4,4	3,8	3,4
65	7,2	8,5	7,3	6,5	8,1	7,3	6,3	5,6	8,9	6,2	5,4	4,9	9,8	5,4	4,7	4,2
70	6,1	10,5	7,1	7,0	6,8	9,0	7,7	7,0	7,5	7,9	6,8	6,1	8,2	6,8	5,9	5,4
75	5,0	13,9	6,1	6,2	5,5	12,0	7,4	7,5	6,1	10,4	8,8	8,2	6,6	9,2	7,9	7,3

Anmerkungen:

1. Die Tragfähigkeiten entsprechen der DIN 15019 und überschreiten nicht 75 %, beim Fahren mit Last 67 % der Kipplast.
2. Die Tragfähigkeiten sind ohne Hakenflasche und ohne Lastaufnahmemittel angegeben.
3. Die Ausladungen sind von Mitte Drehkranz gemessen.
4. Die angegebenen Tragfähigkeiten gelten für waagerechten und festen Untergrund und für einen Schwenkwinkel > 360 °.

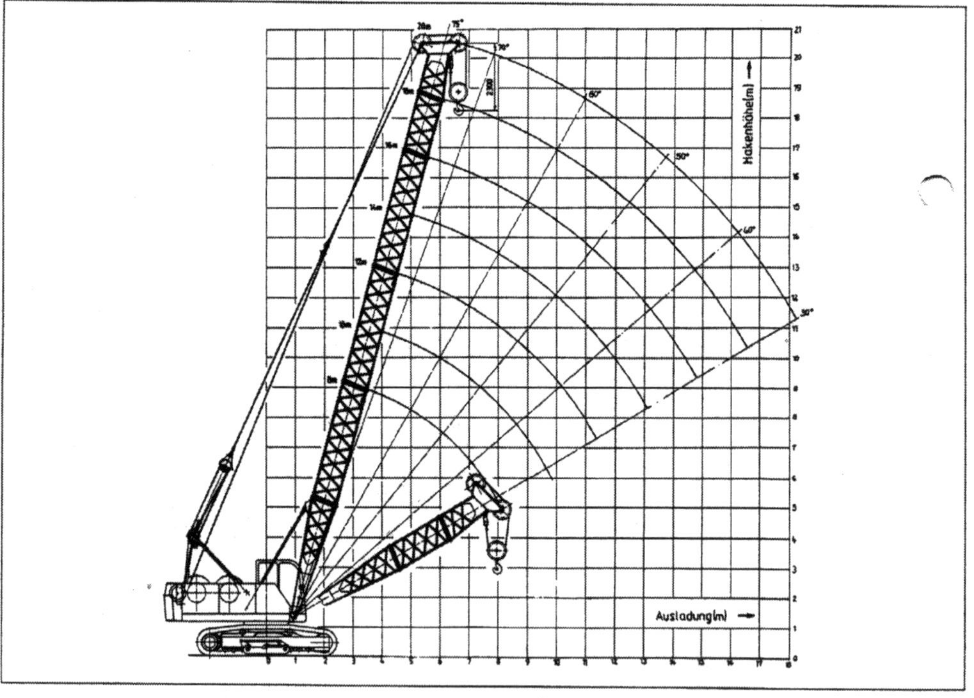

Kranzahl: **5.11.07**

Erzeugnis: **UB 80 mit Kranausrüstung**

Status: **Projekt**

Kranhersteller: **VEB Schwermaschinenbau NOBAS Nordhausen**

Der diesel-mechanische Universalbagger wurde im Zeitraum von 1958 bis 1969 in größeren Stückzahlen produziert. Um 1960 wurden die konstruktiven Arbeiten für den Anbau einer Kranausrüstung abgeschlossen. Die Auslegerlänge sollte 11, 13, 15, 17, 19 m betragen.

Eine Produktionsaufnahme dieser Variante, die auch bei bereits gelieferten Geräten eine Nachrüstung ermöglichte, erfolgte nicht. Warum ist unbekannt.

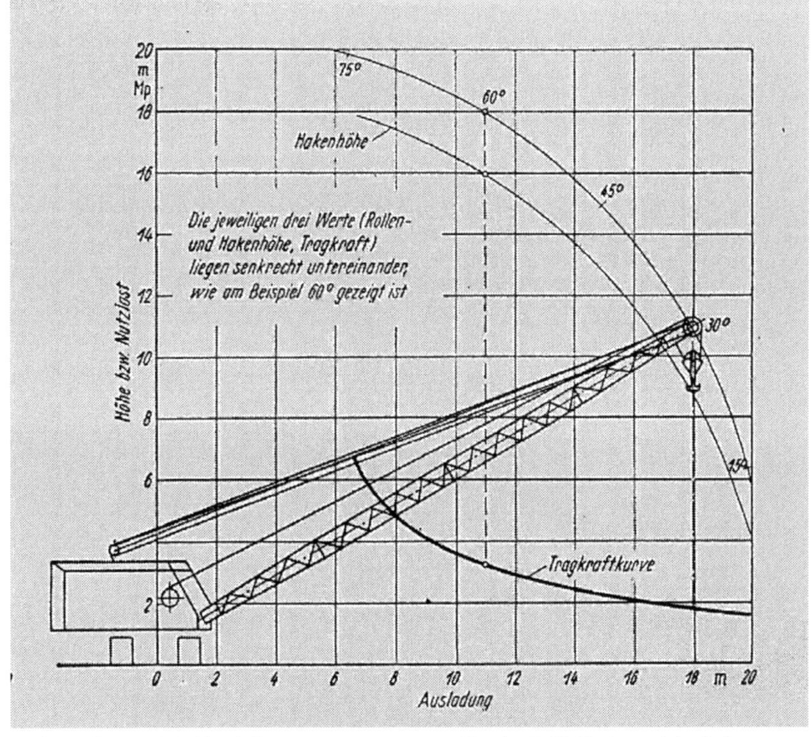

Universalbagger UB 80 mit Kranausrüstung Tragkraft, Hubhöhe und Ausladung Ausleger 19 m / 67 /

Kranzahl: **5.11.08**

Erzeugnis: **UB 120 mit Kranausrüstung**

Status: **Projekt**

Kranhersteller: **VEB Schwermaschinenbau NOBAS Nordhausen**

Der diesel-mechanische Universalraupenbagger wurde von 1953 bis 1960 produziert. Um 1960 wurde die Konstruktion einer Kranausrüstung für dieses Gerät abgeschlossen. Die Auslegerlänge sollte 12, 14, 15, 17, 19 m betragen.

Eine Produktionsaufnahme erfolgte nicht, obwohl bereits gelieferte Geräte nachgerüstet werden konnten. Warum ist unbekannt.

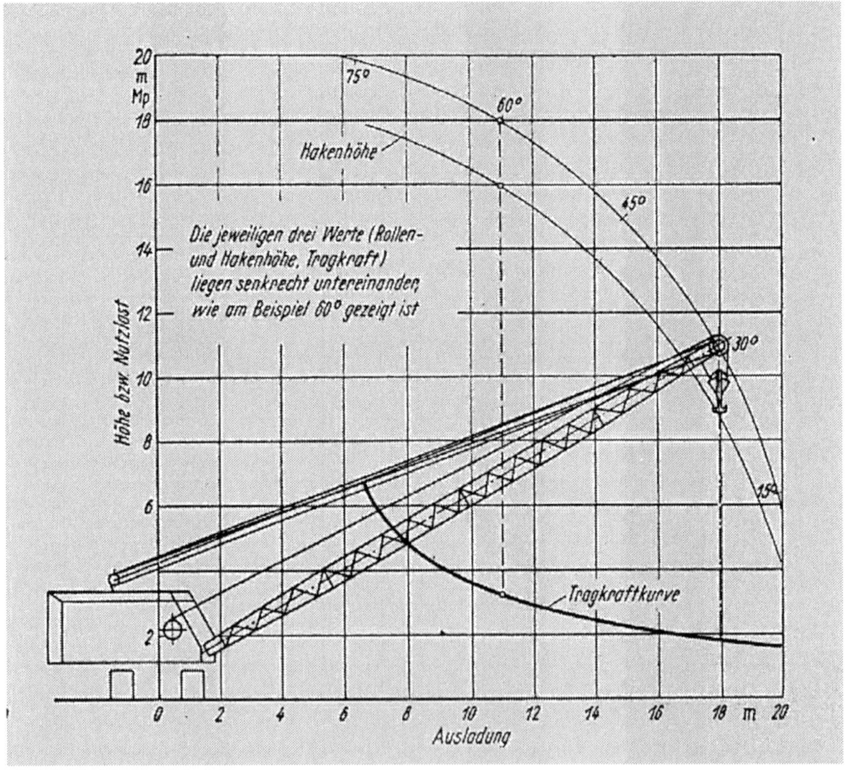

Universalbagger UB 120 mit Kranausrüstung, Tragkraft, Hubhöhe und Ausladung Ausleger 19 m /69/

3. Bauarten und Krantypen

Anhang VI

Ladedrehkrane

Inhaltsverzeichnis

1. Entwicklung und Produktionsstruktur Ladedrehkrane

Die erste Entwicklung eines hydraulischen Ladekranes, dessen Grundprinzipien heute noch allgemein gelten, erfolgte durch die Fa. Hunger KG in Frankenberg/S (später VEB Fahrzeughydraulik Frankenberg). Dieser Kran, HBK 1000 wurde 1960 aus Achslastproblemen beim vorgesehenen Fahrgestell S 4000 nicht in die Serie überführt. Die 1962 erfolgte Weiterentwicklung LK 1200/I wurde, aus heute nicht bekannten Gründen, gleichfalls nicht produziert.

In der Folge wurden in zwei Betrieben Ladedrehkrane zur Mechanisierung der Umschlagprozesse für jeweils spezifische Einsatz- und Verwendungszwecke produziert. Diese waren einmal der VEB Spezialfahrzeugbau Löbau/Sachsen und der VEB Entwicklungs- und Musterbau Baumechanisierung Berlin.

Betrieb	Lastmoment bei max. Ausladung kNm	Zeitdauer der Kranproduktion Jahr	gesamt produzierte Kraneinheiten Stck.	Produktionsverlagerung/ Produktionsauslauf
VEB Spezialfahrzeugbau Löbau/S	21	1966 ... 1990	6.354	→ 0
VEB Entwicklungs- und Musterbau Baumechanisierung Berlin	10 ... 120	1983 ... 1990	653	→ 0
	10 ... 120	1966 ... 1990	7.000 (gerundet)	

Abb. 1 Produktionsübersicht Ladedrehkrane

Der VEB Spezialfahrzeugbau Löbau/Sachsen stellte einen serienmäßigen Ladedrehkran mit immer gleichbleibenden Leistungsparametern und Abmessungen her, der für die Serienfahrzeuge des NKW W50 (Pritschenfahrzeug W50 L/L, Müllcontainerfahrzeug W50 L/LC) des VEB IFA Automobilwerkes Ludwigsfelde bestimmt war. Weiterhin erfolgten Lieferungen an andere Abnehmer.

Das Lastmoment betrug 21 kNm bei max. 4,2 m Ausladung und einer Tragfähigkeit von 0,5 t.

Die Bezeichnung des Ladekranes LDK 1250 gab die max. Tragfähigkeit mit 1,25 t an.

Wahrscheinlich aus Kapazitätsgründen wurden von 1968 bis 1973 aus der VR Polen 1.150 Stück Ladedrehkrane vom Typ HDS 3 mit einem Lastmoment von 28 kNm bei 4 m Ausladung und 0,7 t Tragfähigkeit importiert und im VEB Spezialfahrzeugwerk Berlin-Adlershof, analog wie in Löbau, auf den NKW W50 montiert.

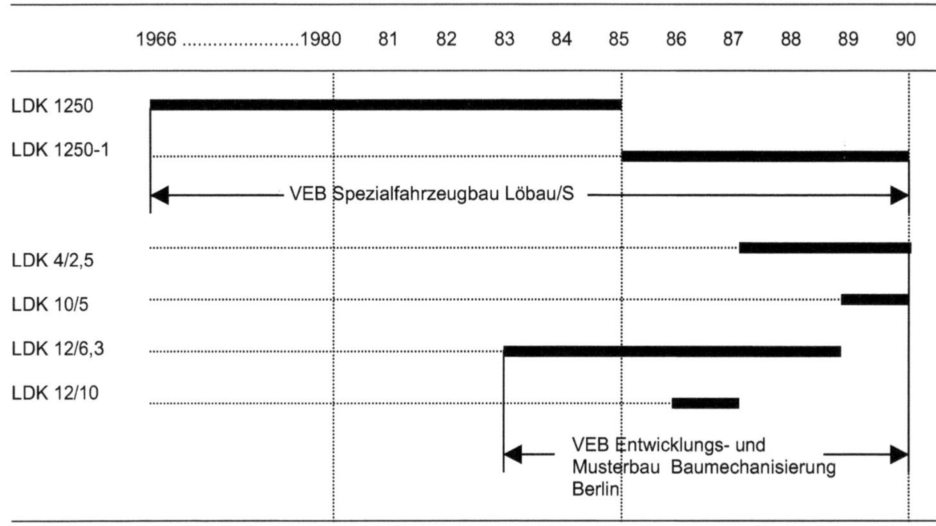

Abb. 2 Ladedrehkrane und ihre zeitliche Produktionsdauer

Der VEB Entwicklungs- und Musterbau Baumechanisierung Berlin wurde zur Mechanisierung des Bauwesens gebildet, wo unter anderem auch die Entwicklung und Herstellung von Ladedrehkranen und Ladeeinrichtungen für NKW erfolgte. Der Bereich wurde geschaffen, da vermutlich die Produktionskapazitäten für Ladedrehkrane im VEB Spezialfahrzeugbau Löbau nicht mehr erweitert werden konnten.

Es erfolgte die Entwicklung einer Typenreihe Ladedrehkrane, die universal für verschiedenste Fahrzeuge, wie auch für den stationären Betrieb speziell im gesamten Bereich des Bauwesens eingesetzt werden konnten. Gleichzeitig wurde für diese Ladedrehkrane die Entwicklung entsprechend angepaßter Lastaufnahmemittel durchgeführt.

Die Bezeichnung dieser Ladedrehkrane, z.B. LDK10/5, gibt in der ersten Zahl (1 t) die max. Tragfähigkeit bei voller Ausladung und die zweite Zahl (5 m) die max. Ausladung an.

Betrieb	Zeitdauer d. Kranproduktion	gesamt produzierte Kraneinheiten	Anzahl d. Neu- u. Weiterentwicklungen	durchschnittlich produzierte Kraneinheiten im Jahr	durchschnittliche Anzahl der Entwicklungsjahre je Entwicklung	durchschnittlich produzierte Kraneinheiten je Entwicklung
	a	M	E	M/a	a/E	M/E
	Jahr	Stck.	Stck.	Stck./Jahr	Jahr/Stck.	Stck./Stck.
VEB Spezialfahrzeugbau Löbau/S	25	6.354	2	254	12,50	3.177
VEB Entwicklungs- und Musterbau Baumechanisierung Berlin	8	653*)	4	82	2,00	163
Σ	1966 ... 1990 25	7.007	6	280	4,17	1.168

*) / 53 / geschätzte Werte

Abb. 3 Entwicklungs- und Produktionsniveau Ladedrehkrane

Die Produktion der Ladedrehkrane war spezifisch und zweckbestimmt und nur auf die genannten Einsatzfälle begrenzt. Aus den Abb.2 und 3 ist bei dem LDK 1250 ersichtlich, daß eine Serienproduktion ohne folgende Neu- oder Weiterentwicklungen durchgeführt wurde, was auch die Erneuerungsrate mit 12,5 ausweist. Insgesamt wurden in dem Zeitabschnitt rd. 7.000 Ladedrehkraneinheiten bei ca. 6 Neu- und Weiterentwicklungen mit einem Lastmoment zwischen 10 bis 120 kNm hergestellt.

In der Bilanz ergab sich:

Betrieb	Krantyp	Lastmoment kNm	Produktionsstückzahl Stck.	
Löbau/S	LDK 1250	21	5.103	
	LDK 1250-1	21	1.251	
			Σ 6.354	
Berlin	LDK 4/2,5	10	25*)	
	LDK 10/5	50	20*)	
	LDK 12/6,3	75	600*)	
	LDK 12/10	120	8*)	
			Σ 653*)	
		Löbau	6.354	90,7%
		Berlin	653	9,3%
		Σ_{gesamt}	7.007	Ladedrehkraneinheiten

*) geschätzte Werte /53/

2. Übersicht, Gliederung und Darstellung der Ladedrehkrantypen

Für die Gliederung wurde eine dreistellige Kranzahl festgelegt, die sich nach folgender Legende zusammensetzt:

X1. X2. X3. = Kranzahl

X1 = Nummer der Bauart
X2 = Nummer des Kranherstellers
X3 = lfd. Nummer des Krantyps in der jeweiligen Bauart (Ordnungsnummer)

Bauart

Nummer der Bauart	Bauart	
6	Ladedrehkran	LDK

Kranhersteller

Nummer des Kranherstellers	Kranhersteller
7	VEB Spezialfahrzeugwerk Löbau / Sachsen
13	VEB Entwicklungs- und Musterbau Baumechanisierung Berlin

Bauart	Krantyp	Kranhersteller	Kranzahl
6	**Ladedrehkrane**		
	LDK 1250	Löbau/S	6.7.01.
	LDK 1250-1	Löbau/S	6.7.02.
	LDK 4/2,5	Berlin	6.13.01.
	LDK 10/5	Berlin	6.13.02.
	LDK 12/6,3	Berlin	6.13.03.
	LDK 12/10	Berlin	6.13.04.

Kranzahl: **6.7.01**

Erzeugnis: **LDK 1250**

Status: **Neu- und Weiterentwicklung**

Kranhersteller: **VEB Spezialfahrzeugbau Löbau/Sachsen**

Die Entwicklung des Ladedrehkranes erfolgte in den Jahren 1964/1965 für ein max. Lastmoment von 31 kNm (bei1,25 t Tragfähigkeit und 2,5 m Ausladung).

Ladedrehkran LDK 1250 / 54 /

Der Ladedrehkran wurde als komplette Einheit auf den Fahrzeugrahmen des NKW W50 oder auf anderer Fahrzeuge (Lieferung an Dritte) zwischen Fahrerhaus und Ladefläche aufgesetzt und mit diesem fest verbunden.

Konstruktiv bestand der Kran aus dem Unterbau, der einen geschlossenen Kasten darstellte und gleichzeitig als Ölbehälter für die Hydraulikanlage diente. Dieser war auf den Fahrzeugrahmen des NKW hinter dem Fahrerhaus befestigt. Weiterhin bestand er aus der Kransäule zur Lagerung und Aufnahme des Hubarmes, an dem der geschweißte kastenförmige Ausleger mit seinem teleskopierbaren Ausschubteil angeordnet war.

Die Kranbewegungen wurden hydraulisch durch die Haupt- und Knickzylinder sowie den Zylinder für die Drehbewegung erzeugt, während die Teleskopierung des Ausschubteiles mechanisch (manuell) erfolgte.

Die Abstützung erfolgte gleichfalls hydraulisch.

Die Bedienung des Kranes war über eine Sicherheitsschaltung von beiden Seiten des NKW möglich.

Der Produktionsbeginn war das Jahr 1966. Die entsprechenden NKW W50 wurden dabei vom Herstellerwerk in Ludwigsfelde nach Löbau/S angeliefert, wo sie dann mit dem dort hergestellten Ladekran ausgerüstet wurden.

Entwicklungs- und Produktionslinie und Produktionsstückzahlen*) des LDK 1250: Die Stückzahlen beziehen sich auf die verkauften NKW W50 mit Ladedrehkran (L/LDK) und Müllcontainerfahrzeuge (L/LC) des Automobilwerkes Ludwigsfelde und die Lieferungen an andere.

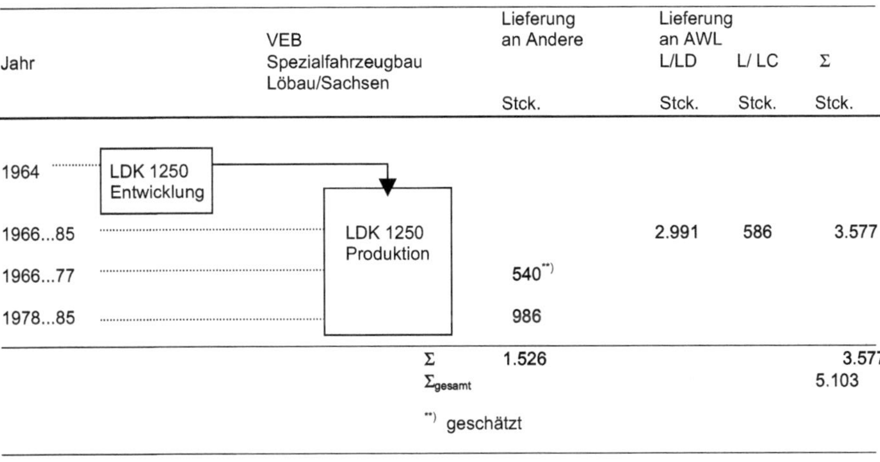

Jahr	VEB Spezialfahrzeugbau Löbau/Sachsen	Lieferung an Andere	Lieferung an AWL L/LD	L/ LC	Σ
		Stck.	Stck.	Stck.	Stck.
1964	LDK 1250 Entwicklung				
1966...85	LDK 1250 Produktion		2.991	586	3.577
1966...77		540**)			
1978...85		986			
	Σ	1.526			3.577
	Σ_{gesamt}				5.103

**) geschätzt

Mit dem NKW W50 zusammen wurden die Ladedrehkrane nach Bulgarien, Polen, Kuba, Albanien, UdSSR und in weitere Länder mit einem Exportanteil von ca. 30% exportiert.

*) / 18 /, / 43 /

Kranzahl: 6.7.01

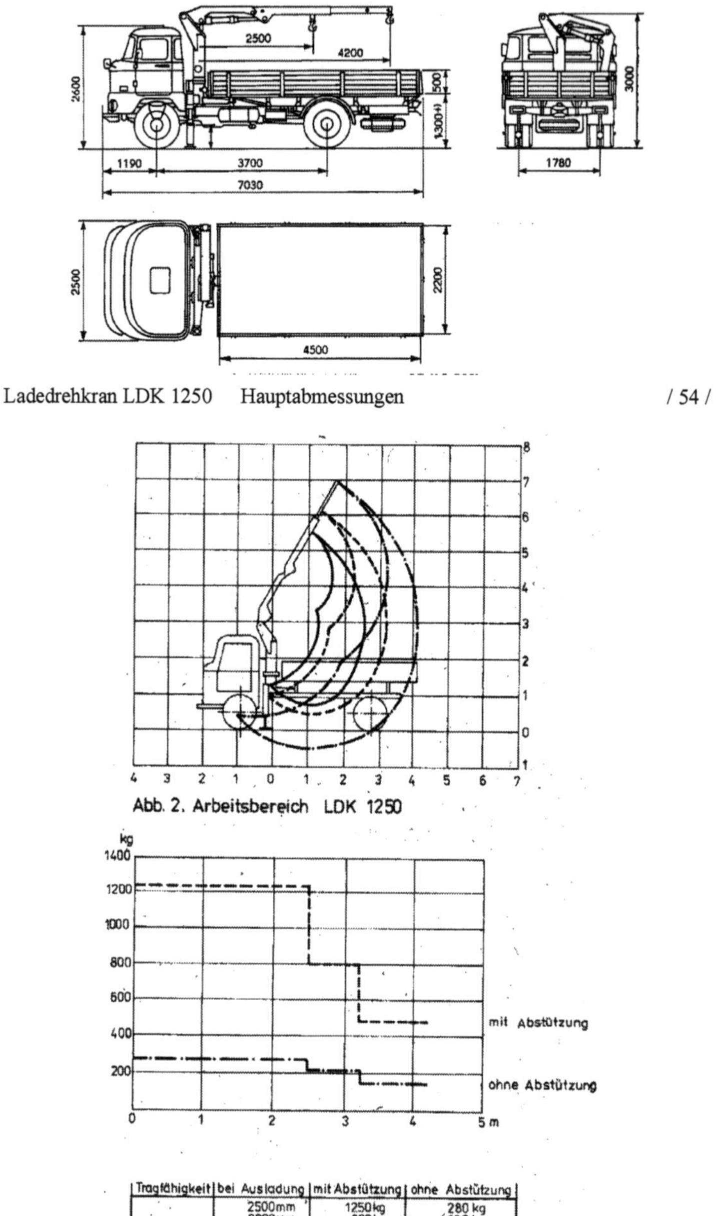

Tragfähigkeit	bei Ausladung	mit Abstützung	ohne Abstützung
	2500mm 3200mm 4200mm	1250kg 800kg 500kg	280 kg 220 kg 160 kg

Ladedrehkran LDK 1250 Hauptabmessungen /54/

Ladedrehkran LDK 1250 Tragfähigkeitsdiagramm /55/

Kranzahl: **6.7.02**

Erzeugnis: **LDK1250-1**

Status: **Neu- und Weiterentwicklung**

Kranhersteller: **VEB Spezialfahrzeugbau Löbau/Sachsen**

Die Weiterentwicklung des LDK 1250 zum LDK 1250-1 erfolgte 1984 und die Produktionseinführung 1985/1986.

Das Krankonzept wurde bezüglich der Leistungsparameter und der Kranabmessungen beibehalten. Am Ausleger wurde der bisherige teleskopierbare mechanische Ausschub in einen hydraulisch teleskopierbaren Ausschub verändert. Weitere Veränderungen bezogen sich auf konstruktive Detailverbesserungen und materialökonomische Maßnahmen und auf die Anpassung an veränderte oder neue Zulieferelemente.

Entwicklungs- und Produktionslinie und Produktionsstückzahlen*) des LDK1250-1

Jahr	VEB Spezialfahrzeugbau Löbau/Sachsen	Lieferung an Andere Stck.	Lieferung an AWL L/LDK Stck.	L/LC Stck.	Σ Stck.
1983					
1984	LDK 1250-1 Entwicklung				
1985					
1986	LDK 1250-1 Produktion	69	67	14	81
1987		100	93	31	124
1988		248	75	26	101
1989		86	138	30	168
1990		160	97	17	114
	Σ	663	470	118	588
	Σ_{gesamt}				1.251

*) / 18 /, / 43 /

Kranzahl: **6.13.01**

Erzeugnis: **LDK 4/2,5**

Status: **Neu- und Weiterentwicklung**

Kranhersteller: **VEB Entwicklungs- und Musterbau Baumechanisierung Berlin**

Die Entwicklung erfolgte 1986 im Rahmen der Typenreihe, Produktionseinführung war 1987.

Ladedrehkran LDK 4/2,5 auf MULTICAR M 33 / 56 /

Konstruktiv bestand der Kran aus dem Unterbau mit der Abstützung, der Drehsäule und dem Ausleger mit einem teleskopierbaren Ausschubteil. Alle Bewegungen konnten hydraulisch ausgeführt werden. Zusätzlich konnte der Ausleger durch ein manuelles Ausschubteil nochmals verlängert werden.

Technische Daten:

max. Lastmoment	10 kNm
Tragfähigkeit bei max. Ausladung	0,4 t
Ausladung < 1.75 m	0,63 t
Schwenkbereich	360°
hydraulischer Betriebsdruck	16 MPa
Eigenmasse	0,22 t

Dieser Ladedrehkran war für Kleintransporter wie WARAN 1501, Multicar M 25 und den Barkas B 1000 konzipiert.

Produktionszeitraum*): 1987 bis 1990
Produktionsstückzahl*): ca. 25 Stck. (geschätzt)

*) / 58 /

Kranzahl: **6.13.02**

Erzeugnis: **LDK 10/5**

Status: **Neu- und Weiterentwicklung**

Kranhersteller: **VEB Entwicklungs- und Musterbau Baumechanisierung Berlin**

Die Entwicklung begann 1987 im Rahmen der Typenreihe, Produktionsbeginn war das Jahr 1989.

Technische Daten:

max. Lastmoment	50 kNm
Tragfähigkeit bei max. Ausladung von 5 m	1,0 t
Ausladung < 2,1 m	2,5 t
Schwenkbereich	382°
hydraulischer Betriebsdruck	20 MPa
Eigenmasse	1,1 t

Dieser Ladedrehkran war für Trägerfahrzeuge von ca. 8 bis 12 t Gesamtmasse, wie den NKW IFA W50 und IFA L60, vorgesehen. Eine Ablösung des LDK 1250 aus Löbau, der nur ein max. Lastmoment von 31 kNm besaß, erfolgte jedoch nicht mehr oder war auch nicht vorgesehen.

Produktionszeitraum*)	1987 bis 1990
Produktionsstückzahl*)	ca. 20 Stck. (geschätzt)

*) / 58 /

Kranzahl: **6.13.03**

Erzeugnis: **LDK 12/6,3**

Status: **Neu- und Weiterentwicklung**

Kranhersteller: **VEB Entwicklungs- und Musterbau Baumechanisierung Berlin**

Die Entwicklung erfolgte 1982 im Rahmen der Typenreihe und war Ausgangspunkt für alle anderen Ladedrehkrantypen. Der Produktionsbeginn war 1983.

Konstruktiv bestand der Kran aus dem Unterbau mit der integrierten Abstützung, der Drehsäule und dem Auslegersystem. Die Abstützung selbst besaß hydraulisch ausfahrbare Abstützbalken. Der Ausleger war zweiteilig. Der an der Drehsäule angelenkte und hydraulisch bewegliche erste Ausleger besaß am anderen Ende das Gelenk, mit dem der zweite Ausleger ebenfalls hydraulisch abgeknickt werden konnte. Im zweiten Ausleger war für die Auslegerverlängerung ein hydraulisches Ausschubteil angeordnet, an dem sich dann der Kranhaken befand. Der Antrieb für die Hydraulikpumpe erfolgt vom Nebenabtrieb des jeweiligen NKW. Die Steuerung wurde von einem an der Drehsäule angeordneten Sitz wahrgenommen.

Die bauliche Anordnung des Ladekranes erfolgte am Ende der Ladefläche des NKW.

Ladedrehkran LDK 12/6,3 / 56 /

Technische Daten :

max. Lastmoment	75 kNm
Tragfähigkeit bei max. Ausladung von 6,3 m	1,2 t
Ausladung < 1,87m	4,0 t
Schwenkbereich	365°
hydraulischer Betriebsdruck	23 MPa
Eigenmasse	1,55 t

Kranzahl: 6.13.03

Dieser Ladedrehkran war für Trägerfahrzeuge ab etwa einer Gesamtmasse von 12 t konzipiert.
Dazu gehörten die NKW:

KAMAZ 5320 / 53212
MAS 53312
LIAS 100.02 / 100.05
JELCZ 316 K

sowie die Sattelauflieger:

NV 30.23.20
HLS 210/08

Produktionszeitraum*) 1983 bis 1989
Produktionsstückzahl*) ca. 600 Stck. (geschätzt)

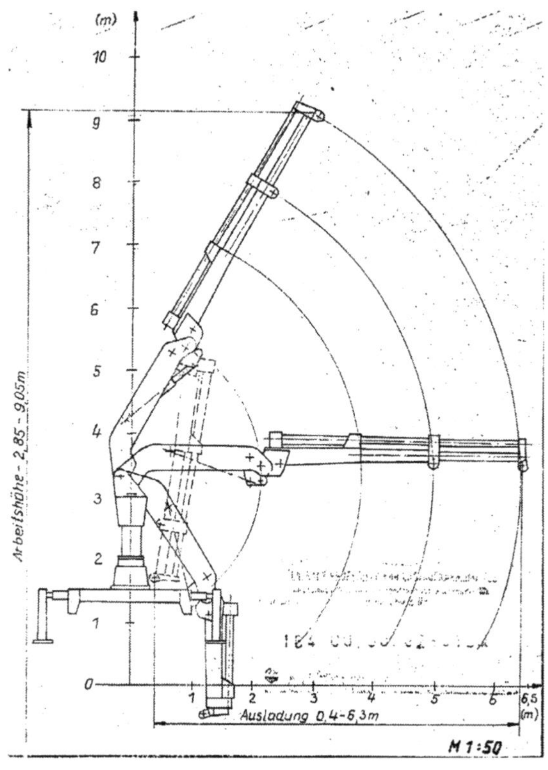

Ladedrehkran LDK 12/6,3
Arbeitsbereich bei einem Schwenkbereich von 360° / 57 /

*) / 58 /

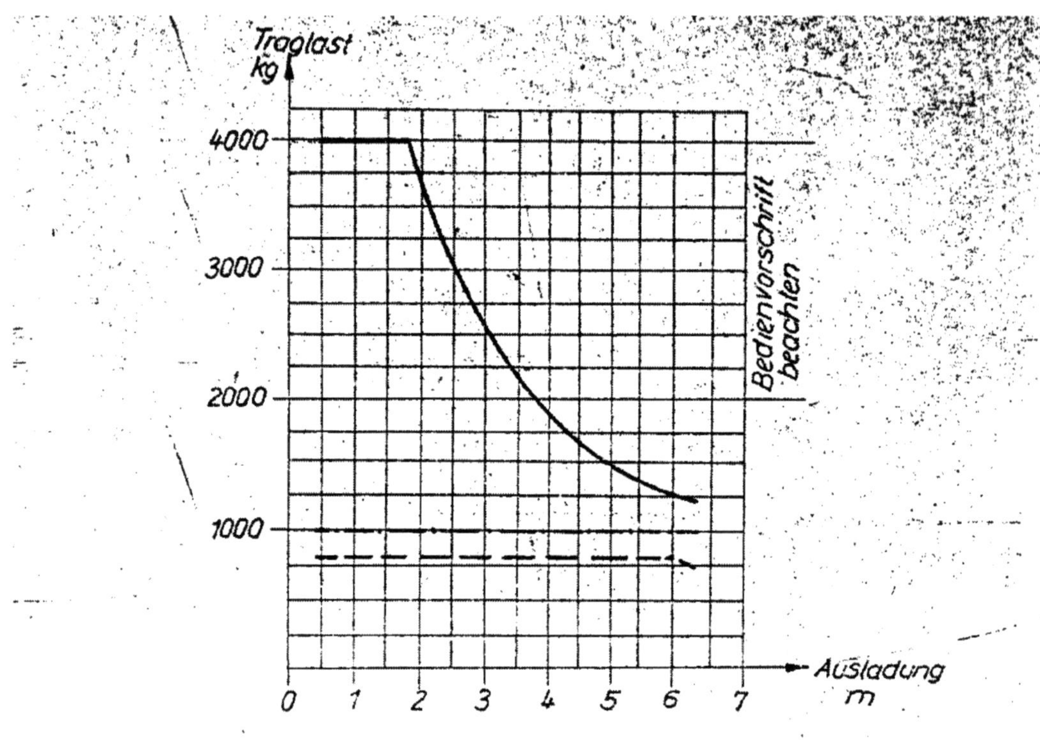

Linie	Traglast (kg) / Ausladung (m)	<1,875	2,11	3,90	5,07	6,30
——	Ladekran m. Lasthaken	4000 [+)]	3550 [+)]	1920	1480	1190
— —	Ladekran m. hydr. Zange	800	800	800	800	750
—·—	Ladekran m. Krangabel	1000	1000	1000	1000	1000

Kranzahl: **6.13.04**

Erzeugnis: **LDK 12/10**

Status: **Neu- und Weiterentwicklung**

Kranhersteller: **VEB Entwicklungs- und Musterbau Baumechanisierung Berlin**

Die Entwicklung begann 1985 im Rahmen der Typenreihe. Produktionseinführung war 1986.

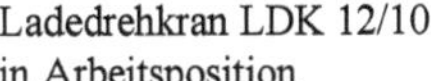

Ladedrehkran LDK 12/10
in Arbeitsposition / 56 /

Ladedrehkran LDK 12/10
in Transportposition / 56 /

Der konstruktive Grundaufbau war, angepaßt an die größeren Tragkräfte, der gleiche wie beim LDK 12/6,3. Beim Auslegersystem war zur Auslegerverlängerung der Knickausleger mit einem zweifach teleskopierbaren Ausschubteil ausgestattet und dieses konnten durch weitere zwei mechanische Auslegerstücke manuell nochmals verlängert werden. Die Bedienung des Kranes war jetzt seitlich am Fahrzeug angeordnet.

Kranzahl: 6.13.04

Technische Daten:

max. Lastmoment	120 kNm
Tragfähigkeit bei max. Ausladung von10 m	1,2 t
Ausladung < 2,5 m	5,5 t
Schwenkbereich	365°
hydraulischer Betriebsdruck	21,5 MPa
Eigenmasse	2,5 t

Der Ladedrehkran konnte für Trägerfahrzeuge ab etwa 19 t Gesamtmasse verwendet werden und wurde auf den NKW KAMAZ 53212 aufgesetzt.

Produktionszeitraum*)	1986 bis 1987
Produktionsstückzahl*)	8 Stck. (geschätzt)

Warum der Ladedrehkran nur zwei Jahre mit wenigen Stückzahlen produziert wurde, ist unbekannt.

*) / 58 /

Anhang VII

selbstfahrende Lader
und
Mobilkrane / Mobilbagger

Inhaltsverzeichnis

1. Entwicklung und Produktionsstruktur selbstfahrende Lader und Mobilkrane/ Mobilbagger

Den Hebezeugen werden auch die selbstfahrenden Lader und Mobilkrane/Mobilbagger zugeordnet. Im Verwendungszweck primär für Erd-, Tiefbau- und Schüttgutarbeiten konzipiert, können sie auf Grund ihrer Universalität auch für Kran- und Greiferbetrieb umgerüstet und eingesetzt werden.

In der DDR begann die Entwicklung dieser Geräte um 1957 zuerst für den land- und forstwirtschaftlichen Bereich, später wurde durch die weitere Entwicklung auch der Bereich der Bauwirtschaft und Melioration abgedeckt. Die Entwicklung und Produktion erfolgt bis 1989/1990 in den Betrieben VEB Weimar Werk*) und VEB Landmaschinenbau „Rotes Banner“ Döbeln.

Die erste Entwicklung des Mähdrescherwerkes Weimar war der selbstfahrende seilbetriebene Lader T 170 für Greifer- und Lasthakenbetrieb bei einer Tragfähigkeit bis zu 0,8 t. Ihm folgte der Lader T 172 mit teilhydraulischen Funktionen. Mit dem Lader T 174 erfolgte eine konzeptionelle Umstellung durch die Ablösung des bisherigen Auslegersystems mit Seilbetrieb durch einen hydraulisch bewegten Gelenkausleger. Die Kinematik entsprach dabei praktisch dem eines Ladedrehkranes. Dadurch wurden mit den schnell zu wechselnden Arbeitswerkzeugen am Kopf des äußeren Auslegers die Einsatzbereiche für die verschiedensten Erd-, Bau- und Montagearbeiten erweitert. Die Tragfähigkeit betrug max. 2,5 t. Hinzu kam mit der weiteren Entwicklung zum T 174-2 die Anordnung einer ebenfalls hydraulisch betätigten Abstützung. Mit den Geräten T 185 und T 188 wurde dann mit der Überarbeitung der Konstruktion die Funktionen und der Fahrantrieb voll hydraulisch gestaltet. Mit der Kranausrüstung wurde eine max. Tragfähigkeit von 3,6 t erreicht. Durch die Universalität dieser Geräte erfolgt ihre Bezeichnung als Mobilkran oder Mobilbagger bzw. in Kombination Mobilkran/Mobilbagger oder später auch als Arbeitsmaschine.

*) Betriebsbezeichnungen:
1945 Waggonbau Weimar der Aktiengesellschaft für Transportmittelbau (SAG)
1952 VEB Waggonbau Weimar
1953 VEB Kranbau Weimar (galt nur für 4 Monate)
1953 VEB Mähdrescherwerk Weimar
1970 VEB Weimar-Kombinat Landmaschinen, Stammbetrieb VEB Weimar-Werk
1978 VEB Kombinat "Fortschritt" Landmaschinen Leitbetrieb II Weimar-Werk

Auf Grund der wechselnden Betriebsbezeichnungen wird in der weiteren Darstellung nur die Bezeichnung VEB Weimar-Werk verwendet.

Die Herstellung der Lader erfolgte in großen Stückzahlen im Rahmen einer aufgebauten Serienfertigung.

Die Serienproduktion der Lader wurde 1989/1990 im Weimar-Werk durch die gesellschaftlichen Veränderungen in der DDR eingestellt und der Betrieb in eine Reihe von selbständigen Einzelbetrieben aufgelöst. Die Mobilkran/Mobilbagger-Produktion wurde in dem gebildeten Betrieb HYDREMA Weimar im kleinen Umfang fortgesetzt.

Im Betrieb Landmaschinenbau Döbeln erfolgte im Zeitraum von 1957 bis 1989/ 1990 gleichfalls in einer Serienproduktion die Herstellung von selbstfahrenden Ladern mit der Bezeichnung „Hydraulischer Universallader" (T 157) und „Mobildrehkran" (T 159), die ebenfalls hydraulisch betätigt wurden und eine Tragfähigkeit bis 2 t aufwiesen.

Auch hier erfolgte 1989/1990 die Einstellung der Fertigung der Geräte. Der Betrieb wurde umgewandelt und erhielt ein neues Produktionsprofil. Er fertigt heute unter dem Namen MATEC GmbH Kabinen und Fahrerhäuser für Fahrzeugkrane.

Betrieb	Tragfähigkeit der Krane t	Zeitdauer der Kranproduktion Jahr	gesamt produzierte Kraneinheiten Stck.	Produktionsverlagerung/ Produktionsauslauf
VEB Weimar-Werk	0,8 ...3,6	1957 ... 1990	39.097	⟶
VEB Landmaschinenbau „Rotes Banner" Döbeln	0,2 ... 1,8	1957 ... 1990	16.000	⟶ 0
$\Sigma_{\text{Lader / Mobilkrane / Mobilbagger}}$	0,2 ... 3,6	1957 ... 1990	55.100 (gerundet)	

Bild 1 Produktionsübersicht sebstfahrende Lader und Mobilkrane/Mobilbagger

Betrieb	Zeitdauer d. Kranproduktion	gesamt produzierte Kraneinheiten	Anzahl d. Neu- u. Weiterentwicklungen	durchschnittlich produzierte Kraneinheiten im Jahr	durchschnittliche Anzahl der Entwicklungsjahre je Entwicklung	durchschnittlich produzierte Kraneinheiten je Entwicklung
	a	M	E	M/a	a/E	M/E
	Jahr	Stck.	Stck.	Stck./Jahr	Jahr/Stck.	Stck./Stck.
VEB Weimar-Werk	34	39.097	8	1.150	4,25	4.887
VEB Landmaschinenbau „Rotes Banner“ Döbeln	34	16.000	4	471	8,50	4.000
	1957 ... 1990					
Σ	34	55.097	12	1.621	2,83	4.591

Bild 2 Entwicklung und Produktionsniveau selbstfahrender Lader und Mobilkrane/Mobilbagger

Die Produktion selbstfahrender Lader war eine reine Serienproduktion bedingt durch die Universalität der Geräte und ihr großes Arbeitsspektrum in der Land- und Bauwirtschaft. Jährlich wurden nach Bild 2 im Durchschnitt rd. 1620 Einheiten hergestellt. Im Vergleich zur Autodrehkranproduktion fast die doppelte Menge.

In der allgemeinen Entwicklung wurde das qualitative Niveau ständig gesteigert, was sich in dem Übergang zu vollhydraulischen Funktionen, in der Vergrößerung der Anzahl der Arbeitswerkzeuge und der Tragfähigkeit bis 3,6 t ausdrückte.

Die Bilanz ergibt folgenden Überblick:

Betrieb	Typ	Stückzahl	
Mähdrescherwerk Weimar	T 170	3.811	
	T 172	8.817	
	T 174 T 174-1	8.914	
	T 174-2 T 174-2A	17.000	(teilweise geschätzt)
	T 185	105	
	T 188	450	(geschätzt)*)
Σ_{Weimar}		39.097	Geräteeinheiten
	Nach 1990 wurden vom Typ T 174-2A nochmals ca. 1.924 Stck gebaut.		
Landmaschinenbau Döbeln	T 157 T 157-1 T 157-2	unbekannt 13.000	(teilweise geschätzt)**)
	T 159	3.000	(geschätzt)**)
$\Sigma_{Döbeln}$		16.000	Geräteeinheiten

Weimar	39.097	71%
Döbeln	16.000	29%
Σ	55.097 Geräteeinheiten	

Damit wurden in der DDR im Zeitraum von 1957 bis 1990 für diese Kranart eine umfangreiche Produktion durchgeführt. Mit ca. 12 Neu- und Weiterentwicklungen erfolgte die Herstellung von rund 55.000 Geräteeinheiten.

*) / 33 /
**) / 51 /

2. Übersicht, Gliederung und Darstellung der selbstfahrenden Lader und Mobilkrane/Mobilbagger

Für die Gliederung wurde eine dreistellige Kranzahl festgelegt, die sich nach folgender Legende zusammensetzt:

X1. X2. X3. = Kranzahl

X1 = Nummer der Bauart
X2 = Nummer des Kranherstellers
X3 = lfd. Nummer des Krantyps in der jeweiligen Bauart (Ordnungsnummer)

Bauart

Nummer der Bauart	Bauart
7	selbstfahrende Lader und Mobilkrane/Mobilbagger

Kranhersteller

Nummer des Kranherstellers	Kranhersteller
9	VEB Weimar-Werk
14	VEB Landmaschinenbau „Rotes Banner“ Döbeln

Bauart	Krantyp	Kranhersteller	Kranzahl
7	selbstfahrende Lader und Mobilkrane/Mobilbagger		
	T 170	Weimar	7.9.01.
	T 172	Weimar	7.9.02.
	T 174	Weimar	7.9.03.
	T 174-1	Weimar	7.9.04.
	T 174-2	Weimar	7.9.05.
	T 174-2A	Weimar	7.9.06.
	T 185	Weimar	7.9.07.
	T 188	Weimar	7.9.08
	T 157	Döbeln	7.14.01.
	T 157/1	Döbeln	7.14.02.
	T 157/2	Döbeln	7.14.03.
	T 159	Döbeln	7.14.04.

Kranzahl: **7.9.01**

Erzeugnis: **T 170**

Status: **Neu- und Weiterentwicklung**

Kranhersteller: **VEB Weimar-Werk**

Der selbstfahrende Lader T 170 war für Greifer und Lasthakenbetrieb und für den universellen Einsatz in der Landwirtschaft bestimmt. Er wurde 1956 entwickelt und ab 1957 bis 1962 in Serie gebaut.

Selbstfahrender Lader T 170 /46/

Der Unterwagen war eine geschweißte Blechprofilkonstruktion, wo die Räder ungefedert angeordnet waren. Die Lenkung erfolgte über zwei einstellbare Spurstangen. Diese wurden bei Selbstfahrbetrieb durch einen Stecker mit der Lenkübertragung verbunden. Der Fahrantrieb des Laders erfolgte von der Königswelle aus über ein Untersetzungsgetriebe und eine Rollenkette auf das mit den Halbachsen gekoppelte Ausgleichgetriebe.

Der Oberwagen, ein geschweißter Profilrahmen, ruht drehbar auf dem Kugeldrehkranz. Auf der Plattform des Oberwagens war der Antriebsmotor, Hub-, Dreh- und Einziehwerk sowie der Bedienungsstand angeordnet.

Der Ausleger mit 6,3 m Länge war eine gabelförmige Rohrkonstruktion und am vorderen Teil der Plattform drehbar angelenkt.

Technische Daten:

Antriebsmotor	Dieselmotor Typ 1 NVD 14 SWR Leistung 10 PS (7,4kW) Drehzahl 1500 U/min	
Kranbetrieb	Tragfähigkeit	max. 0,8 t bei 2,9 bis 5,17 m Ausladung
	Ausladung	2,9 bis 6,3 m
	Hubhöhe	max. 6,1 m
	Tiefe unter Flur	max. 7 m
Hauptabmessungen	Länge (mit Ausleger)	9,00 m
	Breite	2,35 m
	Höhe	3,00 m
Fahrgeschwindigkeit		8 km/h
	im Schlepp	20 km/h
Gesamtgewicht	ca. 3,8 t	

Produktionsdauer*) 1957 bis 1962

Produktionsstückzahl*) 3.811

*) / 33 /

Kranzahl: **7.9.02**

Erzeugnis: **T 172**

Status: **Neu- und Weiterentwicklung**

Kranhersteller: **VEB Weimar-Werk**

Der selbstfahrende Lader T 172 war eine Weiterentwicklung des T 170. Das konstruktive Konzept, selbstfahrender Lader für Greifer- und Lasthakenbetrieb für den universellen Einsatz in der Landwirtschaft, wurde beibehalten.

Selbstfahrender Lader T 172 / 47 /

Eine Reihe von Parametern wurde verbessert. Die wesentlichsten Änderungen waren die Erhöhung der Tragfähigkeit auf 1 t und eine veränderte Auslegerausführung, der jetzt in einer 2-Halbschalenausführung und leicht geknickt gestaltet wurde. Das Heben und Senken des Auslegers wurde jetzt durch einen Wippzylinder hydraulisch durchgeführt. Damit erfolgte auch eine Erhöhung der Antriebsleistung. Im Unterwagen wurde zur Aufnahme der größeren Stützkräfte die hintere Achse mit einer Zwillingsbereifung ausgerüstet.

Die äußere Form der Verkleidung von Maschinenanlage und Bedienungsstand wurde beibehalten.

Kranzahl: 7.9.02

Technische Daten:

Antriebsmotor	Dieselmotor 2 NDV 12,5 SRL Leistung 17 PS (12,5 kW) Drehzahl 2000 U/min	
Kranbetrieb	Tragfähigkeit	max. 1,0 t bis 5,17 m Ausladung
		max. 0,8 t bei 6,6 m Ausladung
	Ausladung	3,0 bis 6,6 m
	Hubhöhe	max. 6,2 m
	Tiefe unter Flur	max. 4,0 m
Hauptabmessungen	Länge (mit Ausleger)	9,20 m
	Breite	2,70 m
	Höhe	3,35 m
Fahrgeschwindigkeit		10 km/h
	im Schlepp	20 km/h
Gesamtgewicht		ca. 4,9 t

Produktionsdauer*)	1962 bis 1967
Produktionsstückzahl*)	8.817

*) / 33 /

Kranzahl: **7.9.03**

Erzeugnis: **T 174**

Status: **Neu- und Weiterentwicklung**

Kranhersteller: **VEB Weimar-Werk**

Die Entwicklung des T 174 begann 1965/1967 und beinhaltete ein neues konstruktives Konzept gegenüber dem Lader T 170 und T 172 und wurde in seinen Funktionen als voll-hydraulisches Gerät (außer Drehwerk) ausgelegt. Der Fahrantrieb wurde in mechanischer Ausführung beibehalten.

Die Bezeichnung lautete jetzt **Mobilkran T 174**.

Der bisherige Einsatzbereich der Lader für die Landwirtschaft wurde erweitert auf die Bereiche der Melioration und des Bauwesens.

Mobilkran Lader T 174 / 48 /

Die wesentlichste Veränderung erfolgte beim Ausleger. Die bisherige Auslegerkonstruktion mit Seiltrieb für das Heben und Senken der Last wurde durch einen hydraulischen Gelenkausleger ersetzt. Damit konnte neben dem Kran- und Greiferbetrieb auch durch Umstecken des Auslegers ein Einsatz als Bagger mit Hoch- und Tieflöffelausrüstung für Erd- und Tiefbauarbeiten erfolgen.

Kranzahl: 7.9.03

Mit dem neuen Auslegerkonzept wurden für weitere Entwicklungen die Grundlage für den universellen Anbau bzw. Verwendung von Arbeitswerkzeugen geschaffen.

Der Unterwagen wurde gleichfalls konstruktiv überarbeitet. Die Ausführung erfolgte jedoch ohne Abstützung. Für die Arbeitstätigkeiten wurden die Achsen hydraulisch verriegelt. Für die Bereifung kamen Niederdruckreifen zum Einsatz.

Das äußere Design wurde überarbeitet und die Sichtverhältnisse im Bedienungsstand verbessert.

Technische Daten:

Antriebsmotor	Dieselmotor	unbekannt
	Leistung	unbekannt
	Drehzahl	unbekannt
Kranbetrieb	Tragfähigkeit	max. 2,0 t
	zulässiges Lastmoment	6,3 Mpm
	Ausladung	?
	Hubhöhe	?
	Tiefe unter Flur	?
Hauptabmessungen	Länge	4,15 m
	Breite	2,50 m
	Höhe (Arbeiszylinder eingefahren)	2,80 m
Fahrgeschwindigkeit		18 km/h
	im Schlepp	20 km/h
Gesamtgewicht		6 t

Produktionsdauer*) 1967 bis 1975
Produktionsstückzahl*) 8.914

*) / 33 /

TI188

Kranzahl: 7.9.04

Erzeugnis: **T 174-1**

Status: **Neu- und Weiterentwicklung**

Kranhersteller: **VEB Weimar-Werk**

Der T 174-1 wurde aus dem T 174 abgeleitet, wobei das Konstruktionskonzept mit den Leistungsparametern nicht verändert wurde.

Die Weiterentwicklung erfolgte im Rahmen von material-ökonomischen Maßnahmen und konstruktiven Detailverbesserungen zur Erhöhung der Zuverlässigkeit und der Anpassung von veränderten bzw. neuen Zulieferelementen.

Produktionsdauer und Produktionsstückzahl sind nicht bekannt. Es ist zu vermuten, daß diese nicht gesondert ausgewiesen und mit zum T 174 zugeordnet und zugerechnet wurden.

Kranzahl: **7.9.05**

Erzeugnis: **T 174-2**

Status: **Neu- und Weiterentwicklung**

Kranhersteller: **VEB Weimar-Werk**

Der **Mobilkran T 174-2** wurde 1972/1973 aus dem T 174 weiterentwickelt und 1974 in die Serie überführt.

Mobilkran T 174-2 / 49 /

Das konstruktive Konzept wurde zur Erhöhung der Standfestigkeit durch Überarbeitung des Unterwagens, der jetzt eine hydraulischen Abstützung besaß, verändert. Damit konnte die Tragfähigkeit am Lasthaken auf 2,5 t gesteigert und der Baggerbetrieb stabiler gestaltet werden. Die hydraulische Funktion und der mechanische Fahrantrieb wurden beibehalten

Der Einsatzbereich entsprach dem des T 174.

Das äußere Erscheinungsbild des Oberwagens wurde beibehalten.

Grundmaschine mit Abstützung Länge/Breite/Höhe	(Straßentransport) 6800/2500/3600 mm	Handbremse	Federspeicherbremse, mechanisch auf die Räder der Hinterachse und hydraulisch auf alle Räder wirkend
Masse der Grundmaschine mit Abstützung	8500 kg		
Maximale Tragfähigkeit	2,5 t	Bereifung, vierfach	12,5–20 A 19 10 PR
Nenngröße des Löffels (Inhalt) bei Baggerbetrieb	0,3 m³	Steigfähigkeit, ohne Allradantrieb	bis 20 %
		Steigfähigkeit, mit Allradantrieb	bis 35 %
Motor 2 VS 14,5/12-1 SRL; Motorleistung	34,5 PS (25,4 kW)	**Oberwagen**	
		Oberwagendrehzahl	6,0 min⁻¹
Kraftstoffverbrauch bei Dauerleistung nach TGL 8346	180 g/PSh	Schwenkbereich	360°
		Drehwerkantrieb	mechanisch über Doppelnabenwendekupplung
Elektroanschluß für den Elektroantrieb	63 A Drehstrom		
Unterwagen		Transportsicherung	Verzurrung zwischen Ober- und Unterwagen durch ein in den Zahnkranz einfahrbares Zahnsegment
Fahrgeschwindigkeit (Eigenantrieb)	1. Gang 3,0 km/h 2. Gang 6,0 km/h 3. Gang 11,0 km/h 4. Gang 18,0 km/h Rückwärtsgang 3,8 km/h	Inhalt des Kraftstofftanks	ca. 80,0 l
		Hydraulikanlage	
Fahrgeschwindigkeit im Schlepp	max. 20 km/h	Betriebsdruck (eingestellt)	16 MPa + 0,0 MPa (160 + 5 kp/cm²)
Lenkung	vollhydraulisch, System „Perimat", automatisch entriegelt beim Anhängen der Schleppstange	Hydraulikpumpe	RKP A 100/160 TGL 1086 Druckregeleinrichtung mit Leistungsbegrenzung und Zahnradpumpe 16 L bzw. A 25 XTM TGL 10 859 für Lenkung
Kleinster Spurkreisdurchmesser	14,3 m		
Achsabstand	2360 mm		
Spurweite vorn/hinten	2148/2138 mm	Hydrauliköl	68 R TGL 17 542 oder Austauschöle
Bodenfreiheit Vorder-/Hinterachse	270/360 mm		
Antriebsmöglichkeiten	— Hinterachsantrieb — Allradantrieb — Schleppen	Inhalt des Ölbehälters	ca. 150 l
		Elektrische Anlage	
Hinterachse mit Differentialsperre	pneumatisch vom Fahrerhaus her schaltbar, hydraulisch, auf alle Räder wirkend	Bordspannung	12 V
		Akkumulatoren	2 × 12 V 135 Ah
		Anlasser	24 V, 4 PS (2,95 kW)
		Lichtmaschine, Gleichspannung	12 V, 500 W

Mobilkran T 174-2 Technische Daten / 33 /

Produktionsdauer*)	1974 bis 1990 (1992)	
Produktionsstückzahl*) T 174-2 , T 174-2A	1974 bis 1990	ca. 17.000

Nach 1990 wurden bis 1992 nochmals ca. 1.924 Geräte gebaut. Die Gesamtstückzahl betrug 18.924.

*) / 33 /

Kranzahl: 7.9.06

Erzeugnis: T 174-2A

Status: Neu- und Weiterentwicklung

Kranhersteller: VEB Weimar-Werk

Der Mobilkran T 174-2A ist mit dem T 174-2 identisch. Die Veränderungen waren dabei einmal die Anordnung einer Tragkraftanzeige zur besseren Überwachung der Standsicherheit und Ausnutzung der Tragfähigkeit bei den einzelnen Auslegerstellungen und zum anderen die Schaffung einer lärmdämmenden Kabinenauskleidung.

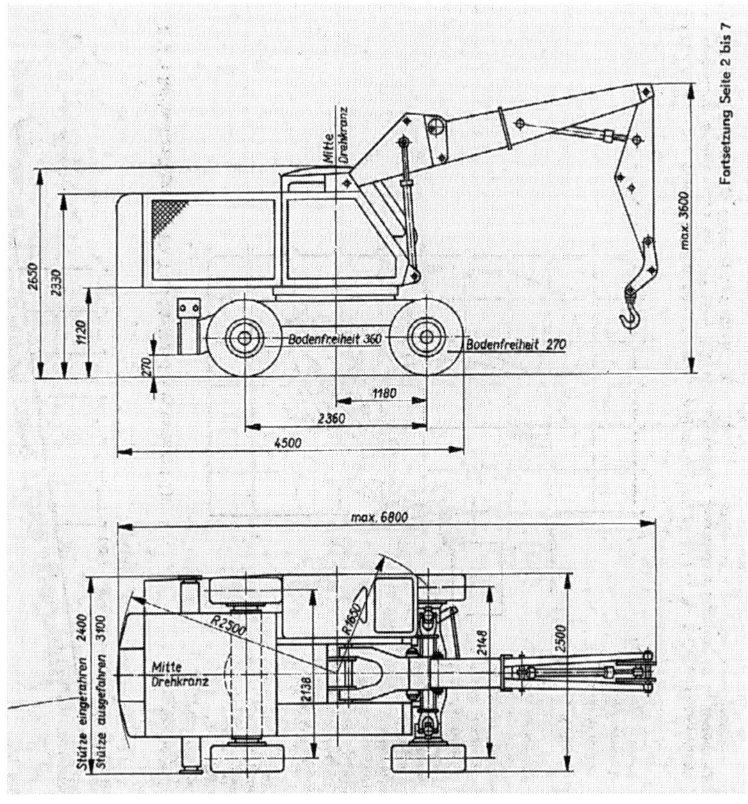

Mobilkran T 174-2A in Transportstellung / 37 /

Kranzahl: **7.9.06**

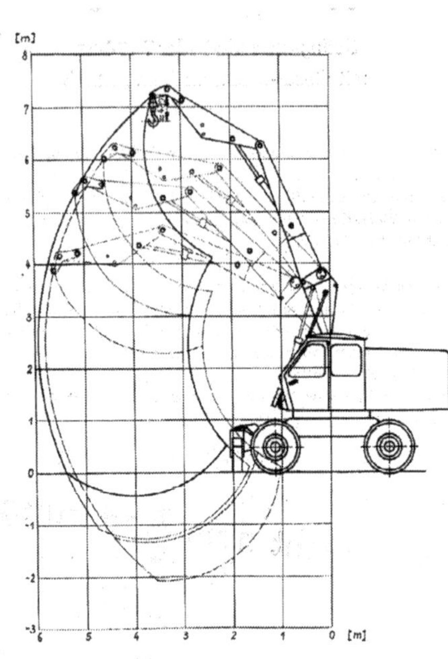

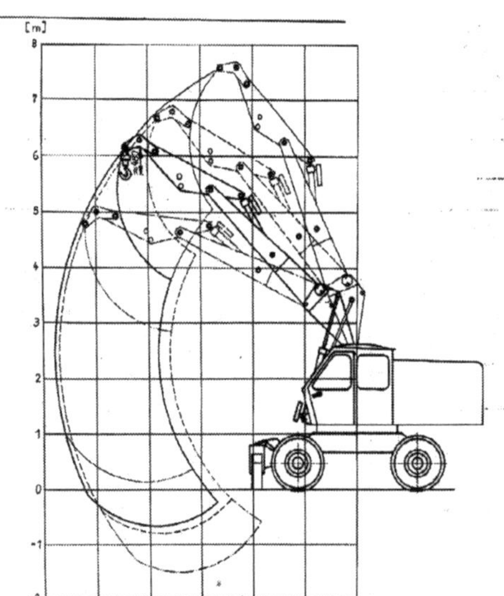

Mobilkran T 174-2A Ausladung und Hubhöhe (Reichweitendiagramm) / 37 /

Einsatz als Hebezeug mit Lasthaken oder Greifer

Lasthaken
Schüttgutgreifer
Greiferverlängerung
Greiferkorb
Zinkenleiste
Schüttgutschale
Schachtschale

Einsatz als Bagger mit Hoch- oder Tieflöffel

Grabenräumlöffel
Tieflöffel
Dränlöffel
Schwenkschaufel
Uni-Löffel

Der Einsatzbereich des T 174-2A in der Land- und Forstwirtschaft sowie im Bauwesen konnte damit erweitert werden.

Es bestanden nach dem ZAK-Katalog die Varianten:

T 174-2A/53	**Baggervariante**
T 174-2A/55	**Kranvariante ohne Abstützung**
T 174-2A/57	**Kranvariante mit Abstützung**
T 174-2A/57	**Export UVR**
T 174-2A/57	**Export CSSR**
T 174-2A/64	**Tropenvariante**

Produktionsdauer und Produktionsstückzahl sind nicht bekannt. Es ist zu vermuten, daß diese nicht gesondert erfaßt und gemeinsam mit dem Mobilkran T 174-2 ausgewiesen wurden.

Kranzahl: **7.9.07**

Erzeugnis: **T 185**

Status: **Neu- und Weiterentwicklung**

Kranhersteller: **VEB Weimar-Werk**

Mit der neuen Bezeichnung **Mobildrehkran MDK T 185** wurde 1978/1979 mit einem neuen konstruktiven Konzept gegenüber dem T 174-2 bzw. -2A die Entwickung durchgeführt. 1980 erfolgte der Bau der Null-Serie mit 5 Geräten. Die Serienproduktion begann 1981.

Mobildrehkran MDK T 185 / 48 /

Das Auslegersystem wurde in seiner Kinematik neu gestaltet. Ein Grundausleger, der auf der Plattform des Oberwagens gelagert war, wurde durch einen Wippzylinder entsprechen aufgerichtet oder gesenkt. Am oberen Teil des Grundauslegers war das weitere Gelenksystem drehbar gelagert. An deren Spitze konnte dann die Gesamtheit der Arbeitswerkzeuge durch Anbau oder Umrüsten angeordnet werden.

Es gab damit, wie beim T 174-2A, die beiden Arbeitsmöglichkeiten, einmal der Einsatz als Hebezeug mit Lasthaken oder Greifer und zum anderen als Bagger mit Hoch- oder Tieflöffelausrüstung.

Weiterhin wurde das Drehwerk in seiner Funktion hydraulisch gestaltet.

Die Tragfähigkeit wurde auf max. 2,5 t gesteigert.

Kranzahl: 7.9.07

Der Unterwagen wurde in seiner Grundauslegung mit Abstützung wie beim Mobilkran T 174-2 belassen.

Die Einhausung des Oberwagens wurde neu gestaltet. Die bisherige kompakte Umhüllung von Maschinenhaus und Bedienungsstand wurde getrennt. An Stelle des Bedienungsstandes erfolgte die Anordnung einer separaten Fahrerkabine.

(Diese Kabine war eine Standard-Kabine und wurde auf alle landwirtschaftliche Geräte und damit auch auf den T 185 und dem späteren T 188 aufgesetzt.)

Technische Daten:

Antriebsmotor	Dieselmotor	
	Hersteller	ZBROJOVKA Brno
	Typ	Zetor 6901
	Leistung	43 kW
	Drehzahl	2000 U/min
Kranbetrieb	Tragfähigkeit	max. 2,5 t
	Ausladung	?
	Hubhöhe	?
Hauptabmessungen	Länge	6,90 m
	Breite	2,50 m
	Höhe	3,65 m
Fahrgeschwindigkeit		19,8 km/h
Gesamtmasse	ca. 10 t	

Produktionsdauer*) 1980 bis 1981

Produktionsstückzahl*) 105

*) / 33 /

Kranzahl: **7.9.08**

Erzeugnis: **T 188**

Status: **Neu- und Weiterentwicklung**

Kranhersteller: **VEB Weimar-Werk**

Mit der Bezeichnung **Mobilkran/Mobilbagger T 188** erfolgte 1986/1987 die Entwicklung, die 1988 in die Produktion übergeleitet wurde. Der T188 war eine Weiterentwicklung des T 185.

Mobilkran/ Mobilbagger T 188 / 50 /

Kranzahl: 7.9.08

Das Konzept, Einsatz als Hebezeug für Kran- und Greiferbetrieb und als Bagger mit Hoch- und Tieflöffelausrüstung, wurde beibehalten und durch eine zweite Abstützung und ein Schiebeschild ergänzt. Damit ergaben sich drei Ausrüstungsvarianten.

1 Abstützung (2-Punkt Pratzenabstützung)
2 Abstützungen (4-Punkt Pratzenabstützung)
1 Abstützung kombiniert mit dem Schiebeschild

Für den universellen Einsatz standen 29 Arbeitswerkzeuge für die jeweiligen Ausrüstungsvarianten zur Verfügung.

Der Unterwagen wurde dabei komplett konstruktiv überarbeitet. Die Drehmittenachse lag jetzt unsymmetrisch zwischen der Vorder- und Hinterachse.

Die Tragfähigkeit wurde auf 3,6 t gesteigert.

Die Steuerung und der Fahrantrieb wurden hydraulisch ausgeführt. Damit war das Gerät in seinen Funktionen, der Steuerung und dem Fahrantrieb vollhydraulisch ausgelegt.

Die entwickelte Logiksteuerung ergab einen maximalen Wirkungsgrad der Hydraulikanlage. Sie gewährleistete, daß die Hydraulikpumpen nur die Ölmenge zur Verfügung stellten, die von den Verbrauchern benötigt wurde. Die Hydraulikanlage bestand aus vier unabhängigen Kreisen. Dadurch ließen sich vier Bewegungen gleichzeitig ohne gegenseitige Beeinflussung steuern. Zur Erhöhung der Leistung konnte die Ölmenge der Hydraulikanlage automatisch summiert werden. Durch entsprechende Meßstellen im Hydrauliksystem und in dem Pneumatiksystem konnten ohne Demontage von Verbindungsleitungen Diagnosewerte ermittelt werden.

In der Fahrerkabine (Standard-Kabine) wurde die Ergonomie, bezogen auf den Fahrersitz und der Anordnung der Bedienelemente, die Heizung, Lüftung und Klimatisierung, die Geräuschminderung und die Sichtverhältnisse verbessert.

Technische Daten:

Antriebsmotor	wassergekühlter Dieselmotor	
	Hersteller	unbekannt
	Typ	unbekannt
	Leistung	50 kW
	Drehzahl	1500 U/min
Kranbetrieb	Tragfähigkeit	3,6 t
	Ausladung	7,05 m
	Hubhöhe	7,30 m
Hauptabmessungen	Länge	6,9 m
	Breite	2,5 m
	Höhe	3,5 m
Fahrgeschwindigkeit		20 km/h
Gesamtmasse	10,8 bis 11,5 t	je nach Ausrüstung

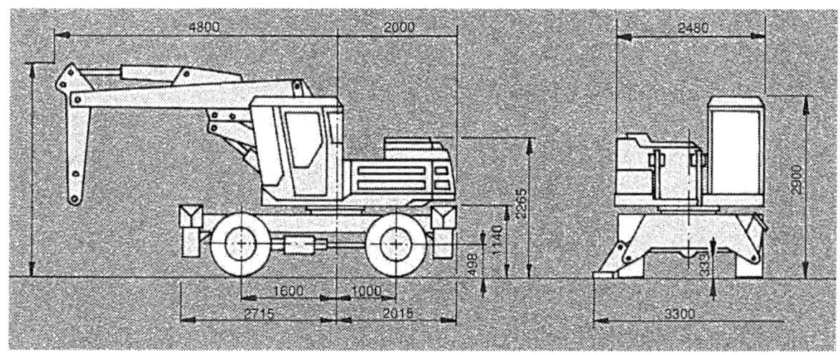

Mobilkran/Mobilbagger T 188 Hauptabmessungen / 50 /

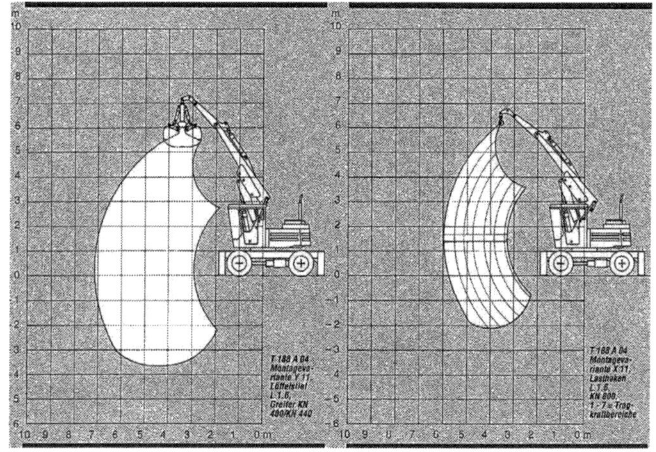

Mobilkran/Mobilbagger T 188 Ausladung und Hubhöhe für Greifer- und Kranbetrieb / 50 /

Produktionsdauer*) 1988 bis 1990

Produktionsstückzahl**) 450

Die Serienproduktion der Mobilkrane wurde 1990 mit Auslauf bis 1992 durch die gesellschaftlichen Veränderungen in der DDR eingestellt und der Betrieb in eine Reihe von selbständigen Einzelbetrieben aufgelöst. Die Mobilkranproduktion wurde in dem ebenfalls neu gebildeten Betrieb HYDREMA Weimar im kleinem Umfang fortgesetzt.

*) Nach / 33 / war Produktionsbeginn 1988. Ob das Gerät bis 1990 oder noch einige Jahre länger hergestellt wurde, ist nicht nachweisbar. Für diese Dokumentation wird der Zeitraum bis 1990 angenommen.

**) In / 33 / wird eine Produktionsstückzahl nicht ausgewiesen. Die hier angegebene Produktionsstückzahl wurde von einem Zeitzeugen, der in der betreffenden Zeit in der Serienbetreuung tätig war, als Schätzung angegeben.

Kranzahl: 7.14.01

Erzeugnis: **T 157**

Status: **Neu- und Weiterentwicklung**

Kranhersteller: **VEB Landmaschinenbau „Rotes Banner“ Döbeln**

Über die Entwicklung und Produktion des **Hydraulischen Universalladers T 157** sind keine technischen Daten und Angaben zur Produktionsdauer und den Produktionsstückzahlen bekannt.

Kranzahl: **7.14.02**

Erzeugnis: **T 157/1**

Status: **Neu- und Weiterentwicklung**

Kranhersteller: **VEB Landmaschinenbau „Rotes Banner“ Döbeln**

Nach der Bezeichnung ist der T 157/1 eine Weiterentwicklung des T 157.

Über die Entwicklung und Produktion des **Hydraulischen Universalladers T 157/1** sind keine technischen Daten und Angaben zur Produktionsdauer und den Produktionszahlen bekannt.

Kranzahl: **7.14.03**

Erzeugnis: **T 157/2**

Status: **Neu- und Weiterentwicklung**

Kranhersteller: **VEB Landmaschinenbau „Rotes Banner“ Döbeln**

Die Entwicklung des Hydraulischen Universalladers T 157/2 erfolgte 1955/1956 und war entsprechend der Bezeichnung eine Weiterentwicklung des T 157/1. Im Jahr 1957 begann die Serienproduktion.

Hydraulischer Universallader T 157/2 / 52 /

Der konstruktive Aufbau glich einem Traktor. Der Rahmen bestand aus einem axialen Rohr und den seitlichen Längsträgern, die miteinander durch Querstreben versteift waren. Die Vorderachse war pendelnd, jedoch begrenzt, aufgehängt. Die große Zwillingsbereifung der Hinterräder und die ausfahrbare Abstützung gewährleisteten eine relativ gute Standsicherheit. Motor und Getriebe waren über der Hinterachse angeordnet, auf der sich der Fahrersitz, die Lenkung und das Kabinendach befand.

Das Gerät wurde ausschließlich hydraulisch bedient. Die Tragfähigkeit betrug max. 0,75 t.

Der Drehkranz, auf dem der Gelenkausleger ruhte, war auf Stahlkugeln gelagert. Der untere Teil des Gelenkauslegers konnte durch einen Wippzylinder gehoben bzw. gesenkt werden. Analog war der obere Gelenkausleger an den unteren angelenkt. An dessen Spitze befand sich die Aufnahmevorrichtung für die einzelnen Arbeitswerkzeuge.

Die Art der Arbeitswerkzeuge ermöglichte den Einsatz einmal als Hebezeug für den Kran- und Greiferbetrieb und zum anderen für Erd- und Tiefbauarbeiten mittels verschiedener Greifer und Schalen.

Technische Daten:

Antriebsmotor	luftgekühlter Dieselmotor	
	Leistung	18 PS (13,2 kW)
	Drehzahl	3000 U/min
Kranbetrieb	Tragfähigkeit	0,75 t
	Ausladung	1,5 bis 4,0 m
	Hubhöhe	5,0 m
	Drehbereich	230° (nach vorn)
Hauptabmessungen	Länge	5,0 m
	Breite	2,0 m
	Höhe	2,8 m
Fahrgeschwindigkeit		max. 8 km/h
Gesamtmasse		3,58 t

Produktionsdauer*) 1957 bis 1970

Produktionsstückzahl*) ca. 13.000

*) / 51 / Eine genauere Aussage konnte nicht ermittelt werden.

Kranzahl: 7.14.04

Erzeugnis: **T 159**

Status: **Neu- und Weiterentwicklung**

Kranhersteller: **VEB Landmaschinenbau „Rotes Banner“ Döbeln**

Die Entwicklung des Mobildrehkranes T 159 erfolgte 1968/1969 als Weiterentwicklung des T 157/2 und wurde nach dessen Auslauf um 1970 in die Serienproduktion überführt.

Mobildrehkran T 159 / 52 /

Das Entwicklungskonzept basierte einmal auf eine vollhydraulische Bedienung aller Funktionen während des Betriebes. Weiterhin auf den universellen Einsatz des Gerätes in möglichst vielen Wirtschaftszweigen für einen Kran- und Greiferbetrieb, wie auch für Erd- und Schüttgutarbeiten.

Die äußere Erscheinungsform des Gerätes erinnerte wieder an einen Traktor, wobei Antrieb und Lenkung vertauscht wurden. Die Vorderachse war Antriebsachse mit großen, grobstolligen Reifen, während die Hinterachse Lenkachse war.

Auf dem Fahrzeugrahmen war über der Lenkachse der Antriebsmotor gelagert, während über der Vorderachse sich die Dreheinrichtung für den Ausleger befand.

Kranzahl: 7.14.04

Die klappbare Abstützung war hinter der Vorderachse angeordnet. Eine geschlossene Kabine für Fahr- und Arbeitsbetrieb war mittig auf den Fahrzeugrahmen aufgesetzt.

Das Drehmoment wurde vom Wechselgetriebe durch eine Gelenkwelle auf die Vorderachse übertragen. Das Ausgleichgetriebe konnte hydraulisch gesperrt werden.

Der Drehkranz war wieder auf einer Doppelreihe von Stahlkugeln gelagert. Durch einen Zahnstangen-Schwenktrieb erfolgte die Drehung mit einem Drehbereich in Fahrtrichtung von 230°.

Auf dem Drehkranz ruhte der gelenkig angeordnete Gelenkausleger und der Wippzylinder. Durch den Wippzylinder konnte der Grundausleger entsprechend gehoben oder gesenkt werden. An der Spitze des Grundauslegers war der zweite, im vorderen Teil geknickte Ausleger, gelenkig befestigt. Dieser konnte durch ein Ausschubteil in fünf Stufen um 1 m verlängert werden.

Am vorderen Teil des geknickten Auslegers war dann die Aufnahmevorrichtung für die einzelnen Arbeitswerkzeuge angeordnet.

Technische Daten:

Antriebsmotor	2-Zylinder-Viertakt-Diesel	Typ 2 VD 14,5/12-1 SRL
	Leistung	34,5 PS (25,4 kW)
	Drehzahl	1500 U/min
Kranbetrieb	Tragfähigkeit	max. 1,8 t
	zul. Lastmoment	3,22 Mpm
	Ausladung	5,35 m
	Hubhöhe	5,60 m
Hauptabmessungen	Länge	5,40 m
	Breite	2,28 m
	Höhe	3,60 m
Fahrgeschwindigkeit	max. 22 km/h	
Gesamtmasse	?	

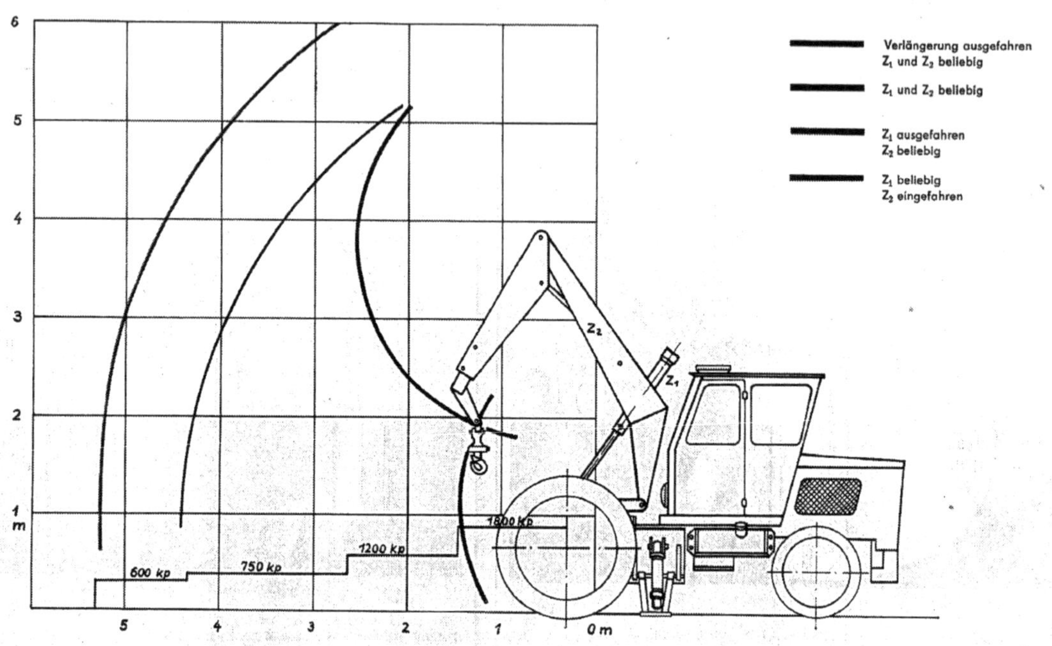

Mobildrehkran T 159 Tragkraftdiagramm / 52 /

Produktionsdauer*) 1970 bis 1990

Produktionsstückzahl*) 3.000

*) geschätzte Angaben von / 51 /

Anhang VIII

Hubschrauber-
krane

Inhaltsverzeichnis

1. Entwicklung und Produktionsstruktur Hubschrauberkrane

In der DDR wurden durch die Luftfahrtindustrie keine Hubschrauber hergestellt. Alle Hubschrauber für den zivilen und den militärischen Bereich wurden aus der Sowjetunion und Polen importiert.

Für den zivilen Einsatz erfolgte bei der Fluggesellschaft INTERFLUG um 1960 die Bildung eines Bereiches Spezialflug. Zum Einsatz für den Kranflug kamen die sowjetische Hubschrauber MIL-MI-4 und MIL-MI-8.

Der in den achtziger Jahren geplante Einsatz eines Hubschraubers vom Typ KA-32 wurde aus betriebswirtschaftlichen Gründen nicht realisiert. Die Verwendung eines Hubschraubers vom Typ MIL-MI-17 konnte nicht verwirklicht werden.

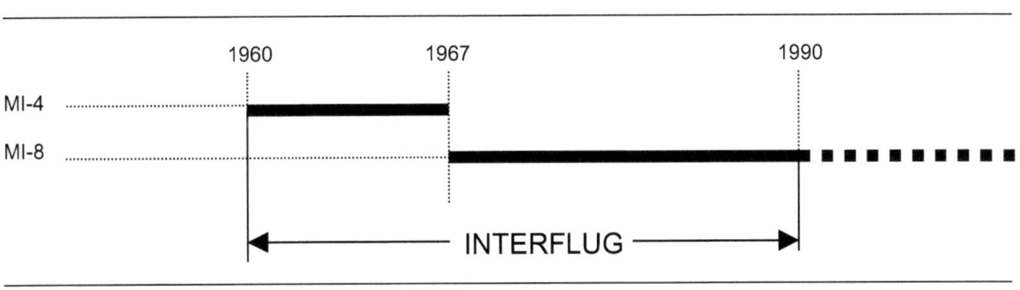

Nach der Auflösung der Fluggesellschaft INTERFLUG wurde nach 1990 der Kranbetrieb unter dem Namen <BSF Hubschrauber Dienste GmbH> fortgeführt.

Der Kranflug wurde nach 1960 im Laufe der Zeit mit seinen Möglichkeiten zu einem festen Bestandteil der Montageprozesse auf Baustellen und anderen Einsatzorten. Er konzentrierte sich dabei im Wesentlichen in zwei Richtungen. Einmal in der Durchführung von Montagen die durch herkömmliche Hebezeuge nicht, oder nur mit einem hohen Aufwand hätten realisiert werden können. Dazu zählten vor allem Montagen in großen Höhen und schwer zugänglichem Terrain.

Die zweite Richtung war die Kranarbeit bei der Elektrifizierung der Bahnstrecken der DR. Hier wurden durch spezifisch entwickelte Technologien alle Fahrmasten mittels Kranhubschrauber gesetzt und weiterhin die Verlegung der Oberleitung aus der Luft bei laufendem Fahrbetrieb der Bahn durchgeführt. Durch diese technologische Leistung konnte die DR ohne nennenswerte Behinderungen und Störungen den Fahrbetrieb durchführen.

Schätzungsmäßig wurden von 1961 bis 1990 durch die beiden Hubschraubertypen ca. 30.000 bis 40.000 Flugstunden geleistet.

Die Hubschrauberkrane waren in der DDR in ihrer Ausführung Mehrzweck-Hubschrauber und wurden für den Kranflug mit einer Außenlastaufhängung ausgerüstet. An dieser war das Kranseil mit Kranhaken befestigt, wo dann die entsprechenden Anschlagmittel angeschlagen werden konnten.

Die Bewegung der Last in der vertikalen und horizontalen Ebene erfolgte durch den Hubschrauberführer (Kranführer) mit dem gesamten Hubschrauber (Kran) und erforderte eine hohe Präzision. An der vorderen linken Seite des Hubschraubers war ein Beobachtungsfenster angeordnet worden, von dem aus der Beobachter den Bewegungsablauf der Last unter sich beobachten konnte und die entsprechenden Steuerbefehle an den Hubschrauberführer erteilte. Diese Kommunikation und das Zusammenspiel zwischen Beobachter und Hubschrauberführer erforderte höchste Konzentration und ein hohes gegenseitiges Vertrauen.

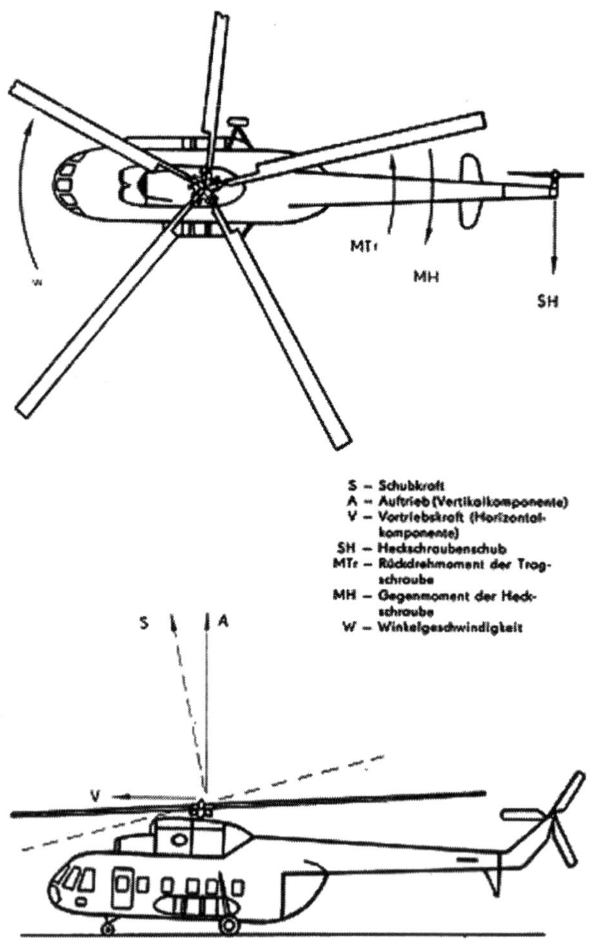

Die den Hubschrauber umgebende Luftmasse wird von den rotierenden Tragschraubenblättern (Hauptrotor) nach unten beschleunigt. Die Reaktionskraft dieser Beschleunigung äußert sich in einer nach oben gerichteten Schubkraft (S), die den erforderlichen Auftrieb bewirkt und damit den eigentlichen Flugvorgang auslöst. Der Hubschrauberführer kann die nach oben gerichtete Schubkraft durch die gleichmäßige Veränderung der Anstellwinkel aller Tragschraubenblätter erhöhen oder verringern, das heißt den Steig-, Schwebe- und Sinkflug (Hubhöhe) des Hubschraubers regulieren.

Werden die Anstellwinkel der Tragschraubenblätter während ihrer Umdrehung unterschiedlich verändert, so neigt sich der senkrecht zur Tragschraubenebene wirkende Vektor der Schubkraft in die beabsichtigte Flugrichtung. Die Schubkraft (S) läßt sich dabei in eine Vertikal- (A) und Horizontalkomponente (V) zerlegen, wodurch eine der Neigungsrichtung entsprechende Flugbewegung nach vorn, zur Seite oder zurück (Ausladung) bewirkt wird.

Abb. 1
Prinzip der Bewegung eines Hubschraubers / 59 /

Das Rückdrehmoment bei Drehflüglern mit einer Tragschraube wird durch den Schub der Heckschraube (Heckrotor) ausgeglichen, der ein Gegendrehmoment (MH) bewirkt. Verändert der Hubschrauberführer den Heckschraubenschub (SH), erreicht er das Drehen des Hubschraubers um seine Hochachse.

Im Bereich der Bodennähe erhöht sich die Tragfähigkeit eines Hubschraubers wesentlich. Durch den Stau der nach unten gestoßenen Luft entsteht ein sog. Luftkissen. Weiteren Einfluß auf die Tragfähigkeit haben die meteorologischen Bedingungen, wie Außentemperatur, Höhe des Einsatzgebietes über NN, Windgeschwindigkeit und Luftfeuchtigkeit.

Im Arbeitsablauf ist ein kleiner Arbeitsflugplatz als Operationsbasis für die Kranarbeit nach Abb.2 erforderlich. Von hier aus fliegt der Kranhubschrauber zum Ort der Lastaufnahme und nach Aufnahme der Last weiter zum Montageort, wo er die Montage der Last durchführt. Sind mehrere Montagen erforderlich, wiederholt sich der Ablauf zwischen Lastaufnahme- und Montageort. Liegt nur eine einmalige Montage vor, erfolgt nach der Kranmontage der Rückflug zum Arbeitsflugplatz.

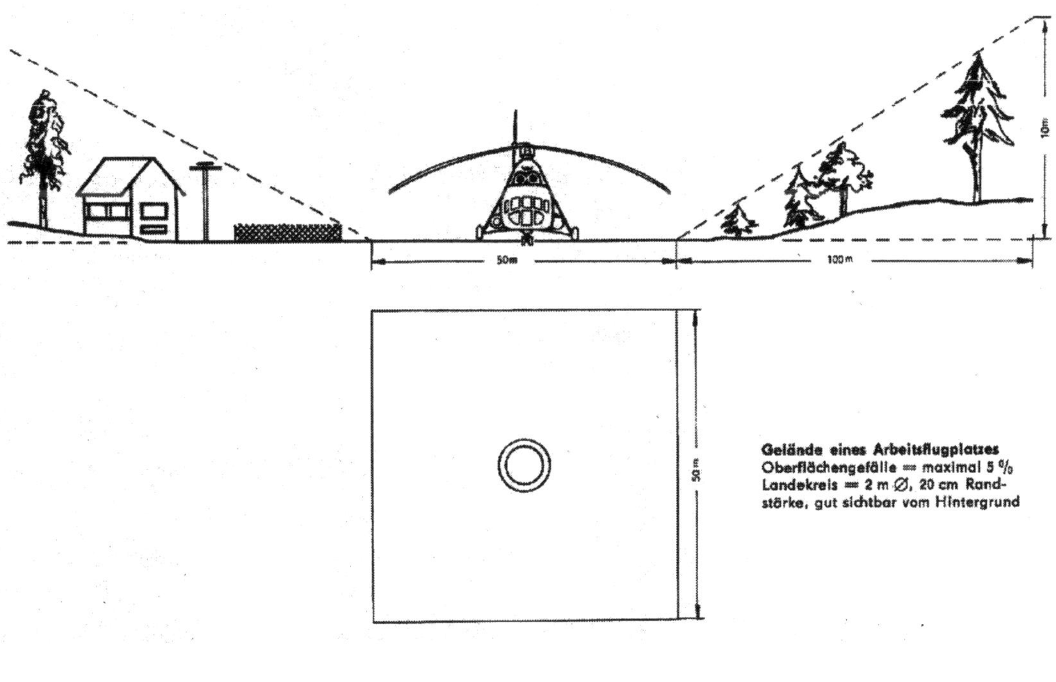

Abb. 2 Arbeitsflugplatz eines Hubschrauberkranes / 59 /

2. Übersicht, Gliederung und Darstellung der Hubschrauberkrantypen

Für die Gliederung wurde eine dreistellige Kranzahl festgelegt, die sich nach folgender Legende zusammensetzt:

X1. X2. X3. = Kranzahl

X1 = Nummer der Bauart
X2 = Nummer des Kranherstellers
X3 = lfd. Nummer des Krantyps in der jeweiligen Bauart (Ordnungsnummer)

Bauart

Nummer der Bauart	Bauart	
8	Hubschrauberkran	HSK

Kranhersteller

Nummer des Kranherstellers	Kranhersteller	
15	Werk KASAN, Werk ULAN UDE,	Kasachstan Kasachstan

Bauart	Krantyp	Kranhersteller		Kranzahl
8	Hubschrauberkran			
	MI-4	Werk KASAN,	Kasachstan	8.15.01.
	MI-8	Werk ULAN UDE,	Kasachstan	8.15.02

Kranzahl: 8.15.01

Erzeugnis: **MIL MI-4**

Status: **Import**

Kranhersteller: **Werk KASAN Kasachstan UdSSR**

Mit diesem Hubschrauberkran wurden ab 1960/1961 die ersten Kranarbeiten auf Baustellen durchgeführt.

Hubschrauberkran MIL MI-4 / 60 /

Technische Daten*):

Triebwerk	ein Sternmotor Schwesow Asch-82V mit 1.268 kW
Höchstgeschwindigkeit	200 km/h in 1.000 m Höhe
Dienstgipfelhöhe	5.500 m
Leermasse	5.390 kg
Startmasse	7.800 kg
Hauptrotordurchmesser	21,00 m
Länge bei laufendem Rotor	25,02 m
Höhe	4,40 m

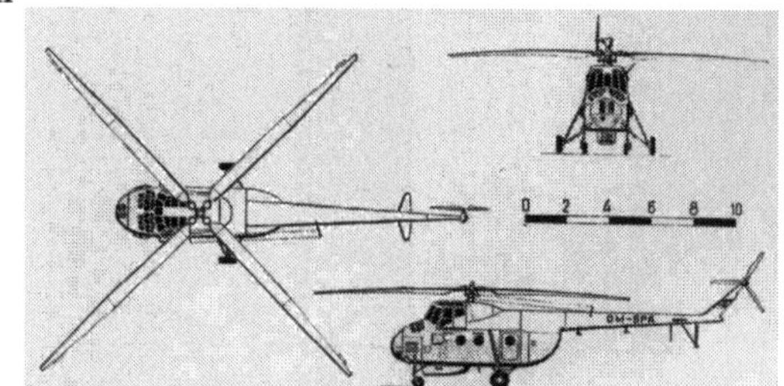

Hubschrauberkran MIL MI-4
Dreiseitenansicht / 60 /

Einsatzdaten):**

Kraneinsatz	1961 bis 1967
Tragfähigkeit max.	max. 0,7 t
Anzahl der eingesetzten Hubschrauberkrane	2 Stck.
Flugstunden (MI-4 und MI-8 zusammen)	30.000 bis 40.000 h

*) / 60 /
**) / 61 /

Kranzahl: **8.15.02**

Erzeugnis: **MIL MI-8**

Status: **Import**

Kranhersteller: **Werk ULAN UDE Kasachstan UdSSR**

Der Hubschrauberkran MI-4 wurde 1967 durch den leistungsfähigeren Kranhubschrauber MI-8 abgelöst.

Hubschrauberkran MIL MI-8 / 59 /

Dieser Hubschrauber wurde neben anderen Montagearbeiten unter anderem speziell für die Kranarbeiten zur Elektrofizierung der Bahntrassen der DR eingesetzt. Dazu wurden neue Montagetechnologien für das Setzen der Fahrleitungsmaste und der Verlegung der Oberleitungen bei vollem Bahnbetrieb entwickelt.

Kranzahl: 8.15.02

Nach der Auflösung der Fluggesellschaft INTERFLUG wurde der Kranbetrieb mit der MI-8 unter den neuen Namen < BSF Hubschrauber Dienste GmbH > fortgesetzt.

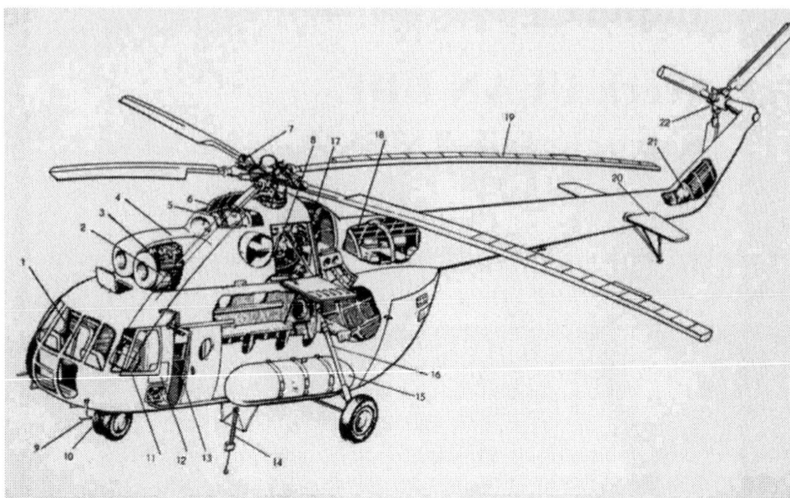

1 Scheibenwischer
2 Schmierstoffbehälter
3 Triebwerk TB Z - 117 A
4 Triebwerksverkleidung
5 Kühlgebläse
6 Schmierstoffkühler
7 Tragschraubennabe
8 Hauptuntersetzungsgetriebe
9 Staurohr
10 Bugrad
11 Schiebefenster
12 Akkumulatoren
13 Ausleger für Elektrowinde
14 Außenlastaufhänger
15 Kraftstoffbehälter
16 Hauptfahrwerk
17 Hydraulikblock
18 Heckwelle
19 Tragschraubenblätter
20 Stabilisator
21 Winkelgetriebe
22 Heckschraube

Hubschrauberkran MIL MI-8
Baugruppenübersicht / 59 /

Technische Daten[*]**:**

Triebwerk	zwei Isotov TW2-117 mit 2x 1.100 kW
Höchstgeschwindigkeit	220 km/h
Dienstgipfelhöhe	4.500 m
Reichweite	600 km (mit Zusatzbehälter)
Leermasse	7.200 kg
Startmasse	12.000kg
Hauptrotordurchmesser	21,29 m
Länge bei laufenden Rotor	24,24 m
Höhe	5,65 m

Einsatzdaten[**]**:**

Kraneinsatz	1967 bis 1990
Tragfähigkeit	max. 3,0 t
Anzahl der eingesetzten Hubschrauberkrane	7 Stck.
Flugstunden (MIL MI-4 u. MIL MI-8 zusammen)	30.000 bis 40.000 h

Art der Last		Bemerkung
1. Maximale Tragkraft des Hubschraubers unter günstigen Witterungsbedingungen	≤ 3 Mp	Temperatur < + 20 °C Windgeschwindigkeit <8 bis 10m/s und in Abhängigkeit von der Höhe des Arbeitsplatzes über NN
2. Tragkraft des Hubschraubers unter ungünstigen Witterungsbedingungen	≤ 2,5 Mp	Temperatur > + 25 °C Windgeschwindigkeit > 10 m/s und in Abhängigkeit von der Höhe des Arbeitsplatzes über NN
3. Anzustrebende Masse von Montageeinheiten	≤ 2,5 t i. M. 2 t	
4. Anzustrebende maximale Masse von Demontageeinheiten	≤ 2 t	Wegen Unsicherheiten bei der Masseermittlung (Farbe, Isolierung, Kesselstein u. a.)

Masse der Montagehilfsmittel bzw. Anschlagmittel ist in dieser Angabe mit enthalten.

Hubschrauberkran MIL MI-8
Tragkraft an der Außenaufhängung / 64 /

*) / 62 /
**) / 61 /

3. Bauarten und Krantypen

Anhang IX

Schienendrehkrane

Inhaltsverzeichnis

1. Entwicklung und Produktionsstruktur Schienendrehkrane

Die Entwicklung und Produktion von Schienendrehkranen in der DDR erfolgte im Zeitraum von 1945 bis annähernd 1961.

Der Einsatzbereich für Haken- und Greiferbetrieb waren Industriebetriebe und Umschlagplätze unter Nutzung ihrer innerbetrieblichen Gleisanlagen als Basis für die Umschlagarbeiten. Die Schienendrehkrane waren wegen ihrer ungefederten Achsen nicht für den öffentlichen Verkehr auf dem Schienennetz der DR zugelassen. Ein Wechsel von einer innerbetrieblichen Gleisanlage zu einer anderen mittels Schienentransport im Zugverband über das Schienennetz der DR war damit nicht möglich. Er konnte nur über Straßentransporte mittels Tieflader oder zerlegt auf einem Plattformwagen der DR erfolgen.

Der Schienendrehkran war im konstruktiven Aufbau ein relativ einfaches Hebezeug. Er bestand aus dem schienengebundenen Unterwagen, dem Oberwagen mit dem Antriebsystem und den einzelnen Maschinenaggregaten für den Kranbetrieb sowie dem Ausleger.

Beim Antrieb kamen anfangs noch zwei- oder dreizylindrische Dampfmaschinen zum Einsatz. Dieser dampfbetriebene Antrieb wurde in der Folge durch einen diesel-mechanischen und diesel-elektrischen Antrieb ersetzt.

Betrieb	Tragfähigkeit Der Krane t	Zeitdauer der der Kranproduktion Jahr	gesamt produzierte Kraneinheiten Stck.	Produktionsverlagerung / Produktionsauslauf
VEB Bleichert Transportanlagenfabrik Leipzig	3	??	??	→ 0
VEB Schwermaschinenbau „S.M.KIROW"	10	1957 ... 1963	72	→ 0
VEB Kranbau Eberswalde	10	??	??	→ 0
VEB Weimar Werk	3	1953 ... 1954	24	← → 0
VEB Schwermaschinenbau-NOBAS Nordhausen	6	1951	15	← → 0
Σ	3 ... 10	1945 ... 1961	110 (gerundet)	

Abb. 1 Produktionsübersicht Schienendrehkrane

Den Kranbau Eberswalde (bis 1945 ARDELT Werke) kann man im gewissen Sinne, wie auch die Abb. 1 zeigt, als Zentrum für die Entwicklung der Schienendrehkrane bezeichnen, die auch in gewisser Affinität zu den dort ebenfalls entwickelten Raupendrehkranen stand. Über Krantypen, Produktionsdauer und Produktionsstückzahlen, die ab 1945 in Eberswalde produziert wurden, bestehen keine Angaben. Die Konstruktionen einzelner Schienendrehkrane (wie auch von Raupendrehkranen) wurden nach dem Weimar Werk und NOBAS Nordhausen verlagert und dort kurzzeitig produziert. Die näheren Umstände hierüber sind nicht bekannt.

Im gleichen Zeitabschnitt erfolgte bei Bleichert Anlagenfabrik Leipzig die Erarbeitun eines Projektes zu einem Schienendrehkran, bei dem der Oberwagen des ADK 3 „SIS“ auf einen herkömmlichen Plattformwagen aufgesetzt wurde. Eine Realisierung dieses Projektes ist unbekannt.

Beim Schwermaschinenbau „S.M. KIROW“ wurde mit damaligen Stand der Technik gleichfalls ein Schienendrehkran <SDK-5> in Affinität mit der Entwicklung und Produktion von Eisenbahndrehkranen entwickelt und produziert.

Durch die schienengebundene Begrenzung der Umschlagprozesse auf innerbetriebliche Gleisnetze erfolgte der Einsatz von Schienendrehkranen zeitlich begrenzt und wurde im Rahmen der weiteren Entwicklung und Bereitstellung von flexibleren Hebezeugen wie Mobildrehkrane, Autodrehkrane und Eisenbahndrehkrane, abgelöst.

Die produzierte Anzahl von Schienendrehkranen war damit relativ gering.

2. Übersicht und Gliederung der Schienendrehkrantypen

Für die Gliederung wurde eine dreistellige Kranzahl festgelegt, die sich nach folgender Legende zusammensetzt:

X1. X2. X3. = Kranzahl

X1 = Nummer der Bauart
X2 = Nummer des Kranherstellers
X3 = lfd. Nummer des Krantyps in der jeweiligen Bauart (Ordnungsnummer)

Bauart

Nummer der Bauart	Bauart
9	Schienendrehkran

Kranhersteller

Nummer des Kranherstellers	Kranhersteller
1	VEB Transportanlagenfabrik Leipzig
6	VEB Schwermaschinenbau „S.M. KIROW“ Leipzig
8	VEB Kranbau Eberswalde
9	VEB Weimar Werk
11	VEB Schwermaschinenbau NOBAS Nordhausen

Bauart	Krantyp	Kranhersteller	Kranzahl
9	Schienendrehkran		
	SK 3	Bleichert	9.1.01.
	SDK-5	KIROW	9.6.01.
	SK 10	Eberswalde	9.8.01.
	SK 3	Weimar	9.9.01.
	SK 6	NOBAS	9.11.01.

Kranzahl: 9.1.01

Erzeugnis: **SK 3** *)

Status: **Projekt**

Kranhersteller: **VEB Bleichert Transportanlagenfabrik Leipzig**

Das Projekt muß vermutlich im Zeitraum um 1950 bis 1955 erarbeitet worden sein.

Schienendrehkran SDK 3 / 19 /

Bei der Entwicklung und Produktion der Autodrehkrane ADK 3 „SIS“ (Kranzahl 1.1.01.) und weiterer Fahrzeugkrantypen wurde ein einheitlicher Oberwagen verwendet. Dieser Oberwagen mit 3 t Traglast wurde auch auf einen Plattformwagen zur Schaffung eines Schienendrehkrans aufgesetzt, wobei der Ausleger verändert und die Auslegung in einer Gitterkonstruktion erfolgte.

(Ob mit dem veränderten Ausleger eine höhere Traglast erreicht werden sollte, ist unbekannt, aber vermutbar).

Die Herstellung dieser Krane und ein Verkauf ist unbekannt.

*) Die Bezeichnung lautet nur allgemein Schienenkran. Zur Identifizierung wurde die Bezeichnung SK 3 verwendet.

Kranzahl: **9.6.01**

Erzeugnis: **SDK-5**

Status: **Neu- und Weiterentwicklung**

Kranhersteller: **VEB Schwermaschinenbau „S.M. KIROW“ Leipzig**

Die Entwicklung des Krans mit einem diesel-elektrischen Antrieb und einer max. Tragkraft von 10.000 kp (abgestützt) / 5.000 kp (freistehend) für Haken- und Greiferbetrieb erfolgte um 1960.

Schienendrehkran SDK-5 /29/

Der Antrieb erfolgte durch einen Dieselmotor mit 51 PS (37,5 kW) bei 1500 U/min, der direkt mit einem Konstantspannungsgenerator gekuppelt war. Eine Fremdstromeinspeisung wie auch eine Stromabgabe war möglich.

Beim Hubwerk wie auch beim Einziehwerk war aufbaumäßig die Anordnung als Motorkupplung-Bremse-Getriebe-Trommel ausgeführt. Die Bremse wurde durch einen elektrohydraulischen Bremslüfter automatisch mit dem Ein- oder Ausschaltvorgang des Hubwerk- bzw. des Einziehwerkmotors betätigt. Die Bewegungen wurden durch entsprechende Endschalter begrenzt.

Das Drehwerk bestand aus einem Vertikalgetriebe mit darüber angeordneter Bremse, Kupplung und Motor. Die Drehverbindung zwischen Ober- und Unterwagen wurde durch einen zweireihigen, dreiteiligen Kugeldrehkranz gebildet. Die Drehwerksbremse war eine mechanische Fußtrittbremse.

Der Fahrantrieb erfolgte über ein offenes Ritzel des geschlossenen Fahrgetriebes. Dieses griff in das Antriebsritzel das auf dem Treibradsatz aufgepreßt war, ein.

Der Unterwagen, eine Schweißkonstruktion, besaß zwei ungefederte Achsen. Bei einem Radstand von 2,8 m betrug der kleinste Kurvenradius 50 m. Die Stützbasis hatte die Form eines Sechsecks und wurde durch die vier Räder und die beiden Abstützarme, die zwischen den Achsen angeordnet waren, erzeugt. Der Abstand der beiden Abstützpunkte betrug dabei 3 m.

max. Tragkraft (abgest.)	10 000 kp
max. Tragkraft (freist.)	5 000 kp
Ausladungsbereich	
Ausleger A (Geradausleger) (min.-max.)	3,75—12,0 m
Ausleger B (Schnabelausleger) (min.-max.)	7,35—13,7 m
Hubhöhen verschieden	(s. Tabellen)
Hubgeschwindigkeiten: (je nach Flaschung)	40/20/13,3/10/8 m/min.
Einziehgeschwindigkeit: (obere Einziehflasche)	4,2 m/min.
Drehen	1,4 U/min.
Eigenfahrgeschwindigkeit:	90 m/min.
Schleppgeschwindigkeit, max.:	10 km/h

Anschlußwerte für Fremdstrom:	380 V Drehstrom, 50 Hz, min. 60 A
Notstromabgabe:	380 V Drehstrom, 50 Hz, ca. 38 KVA
Eigenmasse (mit Ballast u. Gegenlasten)	ca. 30 t
Eigenmasse (ohne Ballast u. Gegenlasten)	ca. 20 t
Achslast bei Eigenfahrt (ohne Last) vorn	ca. 12,5 Mp
hinten	ca. 17,5 Mp
max. Radlast unter Last (freistehend)	ca. 13 Mp
Metermasse (bei Eigenfahrt)	ca. 5 t/m
Länge über Puffer	ca. 6085 mm
Breite	2500 mm
Höhe (ohne Ausleger)	3420 mm
Radstand	2800 mm
Pufferhöhe	1000 mm
hintere Ausladung des drehb. Oberwagens	2190 mm

Schienendrehkran SDK-5 Technische Daten / 29 /

Der Oberwagenrahmen war gleichfalls eine Schweißkonstruktion und nahm die Antriebsaggregate und elektrischen Triebwerke auf.

Die Bauform des Oberwagens war maßlich so abgestimmt, daß bei Querstellung und einem Gleismittenabstand von 4 m ein Sicherheitsabstand von 0,22 m zum benachbarten Fahrzeugbegrenzungsprofil bestand.

Der Ausleger, ein geschweißtes Rohrfachwerk, konnte durch Einbau von Zwischenstücken von je 4,8 m Länge verlängert werden. In der Ausführung des Auslegers waren ein Geradausleger und ein Schnabelausleger möglich. Beim Schnabelausleger erfolgte dabei der Einbau eines Schnabelstückes mit Traverse und Abspannseil an den entsprechenden Geradausleger.

Produktionsdauer: 1957 bis 1963

Produktionsstückzahl: 72

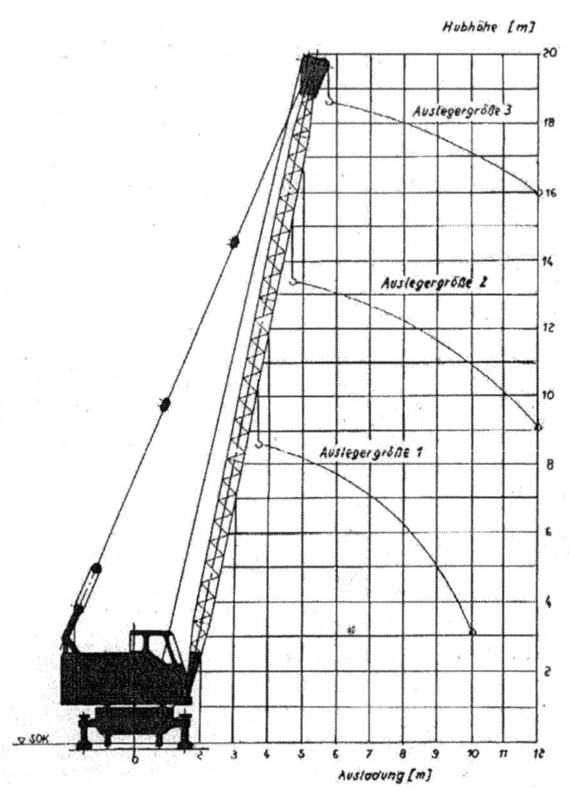

Tragkräfte mit Ausleger A (Geradausleger) in Mp

Auslegergröße	1		2		3	
Ausladung (m)	freist.	abgest.	freist.	abgest.	freist.	abgest.
3,75	5	10	—	—	—	—
4,25	5	8,5	—	—	—	—
4,75	5	7,5	3,75	3,75	—	—
5,25	4,75	6,8	3,75	3,75	—	—
6	4,1	6	3,5	3,75	1,8	1,8
7	3,4	5	3	3,75	1,65	1,8
8	2,75	4,1	2,5	3,75	1,5	1,8
9	2,3	3,5	2,2	3,2	1,35	1,7
10	2	3,1	1,9	2,75	1,25	1,6
11	—	—	1,65	2,45	1,12	1,5
12	—	—	1,5	2,2	1	1,4

Auslegervarianten für Ausleger A (Geradausleger)

Auslegergröße		1				2				3			
Anzahl der Seilstränge		5		4		3		2		1		1	
max. Tragkr. (Mp)	bei	min. Ausl.	max. Ausl.	min. Ausl.	max. Ausl.	min. Ausl.	max. Ausl.	min. Ausl.	max. Ausl.	min. Ausl.	max. Ausl.	min. Ausl.	max. Ausl.
	freist.	5	2	5	2	5	2	3,75	1,5	1,8	1,5	1,8	1
	abgest.	10	3,1	7,5	3,1	5	3,1	3,75	2,2	1,8	1,8	1,8	1,4
max. Gesamt-Hubhöhe (m)		9		11,5		15,5		22		46		4,1	
Hubhöhe über SDK (m)		8,8	3,6	8,8	3,6	8,8	3,6	13,5	9,2	14	9,7	18,7	16
Hubtiefe unter SDK (m)		0,2	5,4	2,7	7,9	6,7	11,9	8,5	12,8	32	36,3	22,3	25
Hubgeschwindigkeit (m/min)		8		10		13,3		20		40		40	

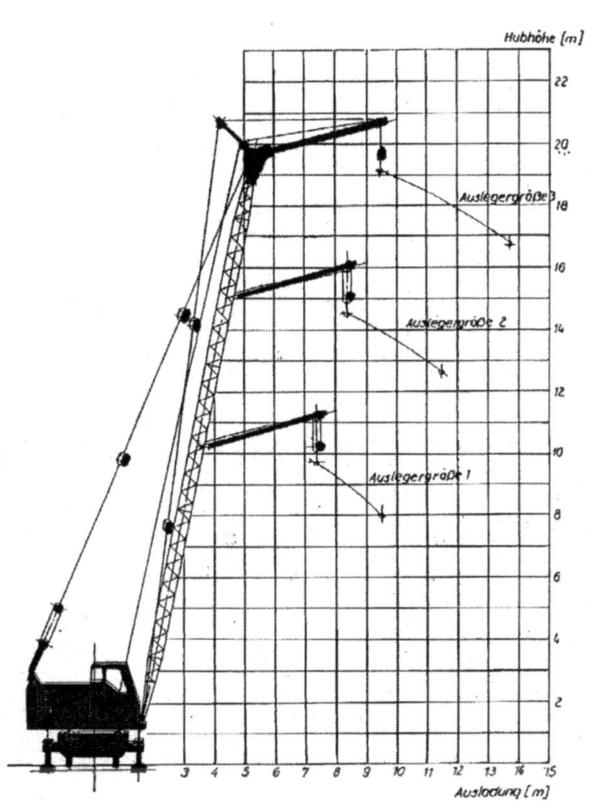

Tragkräfte mit Schnabelausleger „B"

Auslegergröße	1		2		3	
Ausladung (m)	freist.	abgest.	freist.	abgest.	freist.	abgest.
7,35	2.5	2,5	—	—	—	—
7,85	2,3	2,5	—	—	—	—
8,35	2,1	2,4	1,5	2,0	—	—
8,7	2	2,25	1,4	1,85	—	—
9,45	1,8	2	1,3	1,7	0,75	1
10,45	—	—	1,2	1,55	0,65	0,9
11,45	—	—	1,1	1,4	0,55	0,8
12,45	—	—	—	—	0,45	0,7
13,7	—	—	—	—	0,35	0,6

Varianten mit Ausleger „B" (Schnabelausleger)

(Tragkräfte, Flaschung, Hubhöhen und -geschwindigkeit)

Auslegergröße		1		2				3	
Anzahl der Seilstränge		2		2		1		1	
max. Tragkr.	bei	min. Ausl.	max. Ausl.	min. Ausl.	max. Ausl.	min. Ausl.	max. Ausl.	min. Ausl.	max. Ausl.
	freist.	2,5	1,8	1,5	1,1	1,5	1,1	0,75	0,35
	abgest.	2,5	2	2	1,4	1,8	1,4	1	0,6
max. Gesamt-Hubhöhe (m)		23		21		42		38	
Hubhöhe über SOK (m)		10	8	15	13	15,5	13,5	20,4	18
Hubtiefe unter SOK (m)		13	15	6	8	26,5	28,5	17,6	20
Hubgeschwindigkeit (m/min)		20		20		40		40	

Kranzahl: **9.8.01**

Erzeugnis: **SK 10** *)

Status: **Neu- und Weiterentwicklung**

Kranhersteller: **VEB Kranbau Eberswalde**

Der Kran muß, da keine näheren Angaben vorliegen und bekannt sind, vermutlich um 1945 entwickelt und danach auch in Eberswalde produziert worden sein.

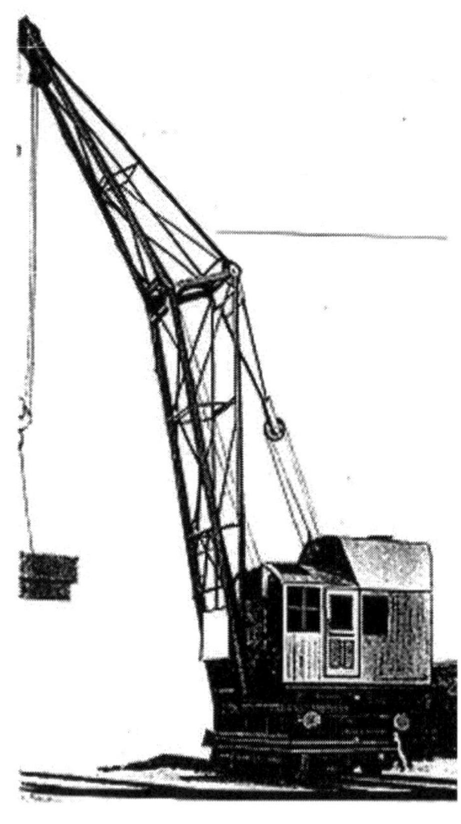

Der Antrieb des Krans SK10 erfolgte durch eine zwei- oder drei Zylinder-Dampfmaschine, die mit dem Dampfkessel auf dem Oberwagen angeordnet war, wo sich auch das Hub-, Einzieh- und Drehwerk befand.

Der Ausleger war eine genietete Gitterfachwerkkonstruktion und war in seiner Länge geknickt.

Tragkräfte:**)

10,0 t Tragkraft	bei	5,5 m Ausladung
5,0 t Tragkraft	bei	9,0 m Ausladung
3,5 t Tragkraft	bei	12,0 m Ausladung

Weitere technische Angaben sowie Angaben zur Produktionsdauer und Produktionsstückzahl sind nicht bekannt.

Schienendrehkran SK 10 / 19 /

*) Der Kran wurde allgemein nur als Dampfkran bezeichnet. Zur Identifizierung erfolgte die Bezeichnung SK 10
**) / 19 /

Kranzahl: **9.9.01**

Erzeugnis: **SK 3**

Status: **Produktionsverlagerung**

Kranhersteller: **VEB Weimar Werk**

Die Entwicklung des diesel-mechanischen Schienenkranes erfolgte bei den ARDELT Werken (später VEB Kranbau Eberswalde) noch vor oder um 1945. Zu diesem Zeitpunkt wurden eine Reihe ähnlicher Krane mit gleichem Grundprinzip entwickelt und gebaut, die sich nur durch den Antrieb (Dampf oder Diesel), die Auslegergröße und -form unterschieden. Die Tragfähigkeit betrug 3 bis 5 t. Ob dieser Kran SK 3 in Eberswalde produziert wurde, ist unbekannt. Bekannt ist nur die Verlagerung der technischen Dokumentation (Konstruktions- und technologische Unterlagen 1952/1953 nach dem Weimar Werk, wo er produziert wurde.

Schienendrehkran SK 3 / 33 /

Technische Daten sind nicht bekannt.

Produktionsdauer: 1953 bis 1954
Produktionsstückzahl: 24

Kranzahl: **9.11.01**

Erzeugnis: **SK 6** *)

Status: **Produktionsverlagerung**

Kranhersteller: **VEB Schwermaschinenbau NOBAS Nordhausen**

Die Entwicklung des mit Dampf betriebenen 6 t-Schienendrehkranes für Haken- und Greiferbetrieb erfolgte bei den ARDELT Werken (später VEB Kranbau Eberswalde) vor oder um 1945. Ob dieser Kran in Eberswalde produziert wurde ist unbekannt. Bekannt ist nur die Verlagerung der technischen Dokumentation (Konstruktions- und technologische Unterlagen) 1950/1951 nach ABUS Maschinenbau Nordhausen Volkseigener Betrieb (später VEB Schwermaschinenbau NOBAS Nordhausen), wo er produziert wurde.

Schienendrehkran SK 6 / 44 /

*) Der Kran wurde allgemein als Lokomotiv-Dampfdrehkran benannt. Zur genauen Identifizierung wurde die Bezeichnung Schienenkran SK 6 eingeführt.

Der Unterwagen, eine zwei Profileisenkonstruktion, stützte sich auf normale Eisenbahn-Laufachsen ab. In der Mitte des Unterwagens war eine Königssäule fest eingesetzt und zentrisch hierzu der Roll- und Zahnkranz verlegt.

Das schwenkbare Kranoberteil bestand aus einer Plattform, ebenfalls eine Profileisenkonstruktion, auf welcher der gesamte Antriebsmechanismus einschließlich Dampfkessel aufgebaut war. Die Plattform stützte sich mit vier Drehrollen aus Stahlguß auf den Rollkranz des Unterwagens ab und wurde durch die Königssäule geführt. Antriebsmechanismus und Kessel sowie das Fahrerhaus mit Fahrerstand waren mit einem geschlossenen Schutzhaus aus Holz umgeben. Die Rückwand wurde dabei durch das Gegengewicht gebildet.

Der Ausleger war eine genietete Gitterfachwerkkonstruktion aus Profileisen und gelenkig mit der Einziehstütze am vorderen Teil der Plattform gelagert. An der Spitze des Auslegers befanden sich die Seilrollen zum Umlenken der Hub- und Greiferseile. Durch das Einziehwerk erfolgte die Veränderung der Ausladung des Kranes.

1435 mm Spur
Tragfähigkeit 3 t bei 8,5 m Ausladung
Tragfähigkeit 6 t bei 5,0 m Ausladung
Tragfähigkeit 2,5 t bei 9,0 m Ausladung
Laufrad-Durchmesser etwa 920 mm
für Greifer- und Stückgut-Betrieb einschließlich Greifer für 0,75 cbm Inhalt.

Der Antrieb des Kranes erfolgt durch eine umsteuerbare stehende Zwillingssäulen-Dampfmaschine
Zylinder-Durchmesser 165 mm,
Hub 180 mm
Umdrehungen an der Kurbelwelle
n = 1270.
Als Dampfkessel wird ein Quersieder-Dampfkessel stehender Bauart, 8 qm Heizfläche, 8 Atm. Überdruck verwendet.

Die Arbeitsgeschwindigkeiten betragen:
Heben v = etwa 30 m/min
Kranfahren v = etwa 80 m/min
Drehen v = etwa 2-3 x/min.

Die Hubhöhe beträgt bei 8,5 m Ausladung 7 m über Schienenoberkante und 12 m unter Schienenoberkante.

Der Kran ist im vollen Kreise schwenkbar.

Schienendrehkran SK 6
Technische Daten / 39 /

Die Antriebs-Dampfmaschine*) besaß eine Zentralschmierung. Als Dampfanlaßschieber wurde eine Sonderkonstruktion gewählt, die ein feinfühliges Anlassen der Dampfmaschine gestattete. Der Schieber war so ausgebildet, daß die eingekuppelte Dampfmaschine beim Senken größerer Lasten als Kompressor arbeitete, so daß eine sichere Bewegung erreicht wurde.

Außer einem Injektor war eine besondere Maschinenpumpe zum Speisen des Kessels angebracht. Seitlich vom Kessel waren die Kohlenkästen angeordnet. Die Wasserkessel befanden sich unterhalb der Plattform.

Die Dampfmaschine übertrug ihre Bewegung durch Stirnräder auf eine Hauptantriebswelle, auf der sich außer dem Hubwerksritzel eine Kupplung zum Einkuppeln der Kranfahrbewegung und des Ausleger-Einziehwerkes befand. Beim Hubwerk wurde die Leistung der Hauptantriebswelle durch Stirnrädergetriebe auf die Kupplung übertragen.

*) 1951 hat der Verfasser als Maschinenschlosser die Montage der Dampfmaschinen mit durchgeführt.

Das Halten der Last erfolgte durch eine Bandbremse. Die Seiltrommeln besaßen eingedrehte Rillen für eine sichere Seilführung.

Für den Greiferbetrieb war außer der Hubtrommel eine weitere Haltetrommel erforderlich, die durch eine Federbandkupplung von ersterer mitgenommen wurde. Die Bedienung der Kupplung geschah durch Handhebel. Mit Hilfe der zur Verwendung gekommenen Greifersteuerung war es möglich, den Vierseilgreifer in jeder Höhenlage zu öffnen und zu schließen wie auch den geöffneten Greifer zu heben und zu senken.

Das Schwenken des Kranes erfolgte durch Weiterleitung der Bewegung von der Hauptantriebswelle durch ein Stirnrädervorgelege und ein Kegelwendegetriebe auf das mit der vertikalen Welle fest verbundenen Ritzel, daß in den Zahnkranz des Unterwagens eingriff. Das Kegelwendegetriebe war als Lamellen-reibungskupplung ausgebildet.

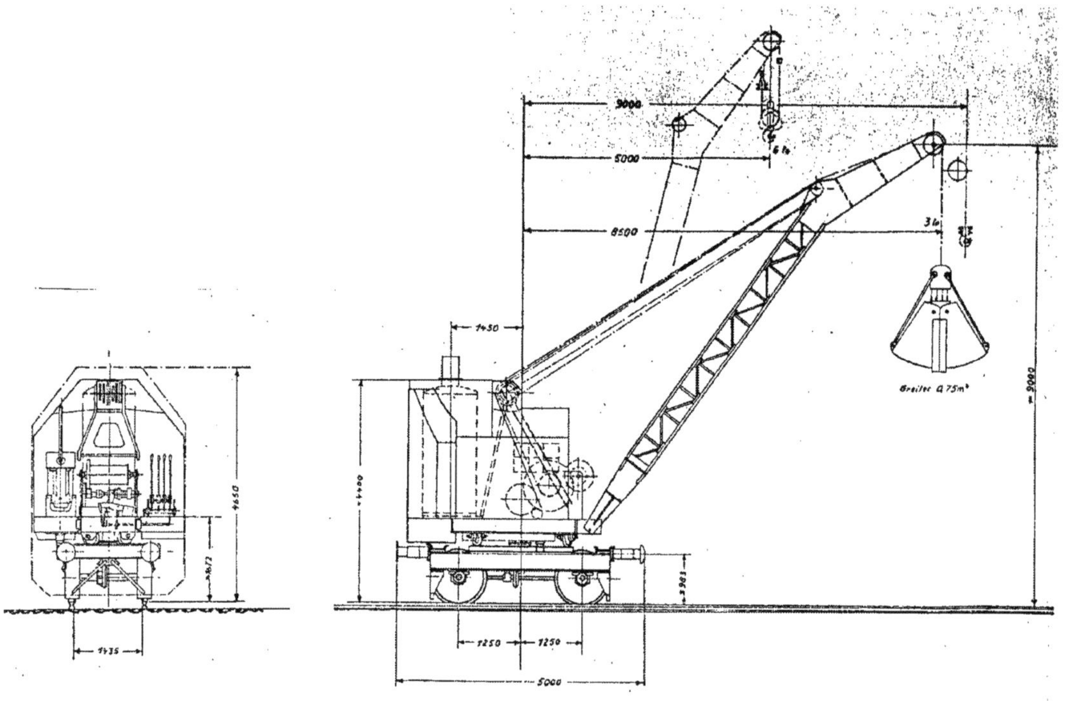

Schienendrehkran SK 6 Hauptabmessungen / 39 /

Beim Ausleger-Einziehwerk wurde das Seil über Seilrollen zu der mit dem Schneckenrad fest verbundenen Trommel geführt. Das Schneckengetriebe war selbstsperrend. Das Umkuppeln erfolgte durch eine Doppel-Zahnkupplung auf der Hauptantriebswelle, wodurch entweder das Fahrwerk oder das Einziehwerk eingekuppelt wurde.

Kranzahl: 9.11.01

Das Fahren des Kranes erfolgte durch Übertragung des Drehmomentes der Hauptantriebswelle mittels Kegelrädergetriebe-Wellen durch die durchbohrte Königssäule hindurch und weitere Rädergetriebe auf beide Radsätze.

Die Steuerung des Kranes war so gewählt, daß folgende Bewegungen gleichzeitig stattfinden konnten:

Heben bzw. Senken und Schwenken
Heben bzw. Senken und Fahren
Heben bzw. Senken und Einfahren
Fahren und Schwenken
Schwenken und Einziehen

Der beschriebene Kran SK 6 konnte auch mit einem Raupenfahrwerk als Unterwagen ausgestattet werden. Die Fahrgeschwindigkeit wurde dabei mit 16,2 bzw. 28 m/min angegeben.

Produktionsdauer: 1951
Produktionsstückzahl: 15*)

*) / 44 /

3.Bauarten und Krantypen

Anhang X

Eisenbahndreh-
krane

Inhaltsverzeichnis

1. Entwicklung und Produktionsstruktur Eisenbahndrehkrane

Die Entwicklung und Herstellung von Eisenbahndrehkranen erfolgte in der DDR in dem Betrieb VEB Schwermaschinenbau „S.M.KIROW“ Leipzig. Dieser konnte, neben der Herstellung anderer fördertechnischer Erzeugnisse, auf eine traditionsreiche betriebliche Entwicklung von Eisenbahndrehkranen und Schienendrehkrane zurückblicken. Im Jahr 1936 wurde durch die damalige Firma UNRUH & LIEBIG der erste Eisenbahndrehkran / Bild 1 / mit einer Tragfähigkeit von 25 t entwickelt und produziert. Nach dem 2. Weltkrieg wurde die Firma UNRUH & LIEBIG ein Teilbetrieb der Sowjetisch-Deutschen-Aktiengesellschaft (SDAG-Betrieb) und realisierte im hohen Maße Reparationsleistungen, wozu auch die Eisenbahndrehkrane zählten.

Unter den Firmennamen*):

bis 1945	UNRUH & LIEBIG Leipzig
1945 bis 1952	SDAG UNRUH & LIEBIG Leipzig
1952 bis 1990	VEB Schwermaschinenbau „S.M.KIROW“ Leipzig
1990 und Folgejahre	Schwermaschinenbau KIROW Leipzig GmbH

war beginnend ab 1948/1950, neben anderen Erzeugnissen, besonders der Bau von Mobildrehkranen, die Entwicklung und Produktion von Eisenbahndrehkranen, die bis 1990 und auch in der Folge die Hauptproduktionslinie des Betriebes bildete.

Bild 1 Eisenbahndrehkran der Fa. Unruh & Liebig 1936 / 73 /

Definitionsmäßig werden Krane für ihre Kranarbeit und transportmäßige Umsetzung auf der Schiene Eisenbahndrehkrane genannt. Im Gegensatz zu den Schienendrehkranen, erfüllen sie mit dem gesamten Fahrzeugteil (Unterwagen) als auch Kranteil (Oberwagen) alle eisenbahntechnischen Anforderungen (Normen, Regeln, Vorschriften). Diese sind in der Regel bei den Eisenbahngesellschaften der verschiedenen Länder unterschiedlich. Schienendrehkrane dagegen sind einfache Hebezeuge, die vorhandene Gleise innerhalb von Industriebetrieben als Basis und Fahrbahn zum Güterumschlag nutzen. Sie sind nicht in einem Zugverband umsetzbar.

*) Bei der folgenden Beschreibung und Darstellung der einzelnen Krantypen wurde für den Kranhersteller einheitlich die Bezeichnung < VEB Schwermaschinenbau "S.M.KIROW" Leipzig > verwendet.

Das allgemeine konstruktive Grundkonzept bei den Entwicklungen beinhaltete immer einen Unterwagen mit zwei mehrachsigen Drehgestellen und den Oberwagen mit dem entsprechenden Auslegersystem. Unter- und Oberwagen waren durch eine Kugeldrehverbindung und Drehmittendurchführung miteinander verbunden.

Der Antrieb war lange Zeit diesel-elektrisch (DE) ausgeführt, gegeben durch einen Dieselmotor mit gekoppeltem Generator. Mit der zeitlichen Weiterentwicklung der Krane wurde das Antriebssytem / Bild 2 /durch die Prinzipien diesel-elektrisch-hydraulisch (DEH) und diesel-hydraulisch (DH) ergänzt und ersetzt.

Ab 1974/1975 begann praktisch mit dem EDK 750 die Verwendung des diesel-elektrisch-hydraulischen Antriebes, die 1981 mit dem EDK 300/5 zum direkten diesel-hydraulischen Antrieb führte.

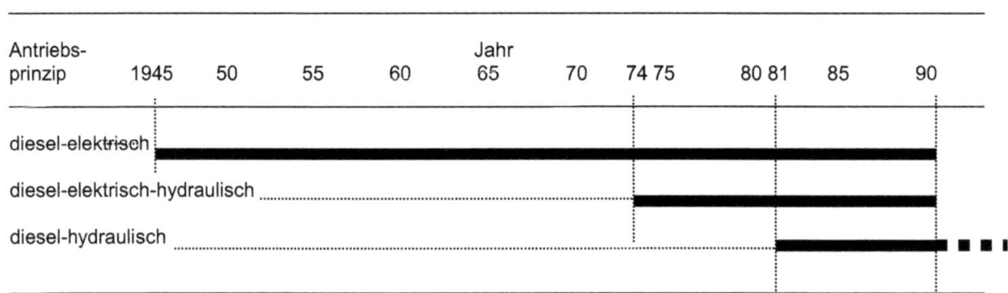

Bild 2 zeitliche Entwicklung der Antriebe

Um 1990 wurde dann der diesel-elektrische Antrieb, der lange Zeit einziges Antriebsprinzip war, durch den diesel-hydraulischen Antrieb ersetzt. Damit war die Möglichkeit gegeben, die bisherigen mechanischen Schaltgetriebe für die Triebwerke durch stufenlos regelbare Hydraulikmotore zu ersetzen. Bei den Auslegersystemen, die in der Regel eine Gitterfachwerkkonstruktion in Rohrausführung waren, konnte eine Erweiterung auf ein hydraulisches Teleskopiersystem erfolgen. Der Teleskopausleger hatte dabei einen kastenförmigen Querschnitt und verfügte über ein oder mehrere Ausschubteile.

Auf Basis dieses allgemeinen konstruktiven Grundkonzeptes erfolgte unter Einarbeitung der jeweiligen konkreten Anforderungen für den Haken- und Greiferbetrieb und der speziellen Forderungen der Kunden die Entwicklung des entsprechenden Krantyps.

Innerbetrieblich wurden die zeitlichen Entwicklungen in vier Kategorien eingeteilt, wobei zwischen den einzelnen Kategorien, besonders zwischen 1. und 2. Generation zu den Spezialkranen, ein fließender Übergang bestand.

1. Generation Dazu zählten die Krane EDK 6 , EDK 10 , EDK 25, EDK 50 , EDK 100, die in den Jahren von 1948/1950 bis 1962, vorwiegend für Reparationsleistungen, hergestellt wurden. Diese Kranreihe wurde nach der max. Traglast bezeichnet.

2. Generation Die Produktionsdauer umfaßte ungefähr den Zeitraum von 1959 bis 1962. Die gestiegenen Anforderungen für die Überstellung per Zugfahrt bzw. für den Maschinenpark der Eisenbahngesellschaften und weiterhin die Anwendung moderner Elemente des Maschinenbaues und Materialien des Stahlbaus führten zur Entwicklung neuer Krantypen.

Die wesentlichsten konstruktiven Veränderungen zur 1. Generation waren dabei:

1.Generation	2. Generation
- Blattfedern	Schraubenfedern
- Gleitlager	Rollenachslager
- Königszapfen	Kugel- / Rollendrehverbindung
- Nietkonstruktion	Schweißkonstruktion
- Winkelfachwerk	Rohrfachwerk
- Schneckengetriebe	Stirnrad- / Planetengetriebe
- wassergekühlter Dieselmotor	luftgekühlter Dieselmotor
- Kreuzschlagseile	drehungsarme, hochfeste Seile
- ohne LMS	mit Lastmomentbegrenzer

Die Kranreihe erhielt die Bezeichnung nach dem max., Lastmoment und umfaßt die Krantypen EDK 80 (20t x 4m) , EDK 300 (60t x 5m) , EDK 500 (80t x6,5m) , EDK 1000 (125t x 8m) , EDK 2000 (250t x 8m).

3. Generation Die Herstellung dieser Kranreihe begann um 1975 mit der schrittweisen Anwendung der diesel-elektro-hydraulischen und später der diesel-hydraulischen Antriebe, die praktisch zu Teleskopkranen auf der Schiene führten. Die ersten Krantypen waren EDK 750 , EDK TELVAR 100 , TELVAR 50 , TELVAR 25. Die Entwicklung und Erweiterung der Kranreihe mit weiteren Krantypen und höheren Tragfähigkeiten wurde nach 1990 nicht weiter geführt, der Einsatz diesel-hydraulischer Antriebe jedoch für andere Krantypen umfassend angewendet.

4. schienen-gebundene Spezialkrane

Bei der 2. und 3. Generation, praktisch im Laufe von drei Jahrzehnten von 1965 bis 1990 entstanden zahlreiche Weiterentwicklungen, die vorrangegangene Krantypen ablösten oder parallel dazu als eine Sonderanfertigung für bestimmte Märkte in Breit- oder Schmalspur oder mit Sonderumgrenzungsprofil hergestellt wurden. Dazu zählten der EDK 80 später EDK 80/1 , EDK 80/2 , EDK 80/3 , EEK, oder der EDK 1000 später als EDK 1000/1, EDK1000/2, mit UIC-Profil als EDK1000/3 , landesspezifisch als EDK 1000/4.
Mit der Elektrifizierung der Bahnstrecken kamen die Anforderungen der Kranarbeiten in horizontaler Stellung unter der Fahrleitung, in speziellen Fällen sogar unter spannungsführenden Fahrleiten und spezielle Vorkopfmontagen hinzu. Krane dazu waren EDK 300W , EDK 750 , EDK 300/5 , ESK.

Technologischer Spitzenwert, der in einzelnen, komplizierten Einsatzfällen immer wieder zu außerordentlichen Effekten des Umschlages oder spezieller Vorkopfmontage führte, war die freistehend eigenfahrbare max. Tragfähigkeit mit Ausleger in Gleisrichtung +/- 7°.

Für spezielle Montagearbeiten auf Großbaustellen, wie Kernkraftwerke, Tagebaugroßgerätemontagen u. ä., mit Hilfe, von aus wirtschaftlichen Gründen, häufig umsetzbaren Großkranen, wurde auf der Basis der Erfahrungen und Bauelementen des EDK 2000 ein Montagekranzug MKZ 2500 und MKZ 3000 entwickelt und zwei (1983) bzw. viermal(1986 ... 1989) hergestellt. Der MKZ 3000 konnte 300 t bei 10 m Ausladung bei 360° Drehwinkel unter Last eigenverfahren. Dabei stützte sich der Kran auf seine Abstützwagen, die im Zugverband die Gegenlasten transportierten ab, indem sich diese auf zwei parallelen Normalspurgleisen mit 13 m Abstand bewegten.

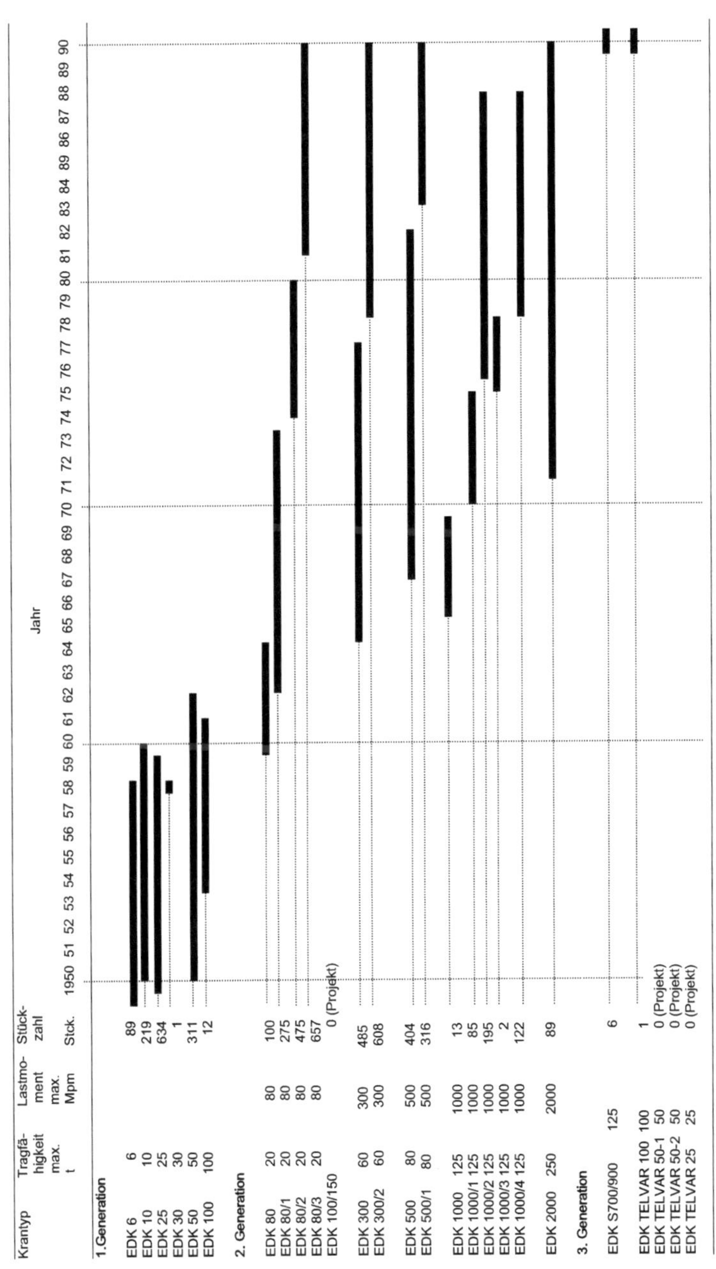

Bild 3 Teil 1 Eisenbahndrehkrantypen < 1.- , 2.- und 3. Generation > und ihre Produktionsdauer

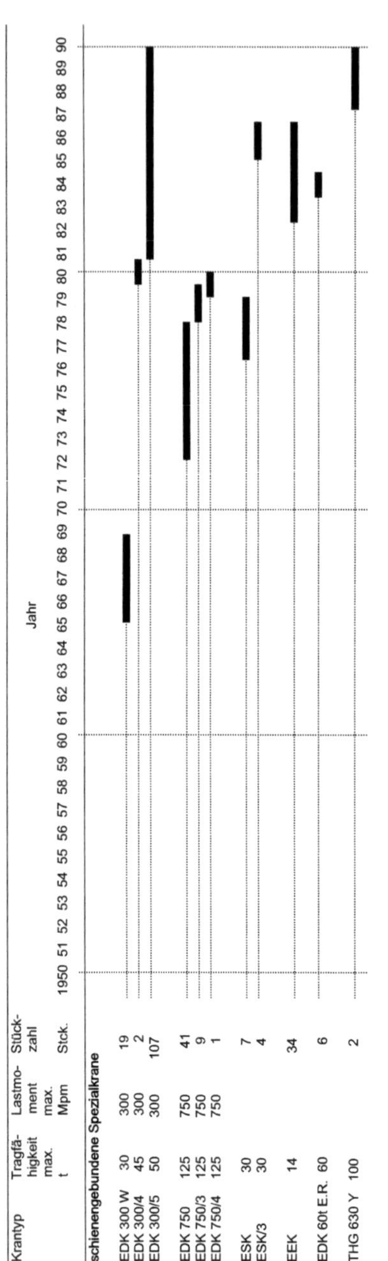

Bild 3 Teil 2 Eisenbahndrehkrantypen < schienengebundeneSpezialkrane > und ihre Produktionsdauer

Bei Betrachtung der Produktionsdauer / Bild 3 Teil1 und 2 / ist deutlich mit Beginn der 70er Jahre der Trend zu mehr Spezialkranen erkennbar.

Die gesamtbetriebliche Leistung in der Entwicklung und Produktion der Eisenbahnkrane ist im / Bild 4 / dargestellt

Betrieb	Tragfähigkeit Der Krane	Zeitdauer der der Kranproduktion	gesamt produzierte Kraneinheiten	Anzahl d. Neu- u. Weiter-entwicklungen	Produktions-verlagerung / Produktions-auslauf
	t	Jahr	Stck.	Stck.	
VEB Schwermaschinenbau „S.M.KIROW Leipzig					⟶
Kategorie					
1.Generation	6 ...100	1948 ... 1962	1.266	6	
2.Generation	20 ... 250	1959 ... 1990	3.826	14	
3.Generation	25 ... 125	1990	7	2	
Spezialkrane	14 ... 125	1965 ... 1990	232	11	
Σ_{gesamt}	6 ... 250	1948 ... 1990	5.330 (gerundet)	33	

Bild 4

Der Betrieb hat damit bei einer Produktionsdauer von 43 Jahren bei 33 Neu- und Weiterentwicklungen bilanzmäßig produziert:

Σ Eisenbahndrehkrane gesamt	**5.110 Stck. Eisenbahndrehkran-Einheiten**
Σ Spezialkrane gesamt	**230 Stck. Spezialkran-Einheiten**
Σgesamt	**5.340 Stck.**

Der Exportanteil war dabei sehr hoch und erfolgte (nach der damaligen Terminologie und Statistik) in 11 Länder des sozialistischen (SW) und in 13 Länder des nicht sozialistischen Wirtschaftsgebietes (NSW). Prozentual ergab sich die Aufteilung

Export Sowjetunion	**rd. 65 %**
Export in restliche SW-Länder	**21**
Export in NSW Länder	**3**
Inland (DDR)	**11**
	100 %

Damit wurden knapp 90 % der hergestellten Krane exportiert. Abnehmer waren, neben der Sowjetunion vor allem Polen, CSSR, Rumänien, Spanien, Italien, Finnland, Argentinien, Österreich und die Bundesrepublik Deutschland.

517

Die produzierten Kran-Einheiten pro Jahr betrugen in den 43 Produktionsjahren

durchschnittlich 124 Kran-Einheiten / Jahr

Dabei betrug die Anzahl der Entwicklungsjahre je Krantyp bei den erfolgten 33 Weiter- und Neuentwicklungen

durchschnittlich 1,30 Jahre / Neu- und Weiterentwicklungen

Im großen Durchschnitt, und nur statistisch gesehen, ergaben die Entwicklungen eine herstellungsmäßige Produktion von

durchschnittlich 162 Kranen / Neu- und Weiterentwicklung

Bei dieser Größe bestand dabei eine große Breite von praktisch 1 bis ca. 600 Kranen je Neu- und Weiterentwicklung.

Die Leistung der Krane wurde ständig gesteigert und den allgemeinen wie spezifischen Montageanforderungen angepaßt. Der gesamte Tragfähigkeitsbereich betrug 6 bis 250 t. Montagekranzüge als spezielle Sonderanfertigungen (im Typenbuch nicht enthalten) 150 bis 300 t.

Der Einsatzbereich der Krane waren allgemein schwere Transport-, Umschlag- und Montagearbeiten im Bereich der Eisenbahn selbst, der Verkehrsbauten, in Industriebetrieben, im Anlagenbau und in Häfen und Werftanlagen, weiterhin für den Havarien- und Katastropheneinsatz.

518

2. Übersicht und Gliederung der Eisenbahndrehkrantypen

Für die Gliederung wurde eine dreistellige Kranzahl festgelegt, die sich nach folgender Legende zusammensetzt:

X1. X2. X3. = Kranzahl

X1 = Nummer der Bauart
X2 = Nummer des Kranherstellers
X3 = lfd. Nummer des Krantyps in der jeweiligen Bauart (Ordnungsnummer)

Bauart

Nummer der Bauart	Bauart	
10	Eisenbahndrehkran	EDK

Kranhersteller

Nummer des Kranherstellers	Kranhersteller
6	VEB Schwermaschinenbau „S. M. KIROW“ Leipzig

3. Bauarten- und Krantypenübersicht

Bauart	Krantyp	Kranhersteller	Kranzahl
10	Eisenbahndrehkrane		
	EDK 6	KIROW	10.6.01.
	EDK 10	KIROW	10.6.02.
	EDK 25	KIROW	10.6.03.
	EDK 30	KIROW	10.6.04.
	EDK 50	KIROW	10.6.05.
	EDK 100	KIROW	10.6.06.
	EDK 80	KIROW	10.6.07.
	EDK 80/1	KIROW	10.6.08.
	EDK 80/2	KIROW	10.6.09.
	EDK 80/3	KIROW	10.6.10.
	EDK 100/150	KIROW	10.6.11.
	EDK 300	KIROW	10.6.12.
	EDK 300/2	KIROW	10.6.13.
	EDK 500	KIROW	10.6.14
	EDK 500/1	KIROW	10.6.15.
	EDK 1000	KIROW	10.6.16.
	EDK 1000/1	KIROW	10.6.17.
	EDK 1000/2	KIROW	10.6.18.
	EDK 1000/3	KIROW	10.6.19.
	EDK 1000/4	KIROW	10.6.20.
	EDK 2000	KIROW	10.6.21.
	EDK S 700/900	KIROW	10.6.22.
	EDK TELVAR 100	KIROW	10.6.23.
	EDK TELVAR 50-1	KIROW	10.6.24.
	EDK TELVAR 50-2	KIROW	10.6.25.
	EDK TELVAR 25	KIROW	10.6.26.
	EDK 300 W	KIROW	10.6.27.
	EDK 300/4	KIROW	10.6.28.
	EDK 300/5	KIROW	10.6.29.
	EDK 750	KIROW	10.6.30.
	EDK 750/3	KIROW	10.6.31.
	EDK 750/4	KIROW	10.6.32.
	ESK	KIROW	10.6.33.
	ESK/3	KIROW	10.6.34.
	EEK	KIROW	10.6.35.
	EDK 60t E.R.	KIROW	10.6.36.
	THG 630 Y	KIROW	10.6.37.

Kranzahl: **10.6.01**

Erzeugnis: **EDK 6**

Status: **Neu- und Weiterentwicklung**

Kranhersteller: **VEB Schwermaschinenbau „S.M.KIROW“ Leipzig**

Für den Inlandmarkt, und in Einzelexemplaren auch für den Export in die benachbarten Länder, wurde der Kran für eine max. Tragfähigkeit von 6 t um 1948, außerhalb der Reparationsleistungen, entwickelt. Sein Einsatzbereich war vorrangig die Mechanisierung der Lok-Bekohlung im Greiferbetrieb und weiterhin Transport-, Umschlag- und Wiederaufbauarbeiten im Bereich der Eisenbahnen.

Eisenbahndrehkran EDK 6 / 71 /

Technische Daten:

Antrieb	Diesel-elektrisch
Tragfähigkeit	max. 6 t
Ausleger	genietete Gitter-konstruktion
Laufwerk	2-achsige Diamond - Drehgestelle

weitere Angaben sind nicht bekannt.

Produktionsdauer: 1950 bis 1958

Produktionsstückzahl:*) 89

*) / 70 /

Kranzahl: **10.6.02**

Erzeugnis: **EDK 10**

Status: **Neu- und Weiterentwicklung**

Kranhersteller: **VEB Schwermaschinenbau „S.M.Kirow“ Leipzig**

In den ersten Anfängen für den Inlandmarkt und auch für den Export in die benachbarten Länder wurde der Kran für eine max. Tragfähigkeit von 10 t um 1950, außerhalb der Reparationsleistungen, entwickelt. Sein Einsatzbereich war vielseitig bezüglich Transport-, Umschlag- und Wiederaufbauarbeiten in Industrie- und Bahnbetrieben.

Eisenbahndrehkran EDK 10 / 71 /

Dieser Kran wurde technisch ständig verbessert sowie mit verschiedenen Auslegerformen in zeitlichen Abständen zum

EDK 10-I
EDK 10-II
EDK 10-III
EDK 10-IV
EDK 10-I-S

weiterentwickelt. Für den Greiferbetrieb kamen Vierseilgreifer und elektro-hydraulische Greifer zum Einsatz. Weitere Detailangaben zu den Weiterentwicklungen sind nicht bekannt.

Technische Daten:

Antrieb	Diesel-elektrisch
Tragfähigkeit	max. 10 t
Ausleger	geschweißte offene Kastenkonstruktion in geknickter Bauform sowie genietete Fachwerkkonstruktion

weitere Angaben sind nicht bekannt.

Produktionsdauer: 1950 bis 1960
Produktionsstückzahl:*) 219

*) / 70 /

Kranzahl: **10.6.03**

Erzeugnis: **EDK 25**

Status: **Neu- und Weiterentwicklung**

Kranhersteller: **VEB Schwermaschinenbau „S.M.KIROW“ Leipzig**

Der Kran für eine Tragfähigkeit von 25 t wurde 1949 entwickelt und an die Sowjetunion im Rahmen der Reparationsleistungen geliefert.

Eisenbahndrehkran EDK 50 / 71 /

Technische Daten:

Antrieb	Diesel-elektrisch
Tragfähigkeit	max. 25 t
Ausleger	geschweißte offene Kastenkonstruktion
Hub	Haupt- und Hilfshub

verschiebbare Gegengewichte
fahrbarer Zwischenwagen zwischen Unter- und Oberwagen
2 dreiachsige Drehgestelle

Produktionsdauer: 1949 bis 1959
Produktionsstückzahl:*) 634

*) / 70 /

Kranzahl: 10.6.04

Erzeugnis: **EDK 30**

Status: **Neu- und Weiterentwicklung**

Kranhersteller: **VEB Schwermaschinenbau „S.M.KIROW“ Leipzig**

Dieser Kran mit einer max. Tragfähigkeit von 30 t wurde als einmalige, spezielle Ausführung für die E.R. (Egyptian Railway) entwickelt.

Weitere Angaben sind nicht bekannt.

Produktionszeitraum: 1958
Produktionsstückzahl*): 1

*) / 70 /

Kranzahl: **10.6.05**

Erzeugnis: **EDK 50**

Status: **Neu- und Weiterentwicklung**

Kranhersteller: **VEB Schwermaschinenbau „S.M.KIROW“ Leipzig**

Der Kran für eine Tragfähigkeit von 50 t wurde 1948 bis 1950 entwickelt und an die Sowjetunion im Rahmen der Reparationsleistungen geliefert.

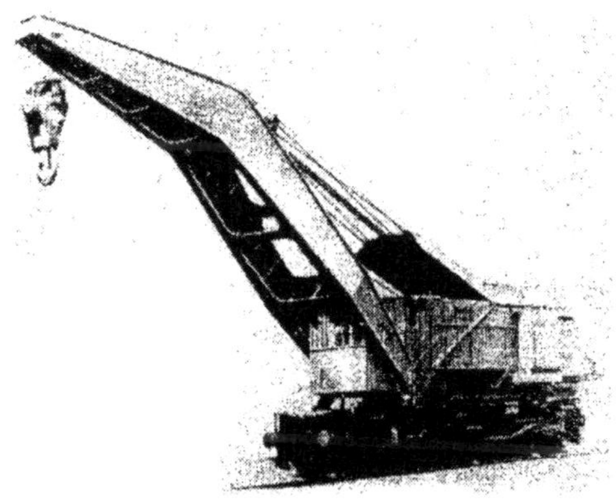

Eisenbahndrehkran EDK 50 / 71 /

Technische Daten:

Antrieb	Diesel-elektrisch
Tragfähigkeit	max. 50 t
Ausleger	geschweißte offene Kastenkonstruktion
verschiebbare Gegengewichte	
2 dreiachsige Drehgestelle	

weitere Angaben sind unbekannt.

Produktionsdauer: 1950 bis 1962
Produktionsstückzahl:*) 311

*) / 70 /

Kranzahl: **10.6.06**

Erzeugnis:	**EDK 100**
Status:	**Neu- und Weiterentwicklung**
Kranhersteller:	**VEB Schwermaschinenbau „S.M.KIROW“ Leipzig**

Der Kran für eine Tragfähigkeit von 100 t wurde um 1950 entwickelt und an die Sowjetunion im Rahmen der Reparationsleistungen geliefert.

Eisenbahndrehkran EDK 100 / 71 /

Technische Daten:

Antrieb	Diesel-elektrisch zwei 6-Zylinder - Dieselmotore.
Tragfähigkeit	Haupthub max. 100 t Hilfshub max. 20 t
Ausleger	genietetes Winkelfachwerk

2 dreiachsige Drehgestelle

ein Auslegerablage- und Gegengewichtstransportwagen

weitere Angaben sind nicht bekannt.

Produktionsdauer: 1953 bis 1961
Produktionsstückzahl:*) 12

*) / 70 /

Kranzahl: **10.6.07**

Erzeugnis: **EDK 80**

Status: **Neu- und Weiterentwicklung**

Kranhersteller: **VEB Schwermaschinenbau „S.M.KIROW“ Leipzig**

Die Entwicklung des Kranes erfolgte 1959 im Musterbau als 16 t-Kran und ab Serienvorbereitung mit einem Lastmoment von 80 Mpm im Jahr 1962. Mit dieser Entwicklung wurden alle bisher gefertigten Krane und Erfahrungen der Typen EDK 6 und EDK 10 und EDK 10-I bis EDK 10-IV in einem Kran vereint.

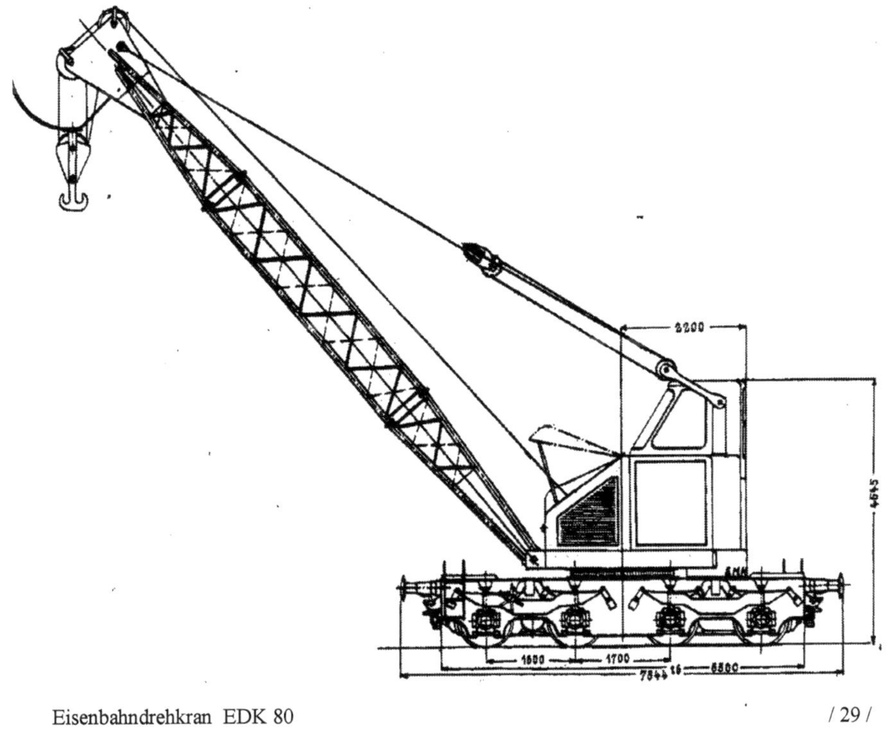

Eisenbahndrehkran EDK 80 /29/

Der Antrieb erfolgte diesel-elektrisch. Ein 6 Zyl.-Dieselmotor, gekuppelt mit einem Konstantspannungsgenerator, erzeugte den erforderlichen Strom für die einzelnen Triebwerksgruppen. Eine Fremdstromeinspeisung über Schleppkabel sowie umgekehrt eine Notstromabgabe war möglich.

Der Unterwagen war als Schweißkonstruktion ausgeführt und verfügte über zwei Fahrwerke mit insgesamt 4 Achsen, womit eine gute Steig- und Rangierfähigkeit gewährleistet wurde. Eine Abstützung befand sich mittig am Unterwagen.

Unter- und Oberwagen waren durch eine Kugeldrehverbindung fest miteinander verbunden.

Auf der Plattform des Oberwagens waren die elastisch gelagerten Antriebsaggregate, die Hubwerke für den Haupt- und Hilfshub, das Einziehwerk und das Drehwerk sowie das Gegengewicht angeordnet. Das aufgesetzte und relativ hoch angeordnete Fahrerhaus ermöglichte gute Sichtverhältnisse. Die rückwärtige Ausladung des Oberwagens war so gestaltet, daß ein Sicherheitsabstand von 220 mm, bei einem Gleisabstand von 4 m, bestand.

Der Ausleger war eine geschweißte Rohrfachwerkkonstruktion und konnte durch 5m-Auslegerzwischenstücke stufenweise von 12 auf 27 m verlängert werden. Es bestanden zwei Varianten des Auslegers, einmal als normaler Geradausleger und zum anderen mit einem Schnabelausleger.

Die max. Tragkräfte (Mp) betrugen:

	freist. 360°	abgest. 360°	+/-
Geradausleger			
Haupthub	14	20	./.
Schnabelausleger			
Haupthub	10	14,3	./.
Hilfshub	4	4	./.

Die elektrisch regelbaren Arbeitsgeschwindigkeiten lagen je nach Tragkraft und Einscherung beim Haupthub zwischen 5 bis 31,5 und beim Hilfshub zwischen 16 und 31,5 m/min.

Haupt- und Hilfswerk konnten durch entsprechende elektrische Steuerung gemeinsam als Greiferwindwerk für einen Zweiseilgreifer eingesetzt werden. Ein Greiferbetrieb mittels elektro-hydraulischem Motorgreifer wie auch die Durchführung eines Magnetbetriebs war möglich.

Die Kranarbeiten waren durch eine Lastmomentsicherung und entsprechende Endschalter gesichert.

Eine blockierungsabhängige Sicherheitsschaltung des Fahrwerkes verhinderte Zugfahrt mit eingeschaltetem Fahrwerk und Kranbetrieb mit nicht voll eingeschaltetem Antriebsritzel.

Kranzahl: 10.6.07

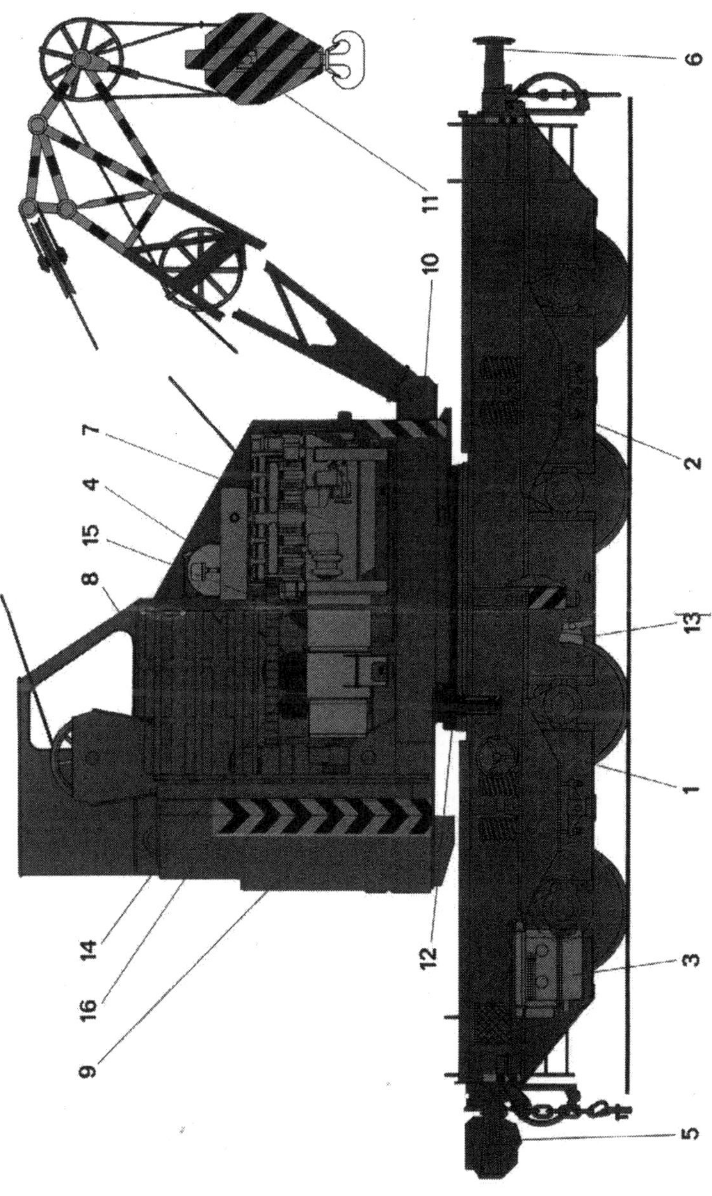

1 Unterwagen
2 Laufwerk
3 Fahrantrieb
4 Bremsanlage
5 Zug- und Stoßvorrichtung (SU-Ausführung)
6 Zug- und Stoßvorrichtung (mitteleuropäische-Ausführung)
7 Dieselaggregat
8 Elektrische Ausrüstung
9 Gegenlast
10 Oberwagen
11 Hakenflasche
12 Kugeldrehverbindung
13 Bremsgestänge
14 Drehwerk
15 Hubwerk
16 Einziehwerk

Tragkaft Ausladung Hubhöhen	siehe entsprechende Tabellen
Spurweite	1435 mm
Anzahl der Achsen	4
Masse des Kranes (mit Ausleger 1)	ca. 59 t
Achslast bei Eigenfahrt (mit Ausleger 1 in Gleisrichtung	vorn 13,2 Mp
und bei Zugfahrt (bei 12 m Ausladung)	hinten 16,2 Mp
Max. Radlast auf Auslegerseite mit Last (freistehend)	ca. 17 Mp
Meterbelastung (bei Eigenfahrt)	ca. 7,5 Mp/m
Länge des Unterwagens über die Puffer	ca. 7800 mm
Breite des Kranes	ca. 3040 mm

Höhe des Kranes (über SOK ohne Ausleger)	ca. 4645 mm
Radstand zwischen Außenachsen	ca. 1600 mm
Radstand zwischen Innenachsen	ca. 1700 mm
Pufferhöhe	ca. 1040 mm
Schwenkradius des Oberwagens	ca. 2200 mm
Kleinster durchfahrbarer Kurvenradius	80 m
Haupt-Hubgeschwindigkeiten (je nach Flaschung und Tragkraft)	31,5 / 16 / 8 / 5 m/min
Hilfs-Hubgeschwindigkeiten (je nach Flaschung und Tragkraft)	31,5 / 16 m / min
Drehgeschwindigkeit	1,4 min - 1
Einziehgeschwindigkeit (ob. Einziehflasche)	2,1 m/min
Kranfahrgeschwindigkeit	65 m/min
Max. Steigfähigkeit durch Eigenantrieb	25 ‰
Max. Zugfahrtgeschwindigkeit	75 km/h

Eisenbahndrehkran EDK 80 Technische Daten / 29 /

Produktionsdauer: 1959 bis1964
Produktionsstückzahl*): 100

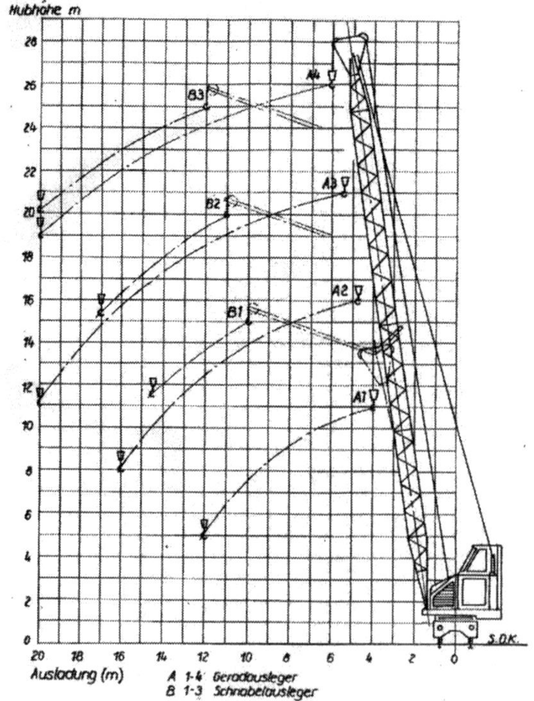

Eisenbahndrehkran EDK 80 Ausladung und Hubhöhe / 29 /

*) / 70 /

Kranzahl: 10.6.07

Geradausleger

Haupthub

Ausleger	A 1		A 2		A 3		A 4	
Ausladung [m]	freist.	abgest.	freist.	abgest.	freist.	abgest.	freist.	abgest.
3,8	14	20	—	—	—	—	—	—
4	13	18,5	—	—	—	—	—	—
4,5	12,5	16,4	12	16	—	—	—	—
5,2	10,5	13,7	10	13,2	8	12	—	—
6	8,8	11,7	8,4	11,4	7,1	9,7	—	—
6,1	8,6	11,4	8,2	11	6,9	9,4	4	8
7	7,1	9,8	6,8	9,6	5,9	8,2	3,4	6,2
8	6	8,5	5,7	8,3	5,2	7,1	2,9	5,4
9	5,2	7,4	5	7,2	4,6	6,3	2,5	4,8
10	4,5	6,5	4,2	6,2	4	5,5	2,2	4,2
11	3,9	5,7	3,7	5,5	3,5	4,8	1,9	3,8
12	3,5	5	3,2	4,8	3,1	4,3	1,7	3,4
13	—	—	2,8	4,2	2,8	3,8	1,6	3
14	—	—	2,5	3,8	2,4	3,5	1,5	2,7
15	—	—	2,4	3,4	2,3	3,1	1,4	2,5
16	—	—	2,2	3	2,1	2,8	1,3	2,2
17	—	—	—	—	1,9	2,6	1,2	2
18	—	—	—	—	1,8	2,4	1,1	1,8
19	—	—	—	—	1,6	2,1	1,05	1,6
20	—	—	—	—	1,5	1,8	1	1,5

Schnabelausleger

Haupthub

Ausleger	B1		B2		B3	
Ausladung [m]	freist.	abgest.	freist.	abgest.	freist.	abgest.
4,7	10	14,3	—	—	—	—
5	9,3	13,6	—	—	—	—
5,8	7,6	11,5	7,2	10,1	—	—
6	7,3	11,2	6,9	9,8	—	—
6,9	5,9	9,4	5,6	8,3	4,3	6,5
7	5,8	9,2	5,5	8,2	4,2	6,4
8	4,5	7,3	4,3	6,8	3,2	5,5
8,7	3,7	6,2	3,6	5,9	2,7	4,9
9	—	—	3,3	5,6	2,5	4,7
10	—	—	2,6	4,5	2	4
11	—	—	2,2	3,7	1,6	3,5
11,5	—	—	2,1	3,4	1,5	3,2
12	—	—	—	—	1,3	3
13	—	—	—	—	1	2,5
14	—	—	—	—	0,8	2,3
14,2	—	—	—	—	0,75	2,2

Hilfshub

Ausleger	B1		B2		B3	
Ausladung [m]	freist.	abgest.	freist.	abgest.	freist.	abgest.
10	4	4	—	—	—	—
11	3,3	4	—	—	—	—
11,1	3,25	4	3	3	—	—
12	2,8	4	2,65	3	—	—
12,2	2,7	3,85	2,55	3	2,5	2,5
13	2,4	3,5	2,3	3	2,2	2,3
14	2,1	3,3	2	2,6	1,85	2,15
14,5	2	3,2	1,9	2,5	1,7	2,05
15	—	—	1,75	2,4	1,55	1,95
16	—	—	1,55	2,25	1,3	1,85
17	—	—	1,4	2,2	1,05	1,75
17,2	—	—	1,35	2,2	1	1,75
18	—	—	—	—	0,85	1,65
19	—	—	—	—	0,65	1,55
20	—	—	—	—	0,5	1,5

Eisenbahndrehkran EDK 80 Traglasttabelle (Mp) / 29 /

Kranzahl: **10.6.08**

Erzeugnis: **EDK 80/1**

Status: **Neu- und Weiterentwicklung**

Kranhersteller: **VEB Schwermaschinenbau „S.M.KIROW“ Leipzig**

Der EDK 80 wurde zum EDK 80/1 weiterentwickelt, wobei das konstruktive Grundkonzept beibehalten wurde.

Die max. Tragkräfte (Mp) betrugen wiederum:

	freist. 360°	abgest. 360°	+/-
Geradausleger			
Haupthub	14	20	./.
Schnabelausleger			
Haupthub	10	14,3	./.
Hilfshub	4	4	./.

Die Veränderungen bezogen sich auf die Auswertung des Einsatzverhaltens des EDK 80, materialökonomische Maßnahmen und konstruktive Detailverbesserungen sowie die Anpassung veränderter oder neuer Zulieferelemente zur Erhöhung der Zuverlässigkeit.

Die Kranfahrgeschwindigkeit wurde dabei von 65 auf 150 m/min und die Zugfahrgeschwindigkeit von 65 auf 75 km/h gesteigert.

Produktionsdauer: 1962 bis 1973
Produktionsstückzahl*): 275

*) / 70 /

Kranzahl: **10.6.09**

Erzeugnis: **EDK 80/2**

Status: **Neu- und Weiterentwicklung**

Kranhersteller: **VEB Schwermaschinenbau „S.M.KIROW“ Leipzig**

Die Entwicklung des Kranes erfolgte 1972/1973. Das konstruktive Grundkonzept des EDK 80 wurde bei Verbesserung der Leistungsparameter beibehalten.

Die max. Tragkräfte (Mp) wurden erhöht und betrugen:

	freist.360°	abgest. 360°	+/-
Geradausleger	15	20	./.
Schnabelausleger	5	5	./.

Technische Daten:
Lastmoment 800 kNm (80 Mpm)
Tragfähigkeit abgestützt 20 t
Tragfähigkeit freistehend 15 t
Grund-Ausleger mit 3 Verlängerungsvarianten und Schnabelausleger
Masse des Kranes ca. 58 t
Arbeitsgeschwindigkeiten:
Hubgeschwindigkeit mit Grundausleger 32/16/8 m/min
mit Schnabelausleger 32 m/min
Drehen des Kranoberteiles 1,55 min^{-1}
Einziehen des Auslegers 63 s
Kranfahrgeschwindigkeit 60/172 m/min
Betriebsart:
Dieselmotor luftgekühlt 75 kW (102 PS) bei 1500 min^{-1}
Generator 75 kVA bei 1500 min^{-1}
Stromart Drehstrom 380 V, 50 Hz
Zugfahrdaten:
Zulässige Zugfahrgeschwindigkeit 80 km/h
kleinster durchfahrbarer Kurvenradius 80 m
Meterlast 6,8 t/m
Achslast bei Zugfahrt 17 t
Spurweiten 1435/1520/1676 mm (5′; 6″)
Druckluftbremse mitteleurop. Ausführung System „KE“
sowjet. Ausführung System „Matrossow“
Zug- und Stoßvorrichtung mitteleurop. Ausführung Schraubenkupplung Hülsenpuffer
sowjet. Ausführung automatische Kupplung SA 3

Weitere Veränderungen zur Erhöhung des Gebrauchswertes und der Zuverlässigkeit ergaben sich in Auswertung des Einsatzverhaltens der bisherigen Krane, durch materialökonomische Maßnahmen, konstruktive Verbesserungen und der Anpassung veränderter oder neuer Zulieferelemente.

So wurden die Kranfahr- und Zuggeschwindigkeiten weiter erhöht und die zugfahrtechnischen Teile des Kranes durch verschiedene Systeme erweitert.

Die Einsatztemperatur wurde mit –25° bis +40° angegeben.

Produktionsdauer: 1974 bis 1980
Produktionsstückzahl*) : 475

Eisenbahndrehkran EDK 80/2 / 29 /

*) / 70 /

Kranzahl: 10.6.10

Erzeugnis: **EDK 80/3**

Status: **Neu- und Weiterentwicklung**

Kranhersteller: **VEB Schwermaschinenbau „S.M.KIROW“ Leipzig**

In Fortführung der Reihe EDK 80 wurde 1979/1980 der EDK 80/3 entwickelt. Auch hier wurde das konstruktive Grundkonzept beibehalten.

Die max. Tragkräfte (Mp) waren die gleichen wie beim Vorgänger. Neu war die Möglichkeit des Verfahrens unter Last in Gleisrichtung (+/-).

	freist. 360°	abgest. 360°	+/-
Geradausleger	15	20	4,60
Schnabelausleger	5	5	3,35

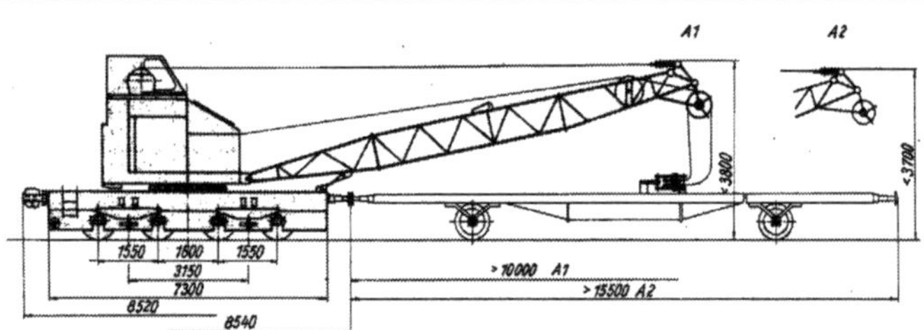

Eisenbahndrehkran EDK 80/3 Hauptabmessungen /29 /

Weitere Veränderungen erfolgten zur Erhöhung des Gebrauchswertes und der Zuverlässigkeit durch materialökonomische Maßnahmen und konstruktive Veränderungen und die Anpassung an veränderte oder neue Zulieferelemente.

Der Achsabstand der Achsen und damit auch die Gesamtlänge des Unterwagens wurde leicht vergrößert. Die Zugfahrgeschwindigkeit auf 100 km/h erhöht.

Für alle Klimazonen wurde die Liefermöglichkeit angegeben.

Produktionsdauer: 1981 bis 1990
Produktionsstückzahl*): 657

*) / 70 /

Kranzahl: **10.6.11**

Erzeugnis: **EDK 100/150**

Status: **Projekt**

Kranhersteller: **VEB Schwermaschinenbau „S.M.KIROW“ Leipzig**

Die Entwicklung erfolgte in den 80er Jahren. Der Kran wurde aus der bewährten Typenreihe EDK 80 bei Beibehaltung des konstruktiven Grundkonzeptes abgeleitet, mit höheren Kranparametern ausgelegt und für spezielle Exportziele vorbereitet. Der Arbeitsbereich waren wieder Haken- und ein Greiferbetrieb.

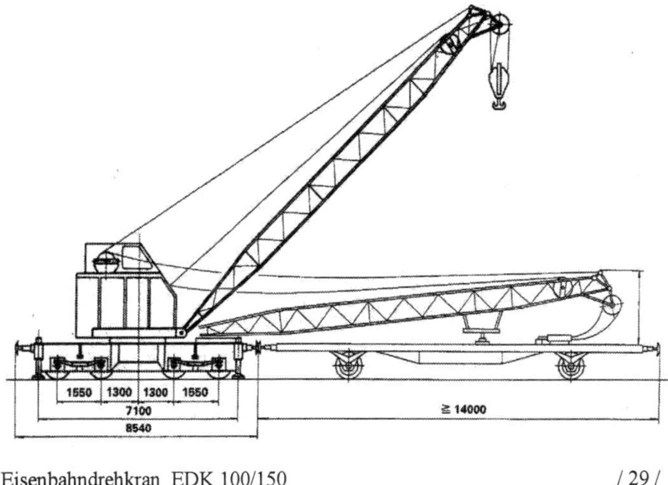

Eisenbahndrehkran EDK 100/150 / 29 /

Die Tragfähigkeit betrug jetzt max. 25 t und die Auslegerlänge 30 m. Das Verfahren einer max. Last von 25 t war möglich.

Die max. Tragkräfte (Mp) betrugen:

	freist. 360°	abgest. 360°	freist.+/- 10°	abgest. +/-10°
Geradausleger	20	25	25	25

Kranzahl: 10.6.11

Der Ausleger, eine Gitterkonstruktion in Rohrausführung, war ein Geradausleger. Gegenüber den bisherigen Auslegerlängen 12-17-22-27 m war jetzt die Staffelung 10-15-20-25-30 m.

Der Einsatz des Krans in verschiedenen Klimazonen war bei einer Umgebungstemperatur von – 40 ° bis +40 °C möglich.

Produktionsdauer:	Der Kran war serienfertig, wurde aber nicht in die Produktion übergeführt.
Produktionstückzahl:	0

Technische Daten		
Arbeitsgeschwindigkeiten:		
Hubgeschwindigkeit	bis 25t	ca.8,5m/min
	bis 10t	ca. 17m/min
	bis 5t	ca. 34m/min
Drehen (max.)		ca. 2,3 m^{-1}
Einziehdauer im Arbeitsbereich		ca. 80 s
Fahren Kranbetrieb		ca. 5 km/h
Hilfsrangierbetrieb		max. 20 km/h
min. befahrbarer Gleisbogen-halbmesser bei Kraneigenfahrt		60 m
max. zul. Wagenzugmasse (0 ‰, R = ∞)		ca. 300 t
Antriebsleistung		
diesel-elektrisch; Dieselmotor		76,5kW bei n=1500min^{-1}
Generator		75kVA bei n=1500min^{-1}
Fremdstrom		DS 380 V; 50 Hz; 100 A
Breite des Kranes		ca. 3045 mm
Höhe des Kranes über SO		ca. 4600 mm
Länge der Unterwagenplattform		ca. 7300 mm
Spurweite		1435 mm
Masse des Kranes mit 15 m-Ausleger		ca. 60 t

Zugfahrdaten		
Zugfahrt mit 10 m- und 15 m-Ausleger		
Masse des Kranes bei Zugfahrt		ca. 58 t
Fahrzeuggewicht je Längeneinheit		ca. 6,8 t/m
Achskraft	vorn	ca. 115 kN
	hinten	ca. 175 kN
Kleinster durchfahrbarer Kurvenradius		150 m
Druckluftbremssystem		KE-GP
Zugfahrgeschwindigkeit		max. 100 km/h
(entsprechend der Zulassung der jeweiligen Eisenbahnvorschrift)		

Eisenbahndrehkran EDK 100/150 Technische Daten / 29 /

10 m A m	■ ±10° t	■ 360° t	□ ±10° t	□ 360° t
3,2	25	25	25	20
4	25	25	25	15,5
5	25	21	21	12
6	25	16	16	9,2
7	20	13	13	7,6
8	15	11	11	6,4
9	12	9,5	9,5	5,5
10	10	8	8	4,8
10,9	9	7	7	4,4

15 m A m	■ ±10° t	■ 360° t	□ ±10° t	□ 360° t
4,3	25	25	25	15
5	25	20	20	11,6
6	25	15,2	15,2	8,9
7	20,8	12,4	12,4	7,3
8	17	10,4	10,4	6,1
9	14,2	8,8	8,8	5,2
10	12	7,6	7,6	4,6
11	10,5	6,7	6,7	4,1
12	9,2	6	6	3,7
13	8	5,5	5,2	3,3
14	6,9	4,7	4,7	3
15	5,8	4,2	4,2	2,7
15,5	5,5	4	4	2,95

20 m A m	■ ±10° t	■ 360° t	□ ±10° t	□ 360° t
5	25	20	20	11
6	20	15	15	8,8
7	15,6	12,2	12,2	6,9
8	12,8	10,2	10,2	5,8
9	10,8	8,8	8,6	5
10	9,4	7,4	7,4	4,3
11	8,3	6,5	6,5	3,75
12	7,4	5,8	5,8	3,3
13	6,7	5,1	5,1	2,95
14	6,2	4,5	4,5	2,65
15	5,8	4	4	2,4
17	5	3,3	3,3	1,9
18,6	4,6	3	3	1,6

25 m A m	■ ±10° t	■ 360° t	□ ±10° t	□ 360° t
6,7	16	14	14	8,5
7	13	10,5	10,5	6,4
8	10,8	8,8	8,8	5,3
9	9,3	7,5	7,5	4,5
10	8,2	6,5	6,5	3,9
11	7,1	5,7	5,7	3,4
12	6,3	5,1	5,1	3
14	5	4,1	4,1	2,4
16	4,25	3,4	3,4	1,95
18	3,7	2,8	2,8	1,55
20	3,2	2,3	2,3	1,25
22	2,8	1,9	1,9	0,95
22,8	2,7	1,8	1,8	0,85

30 m A m	■ ±10° t	■ 360° t	□ ±10° t
6,4	10	10	10
8	9,3	7,4	7,4
9	8	6,3	6,3
10	6,8	5,4	5,4
12	5,25	4,2	4,2
14	4,1	3,35	3,35
16	3,3	2,75	2,75
18	2,75	2,3	2,3
20	2,3	1,95	1,95
22	1,9	1,65	1,65
24	1,55	1,35	1,35
26	1,15	1,1	1,1
27	1	1	1

A = Ausladungen/Working radii
□ = freistehend/free-on-rails
■ = abgestützt/propped
±10° = in Gleisrichtung schwenkbar/slewable in direction of track
360° = drehbar/slewable

Eisenbahndrehkran EDK 100/150 Tragfähigkeitstabelle / 29 /

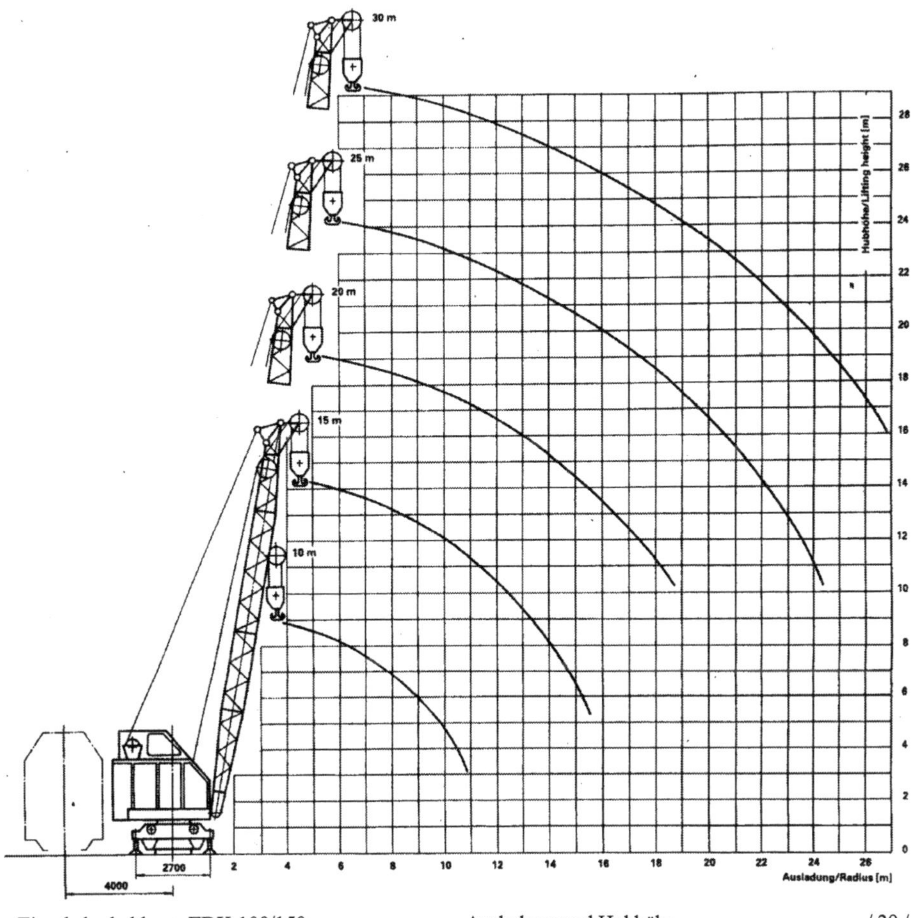

Eisenbahndrehkran EDK 100/150 Ausladung und Hubhöhe / 29 /

Kranzahl: **10.6.12**

Erzeugnis: **EDK 300**

Status: **Neu- und Weiterentwicklung**

Kranhersteller: **VEB Schwermaschinenbau „S.M.KIROW“ Leipzig**

Die Entwicklung und Erprobung des Kranes erfolgte als Ablösung des EDK 50 und wurde 1962/1963 durchgeführt.

Das Einsatzkonzept sah einen diesel-elektrischen Kran mit 60 t Tragfähigkeit für die Montagen schwerer, großflächige Bauteile in Industriebetrieben, Häfen, der Umschlag schwerer Stückgüter, Großbehälter und ähnlicher Teile sowie den Umschlag von Schüttgütern aller Art mittels Motorgreifer vor.

Eisenbahndrehkran EDK 300 / 29 /

Die max. Tragkräfte (Mp) betrugen:

	freist. 360°	abgest. 360°	abgest. 360°	freist. +/- 15°	freist. +/- 30°
Abstützbasis (m)		5,3 x 5,3	3,9 x 7,3		
Geradausleger	17	60	40	40	25

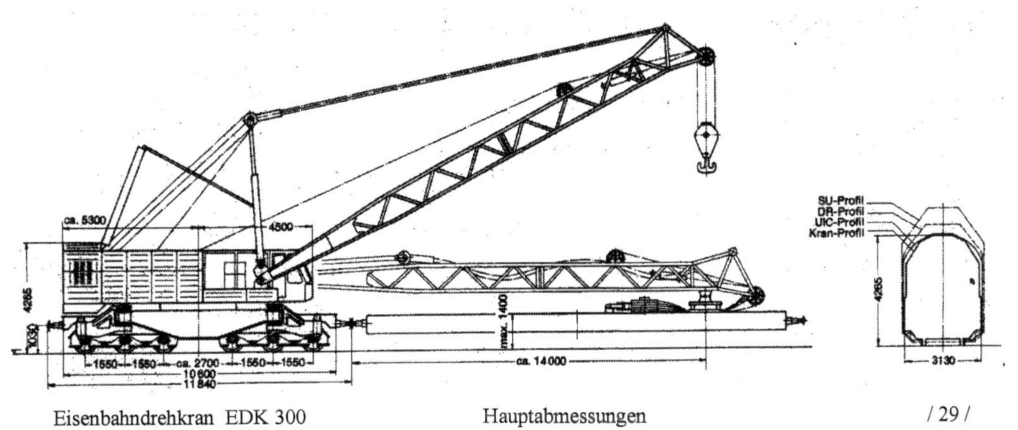

Eisenbahndrehkran EDK 300 Hauptabmessungen /29/

Auf zwei Drehgestellen mit je zwei Achsen und einer Kugelpfanne mit Zapfen, deren Abstand zueinander 4.800 mm betrug, ruhte die geschweißte Unterwagen-Plattform. Seitlich wurde sie über Gleitstücke auf den Drehgestellen abgestützt. Der Drehgestellrahmen war eine geschweißte Kastenträgerkonstruktion. Laufradsatz und Treibradsatz wurden über Schwingen, die sich mittels Schraubenfedern abstützen, im Rahmen gelagert.

Bei Kranbetrieb werden die Schraubenfedern über hydraulische Arbeitszylinder blockiert. Zum Abbremsen der Fahrbewegungen diente ein Bremsgestänge, das durch einen pneumatischen Bremszylinder betätigt wurde. Für die Eigenfahrt des Kranes mit oder ohne Last war in jedem Fahrgestell ein Fahrantrieb für zwei Geschwindigkeiten angeordnet.

An der Unterwagen-Plattform waren vier ausschwenkbare Abstützarme angeordnet, deren hydraulisch betätigten Druckstempel die Abstützung des Kranes bewirkten. Die Abstützung erfolgte erdseitig auf Schwellenstapeln.

Die Verbindung zwischen Unter- und Oberwagen wurde durch eine Kugeldrehverbindung hergestellt.

Auf der Plattform des Oberwagens waren der federgedämpfte Antriebsmotor mit Generator, Hubwerk, Einziehwerk, Drehwerk, Fahrerhaus und der angelenkte Ausleger angeordnet.
Motor und Getriebe waren durch eine elastische Kupplung miteinander verbunden.

Kranzahl: **10.6.12**

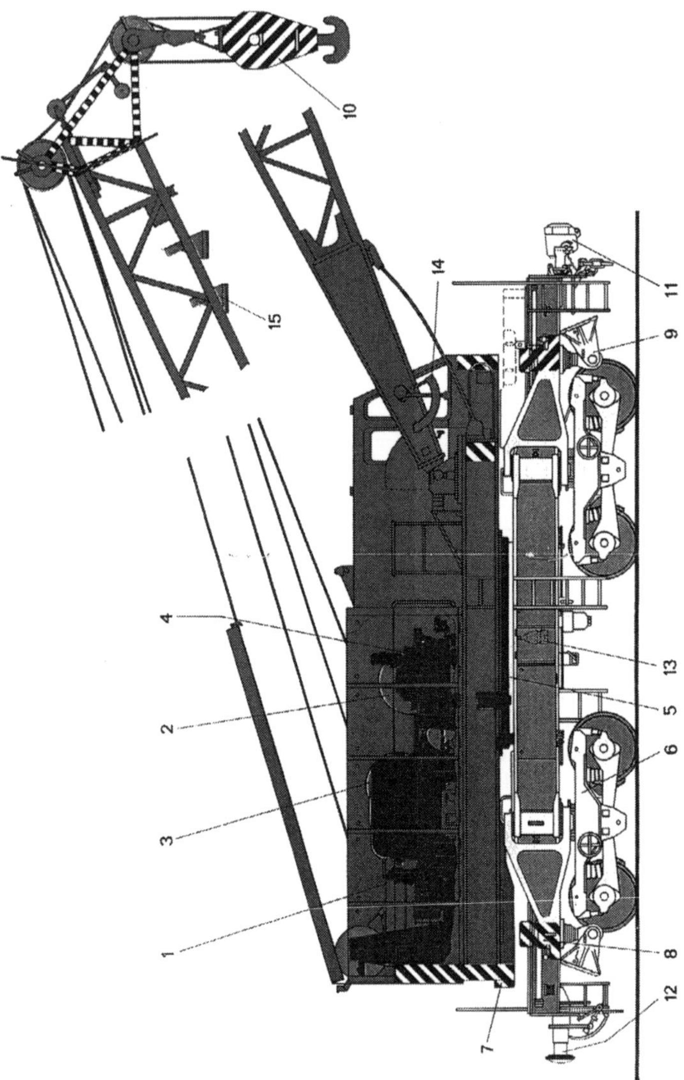

1 Dieselmotor
2 Hubwerk
3 Einziehwerk
4 Drehwerk
5 Kugeldrehverbindung
6 Drehgestell
7 bewegliche Gegenlast
8 Abstützarm
9 Abstützhydraulik
10 Hakenflasche
11 Zug- und Stoßvorrichtung (SU-Ausführung)
12 Zug- und Stoßvorrichtung (ME-Ausführung)
13 Steckvorrichtung für Fremdstromeinspeisung
14 Ausladungsanzeige
15 Arbeitsfeldbeleuchtung

Massemoment	330 tm
Tragfähigkeit	
abgestützt	60 t
freistehend	17 t
Hakenhöhe	15 m
Ausladung	17 m
Masse des Kranes ca.	84 t

Arbeitsgeschwindigkeiten:

Tragfähigkeit	
bis 60 t	ca. 3 m/min
bis 10 t	ca. 15 m/min
Einziehen des Auslegers von 17 m bis 5,5 m Ausladung	ca. 3,75 min
Kranfahrgeschwindigkeit	55/100 m/min

Betriebsart:

Dieselmotor luftgekühlt	76,5 kW (104 PS) bei 1500 min^{-1}
Generator	75 kVA bei 1500 min^{-1}
Stromart	Drehstrom 380 V, 50 Hz

Abmessungen:

Breite des Kranes	ca. 3080 mm
Höhe über Schienenoberkante	ca. 4300 mm
Länge über Puffer	ca. 11 240 mm

Zugfahrtdaten:

Zulässige Zugfahrgeschwindigkeit	100 km/h
kleinster durchfahrbarer Kurvenradius	
bei Zugfahrt	120 m
bei Eigenfahrt	60 m
Anzahl der Achsen	4
Achslast bei Zugfahrt	20 t
Fahrzeugmasse je Längeneinheit	7,15 t/m
Masse des Kranes	
bei Zugfahrt	80 t
Spurweite	1435/1520 mm 1676 mm

Zug- und Stoßvorrichtung:	
mitteleuropäische Ausführung	Schraubenkupplung Hülsenpuffer
sowjetische Ausführung	automatische Kupplung SA 3

Druckluftbremse:	
mitteleuropäische Ausführung	System „KE"
sowjetische Ausführung	System „Matrossow"
Fahrzeugprofil	innerhalb UIC 505—3

Schutzwagen:

Bei der Umsetzung des Kranes ist ein offener Plattformwagen als Beiwagen mitzuführen. Er dient bei Zugfahrt zur Auflage des Auslegers sowie zur Ablage der Hakenflasche und anderer Zubehörteile.

Erforderliche Schutzwagenlänge	ca. 14 400 mm
Erforderliche Schutzwagenhöhe	ca. 1 250 mm

Der Schutzwagen gehört nicht zum Lieferumfang.

Einsatzmöglichkeiten:

1. Hakenbetrieb
2. Greifer- und Magnetbetrieb
3. Notstromabgabe ca. 58 kVA, 380 V, 50 Hz
4. Einsatztemperaturbereich — 40 °C bis + 40 °C

Zusatzgeräte:

1. Zusatzausrüstung für Greifer- und Magnetbetrieb (erforderlich für den Betrieb von Position 2 und 3)
2. Elektrohydraulischer Motorgreifer 1,25 m^3, Typ EHG 3—2
3. Elektrolasthebemagnet 1353 — 220
4. Pyramidenuntersatz

Eine Abtriebswelle trieb über ein Ritzel die Hubwerkstrommel mit angebautem Zahnkranz an. Das Hubwerk besaß eine elektro-hydraulische Doppelbackenbremse. Analog war das Einziehwerk aufgebaut.

Das Drehwerk wurde wahlweise durch einen der zwei Elektromotore über ein Getriebe zur Erzielung von zwei Drehgeschwindigkeiten betätigt. Das auf dem Abtriebsstumpf des Getriebes befindliche Ritzel griff in den unterwagenseitigen Zahnkranz der innenverzahnten Kugeldrehverbindung ein.

Der Ausleger des Kranes war eine geschweißte Rohrkonstruktion.

Die bewegliche Gegenlast wurde mit dem aus jeweils zwei hydraulischen Abstützzylindern bestehenden Gegenlasthubwerk, für den Kranbetrieb an den Oberwagen angehangen bzw. bei Zugfahrt auf den Unterwagen abgelegt.

Zur Gewährleistung der Sicherheit bei der Kranarbeit waren ein Lastmomentsicherung und entsprechende Endschalter eingebaut.

Produktionsdauer: 1964 bis 1977
Produktionsstückzahl*) : 485

Ausladung m	Tragfähigkeit auf ebenem Gleis t			
	abgestützt 5,20 m 360°	freistehend in Gleisrichtung ±15° abgestützt 3,90 m; 360°	freistehend 360°	freistehend in Gleisrichtung ±30°
5,5	60	40	17	25
6,0	54	35	15	22,5
7,0	42	28	12	19
8,0	33	24	10	16
9,0	27	20	8,5	14
10,0	23	17	7,5	12
11,0	20	15	6	10,5
12,0	18	13	5,5	9
13,0	16	12	5	8
14,0	14	10,5	4,5	7
15,0	13	9,5	4	6,5
16,0	12	9	3,5	6
17,0	8	8	3	5,5

Überlastschutz durch Lastmomentsicherung

Eisenbahndrehkran EDK 300 Tragfähigkeitstabelle / 29 /

*) / 70 /

Kranzahl: 10.6.12

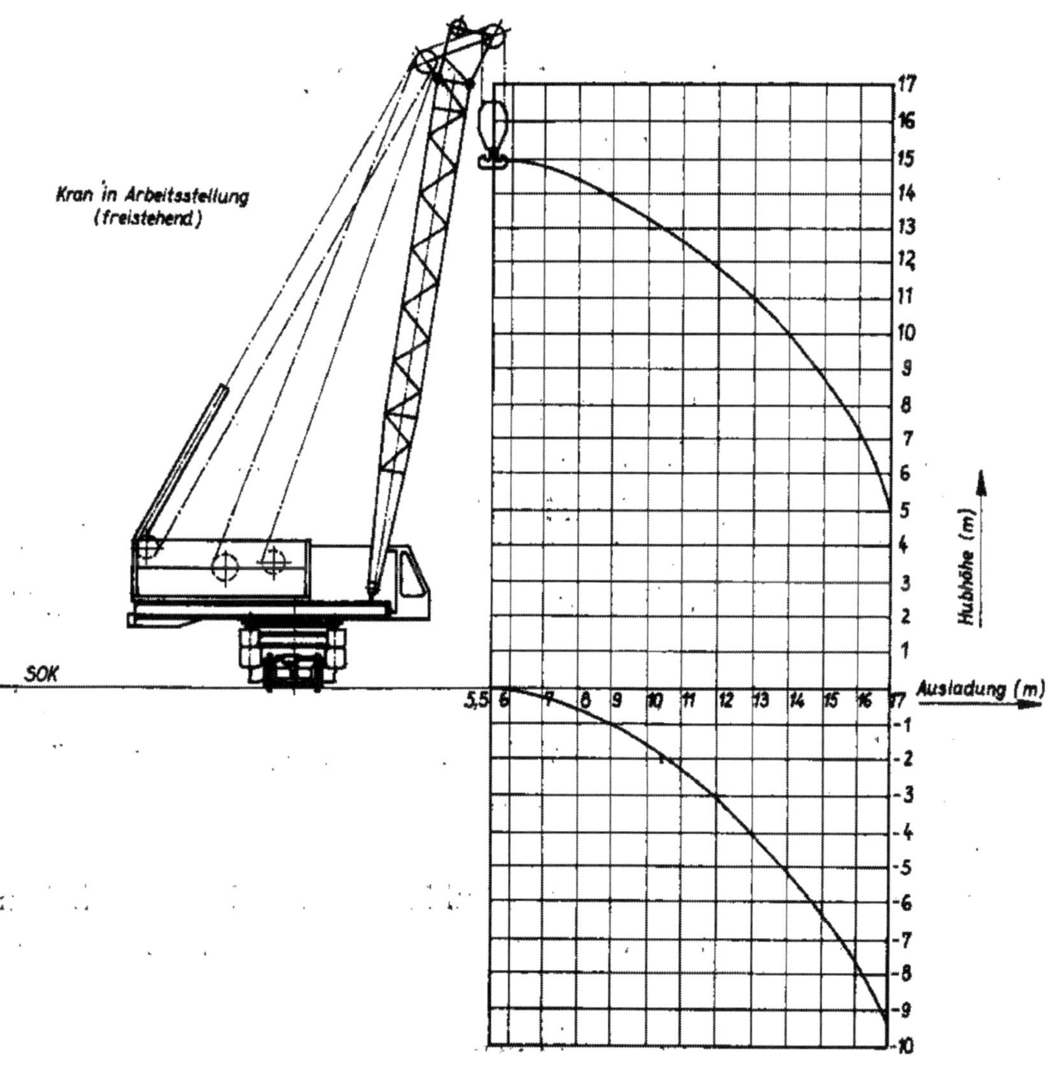

Kranzahl: **10.6.13**

Erzeugnis: **EDK 300/2**

Status: **Neu- und Weiterentwicklung**

Kranhersteller: **VEB Schwermaschinenbau „S.M.KIROW“ Leipzig**

Der EDK 300/2 war eine Weiterentwicklung des EDK 300 und erfolgte 1977.

Das konstruktive Konzept und die Leistungsparameter wurden beibehalten. Zur weiteren Erhöhung der Zuverlässigkeit des Kranes wurden materialökonomische Maßnahmen, konstruktive Detailverbesserungen und die Anpassung veränderter oder neuer Zulieferelemente durchgeführt.

Produktionsdauer: 1978 bis 1990
Produktionsstückzahl*): 608

*) / 70 /

Kranzahl: **10.6.14**

Erzeugnis: **EDK 500**

Status: **Neu- und Weiterentwicklung**

Kranhersteller: **VEB Schwermaschinenbau „S.M.KIROW“ Leipzig**

Die Entwicklung erfolgte 1965/1966 als Ergänzung der Kranreihe und Bindeglied zwischen den Krantypen EDK 300 und EDK 1000.

Eisenbahndrehkran EDK 500 /29/

Das Gerät war ein diesel-elektrischer Kran mit 80 t Tragfähigkeit für die Montage schwerer, großflächiger Bauelemente in Industriebetrieben, Häfen und Werften, weiterhin für Großreparaturen in Kraftwerken, Hütten- und Stahlwerken sowie insgesamt für den Umschlag schwerer Stückgüter.

Das Antriebssystem konnte durch Fremdstrom betrieben werden, und umgekehrt war eine Notstromabgabe möglich.

Die max. Tragkräfte (Mp) betrugen:

	freist. 360°	abgest 360°	abgest. 360°	freist. +/- 7°
Abstützbasis (m)		6,0 x 6,0	4,4 x 8,6	
Normalausleger	10,5	80	50	50
verlängerter Ausleger	./.	40	25	./.

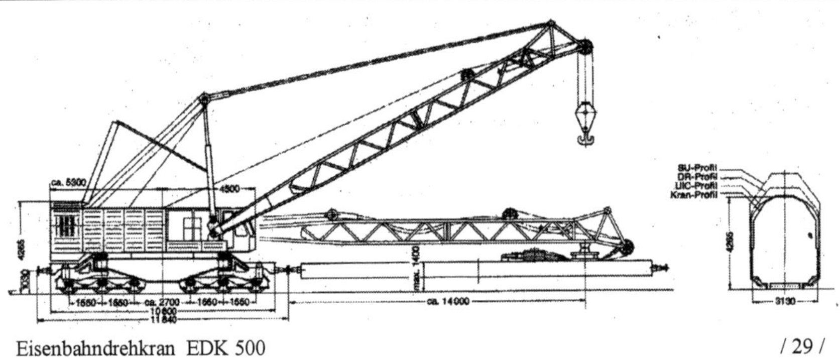

Eisenbahndrehkran EDK 500 /29/

Die Unterwagen-Plattform, eine geschweißte Stahlkonstruktion, wurde von zwei dreiachsigen Drehgestellen getragen. Alle Achsen waren wälzgelagert und besaßen Spurkränze. Die inneren Achsen waren als Treibachsen für Eigenfahrt ausgebildet. Die Achslager ruhten auf Tragfedern, die untereinander durch Ausgleichhebel verbunden waren und bei Kranbetrieb blockiert wurden. Zwei Drittel der Achsen (6 Stück) wurden abgebremst. Der Unterwagen besaß eine eisenbahntypische Ausrüstung.

Am Unterwagen waren vier schwenkbare Abstützarme angeordnet, deren Druckstempel hydraulisch betätigt und nach Beendigung des hydraulischen Abstützvorganges mechanisch blockiert wurden. Die Druckstempel stützten sich über Abstützteller auf Schwellenstapel ab.

Die Fahrwerksantriebe zum Verfahren des Krans mit eigener Kraft waren in den Drehgestellen des Unterwagens eingebaut, wobei jedes Drehgestell angetrieben wurde.

Oberwagen und Unterwagen waren durch eine dreiteilige, zweireihige Kugeldrehverbindung fest miteinander verbunden.

Der Oberwagen wurde in Schweißkonstruktion ausgeführt. Auf der Plattform waren der gedämpft gelagerte Antriebsmotor mit dem Generator, Hub- und Einziehwerk, Drehwerk, Fahrerhaus und die Anlenkung des Auslegers angeordnet.

Im Oberwagen war weiterhin ein Gegenlasthubwerk untergebracht, mit dem die Gegenlast bei Kranbetrieb an den Oberwagen angehangen bzw. bei Zugfahrt auf dem Unterwagen abgelegt wurde.

Kranzahl: **10.6.14**

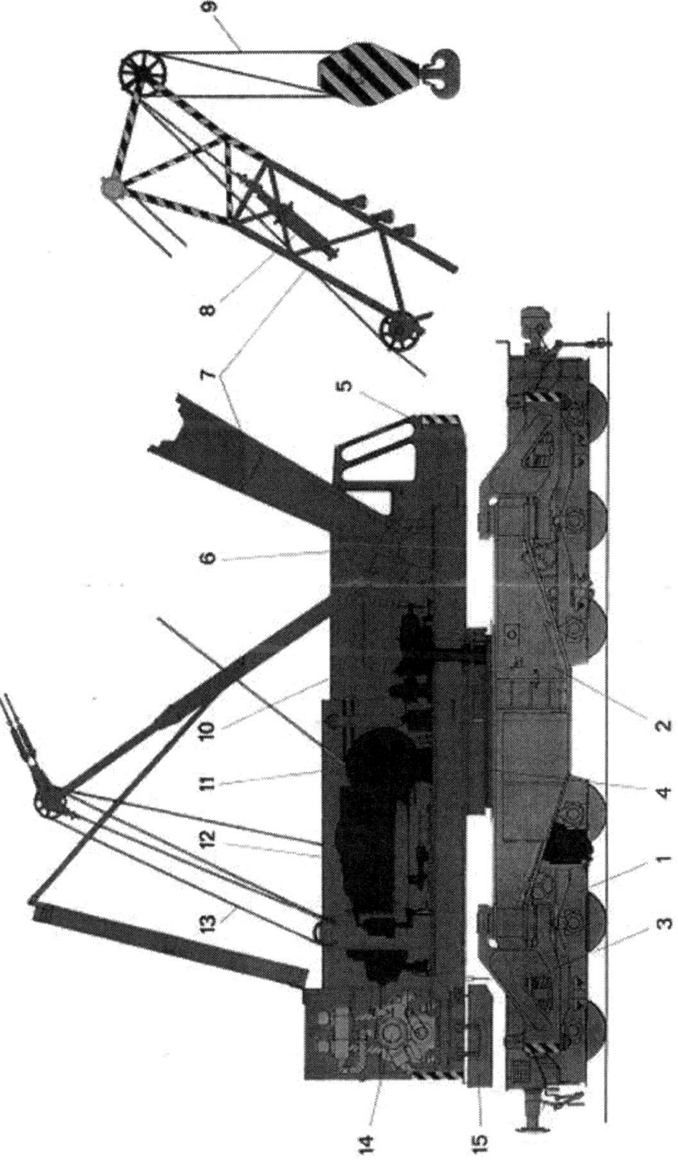

1 Drehgestell mit Laufwerk und Bremsanlage
2 Unterwagen
3 hydraulische Abstützung
4 Kugeldrehverbindung
5 Fahrerhaus
6 Schaltschrank
7 Ausleger
8 Lastmomentsicherung
9 Hubflaschung
10 Drehwerk
11 Hubwerk
12 Einziehwerk
13 Einziehflaschung
14 Dieselaggregat
15 Gegenlast

Das Hubwerk war in der üblichen Bauweise ausgeführt. Durch ein mehrstufiges wälzgelagertes Stirnradschaltgetriebe wurde die Seiltrommel mit der gewählten Geschwindigkeit angetrieben.

Technische Daten:

Lastmoment 5.000 kNm (500 Mpm)
Ausleger in 2 Varianten
Tragfähigkeit abgestützt 80 t
Tragfähigkeit freistehend 50 t
Hakenhöhe 17,5 m/25,5 m
Ausladung 21,0 m/28,5 m
Masse des Kranes ca. 120 t
Hubtiefe bei 21 m Ausladung 13 m

Arbeitsgeschwindigkeiten:

Hubgeschwindigkeit 3/6/12 m/min
Drehen des Kranoberteiles 1 min^{-1}
Einziehen des Auslegers 3 min
Kranfahrgeschwindigkeit (stufenlos regelbar) bis 100 m/min

Betriebsart:

Dieselmotor luftgekühlt 150 kW (204 PS) bei 1500 min^{-1}
Generator 160 kVA bei 1500 min^{-1}
Stromart Drehstrom 380 V, 50 Hz

Abmessungen:

Breite des Kranes ca. 3.130 mm
Höhe über Schienenoberkante ca. 4.265 mm
Länge über Puffer ca. 11.840 mm

Zugfahrdaten:

Zulässige Zugfahrgeschwindigkeit 100 km/h
kleinster durchfahrbarer Kurvenradius
bei Zugfahrt ca. 120 m
bei Eigenfahrt ca. 100 m
Achslast bei Zugfahrt 19 t
Meterlast 9,4 t/m
Spurweite 1435/1520 mm
Druckluftbremse
mitteleurop. Ausführung System „KE"
sowjet. Ausführung System „Matrossow"
Zug- und Stoßvorrichtung
mitteleurop. Ausführung Schraubenkupplung Hülsenpuffer
sowjet. Ausführung Kupplung SA 3
Fahrzeugprofil Allgemeine Begrenzungslinie n. UIC 505-3

Schutzwagen

Für den Transport des Kranes ist ein offener Plattformwagen oder Rungenwagen als Beiwagen erforderlich. Er dient bei Zugfahrt als Schutzwagen zur Ablage der Hakenflasche sowie anderen Zubehörteilen und gehört nicht zum Lieferumfang

Eisenbahndrehkran EDK 500 Technische Daten / 29 /

Das Einziehwerk entsprach in seinem Aufbau dem Hubwerk, jedoch ohne Schaltgetriebe. Alle Windwerke besaßen Endschalter für die höchste und tiefste Last- bzw. Auslegerstellung und elektro-hydraulisch betätigte Doppelbackenbremsen.

Der Drehwerksantrieb bestand aus Elektromotor, Kupplung und wälzgelagertem Stirnradgetriebe. Die Abtriebswelle des Getriebes trug ein fliegend angeordnetes Ritzel, das in die Innenverzahnung der Kugeldrehverbindung eingriff. Das Abbremsen der Drehbewegung erfolgte über eine durch Fußtritt betätigte Doppelbackenbremse.

Kranzahl: 10.6.14

Der Ausleger bestand aus einem geschweißten Rohrfachwerk. Durch Einfügen eines Auslegerzwischenstückes konnte die Hubhöhe nochmals um 8 m vergrößert werden. Der untere Teil des Auslegers war portalartig ausgebildet, so daß dazwischen das Fahrerhaus angeordnet werden konnte. Die Lagerung des Auslegers war so gestaltet, daß bei Zugfahrt die notwendige Bewegungsfreiheit beim Durchfahren von Kurven bestand.

Die Absicherung der Kranarbeit erfolgte durch eine Lastmomentsicherung und entsprechende Endschalter.

Der Bereich der Arbeitsumgebungstemperatur betrug + 40° bis – 40° C.

Produktionsdauer: 1967 bis 1982
Produktionsstückzahl*): 404

Technische Daten:

Ausladung m	I	II	III	IV	V
6,25	80	50	—	—	—
6,5	76	47	—	—	—
7,0	70	41	—	—	—
7,45	—	—	—	40	25
8,0	57	34	—	38	24
9,0	47	29	10,5	34	21
10,0	41	25	9	30	19
11,0	36	22	8	26	17
12,0	31	19	7	23	15
13,0	28	17	6	20	13
14,0	25	15	5,5	18	11
15,0	22	13,5	5	16	10
16,0	20	12	4,5	14	9
17,0	18	10,5	4	13	8
18,0	16	9,5	3,5	12	7,5
19,0	15	8,5	3	11	7
20,0	14	8	2,5	10	6,5
21,0	13	7,5	2,0	9,0	6,0
22,0	—	—	—	8,0	5,5
23,0	—	—	—	7,0	5,0
24,0	—	—	—	6,5	4,5
25,0	—	—	—	6,0	4,0
26,0	—	—	—	5,5	3,5
27,0	—	—	—	5,0	3,0
28,5	—	—	—	4,0	2,0

I = abgestützt 6 m; 360° drehbar, Normalausleger
II = abgestützt 4,4 m; 360° drehbar oder freistehend in Gleisrichtung ± 7° schwenkbar, Normalausleger
III = freistehend, 360° drehbar, Normalausleger
IV = abgestützt 6 m; 360° drehbar, mit verlängertem Ausleger
V = abgestützt 4,4 m; 360° drehbar, mit verlängertem Ausleger

Eisenbahndrehkran EDK 500 Tragfähigkeitstabelle (t) / 29 /

*) / 70 /

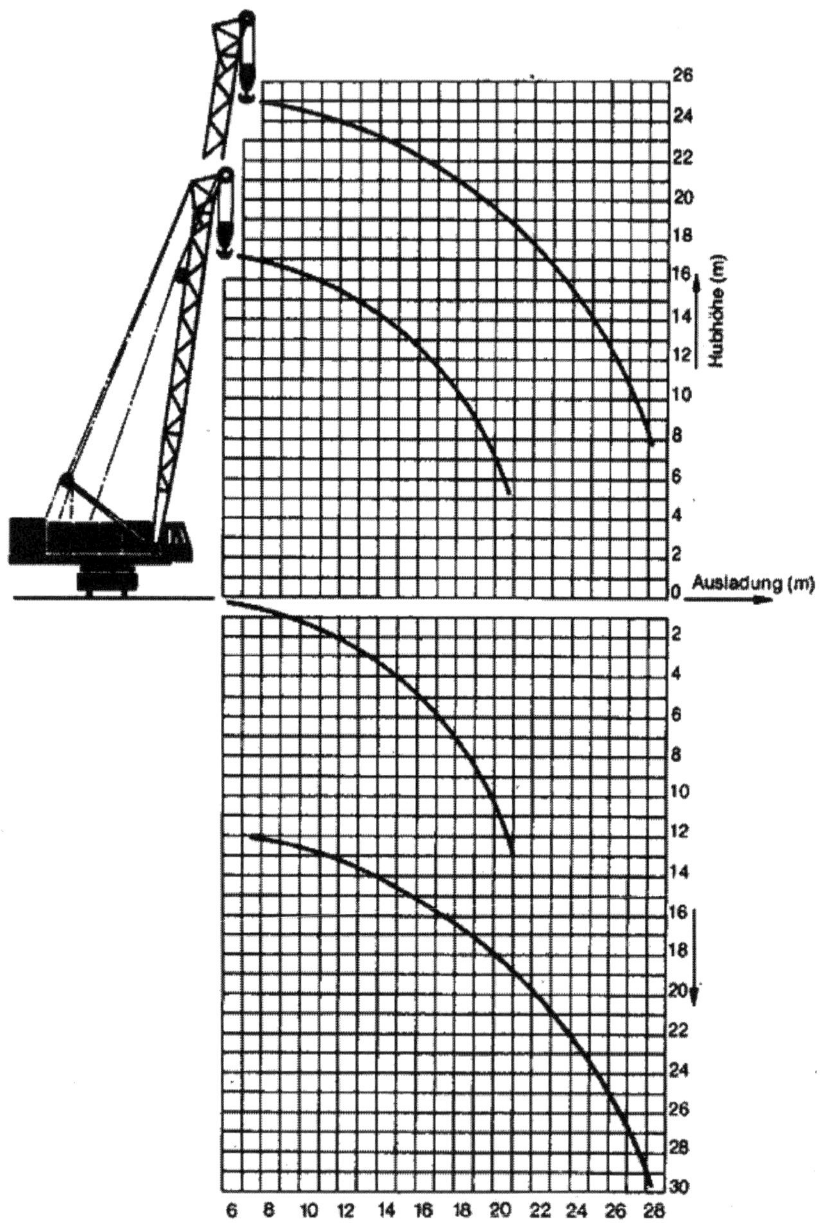
26
24
22
20
18
16
14
12
10
8
6
4
2
0
Hubhöhe (m)
Ausladung (m)
2
4
6
8
10
12
14
16
18
20
22
24
26
28
30
6 8 10 12 14 16 18 20 22 24 26 28

Kranzahl: **10.6.15**

Erzeugnis: **EDK 500/1**

Status: **Neu- und Weiterentwicklung**

Kranhersteller: **VEB Schwermaschinenbau „S.M.KIROW“ Leipzig**

Der EDK 500 wurde 1982 zum EDK 500/1 weiterentwickelt.

Dazu wurden zur weiteren Verbesserung der Zuverlässigkeit materialökonomische Maßnahmen und konstruktive Detailverbesserungen und die Anpassung veränderter oder neuer Zulieferelemente durchgeführt.

Die Leistungsparameter wurden nicht verändert. Der Betriebszustand <Heben in Fahrtrichtung mit verlängertem Ausleger> wurde mit +/- 7° ermöglicht.

Die max. Tragkräfte (Mp) betrugen:

	freist. 360°	abgest. 360°	abgest. 360°	freist. +/- 7°
Abstützbasis (m)		6,0 x 6,0	4,4 x 8,6	
Normalausleger	10,5	80	50	50
verlängerter Ausleger	./.	40	25	25

Tragfähigkeit verlängerter Ausleger mit +/- 7°

Ausladung m	Tragfähigkeit t
7,45	25
9	21
10	19
12	15
15	10
17	8
19	7
21	6
26	3,5
27	3
28,5	2

Produktionsdauer: 1983 bis 1990
Produktionsstückzahl*): 316

*) / 70 /

Kranzahl: **10.6.16**

Erzeugnis: **EDK 1000**

Status: **Neu- und Weiterentwicklung**

Kranhersteller: **VEB Schwermaschinenbau „S.M.KIROW“ Leipzig**

Die Entwicklung und Erprobung erfolgte im Zeitraum 1962/1964.

Das Entwicklungskonzept beinhaltete einen diesel-elektrischen Kran mit 125/20 t Tragfähigkeit und hoher Zugfahrgeschwindigkeit einschließlich eines Gegenlastablagewagens, der gleichzeitig auch für die Ablage des Auslegers beim Bahntransport diente. Der Kran selbst war für den allgemeinen Umschlag schwerer, kompakter wie auch langer Lasten, weiterhin für Brückenmontagen im Bereich der Eisenbahnen für Spezialmontagen in Häfen und Industrieanlagen sowie für den Einsatz bei Havarien und Katastrophenfällen vorgesehen. Für alle Einsatzfälle konnte die Abgabe von Notstrom durch den Kran selbst, wie auch durch den Gegenlastablagewagen erfolgen. Umgekehrt war eine Fremdstromeinspeisung für den Kranbetrieb möglich.

Eisenbahndrehkran EDK 1000 , im Vordergrund der Gegenlastablagewagen /29/

Die max. Tragkräfte (Mp) betrugen:

	freist. +/- 0° abgest. +/- 0	freist. +/- 7° abgest. +/- 7°	abgest. 360°	abgest. 360
Gegenlast	ja	ja	ja	ja
Abstützbasis (m)	-	-	7,0 x 2,3	4,4 x 2,3
Normalausleger, Haupthub	125	125	125	96
Normalausleger, Hilfshub	20	20	20	20

Der Unterwagen war als geschweißtes Trägersystem ausgebildet und gewährleistete eine einwandfreie Aufnahme und Ableitung der aus dem Oberwagen über die Kugeldrehverbindung übertragenen Kräfte auf die Längs- und Querträger.

Die beiden Drehgestelle besaßen je einen eigenen Fahrantrieb und vier rollengelagerte Achsen.

Die Fahrwerksantriebe zum Verfahren des Kranes mit eigener Kraft waren in den Drehgestellen eingebaut, wobei je eine Achse angetrieben wurde. Der Fahrwerksmotor trieb über ein wälzgelagertes Getriebe die Treibachse eines jeden Drehgestelles. Die Stromzuführung zu den beiden Kranfahrmotoren erfolgte über Schleifringkörper.

Der Unterwagen war mit Druckluft- und Handbremsanlage sowie den erforderlichen eisenbahnmäßigen Ausrüstungen ausgestattet.

Zur Abstützung des Kranes waren an jeder Längsseite des Unterwagens zwei in ausschwenkbaren Armen angeordnete Abstützstempel vorhanden. Die ausschwenkbaren Arme waren feststellbar. In Zugfahrstellung oder bei freistehendem Kranbetrieb wurden die Arme von Hand an den Unterwagen zur Einhaltung des Fahrzeugprofiles herangeschwenkt. Die Abstützstempel arbeiteten elektro-hydraulisch und wurden nach Nivellierung des Krans mechanisch blockiert.

Der Oberwagen war als geschweißtes Trägersystem ausgeführt, so daß die Kräfte einwandfrei in die Kugeldrehverbindung eingeleitet werden konnten. Die Auslegerlagerung war dabei auf das minimal erreichbare Maß an die Kugeldrehverbindung herangezogen.

Das Haupthubwerk war in der bei Eisenbahndrehkranen üblichen Bauweise ausgeführt. Das Hubwerksgetriebe war ein zweistufiges Schaltgetriebe. Durch die verzahnte Getriebeabtriebswelle wurde die Seiltrommel über den Trommelzahnkranz angetrieben.

Das Hilfshubwerk war in ähnlicher Weise wie das Haupthubwerk aufgebaut und unterschied sich im wesentlichen nur dadurch, daß das Getriebe nicht schaltbar war. Das Hilfshubwerk war gleichfalls mit einer Wiegevorrichtung, ähnlich dem Haupthubwerk, ausgerüstet.

Der Aufbau des Einziehwerkes war in der gleichen Form wie das Haupthubwerk ausgeführt und im hinteren Teil des Oberwagens angeordnet. Die Einziehstütze, auf dem Auslegerfuß gelenkig angeordnet, wurde beim Krantransport im Zugverband profilfrei auf den abgelegten Ausleger gesenkt.

Der Antrieb des Drehwerkes erfolgte ebenfalls durch ein wälzgelagertes Getriebe. Das auf der Getriebeabtriebswelle angeordnete Ritzel griff in die Innenverzahnung der Kugeldrehverbindung ein. Das Abbremsen der Drehbewegung erfolgte über eine fußtrittbetätigte Doppelbackenbremse.

Eisenbahndrehkran EDK 1000 Fahrerkabine / 29 /

Den Ausleger bildete eine geschweißte Rohrfachwerkkonstruktion. Dabei war das Auslegerportal so ausgebildet, daß es die Fahrerkabine umschloß. Die Lagerung des Auslegerfußes erfolgte am Oberwagenrahmen und war so gestaltet, daß der bei Zugfahrt abgelegte Ausleger beim Durchfahren von Kurven im Fahrzeugbegrenzungsprofil blieb. Der Auslegerkopf schloß sich mit einem leichten Knick an die Fachwerkskonstruktion des Auslegers an und gewährleistete in den steilsten Auslegerstellungen bei großen Hubhöhen eine möglichst große Lastfreiheit.

Zur Aufnahme und Ablage der Gegenlasten, die während der Zugfahrt auf dem Ablagewagen transportiert wurden, diente eine Aufnahmevorrichtung, die im rückwärtigen Teil des Oberwagens angeordnet war. Beide Gegenlasten wurden mittels der Vorrichtung nacheinander aufgenommen bzw. bei Zugfahrt auf den Ablagewagen abgelegt. Dieser Ablagewagen diente insgesamt zur Aufnahme der beiden Gegenlasten, der Unterflaschen und des arretierten Auslegerkopfes während der Zugfahrt.

Die Wagenplattform des Ablagewagens war ein geschweißtes Trägersystem und ruhte auf zwei Drehgestellen mit jeweils vier Achsen. Der Ablagewagen verfügte über einen eigenen diesel-elektrischen Antrieb und war damit freizügig verfahrbar. Jedes Drehgestell besaß dabei einen eigenen Fahrantrieb, der die jeweilige Treibachse antrieb. Der Ablagewagen war mit einer Druckluft- und Handbremsanlage ausgestattet und besaß die erforderliche bahntechnische Ausrüstung.

Die Arbeitsumgebungstemperatur betrug – 25 bis + 35 °C.

Produktionsdauer:	1965 bis 1969
Produktionsstückzahl*):	13

*) / 70 /

Zum Kranbetrieb:	Maximale Tragkraft (Haupthub)	125 Mp
	maximale Tragkraft (Hilfshub)	20 Mp
	maximale Hubhöhe	ca. 27 m
	maximale Ausladung	28 m
Hubgeschwindigkeit:	Haupthub schnell	4 m/min
	Haupthub langsam	2 m/min
	Hilfshub	12,5 m/min
	Einziehdauer	ca. 4,0 min
	Drehgeschwindigkeit	0,5 min^{-1}
	Eigenfahrgeschwindigkeit	bis 100 m/min
	(Kran und Gegengewichtswagen)	
Antrieb:	dieselelektrisch	
	Kran: Dieselmotor luftgekühlt	204 PS
	Drehstrom-Konstantspannungsgenerator	160 KVA
	Gegengewichtswagen: Dieselmotor luftgekühlt	102 PS
	Drehstrom-Konstantspannungsgenerator	63 KVA
Ausgerüstet mit:	Doppelhornhaken für Haupt- und Hilfshub	
	Wiegeeinrichtung für Haupt- und Hilfshub	
	Druckluftkompressoren für Bremsanlagen	
	Kraftstoffpumpen für Treibstofftanks	
	Notstromabgabe-Anschluß	
Zur Zugfahrt	Anzahl der Achsen: Kran	8
	Anzahl der Achsen: Gegengewichtswagen	8
	Achslast: Kran	19,5 Mp
	Achslast: Gegengewichtswagen	17,5 Mp
	Meterlast: Kran	ca. 9 Mp/m
	Meterlast: Gegengewichtswagen	ca. 6 Mp/m
	maximale Zugfahrtgeschwindigkeit	90 km/h
	min. durchfahrbarer Kurvenradius	120 m
	Umgrenzungsmasse:	
	Umgrenzung II der DR: Höhe	4650 mm
	Breite	3150 mm
	Spur	1435 mm
	oder	1524 mm
	Bremssystem: KE oder Matrossow	
	Zug- und Stoßvorrichtung	
	Hülsenpuffer und Zughaken oder Mittelpufferkupplung	

Bedeutung der Nutzlastkurven:

A (K) = mit 2 Ggl. freistehend o. abgestützt
B (K) = mit 1 Ggl. Ausleger steht in Gleisrichtg.
C (L) = ohne Ggl. ± 7° schwenkbar

D (M) = mit 2 Ggl. abgestützt
E (N) = mit 1 Ggl. 7m Stützbasis
F (O) = ohne Ggl. Ausleger um 360° drehbar

G (P) = mit 2 Ggl. abgestützt
H (Q) = mit 1 Ggl. 4,4m Stützbs.
I (R) = ohne Ggl. Ausleger um 360° drehbar

a (m)	Haupthub A	B	C	D	E	F	G	H	I	Hilfshub K	L	M	N	O	P	Q	R
7	125	125	125	125	100	88	96	79	40	—	—	—	—	—	—	—	—
8	125	113	106	113	100	72	86	68	54	—	—	—	—	—	—	—	—
8,2	—	—	—	—	—	—	—	—	—	20	20	20	20	20	20	20	20
9	115	108	90	103	91	61	77	58	29	20	20	20	20	20	20	20	20
10	107	92	78	95	77	51	69	48	24	20	20	20	20	20	20	20	20
11	100	85	65	84	67	44	61	42	21	20	20	20	20	20	20	20	20
12	93	77	58	76	56	39	54	36	13	20	20	20	20	20	20	20	19
13	86	69	50	69	51	33	48	32	15	20	20	20	20	20	20	20	16
14	80	62	44	62	45	29	42	25	18	20	20	20	20	20	20	20	13
15	74	56	38	57	41	25	30	28	11	20	20	20	20	20	20	20	11
16	69	51	33	56	37	22	36	22	9	20	20	20	20	20	20	20	9
17	64	47	30	50	34	20	33	20	8	20	20	20	20	20	20	20	8
18	60	43	27	46	31	17	30	18	7	20	20	20	20	18	20	18	7
19	56	39	24	43	28	15	28	16	6	20	20	20	20	16	20	16	6
20	52	36	22	40	26	14	26	14	5	20	20	20	20	15	20	15	5
21	48	33	20	37	24	12	24	13	4	20	20	20	20	13	20	14	4
22	45	31	18	35	22	11	22	12	3	20	20	20	20	12	20	13	3
23	42	28	17	33	20	10	20	11	2	20	18	20	20	11	20	12	3
24	40	26	16	31	19	9	19	10	1	20	17	20	20	10	20	11	2
25	38	25	14	29	18	8	18	9	1	20	15	20	19	9	19	10	2
26	—	—	—	—	—	—	—	—	—	20	14	20	18	8	18	9	1
27	—	—	—	—	—	—	—	—	—	20	13	20	17	7	17	8	1
28	—	—	—	—	—	—	—	—	—	20	13	20	16	7	16	8	1

Eisenbahndrehkran EDK 1000 Tragfähigkeitstabelle (t) / 29 /

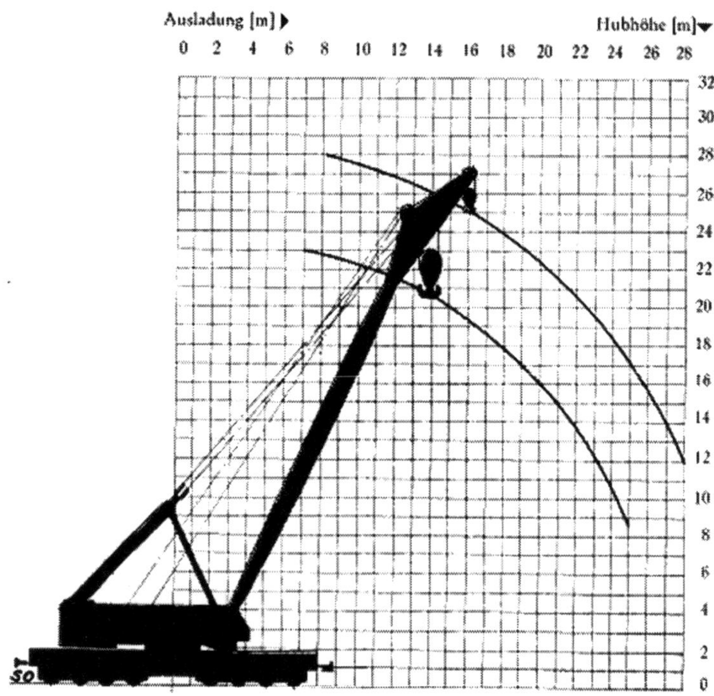

Eisenbahndrehkran EDK 1000 Ausladung und Hubhöhe / 29 /

Kranzahl: **10.6.17**

Erzeugnis: **EDK 1000/1**

Status: **Neu- und Weiterentwicklung**

Kranhersteller: **VEB Schwermaschinenbau „S.M.KIROW" Leipzig**

Die Weiterentwicklung wurde im Zeitraum 1969/1970 in Auswertung des bisherigen Einsatzes der Krane durchgeführt. Dabei erfolgten zur Erhöhung der Zuverlässigkeit materialökonomische Maßnahmen und konstruktive Detailverbesserungen sowie die Anpassung veränderter oder neuer Zulieferelemente.

Zur Vergrößerung des Gebrauchswertes war die Erweiterung durch einen verlängerten Auslegers als eine zweite Auslegervariante vorgenommen werden. Die Hubhöhe wurde dabei um 15 m vergrößert.

Die max. Tragkräfte (Mp) des verlängerten Auslegers betrugen:

	abgest. 360°
Gegenlast	ja
Abstützbasis (m)	7,0 x 2,3
verlängerter Normalausleger Haupthub	60
verlängerter Normalausleger Hilfshub	10

Alle weiteren Tragfähigkeitsparameter entsprachen dem des EDK 1000 und wurden, insbesondere bei den größeren Ausladungen, verbessert. Die Arbeitsstellung des Hilfshubes vom Normalausleger <abgest. 360° mit der Abstützbasis 4,4 x 2,3> wurde nicht mehr zum Einsatz gebracht.

Produktionsdauer: 1970 bis 1975
Produktionsstückzahl*): 85

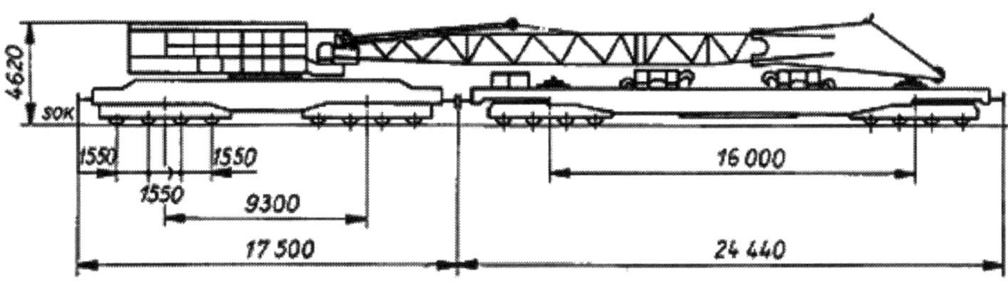

Eisenbahndrehkran EDK 1000/1 Hauptabmessungen / 37 /

*) / 70 /

Kran mit Normalausleger
Tragkräfte u. Arbeitsgeschwindigkeiten:
maximale Tragkraft (Haupthub) 125 Mp
maximale Tragkraft (Hilfshub) 20 Mp
maximale Hubhöhe (Haupthub) ca. 22 m
maximale Hubhöhe (Hilfshub) ca. 24 m
maximale Ausladung (Haupthub) 25 m
maximale Ausladung (Hilfshub) 28 m
Haupthubgeschwindigkeit bis 40 t Last ca. 4 m/min
Haupthubgeschwindigkeit bis 125 t Last ca. 2 m/min
Hilfshubgeschwindigkeit 12,5 m/min
Kran mit verlängertem Ausleger
Tragkräfte und Arbeitsgeschwindigkeiten:
maximale Tragkraft (Haupthub) 60 Mp
maximale Tragkraft (Hilfshub) 10 Mp
maximale Hubhöhe (Haupthub) ca. 37 m
maximale Hubhöhe (Hilfshub) ca. 40 m
maximale Ausladung (Haupthub) ca. 40 m
maximale Ausladung (Hilfshub) ca. 43 m
Haupthubgeschwindigkeit bis 20 t Last ca. 8 m/min
Haupthubgeschwindigkeit bis 60 t Last ca. 4 m/min
Hilfshubgeschwindigkeit ca. 25 m/min
Weitere technische Daten
Einziehdauer von max. bis min. Ausladung ca. 4,4 min
Drehgeschwindigkeit ca. 0,5 min^{-1}
Feindrehgeschwindigkeit ca. 0,04 min^{-1}
Eigenfahrgeschwindigkeit stufenlos regelbar bis 100 m/min
Antrieb:
diesel-elektrisch
Kran: Dieselmotor luftgekühlt 204 PS
Drehstrom-Konstantspannungsgenerator 160 kVA
Kraftstoffverbrauch bei Vollastbetrieb ca. 35 kg/h
Gegenlastwagen: Dieselmotor luftgekühlt 102 PS
Drehstrom - Konstantspannungsgenerator 63 kVA
Kraftstoffverbrauch bei Vollastbetrieb ca. 15 kg/h
Ausgerüstet mit:
Doppelhornhaken für Haupt- und Hilfshub
Wiegeeinrichtung für Haupt- und Hilfshub
Druckluftkompressoren für Bremsanlagen
Kraftstoffbehälter für 750 Liter
Kraftstoffpumpen zur Betankung
Notstromabgabe-Anschluß für max. 160 kVA
Zur Zugfahrt:
Anzahl der Achsen: Kran 8
Anzahl der Achsen: Gegenlastwagen 8
Achslast: Kran vorn ca. 20 t
Achslast: Kran hinten ca. 20 t
Achslast: Gegenlastwagen vorn max. 17 t
Achslast: Gegenlastwagen hinten max. 14,2 t
Meterlast: Kranzug ca. 6,7 t/m
maximale Zugfahrtgeschwindigkeit 100 km/h
min. durchfahrbarer Kurvenradius 120 m
Umgrenzungsmaße
Umgrenzung II d. Deutschen Reichsbahn
Baumaße des Kranes
Höhe 4620 mm
Breite 3130 mm
Spur 1435 mm
oder 1524 mm
Bremssystem: KE oder Matrossow
Zug- und Stoßvorrichtung:
Hülsenpuffer und Zughaken oder Mittelpufferkupplung SA 3

[illegible]an mit verlängertem Ausleger							
abgestutzt 360` drehbar							
7 m							
2							
Haupt-hub		Hilfs-hub		Haupt-hub		Hilfs-hub	
Ausl.	Last	Ausl.	Last	Ausl.	Last	Ausl.	Last
9,45	60	10,65	10	29	18,3	31,7	10
	60	11,1	10	29,5	17,7	32,2	10
	60	12,3	10	30	17	32,65	10
12	60	13,4	10	30,5	16,4	33,25	10
13	60	14,5	10	31	15,7	33,8	10
14	55,5	15,5	10	31,5	15	34,35	10
15	51,5	16,65	10	32	14,5	34,8	10
16	47,5	17.65	10	32,5	13,9	35,4	10
17	43,6	18,8	10	33	13,2	35,95	10
18	40	19,8	10	33,5	12,7	36,5	10
19	37	20,9	10	34	12,0	37	10
20	34	22	10	34,5	11,5	37,5	10
21	31,5	23,1	10	35	10,8	38	10
22	29,5	24,1	10	35,5	10,4	38,6	9,3
23	27,4	25,2	10	36	9,8	39,1	8,8
24	25,6	26,25	10	36,5	9,4	39,6	8,3
25	24	27,35	10	37	8,8	40,2	7,8
26	22,5	28,5	10	37,5	8,4	40,7	7,4
26,5	21,8	29	10	38	8	41,2	7
27	21	29,55	10	38,5	7,5	41,75	6,5
27,5	20,4	30,1	10	39	7,1	42,25	6,1
28	19,6	30,6	10	39,5	6,7	42,8	5,8
28,5	19	31,1	10	39,8	6,5	43,15	5,5

Kran mit Normalausleger				Haupthub									Hilfshub							
Arbeitsvariante				freistehend od. abgestützt in Gleisrichtung			freistehend od. abgestützt ± 7° ausschwenkbar von Gleismitte			abgestützt 360° drehbar			frei-stehend od. abgestützt in Gleisrichtg.		frei-stehend od. abgestützt ± 7° ausschwenkbar von Gleism.		abgestützt 360° drehbar			
kleinste zulässige Abstützbasis				ohne			ohne			7 m			ohne		ohne		7 m			
Anzahl der Gegenlasten				2	1	0	2	1	0	2	1	0	1|2	0	1|2	0	2	1	0	
Lastkurve				A_1	B_1	C_1	A_2	B_2	C_2	D	E	F	K_1	L_1	K_2	L_2	M	N	O	
Ausladung, m				zulässige Tragkräfte (Mp)																
Haupt-hub		Hilfs-hub																		
a	as* 7°	a	as* 7°																	
7	0,844	8,2	0,99	125	125	125	125	125	120	125	100	100	20	20	20	20	20	20	20	
8	0,973	9,3	1,12	125	125	105	125	115	105	125	100	84	20	20	20	20	20	20	20	
9	1,09	10,5	1,27	115	109	90	113	104	90	110	90	70	20	20	20	20	20	20	20	
10	1,21	11,6	1,41	107	95	78	103	95	78	96	80	58	20	20	20	20	20	20	20	
11	1,33	12,8	1,55	100	85	65	94	85	65	85	71	48	20	20	20	20	20	20	20	
12	1,45	13,9	1,69	93	78	56	86	78	56	76	63	41	20	20	20	20	20	20	20	
13	1,58	15,0	1,82	86	71	49	79	71	49	68	55	35	20	20	20	20	20	20	20	
14	1,7	16,1	1,95	80	65	44	73	65	44	62	49	31	20	20	20	20	20	20	20	
15	1,82	17,2	2,08	74	60	40	69	60	40	57	44	28	20	20	20	20	20	20	20	
16	1,94	18,3	2,21	69	55	35	64	55	35	53	40	25	20	20	20	20	20	20	20	
17	2,05	19,3	2,33	64	50	31	60	50	31	49	36	22	20	20	20	20	20	20	18	
18	2,18	20,3	2,46	60	46	28	57	46	28	46	33	19	20	20	20	20	20	20	16	
19	2,3	21,4	2,59	56	42	26	53	42	26	43	30	18	20	20	20	20	20	20	14,[illegible]	
20	2,42	22,5	2,73	52	38	24	50	38	24	40	28	16	20	20	20	20	20	20	13	
21	2,54	23,6	2,86	48	35	22	47	35	22	37	26	14	20	20	20	20	20	20	11,[illegible]	
22	2,66	24,7	2,99	45	32	20	44	32	20	35	24	13	20	18	20	18	20	20	10,[illegible]	
23	2,79	25,8	3,13	42	30	19	42	30	19	33	22	11	20	17	20	17	20	20	9,[illegible]	
24	2,91	26,9	3,26	40	28	17	40	28	17	31	20	10	20	15	20	15	20	18	8,[illegible]	
25	3,03	28,0	3,39	38	27	16	38	27	16	29	19	9	20	14	20	14	20	17	8	

Eisenbahndrehkran EDK 1000/1 Tragkrafttabelle / 29 /
as = seitliche Ausladung von Gleismitte bei 7° Schwenkung

Kranzahl: 10.6.17

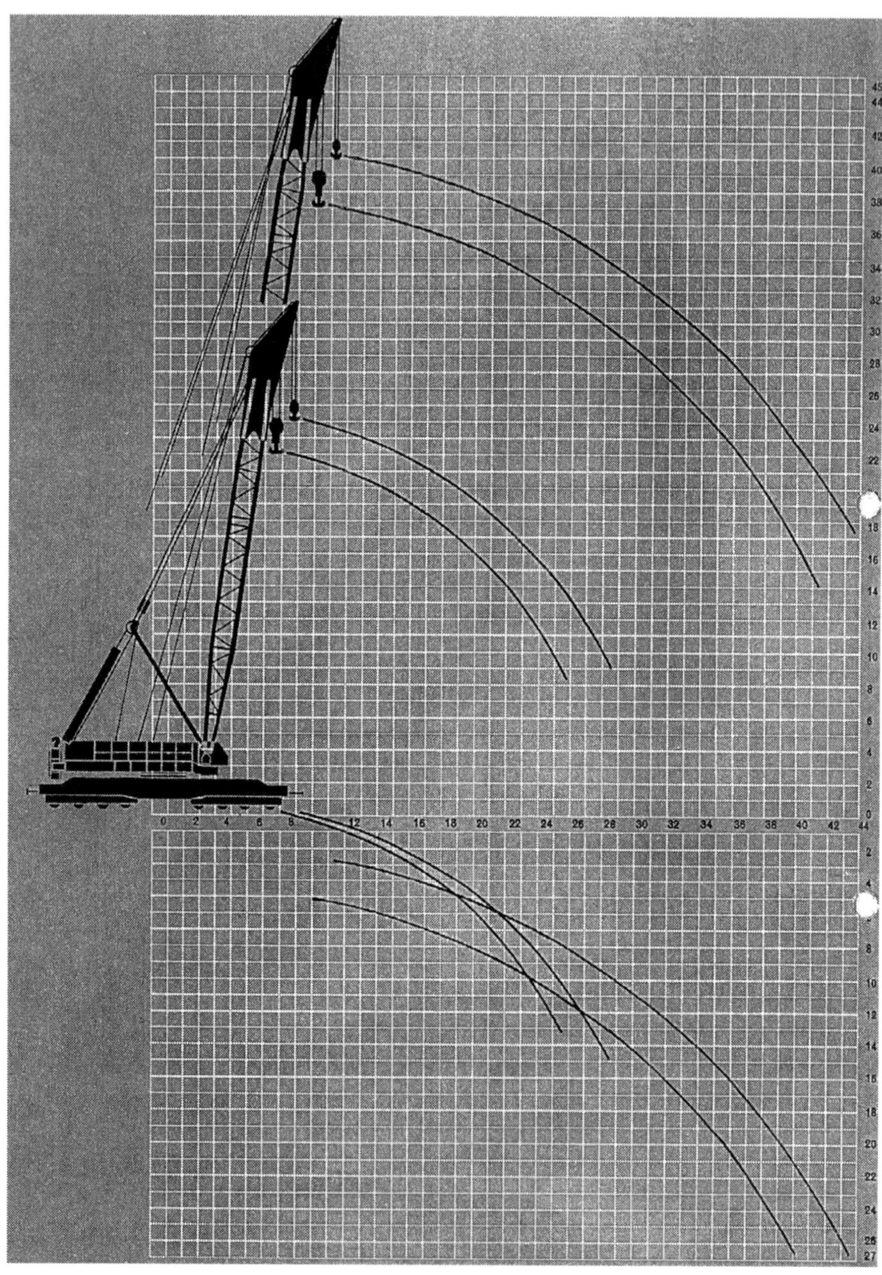

Eisenbahndrehkran EDK 1000/1 Ausladung und Hubhöhe /29/

Kranzahl: **10.6.18**

Erzeugnis: **EDK 1000/2**

Status: **Neu- und Weiterentwicklung**

Kranhersteller: **VEB Schwermaschinenbau „S.M.KIROW“ Leipzig**

Die Weiterentwicklung wurde 1974/1975 durchgeführt. Sie umfaßte einmal Maßnahmen zur Erhöhung der Zuverlässigkeit durch materialökonomische Maßnahmen und konstruktive Detailverbesserungen und Anpassung veränderter oder neuer Zulieferelemente und zum anderen gebrauchswerterhöhende Maßnahmen, insbesondere der zulässigen Einsatztemperatur bis – 40°C.

Dazu zählten die Erhöhung der Tragfähigkeit des Hilfsauslegers von max. 20 auf 25 t, womit sich das gesamte Tragfähigkeitsbild verbesserte. Die Tragfähigkeiten am Haupthub blieben unverändert.

Die Auslegervariante mit verlängertem Ausleger wurde nicht mehr angegeben.

Die max. Tragkräfte (Mp) betrugen damit:

	freist. +/- 0° abgest. +/- 0°	freist. +/-7° abgest. +/- 7°	abgest.360°
Gegenlast	ja	ja	ja
Abstützbasis	-	-	7,0 x 2,3
Normalausleger, Haupthub	125	125	125
Normalausleger, Hilfshub	25	25	25

Eine weitere Veränderung erfolgte beim Gegenlastwagen. Hier wurde die Antriebsleistung auf 204 PS (150 kW) erhöht und damit dem des Kranes gleichgesetzt.

Produktionsdauer: 1976 bis 1988
Produktionsstückzahl*): 195

*) / 70 /

Kranzahl: 10.6.18

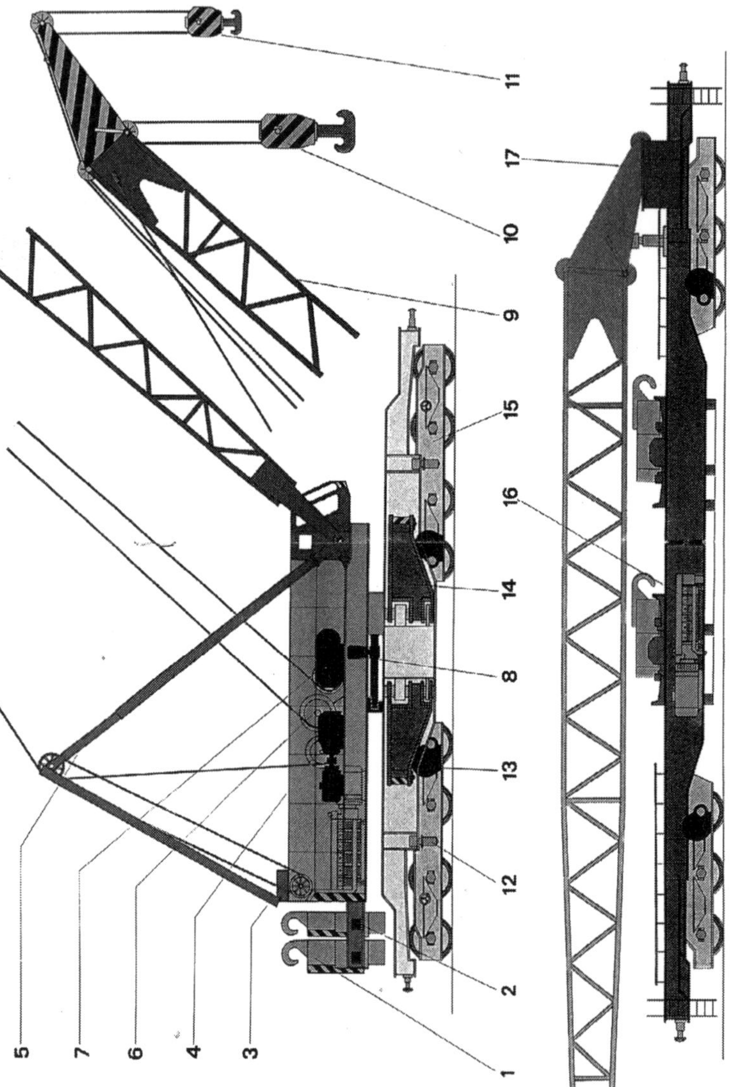

1 Gegenlast
2 Gegenlasthubwerk
3 Diesel-elektrische Antriebszentrale
4 Einziehwerk
5 Einziehstütze
6 Haupthubwerk
7 Hilfshubwerk
8 Drehwerk
9 Rohrfachwerkausleger
10 Haupthubhakenflasche
11 Hilfshubhakenflasche
12 Innere Abstützstempel
13 Fahrantrieb
14 Abstützarm
15 Drehgestell mit Laufwerk
16 Diesel-elektrischer Antrieb
17 Steuerstand

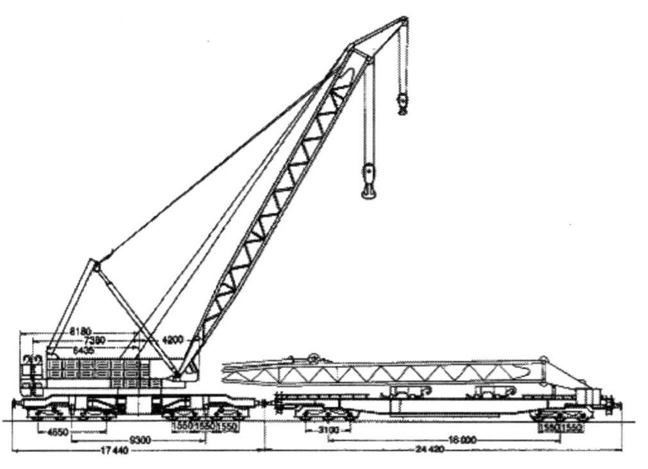

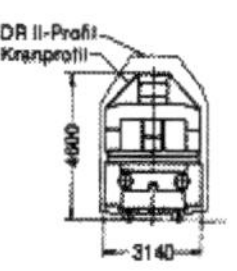

Eisenbahndrehkran EDK 1000/2 Hauptabmessungen / 29 /

Technische Daten:

Lastmoment	11.200 kNm (1.120 Mpm)
Tragfähigkeit abgestützt/Hilfshub	125 t/25 t
Tragfähigkeit freistehend	125 t
Hakenhöhe	22 m/26 m
Ausladung	25 m/28 m
Hubtiefe des Haupthakens bei 25 m Ausladung	13 m
Hubtiefe des Hilfshakens bei 28 m Ausladung	15 m
Masse des Kranes mit 2 Gegenlasten	211 t

Arbeitsgeschwindigkeiten:

Hubgeschwindigkeit (lastabhängig)	2/4 m/min
Hilfshubwerk	12,5 m/min
Drehen des Kranoberteiles	0,6 min^{-1}
Feindrehen	0,05 min^{-1}
Einziehen des Auslegers	ca. 3,5 min
Kranfahrgeschwindigkeit (stufenlos regelbar)	bis 100 m/min

Betriebsart:

Dieselmotor luftgekühlt	150 kW (204 PS) bei 1500 min^{-1}
Generator	160 kVA bei 1500 min^{-1}
Stromart	Drehstrom 380 V, 50 Hz

Abmessungen:

Breite des Kranes	3.140 mm
Höhe über Schienenoberkante	4.600 mm
Länge des Kranes über Puffer	17.440 mm
Länge des Kranzuges über Puffer	41.860 mm

Zugfahrdaten:

Zulässige Zugfahrgeschwindigkeit	100 km/h
kleinster durchfahrbarer Kurvenradius	120 m
Achslast bei Zugfahrt	19 t
Meterlast	8,6 t/m
Spurweite	1435/1520 mm
Druckluftbremse mitteleuropäische Ausführung	System „KE“
sowjet. Ausführung	System „Matrossow“
Zug- und Stoßvorrichtung mitteleuropäische Ausführung	Schraubenkupplung Hülsenpuffer
sowjet. Aussführung	Automatische Kupplung SA 3
Fahrzeugprofil	Fahrzeugbegrenzung II der DR

Gegenlastwagen:

Breite der Wagenplattform	2.900 mm
Höhe der Plattform über Schienenoberkante	1.550 mm
Länge des Wagens über Puffer	24.420 mm
Masse des Wagens bei Zugfahrt	112 t
Achslast bei Zugfahrt	20 t
zulässige Zugfahrgeschwindigkeit	100 km/h
kleinster durchfahrbarer Kurvenradius	120 m
Antriebsaggregat Dieselmotor luftgekühlt	150 kW (204 PS)
Generator	160 kVA
Eigenfahrgeschwindigkeit (stufenlos regelbar)	bis 100 m/min

Hilfshub
Вспомогательный подьем
Auxiliary lift

freistehend oder abgestützt in Gleisrichtung / [illegible] / free-standing or supported in the direction of the track		freistehend oder abgestützt ± 7° ausschwenkbar von Gleismitte / [illegible] / free-standing or supported, slewable for ± 7° from the track centre		abgestützt 360° drehbar / [illegible] / supported, slewable for 360°		
ohne / без / without		ohne / без / without		7m		
K_1	L_1	K_2	L_2	M	N	O
2/1	0	2/1	0	2	1	0

epacity (t)

25	25	25	25	25	25	25
25	25	25	25	25	25	25
25	25	25	25	25	25	25
25	25	25	25	25	25	25
25	25	25	25	25	25	25
25	25	25	25	25	25	25
25	25	25	25	25	25	25
25	25	25	25	25	25	25
25	25	25	25	25	25	22,5
25	25	25	25	25	25	20,3
25	25	25	25	25	25	18,2
25	25	25	25	25	25	16,5
25	23,3	25	23,3	25	25	14,6
25	21,5	25	21,5	25	25	13,0
25	20,0	25	20	25	23,3	11,8
25	18,5	25	18,5	25	21,6	10,7
25	17,0	25	17,0	25	20,0	9,6
25	15,5	25	15,5	25	18,5	8,8
25	14,0	25	14,0	25	17,0	8,0

Eisenbahndrehkran EDK 1000/2 Technische Daten Tragfähigkeitstabelle Normalausleger , Hilfshub / 29 /

Kranzahl: 10.6.19

Erzeugnis: **EDK 1000/3**

Status: **Neu- und Weiterentwicklung**

Kranhersteller: **VEB Schwermaschinenbau „S.M.KIROW“ Leipzig**

Die Weiterentwicklung erfolgte 1975.

Inhalt der Weiterentwicklung war bei Beibehaltung aller Leistungsparameter, den Kran in seinen Abmessungen und Fahrzeugumgrenzungen der internationalen Norm UIC 505-3 anzupassen.

Die UIC 505-3 wurde damit ab dem Krantyp EDK 1000/3, der insbesondere für den Export in westliche Länder gebaut wurde, und dem Folgetyp EDK 1000/4 eingehalten.

Produktionsdauer: 1975 bis 1978
Produktionsstückzahl*): 2

*) / 70 /

Kranzahl: **10.6.20**

Erzeugnis: **EDK 1000/4**

Status: **Neu- und Weiterentwicklung**

Kranhersteller: **VEB Schwermaschinenbau „S.M.KIROW“ Leipzig**

Der EDK 1000/2 bzw. 1000/3 wurde 1977/78 zum EDK 1000/4 unter besonderer Berücksichtigung exportorientierter Anforderungen (z.B. Südamerika) weiterentwickelt.

Dazu wurden zur weiteren Verbesserung der Zuverlässigkeit materialökonomische Maßnahmen, konstruktive Detailverbesserungen und die Anpassung veränderter oder neuer Zulieferelemente durchgeführt. Die Leistungsparameter wurden nicht verändert.

Produktionsdauer: 1978 bis 1987
Produktionsstückzahl*): 122

*) / 70 /

Kranzahl: **10.6.21**

Erzeugnis: **EDK 2000**

Status: **Neu- und Weiterentwicklung**

Kranhersteller: **VEB Schwermaschinenbau „S.M.KIROW“ Leipzig**

Die Entwicklung und Erprobung des Kranes erfolgte 1968/1970.

Der EDK 2000 wurde für die besonderen Einsatzbedingungen von Eisenbahndrehkranen in der Sowjetunion entwickelt und unter den unterschiedlichsten extremen Einsatzbedingungen erprobt. Mit diesem Gerät wurde gleichzeitig die Typenreihe Eisenbahndrehkrane abgeschlossen. Der Kran war mit einem Lastmoment von 2.000 tm und einer Tragfähigkeit von 250/90 t ausgelegt und zählte zu seiner Zeit als größter und leistungsstärkster Eisenbahndrehkran der Welt.

Eisenbahmdrehkran EDK 2000 / 73 /

Der Einsatzbereich umfaßte Schwer- und Schwerstlastarbeiten in Verkehrs-, Industrie- und Chemieanlagen, Werften und Häfen, Brückenbauten und den Einsatz bei Katastrophen.

Die max. Tragkräfte (Mp) betrugen dabei:

	abgest.360°	abgest.360°	abgest. +/- 15°	abgest.360°
Gegenlast	ja	ja	-	-
Abstützbasis (m)	9 x 9	5 x 13	5 x 13	9 x 9
Normalausleger, Haupthub	250	105	105	105
Normalausleger, Hilfshub	90	85	85	88

Der Unterwagen, eine geschweißte Stahlkonstruktion, ruhte auf zwei vierachsigen Drehgestellen, die einen Kurvenradius von mindestens 120 m bei Eigenfahrt und 180 m bei Zugfahrt gestatteten. Die Fahrwerksantriebe zum Verfahren des Kranes mit eigener Kraft waren in den Drehgestellen untergebracht, wobei je eine Achse angetrieben wurde. Der Unterwagen war mit einer Druckluftbremse und das Drehgestell mit einer Feststellbremse ausgerüstet.

Im Mittelteil der Plattform befand sich die Kugeldrehverbindung zwischen dem Oberwagen und dem Unterwagen des Kranes. Am Unterwagen waren vier Abstützarme angebracht, die hydraulisch ausgeschwenkt wurden. Die Betätigung der hydraulischen Abstützung erfolgte durch die an der Seite des Unterwagens angebrachte Steuereinrichtung. Die waagerechte Lage wurde über eine Dosenlibelle kontrolliert.

Im Oberwagen war die Kraftzentrale, bestehend aus Dieselmotor und angeflanschtem Konstant-Spannungs-Generator, untergebracht. Hier wurde die zum Antrieb aller Motoren notwendige Energie erzeugt. Im rückwärtigen Teil des Oberwagens war das Gegenlasthubwerk untergebracht, das bei Aufnahme der Gegenlasten ausgefahren werden konnte. Im vorderen Teil befand sich die Auslegerlagerung, die die notwendige Bewegungsfreiheit des Auslegers bei Zugfahrt gewährleistete. Zwischen dem Portal des Auslegers befand sich das Fahrerhaus.

Die drei Seiltrommeln vom Haupthub-, Hilfshub- und Einziehwerk bildeten eine Triebwerkskombination. Sie wurden über ein Schaltgetriebe von einem Motor angetrieben. Jede Arbeitsbewegung konnte nur einzeln, in zwei verschiedenen tragkraftabhängigen Geschwindigkeiten gefahren werden. Die Triebwerke wurden elektrohydraulisch abgebremst und gehalten. Die Arbeitsendstellungen wurden durch Endschalter begrenzt.

Die Verbindung zwischen Unter- und Oberwagen wurde durch eine Kugeldrehverbindung hergestellt. Das Drehwerk arbeitete mit zwei Drehzahlstufen, deren Umschaltung im Fahrerhaus erfolgte. Die Drehbewegung konnte durch eine Fußtrittbremse abgebremst werden. Eine Oberwagenverriegelung verhinderte bei Zugtransport bzw. Stillsetzen des Kranes ein Ausschwenken des Kranoberwagens durch Wind oder Massekräfte.

Kranzahl: 10.6.21

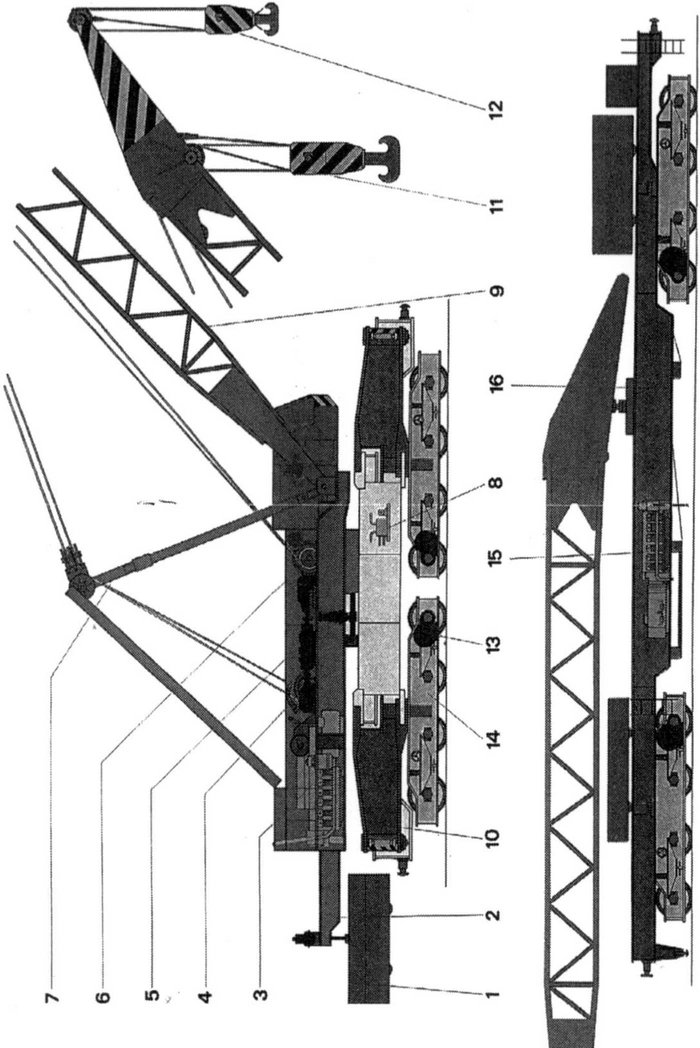

1 Gegenlasten
2 Gegenlast-Hubwerk
3 Diesel-elektrische Antriebszentrale
4 Einziehwerk
5 Drehwerk
6 Haupt- und Hilfshubwerk
7 Einziehstütze
8 Hydraulische Pumpe
9 Fachwerkausleger
10 Abstützarm
11 Haupthubhakenflasche
12 Hilfshubhakenflasche
13 Fahrantrieb
14 Drehgestell mit Laufwerk
15 Diesel-elektrischer Antriebszentrale
16 Gegenlastwagen

Die Gegenlastaufhängung bestand aus den beiden Gegenlasthubarmen mit dem elektro-mechanischen Antrieb zum Aus- bzw. Einfahren der Arme aus dem Oberwagen sowie der die Arme verbindenden Quertraverse mit dem elektro-hydraulischen Gegenlasthubwerk. Die Steuerung der Antriebe erfolgte vom Fahrerhaus aus.

Der Ausleger war eine geschweißte Rohrfachwerk-Konstruktion. Der untere Teil des Auslegers war als Portal ausgebildet. Es umschloß die Fahrerkabine und gab die volle Sicht auf das Arbeitsfeld frei. Die Auslegerlagerung war so gestaltet, daß die Kurvengängigkeit beim Durchfahren von Kurven im Zugverband gesichert war. Im Oberteil des Auslegers befand sich eine Vorrichtung, die das Ablegen des Auslegers auf dem Stützbock des Gegenlastwagens ermöglichte. Im Auslegerkopf befanden sich auch die Oberflaschen für den Haupt- und Hilfshub. Die Unterflaschen waren mit Doppellasthaken für 250 und 90 Mp ausgerüstet.

Im Fahrerhaus waren sämtliche Steuergeräte durch ein U-förmig angeordnetes Steuerpult gut zugänglich. Die Kontrollinstrumente für die elektrische Ausrüstung, für den Dieselmototor und für die Bremsanlage waren übersichtlich angeordnet.

Die Tragkraftanzeige und die Ausladungsanzeige gaben die tatsächliche Last am Haken und die vorhandene Ausladung an. Unabhängig davon überwachte eine Lastmomentsicherung den Kranbetrieb.

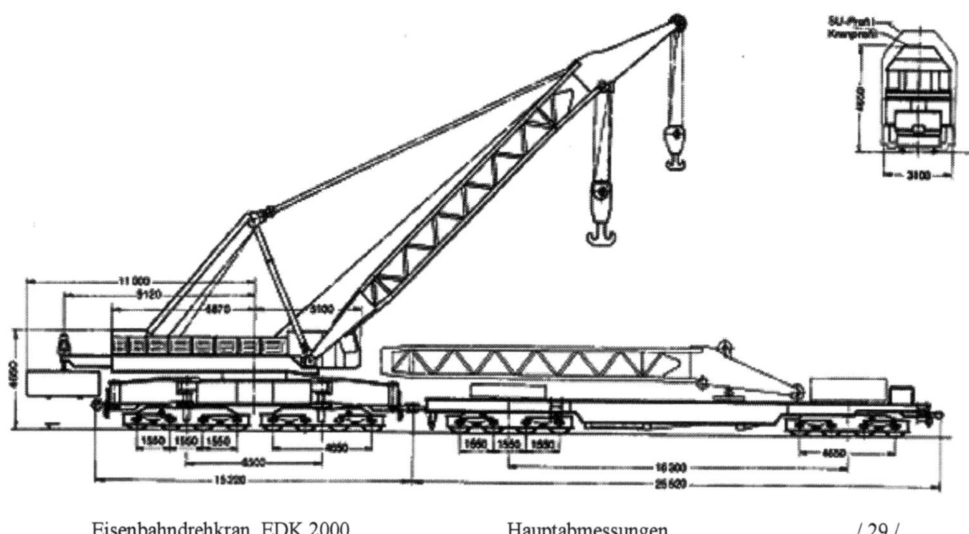

Eisenbahndrehkran EDK 2000 Hauptabmessungen / 29 /

Der Auslegerablagewagen war ein Plattformwagen mit zwei vierachsigen Drehgestellen. Er erfüllte gleichzeitig die Aufgabe eines Transportwagens für die Gegenlasten und Hakenflaschen, eines Ablagewagens für den Ausleger in Transportstellung und eines Abstandwagens. Der Plattformwagen war mit besonderen Aufnahmevorrichtungen ausgerüstet. Sie dienten der Aufnahme der bei der Zugfahrt abgelegten Gegenlasten sowie des Auslegers. Weiterhin nahmen sie die eigene Kraftzentrale auf, die die Fahrantriebe für das getrennte Fahren des Gegenlastwagens sowie die Gegenlastwinde speiste. Diese Winde wurde für das Verfahren der Gegenlasten auf dem Wagen selbst, vor dem Gegenlastanbau am Kran, gebraucht.

Zulässige Betriebstemperatur – 40 bis + 40°C

Produktionsdauer: 1971 bis 1990
Produktionsstückzahl*): 89

Haupthub					Hilfshub				
Arbeitsvariante	abgestützt 360° drehbar	abgestützt 360° drehbar	abgestützt ± 15° in Gleisrichtung schwenkbar	abgestützt 360° drehbar	Arbeitsvariante	abgestützt 360° drehbar	abgestützt 360° drehbar	abgestützt ± 15° in Gleisrichtung schwenkbar	abgestützt 360° drehbar.
Abstützbasis	9×9 m	5×13 m		9×9 m	Abstützbasis	9×9 m	5×13 m		9×9 m
Gegenlasten	2	1	0		Gegenlasten	2	1	0	
Lastkurve	I	II			Lastkurve	XI	XII		
Ausladung		zul. Tragkräfte (Mp)			Ausladung	zul. Tragkräfte (Mp)			
8	250	105			9,5	90	85		
9	216	89			10,7	90	73		
10	192	74			12	90	60		
11	173	63			13,2	90	52		
12	157	55			14,4	90	45		
13	142	49			15,6	90	38		
14	128	44			16,9	82	32		
15	115	38			18,1	73	28		
16	102	34			19,4	66	24		
17	90	29			20,6	61	22		
18	80	25			21,8	58	20		
19	70	22			23	55	18		

Eisenbahndrehkran EDK 2000 Tragkrafttabelle / 29 /

*) / 70 /

Tragkräfte Ausladungen	siehe Tragkrafttabellen
Größte Hubhöhe des Haupthakens bei 8 m Ausladung	ca. 17 m
Größte Hubhöhe des Hilfshakens bei 9,5 m Ausladung	ca. 21,75 m
Größte Hubtiefe des Haupthakens bei 19 m Ausladung	ca. 8,5 m
Größte Hubtiefe des Hilfshakens bei 23 m Ausladung	ca. 10,6 m
Breite des Kranes	ca. 3,15 m
Höhe des Kranes über SO	ca. 4,65 m
Länge der Unterwagenplattform	ca. 14 m
Spurweite	1435/1524 mm
Masse des Kranes mit 2 Gegenlasten	ca. 260 t
Masse des Kranes ohne Gegenlasten	ca. 180 t
Arbeitsgeschwindigkeiten	
Hubwerk	
Heben von Lasten bis 250 Mp	max. 1,10 m/min
Heben von Lasten bis 100 Mp	max. 2,21 m/min
Hilfshubwerk	
Heben von Lasten bis 90 Mp	max. 4,37 m/min
Heben von Lasten bis 45 Mp	max. 8,75 m/min
Drehen	ca. 0,5 min^{-1}
Feindrehen	ca. 0,045 min^{-1}
Einziehdauer im Ausladungsbereich	ca. 4,1 · min
Kranfahren auf ebenem Gleis stufenlos regelbar bis	max. 100 m/min
Antriebsaggregat, dieselelektrisch	12 Zylinder, 204 PS,
Dieselmotor, luftgekühlt	1500 min^{-1}
Konstantspannungsgenerator	160 KVA, 1500 min^{-1}
Stromart	Drehstrom 380V, 50 Hz

Gegenlastwagen

Breite des Wagens ohne Gegenlast	ca. 2,8 m
Breite des Wagens mit Gegenlast	ca. 3,1 m
Höhe des Wagens über SO (Plattformhöhe)	ca. 1,45 m
Länge der Plattform	ca. 24,3 m
Spurweite	1435/1524
Masse des Wagens (ohne Ausleger und Gegenlasten)	ca. 52 t
Fahrgeschwindigkeit auf ebenem Gleis stufenlos regelbar bis	max. 100 m/min
Antriebsaggregat, dieselelektrisch	12 Zylinder, 204 PS,
Dieselmotor, luftgekühlt	1500 min^{-1}
Konstantspannungsgenerator	160 KVA, 1500 min^{-1}
Stromart	Drehstrom 380V, 50 Hz

Zugfahrtdaten

Kran

Gesamtmasse des Kranes bei Zugfahrt	ca. 164 t
Meterlast	ca. 10,75 t/m
Achslast	ca. 20,5 t ± 5 %
Zugfahrtgeschwindigkeiten entsprechend der Zulassung der jeweiligen Eisenbahnvorschrift	max. 100 km/h
Anzahl der Achsen	8
Anzahl der abgebremsten Achsen	6
kleinster durchfahrbarer Kurvenradius bei Zugfahrt	ca. 120 m
Länge des Kranes über Puffer bzw. Mittelpufferkupplung	15,22 m

Gegenlastwagen

Gesamtmasse bei Zugfahrt	ca. 148 t
Meterlast	ca. 5,8 t/m
Achslast	ca. 20,5 t ± 5 %
Zugfahrtgeschwindigkeit entsprechend der Zulassung der jeweiligen Eisenbahnvorschrift	max. 100 km/h
Anzahl der Achsen	8
Anzahl der abgebremsten Achsen	6
kleinster durchfahrbarer Kurvenradius bei Zugfahrt	ca. 120 m
Länge des Wagens über Puffer bzw. Mittelpufferkupplung	ca. 25,52 m

Kranzug

Länge des gesamten Kranzuges über Puffer bzw. Mittelpufferkupplung	ca. 40,74 m
Meterlast des gesamten Kranzuges	ca. 7,65 t/m
Zugfahrtgeschwindigkeit entsprechend der Zulassung der jeweiligen Eisenbahnvorschrift	max. 100 km/h
Bremsgewicht des gesamten Kranzuges	ca. 180 t
Kleinster durchfahrbarer Kurvenradius bei Eigenfahrt — für Kran und Gegenlastwagen — bei getrenntem Verfahren	ca. 120 m

Konstruktionsänderungen vorbehalten
Stand 1. 8. 1973

Kranzahl: 10.6.21

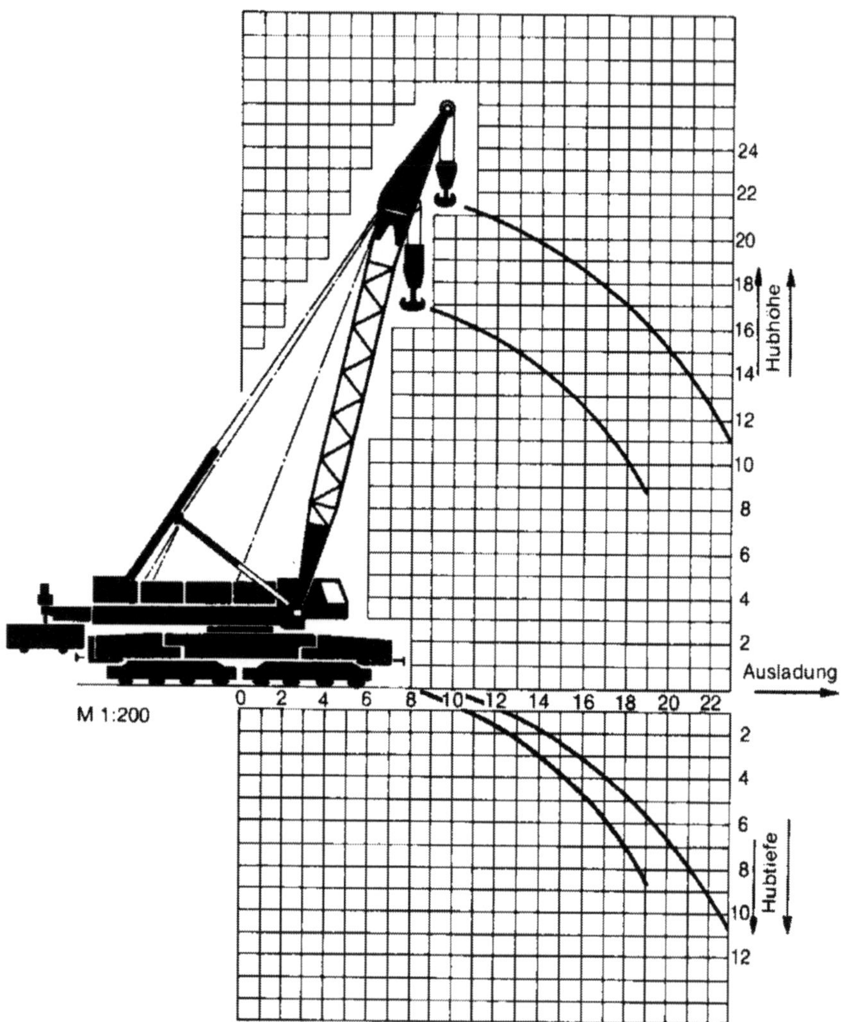

Kranzahl: **10.6.22**

Erzeugnis: EDK S 700/900

Status: Neu- und Weiterentwicklung

Kranhersteller: VEB Schwermaschinenbau „S.M.KIROW“ Leipzig

Die Entwicklung und Erprobung wurde 1986 bis 1989 durchgeführt.

Der Kran war ein diesel-elektrischer Schmalspurkran mit einer Spurweite von 1.000 mm bei einer Tragfähigkeit von 100/30 t.

Eisenbahndrehkran EDK S 700/900 /72/

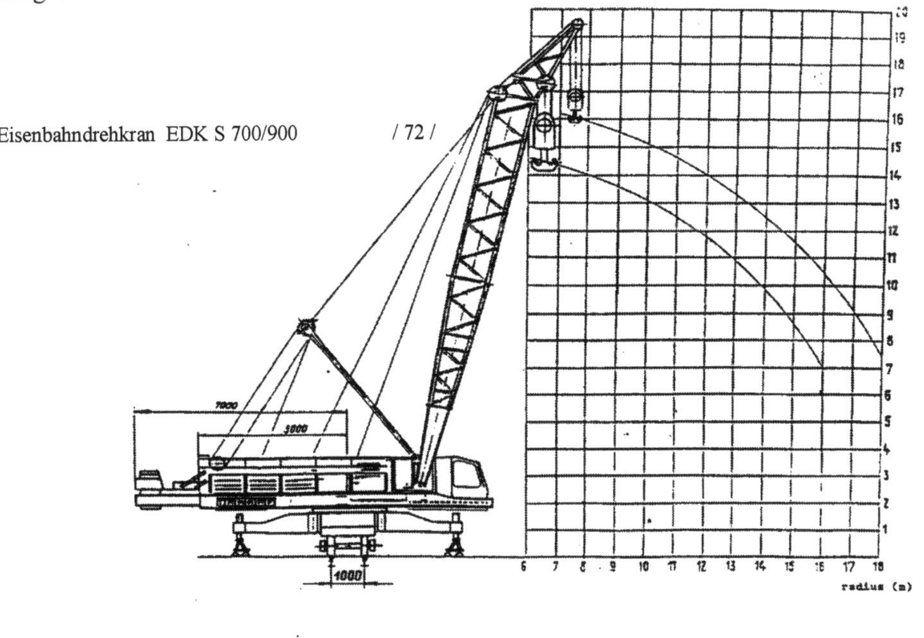

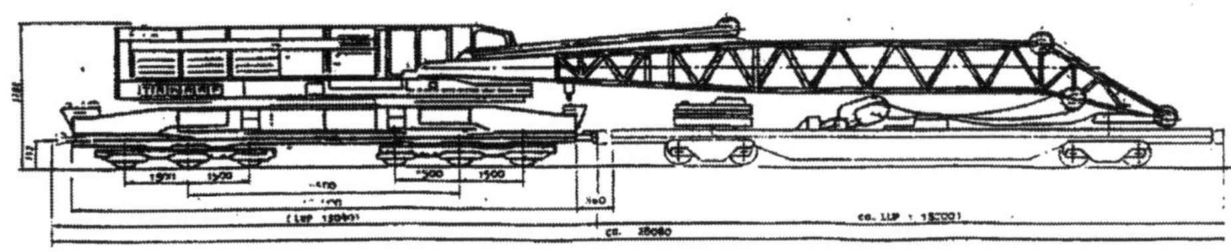

Die max. Tragkräfte (Mp) betrugen dabei:

	abgest. +/- 25°	abgest. 360°	abgest.360°	freist.+/-10°	freist. 360°
Gegenlast	ja	ja	ja	ja	
Abstützbasis (m)	5,5	7,3	5,5		
Haupthub	100	90	80	40	2,9
Hilfshub	30	30	30	30	2,4

Der konstruktive Aufbau, die Anordnung der Hauptbaugruppen sowie die Funktionen entsprachen den Entwicklungen der bisherigen Eisenbahndrehkrane. Der Unterwagen ruhte auf zwei Drehgestellen mit jeweils drei Achsen. Der Ablagetransportwagen war mit zwei zweiachsigen Drehgestellen ausgerüstet.

Produktionsdauer: 1990
Produktionsstückzahl: 6

Tragfähigkeit	siehe Tabelle
Hubhöhe	siehe Diagramm
Ausladung	siehe Diagramm
Arbeitsgeschwindigkeiten	
Haupthub	ca. 25 m/min
Hilfshub	ca. 6,3 m/min
Drehwerk	ca. 0,5/0,05 min^{-1}
Einziehwerk (von der max. bis min. Ausladung)	ca. 1,2 min
Eigenfahrgeschwindigkeit	ca. 250 m/min ≙ 15 km/h
Antrieb	diesel-elektr.
Antriebstyp	
Dieselmotor	ca. 150 kW n = 1500 min^{-1}
Kranmasse	
ohne zusätzl. Gegengew.	ca. 94 t
mit zusätzl. Gegengew.	ca. 125 t

Fahrzeugmasse (Zugfahrtstellung)	84 t
Achslast	ca. 14 t
Länge	13040 mm
Fahrzeugmasse je Längeneinheit (ohne Ablagewagen)	ca. 6,5 t/m
dto. (mit Ablagewagen)	ca. 4,55 t/m
Zugfahrtgeschwindigkeit	ca. 70 km/h
kleinster durchfahrbarer Gleisbogenhalbmesser	ca. 80 m
Spurweite	1000 mm
Bremssystem	Westingh. ABD
Zug- u. Stoßeinrichtung	ofermat 12 6004

Eisenbahndrehkran EDK S 700/900 Technische Daten / 72 /

*) / 70 /

m	5.5m		7.3m		5,3m				
6.5	90	100	80	90	52	80	15	40	2,9
7	80	95	70	85	38	76	12	38	2,1
8	72	90	50	80	30	64	10	36	1,6
9	64	80	40	73	24	53	6.5	32	1,1
10	55	72	32	60	20	45	7	29	0,8
12	39	59	24	46	15	34	5	24	—
13	34	54	20	42	12.5	30	4	22	—
15	27	47	16	35	9	24	3	18	—
16	25	40	14	30	8	22	2.5	17	—

m	5,5m		7,3m		5,5m				
7	30	30	30	30	30	30	13	30	2,4
8	30	30	30	30	30	30	11	30	1,8
9	30	30	30	30	25	30	9	30	1,4
10	30	30	30	30	21	30	7,5	30	1,0
12	24	30	23	30	15.5	30	5	24	0,6
13	22	30	19	30	13.5	30	4.5	22	—
15	18	30	15	30	10	26	3,5	19	—
16	16	30	13	30	9	23,5	3	17	—
18	13	25	10	24	7	19.5	2	15	—

Kranzahl: **10.6.23**

Erzeugnis: **EDK TELVAR 100**

Status: **Neu- und Weiterentwicklung**

Kranhersteller: **VEB Schwermaschinenbau „S.M.KIROW“ Leipzig**

Die Entwicklung und Erprobung des Kranes erfolgte im Rahmen einer Typenreihe (TELVAR 100 , 50 , 25) 1988/1989.

Das konstruktive Ziel war einen Eisenbahndrehkran mit Teleskopausleger und vollem hydraulischen Antrieb zu entwickeln. Damit erfüllte der Kran einmal die Anforderungen bisheriger Eisenbahndrehkrane, mit großen Lasten große Höhen zu erreichen, als auch zweitens den Anforderungen von Teleskopkranen in horizontaler und gewippter Arbeitsstellung gerecht zu werden.

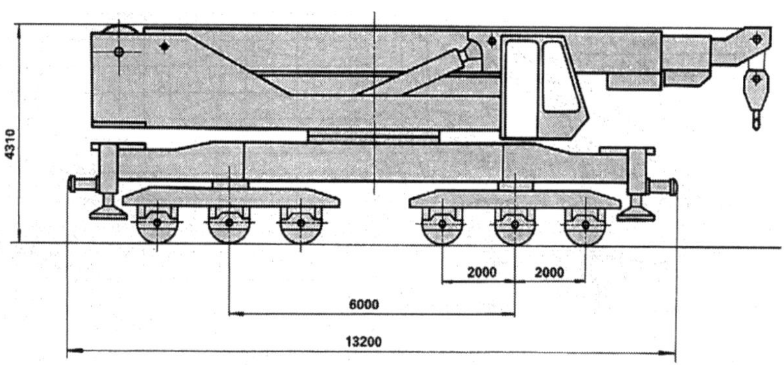

Eisenbahndrehkran EDK TELVAR 100 /29/

Die max. Traglasten (Mp) des Kranes betrugen dabei:

	abgest. +/- 20°	abgest. 360°	abgest. 90°	freist. +/- 0°	freist. +/- 5°	freist. 90°
Abstützbasis (m)	4,4 x 10,9	7,3 x 7,3	4,4 x 10,9	-	-	-
Teleskopausleger	100	100	75	66	60	16

Den Antrieb bildete ein Dieselmotor, der über Zwischengetriebe die hydraulischen Pumpensysteme antrieb. Diese versorgten über die einzelnen Kreisläufe die Antriebsaggregate. Der Fahrwerksantrieb im Drehgestell, das Hubwerk für den Kranbetrieb und das Drehwerksgetriebe waren damit stufenlos regelbar. Die Bewegungen der seitlich am Unterwagenrahmen angeordneten Abstützarme mit ihren Abstützstempeln erfolgte gleichfalls hydraulisch.

Der Unterwagen ruhte auf zwei 3-achsigen Drehgestellen und war, wie die Drehgestelle, eine Schweißkonstruktion. Unter- und Oberwagen waren durch eine Kugeldrehverbindung, in der sich eine Drehmittendurchführung für die Ölströme und die elektrischen Schleifkontakte für entsprechende Steuerbefehle befanden, verbunden.

Auf der Oberwagenplattform waren die Antriebszentrale, die Hydraulikausrüstungen und das Drehwerksgetriebe sowie das Fahrerhaus angeordnet. Im hinteren Teil des Plattformrahmens war der Teleskopierausleger mit dem Hubwerk drehbar gelagert. Zwei nebeneinander liegende Wippzylinder, außen am Ausleger angelenkt, waren zur Drehachse des Kranes nach hinten versetzt am Plattformrahmen angeordnet und bildeten das Wippdreieck. Die Kranarbeit wurde durch einen elektronischen Überlast-prozessor überwacht.

Der Ausleger selbst war eine geschweißte Kastenkonstruktion, in der sich die zweifach teleskopierbaren, ebenfalls geschweißten Ausschubteile befanden.

Durch den Überhang des Auslegers in Fahrtrichtung war bei Zugfahrt ein einfacher zweiachsiger Plattformwagen erforderlich.

Die zulässige Betriebstemperatur wurde mit +40 bis –40 °C angegeben.

Produktionsdauer: 1990
Produktionsstückzahl*): 1

max. Massemoment	600 tm
Dieselmotor, 8 Zylinder wassergekühlt	168 kW
stufenlos regelbare hydraulische Triebwerke	
Arbeitsgeschwindigkeiten	
Hubgeschwindigkeit bis 60 t	max. 5,5m/min
bis 100 t	max. 3,3m/min
Wippen	max. 18°/min
Teleskopieren	max. 7,0m/min
Drehen	max. 1,25U/min
Fahren ohne Last am Haken	
mit Anhängemasse	max. 20km/h
mit Last am Haken	max. 9km/h

Zugfahrdaten	
Masse des Kranes bei Zugfahrt	ca. 120 t
Achskraft	ca. 200 kN
Zugfahrgeschwindigkeit	
(Gleisqualität entsprechend UIC 432)	max. 120 km/h
Fahrzeugbegrenzung nach UIC 505-3	
minimaler befahrbarer Gleisbogenhalbmesser	80 m
Zusatzausrüstung	
Schwerlasttraverse 100 t und vier Anschlagseile	
Elektromotor (75kW) bei Fremdstromanschluß	
(380V, 50 Hz, 200A)	

Eisenbahndrehkran EDK TELVAR 100 Technische Daten /29/

*) /70/

Arbeitsvariante Variant of operation	■±20°	■360°	■90°	□0°	□±5°	□90°
Abstützbasis (m) Propping base (m)	4,4	7,3	4,4	Radkraft ≤ 300 kN Wheel load		
Ausladung (m) Radius (m)	Tragfähigkeit (t) Lifting capacity (t)					
6	100	100	75	-	-	-
8	100	92	46	66	60	16
10	72	60	32	43	40	11
12	55	43	23	33	30	7
14	40	33	18	25	24	4
16	32	26	14	20	20	3
18	26	22	12	17	17	2
20	24	19	10	15	15	2
22	22	17	9	13	13	1

□	= freistehend/free-on-rails
■	= abgestützt/propped
360°	= drehbar/slewable
± 20°	= in Gleisrichtung schwenkbar slewable in direction of track

Eisenbahndrehkran EDK TELVAR 100 Tragfähigkeitstabelle /29 /

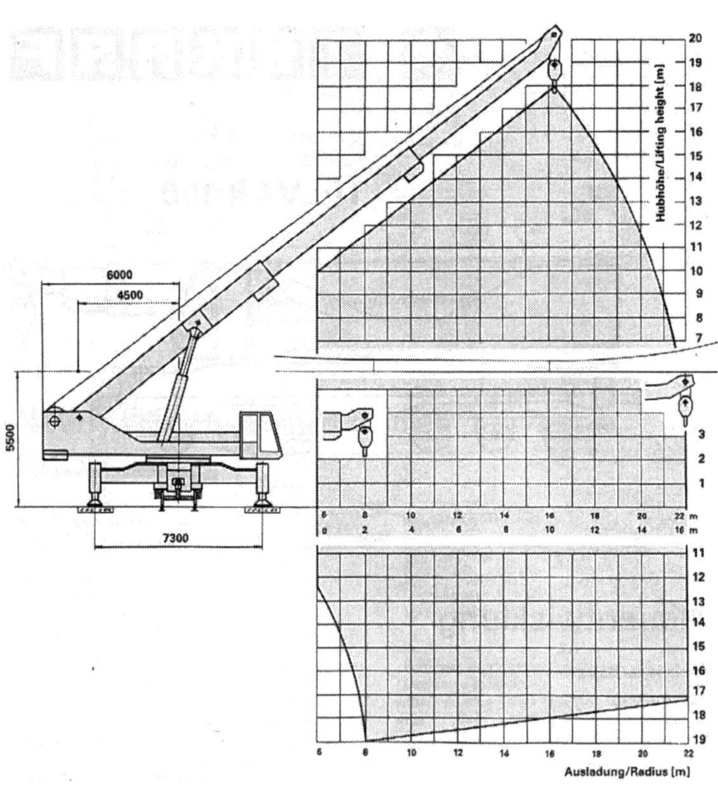

Eisenbahndrehkran EDK TELVAR 100 Ausladung und Hubhöhe / 29 /

Kranzahl: **10.6.24**

Erzeugnis:	**EDK TELVAR 50-1**
Status:	**Projekt**
Kranhersteller:	**VEB Schwermaschinenbau „S.M.KIROW“ Leipzig**

Die Entwicklung des Kranes erfolgte im Rahmen einer Typenreihe (TELVAR 100, 50, 25) 1989/1990.

Das konstruktive Ziel war einen Eisenbahndrehkran mit Teleskopausleger und vollem hydraulischen Antrieb zu entwickeln. Damit erfüllte der Kran einmal die Anforderungen bisheriger Eisenbahndrehkrane, mit großen Lasten große Höhen zu erreichen, als auch zweitens den Anforderungen von Teleskopkranen in horizontaler und gewippter Arbeitsstellung gerecht zu werden.

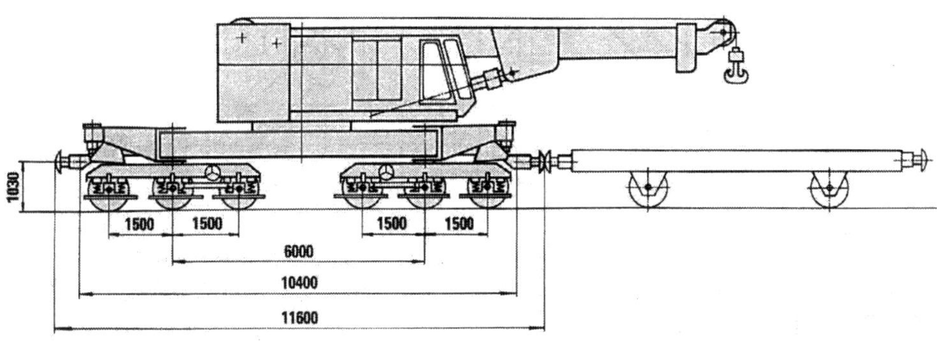

Eisenbahndrehkran EDK TELVAR 50-1 / 29 /

Die max. Traglasten (Mp) des Kranes betrugen in den jeweiligen Arbeitsstellungen des Auslegers:

	abgest. 360°	abgest. 360°	abgest. +/- 15°	freist. 360°	freist. +/- 15°	freist. +/- 0°
Abstützbasis (m)	6,0	3,9	3,9	-	-	-
Teleskopausleger	50	36	50	13	41	50

Ein Dieselmotor trieb über Zwischengetriebe die hydraulischen Pumpensysteme an. Diese versorgten über die einzelnen Kreisläufe die Antriebsaggregate. Der Fahrwerksantrieb im Drehgestell, das Hubwerk für den Kranbetrieb und das Drehwerksgetriebe waren damit stufenlos regelbar. Die Bewegungen der seitlich am Unterwagenrahmen angeordneten Abstützarme mit ihren Abstützstempeln erfolgte gleichfalls hydraulisch.

Der Unterwagen ruhte auf zwei 3-achsigen Drehgestellen und war, wie die Drehgestelle, eine Schweißkonstruktion. Unter- und Oberwagen waren durch eine Kugeldrehverbindung, in der sich eine Drehmittendurchführung für die Ölströme und die elektrischen Schleifkontakte für entsprechende Steuerbefehle befanden, verbunden.

Auf der Oberwagenplattform waren die Antriebszentrale, die Hydraulikausrüstungen und das Drehwerksgetriebe sowie das Fahrerhaus angeordnet. Im hinteren Teil des Plattformrahmens war der Teleskopierausleger mit dem Hubwerk drehbar gelagert. Ein Wippzylinder, mittig am Ausleger angelenkt, war zur Drehachse des Kranes nach vorn versetzt am Plattformrahmen angeordnet und bildete mit dem Ausleger das Wippdreieck. Die Kranarbeit wurde durch einen elektronischen Überlastprozessor überwacht.

Der Ausleger selbst war eine geschweißte Kastenkonstruktion, in der sich das einfach teleskopierbare, ebenfalls geschweißte Ausschubteil befand.

Durch den relativ großen Überstand des Grundauslegers in Fahrtrichtung bei Zugfahrt war ein einfacher zweiachsiger Plattformwagen erforderlich.

Produktionsdauer: nach 1990
Produktionsstückzahl*): 0 (1990)

Kranbetrieb	
max. Tragfähigkeit	50t
max. Lastmoment	4000kNm
Arbeitsgeschwindigkeiten	
Heben bis 50t	3,5m/min
Heben bis 30t	5,3m/min
Wippen (0 bis 45°)	ca. 2,5min
Teleskopieren	ca. 2,5min
Drehen	1,5U/min
Eigenfahrt ohne Last	20km/h
Eigenfahrt mit Last	6km/h
Antriebsart	diesel-hydraulisch
Steuerung	stufenlose Geschwindigkeitsregelung
Gesamtmasse	ca. 120t

Zugfahrt	
Kranmasse bei Zugfahrt	ca. 120t
max. Achskraft	ca. 200kN
Zugfahrtgeschwindigkeit (Gleisqualität entspr. UIC 432)	max. 120km/h
Fahrzeugbegrenzung	UIC 505 – 3
min. befahrbarer Gleisbogenhalbmesser	80m
Spurweite	1435mm
Druckluftbremssystem	KE – GP
Zusatzausrüstungen (auf Kundenwunsch)	
– hydraulische Horizontierung auf Gleisüberhöhung	
– hydraulisch betätigte Federblockierung	
– 50t-Traverse (3m Spreizung)	
– Weichentraverse (nach Kundenangaben)	
– Kältepaket (bis – 40°C)	
– Tropenpaket	

Eisenbabahndrehkran EDK TELVAR 50-1 Technische Daten / 29 /

*) / 70 /

Arbeitsvariante régimen de trabajo	■ 360°	■ 360°	■ ± 15°	□ 360°	□ ± 15°	□ 0°
Abstützbasis (m) base de soporte	6	3,9	3,9			
Ausladung (m) volada	Tragfähigkeit (t) cargas admisibles (tm.)					
7	50	36	50	13	41	50
8	50	30	50	11	34	50
9	45	25	45	10	29	45
10,3	38	22	42	8	25	38
11	33	19	38	6	22	33
12	30	17	35	5,5	19	30
13	27	15	32	5	17	27
14	23	14	30	4	15	23
15	21	13	28	3	13,5	21
16	19	12	26	2,5	12,5	19
17	18	11	24	2	11,5	18
18	17	10	23	2,5	10	17

□ = freistehend/sin apoyo
■ = abgestützt/con apoyo

360° = drehbar/girable de 360°
± 15° = in Gleisrichtung schwenkbar/virable de ± 15° resp. al sentido de vía

Eisenbahndrehkran EDK TELVAR 50-1 Tragfähigkeitstabelle / 29 /

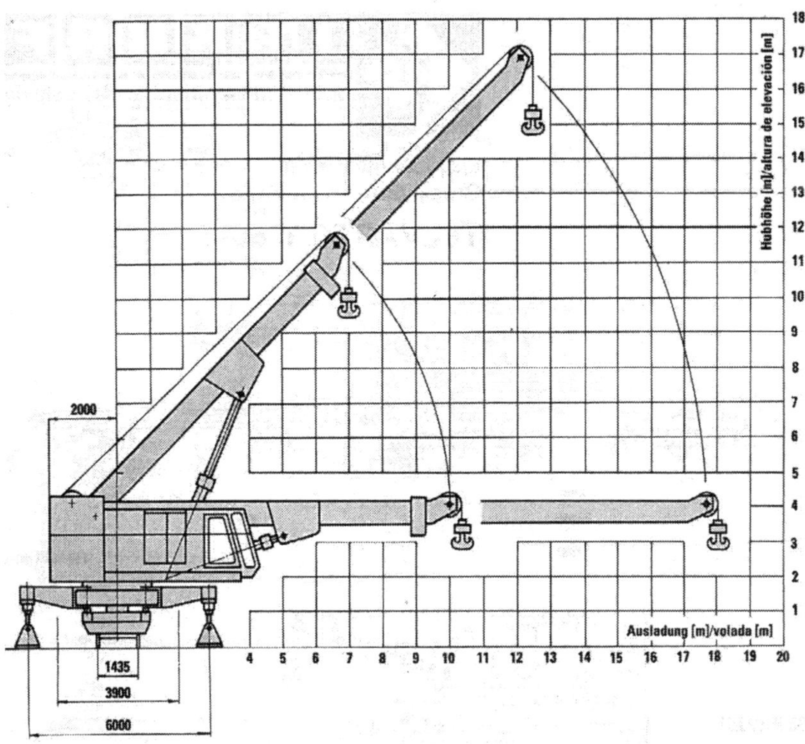

Eisenbahndrehkran EDK TELVAR 50-1 Ausladung und Hubhöhe / 29 /

Kranzahl: **10.6.25**

Erzeugnis: **EDK TELVAR 50-2**

Status: **Projekt**

Kranhersteller: **VEB Schwermaschinenbau „S.M.KIROW“ Leipzig**

Die Entwicklung des Kranes erfolgte im Rahmen einer Typenreihe (TELVAR 100, 50, 25) 1989/1990.

Das konstruktive Ziel war einen Eisenbahndrehkran mit Teleskopausleger und vollem hydraulischen Antrieb zu entwickeln. Damit erfüllte der Kran einmal die Anforderungen bisheriger Eisenbahndrehkrane, mit großen Lasten große Höhen zu erreichen, als auch zweitens den Anforderungen von Teleskopkranen in horizontaler und gewippter Arbeitsstellung gerecht zu werden.

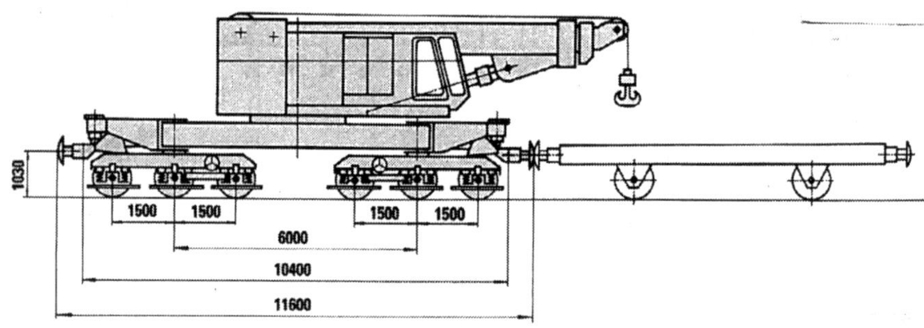

Eisenbahndrehkran EDK TELVAR 50-2 / 29 /

Der konstruktive und funktionelle Aufbau des Unter- und Oberwagens war gleich dem des TELVAR 50-1. Der Unterschied zwischen beiden Krantypen bestand in der Teleskopierung. Während der TELVAR 50-1 einen einfach teleskopierbaren Ausleger bot, verfügte der TELVAR 50-2 über einen zweifach teleskopierbaren Ausleger, womit auch die Tragfähigkeit des Kranes verändert wurde.

Die max. Traglasten (Mp) des Kranes betrugen entsprechend den jeweiligen Arbeitsstellungen des Auslegers:

	abgest. 360°	abgest. 360°	abgest. +/- 15°	freist. 360°	freist. +/- 15°	freist. +/- 0°
Abstützbasis (m)	6,0	3,9	3,9	-	-	-
Teleskopausleger	50	50	50	17	50	50

Der Antrieb war ein Dieselmotor, der über Zwischengetriebe die hydraulischen Pumpensysteme antrieb. Diese versorgten über die einzelnen Kreisläufe die Antriebsaggregate. Der Fahrwerksantrieb im Drehgestell, das Hubwerk für den Kranbetrieb und das Drehwerksgetriebe waren damit stufenlos regelbar. Die Bewegungen der seitlich am Unterwagenrahmen angeordneten Abstützarme mit ihren Abstützstempeln erfolgte gleichfalls hydraulisch.

Der Unterwagen ruhte auf zwei 3-achsigen Drehgestellen und war, wie die Drehgestelle, eine Schweißkonstruktion. Unter- und Oberwagen waren durch eine Kugeldrehverbindung, in der sich eine Drehmittendurchführung für die Ölströme und die elektrischen Schleifkontakte für entsprechende Steuerbefehle befanden, verbunden.

Auf der Oberwagenplattform waren die Antriebszentrale, die Hydraulikausrüstungen und das Drehwerksgetriebe sowie das Fahrerhaus angeordnet. Im hinteren Teil des Plattformrahmens war der Teleskopierausleger mit dem Hubwerk drehbar gelagert. Ein Wippzylinder, am Ausleger angelenkt, waren zur Drehachse des Kranes nach vorn versetzt am Plattformrahmen angeordnet und bildeten mit dem Ausleger das Wippdreieck. Die Kranarbeit wurde durch einen elektronischen Überlastprozessor überwacht.

Der Ausleger selbst war eine geschweißte Kastenkonstruktion, in der sich die zweifach teleskopierbaren, ebenfalls geschweißten Ausschubteile befanden.

Für die Zugfahrt war wegen des Überstandes des Teleskopauslegers in Fahrtrichtung ein einfacher zweiachsiger Plattformwagen erforderlich.

Produktionsdauer: nach 1990 vorgesehen
Produktionsstückzahl*): 0

Kranbetrieb	
max. Tragfähigkeit	50t
max. Lastmoment	4000kNm
Arbeitsgeschwindigkeiten	
Heben bis 50t	3,5m/min
Heben bis 30t	5,3m/min
Wippen (0 bis 45°)	ca. 2,5min
Teleskopieren	ca. 2,5min
Drehen	1,5U/min
Eigenfahrt ohne Last	20km/h
Eigenfahrt mit Last	6km/h
Antriebsart	diesel-hydraulisch
Steuerung	stufenlose Geschwindigkeitsregelung
Gesamtmasse	ca. 120t

Zugfahrt	
Kranmasse bei Zugfahrt	ca. 120t
max. Achskraft	ca. 200kN
Zugfahrtgeschwindigkeit (Gleisqualität entspr. UIC 432)	max. 120km/h
Fahrzeugbegrenzung	UIC 505 – 3
min. befahrbarer Gleisbogenhalbmesser	80m
Spurweite	1435mm
Druckluftbremssystem	KE – GP
Zusatzausrüstungen (auf Kundenwunsch)	
– hydraulische Horizontierung auf Gleisüberhöhung	
– hydraulisch betätigte Federblockierung	
– 50t-Traverse (3m Spreizung)	
– Weichentraverse (nach Kundenangaben)	
– Kältepaket (bis – 40°C)	
– Tropenpaket	

Eisenbahndrehkran EDK TELVAR 50-2 Technische Daten / 29 /

*) / 70 /

Arbeitsvariante régimen de trabajo	■ 360°	■ 360°	■ ± 15°	□ 360°	□ ± 15°	□ 0°
Abstützbasis (m) base de soporte	6	3,9	3,9			
Ausladung (m) volada	Tragfähigkeit (t) cargas admisibles (tm.)					
5,5	50	50	50	17	50	50
6	50	40	50	15	45	50
7	50	35	50	12	40	50
8	50	29	50	9	33	50
9	43	24	44	8	28	43
10	37	21	40	6	24	37
11	32	18	36	5	21	32
12	28	16	33	4,5	18	28
13	25	14	31	4	16	25
14	22	13	29	3,5	14	22
15	20	12	27	3	13	20
16	18	11	25	2,5	12	18
17	17	10	23	2,2	11	17
18	16	9	22	2	10	16

□ = freistehend/sin apoyo
■ = abgestützt/con apoyo

360° = drehbar/girable de 360°
± 15° = in Gleisrichtung schwenkbar/virable de ± 15° resp. al sentido de vía

Eisenbahndrehkran EDK TELVAR 50-2 Tragfähigkeitstabelle / 29 /

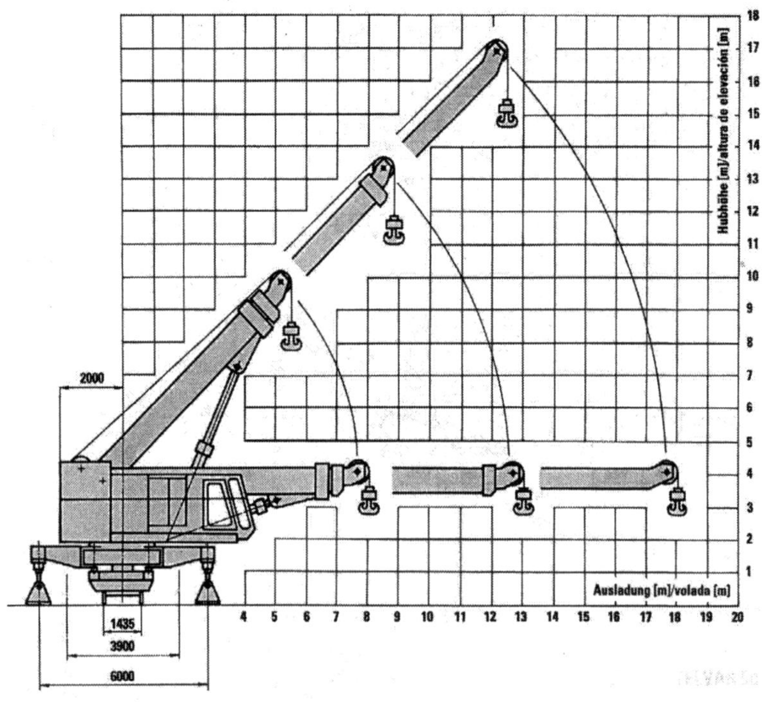

Eisenbahndrehkran EDK TELVAR 50-2 Ausladung und Hubhöhe / 29 /

Kranzahl: **10.6.26**

Erzeugnis: **EDK TELVAR 25**

Status: **Projekt**

Kranhersteller: **VEB Schwermaschinenbau „S.M.KIROW“ Leipzig**

Die Entwicklung des Kranes erfolgte im Rahmen einer Typenreihe (TELVAR 100, 50, 25) 1989/1990.

Das konstruktive Ziel war einen Eisenbahndrehkran mit Teleskopausleger und vollem hydraulischen Antrieb zu entwickeln. Damit erfüllte der Kran einmal die Anforderungen bisheriger Eisenbahndrehkrane, mit großen Lasten große Höhen zu erreichen, als auch zweitens den Anforderungen von Teleskopkranen in horizontaler und gewippter Arbeitsstellung gerecht zu werden.

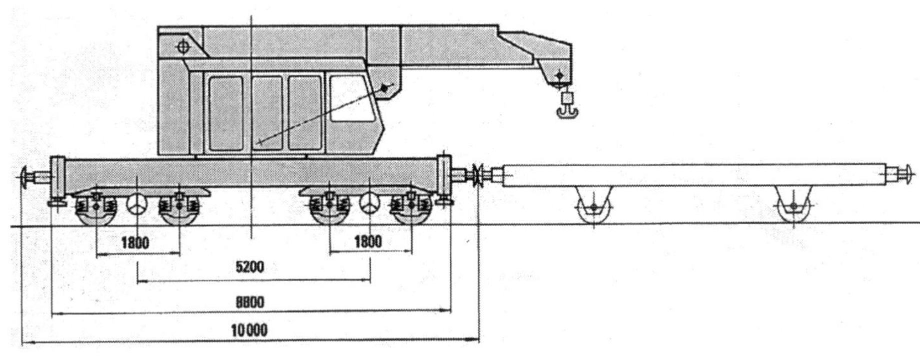

Eisenbahndrehkran EDK TELVAR 25 /29/

Die max. Traglasten (Mp) des Kranes betrugen in den jeweiligen Arbeitsstellungen des Auslegers:

	abgest. 360°	abgest. +/- 20°	freist. +/- 7°	freist. +/- 20°	freist. 360°
Abstützbasis (m)	4,8	4,8	-	-	-
Teleskopausleger	25	25	25	23	10

Der Antrieb war ein Dieselmotor, der über Zwischengetriebe die hydraulischen Pumpensysteme antrieb. Diese versorgten über die einzelnen Kreisläufe die Antriebsaggregate. Der Fahrwerksantrieb im Drehgestell, das Hubwerk für den Kranbetrieb und das Drehwerksgetriebe waren damit stufenlos regelbar.Die Bewegungen der seitlich am Unterwagenrahmen angeordneten Abstützarme mit ihren Abstützstempeln erfolgte gleichfalls hydraulisch.

Der Unterwagen ruhte auf zwei 2-achsigen Drehgestellen und war, wie die Drehgestelle, eine Schweißkonstruktion. Unter- und Oberwagen waren durch eine Kugeldrehverbindung, in der sich eine Drehmittendurchführung für die Ölströme und die elektrischen Schleifkontakte für entsprechende Steuerbefehle befanden, verbunden.

Auf der Oberwagenplattform waren die Antriebszentrale, die Hydraulikausrüstungen und das Drehwerksgetriebe sowie das Fahrerhaus angeordnet. Im hinteren Teil des Plattformrahmens war der Teleskopierausleger mit dem Hubwerk drehbar gelagert. Ein Wippzylinder, mittig am Ausleger angelenkt, war zur Drehmitte des Kranes nach hinten versetzt am Plattformrahmen angeordnet und bildeten das Wippdreieck. Die Kranarbeit wurde durch einen elektronischen Überlastprozessor überwacht.

Der Ausleger selbst war eine geschweißte Kastenkonstruktion, in der sich das einfach teleskopierbare, ebenfalls geschweißte Ausschubteil befand.

Bei Zugfahrt war wegen des Überhanges des Teleskopauslegers in Fahrtrichtung ein einfacher Plattformwagen erforderlich.

Produktionsdauer: nach1990 vorgesehen
Produktionsstückzahl*): 0

Kranbetrieb	
max. Tragfähigkeit	25t
max. Lastmoment	2000 kNm
Arbeitsgeschwindigkeiten	
Heben	0–15 m/min
Wippen (0 bis 45°)	ca. 0,5 min
Teleskopieren	ca. 1,1 min
Drehen	ca. 0–1,5 U/min
Eigenfahrt ohne Last	20 km/h
Eigenfahrt mit Last	6 km/h
Antriebsart	diesel-hydraulisch
Steuerung	stufenlose Geschwindigkeitsregelung
Gesamtmasse	ca. 82t
Zugfahrt	
Kranmasse bei Zugfahrt	ca. 82t
max. Achskraft	ca. 180 kN
Zugfahrtgeschwindigkeit (Gleisqualität entspr. UIC 432)	max. 120 km/h
Fahrzeugbegrenzung	UIC 505–3
min. befahrbarer Gleisbogenhalbmesser	60 m
Spurweite	1435 mm
Druckluftbremssystem	KE–GP

Zusatzausrüstungen (auf Kundenwunsch)
– hydraulische Horizontierung auf Gleiserhöhung
– hydraulisch betätigte Federblockierung
– erhöhte Tragfähigkeit freistehend, 360° durch Vergrößerung des rückwärtigen Oberwagen-Radius auf 2,5m
– Weichentraverse (nach Kundenangaben)
– Kältepaket (bis – 40°C)
– Tropenpaket
– Greiferbetrieb mit elektro-hydr. Motorgreifer und Greiferführung
– Lasthebemagnet

Eisenbahndrehkran EDK TELVAR 25 Technische Daten / 29 /

*) / 70 /

Arbeitsvariante	■ 360°	■ ± 20°	□ ± 7°	□ ± 20°	□ 360°
Abstützbasis (m)	4,8	4,8			
Ausladung (m)	Tragfähigkeit (t)				
5	25	25	25	23	10
6	25	25	25	21	7,5
7	23	25	25	15	6
8	19	25	21	12,5	5
9	16	20	17,5	10,5	4
10	13,5	16,5	15,3	9	3,5
11	11,5	14	13,3	7,5	3
12	10	12	11,8	6,5	2,5
13	9	10,5	10,5	5,5	2,2
14	8	9	9	5	2

□ = freistehend
■ = abgestützt

± 20° = in Gleisrichtung schwenkbar
360° = drehbar

Eisenbahndrehkran EDK TELVAR 25 Tragfähigkeitstabelle / 29 /

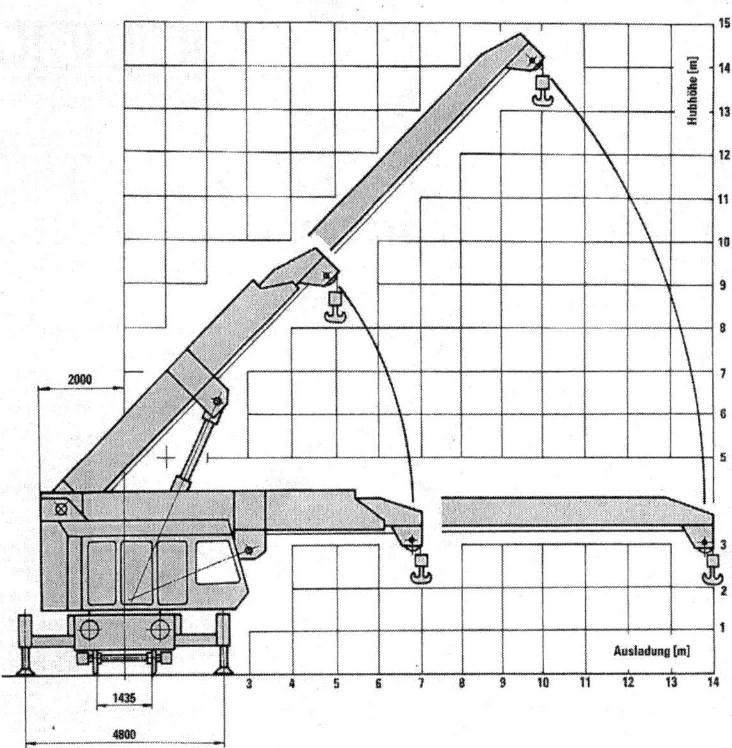

Eisenbahndrehkran EDK TELVAR 25 Ausladung und Hubhöhe / 29 /

Kranzahl: **10.6.27**

Erzeugnis: **EDK 300 W**

Status: **Neu- und Weiterentwicklung**

Kranhersteller: **VEB Schwermaschinenbau „S.M.KIROW“ Leipzig**

Die Entwicklung und Erprobung erfolgte 1964/1965 mit dem Ziel, einen Kran für den Arbeitseinsatz auf dem elektrifizierten Streckennetz der DR, d.h. Arbeit unter den Fahrleitungen, bereit zu stellen. Das Entwicklungskonzept sah dazu die Entwicklung eines Spezialauslegers und gleichzeitig die Nutzung und Anpassung vorhandener Baugruppen des EDK 300 vor.

Eisenbahndrehkran EDK 300 W /29/

Der Kraneinsatz konnte bei waagerechter wie bei normaler Auslegerstellung erfolgen. Die max. Tragkräfte (Mp) betrugen dabei:

	abgest.360°	freist.+/-15°	abgest.360°	freist.360°	abgest.+/-30°	freist.+/-30°
Abstützbasis (m)	4,8		3,2		3,2	
Ausleger, waagerecht	30	30	23,0	8,7	30	17,0
Ausleger, normal	30	30	20,6	9,6	30	18,7

Kranzahl: 10.6.27

Der Unterwagenrahmen und die beiden 3-achsigen Drehgestelle waren geschweißte Stahlkonstruktionen. Der Unterwagen besaß eine eisenbahntypische Ausrüstung. Die inneren Achsen der beiden Drehgestelle wurden bei Eigenfahrt angetrieben. Im Kranbetrieb wurde die Federung blockiert. Vier manuell schwenkbare Arme, deren Druckstempel hydraulisch betätigt wurden, dienten zur Abstützung beim Kranbetrieb.

Der Oberwagenrahmen und der Ausleger waren gleichfalls eine geschweißte Stahlkonstruktion.

Der Ausleger war als ein Spezial-Vollwandausleger ausgebildet, in dem eine Laufkatze verfahrbar angeordnet war. Die Seilführung zur Hakenflasche war dabei so gewählt, daß beim Verfahren der Laufkatze die Hubhöhe unverändert blieb. Das Hubseilende war im Auslegerarm an einer Wiegeeinrichtung angeschlossen, deren Werte im Fahrerhaus angezeigt wurden. Beim Arbeiten mit der Laufkatze war die waagerechte Lage des Auslegers gesichert. Er konnte jedoch bei Arretierung der Laufkatze, an der Auslegerspitze, wie ein normaler Ausleger beliebig gehoben oder gesenkt werden.

Alle Triebwerke waren mit wälzgelagerten und in Ölbad laufenden Getrieben ausgerüstet. Die Motoren erhielten ihre Energie aus der diesel-elektrischen Kraftzentrale. Der Trommelantrieb, das Drehwerk und die Antriebsstufen für den Fahrantrieb besaßen offene Vorgelege. Alle Seilrollen waren wälzgelagert.

Die Bewegungen des Hub- und Einziehwerkes wurden durch Endschalter begrenzt. Die Hubgeschwindigkeit war zweigängig schaltbar.

Mit diesem Entwicklungskonzept konnten damit bei waagerechtem Ausleger und Einsatz der Laufkatze auf den elektrifizierten Eisenbahnstrecken komplizierte Montagen von großflächigen Teilen, wie Gleisoberbauten, komplette Weichen verlegt werden. Die Möglichkeit der geringen Auslegerhöhe von 4.830 mm über Schienenoberkante bot weiter die Möglichkeit des Transportes, der Reparatur- und Aufräumarbeiten auch unter Bauwerken mit beschränkten lichten Bauhöhen, wie Brücken, Tunneln, Lagerhallen und Bahnsteigüberdachungen.

Greifer- und Magnetbetrieb war ebenfalls mit verfahrbarer Laufkatze bei horizontalem Ausleger möglich.

Produktionsdauer: 1965 bis 1969
Produktionsstückzahl*): 19

*) / 70 /

Tragkraft	siehe Tabelle
Hubhöhe	siehe Diagramm
Ausladung	siehe Tabelle
Katzfahrgeschwindigkeit	ca. 8 m/min
Arbeitsgeschwindigkeiten	
Heben von Lasten > 5 Mp	ca. 4,45 m/min
Heben von Lasten ≦ 5 Mp	ca, 22,2 m/min
Einziehen des Auslegers von größter bis kleinster Ausladung	ca. 3,5 min
Drehen	ca. 1 min^{-1}
Kranfahren auf ebenem Gleis	ca. 60 m/min
Anzahl der Achsen	6
kleinster durchfahrbarer Kurvenhalbmesser	80 m bei Eigenfahrt
Antriebsart	diesel-elektrisch
Dieselmotor, luftgekühlt 102 PS	n = 1500 min^{-1}
Generator 63 kVA	n = 1500 min^{-1}
Stromart: Drehstrom 380 V	50 Hz
Spannung für Licht	12 V und 127 V oder 220 Volt
Gesamtmasse des Kranes mit Zubehör ohne Beiwagen	ca. 113 t
Größte Radlast bei unabgestütztem Arbeiten (Ausleger bei 15° Schwenkwinkel von Gleismitte)	ca. 29 Mp
Rangierlast (bei DR nach Anweisung Nr. 45 des GBB zu § 52 (10) BOA Gruppe „C")	max. 100 t

Zusatzgeräte (bei Bestellung besonders angeben)
Traverse für Lastmagnet
Elektrolasthebemagnet AB 13-220, TGL 10273, Bl. 2
Greifer EHG 3-2

Zugfahrdaten:

Gesamtmasse des Kranes bei Zugfahrt ca. 103 t ✓
Metergewicht ca. 9,5 t/m ✓
Größte zulässige Geschwindigkeit bei Zugfahrt 100 km/h ✓
nach Vorschrift der DR 65 km/h
Kleinster durchfahrbarer Kurvenhalbmesser 120 m bei Zugfahrt ✓
Anzahl der abgebremsten Achsen bei Zugfahrt 4 ✓
Länge des Kranes über Puffer ca. 10850 mm ✓
Druckluftbremse: System „KE" (mitteleuropäische Ausführung)
Zug- und Stoßvorrichtung: Hülsenpuffer und Schraubenkupplung (mitteleuropäische Ausführung)
mitteleuropäische Ausführung: Ausleger kann zur Zugfahrt nach beiden Seiten abgelegt werden
Achslasten der vorderen drei Achsen: 17,4 Mp ± 10% bzw. 16,2 Mp ± 10%
Achslasten der hinteren drei Achsen: 17,1 Mp ± 10% bzw. 18,4 Mp ± 10%

EDK 300 W in Zugfahrtstellung

Fahrzeugprofil: Umgrenzung II der Deutschen Reichsbahn
max. Höhe des Kranes 4600 mm
max. Breite des Kranes 3130 mm
Auslegerablagewagen (gehört nicht zur Lieferung): Mindestlänge etwa 12 000 mm
Zulässige Abweichung der Masse, Geschwindigkeit und Radlastangabe ± 5% (Außer Achslastangabe bei Zugfahrt).

Kranzahl: 10.6.27

Ausladung [m]	I abgestützt 4,8 m freistehend ±15° (ringsum)	II abgestützt 3,2 m (ringsum)	III freistehend (ringsum)	IV abgestützt 3,2 m ±30°	V freistehend ±30°
6,5	—	—	—	—	—
7,0	—	—	—	—	—
7,5	—	—	—	—	—
8,0	—	—	—	—	—
8,2	30,0	20,6	9,6	30,0	18,7
8,5	29,0	19,5	9,0	29,0	17,7
9,0	26,7	17,8	8,1	26,7	16,1
9,5	24,3	16,3	7,3	24,3	14,8
10,0	22,3	14,9	6,6	22,3	13,8
10,5	20,3	13,6	6,0	20,3	12,8
11,0	18,7	12,6	5,5	18,7	11,9
11,5	17,1	11,5	5,1	17,1	10,9
12,0	15,8	10,7	4,6	15,8	10,0
12,5	14,5	10,0	4,1	14,5	9,1
13,0	13,3	9,3	3,6	13,3	8,2
13,5	12,1	8,6	3,2	12,1	7,2
14,0	11,0	8,0	2,8	11,0	6,2
14,5	10,0	7,4	2,4	10,0	5,3

Ausleger waagerecht

Ausladung [m]	I abgestützt 4,8 m freistehend ±15° (ringsum)	II abgestützt 3,2 m (ringsum)	III freistehend (ringsum)	IV abgestützt 3,2 m ±30°	V freistehend ±30°
[illegible],5	30,0	23,0	8,7	30,0	17,0
7,0	30,0	20,6	8,0	30,0	15,2
7,5	30,0	18,7	7,2	30,0	13,8
8,0	27,2	17,1	6,5	30,0	12,5
8,2	26,2	16,5	6,2	28,7	12,1
8,5	25,0	15,7	5,9	27,1	11,5
9,0	22,9	14,5	5,4	25,0	10,7
9,5	21,2	13,3	5,0	23,1	10,0
10,0	19,6	12,5	4,6	21,6	9,2
10,5	18,3	11,6	4,2	20,0	8,7
11,0	17,0	10,9	3,9	18,7	8,0
11,5	16,0	10,3	3,7	17,6	7,5
12,0	14,9	9,8	3,5	16,3	7,0
12,5	13,9	9,3	3,3	15,0	6,6
13,0	12,9	8,8	3,1	13,7	6,3
13,5	11,9	8,3	2,9	12,4	5,9
14,0	10,9	7,8	2,7	11,2	5,6
14,5	10,0	7,4	2,4	10,0	5,3

Ausleger normal

Eisenbahndrehkran EDK 300 W Traglasttabelle (Mp) / 29 /

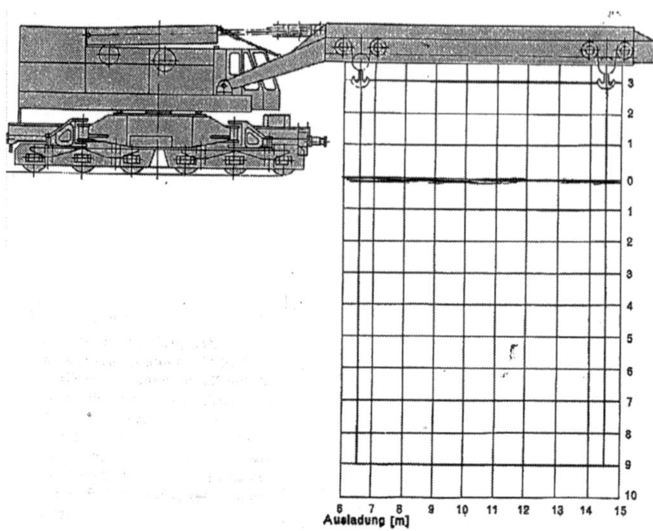

Eisenbahndrehkran EDK 300 W   Ausladung in waagerechter Auslegerstellung   / 29 /

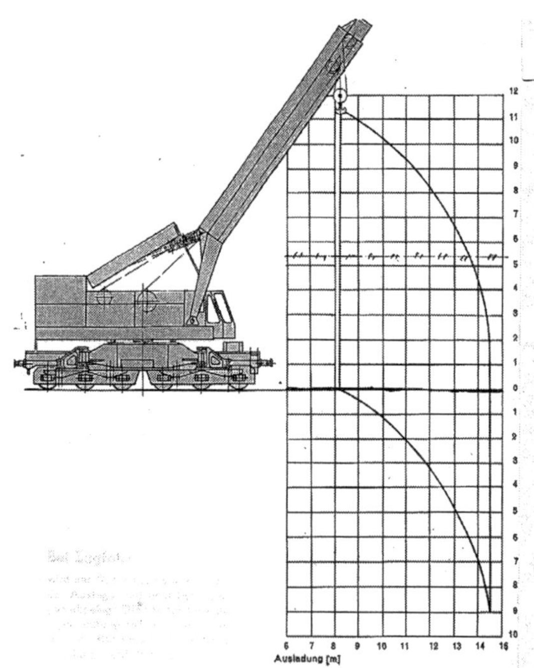

Eisenbahndrehkran EDK 300 W   Ausladung und Hubhöhe   / 29 /

Kranzahl: **10.6.28**

Erzeugnis: **EDK 300/4**

Status: **Neu- und Weiterentwicklung**

Kranhersteller: **VEB Schwermaschinenbau „S.M.KIROW“ Leipzig**

Die Entwicklung und Erprobung erfolgte 1978/79 als Spezialkran für die DR.

Die max. Tragfähigkeit betrug 45 t. Nähere technische Angaben sowie die Spezifik des Einsatzes entsprachen weitgehend dem EDK 300 jedoch mit Einsatzfähigkeit unter der Fahrleitung.

Produktionsdauer: 1980
Produktionsstückzahl*): 2

Eisenbahndrehkran EDK 300/4 / 73 /

*) / 70 /

Kranzahl: **10.6.29**

Erzeugnis:	**EDK 300/5**
Status:	**Neu- und Weiterentwicklung**
Kranhersteller:	**VEB Schwermaschinenbau „S.M.Kirow“ Leipzig**

Die Entwicklung und Erprobung erfolgte 1979/1980. Das Entwicklungskonzept beinhaltete in Anlehnung an die Arbeitsweise des EDK 300 W einen diesel-elektrischen (elektro-hydraulischen) Antrieb. Das bisherige Prinzip der Verwendung eines Gittermastauslegers wurde durch einen hydraulisch wippbaren Ausleger mit einem hydraulischen Teleskopiersystem ersetzt. Die Tragfähigkeit wurde von 30 auf 50 t erhöht.

Eisenbahndrehkran EDK 300/5 /73/

Die max. Tragkräfte (Mp) betrugen in den einzelnen Arbeitspositionen dabei:

Abstützbasis (m)	abgest.360 5,3x6,0	abgest.+/-20° 3,9x7,4	freist. +/-5°	abgest.360° 3,9x7,4	freist.+/-20°	freist.360°
Ausleger, waagerecht	50	50	50	34	34	15
Ausleger, normal	50	50	50	34	34	15

Unterwagen und Drehgestelle waren eine Schweißkonstruktion. Der Unterwagenrahmen ruhte dabei auf zwei dreiachsigen Drehgestellen. Der Fahrantrieb entsprach dem üblichen konstruktiven Aufbau wie beim EDK 300. Am Unterwagenrahmen waren beiderseits je zwei ausschwenkbare Balken gelagert, an denen die hydraulischen Abstützstempel angeordnet waren. Der Unterwagen besaß eine eisenbahntypische Ausrüstung.

Tragfähigkeit	max. 50 t
Hubhöhe	max. 12,1 m
Ausladung	6,5 m bis 18,0 m
Heben bis	
50 t Tragfähigkeit	ca. 3 m/min
10 t Tragfähigkeit	ca. 15 m/ min
Wippen mit Last	ca. 1 bis 3 min
Teleskopieren mit Last	ca. 2 bis 4 min
Drehen	ca. 0 bis 1,2 U/min
Eigenfahrt	
mit Last	55 m/min
ohne Last	120 m/min
Rangierlast	bis 100 t
Gesamtmasse des Kranes	ca. 100 t
Achslast	
vorn	ca. 15 t
hinten	ca. 18 t
max. Zugfahrtgeschwindigkeit	100 km/h
min. Kurvenradius	120 m
Antriebsart	diesel-elektrisch (elektro-hydraulisch)
Dieselmotor	76,5 kW, 1500 U/min
Generator	75 kVA, 380 V, 50 Hz

Eisenbahndrehkran EDK 300/5 Technische Daten / 29 /

*) / 70 /

Unter- und Oberwagen waren über eine Kugeldrehverbindung verbunden.

Der Oberwagen stellte eine neue Konstruktion dar. Auf der Plattform des Oberwagens waren im hinteren Teil die dieselelektrische Antriebszentrale, die auch durch Fremdstromeinspeisung betrieben werden konnte, und die Gegenlast angeordnet. Weiterhin befanden sich auf der Plattform das Hubwerk, der hydraulische Antrieb, das Drehwerksgetriebe und die Druckluftanlage. Die äußeren Abmessungen des Kranes besaßen das Umgrenzungsprofil UIC 505-3, in der die Fahrerkabine am vorderen Teil des Oberwagens optisch gut eingepaßt war.

Der kastenförmige, zweistufige Teleskopausleger war am hinteren Teil der Plattform drehbar gelagert und wurde durch zwei nebeneinander angeordnete Wippzylinder, die im vorderen Teil der Plattform angelenkt waren, abgestützt. In Ruhestellung und bei Zugfahrt lagerte der Ausleger arretiert über dem Gehäuse des Oberwagens.

Durch die günstige Verteilung der Eigenmasse des Kranes konnte dieser ohne ortsveränderliche Gegenlast betrieben werden.

Der Kran besaß für die Kranarbeit einen Überlastprozessor zur flächendeckenden Lastmomentbegrenzung.

Bei Havarien und Baustellenbetrieb bestand die Möglichkeit der Notstromabgabe.

Produktionsdauer:	1981 bis 1990
Produktionsstückzahl*):	107

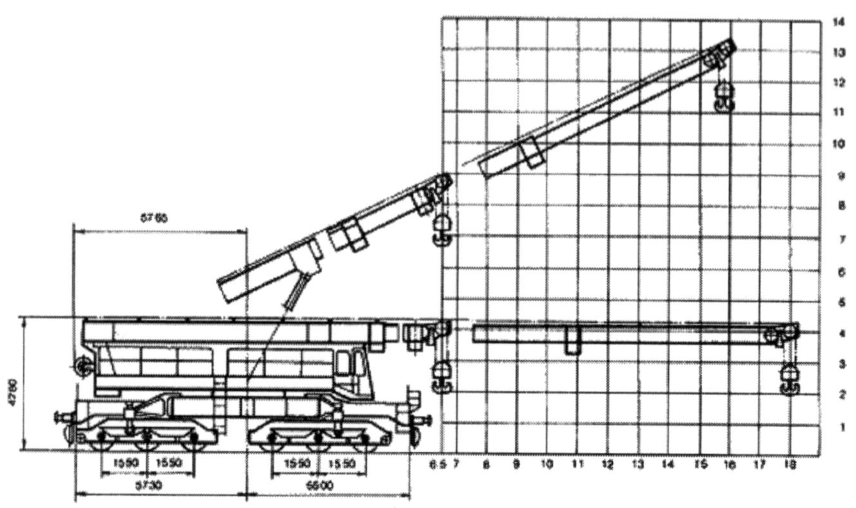

Eisenbahndrehkran EDK 300/5 Ausladung und Hubhöhe / 29 /

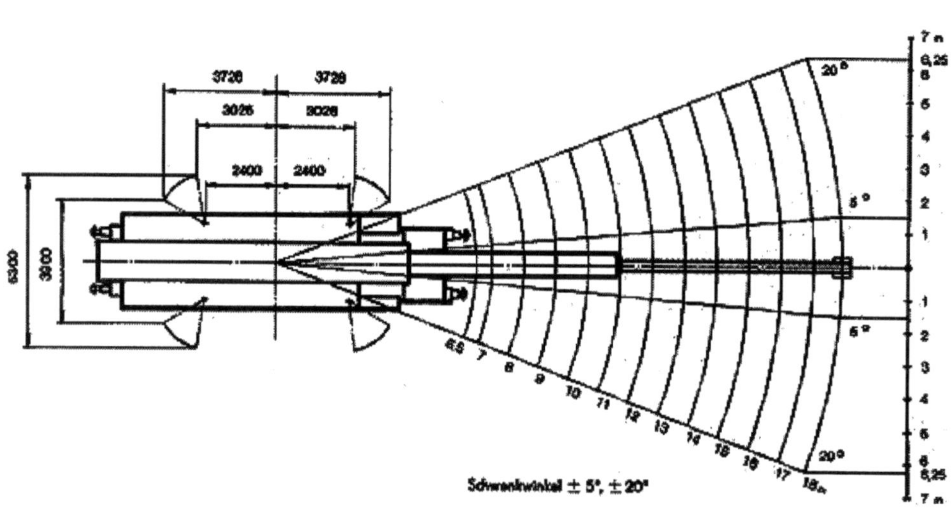

Eisenbahndrehkran EDK 300/5 Schwenkbereich / 29 /

Kranzahl: 10.6.29

Arbeitsvariante/ Variant of operation	■ 360°	■ ± 30°	■ 360°	■ 360°	■ ± 30°	■ 360°	□ ± 15°	□ 0°	□ ± 10°
Abstützbasis/ Propping base (m)	6,4 × 6,4	3,9 × 9,4	6,4 × 6,4	3,9 × 9,4	3,9 × 9,4	3,9 × 9,4	-	-	-
Gegenlast/Counterweight	+	+	–	+	–	–	+/–	+/–	+
Ausladung/Radius (m)	zulässige Tragfähigkeit/Permissible lifting capacity (t)								
6,1	125								
7,6	100		55			40			
8	90		50			38			
9	74		40			33			
10	60		34			28			
11	50		28			24			
12	44		24			20			
13	40		20			17			
14	36		18			14			

□ = freistehend/free-on-rails
■ = abgestützt/propped
360° = drehbar/slewable
± 7° = in Gleisrichtung schwenkbar/slewable in direction of track

Kranzahl: **10.6.30**

Erzeugnis: **EDK 750**

Status: **Neu- und Weiterentwicklung**

Kranhersteller: **VEB Schwermaschinenbau „S.M.KIROW“ Leipzig**

Die Entwicklung und Erprobung des Kranes erfolgte 1970/1971.

Das Entwicklungskonzept beinhaltete einen Kran mit diesel-elektro-hydraulischem Antrieb und einem speziellen Teleskopausleger; wiederum für Arbeiten in waagerechten, also für begrenzte lichte Höhen (wie bereits beim EDK 300 W und EDK 300/5), und in normalen Positionen. Die max. Tragfähigkeit betrug 125 t. Der Arbeitseinsatz sollte sich auf elektrifizierte Eisenbahnstrecken, also Arbeiten unter elektrischen Oberleitungen, Tunnels, unter Brücken und Überdachungen, sowie auf Havarie und Katastrophenfälle konzentrieren. Die Größe der Tragfähigkeit ermöglichte auch den Einsatz für Schwermontagen und Großreparaturen in Industrieanlagen, Werften und Häfen.

Eisenbahndrehkran EDK 750 /29/

Für die einzelnen Arbeitsstellungen des Kranes ergaben sich folgende max. Tragkräfte (Mp):

	abgest. 360°	abgest. +/-30°	abgest. 360°	abgest. 360°	abgest. +/-30°	abgest. 360°	freist. +/-15°	freist. 0°	freist. +/-10°
Abstützbasis (m)	6,4x6,4	3,9x9,4	6,4x6,4	3,9x9,4	3,9x9,4	3,9x9,4	-	-	-
Gegenlast	ja	ja	nein	ja	nein	nein	ja/nein	ja/nein	ja
Ausleger, waagerecht	125	100	55	55	55	24	24	40	40
Ausleger, normal	100	100	55	55	55	24	24	40	40

Durch die stufenlos regelbaren Arbeitsgeschwindigkeiten der hydraulischen Tragelemente des Kranes war eine präzise Feinfühligkeit bei der Montage schwerer Bauteile gegeben.

Der Unterwagen, eine geschweißte Stahlkonstruktion, ruhte auf zwei dreiachsigen Drehgestellen. Alle Achsen waren wälzgelagert und besaßen Spurkränze. Die Fahrwerksantriebe, zum Verfahren des Kranes mit eigener Kraft, waren im Drehgestell eingebaut, wobei an jedem Drehgestell eine Achse über ein wälzgelagertes und geschlossenes Getriebe angetrieben wurde. Der Unterwagen war mit einer eisenbahnmäßigen Zug- und Stoßvorrichtung ausgerüstet. Während der Zugfahrt wurde die Druckluftbremse an die des Zuges angeschlossen. Bei der Kraneigenfahrt speiste ein eigener Kompressor die Bremsanlage. Am Unterwagen waren weiter vier schwenkbare Abstützarme angeordnet, deren Druckstempel hydraulisch betätigt und mechanisch blockiert wurden.

Unter- und Oberwagen waren durch eine Kugeldrehverbindung miteinander verbunden.

Der Oberwagenrahmen war eine Schweißkonstruktion und als Plattform ausgebildet. Auf ihr waren die Antriebszentrale mit einem luftgekühlten 12-Zylinder-Dieselmotor und angekuppeltem Generator, der alle Fahrwerke, das Drehwerk, das Hubwerk und den Antrieb für das Hydrauliksytem versorgte, angeordnet. Am hinteren Teil des Rahmens befand sich die Gegenlast von 30 t Masse die mittels einer Vorrichtung für die Zugfahrt auf den Gegenlastwagen abgelegt wurde. Der zweiachsige Gegenlastwagen mit eisenbahnmäßiger Ausrüstung diente weiter zur Ablage der Hakenflasche und Distanzierung des Kranes zum folgenden Eisenbahnwagen.

Der Ausleger setzte sich aus dem Grundausleger und einem Ausschubteil zusammen. Der Grundausleger war dabei ungefähr mittig drehbar auf einen Stützbock gelagert und wurde durch zwei hydraulische Zylinder (Wippzylinder), die am vorderen Teil des Oberwagenrahmens und am Grundausleger angelenkt waren, gehoben oder gesenkt. Am vorderen Teil des Grundauslegers war die Lastaufhängung für 125 Mp angeordnet. Das Ausschubteil, an deren Spitze sich die Umlenkrollen und die Hakenflasche für 100 Mp befanden, war auf dem Grundausleger gelagert und wurde führungsmäßig auf diesem durch das Teleskopiersystem hydraulisch Aus- oder Eingefahren.

Die Fahrerkabine war am vorderen Teil der Plattform zwischen den beiden Wippzylindern aufgesetzt. In ihr waren alle Steuer- und Kontrollgeräte übersichtlich angeordnet. Der Kranbetrieb wurde durch eine Lastmomentsicherung und entsprechende Endschalter überwacht. Durch eine eingebaute Lastwaage war das jeweilige Lastgewicht sofort ablesbar. Das Hydrauliksystem wurde durch Überdruck- und Sicherheitsventile überwacht.

Produktionsdauer: 1972 bis 1978
Produktionsstückzahl[*)]: 41

*) / 70 /

Kranzahl: 10.6.30

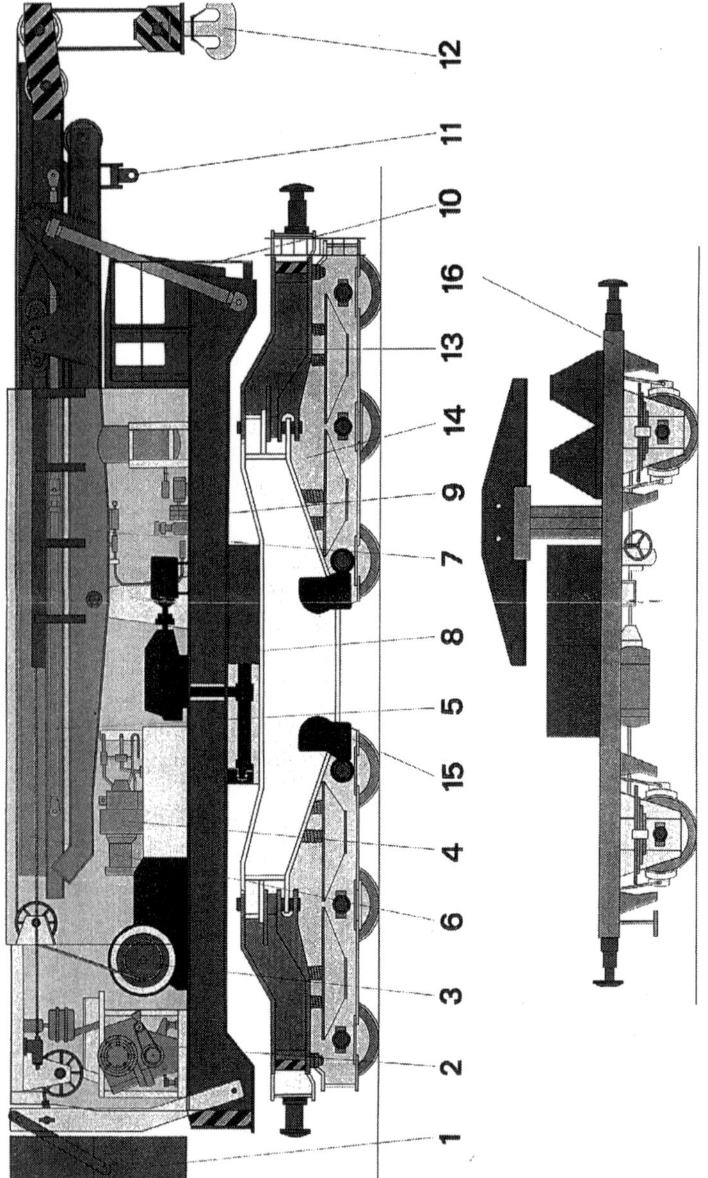

1 Gegenlasten
2 Diesel-elektrischer Antriebszentrale
3 Hubwerk
4 Hydraulischer Antrieb
5 Teleskopierwerk
6 Beweglicher Ausleger
7 Grundausleger
8 Drehwerk
9 Druckluftanlage
10 Wippwerk
11 Lastaufhängung 125 Mp
12 Hakenflasche 100 Mp
13 Abstützarm
14 Drehgestell mit Laufwerk
15 Fahrantrieb
16 Gegenlastwagen

Kranzahl: **10.6.30**

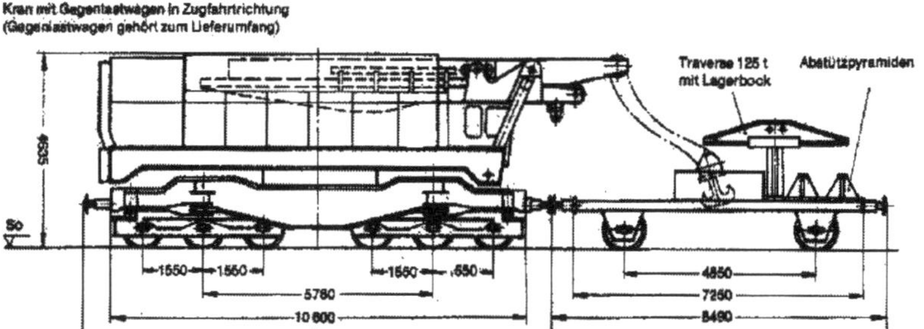

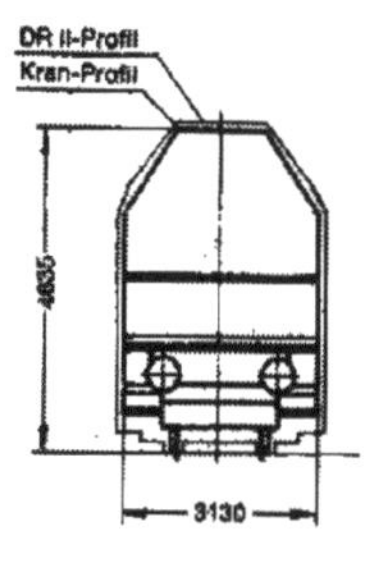

Eisenbahndrehkran EDK 750 Hauptabmessungen / 29 /

Lastmoment 7.600 kNm (760 Mpm)
Tragfähigkeit abgestützt 125 t/100 t
Tragfähigkeit freistehend 40 t
Masse des Kranes 150 t

Arbeitsgeschwindigkeiten:

Hubgeschwindigkeit (lastabhängig) 2.9/5,8 m/min
Feinhub 1:5
Ausleger wippen (lastabhängig) 1–2 m/min
Ausleger teleskopieren (lastabhängig) 2,9–4 m/min
Kranfahrgeschwindigkeit (stufenlos regelbar) bis 100 m/min

Betriebsart:

Dieselmotor luftgekühlt 150 kW (204 PS) bei 1500 min^{-1}
Generator 160 kVA bei 1500 min^{-1}
Stromart Drehstrom 380 V, 50 Hz

Zugfahrdaten:

Zulässige Zugfahrgeschwindigkeit 100 km/h
kleinster durchfahrbarer Kurvenradius
bei Zugfahrt 120 m
bei Eigenfahrt 100 m
Achslast bei Zugfahrt 20 t
Meterlast 10,1 t/m
Spurweite 1435 mm
Druckluftbremse mitteleuropäische Ausführung System „KE"
Zug- und Stoßvorrichtung mitteleuropäische Ausführung Schraubenkupplung Hülsenpuffer

Gegenlastwagen:

Breite der Wagenplattform 2200 mm
Höhe Plattform über Schienenoberkante 1150 mm
Masse des Wagens bei Zugfahrt mit Gegenlast 40 t

Zusatzgeräte:

Lieferung nach Vereinbarung
Abstützpyramiden und Traversen für Lasten mit Masse bis 125 Mp

Eisenbahndrehkran EDK 750 Technische Daten / 29 /

Eisenbahndrehkran EDK 750
Ansicht Fahrerkabine und Wippzylinder / 29 /

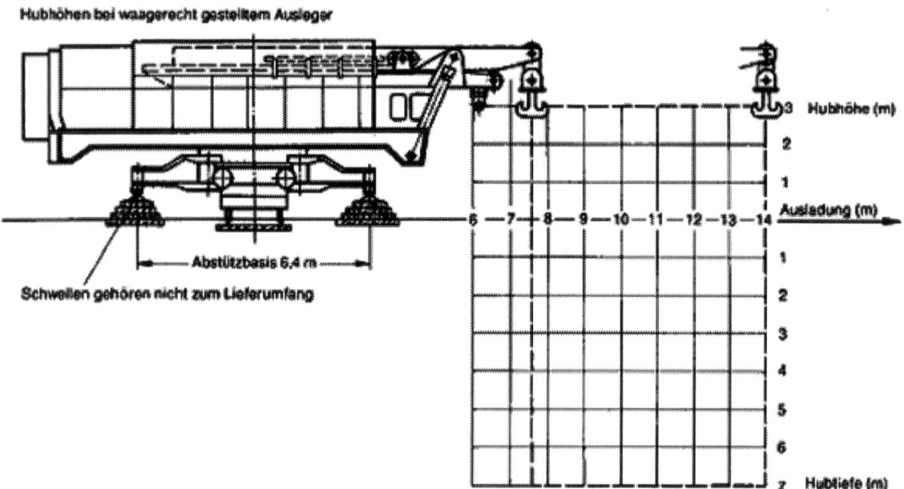

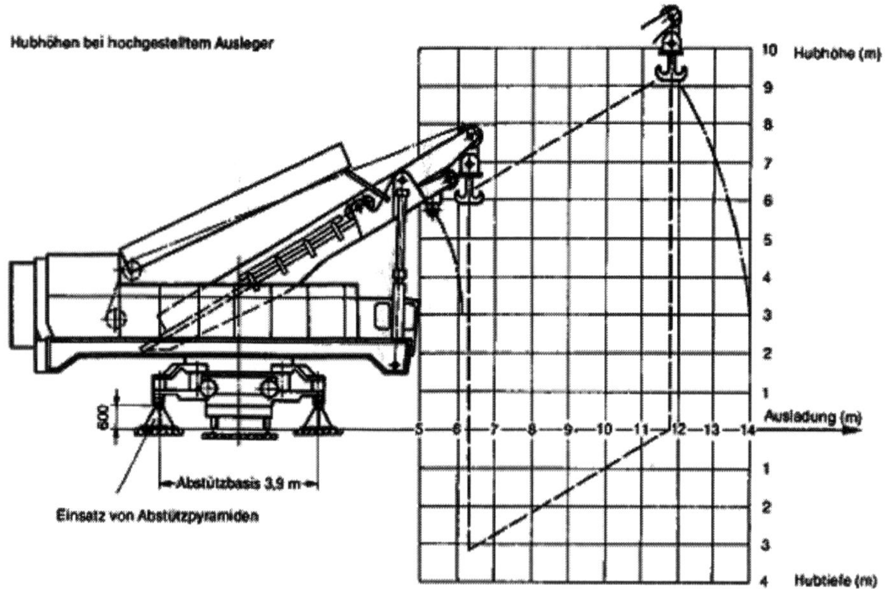

Eisenbahndrehkran EDK 750 Ausladung und Hubhöhen / 29 /

oben: Ausleger in waagerechter Stellung

- Aufhängepunkt bei 6,1 m Ausladung 125 Mp
- Tragkraft des Lasthakens bis 100 Mp

unten: Ausleger in Normalstellung

Tragkrafttabelle
(Standsicherheit nach Gosgortechnadsor 1970)

Arbeits-variante	abgestützt 360° drehbar	abgestützt ± 30° in Gleis-richtung schwenkbar	abgestützt 360° drehbar	abgestützt 360° drehbar	abgestützt ± 30° in Gleis-richtung schwenkbar	abgestützt 360° drehbar	freistehend ± 15° in Gleis-richtung schwenkbar	freistehend in Gleis-richtung	freistehend ± 10° in Gleis-richtung schwenkbar
Abstützbasis	6,4 m	3,9 m	6,4 m	3,9 m	3,9 m	3,9 m	—	—	—
Gegenlast	mit		ohne	mit	ohne	ohne	mit oder ohne	mit oder ohne	mit
Lastkurve	A		B			C		D	
Ausladung (m)	zulässige Tragkraft (Mp)								
6,1	125								
7,6	100		55			24		40	
8	90		50			22		38	
9	74		40			18		33	
10	60		34			15		29	
11	50		28			12		24	
12	44		24			10		20	
13	40		20			8		17	
14	36		18			7		14	

Die o. g., auf horizontale Auslegerstellung bezogenen Tragkräfte gelten auch im Wippbereich

Eisenbahndrehkran EDK 750 Tragkrafttabelle / 29 /

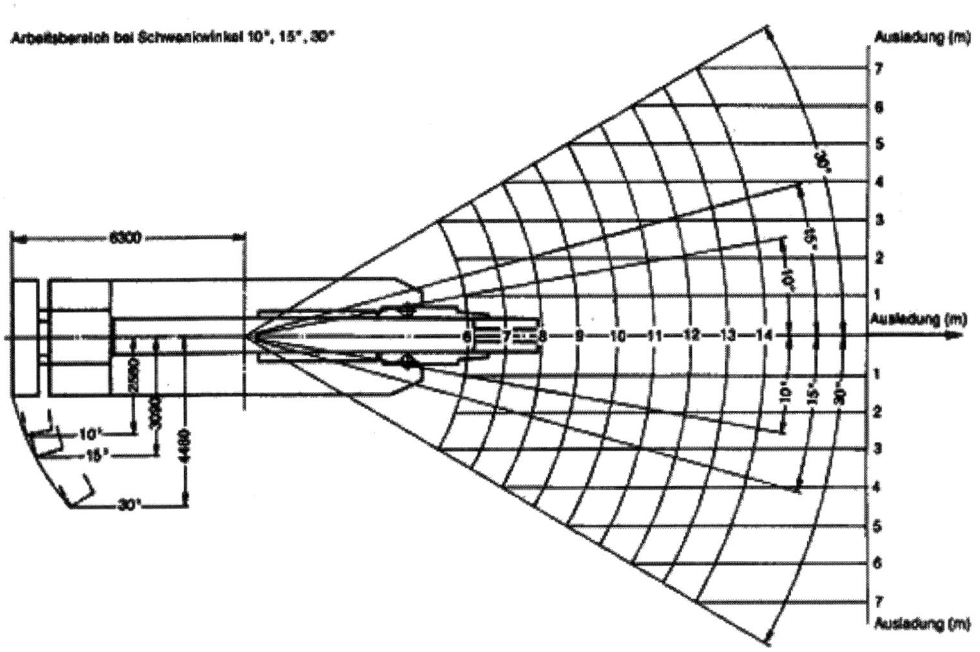

Eisenbahndrehkran EDK 750 Schwenkbereich / 29 /

Kranzahl: 10.6.31

Erzeugnis: **EDK 750/3**

Status: **Variante**

Kranhersteller: **VEB Schwermaschinenbau „S.M.KIROW“ Leipzig**

Für die spanische Eisenbahn wurde 1977 bei Beibehaltung der Leistungsparameter des EDK 750 und Realisierung der spezifischen Anforderungen des Auftraggebers der EDK 750/3 entwickelt.

Wesentlichstes Merkmal der Veränderung war die Bauhöhe des Kranes, die gemessen ab Schienenoberkante, von 4.635 auf 4.265 mm (UIC 505-3) verringert wurde.

Produktionsdauer: 1978 bis1979
Produktionsstückzahl:*): 9

*) / 70 /

Kranzahl: **10.6.32**

Erzeugnis: **EDK 750/4**

Status: **Neu- und Weiterentwicklung**

Kranhersteller: **VEB Schwermaschinenbau „S.M.KIROW“ Leipzig**

Die Entwicklung und Erprobung erfolgte 1978.

Speziell für die DR wurde an dem Ausschubteil des Auslegers vom EDK 750 ein Zusatzausleger von 6 m Länge angeordnet, um den Arbeitsbereich weiter zu erhöhen. Die Leistungsparameter des EDK 750 wurden beibehalten.

Eisenbahndrehkran EDK 750/4 / 73 /

Für den Transport des Zusatzauslegers bei Zugfahrt wurde ein weiterer zweiachsiger Transportwagen eingesetzt.

Produktionsdauer: 1979
Produktionsstückzahl*): 1

*) / 70 /

Kranzahl: **10.6.32**

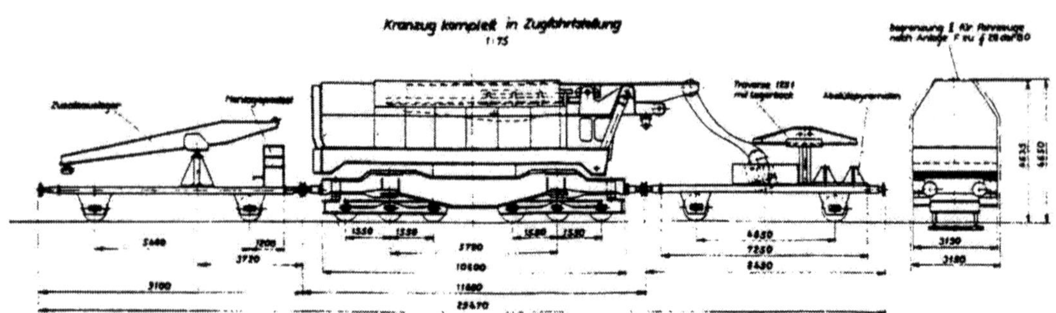

Eisenbahndrehkran EDK 750/4 Zugverband und Hauptabmessungen
links: Transportwagen für Ablage, Zusatzausleger, Montagepodest
mitte: Kran mit Teleskopausleger
rechts: Gegenlastwagen für Ablage der Gegenlast, Hakenflasche, Traverse, Abstützpyramiden / 72 /

	Arbeitsvariante	360° drehbar	+/-30° in Gleisrichtung schwenkbar	360° drehbar	360° drehbar	360° drehbar	+/- 15° in Gleisrichtung schwenkbar	+/- 30° in Gleisrichtung schwenkbar	+/- 7° in Gleisrichtung schwenkbar
	Abstützbasis	6,4 m	3,9 m	6,4 m	3,9 m	3,9 m	--	3,9 m	--
	Gegenlast	mit		ohne	mit	ohne	mit und ohne	ohne	mit
	Lastkurve	A		B		C		D	
	Ausladung (m)	zulässige Tragfähigkeit (t)							
Grundausleger	6,1	125							
	7,6	100		55		24		50	
	8	90		50		22		47	
	9	74		40		18		42	
	10	60		34		15		37	
	11	50		28		12		32	
	12	44		24		10		28	
	13	40		20		8		25	
	14	36		18		7		23	
Zusatzausleger	15,4	18		-		-		10	
	16	18		-		-		10	
	18	18		-		-		10	
	20	18		-		-		10	

Die o. g., auf horizontale Auslegerstellung bezogenen Tragfähigkeiten gelten auch im Wippbereich.

Eisenbahndrehkran EDK 750/4 Tragfähigkeitstabelle / 72 /

Kranzahl: 10.6.32

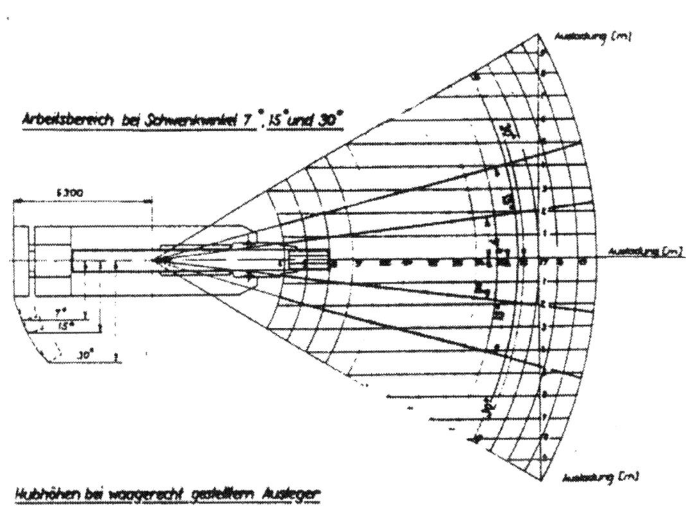

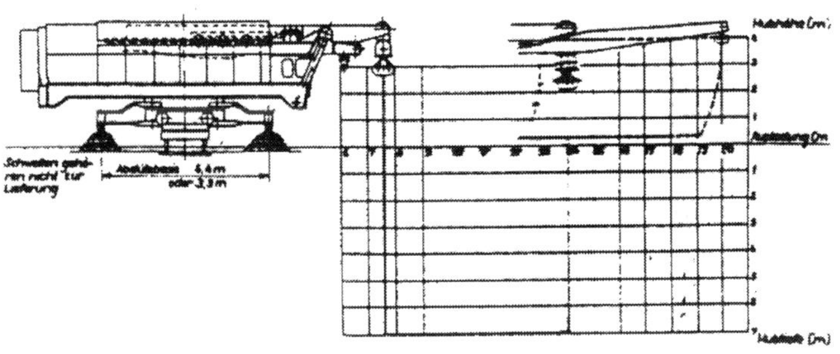

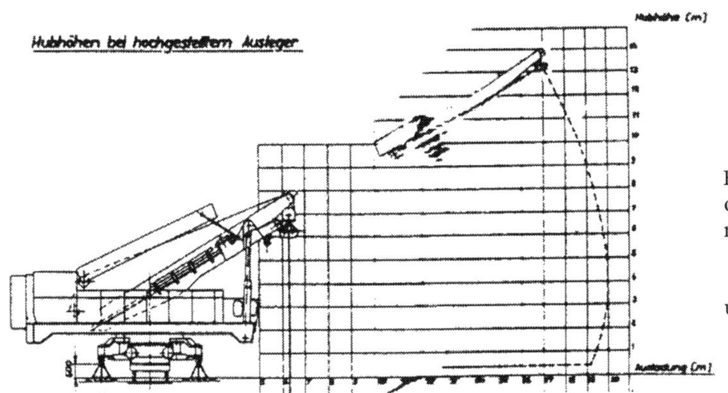

Eisenbahndrehkran EDK 750/4
oben: Schwenkbereich
mitte: Ausladung bei waagerechter Auslegerstellung
unten: Ausladung und Hubhöhe bei normaler Auslegerstellung

/ 72 /

Kranzahl: 10.6.33

Erzeugnis:	**ESK**
Status:	**Neu- und Weiterentwicklung**
Kranhersteller:	**VEB Schwermaschinenbau „S.M.KIROW“ Leipzig**

Die Entwicklung und Erprobung erfolgte 1974/1975 nach den Anforderungen der italienischen Staatsbahn zur Erfüllung eines Brückenbauprogrammes.

Der Kran war ein Eisenbahnspezialkran mit diesel-hydraulischem Antrieb und einem Ausleger, der über einen Teleskopausleger und einen Zusatzausleger verfügte. Die max. Tragfähigkeit betrug 30 t.

Eisenbahnspezialkran ESK /73/

Der Ausleger war konstruktiv extrem lang gestaltet, so daß unter Nutzung des Teleskopauslegers und des Zusatzauslegers weitreichende Montagearbeiten in Fahrtrichtung bis 17 m durchgeführt werden konnten. Kranarbeit um 360° war nicht möglich.

Die max. Traglasten in den einzelnen Arbeitsstellungen des Kranes betrugen dabei:

	abgest. +/- 7,3°	abgest. +/- 12,3°	freist. +/- 7,3°	abgest. +/- 12,3°	freist. +/-7,3°
Abstützbasis (m)	3,2	3,2	-	3,2	
Teleskopausleger	30	30	30	-	-
Zusatzausleger	-	-	-	16	16

Kranzahl: 10.6.33

Der innere konstruktive Aufbau des Unter- und Oberwagens und des Auslegersystems sind nicht bekannt.

Produktionsdauer: 1976 bis 1978
Produktionsstückzahl*): 7

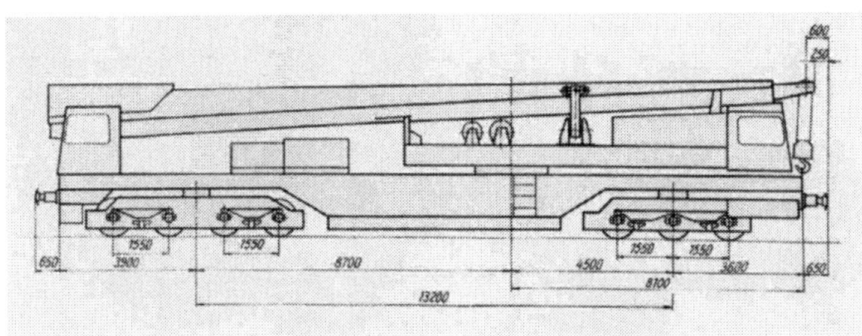

Eisenbahnspezialkran ESK Hauptabmessungen / 29 /

Tragfähigkeit	siehe Diagramm
Reichweite vor Puffer	2,5 bis 13,5 m ; mit Zusatzausleger 17,5 m
Hubhöhe bei 2,5 m Reichweite vor Puffer	3,0 m
Hubhöhe bei 17,5 m Reichweite vor Puffer	3,4 m
Hubtiefe bei 17,5 m Reichweite vor Puffer	10.0 m
Seitliche Ausladung von Mitte Gleis	+/- 7,3° freistehend ; +/- 12,3° abgestützt
bei 2,5 m Reichweite vor Puffer	+/- 1430 mm ; +/- 2400 mm
bei 13,5 m Reichweite vor Puffer	+/- 2830 mm ; +/- 4740 mm
bei 17,5 m Reichweite vor Puffer	+/- 3340 mm ; +/- 5600 mm
Federblockierung für Kranbetrieb	vom Fahrerhaus bedienbar
Antriebsart:	
Dieselmotor, luftgekühlt, 12 Zyl.	150 kW, n = 1500 1/min
Generator	160 kVA, n = 1500 1/min
Stromart	Drehstrom 380 V, 50Hz
Hubgeschwindigkeit	ca. 3,0 m/min
Feinhubgeschwindigkeit (kurzzeitig)	ca. 0,6 m/min
Schwenken des Auslegers unter Last	+/- 7,3° freistehend ; +/-12,3° abgestützt
Auslegerteleskopiergeschwindigkeit unter Last	ca. 5 m/min
Kranfahrgeschwindigkeit auf Neigung bis 10°/°°	bis ca. 9 km/h
Kranfahrgeschwindigkeit ohne Last	
auf Neigung bis 8°/°°	bis ca. 20 km/h
auf Neigung bis 5°/°°	bis ca. 30 km/h

Eisenbahnspezialkran ESK Technische Daten / 72 /

*) / 70 /

Kranzahl: 10.6.33

Zugfahrgeschwindigkeit entsprechend Zulassung der jeweiligen Eisenbahnvorschrift	max. 100 km/h
Der Kran ist ohne Schutz- oder Ablagewagen in den Zugverband einstellbar	
Die Kranaußenkonturen befinden sich innerhalb der kinematischen Begrenzunglinie für Güterwagen nach:	UIC 505 – 3
Anzahl der Achsen	7
Anzahl der abgebremsten Achsen bei Zugfahrt	6 OOOO--OOO
kleinster durchfahrbarer Kurvenradius	120 m
Länge des Kranes über Puffer	22 000 mm
Masse des Kranes bei Zugfahrt	123 t
Achskraft	
vorderes Drehgestell max.	100 kN
hinteres Drehgestell max.	100 kN
Fahrzeugmasse je Längeneinheit	5,59 t/m
Drehzapfenabstand	13 200 mm
Achsabstand	1 550 mm
Spurweite	1 435 mm
Zug- und Stoßvorrichtung	Schraubenkupplung
UIC-Außenpufferkupplung	Hülsenpuffer
Druckluftbremse	System „KE" oder „Westinghouse"

Eisenbahnspezialkran ESK Technische Daten / 72 /

Arbeitsvariante/ Variant of operation	Teleskopausleger/ Telescopic boom			Zusatzausleger ausgefahren/ Additional boom extended	
	■ ± 7,3°	■ ± 12,3°	□ ± 7,3°	■ ± 12,3°	□ ± 7,3°
Abstützbasis/Propping base (m)	3,2	3,2	-	3,2	-
Ausladung/Radius (m)	zulässige Tragfähigkeit/Permissible lifting capacity (t)				
2,5	30	30	30	-	-
5	30	30	30	-	-
6,5	29,5	27,5	27,5	16	16
8	27,7	25,1	25,1	16	16
10	23,8	21,8	21,8	16	16
12	20,5	18,5	18,5	16	16
13,5	18	15	16	16	15
16	-	-	-	11,9	11,9
17,5	-	-	-	9,4	9,4

□ = freistehend/free-on-rails ■ = abgestützt/propped

± 7,3° = In Gleisrichtung schwenkbar/slewable in direction of track

Eisenbahnspezialkran ESK Tragfähigkeitstabelle / 29 /

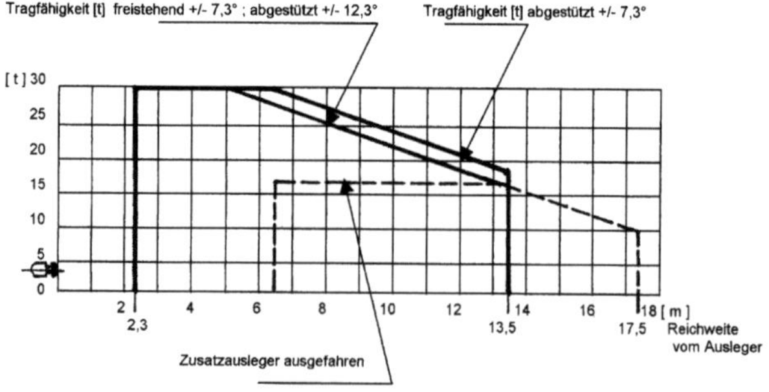

Eisenbahnspezialkran ESK Tragfähigkeitsdiagramm / 72 /

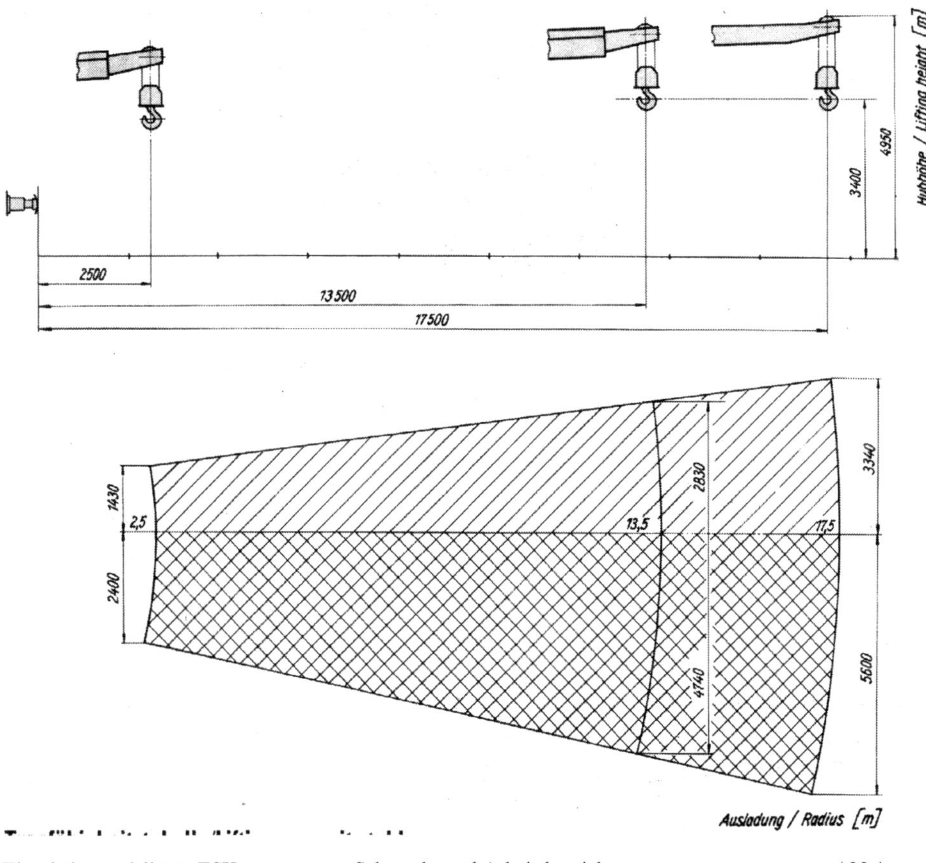
Hubhöhe / Lifting height [m]
4950
3400
2500
13 500
17 500
1430
2,5
2400
13,5
17,5
2830
4740
3340
5600
Ausladung / Radius [m]

Kranzahl: 10.6.34

Erzeugnis: **ESK/3**

Status: **Variante**

Kranhersteller: **VEB Schwermaschinenbau „S.M.KIROW“ Leipzig**

Der ESK/3 war eine Kundennachbestellung und ist in seinen Leistungsparametern und in seiner Ausführung fast identisch dem des ESK. Es ist zu vermuten, daß Anpassungen an Kundenwünsche und auch Maßnahmen zur Erhöhung der Zuverlässigkeit zu dieser Variante führten.

Produktionsdauer: 1985 bis 1986
Produktionsstückzahl*): 4

*) / 70 /

Kranzahl: **10.6.35**

Erzeugnis: **EEK**

Status: **Neu- und Weiterentwicklung**

Kranhersteller: **VEB Schwermaschinenbau „S.M.Kirow“ Leipzig**

Der Kran wurde 1980/1981 entwickelt und erprobt.

Zur Beschleunigung und Optimierung der Montageprozesse zur Elektrifizierung der Streckenabschnitte bei der DR wurde neben dem Einsatz von Hubschrauberkranen (Kranzahl 8.15.02.) der EEK, Eisenbahnelektrifizierungskran, entwickelt.

Eisenbahnelektrifizierungskran EEK /73/

Bei der Konstruktion wurden wesentliche Baugruppen des EDK 80 (Kranzahl 10.6.07.) und seiner Weiterentwicklungen genutzt.

Die max. Traglasten (Mp) betrugen in den einzelnen Arbeitsstellungen des Kranes:

	abgest. 360°	freist. 360°	freist. +/-20°	abgest. 360°	freist. 360°	freist. +/-20°
Abstützbasis (m)	2,6			2,6		
Normalausleger	14	14	14	-	-	-
verlängerter Ausleger	_	_	_	14	10	10

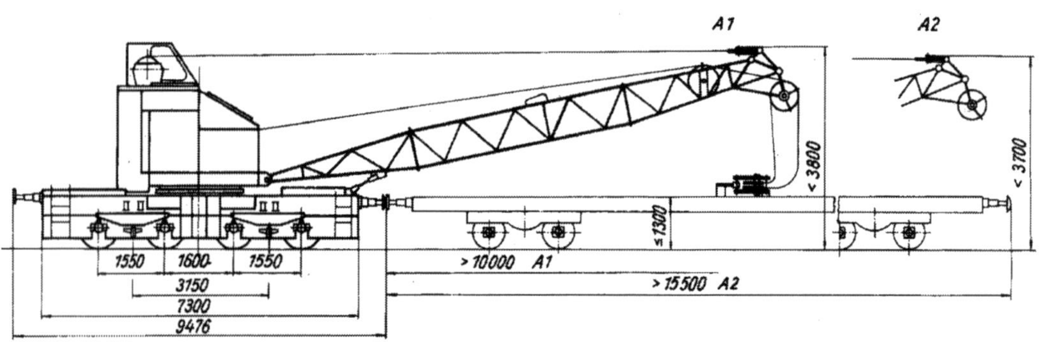

Eisenbahnelektrifizierungskran EEK Hauptabmessungen /29/

Der Unterwagen des Kranes sowie die Drehgestelle waren eine Schweißkonstruktion. Der Unterwagenrahmen ruhte auf zwei 2-achsigen Drehgestellen, wo der Fahrantrieb mit zwei Fahrgeschwindigkeiten auf den ersten und letzten Radsatz wirkte. Für den abgestützten Kranbetrieb besaß der Kran beiderseits im mittleren Bereich im Fahrprofil liegenden handbetätigte Abstützspindeln mit entsprechenden Abstütztellern.

Unter- und Oberwagen waren durch eine Kugeldrehverbindung mit einander verbunden.

Auf der ebenfalls als Schweißkonstruktion ausgeführten Plattform des Oberwagens waren die Antriebszentrale mit Dieselmotor und angekoppeltem Generator, das Hub- und Einziehwerk sowie das Drehwerksgetriebe kompakt angeordnet. Die Antriebszentrale konnte auch mit Fremdstrom betrieben werden, und umgekehrt konnte eine Notstromabgabe erfolgen. Das Fahrerhaus hatte einen erhöhten Standort und bot damit gute Sichtverhältnisse. Am hinteren Teil des Oberwagens war die Gegenlast angeordnet, während der Ausleger am vorderen Teil des Plattformrahmens angelenkt war. Um den Zugverkehr bei den Kranarbeiten auf dem zweiten Gleis zu gewährleisten, betrug der Oberwagenradius max. 2.000 mm.

Kranzahl: **10.6.35**

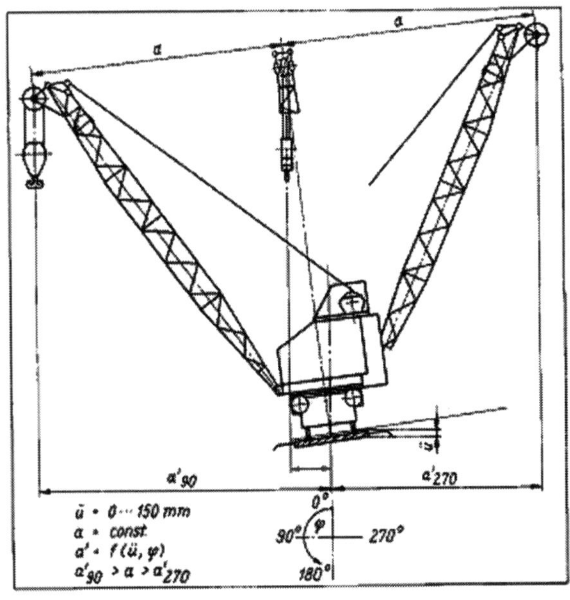

Eisenbahnelektrifizierungskran EEK
Kranarbeit auf Gleisüberhöhungen /74/

Kranarbeiten auf Gleisüberhöhungen (in Kurven bis max. 150 mm) stellten durch die drehwinkelabhängige Ausladungsveränderung höhere Anforderungen an die automatische Lastmomentbegrenzung, da während der Abwärtsdrehbewegung das selbständige Abbremsen dieser Bewegung ausgelöst und gesichert werden mußte. Der Kran war deshalb mit zwei unabhängigen Drehwerksbremssystemen ausgerüstet.

Der Ausleger war eine geschweißte Gitterrohrkonstruktion. Es bestanden zwei Varianten, einmal ein Normalausleger und zum anderen eine verlängerte Ausführung durch Einfügen eines 5 m-Zwischenstückes.

Der Kran konnte bei Eigenfahrt bis max. 300 t rollende Waggonmasse anhängen. Er war damit in der Lage, den Auslegerschutzwagen auf der einen Seite und auf der anderen Seite einen beladenen Waggon (mit den zu montierenden Bauteilen) mit zuführen.

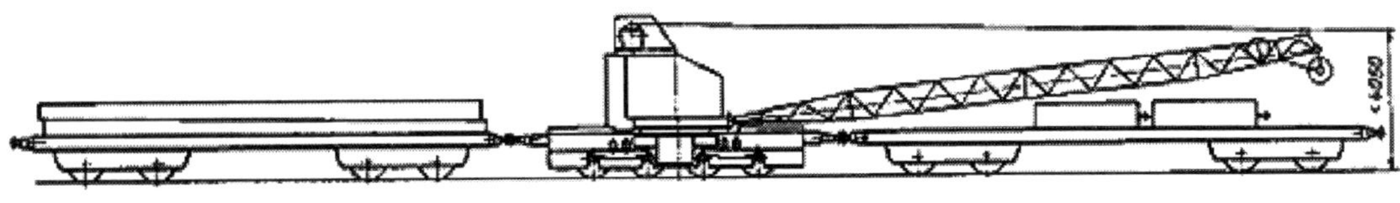

Eisenbahnelektrifizierungskran EEK Eigenfahrt mit beladenem Waggon /74/

Eine wahlweise Umrüstung des Kranes auf Motorgreifer- und Magnetbetrieb war gegeben.

Produktionsdauer:	1982 bis 1986
Produktionsstückzahl*):	34

*) /70/

Tragfähigkeit	siehe Tabelle
Ausladung	
Hubhöhe	siehe Diagramm

Arbeitsgeschwindigkeiten:

Hubgeschwindigkeit	max. 8,5 m/min max. 17,0 m/min	4- strängig 2- strängig
Drehen des Kranoberteiles	ca. 0,62 min^{-1}	
Einziehdauer des Auslegers im Arbeitsbereich	ca. 80 s	

Kranfahrgeschwindigkeiten:

a) Kraneigenfahrbetrieb	60 / 172 m/min
b) Hilfsrangierbetrieb	60 m/min
zul. Wagenmasse (‰, R = ∞)	ca. 300 t

Antriebsaggregat: diesel-elektrisch

Dieselmotor	76,5 kW/1500 min^{-1}	
Generator	69 KVA/1500 min^{-1}	
Fremdstrombetrieb	380 V Drehstrom, 50 Hz, 100 A	
max. Breite des Kranes	ca. 3070 mm	
Höhe des Kranes über SO	ca. 4600 mm	
Länge der Unterwagenplattform	ca. 7300 mm	
Spurweiten:		
NE	1435 mm	
SU	1520 mm	
Länge des Kranes über Puffer	9476 mm	
Masse des Kranes	mit A 1 ca. 75,2 t	mit A 2 ca. 75,8 t

Zugfahrtdaten

	mit Ausleger	A 1	A 2
Achskraft	vorn	ca. 175 kN +5%	ca. 195 kN +5%
	hinten	ca. 200 kN +5%	ca. 185 kN +5%
Fahrzeuggewicht je Längeneinheit		ca. 7,9 t/m	ca. 8,0 t/m
Zugfahrtgeschwindigkeit (max.):		max. 80 km/h	max. 80 km/h
Zug- u. Stoßeinrichtung (gefedert):		Schraubenkupplung, Hülsenpuffer	
Druckluftbremse		System KE	
Anzahl der Achsen		4	
Anzahl der gebremsten Achsen		3	
Kleinster durchfahrbarer Kurvenradius		80 m	

Einsatzmöglichkeiten:

1. Betrieb mit Lastgreifer für beide Auslegergrößen.
2. Betrieb mit Lasthebemagnet für beide Auslegergrößen
3. Notstromabgabe: Abgabeleistung 65 kVA, 380V, 50 Hz

m	A1 (≤ 25 mm)						A2 (≤ 25 mm)					
					± 20°						± 20°	
4	14	7	14	7	14	7						
4,8							14	7	10	5	10	5
5	14	7	11,8	7	11,8	7	14	7	10	5	10	5
6	12,2	7	9	7	9	7	12,2	7	9	5	9	5
7	9,9	7	7,2	7	7,2	7	9,75	7	7,1	5	7,1	5
8	8,3	7	5,95		7	5,95	8	7	5,8	5	7	5
9	7,1	7	5,05		7	5,05	6,8		4,85		6,8	4,85
10	6,2		4,4		6,2	4,4	5,85		4,1		5,85	4,1
11	5,5		3,85		5,5	3,85	5,1		3,3		5,1	3,5
12	5		3,4		5	3,5	4,5		3,05		4,5	3,5
13	4,5		3,1		4,5	3,5	4		2,7		4	3,5
14							3,6		2,35		3,6	3,5
15							3,25		2,1		3,25	
16							2,95		1,9		2,95	
16,5							2,85		1,8		2,85	

Überlastungsschutz durch Lastmomentensicherung

m	≤ 150 mm											
4	12,5	6,25	12,5	6,25	12,5	6,25						
4,8							10	5	10	5	10	5
5	12,5	6,25	10,3	6,25	10,3	6,25	10	5	10	5	10	5
6	10,7	6,25	7,8	6,25	7,8	6,25	10	5	7,65	5	7,65	5
7	8,65	6,25	6,2		7	6,2	8,65	5	6	5	7	5
8	7,2	6,25	5,15		7	5,15	7,2	5	4,85		7	4,85
9	6,1		4,35		6,1	4,35	6,1	5	4		6,1	4
10	5,3		3,7		5,3	3,7	5,2	5	3,4		5,2	3,5
11	4,7		3,25		4,7	3,5	4,55		2,9		4,55	3,5
12	4,2		2,9		4,2	3,5	4		2,5		4	3,5
13	3,8		2,6		3,8	3,5	3,55		2,15		3,55	3,5
14							3,2		1,85		3,2	
15							2,85		1,6		2,85	
16							2,55		1,4		2,55	
16,5							2,4		1,25		2,4	

Eisenbahnelektrifizierungskran EEK

Tragfähigkeitstabelle
oben: Traglast bis max. 25 mm Gleisüberhöhung
unten: Traglast bis max. 150 mm Gleisüberhöhung / 72 /

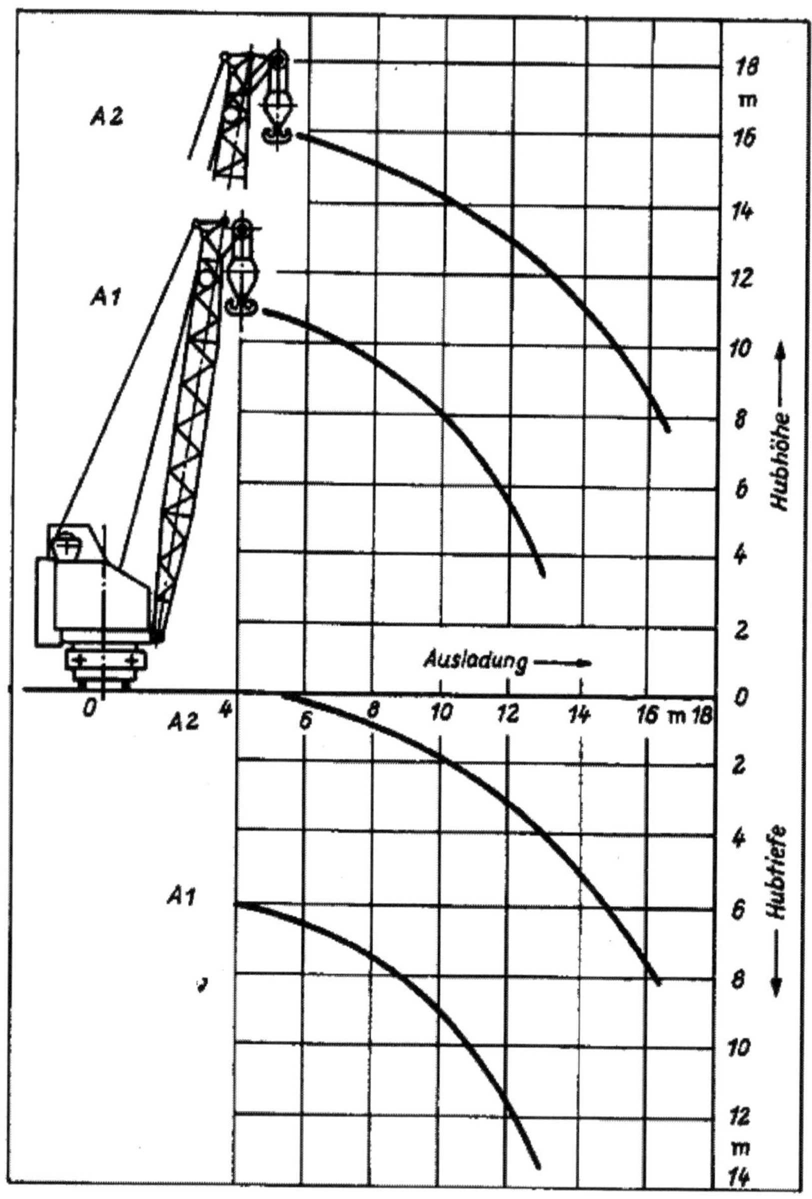
A2
A1
Ausladung
Hubhöhe
Hubtiefe
0
4
6
8
10
12
14
16 m 18
18
m
16
14
12
10
8
6
4
2
0
2
4
6
8
10
12
m
14
A2
A1

Kranzahl: **10.6.36**

Erzeugnis: **EDK 60t E.R.**

Status: **Neu- und Weiterentwicklung**

Kranhersteller: **VEB Schwermaschinenbau „S.M.KIROW“ Leipzig**

Die Entwicklung und Erprobung des Kranes erfolgte 1983 für die ägyptische Staatsbahn.

Eisenbahndrehkran EDK 60t E.R. / 73 /

Konstruktiv mußten, neben der Wiederverwendung von Baugruppen anderer, ähnlich gelagerter Krane, entsprechende spezifische Forderungen erfüllt werden. Der Antrieb des Kranes war diesel-elektrisch und für eine Tragfähigkeit von max. 60 t ausgelegt.

Kranzahl: 10.6.36

In den einzelnen Arbeitsstellungen wurden folgende max. Traglasten (Mp) ausgewiesen:

	abgest. 360°	abgest. 360°	abgest. 360°	abgest. +/-30°	abgest. +/-30°	freist. +/-0°	freist. +/-30°	freist. 360°
Abstützbasis (m)	7,3x7,3	6,65x9,4	5,85x10,4	6,65x9,4	5,85x10,4	-	-	-
Gittermast-Normalausleger	60	60	60	60	60	45	23	12

Der Unterwagen, die Drehgestelle, der Plattformrahmen und der Gitterausleger waren Schweißkonstruktionen.

Der Unterwagenrahmen ruhte auf zwei 3-achsigen Drehgestellen. Am Unterwagenrahmen waren vier manuell bewegliche Abstützarme mit ihren hydraulischen Abstützzylindern angeordnet. Der Unterwagen selbst besaß eine eisenbahntypische Ausrüstung. Unter- und Oberwagen waren durch eine Kugeldrehverbindung miteinander verbunden.

Auf der Plattform des Oberwagens waren die Antriebszentrale mit Diesel-Motor und gekoppeltem Generator, das Hub- und Einziehwerk und das Drehwerksgetriebe angeordnet. Die Fahrerkabine war am vorderen Teil der Plattform zwischen den Portalarmen des Auslegers aufgesetzt.

Der Ausleger war eine Gitterrohrkonstruktion und wurde bei der Zugfahrt auf einem Plattformwagen mit Hakenflasche und Traverse abgelegt. Der Plattformwagen verfügte über zwei 2-achsige Drehgestelle.

Produktionsdauer: 1984
Produktionsstückzahl*): 6

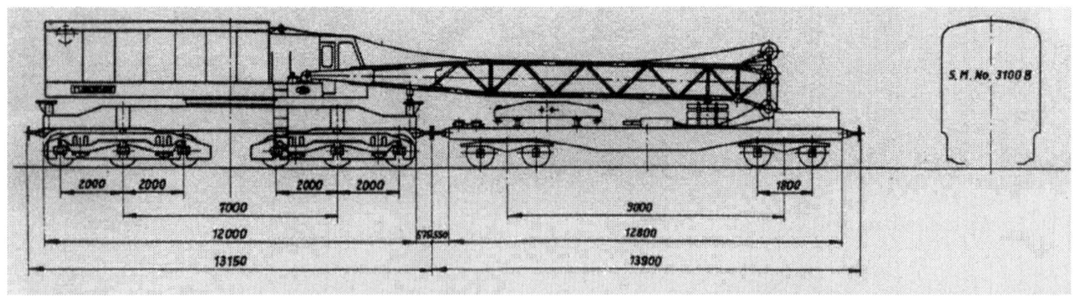

Eisenbahndrehkran EDK 60t E.R. Hauptabmessungen / 72 /

*) / 70 /

Lifting capacities	see table
Lifting height Radii, outreach	} see diagram
Working speeds	
Hoisting of load up to 60t	appr. 3 m/min
up to 15t	appr. 7,5 m/min
Slewing	appr. 0,5 min^{-1}
Derricking of jib from max. to min. radius	appr. 5 min
Type of drive	
Diesel engine, air-cooled (Deutz)	154 kW, 1800 min^{-1}
Drive	Diesel-electric
Weight of crane approx.	ca. 109 t

Vehicle weight (train-travelling position)	109 t
Max. axle load	19,9 t
Length over buffers	13,15 m
Vehicle weight per unit length	8,3 t/m
Train-travelling speed (acc. to the requirements of UIC 432)	90 km/h
Min. curve radius	120 m
Vehicle gauge acc. to ...	S.M. No. 3100 B
Track gauge	1435 mm
Draw gear	Drawhook with Screw Coupling
Buffer gear	Plunger buffer
(Prepared for installation of automatic coupling acc. to ...)	
Brake system	Knorr KE-G
Number of braked wheel sets	
crane	4
match truck	4

Self-propelled crane travelling

Self-propelled travelling speed	8 km/h
Min. curve radius (with possible non-observance of the vehicle gauge)	80 m
Max. track superelevation	150 mm

Shunting capacity (acc. to shunting capacity table)

		propped					free standing		
		7,3 × 7,3 m	6,65 × 9,4 m	5,85 × 10,4 m	6,65 × 9,4 m	5,85 × 10,4 m			
		360° slewable			from centre of the track ± 30° slewable		in direction of the track	from centre of the track ± 30° slewable	360° slewable
radius [m]	outreach [m]	lifting capacities [t]							
7	0,75	60	60	60	60	60	45	23	12
8	1,75	60	60	57	60	60	40	20	12
9	2,75	[60]	49	43	60	60	36	17	[12]
10	3,75	46	41	37	60	60	32	15	10
11	4,75	38	35	32	47	60	28	13,5	8
12	5,75	32	30	28	38	60	25	12	7
12,5	6,25	29	28	26	35	[60]	23	11	6,5
13	6,75	27	26	24	32	47	22	10,5	6
14	7,75	23	23	21	28	35	20	9	5
15	8,75	[20]	20	18	25	28	18	8	4,5
16	9,75	18	18	16	23	23	16	7	4

Kranzahl: **10.6.36**

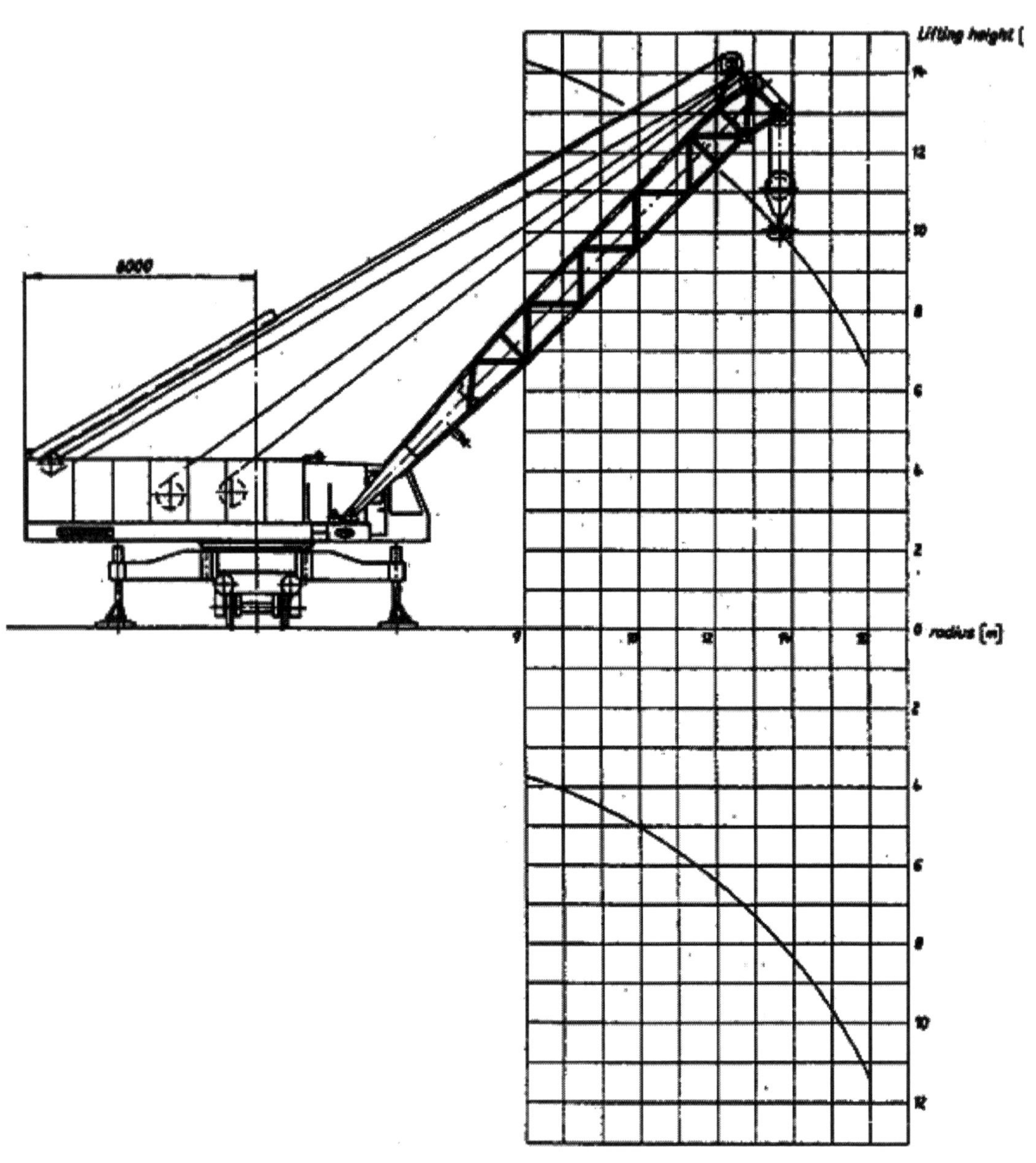

Kranzahl: **10.6.37**

Erzeugnis: **THG 630 Y**

Status: **Neu- und Weiterentwicklung**

Kranhersteller: **VEB Schwermaschinenbau „S.M.KIROW“ Leipzig**

Die Entwicklung und Erprobung des Gerätes erfolgte 1988/1989 als <Tagebauhochtechnologiegerät> für Tagebaue der Steinkohleindustrie der UdSSR. Das Entwicklungsziel war die Konstruktion eines Kranes mit einem relativ langen Ausleger und hohem Lastmoment zur Gleisjochverlegung in den Tagebauen. (Er konnte natürlich auch als Montage- und Havariehilfskran sowie für Stückgüterumschlag eingesetzt werden.)

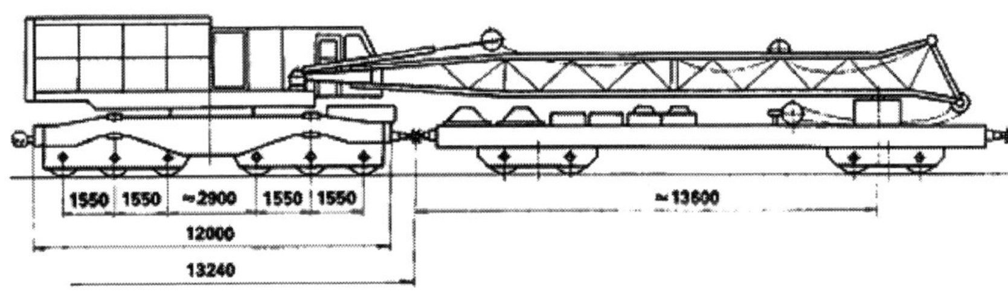

Tagebauhochtechnologiegerät THG 630 Y /29/

Der Antrieb des Kranes war diesel-elektrisch. Er besaß zwei Auslegervarianten mit 20 m und 28 m Länge. Sein max. Lastmoment betrug bei 6,3 m Ausladung und 100 Mp Traglast 630 Mpm. Der Unterwagen, die Drehgestelle, der Plattformrahmen und der Gitterrohr-Ausleger waren Schweißkonstruktionen.

In den einzelnen Arbeitsstellungen des Kranes wurden folgende max. Traglasten (Mp) erreicht:

	abgest. 360°	abgest. 360°	freist. 360°
Abstützbasis (m)	7,15	4,5	-
20 m-Ausleger	100	50	18
28 m-Ausleger	50	40	14

Der Unterwagenrahmen lag auf zwei 3-achsigen Drehgestellen. Jedes Drehgestell wurde durch eine Achse für die Eigenfahrt durch ein zweistufiges Getriebe angetrieben. Beiderseits am Unterwagenrahmen waren jeweils zwei ausschwenkbare Abstützarme mit den hydraulisch betätigten Abstützstempeln angeordnet.

Unter- und Oberwagen waren durch eine Kugeldrehverbindung miteinander verbunden.

Auf der Plattform des Oberwagens waren die Antriebszentrale mit Dieselmotor und angekoppeltem Generator, das Hub- und Einziehwerk, das Drehwerksgetriebe sowie die Nebenaggregate angeordnet. Unter dem hinteren Teil des Plattformrahmens befand sich die Aufnahmevorrichtung für die Gegenlast (Gegenlastplatten). Am Vorderteil der Plattform, zwischen den Portalarmen des Auslegers, war die Fahrerkabine angebracht. Gleichfalls am vorderen Plattformrahmen waren das Portal des Auslegers und die Einziehstütze in einem gemeinsamen Gelenkpunkt angeordnet.

Zur Absicherung der Kranarbeit wurde ein Überlastprozessor verwendet. Gleichzeitig wurde die tatsächliche Last am Haken, die erreichte Auslastung der zulässigen Tragkraft und die Ausladung unter Berücksichtigung der Neigung des Auslegers angezeigt.

Bei der Arbeit zur Gleisjochaufnahme und –verlegung wurde eine Sondertraverse speziell für das „Losreißen" festgefrorener Gleisjoche zum Einsatz gebracht. Insgesamt wurden umfangreiche Zusatzgeräte für den Kraneinsatz verwendet. Dazu zählten:

- elektro-hydraulische Gleisjochtraverse mit 5 t Eigenmasse und einer Tragfähigkeit von 16 t (Sondertraverse)
- Hydraulikanschlußstellen für Manipulatoren
- Elektroanschlüsse für Schweißgeräte und Baustellenbeleuchtung
- Halteeinrichtung für Eigenfahrt mit abgesenktem Ausleger
- Eingleisvorrichtung für Steigung und Überhöhung

Als Zusatzgeräte galten weiter die 2 Abstützballastplatten mit 2 x 5 t und ein Auslegerverlängerungsstück von 8 m sowie eine 50 t-Hakenflasche und weiterer Zubehör.

Auf dem Ablagewagen, der zwei 2-achsige Drehgestelle besaß, wurden die Zusatzgeräte sowie der Ausleger mit seiner Hakenflasche während der Zugfahrt gelagert.

Produktionsdauer: 1988 bis 1990
Produktionsstückzahl*): 2

*) / 70 /

Arbeitsgeschwindigkeiten		
Hubgeschwindigkeiten	(m/min)	
Strangzahl n = 8		
bis 100 t ; bis 50 t ; bis 25 t		3 ; 6 ; 12
Strangzahl n = 4		
bis 50 t ; bis 25 t ; bis 12,5 t		6 ; 12 ; 24
Drehen / Feindrehen	(min^{-1})	1,5 / 0,75 / 0,13
Einziehen des Auslegers von max. bis min. Ausladung (min)		2
Kraneigenfahrgeschwindigkeiten	(m/min)	
ebenes, gerades Gleis		340
bis 40 ‰ Steigung		85
Antriebsart		
Dieselmotor	(kW, min^{-1})	150 ; 1500
Generator	(kVA)	160
Stromart, Drehstrom	(V Hz)	380 ; 50
Gesamtmasse des Kranes mit Zubehör	(t	140
Spurweiten	(mm)	1435 / 1520
Kleinster durchfahrbarer Kurvenhalbmesser (m) bei Kraneigenfahrt		80

Zugfahrtdaten

(Transport mit 20 m - Ausleger)

Gesamtmasse des Kranes bei Zugfahrt	(t	120
Fahrzeugmasse je Längeneinheit	(t/m)	9,2
Zugfahrtgeschwindigkeit, max.	(km/h)	100
Gleisbedingungen den geltenden Vorschriften entsprechend		
Kleinster durchfahrbarer Kurvenhalbmesser bei Zugfahrt (m)		120
Achskraft	(kN	200
Druckluftbremse : Bauart 478 - 000		
Zug- und Stoßeinrichtung		
SU-Ausführung: automatische Mittelpufferkupplung SA 3		

Anforderungen an den Ablagewagen		ca.
Belastung unter Auslegerstützpunkt	t	10
Belastung durch Hakenflasche	t	1,5
transportabler Ballast	t	3,7
Abstützballastplatten	t	10
Abstützpyramiden	t	0,6

20 m - Ausleger

m	360° 7,15	360° 4,5	360°
6,3	100	50	20
7	73	41	16,5
8	63	34,5	13,5
9	54	30	11,5
10	48	26	10
11	43	22,5	8,7
12	38	19,5	7,7
13	35	17	6,8
14	32	14,5	6
15	29	13	5,3
16	27	12	4,7
17	25	10,5	4,2
18	23	10	3,7
19	21	9	3,25
20	19,5	8	2,9
21	18	7,5	2,6

28 m - Ausleger

m	360° 7,15	360° 4,5	360°
7,5	50	40	14
8	47	37,2	12,6
9	42,4	34,2	10,5
10	37,8	31,5	8,8
11	33,9	29,4	7,7
12	31	27	6,8
13	28,9	25	6,1
14	27,2	23	5,5
15	26	21	4,9
16	24,8	19,4	4,4
17	23,6	17,8	4,0
18	22,4	16,1	3,6
19	21,4	14,9	3,2
20	20,2	14	2,8
21	19,2	13,2	2,5
22	18,2	12,4	2,1
23	17,4	11,8	1,8
24	16,4	11	1,5
25	15,6	10	1,1
26	14,6	9,6	0,8
27	13,6	9	0,7
28	12,8	8,2	0,55
28,5	12,3	8	0,5

Tagebauhochtechnologiegerät THG 630 Y
Traglasttabelle
links: 20 m-Ausleger
rechts: 28 m-Ausleger / 72 /

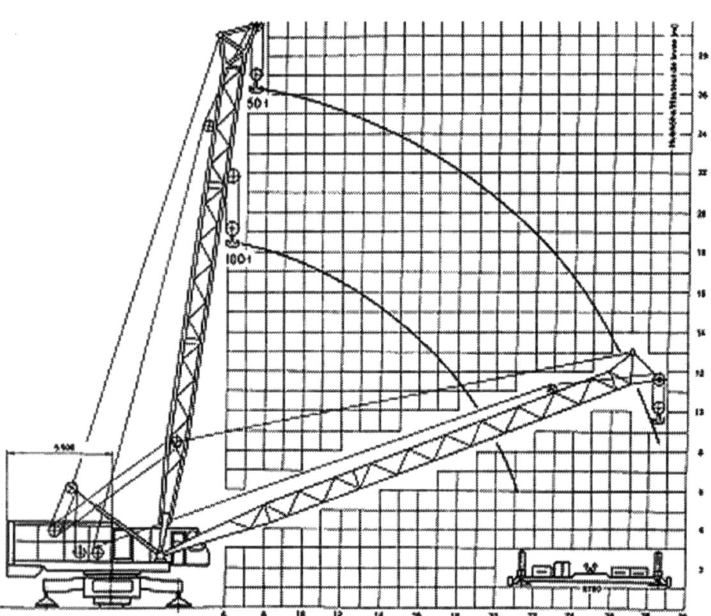

Tagebauhochtechnologiegerät THG 630 Y
Ausladung und Hubhöhe / 29 /

4. Literatur- und Quellenverzeichnis

/1/ DIN 15001 Teil 1
Krane
Begriffe, Einteilung nach der Bauart
Fachnormausschuß Maschinenbau im Deutschen Normenausschuß (DAN)
November 1973

/2/ TGL 22142/01
Hebezeuge: Auslegerkrane; freizügig ortsveränderlich; Technische Lieferbedingungen
Januar 1988

/3/ VDI 2395
gleislose Fahrzeugkrane
VDI/AWF – Handbuch Materialfluß und Förderwesen
Gesellschaft Fördertechnik Materialfluß
September 1989

/4/ VDI 2411
Begriffe und Erläuterungen im Förderwesen
VDI/AWF – Handbuch Förderwesen
Verein deutscher Ingenieure Ausschuß für wirtschaftliche Fertigung
Juni 1970

/5/ VDI 3574
Typenblatt für Fahrzeugkrane
VDI – Gesellschaft Fördertechnik Materialfluß Logistik
September 1992

/6/ VBG 9
Krane
Carl Heimanns Verlag KG Köln
Oktober 1993

/7/ VBG 12
Fahrzeugkrane
Carl Heimanns Verlag KG Köln
Januar 1993

/8/ Scheffler, M. u a.:
Fördermaschinen – Hebezeuge, Aufzüge, Flurfördermittel
Vieweg 1998 ISBN 3- 528-06626-1

/9/ Becker, R.:
Das große Buch der Fahrzeugkrane
KM-Verlag GmbH 1999 ISBN 3-934518-00-1

/10/ Beisteiner, F.:
Einheitliche Begriffe in Fördertechnik und Transportwesen
f+h – fördern und heben
27 (1977) Nr.5

/11/ Wiese, F.:
Fachbuch für Hebezeugführer 3. Auflg.
VEB Verlag Technik
Berlin 1990

/12/ Hoffmann, K. u.a.:
Fördertechnik 1 4. Auflg. 1993
Fördertechnik 2 3. Auflg. 1994
Oldenbourg Wien

/13/ Hannover, R.:
Sicherheit bei Kranen, 6.Auflg.
VDI – Gesellschaft Fördertechnik Materialfluß Logistik
VDI – Verlag GmbH
Düsseldorf 1989

/14/ Reitor, G.:
Fördertechnik
Hansar
München 1997

/15/ Prospektmaterial des ehemaligen Betriebes Bleichert Transportanlagenfabrik Leipzig

/16/ Zeitschrift mobil-report 1/1957

/17/ Zeitschrift Kraftfahrzeugtechnik Heft 8 / August 1953

/18/ Unterlagen aus dem privaten Archiv des Herrn Fischer, Dresden

/19/ Prospektmaterial vom Deutscher Innen- und Außenhandel (DIA), Berlin

/20/ Schmidtchen, H
Ausrüstungen für Bergbau und Schwerindustrie
Band I Krane und Hebezeuge
Fachbuchverlag Leipzig 1956